火电厂生产岗位技术问答

HUODIANCHANG SHENGCHAN GANGWEI JISHU WENDA

集控运行

主　编　梁瑞珽

参　编　王　诚　侯欣荣

　　　　杨　铸　于　江

中国电力出版社

CHINA ELECTRIC POWER PRESS

内 容 提 要

为帮助广大火电机组运行、维护、管理技术人员了解、学习、掌握火电机组生产岗位的各项技能，加强机组运行管理工作，做好设备的运行维护和检修工作，特组织专家编写《火电厂生产岗位技术问答》系列丛书。

本套丛书采用问答形式编写，以岗位技能为主线，理论突出重点，实践注重技能。

本书为《集控运行》分册，简明扼要地介绍了集控专业基础知识及集控运行岗位技能知识。主要内容有：热动专业基础知识、电气专业基础知识、汽轮机设备及系统、电气设备及系统、锅炉设备及系统、热网设备及系统、单元机组的启动、单元机组的运行调整及维护、单元机组的停运、单元机组的试验、热工自动控制及保护、继电保护及自动装置、热网设备的启停及运行维护、汽轮机典型事故及处理、发电机的故障分析与处理、锅炉的故障分析与处理。

本书可供从事火电厂集控运行工作的生产人员、技术人员和管理人员学习参考，以及为考试、现场考问等提供题目；也可供相关专业的大、中专学校的师生参考阅读。

图书在版编目(CIP)数据

集控运行/《火电厂生产岗位技术问答》编委会编. —北京：中国电力出版社，2011.2（2022.3 重印）
（火电厂生产岗位技术问答）
ISBN 978-7-5123-0356-0

Ⅰ. ①集…　Ⅱ. ①火…　Ⅲ. ①火力发电-集中控制-运行-问答　Ⅳ. ①TM611-44

中国版本图书馆 CIP 数据核字(2010)第 072726 号

中国电力出版社出版、发行
（北京市东城区北京站西街 19 号　100005　http://www.cepp.sgcc.com.cn）
北京雁林吉兆印刷有限公司印刷
各地新华书店经售
*
2011 年 2 月第一版　　2022 年 3 月北京第九次印刷
850 毫米×1168 毫米　32 开本　20.875 印张　675 千字
印数 17001—18000 册　　定价 **85.00** 元

#《火电厂生产岗位技术问答》
编　委　会

前 言

在电力工业快速持续发展的今天，积极发展清洁、高效的发电技术是国内外共同关注的问题，对于能源紧缺的我国更显得必要和迫切。在国家有关部、委积极支持和推动下，我国火电机组的国产化及高效大型火电机组的应用逐步提高。我国现代化、高参数、大容量火电机组正在不断投运和筹建，其发电技术对我国社会经济发展具有非常重要的意义。因此，提高发电效率、节约能源、减少污染，是新建火电机组，改造在运发电机组的头等大事。

根据火力发电厂生产岗位的实际要求和火力发电厂生产运行及检修规程规范以及开展培训的实际需求，特组织行业专家编写本套《火电厂生产岗位技术问答》丛书。本丛书共分 11 个分册，主要包括《汽轮机运行》、《汽轮机检修》、《锅炉运行》、《锅炉检修》、《电气运行》、《电气检修》、《化学运行》、《化学检修》、《集控运行》、《热工仪表及自动装置》和《燃料运行与检修》。

本丛书全面、系统地介绍了火力发电厂生产运行和检修各岗位遇到的各方面技术问题和解决技能。其编写目的是帮助广大火电机组运行、维护、管理技术人员了解、学习、掌握火电机组生产岗位的各项技能，加强机组运行管理工作，做好设备的运行维护和检修工作，从而更加有效地将这些知识运用到实际工作中。

本丛书在内容选取上，主要讲述火电机组生产岗位的应知应会技能，重点从工作原理、结构、启动、正常运行、异常运行、运行中的监视与调整、机组停运、事故处理、检修、调试等方面以问答的形式表述。选材上注重新设备、新技术，并将基本理论与成功的实用技术和实际经验结合，具有针对性、有效性和可操作性的特点。

本书为《集控运行》分册，本书由梁瑞斑主编，王诚、侯欣荣、杨铸、于江参编。本书共分十六章，其中，第一、三、五、十四章由王诚编写；第二、四、十二、十五章由梁瑞斑编写；第六、十三章由杨铸编写；第七、八、九章由王诚、梁瑞斑编写；第十章由于江、梁瑞斑编写；第十一章由于江编写；第十六章由王诚、侯欣荣编写。全书由梁瑞斑统稿。

本丛书可作为火电机组运行及检修人员的岗位技术培训教材，也可为火电机组运行人员制订运行规程、运行操作卡，检修人员制订检修计划及检修工艺卡提供有价值的参考，还可作为发电厂、电网及电力系统专业的大中专院校的教师和学生的教学参考书。

由于编写时间仓促，本丛书难免存在疏漏之处，恳请各位专家和读者提出宝贵意见，使之不断完善。

《火电厂生产岗位技术问答》编委会

2010年5月

目录

第二部分 设备结构及工作原理

第三部分 运行岗位技能知识

第十二章　继电保护及自动装置

第四部分　故障分析与处理

第一部分

岗位基础知识

第一章　热动专业基础知识

1-1　什么叫工质？火力发电厂采用什么作为工质？

答：工质是热机中热能转变为机械能的一种媒介物质（如燃气、蒸汽等），依靠它在热机中的状态变化（如膨胀）才能获得功。

为了在工质膨胀中获得较多的功，工质应具有良好的膨胀性。在热机的不断工作中，为了方便工质的流入与排出，还要求工质具有良好的流动性。因此，在物质的固、液、气三态中，气态物质是较为理想的工质。目前火力发电厂主要以水蒸气作为工质。

1-2　何谓工质的状态参数？常用的状态参数有几个？基本状态参数有几个？

答：描述工质状态特性的物理量称为状态参数。常用的工质状态参数有温度、压力、比体积、焓熵、内能等，基本状态参数有温度、压力、比体积。

1-3　什么叫温度、温标？常用的温标形式有哪几种？

答：温度是衡量物体冷热程度的物理量。对温度高低量度的标尺称为温标，常用的有摄氏温标和绝对温标。

（1）摄氏温标。规定在标准大气压下纯水的冰点为0℃，沸点为100℃，在0℃与100℃之间分成100个格，每格为1℃，这种温标为摄氏温标，用℃表示单位符号，用t作为物理量符号。

（2）绝对温标。规定水的三相点（水的固、液、汽三相平衡的状态点）的温度为273.15K。绝对温标与摄氏温标每刻度的大小是相等的，但绝对温标的0K则是摄氏温标的－273.15℃。绝对温标用K作为单位符号，用T作为物理量符号。摄氏温标与绝对温标的关系为$t=T-273.15$℃。

1-4　什么叫压力？压力的单位有几种表示方法？

答：单位面积上所受到的垂直作用力称为压力，用符号p表示　即

$$p=\frac{F}{A}$$

式中 F——垂直作用于器壁上的合力，N；

A——承受作用力的面积，m^2。

压力的单位有：

（1）国际单位制中采用 N/m^2 表示压力，名称为帕［斯卡］，符号是 Pa。$1Pa=1N/m^2$，在电力工业中，机组参数多采用 MPa（兆帕），$1MPa=10^6N/m^2$。

（2）以液柱高度表示压力的单位有毫米水柱（mmH_2O）和毫米汞柱（mmHg），$1mmHg=133N/m^2$，$1mmH_2O=9.81N/m^2$

（3）工程大气压的单位为 kgf/cm^2（已废除），常用 at 作代表符号，$1at=98\ 066.5N/m^2$，物理大气压的数值为 $1.033\ 2kgf/cm^2$，符号是 atm，$1atm=1.013\times10^5N/m^2$。

1-5 什么叫绝对压力、表压力?

答：容器内工质本身的实际压力称为绝对压力，用符号 p_a 表示。工质的绝对压力与大气压力的差值称为表压力，用符号 p_g 表示。可见，表压力就是用表计测量所得的压力。如果大气压力用符号 p_{atm} 表示，则绝对压力与表压力之间的关系为

$$p_a = p_g + p_{atm} \text{ 或 } p_g = p_a - p_{atm}$$

1-6 什么叫真空和真空度?

答：当容器中的压力低于大气压力时，把低于大气压力的部分叫真空，用符号 p_v 表示。其关系式为

$$p_v = p_{atm} - p_a$$

发电厂有时用百分数表示真空值的大小，称为真空度。真空度是真空值和大气压力比值的百分数，即

$$\text{真空度} = \frac{p_v}{p_{atm}} \times 100\%$$

完全真空时，真空度为100%；工质的绝对压力与大气压力相等时，真空度为0。

例如：凝汽器水银真空表的读数为710mmHg，大气压力计读数为750mmHg，则凝汽器内的绝对压力和真空度分别为

$$p_a = \frac{p_{atm} - p_v}{735.6} = \frac{750-710}{735.6} = 0.054(at) = 0.005\ 1(MPa)$$

$$\text{真空度} = \frac{p_v}{p_{atm}} \times 100\% = \frac{710}{750} \times 100\% = 94.6\%$$

1-7 什么叫比体积和密度？它们之间有什么关系？

答：单位质量的物质所占有的容积称为比体积。用小写的字母 v 表示，即

$$v=\frac{V}{m}$$

式中 m——物质的质量，kg；

V——物质所占有的容积，m^3。

比体积的倒数，即单位容积的物质所具有的质量，称为密度，用符号 ρ 表示，单位为 kg/m^3。

比体积与密度的关系为 $\rho v=1$，显然，比体积和密度互为倒数，即比体积和密度不是相互独立的两个参数，而是同一个参数的两种不同的表示方法。

1-8 什么叫平衡状态？

答：在无外界影响的条件下，气体的状态不随时间而变的状态叫做平衡状态。只有当工质的状态是平衡状态时，才能用确定的状态参数值去描述。只有当工质内部及工质与外界之间达到热的平衡（无温差存在）及力的平衡（无压差存在）时，才能出现平衡状态。

1-9 什么叫标准状态？

答：绝对压力为 1.01325×10^5Pa（1 个标准大气压）、温度为 0℃（273.15K）时的状态称为标准状态。

1-10 什么叫参数坐标图？

答：以状态参数为直角坐标表示工质状态及其变化的图称为参数坐标图。参数坐标图上的点表示工质的平衡状态，由许多点相连而组成的线表示工质的热力过程。如果工质在热力过程中所经过的每一个状态都是平衡状态，则此热力过程为平衡过程，只有平衡状态及平衡过程才能用参数坐标图上的点及线来表示。

1-11 什么叫功？其单位是什么？

答：功是力所作用的物体在力的方向上的位移与作用力的乘积。功的大小取决于物体在力的作用下，沿力的作用方向移动的位移。改变它的位移，就改变了功的大小，可见功不是状态参数，而是与过程有关的一个量。

功的计算式为

$$W=FS \quad (J)$$

式中 F——作用力，N；

S——位移，m。

单位换算为：1J=1N·m，1kJ=2.778×10^{-4}kW·h。

1-12 什么叫功率？其单位是什么？

答：功率的定义是功与完成功所用的时间之比，也就是单位时间内所做的功，即

$$P=\frac{W}{t}\quad(\mathrm{W})$$

式中 W——功，J；

t——做功的时间，s。

功率的单位就是W(瓦特)，1W=1J/s。

1-13 什么叫能？

答：物质做功的能力称为能。能的形式一般有动能、位能、光能、电能、热能等。热力学中应用的有动能、位能和热能等。

1-14 什么叫动能？物体的动能与什么有关？

答：物体因为运动而具有做功的本领叫动能。动能与物体的质量和运动的速度有关。速度越大，动能就越大；质量越大，动能也越大。动能与物体的质量成正比，与其速度的平方成正比，即

$$E_k=\frac{1}{2}mc^2\quad(\mathrm{kJ})$$

式中 m——物体质量，kg；

c——物体速度，m/s。

1-15 什么叫位能？

答：由于各物体间存在相互作用而具有的、由各物体间相对位置决定的能称为位能。

物体所处高度位置不同，受地球的吸引力不同而具有的能，称为重力位能。重力位能由物质的重量(G)和它离地面的高度(h)而定。高度越大，重力位能越大；重力物体越重，位能越大。重力位能 $E_p=Gh$。

1-16 什么叫热能？它与什么因素有关？

答：物体内部大量分子不规则的运动称为热运动。这种热运动所具有的能量叫做热能，它是物体的内能。

热能与物体的温度有关，温度越高，分子运动的速度越快，具有的热能

就越大。

1-17　什么叫热量？其单位是什么？

答：高温物体把一部分热能传递给低温物体，其能量的传递多少用热量来度量。因此，物体吸收或放出的热能称为热量。热量的传递多少和热力过程有关，只有在能量传递的热力过程中才有功和热量的存在，没有能量传递的热力状态是根本不存在什么热量的，所以热量不是状态参数。

1-18　什么叫机械能？

答：物质有规律的运动称为机械运动。机械运动一般表现为宏观运动。物质机械运动所具有的能量叫做机械能。

1-19　什么叫热机？

答：把热能转变为机械能的设备称为热机，如汽轮机、内燃机、蒸汽机、燃气轮机等。

1-20　什么叫比热容？影响比热容的主要因素有哪些？

答：单位数量(质量或容积)的物质温度升高(或降低)1℃所吸收（或放出)的热量，称为气体的单位热容量，简称为气体的比热容。比热容表示单位数量的物质容纳或储存热量的能力。物质的质量比热容符号为 c，单位为 kJ/(kg・℃)。

影响比热容的主要因素有温度和加热条件，一般说来，随着温度的升高，物质比热容的数值也增大；定压加热的比热容大于定容加热的比热容。此外，还有分子中原子数目、物质性质、气体的压力等因素也会对比热容产生影响。

1-21　什么叫热容？它与比热容有何不同？

答：质量为 m 的物质，温度升高（或降低）1℃所吸收（或放出）的热量称为该物质的热容。

热容 $Q=mc$，热容的大小等于物体质量与比热容的乘积。热容容与质量有关，比热容与质量无关。对于相同质量的物体，比热容大的热容大；对于同一物质，质量大的热容大。

1-22　如何用定值比热容计算热量？

答：在低温范围内，可近似认为比热值不随温度的变化而改变，即比热容为某一常数，此时热量的计算式为

$$q = c(t_2 - t_1) \quad (\text{kJ/kg})$$

1-23 什么叫内能?

答: 气体内部分子运行所形成的内动能和由于分子相互之间的吸引力所形成的内位能的总和称为内能。

u 表示 1kg 气体的内能，U 表示 $m$kg 气体的内能，则

$$U=mu$$

1-24 什么叫内动能?什么叫内位能?它们由何决定?

答: 气体内部分子热运动的动能叫内动能，它包括分子的移动动能、分子的转动动能和分子内部的振动动能等。从热运动的本质来看，气体温度越高，分子的热运动越激烈，所以内动能决定于气体的温度。气体内部分子克服相互间存在的吸引力具备的位能，称为内位能，它与气体的比体积有关。

1-25 什么叫焓?为什么焓是状态参数?

答: 在某一状态下单位质量工质的比体积为 v，所受压力为 p，为反抗此压力，该工质必须具备 pv 的压力位能。单位质量工质内能和压力位能之和称为比焓。

比焓的符号为 h，单位为 kJ/kg。其定义式为

$$h = u + pv \quad (\text{kJ/kg})$$

对 $m$kg 工质，内能和压力位能之和称为焓，用 H 表示，单位为 kJ，即

$$H = mh = \overline{U} + p\overline{V} \quad (\text{kJ})$$

由 $h=u+pv$ 可看出，工质的状态一定，则内能 $\overline{U}$ 及 $p\overline{V}$ 一定，焓也一定，即焓仅为状态所决定，所以焓也是状态参数。

1-26 什么叫熵?

答: 在没有摩擦的平衡过程中，单位质量的工质吸收的热量 dq 与工质吸热时的绝对温度 T 的比值叫熵的增加量。其表达式为

$$\Delta S = \frac{dq}{T}$$

其中 $\Delta S=S_2-S_1$ 是熵的变化量，熵的单位是 kJ/(kg·K)。若某过程中气体的熵增加，即 $\Delta S>0$，则表示气体是吸热过程。

若某过程中气体的熵减少，即 $\Delta S<0$，则表示气体是放热过程。

若某过程中气体的熵不变，即 $\Delta S=0$，则表示气体是绝热过程。

1-27 什么叫理想气体?什么叫实际气体?

答: 气体分子间不存在引力，分子本身不占有体积的气体叫理想气体。反之，气体分子间存在着引力，分子本身占有体积的气体叫实际气体。

1-28 火电厂中什么气体可看作理想气体？什么气体可看作实际气体？

答：在火力发电厂中，空气、燃气、烟气可以作为理想气体看待，因为它们远离液态，与理想气体的性质很接近。

在蒸汽动力设备中，作为工质的水蒸气，因其压力高，比体积小，即气体分子间的距离比较小，分子间的吸引力也相当大，所以水蒸气应作为实际气体看待。

1-29 什么是理想气体的状态方程式？

答：当理想气体处于平衡状态时，在确定的状态参数 p、v、T 之间存在着一定的关系，这种关系表达式 $pv=RT$ 即为 1kg 质量理想气体状态方程式。如果气体质量为 $m$kg，则气体状态方程式为

$$p\overline{V}=mRT$$

式中 p——气体的绝对压力，N/m^2；

T——气体的绝对温度，K；

R——气体常数，J/(kg·K)；

$\overline{V}$——气体的体积，m^3。

气体常数 R 与状态无关，但对不同的气体却有不同的气体常数。例如，空气的 $R=287$J/(kg·K)，氧气的 $R=259.8$J/(kg·K)。

1-30 理想气体的基本定律有哪些？其内容是什么？

答：理想气体的三个基本定律有：①波义耳—马略特定律；②查理定律；③盖吕萨克定律。其具体内容如下：

(1) 波义耳—马略特定律。当气体温度不变时，压力与比体积成反比变化。用公式表示为

$$p_1v_1=p_2v_2$$

气体质量为 m 时

$$p_1V_1=p_2V_2 \text{（其中 } V=mv\text{）}$$

(2) 查理定律。气体比体积不变时，压力与温度成正比变化。用公式表示为

$$\frac{p_1}{T_1}=\frac{p_2}{T_2}$$

(3) 盖吕萨克定律。气体压力不变时，比体积与温度成正比变化。对于质量为 m 的气体，压力不变时，体积与温度成正比变化。用公式表示为

$$\frac{v_1}{T_1}=\frac{v_2}{T_2} \text{ 或 } \frac{V_1}{T_1}=\frac{V_2}{T_2}$$

1-31 什么是热力学第一定律？它的表达式是怎样的？

答：热可以变为功，功可以变为热，一定量的热消失时，必产生一定量的功，消耗一定量的功时，必出现与之对应的一定量的热，这就是热力学第一定律。

热力学第一定律的表达式为

$$Q = Aw$$

在工程单位制中 $A=\frac{1}{427}$kcal/(kgf·m)，在国际单位制中，工程热量均以 J 为单位，则 $A=1$，即 $Q=w$。闭口系统内（不考虑工质的进出），外界给系统输入的能量是加入的热量 q，系统向外界输出的能量为功 W，系统内工质本身所具有的能量只是内能 u，根据能量转换与守恒定律可知，输入系统的能量－输出系统的能量＝系统内工质本身能量的增量，即

当工质为 1kg 时　　$q - w = \Delta u$

当工质为 $m$kg 时　　$Q - W = \Delta U$

式中　q、Q——外界加给工质的热量，J/kg，J；

Δu、ΔU——工质内能的变化量，J/kg，J；

w、W——工质所做的功，J/kg，J。

1-32 热力学第一定律的实质是什么？它说明什么问题？

答：热力学第一定律的实质是能量守恒与转换定律在热力学上的一种特定的应用形式。它说明了热能与机械能互相转换的可能性及其数值关系。

1-33 什么是不可逆过程？

答：由于存在摩擦、涡流等能量损失，使过程只能单方向进行的过程叫做不可逆过程。实际的过程都是不可逆过程。

1-34 什么叫等容过程？等容过程中吸收的热量和所做的功如何计算？

答：容积（或比体积）保持不变的情况下进行的过程叫等容过程。由理想气体状态方程 $pv = RT$ 得 $\frac{p}{T} = \frac{R}{v}$ ＝常数，即等容过程中压力与温度成正比。因 $\Delta v = 0$，所以容积变化功 $w = 0$，则 $q = \Delta u + w = \Delta u = u_2 - u_1$，也即在等容过程中，所有加入的热量全部用于增加气体的内能。

1-35 什么叫等温过程？等温过程中工质吸收的热量如何计算？

答：温度不变的情况下进行的热力过程叫做等温过程。理想气体状态方程 $pv = RT$ 对应一定的工质，则 $pv = RT$ ＝常数，即等温过程中压力与比

体积成反比。

其吸收热量为

$$q = \Delta u + w$$
$$q = T(s_2 - s_1)$$

1-36 什么叫等压过程？等压过程的功及热量如何计算？

答：工质的压力保持不变的过程称为等压过程，如锅炉中水的汽化过程、乏汽在凝汽器中的凝结过程、空气预热器中空气的吸热过程都是在压力不变时进行的过程。

由理想气体状态方程 $pv=RT$，得 $\frac{T}{v}=\frac{p}{R}=$常数，即等压过程中温度与比体积成正比。

等压过程做的功为

$$w = p(v_2 - v_1)$$

等压过程工质吸收的热量为

$$q = \Delta u + w = (u_2 - u_1) + p(v_2 - v_1) = (u_2 + p_2 v_2) - (u_1 + p_1 v_1) = h_2 - h_1$$

1-37 什么叫绝热过程？绝热过程的功和内能如何计算？

答：在与外界没有热量交换情况下所进行的过程称为绝热过程。如汽轮机为了减少散热损失，汽缸外侧包有绝热材料，而工质所进行的膨胀过程极快，在极短时间内来不及散热，其热量损失很小，可忽略不计，故常把工质在这些热机中的过程作为绝热过程处理。

因绝热过程 $q=0$，由 $q=\Delta u + w$ 得

$$w = -\Delta u$$

即绝热过程中膨胀功来自内能的减少，而压缩功使内能增加。

$$w = \frac{1}{k-1}(p_1 v_1 - p_2 v_2)$$

式中 k——绝热指数，与工质的原子个数有关。单原子气体 $k=1.67$，双原子气体 $k=1.4$，三原子气体 $k=1.28$。

1-38 什么叫等熵过程？

答：熵不变的热力过程称为等熵过程。可逆的绝热过程，即没有能量损失的绝热过程为等熵过程。在有能量损耗的不可逆过程中，虽然外界没有加入热量，但工质要吸收由于摩擦、扰动等损耗而转变成的热量，这部分热量使工质的熵是增加的，这时绝热过程不为等熵过程。汽轮机工质膨胀过程是个不可逆的绝热过程。

1-39 简述热力学第二定律。

答：热力学第二定律说明了能量传递和转化的方向、条件、程度。它有两种叙述方法：从能量传递角度来讲，热不可能自发地、不付代价地从低温物体传至高温物体；从能量转换角度来讲，不可能制造出从单一热源吸热，使之全部转化成为功，而不留下任何其他变化的热力发动机。

1-40 什么叫热力循环？

答：工质从某一状态点开始，经过一系列的状态变化又回到原来这一状态点的封闭变化过程叫做热力循环，简称循环。

1-41 什么叫循环的热效率？它说明什么问题？

答：工质每完成一个循环所做的净功 w 和工质在循环中从高温热源吸收的热量 q 的比值叫做循环的热效率，即

$$\eta = \frac{w}{q}$$

循环的热效率说明了循环中热转变为功的过程，η 越高，说明工质从热源吸收的热量中转变为功的部分就越多，反之转变为功的部分越少。

1-42 卡诺循环是由哪些过程组成的？其热效率大小与什么有关？卡诺循环对实际循环有何指导意义？

答：卡诺循环是可逆循环，它由等温加热、绝热膨胀、等压放热、绝热压缩四个可逆的过程组成。

卡诺循环热效率的大小与采用工质的性质无关，仅取决于高低温热源的温度。

卡诺循环对怎样提高各种热动力循环的热效率指出了方向，并给出一定的高低温热源热变功的最大值。因此，用卡诺循环的热效率作为标准，可以衡量其他循环中热变功的完善程度。

1-43 从卡诺循环的热效率能得出哪些结论？

答：从 $\eta = 1 - \frac{T_2}{T_1}$ 中可以得出以下几点结论：

（1）卡诺循环的热效率取决于热源温度 T_1 和冷源温度 T_2，而与工质性质无关，提高 T_1，降低 T_2，可以提高循环热效率。

（2）卡诺循环热效率只能小于 1，而不能等于 1，因为要使 $T_1 = \infty$（无穷大）或 $T_2 = 0$（绝对零度）都是不可能的。也就是说，q_2 损失只能减少而无法避免。

（3）当 $T_1 = T_2$ 时，卡诺循环的热效率为零。也就是说，在没有温差的体系中，无法实现热能转变为机械能的热力循环，或者说，只有一个热源装置而无冷却装置的热机是无法实现的。

1-44 什么叫汽化？它分为哪两种形式？

答： 物质从液态变成气态的过程叫汽化。它又分为蒸发和沸腾两种形式。液体表面在任何温度下进行的比较缓慢的汽化现象叫蒸发。液体表面和内部同时进行的剧烈的汽化现象叫沸腾。

1-45 什么叫凝结？水蒸气凝结有什么特点？

答： 物质从气态变成液态的现象叫凝结，也叫液化。水蒸气凝结有以下特点：

（1）一定压力下的水蒸气，必须降到该压力所对应的凝结温度才开始凝结成液体。这个凝结温度也就是液体的沸点，压力降低，凝结温度随之降低，反之则凝结温度升高。

（2）在凝结温度下，水从水蒸气中不断吸收热量，则水蒸气可以不断凝结成水，并保持温度不变。

1-46 什么叫动态平衡？什么叫饱和状态、饱和温度、饱和压力、饱和水、饱和蒸汽？

答： 一定压力下汽水共存的密封容器内，液体和蒸汽的分子在不停地运动，有的跑出液面，有的返回液面，当从水中飞出的分子数目等于因相互碰撞而返回水中的分子数时，这种状态称为动态平衡。

处于动态平衡的汽、液共存的状态叫饱和状态。

在饱和状态时，液体和蒸汽的温度相同，这个温度称为饱和温度；液体和蒸汽的压力也相同，该压力称为饱和压力。

饱和状态的水称为饱和水；饱和状态下的蒸汽称为饱和蒸汽。

1-47 为何饱和压力随饱和温度的升高而升高？

答： 温度升高，分子的平均动能增大，从水中飞出的分子数目增多，因而使汽侧分子密度增大。同时，蒸汽分子的平均运动速度也随着增加，这样就使得蒸汽分子对器壁的碰撞增强，其结果使得压力增大，所以饱和压力随饱和温度的升高而升高。

1-48 什么叫湿饱和蒸汽、干饱和蒸汽、过热蒸汽？

答： 在水达到饱和温度后，如定压加热，则饱和水开始汽化，在水没有

完全汽化之前，含有饱和水的蒸汽叫湿饱和蒸汽，简称湿蒸汽。湿饱和蒸汽继续在定压条件下加热，水完全汽化成蒸汽时的状态叫干饱和蒸汽。干饱和蒸汽继续定压加热，蒸汽温度上升而超过饱和温度时，就变成过热蒸汽。

1-49 什么叫干度？什么叫湿度？

答：1kg湿蒸汽中含有干蒸汽的质量百分数叫做干度，用符号 x 表示，即

$$x=\frac{\text{干蒸汽的质量}}{\text{湿蒸汽的质量}}$$

干度是湿蒸汽的一个状态参数，它表示湿蒸汽的干燥程度。x 值越大，则蒸汽越干燥。

1kg湿蒸汽中含有饱和水的质量百分数称为湿度，以符号（$1-x$）表示。

1-50 什么叫临界点？水蒸气的临界参数为多少？

答：随着压力的增高，饱和水线与干饱和蒸汽线逐渐接近，当压力增加到某一数值时，二线相交，相交点即为临界点。临界点的各状态参数称为临界参数。对水蒸气来说：其临界压力为 $p_c=22.129$MPa，临界温度为 $t_c=374.15$℃，临界比体积为 $v_c=0.003\ 147\text{m}^3/\text{kg}$。

1-51 是否存在400℃的液态水？

答：不存在。因为当水的温度高于临界温度时（即 $t>t_c=374.15$℃时）都变成过热蒸汽，所以不存在400℃的液态水。

1-52 水蒸气状态参数如何确定？

答：由于水蒸气属于实际气体，其状态参数按实际气体的状态方程计算非常复杂，而且温差较大，不适应工程上实际计算的要求。人们在实际研究和理论分析计算的基础上，将不同压力下水蒸气的比体积、温度、焓、熵等列成表或绘成图，利用查图、查表的方法确定其状态参数，这是工程上常用的方法。

1-53 熵的意义及特性有哪些？

答：熵的意义及特性主要有：

（1）熵是工质的状态参数，与变化过程的性质无关。

（2）在可逆的过程中，熵的变化量指明了系统与热源间热量交换的方向。若熵变化量大于零（熵增加），则系统工质吸收热；熵减少，工质放热；熵变化为零，则为绝热过程。

(3) 在不可逆过程中熵的变化大于可逆过程中熵的变化。其原因是，系统内的不可逆因素导致功的损失，引起熵的增加。

1-54 什么叫水的欠焓?

答：一定压力下未饱和水的焓与该压力下饱和水的焓的差值称为该未饱和水的欠焓。

1-55 什么叫液体热、汽化热、过热热?

答：把水加热到饱和水时所加入的热量称为液体热。

1kg 饱和水在定压条件下加热至完全汽化时所加入的热量叫汽化潜热，简称汽化热。

干饱和蒸汽定压加热变成过热蒸汽，过热过程吸收的热量叫过热热。

1-56 什么叫稳定流动、绝热流动?

答：流动过程中工质各状态点参数不随时间而变动的流动称为稳定流动。与外界没有热交换的流动称为绝热流动。

1-57 稳定流动的能量方程是怎样表示的?

答：开口系统中（考虑工质的进出）

$$q=(h_2-h_1)+\frac{1}{2}(c_2^2-c_1^2)+g(z_2-z_1)+w_s$$

式中 h_2-h_1 ——工质焓的变化量，kJ/kg；

$\frac{1}{2}(c_2^2-c_1^2)$ ——工质宏观动能变化量，kJ/kg；

$g(z_2-z_1)$ ——工质宏观位能变化量，kJ/kg；

g ——重力加速度，$g=9.8\text{m/s}^2$；

w_s ——工质对外输出的轴功。

1-58 稳定流动能量方程在热力设备中如何应用?

答：(1) 汽轮机、泵和风机。工质流经汽轮机、泵和风机时，其进出设备时的宏观动能差及位能差相对于轴功 w_s 可忽略不计。工质流经这些设备时，速度很快，向外界散热可以忽略，这时 $\frac{1}{2}(c_2^2-c_1^2)=0, g(z_2-z_1)=0$，$q=0$，其能量方程式为

$$h_2-h_1+w_s=0$$

(2) 锅炉和各种换热器。工质流经锅炉、加热器、冷凝器等换热器时，与外界只有热量的交换而无功的转换，即 $w_s=0$。工质在流经这些设备时，

速度变化很小，位置高度变化也不大，所以工质的宏观动能差、位能差与 q 相比是很小的，也可忽略不计，即 $\frac{1}{2}(c_2^2-c_1^2)=0, g(z_2-z_1)=0$，其能量方程式为

$$q=h_2-h_1$$

1-59 什么叫轴功？什么叫膨胀功？

答：轴功即工质流经热机时，驱动热机主轴对外输出的功，以 w_s 表示。将 $(q-\Delta u)$ 这部分数量的热能所转变成的功叫膨胀功，它是一种气体容积变化功，用符号 w 表示，对一般流动系统

$$w=(q-\Delta u)=(p_2v_2-p_1v_1)+\frac{1}{2}(c_2^2-c_1^2)+g(z_2-z_1)$$

1-60 什么叫喷管？电厂中常用哪几种喷管？

答：凡用来使气流降压增速的管道都叫喷管。电厂中常用的喷管有渐缩喷管和缩放喷管两种。渐缩喷管的截面是逐渐缩小的，而缩放喷管的截面先收缩后扩大。

1-61 喷管中气流流速和流量如何计算？

答：（1）流速的计算。气体在喷管中流动时，气流与外界没有功的交换，即 $w_s=0$；与外界热量交换数值相对极小，可忽略不计，即 $q=0$；宏观位能差也可忽略不计。因此，气流在喷管内进行绝热稳定流动的能量方程式为

$$h_2-h_1+\frac{1}{2}(c_2^2-c_1^2)=0$$

则
$$\frac{1}{2}(c_2^2-c_1^2)=h_1-h_2$$

喷管出口气流流速的计算公式为

$$c_2=\sqrt{2(h_1-h_2)+c_1^2}$$

当 c_1^2 与 c_2^2 相比数值甚小时，常将 c_1^2 忽略不计，即 $c_1^2=0$，这时 $c_2=\sqrt{2(h_1-h_2)}$。

c_2、c_1 分别为喷管出口截面及进口截面上气流的流速。h_2 和 h_1 是喷管出口截面及进口截面上气流的焓值。

（2）流量的计算。当喷管入口速度为零时，气体质量流量为

$$q_m=\frac{Ac}{v}$$

式中 A——为喷管某一截面的面积，m^2；

v——气流流经喷管某一截面的比体积，m^3/kg；

c——气流流经喷管某一截面的流速，m/s；

q_m——气体的质量流量，kg/s。

气流流经喷管出口截面上的流量为

$$q_m=\frac{A_2c_2}{v_2}=\frac{A_2}{v_2}\times 1.414\sqrt{h_1-h_2}$$

1-62 什么叫节流？什么叫绝热节流？

答：工质在管内流动时，由于通道截面突然缩小，使工质流速突然增加、压力降低的现象称为节流。节流过程中如果工质与外界没有热交换，则称之为绝热节流。

1-63 什么叫朗肯循环？

答：以水蒸气为工质的火力发电厂中，让饱和蒸汽在锅炉的过热器中进一步吸热，然后过热蒸汽在汽轮机内进行绝热膨胀做功，汽轮机排汽在凝汽器中全部凝结成水，并以水泵代替卡诺循环中的压缩机使凝结水重又进入锅炉受热，这样组成的汽—水基本循环称为朗肯循环。

1-64 朗肯循环是通过哪些热力设备实施的？各设备的作用是什么？

答：朗肯循环的主要设备是蒸汽锅炉、汽轮机、凝汽器和给水泵4个部分。

(1) 锅炉。锅炉包括省煤器、炉膛、水冷壁和过热器，其作用是将给水定压加热，产生过热蒸汽，蒸汽通过管道进入汽轮机。

(2) 汽轮机。蒸汽进入汽轮机绝热膨胀做功将热能转变为机械能。

(3) 凝汽器。作用是将汽轮机排汽在定压下冷却，凝结成饱和水，即凝结水。

(4) 给水泵。作用是将凝结水在水泵中绝热压缩，提升压力后送回锅炉。

1-65 朗肯循环的热效率如何计算？

答：根据效率公式

$$\eta=\frac{w}{q_1}=\frac{q_1-q_2}{q_1}$$

式中 q_1——1kg蒸汽在锅炉中定压吸收的热量，kJ/kg；

q_2——1kg蒸汽在凝汽器中定压放出的热量，kJ/kg。

对朗肯循环 1kg 蒸汽在锅炉中定压吸收的热量为

$$q_1 = h_1 - h'_1 \quad (\text{kJ/kg})$$

式中 h_1——过热蒸汽焓，kJ/kg；

h'_1——给水焓，kJ/kg。

1kg 排汽在冷凝器中定压放出热量为

$$q_2 = h_2 - h'_2 \quad (\text{kJ/kg})$$

式中 h_2——汽轮机排汽焓，kJ/kg；

h'_2——凝结水焓，kJ/kg。

因水在水泵中绝热压缩时其温度变化不大，所以 h'_1 可以认为等于凝结水焓 h'_2，则循环所获功为

$$w = q_1 - q_2 = (h_1 - h'_1) - (h_2 - h'_2) = h_1 - h_2 + h'_2 - h'_1 = h_1 - h_2$$

所以

$$\eta = \frac{w}{q_1} = \frac{h_1 - h_2}{h_1 - h'_2}$$

1-66 影响朗肯循环效率的因素有哪些？

答：从朗肯循环效率公式 $\eta = \dfrac{h_1 - h_2}{h_1 - h'_2}$ 可以看出，η 取决于过热蒸汽焓 h_1，排汽焓 h_2 以及凝结水焓 h'_2，而 h_1 由过热蒸汽的初参数 p_1、t_1 决定，h_2 和 h'_2 都由参数 p_2 决定，所以朗肯循环效率取决于过热蒸汽的初参数 p_1、t_1 和终参数 p_2。

显而易见，初参数（过热蒸汽压力、温度）提高，其他条件不变，热效率将提高，反之，则下降；终参数（排汽压力）下降，初参数不变，则热效率提高，反之，则下降。

1-67 什么叫给水回热循环？

答：把汽轮机中部分做过功的蒸汽抽出，送入加热器中加热给水，这种循环叫给水回热循环。

1-68 采用给水回热循环的意义是什么？

答：采用给水回热加热以后，一方面从汽轮机中间部分抽出一部分蒸汽加热给水，提高了锅炉给水温度，这样可使抽汽不在凝汽器中冷凝放热，减少了冷源损失 q_2。另一方面，提高了给水温度，减少了给水在锅炉中的吸热量 q_1。

因此，在蒸汽初、终参数相同的情况下，采用给水回热循环的热效率比朗肯循环热效率高。

一般回热级数不止一级，中参数机组的回热级数为3～4级；高参数机组为6～7级；超高参数机组不超过8～9级。

1-69 什么叫再热循环？

答：再热循环就是把汽轮机高压缸内已经做了部分功的蒸汽再引入到锅炉的再热器，重新加热，使蒸汽温度重新提高到初温度，然后再引回汽轮机中、低压缸内继续做功，最后的乏汽排入凝汽器的一种循环。

1-70 采用中间再热循环的目的是什么？

答：采用中间再热循环的目的有两个：

（1）降低终湿度。大型机组初压 p_1 的提高使排汽湿度增加，对汽轮机的末几级叶片侵蚀增大。虽然提高初温可以降低终湿度，但提高初温度受金属材料耐温性能的限制，因此对终湿度改善较少。采用中间再热循环有利于终湿度的改善，使得终湿度降到允许的范围内，从而减轻湿蒸汽对叶片的冲蚀，提高低压部分的内效率。

（2）提高热效率。采用中间再热循环，正确选择再热压力后，循环效率可以提高4%～5%。

1-71 什么是热电合供循环？其方式有几种？

答：在发电厂中利用汽轮机中做过功的蒸汽（抽汽或排汽）的热量供给热用户，可以避免或减少在凝汽器中的冷源损失，使发电厂的热效率提高，这种同时生产电能和热能的生产过程称为热电合供循环。热电合供循环中供热汽源有两种：一种是背压式汽轮机排汽，另一种是调整抽汽式汽轮机抽汽。

1-72 在火力发电厂中存在着哪三种形式的能量转换过程？

答：在锅炉中燃料的化学能转换成热能；在汽轮机中热能转换成机械能；在发电机中机械能转换成电能。进行能量转换的主要设备有锅炉、汽轮机和发电机，被称为火力发电厂的三大主机，而锅炉则是三大主机中最基本的能量转换设备。

1-73 何谓换热？换热有哪几种基本形式？

答：物体间的热量交换称为换热。

换热有三种基本形式：导热、对流换热和辐射换热。

直接接触的物体各部分之间的热量传递现象叫导热。

在流体内，流体之间的热量传递主要由于流体的运动，使热流中的一部

分热量传递给冷流体，这种热量传递方式叫做对流换热。

高温物体的部分热能变为辐射能，以电磁波的形式向外发射到接收物体后，辐射能再转变为热能，而被吸收，这种电磁波传递热量的方式叫做辐射换热。

1-74 什么是稳定导热？

答：物体各点的温度不随时间而变化的导热叫做稳定导热。火电厂中大多数热力设备在稳定运行时其壁面间的传热都属于稳定导热。

1-75 如何计算平壁壁面的导热量？

答：实验证明，单位时间内通过固体壁面的导热热量与两侧表面温度差和壁面面积成正比，与壁厚成反比。综合考虑这些因素，得出导热计算式如下

$$Q=\lambda\frac{t_1-t_2}{\delta}A$$

式中 Q——单位时间内由高温表面传给低温表面的热量，W；

t_1、t_2——平壁壁面两侧表面的温度，℃；

A——壁面的面积，m^2；

δ——平壁的厚度，m；

λ——导热系数，W/(m·℃)。

1-76 什么叫导热系数？导热系数与什么有关？

答：导热系数是表明材料导热能力大小的一个物理量，又称热导率，它在数值上等于壁的两表面温差为1℃、壁厚等于1m时，在单位壁面积上每秒钟所传递的热量。导热系数与材料的种类、物质的结构、湿度有关，对同一种材料，导热系数还和材料所处的温度有关。

1-77 什么叫对流换热？举出在电厂中几个对流换热的实例。

答：流体流过固体壁面时，流体与壁面之间进行的热量传递过程叫对流换热。

在电厂中利用对流换热的设备较多，如烟气流过对流过热器与管壁发生的热交换；在凝汽器中，铜管内壁与冷却水及铜管外壁与汽轮机排汽之间发生的热交换。

1-78 影响对流换热的因素有哪些？

答：影响对流换热的因素主要有5个方面：

(1) 流体流动的动力。流体流动的动力有两种：一种是自由流动，另一

种是强迫流动。强迫流动换热通常比自由流动换热更强烈。

(2) 流体有无相变。一般来说，对同一种流体有相变时的对流换热比无相变时更强烈。

(3) 流体的流态。由于紊流时流体各部分之间流动剧烈混杂，所以紊流时，热交换比层流时更强烈。

(4) 几何因素影响。流体接触的固体表面的形状、大小及流体与固体之间的相对位置都影响对流换热。

(5) 流体的物理性质。不同流体的密度、黏性、导热系数、比热容、汽化潜热等都不同，它影响着流体与固体壁面的热交换。

注：物质分固态、液态、气态三相，相变就是指其状态发生变化。

1-79 什么是层流？什么是紊流？

答：流体有层流和紊流两种流动状态。层流是各流体微团彼此平行地分层流动，互不干扰与混杂。紊流是各流体微团间强烈地混合与掺杂，不仅有沿着主流方向的运动，而且还有垂直于主流方向的运动。

1-80 层流和紊流各有什么流动特点？在汽水系统上常遇到哪一种流动？

答：层流的流动特点：各层间液体互不混杂，液体质点的运动轨迹是直线或是有规则的平滑曲线。

紊流的流动特点：流体流动时，液体质点之间有强烈的互相混杂，各质点都呈现出杂乱无章的紊乱状态，运动轨迹不规则，除有沿流动方向的位移外，还有垂直于流动方向的位移。

发电厂的汽、水、风、烟等各种管道系统中的流动，绝大多数属于紊流运动。

1-81 雷诺数的大小能说明什么问题？

答：雷诺数用符号“Re”表示，流体力学中常用它来判断流体流动的状态

$$Re = \frac{cd}{\upsilon}$$

式中 c——流体的流速，m/s；

d——管道内径，m；

υ——流体的运动黏度，m^2/s。

雷诺数大于 10 000 时，表明流体的流动状态是紊流；雷诺数小于 2320 时，表明流体的流动状态是层流。在实际应用中只用下临界雷诺数，对于圆

管中的流动，当 $Re<2300$ 时为层流，当 $Re>2300$ 时为紊流。

1-82 流体在管道内流动的压力损失分几种类型?

答：流体在管道内流动的压力损失有两种：

(1) 沿程压力损失。液体在流动过程中用于克服沿程压力损失的能量称为沿程压力损失。

(2) 局部压力损失。液体在流动过程中用于克服局部阻力损失的能量称为局部压力损失。

1-83 何谓流量? 何谓平均流速? 它与实际流速有什么区别?

答：液体流量是指单位时间内通过过流断面的液体数量。其数量用体积表示，称为体积流量，常用 m^3/s 或 m^3/h 表示；其数量用质量表示，称为质量流量，常用 kg/s 或 kg/h 表示。

平均流速是指过流断面上各点流速的算术平均值。

实际流速与平均流速的区别：过流断面上各点的实际流速是不相同的，而平均流速在过流断面上是相等的（这是由于取算术平均值而得）。

1-84 写出沿程阻力损失、局部阻力损失和管道系统的总阻力损失公式，并说明公式中各项的含义。

答：(1) 管道流动过程中单位质量液体的沿程阻力损失公式为

$$h_y = i\frac{l}{d_a}\times\frac{c^2}{2g}$$

式中 i——沿程阻力系数；

l——管道的长度，m；

d_a——管道的当量直径，m；

c——平均流速，m/s；

g——重力加速度，m/s^2。

(2) 局部阻力损失公式为

$$h_j = \xi\frac{c^2}{2g}$$

式中 ξ——局部阻力系数。

(3) 管道系统的总阻力损失公式为

$$h_w = \sum h_y + \sum h_j$$

式中 $\sum$——总和。

上式表明：由于工程上管道系统是由许多直管子组成的，因此，整个管道的总流动阻力损失 h_w 应等于整个管道系统的总沿程阻力损失 $\sum h_y$ 与总的

局部阻力损失 $\sum h_j$ 之和。

1-85　何谓水锤？有何危害？如何防止？

答：在压力管路中，由于液体流速的急剧变化，从而造成管中的液体压力显著、反复、迅速地变化，对管道有一种"锤击"的特征，这种现象称为水锤（或叫水击）。

水锤有正水锤和负水锤之分，它们的危害有：

（1）正水锤时，管道中的压力升高，可以超过管中正常压力的几十倍至几百倍，以致管壁产生很大的应力，而压力的反复变化将引起管道和设备的振动，管道的应力变化，将造成管道、管件和设备的损坏。

（2）负水锤时，管道中的压力降低，也会引起管道和设备振动。应力变化，对设备有不利的影响，同时负水锤时，如压力降得过低可能使管中产生不利的真空，在外界压力的作用下，会将管道挤扁。

为了防止水锤现象的出现，可采取增加阀门启闭时间，尽量缩短管道的长度，在管道上装设安全阀或空气室，以限制压力突然升高的数值或压力降得太低的数值。

1-86　水、汽有哪些主要质量标准？

答：水、汽主要质量标准如下：

（1）给水。一般中压机组给水的 pH 值为 8.5～9.0，硬度不大于 1.5μmol/L，溶解氧低于 15μg/L；超高压机组给水的 pH 值为 8.8～9.3，硬度为 1μmol/L，溶解氧不大于 7μg/L。

（2）锅炉水。一般中压机组锅炉水的磷酸根为 5～12mg/L，二氧化硅为 1mg/L；超高压机组锅炉水的磷酸根为 2～8mg/L，二氧化硅不大于 1.50mg/L。

（3）饱和蒸汽、过热蒸汽。一般二氧化硅不大于 20μg/L。

（4）凝结水。一般中压机组凝结水的硬度不大于 1.5μmol/L；超高压机组凝结水的硬度为 1.0μmol/L。

（5）内冷水。电导率（25℃）不大于 5μs/cm，pH 值（25℃）大于 7.6。

1-87　何谓汽轮机积盐？

答：带有各种杂质的过热蒸汽进入汽轮机后，由于做了功，压力和温度便有所降低，而钠化合物和硅酸在蒸汽中的溶解度便随着压力的降低而减小。当其中某种物质的携带量大于它在蒸汽中的溶解度时，该物质就会以固态排出，沉积在蒸汽的通流部分。沉积的物质主要是盐类，这种现象常称为

汽轮机积盐。

1-88 什么叫热工检测和热工测量仪表？

答：发电厂中，热力生产过程的各种热工参数（如压力、温度、流量、液位、振动等）的测量方法叫热工检测，用来测量热工参数的仪表叫热工测量仪表。

1-89 什么叫允许误差？什么叫精确度？

答：根据仪表的制造质量，在国家标准中规定了各种仪表的最大误差，称允许误差。允许误差表示为

$$K = \frac{\text{仪表的最大允许绝对误差}}{\text{量程上限} - \text{量程下限}} \times 100\%$$

允许误差去掉百分量以后的绝对值（K 值）叫仪表的精确度，一般实用精确度的等级有 0.1、0.2、0.5、1.0、1.5、2.5、4.0 等。

1-90 温度测量仪表分哪几类？各有哪几种？

答：温度测量仪表按其测量方法可分为两大类：

(1) 接触式测温仪表。主要有膨胀式温度计、热电阻温度计和热电偶温度计等。

(2) 非接触式测量仪表。主要有光学高温计、全辐射式高温计和光电高温计等。

1-91 压力测量仪表分为哪几类？

答：压力测量仪表可分为滚柱式压力计、弹性式压力计和活塞式压力计等。

1-92 水位测量仪表有哪几种？

答：水位测量仪表主要有玻璃管水位计、差压型水位计和电极式水位计。

1-93 流量测量仪表有哪几种？

答：根据测量原理，常用的流量测量仪表（即流量计）有差压式、速度式和容积式三种。火力发电厂中主要采用差压式流量计来测量蒸汽、水和空气的流量。

1-94 如何选择压力表的量程？

答：为防止仪表损坏，压力表所测压力的最大值一般不超过仪表测量上限的 2/3；为保证测量的准确度，被测压力不得低于标尺上限的 1/3。当被

测压力波动较大时，应使压力变化范围处在标尺上限的 1/3～1/2 处。

1-95 何谓双金属温度计？其测量原理是怎样的？

答：双金属温度计是用来测量气体、液体和蒸汽的较低温度的工业仪表。它具有良好的耐振性，安装方便，容易读数，没有汞害。

双金属温度计用绕成螺旋弹簧状的双金属片作为感温元件，将其放在保护管内，一端固定在保护管底部（固定端），另一端连接在一细轴上（自由端），自由端装有指针，当温度变化时，感温元件的自由端带动指针一起转动，指针在刻度盘上指示出相应的被测温度。

1-96 何谓热电偶？

答：在两种不同金属导体焊成的闭合回路中，若两焊接端的温度不同时，就会产生热电势，这种由两种金属导体组成的回路就称为热电偶。

1-97 什么叫继电器？它是如何分类的？

答：继电器是一种能借助于电磁力或其他物理量的变化而自行切换的电器，它本身具有输入回路，是热工控制回路中用得较多的一种自动化元件。根据输入信号的不同，继电器可分为两大类：一类是非电量继电器，如压力继电器、温度继电器等，其输入信号是压力、温度等，输出的都是电量信号；另一类是电量继电器，其输入、输出的都是电量信号。

1-98 构成煤粉锅炉的主要本体设备和辅助设备有哪些？

答：煤粉锅炉本体的主要设备包括：燃烧器、燃烧室（炉膛）、布置有受热面的烟道、汽包、下降管、水冷壁、过热器、再热器、省煤器、空气预热器、联箱、减温器、安全阀、水位计等。

辅助设备主要包括：送风机、引风机、排粉机、磨煤机、粗粉分离器、旋风分离器、给煤机、给粉机、除尘器及烟囱等。

1-99 何谓燃料？锅炉的燃料有哪几种？

答：所谓燃料是指在燃烧过程中能放出热量的物质。燃料必须具备两个条件：一是可燃性，二是燃烧时可放出热量。

燃料按物理形态可分为固体、液体、气体三种。

（1）固体燃料包括木材、煤、油母页岩、木炭、焦炭、煤粉等。

（2）液体燃料包括石油、重油、煤油、柴油等。

（3）气体燃料包括天然气、高炉煤气、发生炉煤气、焦炉煤气、地下气化煤气等。

1-100 什么是燃料的发热量？发热量的大小取决于什么？

答：燃料的发热量是指单位质量（气体燃料用单位容积）的燃料在完全燃烧时所放出的热量，单位为 kJ/kg 或 kJ/m^3。

燃料发热量的大小取决于燃料中可燃成分的多少。一般来说，燃料中含挥发分高，含碳多，含水分和灰分少，就说明燃料的发热量大；反之则小。

1-101 燃料的定压高、低位发热量有何区别？

答：燃料的定压高、低位发热量的区别在于，定压高位发热量是指 1kg 收到基燃料完全燃烧时放出的全部热量，包括烟气中水蒸气已凝结成水放出的汽化潜热。定压低位发热量则要从定压高位发热量中扣除这部分汽化潜热。

1-102 锅炉对给水有哪几点要求？

答：锅炉对水质的要求随着锅炉额定压力的提高而提高。给水品质还随电厂的性质而有差别。凝汽式发电厂比热电厂要求高，单段蒸发比分段蒸发要求高，直流锅炉比汽包锅炉要求高。对锅炉给水一般有如下要求：

(1) 锅炉给水必须是经化学处理的除盐水。

(2) 锅炉给水的压力和温度必须达到规定值。

(3) 锅炉给水品质标准要求：硬度、溶解氧、pH 值、含油量、含二氧化碳、含盐量、联氨量、含铜量、含铁量必须合格，水质澄清。

1-103 火力发电厂的基本热力循环有哪几种？

答：火力发电厂的最基本热力循环是朗肯循环，在朗肯循环的基础上发展出给水回热循环和蒸汽再热循环。

1-104 火电厂热力系统主要由哪几部分组成？

答：火电厂热力系统主要组成部分包括主蒸汽系统、回热抽汽系统、主凝结水系统、除氧器和给水泵的连接系统、补充水系统、锅炉连续排污利用系统等。此外，热电厂还有对外供热系统。

1-105 锅炉中进行的三个主要工作过程是什么？

答：为实现能量的转换和传递，在锅炉中同时进行着三个互相关联的主要过程，分别为燃料的燃烧过程，烟气向水、汽等工质的传热过程，蒸汽的产生过程。

1-106 定压下水蒸气的形成过程分为哪三个阶段？各阶段所吸收的热量分别叫什么热？

答：(1) 未饱和水的定压预热过程。即从任意温度的水加热到饱和水，所加入的热量叫液体热或预热热。

(2) 饱和水的定压定温汽化过程。即从饱和水加热变成干饱和蒸汽，所加入的热量叫汽化热。

(3) 蒸汽的过热过程。即从干饱和蒸汽加热到任意温度的过热蒸汽，所加入的热量叫过热热。

1-107　锅炉蒸发设备的任务是什么？它主要包括哪些设备？

答：锅炉蒸发设备的任务是吸收燃烧所释放的热量，把具有一定压力的饱和水加热成饱和蒸汽。它主要包括汽包、下降管、下联箱、水冷壁、上联箱、汽水引出管等。

1-108　什么叫锅炉的排烟损失？

答：燃料燃烧后产生大量烟气，从锅炉尾部排出时，烟气温度一般为120～160℃，显然，烟气从烟囱排入大气要带走热量，这部分热量损失的百分数叫做排烟损失百分数，简称排烟损失，用 q_2 表示。

排烟损失是大容量锅炉各项热损失中最大的一项，一般为4%～8%。

影响排烟损失的主要因素是排烟温度与排烟容积。排烟温度越高，排烟容积越大，显然，排烟损失就越大。计算排烟损失时，一般认为它是在完全燃烧条件下的排烟损失，为便于生产现场锅炉反平衡效率计算，通常采用以下公式

$$q_2 = (K_1 + K_2 a_y)\left(\frac{T_y - t_K}{100}\right)\left(\frac{100 - q_4}{100}\right)\%$$

式中　q_2——排烟热损失百分数，%；

K_1、K_2——系数；

a_y——过剩空气系数；

T_y——排烟温度，℃；

t_K——冷空气温度，℃；

q_4——机械不完全燃烧损失百分数，%。

1-109　什么叫锅炉的化学不完全燃烧损失？

答：锅炉燃烧过程中，由于风粉配合不当，空气量不足，过量空气系数过小等原因，会使燃料热值得不到充分利用，其损失的热量称为化学不完全燃烧损失热量。化学不完全燃烧损失热量的百分数简称为化学不完全燃烧损失，用 q_3 表示。燃料的挥发物含量、炉膛温度、炉内汽流混合情况，也与化学不完全燃烧损失有关。对于燃油锅炉来说，化学不完全燃烧损失比较

大，一般为1%～3%；对于煤粉炉来说，化学不完全燃烧损失小于0.5%。在锅炉反平衡效率计算中，q_3 可忽略不计。

1-110 什么叫机械不完全燃烧损失?

答: 燃料在锅炉中燃烧时，常常有一部分可燃物没有能够烧尽，随飞灰和灰渣一起排出炉中，这部分损失的热量称为机械不完全燃烧损失热量。机械不完全燃烧损失热量百分数简称为机械不完全损失，用 q_4 表示。

机械不完全损失由三部分组成。

(1) 灰渣损失。未燃尽的燃料与灰在一起成为灰渣，一同排入灰斗所造成的损失。

(2) 飞灰损失。未燃尽的燃料与灰在一起成为飞灰，随烟气排出，经除尘器时，大部分落下小部分随烟气排出所造成的损失。

(3) 漏煤损失。链条炉中有此项损失，即未能完全燃烧的煤漏入灰斗造成的损失。煤粉炉中没有此项损失。

机械不完全燃烧损失是锅炉各项热损失中的主要热损失之一，仅次于排烟损失。

对于固态排渣煤粉炉，机械不完全燃烧损失约为1.5%。

影响机械不完全燃烧损失的因素有燃料的性质、煤粉细度、燃烧方式、炉膛结构、锅炉负荷，以及运行操作水平等。

对于飞灰占燃烧灰分很大比例的煤粉炉，飞灰的机械不完全燃烧损失占主要成分。煤中所含的灰飞越小，水分越小，挥发分越多，煤粉越细，则机械不完全燃烧损失就越小。

不同的锅炉，燃料灰分的分配比例不同。灰分的分配比例称为灰比。

灰比要通过灰平衡试验来测定。在大型锅炉中，称量燃料消耗量、灰量极为困难，也极难达到正确、准确，因此一般情况下灰比可采用经验数据。

计算机械不完全燃烧损失时，应首先算出灰渣、漏煤、飞灰三部分的机械不完全燃烧损失，三者之和即为全部的机械不完全燃烧损失。

灰渣的机械不完全燃烧损失百分数计算公式如下

$$q_4^{hz} = \frac{32866 A^y a_{hz} C_{hz}}{Q_D^y (100 - C_{hz})} \%$$

漏煤的机械不完全燃烧损失百分数计算公式如下

$$q_4^{hn} = \frac{32866 A^y a_{hn} C_{hn}}{Q_D^y (100 - C_{hn})} \%$$

飞灰的机械不完全燃烧损失百分数计算公式如下

$$q_4^{fn}=\frac{32866A^y a_{fh}C_{fh}}{Q_D^y(100-C_{fh})}\%$$

式中　32866——残炭（可燃物）的发热量，kJ/kg；

A^y——燃料的应用基灰分分含量质量百分数，%；

a_{hz}、a_{hn}、a_{fh}——灰渣、漏煤、飞灰的灰比；

C_{hz}、C_{hn}、C_{fh}——灰渣、漏煤、飞灰中的可燃物含量质量百分比，%；

Q_D^y——煤的应用基低位发热量，kJ/kg。

则机械不完全燃烧损失 q_4 按下式计算

$$q_4=(q_4^{hz}+q_4^{hn}+q_4^{fh})\%$$

1-111　什么叫散热损失？

答：锅炉的散热损失是指炉墙、结构、管道和其他附件向周围散发的热量损失。散热损失热量的百分数称为散热损失，用 q_5 表示。

散热损失一般通过试验，先求得锅炉正平衡效率 η、排烟损失 q_2、化学不完全燃烧损失 q_3 和机械不完全燃烧损失 q_4 后才能求出，即

$$q_5=[100-(\eta-q_2+q_3+q_4]\%$$

锅炉由于结构、保温状况的差别，其散热损失亦有很大差别。

1-112　什么叫灰渣物理损失？

答：大块灰渣落入灰坑时还是炽热的，它所带走的热量称为灰渣物理热量。灰渣物理损失热量的百分数称为灰渣物理损失，用表 q_6 表示。由于 q_6 数字很小，所以在一般试验或计算中常忽略不计。

第二章 电气专业基础知识

2-1 简述电压与电位的概念及关系。

答：电压是用来衡量电场力移动电荷做功的能力。而电位则表示电路中某点与参考点之间的电压，即在电场力的作用下将单位正电荷从电场的某点移到参考点所做的功称为该点的电位。在电路中，任意两点之间的电位差称为这两点之间的电压，某点的电位与参考点的选择有关，而某两点之间的电压与参考点的选择无关。

2-2 简述电功与电功率的概念及关系。

答：电功是指电流所做的功，用字母 A 表示。而电功率是指单位时间内电流所做的功，用字母 P 表示。电功表示在时间 t 内电场力移动电荷所做的功，而电功率表示在 1s 内电场力移动电荷所做的功，前者反映做功的多少，后者反映做功的速度。

2-3 简述电阻、电感与电容的概念。

答：当电流流过导体时，导体对电流有阻碍作用，这种阻碍作用就是电阻，用字母 R 或 r 表示。一个线圈的自感磁链 Ψ 和所通电流 i 的大小的比值 $L=\Psi/i$ 叫做线圈的自感系数，简称自感，也叫电感。自感等于线圈通过单位电流时的自感磁链。任何两块金属导体中间隔以绝缘体就构成了电容器，也叫电容，它既是一种电气元件的名称又是一个电气量的名称，其中，金属导体称极板，绝缘体称介质。

2-4 采用三相交流电路比单相交流电路有何优点？

答：采用三相交流电路比单相交流电路主要具有两方面的优点：①在输送功率相同、电压相同、距离和线路损失相等的情况下，采用三相制输电可节省输电线的用铝量。②工农业生产上广泛使用的三相异步电动机是以三相交流作为电源的，这种电动机和单相的相比，具有结构简单、价格低廉、性能良好和工作可靠等优点。因此，在单相交流电路的基础上，进一步研究三相交流电路，是有其重要意义的。

2-5 什么叫电磁感应？电磁感应现象可以分为哪三类？

答：由变化的磁场在导体中产生电动势的现象称为电磁感应，由此产生的电动势称为感应电动势。电磁感应现象可以分为三大类：直导线中的感应电动势、线圈中的感应电动势和自感电动势。

2-6 什么是自感和互感？

答：自感是一种电磁感应现象。当线圈中通有变化的电流时，这个变化的电流所建立的变化的磁通将在线圈自身引起电磁感应，这种现象就是自感。

互感是指由于一个电路中的磁通量发生变化，而在另一个与它有磁（场）联系的电路中引起感应电动势的现象。

2-7 什么是涡流损耗、磁滞损耗、铁芯损耗？

答：当穿过大块导体的磁通发生变化时，在其中产生感应电动势。由于大块导体可自成闭合回路，因而在感应电动势的作用下产生感应电流，这个电流就叫做涡流。涡流所造成的发热损失就叫涡流损耗。为了减小涡流损耗，电气设备的铁芯常用互相绝缘的0.35mm或0.5mm厚的硅钢片叠成。

在交流电产生的磁场中，磁场强度的方向和大小都不断地变化，铁芯被反复地磁化和去磁。铁芯在被磁化和去磁的过程中，有磁滞现象，外磁场不断地驱使磁畴转向时，为克服磁畴间的阻碍作用就需要消耗能量。这种能量的损耗就叫磁滞损耗。为了减少磁滞损耗，应选用磁滞回线狭长的磁性材料（如硅钢片）制造铁芯。

铁芯损耗是指交流铁芯线圈中的涡流损耗和磁滞损耗之和。

2-8 半导体二极管的用途及主要特征是什么？

答：半导体二极管的用途主要是整流、检波和开关。它的主要特征是单向导电性。

2-9 什么是集肤效应？集肤效应是如何产生的？

答：在交流电通过导体时，导体截面上各处电流分布不均匀，导体中心处密度最小，越靠近导体的表面密度越大，这种趋向于沿导体表面的电流分布现象称为集肤效应。

导体中通过交流电流时，其周围的磁场是交变的，导体中也会产生感应电动势。由于导体中心的自感电动势大，相应的感抗也大，因此通过的电流

就小；导体表面的情况正好相反，由于感抗小，通过的电流就大，所以就产生了所谓的集肤效应。

2-10 什么是直流电阻和交流电阻？

答：集肤效应随着频率的提高和导体截面的增加而越来越显著。因此，当频率提高和导体截面增大到一定程度时，就必须区分直流电阻（欧姆电阻）和交流电阻（有效电阻）了。直流电阻是指导体中通过直流电流时所具有的电阻值，可以用电阻率来计算，即$R=\rho L/S$；而交流电阻是指导体中通过交流电流时所具有的等效电阻值，需要用实验的方法来测定。

2-11 什么是线性电阻和非线性电阻？

答：电阻值不随电压、电流的变化而变化的电阻称为线性电阻。线性电阻的阻值是一个常量，其伏安特性为一条直线。线性电阻上的电压与电流的关系服从欧姆定律。

电阻值随着电压、电流的变化而改变的电阻称为非线性电阻。非线性电阻的阻值不是常数，其伏安特性为一条曲线，所以不能用欧姆定律直接运算，而要根据伏安特性用作图法求解。

2-12 什么叫静电感应？什么叫静电屏蔽？

答：将一个不带电的物体靠近带电物体时，会使不带电物体出现带电现象，这种现象称为静电感应。为防止静电感应，往往用金属罩将导体罩起来，隔开静电感应的作用，即为静电屏蔽。

2-13 什么叫剩磁？

答：当磁性金属物体磁化停止后，磁性金属上所保留的磁性叫剩磁。

2-14 什么叫串联谐振？串联谐振的特点是什么？

答：在电阻、电感和电容的串联电路中，出现电路端电压和总电流同相位的现象称为串联谐振。串联谐振的特点是：电路呈纯电阻性，端电压和总电流同相，电抗X等于零，阻抗Z等于电阻R，此时的阻抗最小，电流最大，在电感和电容上可产生比电源电压大很多倍的高电压，因此串联谐振也称电压谐振。

2-15 什么叫并联谐振？并联谐振的特点是什么？

答：在电感和电容的并联电路中，出现并联电路的端电压与总电流同相位的现象称为并联谐振。并联谐振的特点是：在通过改变电容C达到并联谐振时，电路的总阻抗最大，因而电路的总电流变得最小。但是对每一支路而言，其电流都可能比总电流大很多，因此并联谐振又称为电流谐振。另外，并联谐振时，由于端电压和总电流同相位，使电路的功率因数达到最大值，即 $\cos\varphi=1$，而且并联谐振不会产生危害设备安全的谐振过电压。因此，为人们提供了提高功率因数的有效方法。

2-16　什么是电气设备的额定值？举例说明其实际意义。

答： 任何一个电气设备，为了安全可靠地工作，都必须有一定的电流、电压和功率的限制和规定值，这种规定值就称为额定值。如一个白炽灯泡额定值为 220V、40W，表示该灯泡应在 220V 电压下使用，消耗电功率为 40W，则发光正常，且能保证使用寿命。若超过规定值使用，灯丝温度过高，寿命会大大缩短，严重时会立即烧断；而低于规定值使用，则经济性达不到要求。因此，额定值的提出有其实际意义。

2-17　什么是相电压、线电压？

答： 由三相绕组连接的电路中，每个绕组的始端与末端之间的电压叫相电压。各绕组始端或末端之间的电压叫线电压。线电压的大小为相电压的 $\sqrt{3}$ 倍。

2-18　什么是相电流、线电流？

答： 各相负荷中的电流叫相电流。各端线中流过的电流叫线电流。线电流的大小为相电流的 $\sqrt{3}$ 倍。

2-19　什么是同极性端？

答： 同极性端也称同名端。规定如下：当两个线圈的相应端子通以同一方向的电流时，如另一线圈在本线圈中所产生的互感磁通和本线圈的自感磁通方向相同时，则此两个线圈的相应端子即为同极性端。

2-20　交流电的有功功率、无功功率和视在功率的意义是什么？

答： 电流在电阻电路中，一个周期内所消耗的平均功率叫有功功率，用 P 表示，单位为 W。

储能元件线圈或电容器与电源之间的能量交换，时而大，时而小，为了衡量它们能量交换的大小，用瞬时功率的最大值来表示，也就是交换能量的最大速率，称作无功功率，用 Q 表示，电感性无功功率用 Q_L 表示，电容性无功功率用 Q_C 表示，单位为 var。

在交流电路中，把电压和电流的有效值的乘积叫视在功率，用 S 表示，单位是 VA。

2-21 三相对称交流电路的功率如何计算?

答：三相对称电路，不论负载是接成星形还是三角形，计算功率的公式完全相同：

有功功率 $P=\sqrt{3}U_{L}I_{L}\cos\varphi$

无功功率 $Q=\sqrt{3}U_{L}I_{L}\sin\varphi$

视在功率 $S=\sqrt{3}U_{L}I_{L}$

2-22 三相不对称交流电路的功率如何计算?

答：一个三相电源发出的总有功功率等于每相电源发出的有功功率之和，一个三相负载消耗的总有功功率等于每相负载消耗的有功功率之和。所以三相不对称电路的总有功功率等于各相有功功率之和。同理，三相不对称电路的总无功功率等于各相无功功率之和，总视在功率等于各相视在功率之和。

2-23 什么是中性点位移现象?中线的作用是什么?

答：星形连接的三相电路中，在电源电压对称的情况下，如果三相负载对称，中性点电压等于零。如果三相负载不对称，而且没有中线或中线阻抗较大，则三相负载中性点就会出现电压，这种现象称为中性点位移现象。

为了消除由于三相负载不对称而引起的中性点位移，可在电源和负载采用星形接线的系统中接入中线，由于中线阻抗很小，就能迫使中性点电压很小，从而使负载电压差不多等于电源线电压的 $1/\sqrt{3}$，并且几乎不随负载的变化而变化。

2-24 什么是用电设备的效率?

答：由于能量在转换和传递过程中不可避免地有各种损耗，使输出功率总是小于输入功率。为了衡量能量在转换或传递过程中的损耗程度，把输出与输入的功率作个比较，这个比值也就是用电设备的效率，即 $\eta=P_2/P_1\times100\%$。

2-25 什么叫功率因数?为什么要提高功率因数?

答：有功功率 P 对视在功率 S 的比值，叫做功率因数，常用 $\cos\varphi$ 表示，即 $\cos\varphi=P/S$。

提高电路的功率因数，可以充分发挥电源设备的潜在能力，同时可以减少线路上的功率损失和电压损失，提高用户电压质量。

2-26 整流电路、滤波电路、稳压电路各有什么作用?

答：整流电路的作用是将交流电压整流成单方向的脉动电压。滤波电路的作用是滤除单向脉动电压中的交流分量，使输出电压更接近直流电压，通常由 L、C 等储能元件组成。稳压电路的作用是当交流电源和负载波动时，自动保持负载上的直流电压稳定，即由它向负载提供功率足够、电压稳定的直流电源。

2-27　电力系统中性点有几种接地方式？

答：目前电力系统中性点接地方式有三种：中性点不接地、中性点直接接地和中性点经消弧线圈接地。

2-28　什么是大接地电流系统？

答：110kV 及以上电网的中性点一般采用中性点直接接地方式，在这种系统中，发生单相接地故障时，接地短路电流很大，所以称其为大接地电流系统。

2-29　什么是小接地电流系统？

答：3～35kV 电网的中性点一般采用中性点经消弧线圈接地方式或中性点不接地方式，在这种系统中，发生单相接地故障时，由于不能构成短路回路，接地电流很小，所以称其为小接地电流系统。

2-30　小接地电流系统中发生单相接地时，为什么可以继续运行 1～2h？

答：这是因为：

(1) 小接地电流系统中发生单相接地时，通过接地点的接地电流是系统正常运行时相对地电容电流的 3 倍，而在设计时这个电流是不准超过规定的。因此，发生单相接地时的接地电流对系统的正常运行基本上没有影响。

(2) 小接地电流系统中发生单相接地时，系统线电压的大小和相位差不变，从而对运行的电气设备的工作无任何影响。另外，系统中设备的绝缘水平是根据线电压设计的，配电装置往往提高一个电压等级选用，虽然非故障相对地电压升高$\sqrt{3}$倍达到线电压，但对设备的绝缘并不构成直接危险。

鉴于以上原因，中性点不接地系统发生单相接地时对系统的正常运行和设备的安全危害不是很大，但也必须迅速查找故障点，以免绝缘薄弱处发生第二相接地，引起短路，扩大事故。因此，小接地电流系统中发生单相接地时，可以继续运行 1～2h 而不必立即跳闸，但是为了防止故障扩大，应及时发出信号，以便运行人员采取措施予以消除。

2-31　接地的作用是什么？接地方式有哪些？

答：接地的主要作用是保护人身和设备的安全，所以电气设备需要采取接地措施。根据接地目的的不同，按其不同的作用，常见的接地方式有保护接地、工作接地、防雷接地（过电压保护）、接零和重复接地等。

除上述之外，接地还有其他作用，如为了防止产生和积聚静电荷而采取的防静电接地，防止管道的腐蚀而采取的电化保护接地，需用屏蔽作用而进行的隔离接地。

2-32 什么叫保护接地？保护接地的适用范围是什么？

答：为防止人身因电气设备的绝缘损坏而遭受触电，将电气设备金属外壳与接地体连接，称为保护接地。保护接地适用于中性点不接地的低电压电网中。采用了保护接地，仅能减轻触电的危险程度，但不能完全保证人身安全。

2-33 什么叫保护接零？保护接零的适用范围是什么？

答：为防止人身因电气设备的绝缘损坏而遭受触电，将电气设备的金属外壳与电网零线（变压器中性线）相连接，称为保护接零。保护接零适用于三相四线制中性点直接接地的低压电力系统中。当采用保护接零时，除电源变压器的中性点必须采取工作接地外，零线要在规定的地点采取重复接地。

2-34 保护接地与保护接零有何区别？

答：保护接地多用在三相电源中性点不接地的供电系统中。将三相用电设备的外壳用导线和接地电阻相连是保护接地。当设备某相对外壳的绝缘损坏时，外壳即处在一定的电压下，此时人若接触到电机的外壳，接地电流将沿人体和接地装置两条通路入地。由于接地电阻远小于人体电阻，所以大部分电流通过接地电阻入地，流入人体的电流微小，人身安全得以保证。

在动力和照明共用的低压三相四线制供电系统中，电源中性点接地，这时应采用保护接零，即把设备的外壳和中性线相连。当设备某相对外壳的绝缘损坏时，则该相导线即与中性线形成短路，此时该相上的熔断器或自动空气断路器能以最短的时间自动断开电路，以消除触电危险。

必须指出，在同一配电线路中，不允许一部分设备接地，另一部分设备接中性线。

2-35 什么叫工作接地？工作接地的作用有哪些？

答：将电力系统中的某一点（通常是中性点）直接或经特殊设备（如经消弧线圈、电抗、电阻等）与地作金属连接，称为工作接地。工作接地的作用有：①降低人体的接触电压；②迅速切断电源；③降低电气设备和输电线路的绝缘水平；④满足电气设备运行中的特殊需要。

2-36　什么叫接触电压和跨步电压?

答：当接地电流流过接地装置时，附近大地表面的电位是不相同的，也就形成了分布电位，电位分布在单根接地体或接地短路点 20m 左右的范围内，20m 以外的分布电位已趋近于零。人处在电位分布范围内的不同地点时，便有不同的电位，在地面上离开接地故障设备的水平距离 0.8m 内和沿该设备的垂直距离 1.8m 间的电位差，称为接触电势，人体接触该两点时所承受的电压称为接触电压。

人在接地短路点周围行走，人的两脚分开处于不同电位的地面上，两脚之间（跨距取为 0.8m）的电位差称为跨步电势。这时两脚所承受的电压称为跨步电压。

2-37　什么叫安全电压?

答：在各种不同环境条件下，人体接触到有一定电压的带电体后，其各部分组织（如皮肤、心脏、呼吸器官和神经系统等）不发生任何伤害，该电压称为安全电压。它是为了防止触电事故而采用的由特定电源供电的电压系列，是制定安全措施的依据。

2-38　什么是电力系统的稳定?

答：电力系统正常运行时，原动机供给发电机的功率总是等于发电机送给系统供负荷消耗的功率。当电力系统受到扰动，使上述功率平衡关系受到破坏时，电力系统应能自动地恢复到原来的运行状态，或者凭借控制设备的作用过渡到新的功率平衡状态运行，这就是电力系统的稳定。

2-39　什么是电力系统的静态稳定?

答：电力系统的静态稳定是指当正常运行的电力系统受到很小的扰动后，能自动恢复到原来运行状态的能力。所谓很小的扰动是指在这种扰动作用下系统状态的变化量很小，如负荷和电压较小的变化等。

2-40　什么是电力系统的暂态稳定?

答：电力系统的暂态稳定是指系统受到较大扰动下的稳定性，即系统在某种运行方式下受到大的扰动，功率平衡受到相当大的波动时，能否过渡到一种新的运行状态或者回到原来的运行状态，继续保持同步的能力。这种较大的扰动一般变化剧烈，常常伴有系统网络结构和参数的变化，主要是指系统中电气元件的切除或投入，例如发电机、变压器、线路、负荷的切除或投

入，以及各种形式的短路或断线故障等。

2-41 提高电力系统暂态稳定性有哪些措施？

答：提高电力系统暂态稳定性的主要措施有：

(1) 快速切除故障。

(2) 采用自动重合闸装置。

(3) 采用电气制动和机械制动。

(4) 变压器中性点经小电阻接地。

(5) 设置开关站和采用强行电容补偿。

(6) 采用联锁切机。

(7) 快速控制调节汽阀。

2-42 什么是电气制动？

答：电气制动是指在故障切除后，人为地在送端发电机上短时间加一电负荷，吸收发电机的过剩功率，以便校正发电机输入和输出功率间的不平衡，保持系统运行的稳定性。

2-43 什么叫过电压？

答：在电力系统中，各种电压等级的输配电线路、发电机、变压器以及开关设备等，在正常运行中，只承受额定电压的作用。但在异常情况下，由于某种原因造成上述电气设备主绝缘或匝间绝缘上的电压远远超过额定电压，虽然时间很短，但电压升高的数值可能很大，如没有防护措施或设备本身绝缘水平较低时，设备绝缘将被击穿，使系统的正常运行遭到破坏。一般将这种对设备绝缘有危害的电压升高称为过电压。

2-44 什么叫内部过电压？什么叫大气过电压？它们对设备有什么危害？

答：内部过电压是由于操作（合闸、拉闸）、事故（接地、断线等）或其他原因，引起电力系统的状态发生突然变化，出现从一种稳态转变为另一种稳态的过渡过程，在这个过程中可能产生对系统有危险的过电压。这些过电压是系统内部电磁能的振荡和积聚所引起的，所以叫做内部过电压。内部过电压可分为操作过电压和谐振过电压，操作过电压出现在系统操作或故障情况下；谐振过电压是由于电力网中的电容元件和电感元件（特别是带铁芯的铁磁电感元件）参数的不利组合谐振而产生的。

大气过电压又叫外部过电压，包括两种：一种是对设备的直击雷过电压；另一种是雷击于设备附近时在设备上产生的感应过电压。

内部过电压和大气过电压的数值较高，它可能引起绝缘薄弱点的闪络，从而引起电气设备的绝缘损坏，甚至烧毁。

2-45　什么是操作过电压？

答：操作过电压通常是指操作、故障时过渡过程中出现的持续时间较短的过电压。

2-46　什么是谐振过电压？

答：谐振过电压通常是指在某些情况下，操作（正常或故障后的操作）后形成的回路的自振荡频率与电源的频率相等或接近时，发生谐振现象，而且持续的时间较长，波形有周期性重复的过电压。

2-47　什么是铁磁谐振过电压？

答：铁磁谐振过电压是指由磁性元件的非线性特性引起共振时出现的过电压。

2-48　单相半波整流电路的工作原理是什么？有何特点？

答：半波整流电路的工作原理是：在变压器二次绕组的两端串接一个整流二极管和一个负载电阻。当交流电压为正半周时，二极管导通，电流流过负载电阻；当交流电压为负半周时，二极管截止，负载电阻中没有电流流过。所以负载电阻上的电压只有交流电压的正半周，即达到整流的目的。

特点：接线简单，使用的整流元件少，但输出的电压低、效率低、脉动大。

2-49　全波整流电路的工作原理是怎样的？其特点如何？

答：变压器的二次绕组中有中心抽头，组成两个匝数相等的绕组，每个半绕组出口各串接一个二极管，使交流电在正、负半周同时各流过一个二极管，以同一方向流过负载。这样，就在负载上获得一个脉动的直流电流和电压。

特点：输出的电压高、脉动小、电流大，整流效率高，但变压器的二次绕组要有中心抽头，使其体积增大，工艺复杂，而且两个半部绕组只有半个周期内有电流流过，使变压器的利用率降低，二极管承受的反向电压高。

2-50　在整流电路输出端为什么要并联一个电容？

答：电容是具有充放电功能的元件，它的电压不会突变。在整流电路中输出端并联一个电容，则在电压变化过程中，会使整流后的脉动电压变得更加平缓，以更好地达到稳定的直流电压和电流的目的。

2-51 绝缘电阻测量的原理是怎样的?

答: 绝缘电阻测量的原理是：把由绝缘电阻表产生的直流电压施加到试品的两端，根据最后稳定下来的电流（传导电流）的大小来确定绝缘是否正常，并以绝缘电阻值大小表示。当绝缘介质上施加外电压时，就要产生极化现象，此时介质中有 3 种电流流过，即充电电流、传导电流和吸收电流。通常，由于电容值很小，时间常数很小，故充电电流衰减很快，从判定绝缘状态角度看，该电流没有实际意义。因而，主要考虑传导电流和吸收电流。前者主要取决于绝缘的潮湿和脏污程度，在测量中只要电压不变，它的数值不会变；后者受潮湿的影响很小，但它随时间会逐步缓慢衰减，故所测得的绝缘电阻值将随时间而缓慢增长。规定施加电压 60s 后测得的数值为试品的绝缘电阻值。通常把 60s 和 15s 时的绝缘电阻值之比称为吸收比，绝缘正常时，吸收比应大于规定值。

2-52 为什么要测量电力设备的绝缘电阻?

答: 电力设备的绝缘是由各种绝缘材料构成的。通常把作用于电力设备绝缘上的直流电压与流过其中稳定的体积泄漏电流之比定义为绝缘电阻。电力设备的绝缘电阻高表示其绝缘良好，绝缘电阻下降表示其绝缘已经受潮或发生老化和劣化。所以，要通过测量绝缘电阻来判断电力设备绝缘是否存在整体受潮、整体劣化和贯通性缺陷。

2-53 验电笔的用途有哪些?

答: 验电笔除能测量物体是否带电以外，还有以下几个用途：

(1) 可以测量低压线路中任何两根导线之间是否同相或异相。其方法是：站在一个与大地绝缘的物体上，两手各持一支验电笔，然后在待测的两根导线上进行测试，如果两支验电笔发光很强，则这两根导线是异相，否则即同相。

(2) 可以判别交流和直流电。在测试时如果电气氖管中的两个极都发光，则是交流电。如果两个极只有一个极发光，则是直流电。

(3) 可以判断直流电的正负极。接在直流电路上测试时，氖管发亮的一极是负极，不发亮的一极是正极。

(4) 能判断直流是否接地。在对地绝缘的直流系统中，可站在地上用验电笔接触直流系统中的正极或负极。如果验电笔氖管不亮，则说明没有接地现象；如果氖管发亮，则说明有接地现象。其发亮极若在笔尖一端，则说明正极接地；如发亮极在手指一端，则说明负极接地。

2-54 什么是电力网？什么是电力系统？

答：电力系统中输送和分配电能及改变电能参数（如电压频率）的设备，称为电力网。其中包括各种输电线路、变电站的配电装置、变压器等设备。

发电机和用电部门的电气设备以及将它们联系起来的电力网称为电力系统。

2-55 电力系统安全经济运行的基本要求是什么？

答：电力系统安全经济运行的基本要求是：

(1) 保证可靠性、持续地供电。单元制发电机组的可靠性提高使其等效可用系统达90%以上，非计划降出力小时接近于零，电网有20%的备用容量，同时供电可靠率达99.9%。

(2) 保证良好的电能质量。用户处电压偏差为±5%，系统频率偏移不超过±0.2%～±0.5%。

(3) 保证系统运行的经济性。电力系统经济运行使负荷在各电厂、各发电机组间合理分配，降低电能在生产、输送和分配中的消耗和损失。

第二部分

设备结构及工作原理

第三章　汽轮机设备及系统

3-1　汽轮机工作的基本原理是怎样的？汽轮发电机组是如何发出电来的？

答： 具有一定压力、温度的蒸汽，进入汽轮机，流过喷嘴并在喷嘴内膨胀获得很高的速度。高速流动的蒸汽流经汽轮机转子上的动叶片做功，当动叶片为反动式时，蒸汽在动叶中发生膨胀产生的反动力亦使动叶片做功，动叶带动汽轮机转子按一定的速度均匀转动。这就是汽轮机最基本的工作原理。

从能量转换的角度讲，蒸汽的热能在喷嘴内转换为汽流动能，动叶片又将动能转换为机械能，对于反动式叶片，蒸汽在动叶膨胀部分，直接由热能转换成机械能。

汽轮机的转子与发电机转子是用联轴器连接起来的，汽轮机转子以一定速度转动时，发电机转子也跟着转动，由于电磁感应的作用，发电机定子绕组中产生电流，通过变电配电设备向用户供电。

3-2　汽轮机如何分类？

答： 汽轮机按热力过程可分为：

(1) 凝汽式汽轮机（代号为 N）。

(2) 一次调整抽汽式汽轮机（代号为 C）。

(3) 二次调整抽汽式汽轮机（代号为 C、C）。

(4) 背压式汽轮机（代号为 B）。

按工作原理可分为：

(1) 冲动式汽轮机。

(2) 反动式汽轮机。

(3) 冲动反动联合式汽轮机。

按新蒸汽压力可分为：

(1) 低压汽轮机。新汽压力为 1.18～1.47MPa。

(2) 中压汽轮机。新汽压力为 1.96～3.92MPa。

(3) 高压汽轮机。新汽压力为 5.88～9.81MPa。

(4) 超高压汽轮机。新汽压力为 11.77～13.75MPa。

(5) 亚临界压力汽轮机。新汽压力为 15.69～17.65MPa。

(6) 超临界压力汽轮机。新汽压力大于 22.16MPa。

按蒸汽流动方向可分为:

(1) 轴流式汽轮机。

(2) 辐流式汽轮机。

3-3 汽轮机的型号如何表示?

答: 汽轮机型号表示汽轮机基本特性，我国目前采用汉语拼音和数字来表示汽轮机型号，其型号由三段组成:

×　××-×××/×××/×××-×
(第一段)　(第二段)　(第三段)

第一段表示型式及额定功率 (MW)，第二段表示蒸汽参数，第三段表示设计变型序号。

例如: N100-90/535 型表示凝汽式 100MW 汽轮机，新汽压力为 8.82MPa，新汽温度为 535℃。

我国生产的汽轮机旧型号表示方法亦由三段组成:

××-××-×
(第一段)(第二段)(第三段)

第一段表示蒸汽参数、型式，第二段表示额定功率，第三段表示设计序号。

例如: 51-50-3 型表示高参数、凝汽式，50MW，第三次设计。

3-4 什么是冲动式汽轮机?

答: 冲动式汽轮机指蒸汽主要在喷嘴中进行膨胀，在动叶片中蒸汽不再膨胀或膨胀很少，而主要是改变流动方向。现代冲动式汽轮机各级均具有一定的反动度，即蒸汽在动叶片中也发生很小一部分膨胀，从而使汽流得到一定的加速作用，但仍算作冲动式汽轮机。

3-5 什么是反动式汽轮机?

答: 反动式汽轮机是指蒸汽在喷嘴和动叶中的膨胀程度基本相同。此时动叶片不仅受到由于汽流冲击而引起的作用力，而且受到因蒸汽在叶片中膨胀加速而引起的反作用力。由于动叶片进出口蒸汽存在较大压差，所以与冲动式汽轮机相比，反动式汽轮机轴向推力较大，因此一般都装平衡盘以平衡轴向推力。

3-6 什么是凝汽式汽轮机?

答: 凝汽式汽轮机是指进入汽轮机的蒸汽在做功后全部排入凝汽器，凝结成的水全部返回锅炉。

进入汽轮机的蒸汽，对于一般中压机组来说，每1kg蒸汽含热量约3223kJ，这些热量中只有837kJ左右是做了功的，凝结水中约有126kJ热量，约2240kJ热量是被冷却排汽的冷却水带走了，这是一个很大的损失。对于高压汽轮机，由于进汽含热量大些（约3433kJ），可用的热量相对来说要大些，但损失仍很大。为了减少这些损失，采用带回热设备的凝汽式汽轮机，就是把进入汽轮机做过一部分功的蒸汽抽出来，在回热加热器内加热锅炉的给水，使给水温度提高，节约燃料，提高经济性。

3-7 什么是背压式汽轮机?

答: 将全部排汽供给其他工厂或用户使用，不设凝汽器，这样使蒸汽的含热量全部得到使用。因工厂或用户需要具有较高压力和温度的蒸汽用于生产和取暖，因此汽轮机的排汽压力高于大气压力，这种汽轮机称为背压式汽轮机。这种汽轮机的优点是蒸汽热量能全部被利用，节省设备、简化构造。但其进汽量受用户用汽量的限制，因此，在供热式电厂中，背压式汽轮机一般与调整抽汽式机组联合使用。也用于老厂改造，将高压背压式机组的排汽送给老厂部分低压或中压凝汽式汽轮机，可以大大提高全厂的热效率。

3-8 什么是调整抽汽式汽轮机?

答: 从汽轮机某一级中经调压器控制抽出大量已经做了部分功的一定压力范围的蒸汽供给其他工厂及热用户使用，机组仍设有凝汽器，这种型式的机组称为调整抽汽式汽轮机。它能使蒸汽中的含热量得到充分利用，同时因设有凝汽器，当用户用汽量减少时，仍能根据低压缸的容量保证汽轮机带一定电负荷。

3-9 什么是中间再热式汽轮机?

答: 中间再热式汽轮机就是蒸汽在汽轮机内做了一部分功后，从中间引出，通过锅炉的再热器提高温度（一般升高到机组额定温度），然后再回到汽轮机继续做功，最后排入凝汽器的汽轮机。

3-10 中间再热式汽轮机主要有什么优点?

答: 中间再热式汽轮机的优点主要是提高机组的经济性。首先，在同样的初参数下，再热机组比不再热机组的效率提高4%左右。其次，对防止大

容量机组低压末级叶片水蚀特别有利，因为末级蒸汽湿度比不再热机组大大降低。

3-11 大功率机组总体结构方面有哪些特点？

答：大功率汽轮机由于采用了高参数蒸汽、中间再热以及低压缸分流等措施，汽缸的数目相应增加，这就带来了机组布置、级组分段、定位支持、热膨胀处理等许多新问题。

从总体结构上讲，大功率汽轮机有如下特点：

(1) 为了适应新蒸汽高压高温的特点，蒸汽室与调节汽阀从高压汽缸壳上分离出来，构成单独的进汽阀体，从而简化了高压汽缸的结构，保证了铸件质量，降低了由于运行温度不均而产生的热应力。国产125、300MW机组的高、中压调节汽阀以及200MW汽轮机的高压缸调节汽阀都采用这种结构形式。

(2) 高、中压级的布置采用两种方式。一种是高、中压级合并在一个汽缸内，另一种高、中压级分缸的结构。

(3) 大功率汽轮机各转子之间一般用刚性联轴器连接，由此带来机组定位和胀差过大的问题，必须设置合理的滑销系统。

(4) 大机组都装有胀差保护装置，一旦胀差超过极限时，便发出信号报警或紧急停机。

(5) 大机组大都不把轴承布置在汽缸上，而采用全部轴承座直接由基础支持的方法。国产125、300MW汽轮机采用了这种布置，而200MW机组仍采用传统的把轴承座布置在低压缸上的方法。

3-12 为什么大机组高、中压缸采用双层缸结构？

答：对大机组的高、中压缸来说，形状应尽量简单，避免特别厚、重的中分面法兰，以减少热应力、热变形，以及由此而引起的结合面漏汽。

采用双层缸结构后，汽缸内、外蒸汽压差由内、外两层汽缸分担承受，汽缸壁和法兰相对讲可以做得比较薄些，也有利于机组启停和工况变化时减小金属温差。

所以，目前高压汽轮机高、中压汽缸大多采用双层缸结构，国产125、200、300MW机组都是如此。

3-13 汽轮机本体主要由哪几个部分组成？

答：汽轮机本体主要由以下几个部分组成：

(1) 转动部分。由主轴、叶轮、轴封和安装在叶轮上的动叶片及联轴器等组成。

(2) 固定部分。由喷嘴室、汽缸、隔板、静叶片、汽封等组成。

(3) 控制部分。由调节系统保护装置和油系统等组成。

3-14 汽缸的作用是什么?

答: 汽缸是汽轮机的外壳。汽缸的作用主要是将汽轮机的通流部分（喷嘴、隔板、转子等）与大气隔开，保证蒸汽在汽轮机内完成做功过程。此外，它还支承汽轮机的某些静止部件（隔板、喷嘴室、汽封套等），既要承受它们的重量，还要承受由于沿汽缸轴向、径向温度分布不均而产生的热应力。

3-15 汽轮机的汽缸可分为哪些种类?

答: 汽轮机的汽缸一般制成水平对分式，即分上汽缸和下汽缸。

为合理利用钢材，中小汽轮机汽缸常以一个或两个垂直结合面分为高压段、中压段和低压段。

大功率的汽轮机根据工作特点分别设置高压缸、中压缸和低压缸。

高压高温采用双层汽缸结构后，汽缸分内缸和外缸。

汽轮机末级叶片以后将蒸汽排入凝汽器，这部分汽缸称排汽缸。

3-16 为什么汽缸通常制成上下缸的形式?

答: 汽缸通常制成具有水平结合面的水平对分形式。上、下汽缸之间用法兰螺栓连在一起，法兰结合面要求平整，表面粗糙度低，以保证上、下汽缸结合面严密不漏汽。汽缸分成上、下缸，主要是便于加工制造与安装、检修。

3-17 有没有不用法兰上下连接的汽缸?

答: 有。主要用于超高压以上机组，例如法国电气机械公司（CEM）300MW 汽轮机，高压内缸为圆筒形汽缸。这种内缸由两个基本对称的半圆形汽缸组成，没有法兰，用七道热套紧配的环形紧圈箍紧密封。组装时，用环形燃烧器将紧圈加热后，套装于确定的部位。

3-18 汽缸个数通常与汽轮机功率有什么关系?

答: 根据机组的功率不同，汽轮机汽缸有单缸和多缸之分。通常功率在 100MW 以下的机组采用单缸，300MW 以下采用 2～4 个汽缸，600MW 以下采用 4～6 个汽缸。

如国产 50、100MW 机组均为单缸，125MW 机组为双缸，200MW 机组

为三缸，300MW机组为三缸或四缸，总的趋势是机组功率愈大，汽缸个数愈多。

3-19 按制造工艺分类，汽轮机汽缸有哪些不同形式?

答：主要分铸造与焊接两种。汽缸的高、中压段一般采用合金钢或碳钢铸造结构；低压段根据容量和结构要求采用铸造或简单铸件、型钢及钢板的焊接结构。

3-20 制造汽轮机汽缸常用哪些材料?

答：制造汽缸的材料，主要取决于它们的工作温度。

(1) $t \leqslant 250$℃时，采用灰铸铁及合金铸铁。

(2) $t \leqslant 320$℃时，采用球墨铸铁。

(3) $t \leqslant 360$℃时，采用铸钢。

(4) $t \leqslant 500$℃时，采用铬钼铸钢。

(5) $t \leqslant 540$℃时，采用铬钼钒铸钢ZG20CrMoV，高、中压外缸用。

(6) $t \leqslant 570$℃时，采用铬钼钒铸钢ZG15Cr1Mo1V，高、中压内缸用。

当工作温度超过580℃以后，可在上述铬钢、铬钼钒系热强钢中提高铬量或添加钛、铌、硼等元素，以克服金属材料持久强度的降低以及高温氧化腐蚀的加剧。

3-21 汽轮机的汽缸是如何支承的?

答：汽缸的支承要求平稳并保证汽缸能自由膨胀而不改变它的中心位置。

汽缸都是支承在基础台板（也叫座架、机座）上，基础台板又用地脚螺栓固定在汽轮机基础上。小型汽轮机用整块铸件做基础台板，大功率汽轮机的汽缸则支承在若干块基础台板上。

汽轮机的高压缸通过水平法兰所伸出的猫爪（亦称搭爪）支承在前轴承座上。它又分为上缸猫爪支承和下缸猫爪支承两种方式。

3-22 下缸猫爪支承方式有什么优缺点?

答：中、低参数汽轮机的高压缸通常是利用下汽缸前端伸出的猫爪作为承力面，支承在前轴承座上。这种支承方式较简单，安装检修也较方便，但是由于承力面低于汽缸中心线（相差下缸猫爪的高度数值），当汽缸受热后，猫爪温度升高，汽缸中心线向上抬起，而此时支持在轴承上的转子中心线未变，结果将使转子与下汽缸的径向间隙减小，与上汽缸径向间隙增大。对高参数、大功率汽轮机来说，由于法兰很厚，温度很高，猫爪膨胀的影响是不能忽视的。

3-23 上缸猫爪支承法的主要优点是什么？

答：上缸猫爪支承方式亦称中分面（指汽缸中分面）支承方式。主要的优点是由于以上缸猫爪为承力面，其承力面与汽缸中分面在同一水平面上，受热膨胀后，汽缸中心仍与转子中心保持一致。

当采用上缸猫爪支承方式时，上缸猫爪也叫工作猫爪。下缸猫爪叫安装猫爪，只在安装时起支持作用，下面的安装垫铁在检修和安装时起作用，当安装完毕，安装猫爪不再承力。这时，上缸猫爪支承在工作垫铁上，承担汽缸重量。

3-24 汽缸猫爪下面的水冷垫块为什么要通冷却水？

答：水冷垫块固定在轴承座上，通有冷却水，可以不断带走由猫爪传来的热量，防止支承面的高度因受热而改变，也可以使轴承的温度不至过高。

3-25 大功率汽轮机的高、中压汽缸采用双层缸结构有什么优点？

答：大功率汽轮机的高、中压缸采用双层缸结构有如下优点：

(1) 整个蒸汽压差由外缸和内缸分担，从而可减薄内、外缸缸壁及法兰的厚度。

(2) 外层汽缸不致与高温蒸汽相接触，因而外缸可以采用较低级的钢材，节省优质钢材。

(3) 双层缸结构的汽轮机在启动、停机时，汽缸的加热和冷却过程都可加快，因而缩短了启动和停机的时间。

3-26 高、中压汽缸采用双层缸结构后应注意什么问题？

答：高压、中压汽缸采用双层结构有很大的优点，但也需注意一个问题。

国产200、300MW机组，在高压内、外缸之间由于隔热罩的不完善以及抽汽口布置不当，会造成外缸内壁温度升高到超过设计允许值，并且使内缸的外壁温度高到不允许的数值，这种情况应设法予以改善，否则有可能造成汽缸产生裂纹。125MW机组取消正常运行中夹层冷却蒸汽后，由于某些原因，也出现外缸内壁温度过高的现象。

3-27 大机组的低压缸有哪些特点？

答：大机组的低压缸有如下特点：

(1) 低压缸的排汽容积流量较大，要求排汽缸尺寸庞大，故一般采用钢板焊接结构代替铸造结构。

(2) 再热机组的低压缸进汽温度一般都超过 230℃，与排汽温度差达 200℃，因此也采用双层结构。通流部分在内缸中承受温度变化，低压内缸用高强度铸铁铸造，而兼作排汽缸的整个低压外缸仍为焊接结构。庞大的排汽缸只承受排汽温度，温差变化小。

(3) 为防止长时间空负荷运行，排汽温度过高而引起排汽缸变形，在排汽缸内还装有喷水降温装置。

(4) 为减少排汽损失，排汽缸设计成径向扩压结构。

3-28 什么叫排汽缸径向扩压结构？

答：所谓径向扩压结构，实质上是指整个低压外缸（即汽轮机的排汽部分）两侧排汽部分用钢板连通。离开汽轮机的末级排汽由导流板引导径向、轴向扩压，以充分利用排汽余速，然后排入凝汽器。

采用径向扩压主要是充分利用排汽余速，降低排汽阻力，提高机组效率。

3-29 低压外缸的一般支承方式是怎样的？

答：低压汽缸（双层缸时的外缸）在运行中温度较低，金属膨胀不显著，因此低压外缸的支承不采用高、中压汽缸的中分面支承方式，而是把低压缸直接支承在台板上。内缸两侧搁在外缸内侧的支承面上，用螺栓固定在低压外缸上。内、外缸以键定位。外缸与轴承座仅在下汽缸设立垂直导向键（立销）。

3-30 排汽缸的作用是什么？

答：排汽缸的作用是将汽轮机末级动叶排出的蒸汽导入凝汽器中。

3-31 为什么排汽缸要装喷水降温装置？

答：在汽轮机启动、空载及低负荷时，蒸汽流通量很小，不足以带走蒸汽与叶轮摩擦产生的热量，从而引起排汽温度升高，排汽缸温度也升高。排汽温度过高会引起排汽缸较大的变形，破坏汽轮机动静部分中心线的一致性，严重时会引起机组振动或其他事故。所以，大功率机组都装有排汽缸喷水降温装置。

小机组没有喷水降温装置，应尽量避免长时间空负荷运行而引起排汽缸温度超限。

3-32 再热机组的排汽缸喷水装置是怎样设置的？

答：喷水减温装置装在低压外缸内，喷水管沿末级叶片的叶根呈圆周形布置，喷水管上钻有两排喷水孔，将水喷向排汽缸内部空间，起降温作用。喷水管在排汽缸外面与凝结水管相连接，打开凝结水管上的阀门即进行喷水，关闭阀门则停止喷水。

3-33 为什么汽轮机有的采用单个排汽口，有的采用多个排汽口？

答：大功率汽轮机的极限功率实质上受末级通流截面的限制，增大叶片高度能增大通流能力，也即增大机组功率，但增大叶片高度又受材料强度和制造工艺水平的限制。如采用同样的叶片高度，将汽轮机由单排汽口改为双排汽口，极限功率可增大一倍。为增加汽轮机的极限功率，现在大功率汽轮机采用多个排汽口。例如，国产 12.5 万 kW 汽轮机为双排汽口，20 万 kW 汽轮机为三排汽口，30 万 kW 汽轮机为四排汽口（20 万、30 万 kW 汽轮机末级采用长叶片后改为双排汽口）。

3-34 汽缸进汽部分布置有哪几种方式？

答：从调节汽阀到调节级喷嘴这段区域叫做进汽部分，它包括蒸汽室和喷嘴室，是汽缸中承受压力、温度最高的区域。

一般中、低参数汽轮机进汽部分与汽缸浇铸成一体，或者将它们分别浇铸好后，用螺栓连接在一起。高参数汽轮机单层汽缸的进汽部分则是将汽缸、蒸汽室、喷嘴分别浇铸好后，焊接在一起。国产 50、100MW 汽轮机进汽部分就是这种结构。这种结构由于汽缸本身形状得到简化，而且蒸汽室、喷嘴室沿着汽缸四周对称布置，汽缸受热均匀，因而热应力较小。又因高温、高压蒸汽只作用在蒸汽室与喷嘴室，上汽缸接触的是调节级喷嘴出口后的汽流，因而汽缸可以选用比蒸汽室、喷嘴室低一级的材料。

3-35 为什么大功率高参数汽轮机的调节汽阀与汽缸分离单独布置？

答：新汽压力在 9.0MPa、新汽温度在 535℃以下的中、小功率汽轮机，调节汽阀均直接装在汽缸上。更高参数的大功率汽轮机，为减小热应力，使汽缸受热均匀及形状对称，这就要求喷嘴室沿圆周均匀分布，而且汽缸上下都要有进汽管和调节汽阀。由于调节汽阀布置在汽缸下部会给机组布置、安装、检修带来困难，因此需要调节汽阀与汽缸分离单独布置。

另外，大功率汽轮机新汽和再热汽进汽管道都为双路布置，需要两个主汽阀。这样就可以把两个主汽阀分置于汽缸两侧，并且分别和调节汽阀合用一个壳体，每个主汽阀控制两个或多个调节汽阀。

3-36 双层缸结构的汽轮机为什么要采用特殊的进汽短管？

答：对于采用双层缸结构的汽轮机，因为进入喷嘴室的进汽管要穿过外缸和内缸才能和喷嘴室相连接，而内外缸之间在运行时具有相对膨胀，进汽管既不能同时固定在内、外缸上，又不能让大量高温蒸汽外泄，因此采用了一种双层结构的高压进汽短管，把高压进汽导管与喷嘴室连接起来。

3-37 高压进汽短管的结构是怎样的？

答：国产125MW汽轮机和300MW汽轮机的高压进汽短管外层通过螺栓与外缸连接在一起，内层则套在喷嘴室的进汽管上，并用密封环加以密封。这样既保证了高压蒸汽的密封，又允许喷嘴室进汽管与双层套管之间的相对膨胀。

为遮挡进汽连接管的辐射热量，在双层套管的内外层之间还装有带螺旋圈的遮热衬套管，或称遮热筒。遮热衬套管上端的小管就是汽缸内层中冷却蒸汽流出或启动时加热蒸汽流入的通道。

3-38 隔板的结构有哪几种形式？

答：隔板的具体结构是根据隔板的工作温度和作用在两侧的蒸汽压差来决定的，主要有以下三种形式：

(1) 焊接隔板。焊接隔板具有较高的强度和刚度、较好的汽密性，加工较方便，被广泛用于中、高参数汽轮机的高、中压部分。

(2) 窄喷嘴焊接隔板。高参数大功率汽轮机的高压部分，每一级的蒸汽压差较大，其隔板做得很厚，而静叶高度很短，采用宽度较小的窄喷嘴焊接隔板。优点是喷嘴损失小，但有相当数量的导流筋存在，将增加汽流的阻力。国产125、200、300MW汽轮机都是用的窄喷嘴焊接隔板。

(3) 铸造隔板。铸造隔板加工制造比较容易，成本低，但是静叶片的表面粗糙度较高，使用温度也不能太高，一般应小于300℃，因此都用在汽轮机的低压部分。

3-39 什么叫喷嘴弧？

答：采用喷嘴调节配汽方式的汽轮机第一级喷嘴，通常根据调节汽阀的个数成组布置，这些成组布置的喷嘴称为喷嘴弧段，简称喷嘴弧。

3-40 喷嘴弧有哪几种结构形式？

答：喷嘴弧结构形式如下：

(1) 中参数汽轮机上采用的由单个铣制的喷嘴叶片组装、焊接成的喷嘴弧。

(2) 高参数汽轮机采用的整体铣制焊接而成或精密浇铸而成的喷嘴弧。

如 25MW 汽轮机采用第一种喷嘴弧，125MW 汽轮机采用第二种喷嘴弧。

3-41　汽轮机喷嘴、隔板、静叶的定义是什么？

答：喷嘴是由两个相邻静叶片构成的不动汽道，是一个把蒸汽的热能转变为动能的结构元件。装在汽轮机第一级前的喷嘴成若干组，每组由一个调节汽阀控制。隔板是汽轮机各级的间壁，用以固定静叶片。静叶是指固定在隔板上静止不动的叶片。

3-42　什么叫汽轮机的级？

答：由一列喷嘴和一列动叶栅组成的汽轮机最基本的工作单元叫汽轮机的级。

3-43　什么叫调节级和压力级？

答：当汽轮机采用喷嘴调节时，第一级的进汽截面积随负荷的变化在相应变化，因此通常称喷嘴调节汽轮机的第一级为调节级。其他各级统称为非调节级或压力级。压力级是以利用级组中合理分配的压力降或焓降为主的级，是单列冲动级或反动级。

3-44　什么叫双列速度级？

答：为了增大调节级的焓降，利用第一列动叶出口的余速，减小余速损失，使第一列动叶片出口汽流经固定在汽缸上的导叶改变流动方向后，进入第二列动叶片继续做功。这时把具有一列喷嘴，但一级叶轮上有两列动叶片的级，称为双列速度级。

3-45　采用双列速度级有什么优缺点？

答：采用速度级后增大汽轮机调节级的焓降，减少压力级级数，节省耐高温的优质材料，但效率较低。100MW 汽轮机的调节级采用双列速度级，125、200、300WM 汽轮机采用单列调节级。

3-46　高压高温汽轮机为什么要设汽缸、法兰螺栓加热装置？

答：高压高温汽轮机的汽缸要承受很高的压力和温度，同时又要保证汽缸结合面有很好的严密性，所以汽缸的法兰必须做得又宽又厚。这样给汽轮机的启动就带来了一定的困难，即沿法兰的宽度产生较大温差。如温差过大，所产生的热应力将会使汽缸变形或产生裂纹。一般来说，汽缸比法兰容易加热，而螺栓的热量是靠法兰传给它的，因此螺栓加热更慢。对于双层汽

缸的机组来说，外缸受热比内缸慢得多，外缸法兰受热更慢，由于法兰温度上升较慢，牵制了汽缸的热膨胀，引起转子与汽缸间过大的膨胀差，从而使汽轮机通流部分的动、静间隙消失、发生摩擦。

简单地说，为了适应快速启、停的需要，减小额外的热应力和减少汽缸与法兰、法兰与螺栓及法兰宽度上的温差，有效地控制转子与汽缸的膨胀差，50、100MW汽轮机都设法兰螺栓加热装置。125、200、300MW机组采用双层缸结构，内外汽缸除法兰螺栓有加热装置外，还设有汽缸夹层加热装置。

3-47 为什么汽轮机第一级的喷嘴安装在喷嘴室，而不固定在隔板上？

答：第一级喷嘴安装在喷嘴室的目的如下：

(1) 将与最高参数的蒸汽相接触的部分尽可能限制在很小的范围内，使汽轮机的转子、汽缸等部件仅与第一级喷嘴后降温减压后的蒸汽相接触。这样可使转子、汽缸等部件采用低一级的耐高温材料。

(2) 由于高压缸进汽端承受的蒸汽压力比新蒸汽压力低，故可在同一结构尺寸下，使该部分应力下降，或者保持同一应力水平，使汽缸壁厚度减薄。

(3) 使汽缸结构简单匀称，提高汽缸对变工况的适应性。

(4) 降低了高压缸进汽端轴封漏汽压差，为减小轴端漏汽损失和简化轴端汽封结构带来一定好处。

3-48 隔板套的作用是什么？采用隔板套有什么优点？

答：隔板套的作用是用来安装固定隔板。

采用隔板套可使级间距离不受或少受汽缸上抽汽口的影响，从而使汽轮机轴向尺寸相对减小。此外，还可简化汽缸形状，又便于拆装，并允许隔板受热后能在径向自由膨胀，还为汽缸的通用化创造方便条件。

国产100、125、200、300MW机组的部分级组均采用隔板套结构。

3-49 调整抽汽式汽轮机的旋转隔板是怎样工作的？

答：旋转隔板和调节汽阀的作用相同，但是它装在汽轮机汽缸内部，使机组结构紧凑，因而能把调整抽汽式汽轮机做成单缸，简化汽轮机结构。用于控制中压缸进汽量的旋转隔板称为高压旋转隔板。常用的低压旋转隔板是由一个将喷嘴分成内外两层的固定隔板和一个安装在固定隔板前的钢质回转轮组成。隔板的后面装有双层叶片的叶轮。回转轮具有与两层喷嘴对应的内外两层同心孔口，其孔口位置排列为：当回转轮自关闭位置顺时针方向转动时，先打开隔板上的内层喷嘴，后打开外层喷嘴。因此这种隔板代替了两个调节汽阀的作用。为了保证旋转隔板打开时，汽流能均匀地增加，回转轮上孔口的布置应使隔板外层喷嘴的叶道能稍微早开一些，也就是当隔板的内层叶道尚未完全开启时，外层喷嘴的叶道已开始开启，这和调节汽阀开启时应有一定重叠度的道理一样。旋转隔板全部关闭时，回转轮上的孔口与隔板上的喷嘴仍留下 2mm 的间隙，以保证低压缸冷却用的最小蒸汽流量。回转轮的转动由调节系统的油动机带动，也就是说回转轮受调节系统操纵。

这种旋转隔板只能用来调节不高的蒸汽压力，因为蒸汽压力太高时，回转轮被很大的蒸汽轴向推力压向隔板，引起油动机过载以及隔板的磨损。

3-50 什么是汽轮机的转子？转子的作用是什么？

答：汽轮机中所有转动部件的组合体叫做转子。转子的作用是承受蒸汽对所有工作叶片的回转力，并带动发电机转子、主油泵和调速器转动。

3-51 什么是大功率汽轮机的转子蒸汽冷却？

答：汽轮机的转子蒸汽冷却是大机组为防止转子在高温、高转速状况下无蒸汽流过带走摩擦产生的热量，而使转子、汽缸温度过高、热应力过大而设置的结构。如再热机组热态用中压缸进汽启动时，达到一定转速，高压缸排汽止回阀旁路自动打开，一部分蒸汽逆流经过汽缸由进汽口排至凝汽器，从而达到冷却转子、汽缸的目的。

3-52 为什么大功率汽轮机采用转子蒸汽冷却结构？

答：大功率汽轮机普遍采用整锻转子或焊接转子。随着转子整体直径的增大，离心应力和同一变工况速度下热应力增大了。在高温条件下受离心力作用而产生的金属蠕变速度以及在离心力和热应力共同作用下而产生的金属微观缺陷发展及脆变危险也增大了。因此，更有必要从结构上来提高转子的热强度（特别是启动下的热强度）。

从结构上减小金属蠕变变形和降低启动工况下热应力的有效方法之一，就是在高温区段对转子进行蒸汽冷却。国外在 300～350MW 以上的机组几乎都采用了转子蒸汽冷却结构。国产亚临界参数 300MW 再热机组的中压转子也采用了蒸汽冷却结构。

3-53 汽轮机转子一般有哪几种形式？

答：汽轮机转子有如下几种形式：

(1) 套装叶轮转子。叶轮套装在轴上，国产 25MW 汽轮机转子和 100MW 汽轮机低压转子都是这种形式。

(2) 整锻型转子。由一整体锻件制成，叶轮联轴器、推力盘和主轴构成一个整体。

(3) 焊接转子。由若干个实心轮盘和两个端轴拼焊而成。如125MW汽轮机低压转子为焊接式鼓型转子。

(4) 组合转子。高压部分为整锻式，低压部分为套装式。如100MW机组高压转子、200MW机组中压转子。

3-54 套装叶轮转子有哪些优缺点？

答：套装叶轮转子的优点：加工方便，材料利用合理，叶轮和锻件质量易于保证。

缺点：不宜在高温条件下工作，快速启动适应性差，材料高温蠕变和过大的温差易使叶轮发生松动。

3-55 整锻转子有哪些优缺点？

答：整锻转子的优点：避免了叶轮在高温下松动的问题，结构紧凑，强度、刚度高。

缺点：生产整锻转子需要大型锻压设备，锻件质量较难保证，而且加工要求高，贵重材料消耗量大。

3-56 组合转子有什么优缺点？

答：组合转子兼有整锻转子和套装叶轮转子的优点，广泛用于高参数中等容量的汽轮机上。

3-57 焊接转子有哪些优缺点？

答：焊接转子的优点：强度高，相对质量轻，结构紧凑，刚度大，而且能适应低压部分需要大直径的要求。

缺点：焊接转子对焊接工艺要求高，要求材料有良好的焊接性能。

随着冶金和焊接技术的不断发展，焊接转子的应用日益广泛。如BBC公司生产的1300MW双轴汽轮机的高、中、低压转子就全部采用焊接结构。

3-58 整锻转子中心孔起什么作用？

答：整锻转子通常打有ϕ100的中心孔，其目的主要是为了便于检查锻件质量，同时也可以将锻件中心材质差的部分去掉，防止缺陷扩展，以保证转子的强度。

3-59 汽轮机主轴断裂和叶轮开裂的原因有哪些？

答：主轴断裂和叶轮开裂的原因多数是材料及制造上的缺陷造成的，如材料内部有气孔、夹渣、裂纹、材料的冲击韧性值及塑性偏低，叶轮机械加工粗糙、键装配不当造成局部应力过大。另外，长期过大的交变应力及热应力作用易引起材料内部微观缺陷发展，造成疲劳裂纹甚至断裂。运行中，叶轮严重腐蚀和严重超速是引起主轴、叶轮设备事故的主要原因。

3-60 防止叶轮开裂和主轴断裂应采取哪些措施？

答：防止叶轮开裂和主轴断裂应采取以下措施：

(1) 应由制造厂对材料质量提出严格要求，加强质量检验工作。尤其是应特别重视表面及内部的裂纹发生，加强设备监督。

(2) 运行中尽可能减少启停次数，严格控制升速和变负荷速度，以减少设备热疲劳和微观缺陷发展引起的裂纹，要严防超压、超温运行，特别是要防止严重超速。

3-61 叶轮是由哪几部分组成的？它的作用是什么？

答：汽轮机叶轮一般由轮缘、轮面和轮毂等几部分组成。它的作用是用来装置叶片，并将汽流力在叶栅上产生的扭矩传递给主轴。

3-62 运行中的叶轮受到哪些作用力？

答：叶轮工作时受力情况很复杂，除叶轮自身、叶片零件质量引起的巨大离心力外，还有温差引起的热应力，动叶引起的切向力和轴向力，叶轮两边的蒸汽压差和叶片、叶轮振动时的交变应力。

3-63 叶轮上开平衡孔的作用是什么？

答：叶轮上开平衡孔是为了减小叶轮两侧蒸汽压差，减小转子产生过大的轴向力。但在调节级和反动度较大、负载很重的低压部分最末一、二级，一般不开平衡孔，以便叶轮强度不致削弱，并可减少漏汽损失。

3-64 为什么叶轮上的平衡孔为单数？

答：每个叶轮上开设单数个平衡孔，可避免在同一径向截面上设两个平衡孔，从而使叶轮截面强度不致过分削弱。通常开孔5个或7个。

3-65 装配式叶轮的结构是怎样的？

答：装配式叶轮由轮缘、轮面和轮毂三部分组成。轮缘上开有安装叶片用的叶根槽，其形状按叶根形式而定。轮面是叶轮的主体，它把轮缘和轮毂连在一起。轮毂是叶轮和主轴相连的部分，为了减小内孔的应力而加厚，它的内表面往往开有键槽。

3-66 按轮面的断面型线不同，可把叶轮分成几种类型？

答：按轮面的断面型线不同，可把叶轮分为如下类型：

(1) 等厚度叶轮。这种叶轮轮面的断面厚度相等，用在圆周速度较低的级上。

(2) 锥形叶轮。这种叶轮轮面的断面厚度沿径向呈锥形，广泛用于套装式叶轮上。

(3) 双曲线叶轮。这种叶轮轮面的断面沿径向呈双曲线形，加工复杂，仅用在某些汽轮机的调节级上。

(4) 等强度叶轮。叶轮设有中心孔，强度最高，多用于盘式焊接转子或高速单级汽轮机上。

3-67 套装叶轮的固定方法有哪几种？

答：套装叶轮的固定方法有以下几种：

(1) 热套加键法。

(2) 热套加端面键法。

(3) 销钉轴套法。

(4) 叶轮轴向定位采用定位环。

3-68 动叶片的作用是什么？

答：在冲动式汽轮机中，由喷嘴射出的汽流给动叶片一冲动力，将蒸汽的动能转变成转子上的机械能。

在反动式汽轮机中，除喷嘴出来的高速汽流冲动动叶片做功外，蒸汽在动叶片中也发生膨胀，使动叶出口蒸汽速度增加，对动叶片产生反动力，推动叶片旋转做功，将蒸汽热能转变为机械能。由于两种机组的工作原理不同，其叶片的形状和结构也不一样。

3-69 叶片工作时受到哪几种作用力？

答：叶片在工作时受到的作用力主要有两种：一种是叶片本身质量和围带、拉金质量所产生的离心力；另一种是汽流通过叶栅槽道时使叶片弯曲的作用力，以及汽轮机启动、停机过程中，叶片中的温度差引起的热应力。

3-70 汽轮机叶片的结构是怎样的？

答：叶片由叶型、叶根和叶顶三部分组成。叶型部分是叶片的工作部分，它构成汽流通道。按照叶型部分的横截面变化规律，可以把叶片分成等截面叶片和变截面叶片。

等截面叶片的截面积沿叶高是相同的，各截面的型线通常也一样。变截面叶片的截面积则沿叶高按一定规律变化，一般地说，叶型也沿叶高逐渐变化，即叶片绕各截面形心的连线发生扭转，所以通常叫做扭曲叶片。

叶根是叶片与轮缘相连接的部分，它的结构应保证在任何运行条件下叶片都能牢靠地固定在叶轮上，同时应力求制造简单、装配方便。

叶型以上的部分叫叶顶。随叶片成组方式不同，叶顶结构也各异。采用铆接与焊接围带时，叶顶做成凸出部分（端钉）。采用弹性拱形围带时，叶顶必须做成与弹性拱形片相配合的铆接部分。当叶片用拉筋联成组或作为自由叶片时，叶顶通常削薄，以减轻叶片质量，并防止运行中与汽缸相碰时损坏叶片。

3-71　汽轮机叶片的叶根有哪些形式？

答： 叶根的形式较多，主要有以下几种：

(1) T形叶根。

(2) 外包凸肩T形叶根。

(3) 菌形叶根。

(4) 双T形叶根。

(5) 叉形叶根。

(6) 枞树形叶根。

3-72　装在动叶片上的围带和拉筋起什么作用？

答： 动叶顶部装围带（也称覆环）和动叶中部串拉筋，都是使叶片之间连接成组，增强叶片的刚性，调整叶片的自振频率，改善振动情况。另外，围带还有防止漏汽的作用。

3-73　汽轮机高压段为什么采用等截面叶片？

答： 一般在汽轮机高压段，蒸汽容积流量相对较小，叶片短，叶高比 d/L（d 为叶片平均直径，L 为叶片高度）较大，沿整个叶高的圆周速度及汽流参数差别相对较小。此时依靠改变不同叶高处的断面型线，不能显著地提高叶片工作效率，所以多将叶身断面型线沿叶高做成相同的，即做成等截面叶片。这样做虽使效率略受影响，但加工方便，制造成本低，而强度也可得到保证，有利于实现部分级叶片的通用化。

3-74　为什么汽轮机有的级段要采用扭曲叶片？

答： 大机组为增大功率，往往叶片做得很长。随着叶片高度的增加，当叶高比具有较小值（一般为小于10）时，不同叶高处圆周速度与汽流参数的差异已不容忽视。此时叶身断面型线必须沿叶高相应变化，使叶片扭曲变

形，以适应汽流参数沿叶高的变化规律，减小流动损失；同时，从强度方面考虑，为改善离心力所引起的拉应力沿叶高的分布，叶身断面面积也应由根部到顶部逐渐减小。

3-75　防止叶片振动断裂的措施主要有哪几点？

答：防止叶片振动断裂的措施有：

(1) 提高叶片、围带、拉筋的材料、加工与装配质量。

(2) 采取叶片调频措施，避开危险共振范围。

(3) 避免长期低频率运行。

3-76　多级凝汽式汽轮机最末几级为什么要采用去湿装置？

答：多级凝汽式汽轮机的最末几级蒸汽温度很低，一般均在湿蒸汽区工作。湿蒸汽中的微小水滴不但消耗蒸汽的动能形成湿汽损失，还将冲蚀叶片，威胁叶片安全。因此必须采取去湿措施，以保证凝汽式汽轮机膨胀终了的允许湿度。大功率机组采用中间再热，对减少低压级叶片湿度带来显著的效果。当末级湿度达不到要求时，应加装去湿装置和提高叶片的抗冲蚀能力。

3-77　汽轮机末级排汽的湿度允许值一般为多少？

答：一般规定汽轮机末级排汽的湿度不超过 10%～12%。中间再热机组的排汽湿度一般为 5%～8%。

3-78　汽轮机去湿装置有哪几种？

答：去湿装置根据它所安装的位置分级前和动叶片前两种。它是利用水珠受离心力作用而被抛向通流部分外圆的原理工作的。一般将水滴甩进到去湿装置的槽中，然后引入凝汽器。

另外，还采用具有吸水缝的空心静叶，利用凝汽器内很低的压力，把附着在静叶表面的水滴沿静叶片上开设的吸水缝直接吸入凝汽器。

3-79　提高动叶片抗冲蚀能力的措施有哪些？

答：为提高汽轮机末几级动叶片抗冲蚀能力，可采取以下措施：将多级汽轮机末几级动叶片的进汽边背弧的叶顶处局部淬硬（电火花强化），表面镀铬，以及镶焊司太立硬质合金片等。

3-80　汽封的作用是什么？

答：为了避免动、静部件之间的碰撞，必须留有适当的间隙，这些间隙的存在势必导致漏汽，为此必须加装密封装置——汽封。根据汽封在汽轮机中所处位置可分为轴端汽封（简称轴封）、隔板汽封和围带汽封（通流部分汽封）三类。

3-81 汽封的结构形式和工作原理是怎样的？

答：汽封的结构类型有曲径式和迷宫式。曲径式汽封有梳齿形（平齿、高低齿）、J形、枞树形三种。

曲径式汽封的工作原理：一定压力的蒸汽流经曲径式汽封时，必须依次经过汽封齿尖与轴凸肩形成的狭小间隙，当经过第一个间隙时通流面积减小，蒸汽流速增大，压力降低。随后高速汽流进入小室，通流面积突然变大，流速降低，汽流转向，发生撞击和产生涡流等现象，速度降到近似为零，蒸汽原具有的动能转变成热能。当蒸汽经过第二个汽封间隙时，又重复上述过程，压力再次降低。蒸汽流经最后一个汽封齿后，蒸汽压力降至与大气压力相差甚小。所以在一定的压差下，汽封齿越多，每个齿前后的压差就越小，漏汽量也越小。当汽封齿数足够多时，漏汽量为零。

3-82 什么是通流部分汽封？

答：动叶顶部和根部的汽封叫做通流部分汽封，用来阻碍蒸汽从动叶两端漏汽。通常的结构形式为动叶顶端围带及动叶根部有个凸出部分以减少轴向间隙，围带与装在汽缸或隔板套上的阻汽片组成汽封以减小径向间隙，使漏汽损失减小。

3-83 轴封的作用是什么？

答：轴封是汽封的一种。汽轮机轴封的作用是阻止汽缸内的蒸汽向外漏泄，低压缸排汽侧轴封的作用是防止外界空气漏入汽缸。

3-84 汽轮机为什么会产生轴向推力？运行中轴向推力怎样变化？

答：纯冲动式汽轮机动叶片内蒸汽没有压力降，但由于隔板汽封有漏汽，使叶轮前后也产生一定的压差，且一般的汽轮机中，每一级动叶片蒸汽流过时都有大小不等的压降，在动叶叶片前后也产生压差。叶轮和叶片前后的压差及轴上凸肩处的压差使汽轮机产生由高压侧向低压侧、与汽流方向一致的轴向推力。

影响轴向推力的因素很多，轴向推力的大小基本上与蒸汽流量的大小成正比，也即负荷增大时轴向推力增大。需要指出的是，当负荷突然减小时，有时会出现与汽流方向相反的轴向推力。

3-85 减少汽轮机轴向推力可采取哪些措施？

答：减小汽轮机轴向推力可采取如下措施：

(1) 高压轴封两端以反向压差设置平衡活塞。

(2) 高、中压缸反向布置。

(3) 低压缸对称分流布置。

(4) 在叶轮上开平衡孔。

剩余的轴向推力由推力轴承承受。

3-86 什么是汽轮机的轴向弹性位移？

答：汽轮机的轴向位移反映的是汽轮机转动部分和静止部分的相对位置，轴向位移发生变化，说明转子和定子轴向相对位置发生了变化。

所谓轴向弹性位移是指汽轮机推力盘及工作推力瓦片后的支承座、垫片瓦架等在汽轮机负荷增加、推力增加时，会发生弹性变形，由此产生随着负荷增加而增加的轴向弹性位移。当负荷减小时，弹性位移也减少。

3-87 汽轮机为什么要设滑销系统？

答：汽轮机在启动及带负荷过程中，汽缸的温度变化很大，因而热膨胀值较大。为保证汽缸受热时能沿给定的方向自由膨胀，保持汽缸与转子中心一致，同样，汽轮机停机时，保证汽缸能按给定的方向自由收缩，汽轮机均设有滑销系统。

3-88 汽轮机的滑销有哪些种类？它们各起什么作用？

答：根据滑销的构造形式、安装位置可分为下列 6 种：

(1) 横销。一般安装在低压汽缸排汽室的横向中心线上，或安装在排汽室的尾部，左右两侧各装一个。横销的作用是保证汽缸横向的正确膨胀，并限制汽缸沿轴向移动。由于排汽室的温度是汽轮机通流部分温度最低的区域，故横销都装于此处，整个汽缸由此向前或向后膨胀，形成了轴向死点。

(2) 纵销。多装在低压汽缸排汽室的支撑面、前轴承箱的底部、双缸汽轮机中间轴承的底部等和基础台板的接合面间。所有纵销均在汽轮机的纵向中心线上。纵销可保证汽轮机沿纵向中心线正确膨胀，并保证汽缸中心线不能作横向滑移。因此，纵销中心线与横销中心线的交点形成整个汽缸的膨胀死点，在汽缸膨胀时，这点始终保持不动。

(3) 立销。装在低压汽缸排汽室尾部与基础台板间、高压汽缸的前端与轴承座间。所有的立销均在机组的轴线上。立销的作用可保证汽缸垂直定向自由膨胀，并与纵销共同保持机组的正确纵向中心线。

(4) 猫爪横销。既起着横销作用，又对汽缸起着支承作用。猫爪一般装在前轴承座及双缸汽轮机中间轴承座的水平接合面上，是由下汽缸或上汽缸端部突出的猫爪、特制的销子和螺栓等组成。猫爪横销的作用是：保证汽缸在横向的定向自由膨胀，同时随着汽缸在轴向的膨胀和收缩，推动轴承座向前或向后移动，以保持转子与汽缸的轴向相对位置。

(5) 角销。装在前轴承座及双缸汽轮机中间轴承座底部的左右两侧，以代替连接轴承座和基础台板的螺栓。其作用是保证轴承座与台板的紧密接触，防止产生间隙和轴承座的翘头现象。

(6) 斜销。装在排汽缸前部左右两侧支撑与基础台板间。销子与销槽的间隙为0.06～0.08mm。斜销是一种辅助滑销，不经常采用，它能起到纵向及横向的双重导向作用。

3-89 什么是汽轮机膨胀的“死点”？通常布置在什么位置？

答：横销引导轴承座或汽缸沿横向滑动并与纵销配合成为膨胀的固定点，此点称为“死点”，也即纵销中心线与横销中心线的交点。“死点”固定不动，汽缸以“死点”为基准向前后左右膨胀滑动。

对凝汽式汽轮机来说，死点多布置在低压排汽口的中心线或其附近，这样在汽轮机受热膨胀时，对于庞大笨重的凝汽器影响较小。国产200MW和125MW汽轮机组均设两个死点，高、中压缸向前膨胀，低压缸向发电机侧膨胀，各自的绝对膨胀量都可适当减小。

3-90 汽轮机联轴器起什么作用？有哪些种类？各有何优缺点？

答：联轴器俗称靠背轮。汽轮机联轴器是用来连接汽轮发电机组的各个转子，并把汽轮机的功率传给发电机。汽轮机联轴器可分刚性联轴器、半挠性联轴器和挠性联轴器。

以下介绍这几种联轴器优缺点。

(1) 刚性联轴器。优点是构造简单、尺寸小、造价低，不需要润滑油。缺点是转子的振动、热膨胀都能相互传递，校中心要求高。

(2) 半挠性联轴器。优点是能适当弥补刚性联轴器的缺点，校中心要求稍低。缺点是制造复杂、造价较大。

(3) 挠性联轴器。优点是转子振动和热膨胀不互相传递，允许两个转子中心线稍有偏差。缺点是要多装一道推力轴承，并且一定要有润滑油，直径大、成本高，检修工艺要求高。

大机组一般高低压转子之间采用刚性联轴器，低压转子与发电机转子之间采用半挠性联轴器。

3-91 刚性联轴器分哪两种?

答: 刚性联轴器又分装配式和整锻式两种形式。装配式刚性联轴器是把两半联轴器分别用热套加双键的方法，套装在各自的轴端上，然后找准中心、铰孔，最后用螺栓紧固；整锻式刚性联轴器与轴整体锻出。这种联轴器的强度和刚度都比装配式高，且没有松动现象。为使转子的轴向位置作少量调整，在两半联轴器之间装有垫片，安装时按具体尺寸配制一定厚度的垫片。

3-92 什么是半挠性联轴器?

答: 半挠性联轴器的结构是在两个联轴器间用半挠性波形套筒连接，并用螺栓紧固。波形套筒在扭转方向是刚性的，在弯曲方向则是挠性的。

3-93 挠性联轴器的结构形式是怎样的?

答: 挠性联轴器有齿轮式和蛇形弹簧式两种形式。齿轮式挠性联轴器多用在小型汽轮机上，它的结构是两个齿轮用热套加键的方式分别装在两个轴端上，并用大螺帽紧固，防止从轴上滑脱。两个齿轮的外面有一个套筒，套筒两端的内齿分别与两个齿轮啮合，从而将两个转子连接起来。套筒的两侧安置挡环限制套筒的轴向位置，挡环用螺栓固定在套筒上。125MW 机组电动调速给水泵采用的就是这种挠性联轴器。

3-94 蛇形弹簧式挠性联轴器的结构是怎样的?

答: 蛇形弹簧式挠性联轴器，因结构复杂比较少见。国产 5 万 kW 汽轮机的主油泵转子与减速齿轮轴之间以及某些进口机组中可以见到这种形式的联轴器。

蛇形弹簧式挠性联轴器的两半分别套装在相对轴端上的对轮外缘，铣出类似渐开线齿形的牙齿，沿圆周嵌入若干段弹性钢带制成的蛇形弹簧把两边的牙齿连接起来，外面再用以螺栓并紧的由两部分组成的外壳罩住，以防弹簧飞出。主动轮的扭矩通过牙齿和弹簧传给从动轮。

3-95 汽轮机的盘车装置起什么作用?

答: 汽轮机冲动转子前或停机后，进入或积存在汽缸内的蒸汽使上缸温度比下缸高，从而使转子不均匀受热或冷却，产生弯曲变形。因而在冲转前和停机后，必须使转子以一定的速度连续转动，以保证其均匀受热或冷却。换句话说，冲转前和停机后盘车可以消除转子的热弯曲，同时还有减小上下汽缸的温差和减少冲转力矩的功用，还可在启动前检查汽轮机动静之间是否有摩擦及润滑系统的工作是否正常。

3-96 盘车有哪两种方式？电动盘车装置主要有哪两种形式？

答：盘车有手动和电动两种方式。小机组采用人力手动盘车，中型和大型机组都采用电动盘车。

电动盘车装置主要有两种形式：

(1) 具有螺旋轴的电动盘车装置（大多数国产中、小型汽轮机组及125、300MW机组采用）。

(2) 具有摆动齿轮的电动盘车装置（国产50、100、200MW机组采用）。

3-97 具有螺旋轴的电动盘车装置的构造和工作原理是怎样的？

答：螺旋轴电动盘车装置由电动机、联轴器、小齿轮、大齿轮、啮合齿轮、螺旋轴、盘车齿轮、保险销、手柄等组成。啮合齿轮内表面铣有螺旋齿与螺旋轴相啮合，啮合齿轮沿螺旋轴可以左右滑动。

当需要投入盘车时，先拨出保险销，推手柄，手盘电动机联轴器，直至啮合齿轮与盘车齿轮全部啮合。当手柄被推至工作位置时，行程开关接点闭合，接通盘车电源，电动机启动至全速后，带动汽轮机转子转动进行盘车。

当汽轮机启动冲转后，转子的转速高于盘车转速时，使啮合齿轮由原来的主动轮变为被动轮，即盘车齿轮带动啮合齿轮转动，螺旋轴的轴向作用力改变方向，啮合齿轮与螺旋轴产生相对转动，并沿螺旋轴移动退出啮合位置，手柄随之反方向转动至停用位置，断开行程开关，电动机停转，基本停止工作。

若需手动停止盘车，可手按盘车电动机停按钮，电动机停转，啮合齿轮退出，盘车停止。

3-98 具有摆动齿轮的盘车装置的构造和工作原理是怎样的？

答：具有摆动齿轮的盘车装置主要由齿轮组、摆动壳、曲柄、连杆、手轮、行程开关、弹簧等组成。齿轮组通过两次减速后带动转子转动。

盘车装置脱开时，摆动壳被杠杆系统吊起，摆动齿轮与盘车齿轮分离；行程开关断路，电动机不转，手轮上的锁紧销将手轮锁在脱开位置；连杆在压缩弹簧的作用下推紧曲柄，整个装置不能运动。

投入盘车时，拔出锁紧销，逆时针转动手轮，与手轮同轴的曲柄随之转动，克服压缩弹簧的推力，带动连杆向右下方运动；拉杆同时下降，使摆动壳和摆动轮向下摆动，当摆动轮与盘车齿轮进入啮合状态时，行程开关闭合接通电动机电源，齿轮组即开始转动。由于转子尚处于静止状态，摆动齿轮带着摆动壳继续顺时针摆动，直到被顶杆顶住。此时摆动壳处于中间位置，摆动轮与盘车齿轮完全啮合并开始传递力矩，使转子转动起来。

盘车装置自动脱开过程如下：冲动转子以后，盘车齿轮的转速突然升高，而摆动齿轮由主动轮变为被动轮，被迅速推向右方并带着摆动壳逆时针摆起，推动拉杆上升。当拉杆上端点超过平衡位置时，连杆在压缩弹簧的推动下推着曲柄逆时针旋转，顺势将摆动壳拉起，直到手轮转过预定的角度，锁紧销自动落入锁孔将手轮锁住。此时行程开关动作，切断电动机电源，各齿轮均停止转动，盘车装置又恢复到投用前的脱开状态。操作盘车停止按钮，切断电源，也可使盘车装置退出工作。

3-99 采用高速盘车有什么优缺点？

答：高速盘车虽消耗功率较大，但盘车时较容易形成轴承油膜，并且在消除热变形及冷却轴承等方面均比低速盘车好。

3-100 为什么小型汽轮机采用减速器装置？

答：设计小型汽轮机时为了达到结构紧凑、金属材料消耗少、成本低且运行效率高的要求，为了减少汽轮机的级数而提高了汽轮机的转速，如有的转速高达6000r/min以上，而我国的发电机转速受交流电频率的限制，分别为3000r/min和1500r/min，所以高速汽轮机与发电机的连接必然要采用减速器装置。

3-101 主轴承的作用是什么？

答：轴承是汽轮机的一个重要组成部件。主轴承也叫径向轴承，它的作用是承受转子的全部重量，以及由于转子质量不平衡引起的离心力，确定转子在汽缸中的正确径向位置。由于每个轴承都要承受较高的载荷，而且轴颈转速很高，所以汽轮机的轴承都采用以液体摩擦为理论基础的轴瓦式滑动轴承，借助于有一定压力的润滑油在轴颈与轴瓦之间形成油膜，建立液体摩擦，使汽轮机安全稳定地运行。

3-102 轴承的润滑油膜是怎样形成的？

答：轴瓦的孔径较轴颈稍大些，静止时，轴颈位于轴瓦下部直接与轴瓦内表面接触，在轴瓦与轴颈之间形成了楔形间隙。

当转子开始转动时，轴颈与轴瓦之间会出现直接摩擦。但是，随着轴颈的转动，润滑油由于黏性而附着在轴的表面上，被带入轴颈与轴瓦之间的楔形间隙中。随着转速的升高，被带入的油量增多，由于楔形间隙中油流的出口面积不断减小，所以油压不断升高。当这个压力增大到足以平衡转子对轴瓦的全部作用力时，轴颈被油膜托起，悬浮在油膜上转动，从而避免了金属直接摩擦，建立了液体摩擦。

3-103 汽轮机主轴承主要有哪几种结构形式？

答：汽轮机主轴承主要有4种结构形式：

（1）圆筒瓦支持轴承。

（2）椭圆瓦支持轴承。

（3）三油楔支持轴承。

（4）可倾瓦支持轴承。

3-104 固定式圆筒形支持轴承的结构是怎样的？

答：固定式圆筒形支持轴承用在容量为50～100MW的汽轮机上。轴瓦外形为圆筒形，由上下两半组成，用螺栓连接。下瓦支持在三块垫铁上，垫铁下衬有垫片，调整垫片的厚度可以改变轴瓦在轴承洼窝内的中心位置。上轴瓦顶部垫铁的垫片可以用来调整轴瓦与轴承上盖间的紧力。润滑油从轴瓦侧下方垫铁中心孔引入，经过下轴瓦体内的油路，自水平结合面的进油孔进入轴瓦。由于轴的旋转，使油先经过轴瓦顶部间隙，再经过轴颈和下瓦间的楔形间隙，然后从轴瓦两端泄出，由轴承座油室返回油箱。在轴瓦进油口处有节流孔板来调整进油量的大小。轴瓦的两侧装有防止油甩出来的油挡。轴瓦水平结合面处的锁柄用来防止轴瓦转动。

轴瓦一般用优质铸铁铸造，在轴瓦内部车出燕尾槽，并浇铸锡基轴承合金（即巴氏合金），也称乌金。

3-105 什么是自位式轴承？

答：圆筒形支持轴承和椭圆形支持轴承按支持方式都可分为固定式和自位式（又称球面式）两种。

自位式与固定式不同的只是轴承体外形呈球面形状。当转子中心变化引起轴颈倾斜时，轴承可以随轴颈转动自动调位，使轴颈和轴瓦之间的间隙在整个轴瓦长度内保持不变。但是这种轴承的加工和调整较为麻烦。

3-106 椭圆形支持轴承与圆筒形支持轴承有什么区别？

答：椭圆形支持轴承的结构与圆筒形支持轴承基本相同，只是轴承侧边间隙加大了，通常侧边间隙是顶部间隙的2倍。轴瓦曲率半径增大，使轴颈在轴瓦内的绝对偏心距增大，轴承的稳定性增加。同时轴瓦上、下部都可以形成油楔（因此又有双油楔轴承之称）。由于上油楔的油膜力向下作用，使轴承运行的稳定性好，这种轴承在大、中容量汽轮机组中得到了广泛运用。

3-107 什么是三油楔轴承？

答：在大容量机组中，如国产125、200、300MW机组都采用三油楔

轴承。

三油楔支持轴承的轴瓦上有三个长度不等的油楔，从理论上分析，三个油楔建立的油膜的作用力从三个方向拐向轴颈中心，可使轴颈稳定地运转。但这种轴承上、下轴瓦的结合面与水平面倾斜角为35°，给检修与安装带来不便。

从有的机组三油楔支持轴承发生油膜振荡的现象来看，这种轴承的承载能力并不很大，稳定性也并不十分理想。

3-108 什么是可倾瓦支持轴承？

答：可倾瓦支持轴承通常由3～5个或更多个能在支点上自由倾斜的弧形瓦块组成，所以又叫活支多瓦形支持轴承，也叫摆动轴瓦式轴承。由于其瓦块能随着转速、载荷及轴承温度的不同而自由转动，在轴颈周围形成多油楔，且各个油膜压力总是指向中心，具有较高的稳定性。

另外，可倾瓦支持轴承还具有支承柔性大、吸收振动能量好、承载能力大、耗功小、适应正反方向转动等特点。但可倾瓦结构复杂，安装、检修较为困难，成本较高。

3-109 几种不同形式的支持轴承各适应于哪些类型的转子？

答：圆筒形支持轴承主要适用于低速重载转子；三油楔支持轴承、椭圆形支持轴承分别适用于较高转速的轻载和中、重载转子；可倾瓦支持轴承则适用于高转速轻载和重载转子。

3-110 推力轴承的作用是什么？

答：推力轴承的作用是承受转子在运行中的轴向推力，确定和保持汽轮机转子和汽缸之间的轴向相互位置。

3-111 推力轴承有哪些种类？主要构造是怎样的？

答：推力轴承可以设置为单独式，也可以和支持轴承合并为一体，形成联合式（推力支持联合轴承）。按结构形状分多项颚和扇形瓦片式，现在普遍采用的为扇形瓦片式。主要构造由工作瓦片、非工作瓦片、调整垫片、安装环等组成。推力盘的两侧分别安装10～12片工作瓦片和非工作瓦片。各瓦片都安装在安装环上，工作瓦片承受转子正向轴向推力，非工作瓦片承受转子的反向轴向推力。

3-112 什么叫推力间隙？

答：推力盘在工作瓦片和非工作瓦片之间的移动距离叫推力间隙，一般不大于0.4mm。瓦片上的乌金厚度一般为1.5mm，其值小于汽轮机通流部分动静之间的最小间隙，以保证即使在乌金熔化的事故情况下，汽轮机动静部分也不会相互摩擦。

3-113 汽轮机推力轴承的工作过程是怎样的?

答: 安装在主轴上的推力盘两侧工作面和非工作面各有若干块推力瓦块，瓦块背面有一销钉孔，靠此孔将瓦块安置在安装环的销钉上，瓦块可以围绕销钉略为转动。

瓦块上的销钉孔设在偏离中心 7.54mm 处，因此瓦块的工作面和推力盘之间就构成了楔形间隙。当推力盘转动时，油在楔形间隙中受到挤压，压力提高，因而这层油膜具有承受转子轴向推力的能力。安装环安置在球面座上，油经过节流孔接入推力轴承进油室，分为两路经推力轴承球面座上的进油孔进入主轴周围的环形油室，并在瓦块之间径向流过。在瓦块与瓦块之间留有宽敞的空间，便于油在瓦块中循环。

推力轴承球面座上装有回油挡油环，油环围在推力盘外圆形成环形回油室。在工作面和非工作面回油挡环的顶部各设两个回油孔，而且还可以用针形阀来调节回油量。

在推力瓦块安装环与推力盘之间也装有挡油环，该挡油环包围住推力瓦块，形成推力轴承的环形进油室。

3-114 汽轮机的辅助设备主要有哪些?

答: 汽轮机设备除了本体、保护调节及供油设备外，还有许多重要的辅助设备，主要有凝汽设备、回热加热设备、除氧器等。

3-115 简述凝汽设备的组成。

答: 汽轮机凝汽设备主要由凝汽器、循环水泵、抽气器、凝结水泵等组成。

3-116 凝汽设备的任务是什么?

答: 凝汽设备的任务是:

(1) 在汽轮机的排汽口建立并保持高度真空。

(2) 把汽轮机的排汽凝结成水，再由凝结水泵送至除氧器，成为供给锅炉的给水。

此外，凝汽设备还有一定的真空除氧作用。

3-117 凝汽器的工作原理是怎样的?

答: 凝汽器中真空形成的主要原因是由于汽轮机的排汽被冷却成凝结水，

其比体积急剧缩小。如蒸汽在绝对压力为4kPa时蒸汽的体积比水的体积大3万多倍。当排汽凝结成水后，体积就大为缩小，使凝汽器内形成高度真空。

凝汽器的真空形成和维持必须具备三个条件：

(1) 凝汽器铜管必须通过一定的冷却水量。

(2) 凝结水泵必须不断地把凝结水抽走，避免水位升高，影响蒸汽的凝结。

(3) 抽气器必须把漏入的空气和排汽中的其他气体抽走。

3-118 对凝汽器的要求是什么？

答：对凝汽器的要求是：

(1) 有较高的传热系数和合理的管束布置。

(2) 凝汽器本体及真空管系统要有高度的严密性。

(3) 汽阻及凝结水过冷度要小。

(4) 水阻要小。

(5) 凝结水的含氧量要小。

(6) 便于清洗冷却水管。

(7) 便于运输和安装。

3-119 凝汽器有哪些分类方式？

答：按换热方式的不同，凝汽器可分为混合式和表面式两大类。

表面式凝汽器按冷却水的流程，分为单道制、双道制和三道制；按水侧有无垂直隔板，分为单一制和对分制；按进入凝汽器的汽流方向，分为汽流向下式、汽流向上式、汽流向心式和汽流向侧式。

3-120 什么是混合式凝汽器？什么是表面式凝汽器？

答：汽轮机的排汽与冷却水直接混合换热的叫混合式凝汽器。这种凝汽器的缺点是凝结水不能回收，一般应用于地热电站。

汽轮机排汽与冷却水通过铜管表面进行间接换热的凝汽器叫表面式凝汽器。现在一般电厂都用表面式凝汽器。

3-121 通常表面式凝汽器由哪些部件组成？其工作过程是怎样的？

答：通常表面式凝汽器主要由外壳、水室、管板、铜管、与汽轮机连接处的补偿装置和支架等部件组成。

工作过程：凝汽器有一个圆形（或方形）的外壳，两端为冷却水水室，冷却水管固定在管板上，冷却水从进口流入凝汽器，流经管束后，从出水口流出。汽轮机的排汽从进汽口进入凝汽器，与温度较低的冷却水管外壁接触而放热凝结。排汽所凝结的水最后聚集在热水井中，由凝结水泵抽出。不凝结的气体流经空气冷却区后，从空气抽出口抽出。

3-122 大机组的凝汽器外壳由圆形改为方形有什么优缺点？

答：凝汽器外壳由圆形改成方形（矩形），使制造工艺简化，并能充分利用汽轮机下部空间。在同样的冷却面积下，凝汽器的高度可降低，宽度可缩小，安装也比较方便。但方形外壳受压性能差，需用较多的槽钢和撑杆进行加固。

3-123 汽流向侧式凝汽器有什么特点？

答：汽轮机的排汽进入凝汽器后，因抽气口处压力最低，所以汽流向抽气口处流动。汽流向侧式凝汽器有上下直通的蒸汽通道，保证了凝结水与蒸汽的直接接触。一部分蒸汽由此通道进入下部，其余部分从上面进入管束的两半，空气从两侧抽出。在这类凝汽器中，当通道面积足够大时，凝结水过冷度很小，汽阻也不大。国产机组多数采用这种形式。

3-124 汽流向心式凝汽器有什么特点？

答：对于汽流向心式凝汽器，蒸汽被引向管束的全部外表面，并沿半径方向流向中心的抽气口。在管束的下部有足够的蒸汽通道，使向下流动的凝结水及热水井中的凝结水与蒸汽相接触，从而使凝结水得到很好的回热。这种凝汽器还由于管束在蒸汽进口侧具有较大的通道，同时蒸汽在管束中的行程较短，所以汽阻比较小。此外，由于凝结水与被抽出的蒸汽空气混合物不接触，保证了凝结水的良好除氧作用。

其缺点是体积较大。国产200MW机组就采用这种凝汽器。

3-125 凝汽器铜管在管板上如何固定？

答：凝汽器铜管在管板上的固定方法主要有垫装法、胀管法和焊接法（钛管）。

垫装法是将管子两端置于管板上，再用填料加以密封。优点是当温度变化时，铜管能自由胀缩，但运行时间长了，填料会腐烂而造成漏水。

胀管法是将铜管置于管板上后，用专用的胀管器将铜管扩胀，扩管后的铜管管端外径比原来大1～1.5mm，与管板间保持严密接触，不易漏水。这种方法工艺简单、严密性好，现在广泛采用在凝汽器上。

3-126 凝汽器与汽轮机排汽口是怎样连接的？排汽缸受热膨胀时如何补偿？

答：凝汽器与排汽口的连接方式有焊接、法兰连接和伸缩节连接三种。

为保证大机组连接处的严密性，一般用焊接连接。当用焊接方法或法兰盘连接时，凝汽器下部用弹簧支撑。排汽缸受热膨胀时，靠支承弹簧的压缩变形来补偿。

小机组用伸缩节连接时，凝汽器放置在固定基础上，排汽缸的温度变化时，膨胀靠伸缩节补偿。

也有的凝汽器上部用波形伸缩节与排汽缸连接，下部仍用弹簧支承。

3-127 什么是凝汽器的热力特性曲线?

答：凝汽器内压力的高低是受许多因素影响的，其中主要因素是汽轮机排入凝汽器的蒸汽量、冷却水的进口温度、冷却水量。这些因素在运行中都会发生很大的变化。

凝汽器的压力与凝汽量、冷却水进口温度、冷却水量之间的变化关系称为凝汽器的热力特性。

在冷却面积一定，冷却水量也一定时，对应于每一个冷却水进水温度，可求出凝汽器压力与凝汽量之间的关系，将此关系绘成曲线，即为凝汽器的热力特性曲线。

3-128 凝汽器热交换平衡方程式如何表示?

答：凝汽器热交换平衡方程式的物理意义是：排汽凝结时放出的热量等于冷却水带走的热量。其方程式为

$$D_c(h_c - h_c') = D_w(t_2 - t_1)c_w$$

式中 D_c——进入凝汽器的蒸汽量，kg/h；

h_c——汽轮机排汽的焓值，kJ/kg；

h_c'——凝结水的焓值，kJ/kg；

D_w——进入凝汽器的冷却水量，kg/h；

t_1、t_2——冷却水的进、出水温度，℃；

c_w——冷却水的比热容，kJ/（kg·℃）。

式中（$h_c - h_c'$）的数值在（510～520）×4.186kJ/kg 之间，近似取 520×4.186kJ/kg。

3-129 什么叫凝汽器的冷却倍率?

答：凝结 1kg 排汽所需要的冷却水量，称为冷却倍率。其数值为进入凝汽器的冷却水量与进入凝汽器的汽轮机排汽量之比，一般取 50～80。

3-130 什么是凝汽器的极限真空?

答：凝汽设备在运行中应该从各方面采取措施以获得良好真空。但真空

的提高也不是越高越好，而有一个极限。这个真空的极限由汽轮机最后一级叶片出口截面的膨胀极限所决定。当通过最后一级叶片的蒸汽已达到膨胀极限时，如果继续提高真空，不可能得到经济上的效益，反而会降低经济效益。

简单地说，当蒸汽在末级叶片中的膨胀达到极限时，所对应的真空称为极限真空，也有的称之为临界真空。

3-131 什么是凝汽器的最有利真空？影响最有利真空的主要因素是什么？

答：对于结构已确定的凝汽器，在极限真空内，当蒸汽参数和流量不变时，提高真空使蒸汽在汽轮机中的可用焓降增大，就会相应增加发电机的输出功率。但是在提高真空的同时，需要向凝汽器多供冷却水，从而增加了循环水泵的耗功。由于凝汽器真空提高，使汽轮机功率增加与循环水泵多耗功率的差数为最大时的真空值称为凝汽器的最有利真空（即最经济真空）。

影响凝汽器最有利真空的主要因素是：进入凝汽器的蒸汽流量、汽轮机排汽压力、冷却水的进口温度、循环水量（或是循环水泵的运行台数）、汽轮机的出力变化及循环水泵的耗电量变化等。实际运行中则是根据凝汽量及冷却水进口温度来选用最有利真空下的冷却水量，也即是合理调度使用循环水泵的容量和台数。

3-132 凝汽器铜管的清洗方法有哪些？

答：当凝汽器冷却水管结垢或被杂物堵塞时，便破坏了凝汽器的正常工作，使真空下降。因此必须定期清洗铜管，使其保持较高的清洁程度。

清洗方法通常有以下几种：

(1) 机械清洗。机械清洗即用钢丝刷、毛刷等机械，用人工清洗水垢。缺点是时间长，劳动强度大，此法已很少采用。

(2) 酸洗。当凝汽器铜管结有硬垢，真空无法维持时应停机进行酸洗。用酸液溶解去除硬质水垢。去除水垢的同时还要采取适当措施防止铜管被腐蚀。

(3) 通风干燥法。凝汽器有软垢污泥时，可采用通风干燥法处理，其原理是使管内微生物和软泥龟裂，再通水冲走。

(4) 反冲洗法。凝汽器中的软垢还可以采用冷却水定期在铜管中反向流动的反冲洗法来清除。这种方法的缺点是要增加管道阀门的投资，系统较复杂。

(5) 胶球连续清洗法。将密度接近水的胶球投入循环水中，利用胶球通

过冷却水管，清洗铜管内松软的沉积物。这是一种较好的清洗方法，目前我国各电厂普遍采用此法。

（6）高压水泵（15～20MPa）法。采用高速水流击振冲洗法。

3-133 简述凝汽器胶球清洗系统的组成和清洗过程。

答：胶球连续清洗装置所用胶球有硬胶球和软胶球两种，清洗原理亦有区别。硬胶球的直径比铜管内径小1～2mm，胶球随冷却水进入铜管后不规则地跳动，并与铜管内壁碰撞，加之水流的冲刷作用，将附着在管壁上的沉积物清除掉，达到清洗的目的。软胶球的直径比铜管大1～2mm，质地柔软的海绵胶球随水进入铜管后，即被压缩变形与铜管壁全周接触，从而将管壁的污垢清除掉。

胶球自动清洗系统由胶球泵、装球室、收球网等组成。清洗时把海绵球填入装球室，启动胶球泵，胶球便在比循环水压力略高的压力水流带动下，经凝汽器的进水室进入铜管进行清洗。由于胶球输送管的出口朝下，所以胶球在循环水中分散均匀，使各铜管的进球率相差不大。胶球把铜管内壁抹擦一遍，流出铜管的管口时，自身的弹力作用使它恢复原状，并随水流到达收球网，被胶球泵入口负压吸入泵内。重复上述过程，反复清洗。

3-134 凝汽器胶球清洗收球率低的原因有哪些？

答：收球率低的原因如下：

（1）活动式收球网与管壁不密合，引起“跑球”。

（2）固定式收球网下端弯头堵球，收球网污脏堵球。

（3）循环水压力低、水量小，胶球穿越铜管能量不足，堵在管口。

（4）凝汽器进口水室存在涡流、死角，胶球聚集在水室中。

（5）管板检修后涂保护层，使管口缩小，引起堵球。

（6）新球较硬或过大，不易通过铜管。

（7）胶球密度太小，停留在凝汽器水室及管道顶部，影响回收。胶球吸水后的密度应接近于冷却水的密度。

3-135 怎样保证凝汽器胶球清洗的效果？

答：为保证胶球清洗的效果，应做好下列工作：

（1）凝汽器水室无死角，连接凝汽器水侧的空气管、放水管等要加装滤网，收球网内壁光滑不卡球，且装在循环水出水管的垂直管段上。

（2）凝汽器进口应装二次滤网，并保持清洁，防止杂物堵塞铜管和收球网。

(3) 胶球的直径一般要比铜管内径大 1～2mm 或相等，这要通过试验确定。发现胶球磨损直径减小或失去弹性，应更换新球。

(4) 投入系统循环的胶球数量应达到凝汽器冷却水一个流程铜管根数的 20%。

(5) 每天定期清洗，并保证 1h 清洗时间。

(6) 保证凝汽器冷却水进出口一定的压差，可采用开大清洗侧凝汽器出水阀以提高出口虹吸作用和提高凝汽器进口压力的办法。

3-136　凝汽器进口二次滤网的作用是什么？二次滤网有哪两种形式？

答：虽然在循环水泵进口装设有拦污栅、回转式滤网等设备，但仍有许多杂物进入凝汽器，这些杂物容易堵塞管板、铜管，也会堵塞收球网。这样不仅降低了凝汽器的传热效果，而且有可能会使胶球清洗装置不能正常工作。为了使进入凝汽器的冷却水进一步得到过滤，在凝汽器循环水进口管上装设二次滤网。

对二次滤网的要求，既要过滤效果好，又要水流阻力损失小。二次滤网分内旋式和外旋式滤网两种。

外旋式滤网带蝶阀的旋涡式，改变水流方向产生扰动，使杂物随水排出。

内旋式滤网的网芯由液压设备转动，上面的杂物被固定安置的括板刮下，并随水流排入凝汽器循环水出水管。

两种形式比较，内旋式二次滤网清洗排污效果好。

3-137　凝汽器铜管腐蚀、损坏造成泄漏的原因有哪些？

答：运行中的凝汽器铜管腐蚀损伤大致可分为三种类型。

(1) 电化学腐蚀。由于铜管本身材料质量关系引起电化学腐蚀，造成铜管穿孔，脱锌腐蚀。

(2) 冲击腐蚀。由于水中含有机械杂物在管口造成涡流，使管子进口端产生溃疡点和剥蚀性损坏。

(3) 机械损伤。造成机械损伤的原因主要是铜材的热处理不好，管子在胀接时产生的应力以及运行中发生共振等原因造成铜管裂纹。

凝汽器铜管腐蚀的主要形式是脱锌。腐蚀部分的表面因脱锌而变成海绵状，使铜管变得脆弱。

3-138　防止铜管腐蚀的方法有哪些？

答：防止铜管腐蚀有如下方法：

(1) 采用耐腐蚀金属制作凝汽器管子。如用钛管制成冷却水管。

（2）硫酸亚铁或铜试剂处理。经硫酸亚铁处理的铜管不但能有效地防止新铜管的脱锌腐蚀，而且对运行中已经发生脱锌腐蚀的旧铜管，也可在锌层表面形成一层紧密的保护膜，能有效地抑制脱锌腐蚀的继续发展。

（3）阴极保护法。阴极保护法也是一种防止溃疡腐蚀的措施，采用这种方法可以保护水室、管板和管端免遭腐蚀。

（4）冷却水进口装设过滤网和冷却水进行加氯处理。

（5）采取防止脱锌腐蚀的措施，添加脱锌抑制剂。防止管壁温度上升，消除管子内表面停滞的沉积物，适当增加管内流速。

（6）加强新铜管的质量检查试验和提高安装工艺水平。

3-139　什么是阴极保护法？它的原理是什么？

答：阴极保护法是防止铜管电腐蚀的一种方法，常用外部电源法和牺牲阳极法两种。

阴极保护法的原理如下：不同的金属在溶液中具有不同的电位，同一种金属浸在溶液中，由于表面材质的不均匀性，表面的各部位的电位也不同。所以不同的金属（较靠近的）或同一种金属浸泡在溶液中，便会在金属之间（或各部位之间）产生电位差，这种电位差就是产生电化学腐蚀的动力。腐蚀发生时只有金属的阳极遭受腐蚀，而阴极不受腐蚀，要防止这种腐蚀的产生，就得消除它们的电位差。

3-140　什么是牺牲阳极法？

答：牺牲阳极法就是在凝汽器水室内安装一块金属作为阳极，它的电位低于被保护物（管板、管端、水室），而使整个水室、管板和管端成为阴极。在溶液（冷却水）的浸泡下，电化学腐蚀就只腐蚀装上的金属板，就是牺牲阳极保护了管板等金属免受腐蚀。受腐蚀的金腐板阳极可以定期更换，材料为高纯度锌板、锌合金或纯铁。

3-141　什么是外部电源法？

答：外部电源法是在水室内装上外加电极接直流电源。水室接电源的负极作为阴极，外加电极接电源的正极作为阳极。当电源接入通以电流时，水室、管板、管端各部分成为阴极，免受腐蚀，从而得到保护。

阳极材料一般选择磁性氧化铁及铝合金。

3-142　改变凝汽器冷却水量的方法有哪几种？

答：改变冷却水量的方法有：

（1）采用母管制供水的机组，根据负荷增减循环水泵运行的台数，或根据水泵容量大小进行切换使用。

(2) 对于可调叶片的循环水泵，调整叶片角度。

(3) 调节凝汽器循环水进水阀，改变循环水量。

(4) 如果循环泵为变频泵，可以调整循环泵的转速。

3-143　什么是汽轮机排汽空气冷却凝结系统？

答：现代凝汽式汽轮机绝大多数用水作为冷却介质，冷却汽轮机排汽，使之成为凝结水加以回收。但在某些地区水资源相当缺乏，采用空冷技术，用空气作冷却介质来冷却汽轮机的排汽，使之冷却成为凝结水而进行回收。该系统称为汽轮机排汽空气冷却凝结系统。

3-144　常用的空气冷却系统有哪两种？

答：常用的空气冷却系统有：

(1) 直接空气冷却系统。汽轮机的排汽直接进入翅片管换热器管，管外用空气冷却，这种系统称直接空气冷却系统。

(2) 间接空气冷却系统。汽轮机排汽进入喷射式混合凝汽器内，与雾化后的冷却水相混合，利用冷却水的过冷度来吸收排汽的汽化潜热，使之冷却成水。这些提高温度后的冷却水有一小部分送入锅炉，绝大部分送入空冷器翅片管内，用空气对提高温度后的冷却水进行冷却。被冷却后的冷却水再次进入喷射式混合凝汽器内，形成一个闭路循环。这个过程是借助循环水中间介质来传递热量的，故称间接空气冷却系统。

3-145　凝汽器汽侧中间隔板起什么作用？

答：为了减少铜管的弯曲，防止铜管在运行过程中振动，在凝汽器壳体中设有若干块中间隔板。中间隔板中心一般比管板中心高 2～5mm，大型机组隔板中心抬高 5～10mm。管子中心抬高后，能确保管子与隔板紧密接触，改善管子的振动特性。管子的预先弯曲能减少其热应力，还能使凝结水沿弯曲的管子中央向两端流下，减少下一排管子上积聚的水膜，提高传热效果，放水时便于把水放净。

3-146　抽气器的作用是什么？

答：抽气器的作用是不断地将凝汽器内的空气及其他不凝结的气体抽走，以维持凝汽器的真空。

3-147　抽气器有哪些种类和形式？

答：电站用的抽气器大体可分为两大类：

(1) 容积式真空泵。主要有滑阀式真空泵、机械增压泵和液环泵等。因价格高、维护工作量大，国产机组很少采用。

(2) 射流式真空泵。主要是射汽抽气器和射水抽气器等，射汽抽气器按其用途又分为主抽气器和辅助抽气器。国产中、小型机组用射汽抽气器较多，大型机组一般采用射水抽气器。

3-148 射水式抽气器的工作原理是怎样的？

答：从射水泵来的具有一定压力的工作水经水室进入喷嘴。喷嘴将压力水的压力能转变为速度能，水流高速从喷嘴射出，使空气吸入室内产生高度真空，抽出凝汽器内的汽、气混合物，一起进入扩散管，水流速度减慢，压力逐渐升高，最后以略高于大气压力排出扩散管。在空气吸入室进口装有止回阀，可防止抽气器发生故障时工作水被吸入凝汽器中。

3-149 射汽式抽气器的工作原理是怎样的？

答：射汽式抽气器由工作喷嘴、混合室和扩压管三部分组成。工作蒸汽经过喷嘴时热降很大，流速增高，喷嘴出口的高速蒸汽流使混合室的压力低于凝汽器的压力，因此凝汽器里的空气就被吸进混合室里。吸入的空气和蒸汽混合在一起进入扩压管，在扩压管中流速逐渐降低，而压力逐渐升高。对于一个二级的主抽气器，蒸汽经过一级冷却室冷凝成水，空气再由第二级射汽抽气器抽出。其工作过程与第一级完全一样，只是在第二级射汽抽气器的扩压管里，蒸汽和空气的混合气体压力升高到比大气压力略高一点，经过冷却器把蒸汽凝结成水，空气排到大气里。

3-150 启动抽气器主要有什么特点？

答：启动抽气器一般为单级射汽式抽气器。它的作用是在汽轮机启动之前建立启动真空，以缩短汽轮机启动时间。有时还用来抽出循环水泵内的空气以利其充水启动。

启动抽气器具有结构简单（无冷却器）、启动快、容量大等特点。但启动抽气器耗汽量大，形成真空较低，并且是排大气运行，蒸汽的热量全部损失，也无法回收洁净的凝结水。因此，启动抽气器只是在汽轮机启动时，用来抽出凝汽器中的空气。

3-151 离心真空泵有哪些优点？

答：近年来引进的大型机组，其抽气器一般都采用离心式真空泵。与射水抽气器比较，离心真空泵有耗功低、耗水量少的优点，并且噪声也小。国产射水抽气器比耗功（即抽 1kg 空气在 1h 内所耗的功）高达 3.2kWh/kg，而较先进的离心真空泵的比耗功一般为1.5～1.7kWh/kg。

离心真空泵的缺点是：过载能力很差，当抽吸空气量太大时，真空泵的工作恶化，真空破坏。这对真空严密性较差的大机组来说是一个威胁，故可考虑采用离心真空泵与射水抽气器共用的办法，机组启动时用射水抽气器，正常运行时用真空泵来维持凝汽器的真空。

3-152 离心真空泵的结构是怎样的？

答：离心真空泵主要由泵轴、叶轮、叶轮盘、分配器、轴承、支持架、进水壳体、端盖、泵体、泵盖、止回阀、喷嘴、喷射管、扩散管等零部件组成。泵轴是由装在支持架轴承室内的两个球面滚珠轴承支承，其一端装有叶轮盘，在叶轮盘上固定着叶轮；在叶轮内侧的泵体上装有分配器，改变分配器中心线与叶轮中心线的夹角α（一般最佳角度为8°），就能改变工作水离开叶轮时的流动方向。如果把分配器的角度调整到使工作水流沿着混合室轴心线方向流动，这时流动损失最小，而泵的引射蒸汽与空气混合物的能力最高。

3-153 离心真空泵的工作原理是怎样的？

答：当泵轴转动时，工作水从下部入口被吸入，并经过分配器从叶轮的流道中喷出，水流以极高速度进入混合室，由于强烈的抽吸作用，在混合室内产生绝对压力为3.54kPa的高度真空，这时凝汽器中的汽气混合物，由于压差作用冲开止回阀，被不断地抽到混合室内，并同工作水一道通过喷射管、喷嘴和扩散管被排出。

3-154 多喷嘴长喉部射水抽气器的结构有什么特点？

答：多喷嘴长喉部射水抽气器与传统的射水抽气器相比，结构上有以下区别：

(1) 将单喷嘴改成7只（也有6只）喷嘴。

(2) 扩散管改为7根ϕ108的长喉部管子。

(3) 抽气器除空气入口止回阀外，均系焊接制作，制作比较方便。

3-155 多喷嘴射水抽气器有哪些优点？

答：多喷嘴射水抽气器的优点是：

(1) 采用多个喷嘴和长喉部结构，抽气器的效率比较高。

(2) 同样的抽空气能力需用的工作水量少，可配用较小的射水泵，消耗功率减少。

(3) 根据试验，比耗功减小到1.65kWh/kg，接近进口机组的水平。

(4) 消除了壳体的振动，减小了射水抽气器运行中的噪声。

3-156 射水抽气器的工作水供水有哪两种方式?

答：射水抽气器的工作供水有如下两种方式：

(1) 开式供水方式。工作水是用专用的射水泵从凝汽器循环水入口管引出，经抽气器后排出的气、水混合物引至凝汽器循环水出口管中。

(2) 闭式循环供水方式。设有专门的工作水箱（射水箱），射水泵从进水箱吸入工作水，至抽气器工作后排到回水箱。回水箱与进水箱有连通管连接，因而水又回到进水箱。为防止水温升高过多，运行中连续加入冷水，并通过溢水口，排掉一部分温度升高的水。

3-157 射水抽气器哪几个部位容易损坏?

答：射水抽气器在运行中进水管口处由于受工作水的冲刷，容易发生冲蚀损伤，工作水如含有泥沙，这种损伤将会加剧。在抽气器内部，因水已混入大量空气，常常引起腐蚀，尤其是在扩散管部分腐蚀比较严重，检修时要注意检查。

3-158 什么是给水的回热加热?

答：发电厂锅炉给水的回热加热是指从汽轮机某中间级抽出一部分蒸汽，送到给水加热器中对锅炉给水进行加热，与之相应的热力循环和热力系统称为回热循环和回热系统。加热器是回热循环过程中加热锅炉给水的设备。

3-159 为什么采用回热加热器后，汽轮机的总汽耗增大了，而热耗率和煤耗率却是下降的?

答：汽耗增大是因为进入汽轮机的1kg蒸汽所做的功减少了，而热耗率和煤耗率的下降是由于冷源损失减少了，给水温度的提高使给水在锅炉的吸热量也减少了。

3-160 加热器有哪些种类?

答：加热器按换热方式不同，分表面式加热器与混合式加热器两种形式；按装置方式分立式和卧式两种；按水压分低压加热器和高压加热器，一般管束内通凝结水的称为低压加热器，加热给水泵出口后给水的称高压加热器。

3-161 什么是表面式加热器? 表面式加热器的主要优缺点是什么?

答：加热蒸汽和被加热的给水不直接接触，其换热通过金属壁面进行的加热器叫表面式加热器。在这种加热器中，由于金属的传热阻力，被加热的给水不可能达到蒸汽压力下的饱和温度，使其热经济性比混合式加热器低。优点是由它组成的回热系统简单，运行方便，监视工作量小，因而被电厂普遍采用。

3-162 什么是混合式加热器？混合式加热器的主要优缺点是什么？

答：加热蒸汽和被加热的水直接混合的加热器称混合式加热器。其优点是传热效果好，水的温度可达到加热蒸汽压力下的饱和温度（即端差为零），且结构简单、造价低廉。缺点是每台加热器后均需设置给水泵，使厂用电消耗大，系统复杂，故混合式加热器主要作除氧器使用。

3-163 管板—U 形管式加热器的结构是怎样的？

答：常见的表面式加热器是管板—U 形管式，其结构如下：

由黄铜管或钢管组成的 U 形管束放在圆筒形的加热器外壳内，并以专门的骨架固定。管子胀（或焊）接在管板上，管板上部为水室端盖。端盖、管板与加热器外壳用法兰连接。被加热的水经连接短管进入水室一侧，经 U 形管束之后，从水室另一侧的管口流出。加热蒸汽从外壳上部管口进入加热器的汽侧。借导流板的作用，汽流曲折流动，与管子的外壁接触，凝结放热加热管内的给水。为防止蒸汽进入加热器时冲刷损坏管束，在其进口处设置有护板。加热蒸汽的凝结水（疏水）汇集于加热器的底部，采用疏水器及时排出这些凝结水。外壳上还装有水位计来监视疏水水位。管板与管束连为一体，便于检修和清洗。此外，在外壳和水室盖上安装必要的法兰短管用来安装压力表、温度计、排气阀、疏水自动装置等。

3-164 联箱—盘香管式表面加热器的结构原理是怎样的？

答：联箱盘香管（也叫螺旋管）型表面式加热器的受热面由四组对称布置的盘香管组组成，每组盘香管又被联箱（集水管）内隔板隔为三层。给水流程为：进水总管→进水下联箱→下层盘香管→出水下联箱→中层盘香管→进水上联箱→上层盘香管→出水上联箱→出水总管。

加热蒸汽由加热器中部的连接管送入，先在外壳内上升，而后顺着一系列水平的导流板曲折向下流动，冲刷盘香管的外表面，加热管内的给水。

3-165 管板—U 形管式高压加热器与联箱—盘香管式高压加热器各有什么优缺点？

答：管板—U 形管式高压加热器结构简单，焊口少，金属消耗量少，但加工技术要求高，制造难度大，运行中容易损坏。

联箱—盘香管式高压加热器的盘香管容易更换，不存在管板与薄壁管子连接严密性差的问题，运行可靠。缺点是体积大，金属消耗量多，管壁厚，水流阻力大，因而传热效率较低，且管子损坏后堵管困难，检修劳动强度大，故后者现在采用较少。

3-166 高压加热器水室顶部自密封装置的结构是怎样的？有什么优点？

答： 125MW 和 300MW 机组的高压加热器水室顶部采用自密封装置代替了法兰连接装置。自密封装置由密封座、密封环、均压四合圈等组成。

水室顶部有压板，通过双头螺栓与密封座相接。当转动装在双头螺栓压板一端的球面螺母时，就使密封座移动，密封座又通过密封环、垫圈压住嵌在水室槽内的均压四合圈上，这就起了初步的密封作用。当加热器投入运行，水室中充高压水后，密封座就自内向外紧紧压在均压四合圈上，完全达到了自密封的效果。压力愈高，密封性能愈好。

均压四合圈是由四块组成的一圆环装置。安装时先将均压四合圈分四块放入水室槽内，然后中间再装止脱箍，以防止四合圈脱落。

水室顶部自密封装置的优点是不仅可靠地解决了法兰连接容易引起的泄漏问题，而且使水室拆装简化，免去了紧松法兰螺栓的繁重劳动。

3-167 加热器疏水装置的作用是什么？加热器疏水装置有哪两种形式？

答： 加热器加热蒸汽放出热量后凝结成的水称为加热器的疏水。加热器疏水装置的作用是可靠地将加热器内的疏水排出，同时防止蒸汽随之漏出。加热器疏水装置的形式通常有疏水器和多级水封两种。

常用的疏水器有浮子式疏水器和疏水调节阀两种。

3-168 浮子式疏水器的结构和工作原理是怎样的？

答： 浮子式疏水器多用于低压加热器。其结构由浮子、浮子滑阀及它们之间的连杆组成。当加热器内的水位升高时，浮子随之升高，经杠杆、连杆和滑阀杆的传动使滑阀上移，开启疏水阀排出疏水。当水位降低时，浮子也随着降低，滑阀下移关闭疏水阀，疏水不再继续流出。

3-169 疏水调节阀的调节原理是什么？

答： 疏水调节阀常用于高压加热器的疏水。疏水调节阀内部机械部分为一滑阀，外部为电动执行机构。当高压加热器内水位变化时，装在加热器上的控制水位计发出水位变化信号，经过电子控制系统的动作，最后由电动执行机构操纵疏水调节阀的摇杆，摇杆动作时，心轴、杠杆转动，带动阀杆、滑阀移动，改变疏水流量，使高压加热器保持一定水位。

3-170 多级水封疏水的原理是什么?

答: 多级水封是近几年某些电厂用来代替疏水器的装置，其原理是疏水采用逐级溢流，而加热器内的蒸汽被多级水封内的水柱封住不能外泄。

水封的水柱高度取决于加热器内的压力与外界压力之差（p_1-p_2）。如果水封管数目为 n，则水封的压力为 $nh\rho g$，因此当每级水封管高度 h 确定后，则多级水封的级数 n 可按下列公式确定

$$n=\frac{p_1-p_2}{h\rho g}$$

式中 p_1——加热器内的压力，kPa；

p_2——外界压力，kPa；

h——每级水封管高度，m；

ρ——水的密度，kg/m^3。

3-171 什么是高压加热器给水自动旁路?

答: 当高压加热器内部钢管破裂，水位迅速升高到某一数值时，高压加热器进、出水阀迅速关闭，切断高压加热器进水，同时让给水经旁路直接送往锅炉，这就是高压加热器给水自动旁路。对于大机组来说，这是一个十分重要的保护装置。

3-172 什么是表面式加热器的蒸汽冷却段?

答: 加热器的蒸汽冷却器可单独设置（即外置式）或直接装在加热器内部（即内置式），内置式的蒸汽冷却器称为蒸汽冷却段。

究竟是外置还是内置，这要根据抽汽参数、蒸汽过热度的大小及给水加热温度等情况，经技术经济比较后决定。

3-173 什么是疏水冷却器? 采用疏水冷却器有什么好处?

答: 疏水自流入下一级加热器之前，先经过换热器，用主凝结水将疏水适当冷却后再进入下一级加热器，这个换热器就是疏水冷却器。

一般来说，疏水是对应抽汽压力下的饱和水，疏水自流入邻近较低压力的加热器中，会造成对低压抽汽的排挤，降低热经济性。而采用疏水冷却器后，减少了排挤低压抽汽所产生的损失，能提高热经济性。

疏水冷却器也分外部单独设置和设在加热器内部两种，设在加热器内部的疏水冷却器称疏水冷却段。

300MW 汽轮机的三台高压加热器均设有疏水冷却段。

3-174 轴封加热器的作用是什么？

答：汽轮机采用内泄式轴封系统时，一般设有轴封加热器（亦称轴封冷却器），用以加热凝结水，回收轴封漏汽，从而减少轴封漏汽及热量损失，并改善车间的环境条件。

随轴封漏汽进入的空气，常用连通管引到射水抽气器扩压管处，靠后者的负压来抽除，从而确保轴封加热器的微真空状态。这样，各轴封的第一腔室也保持微真空，轴封汽不会外泄。

3-175 给水除氧的方式有哪两种？

答：除氧的方式分物理除氧和化学除氧两种。物理除氧是设除氧器，利用抽汽加热凝结水达到除氧目的；化学除氧是在凝结水中加化学药品进行除氧。

3-176 除氧器的作用是什么？

答：除氧器的主要作用就是用来除去锅炉给水中的氧气及其他气体，保证给水的品质。同时，除氧器本身又是给水回热加热系统中的一个混合式加热器，起了加热给水、提高给水温度的作用。

3-177 除氧器是怎样分类的？

答：根据除氧器中的压力不同，可分为真空除氧器、大气式除氧器、高压除氧器三种。根据水在除氧器中散布的形式不同，又分淋水盘式、喷雾式和喷雾填料式三种结构形式。

3-178 除氧器的工作原理是什么？

答：水中溶解气体量的多少与气体的种类、水的温度及各种气体在水面上的分压力有关。除氧器的工作原理是：把压力稳定的蒸汽通入除氧器加热给水，在加热过程中，水面上水蒸气的分压力逐渐增加，而其他气体的分压力逐渐降低，水中的气体就不断地分离析出。当水被加热到除氧器压力下的饱和温度时，水面上的空间全部被水蒸气充满，各种气体的分压力趋于零，此时水中的氧气及其他气体即被除去。

3-179 除氧器加热除氧有哪两个必要条件？

答：热力除氧的必要条件是：

（1）必须把给水加热到除氧器压力对应的饱和温度。

（2）必须及时排走水中分离逸出的气体。

第一个条件不具备时，气体不能全部从水中分离出来；第二个条件不具备时，已分离出来的气体会重新回到水中。

还需指出的是：气体从水中分离逸出的过程并不是在瞬间能够完成的，需要一定的持续时间，气体才能分离出来。

3-180 什么是给水的化学除氧?

答: 在高参数发电厂中，为了使给水中含氧量更低，给水除了应用除氧器加热除氧以外，同时还采用化学除氧作为其补充处理，这样可以保证给水中的溶氧接近完全除掉，以确保给水的纯净。

给水的化学除氧是在水中加入定量的化学药剂使溶解在水中的氧气成为化合物而析出。

中、低压锅炉可使用亚硫酸钠（Na_2SO_3）。亚硫酸钠与氧发生反应生成硫酸钠（Na_2SO_4）沉淀下来。这种除氧方法的缺点是：由于水中增加了硫酸盐，使锅炉的排污量增加。

另一种化学除氧法是联氨除氧法，使用联氨不会提高水中的含盐量，联氨和氧的反应产物是水和氮气。联氨除氧法虽有上述优点，但它的价格高于加热除氧法，所以仅作为加热除氧的补充。

3-181 除氧器的标高对给水泵运行有何影响?

答: 因除氧器水箱的水温相当于除氧器压力下的饱和温度，如果除氧器安装高度和给水泵相同的话，给水泵进口处压力稍有降低，水就会汽化，在给水泵进口处产生汽蚀，造成给水泵损坏的严重事故。为了防止汽蚀产生，必须不使给水泵进口压力降低至除氧器压力，因此就将除氧器安装在一定高度处，利用水柱的高度来克服进口管的阻力和给水泵进口可产生的负压，使给水泵进口压力始终大于除氧器的工作压力，防止给水的汽化。一般还要考虑除氧器压力突然下降时，给水泵运行的可靠性，所以，除氧器安装标高还留有安全余量，一般大气式除氧器的标高为6m左右，0.6MPa的除氧器安装高度为14～18m，滑压运行的高压除氧器安装标高达35m以上。

3-182 除氧器水箱的作用是什么?

答: 除氧器水箱的作用是储存给水，平衡给水泵向锅炉的供水量与凝结水泵送进除氧器水量的差额。也就是说，当凝结水量与给水量不一致时，可以通过除氧器水箱的水位高低变化调节，满足锅炉给水量的需要。

3-183 除氧器再沸腾管起什么作用?

答: 除氧器加热蒸汽有一路引入水箱的底部或下部（正常水面以下），作为给水再沸腾用。装设再沸腾管有两点作用：

(1) 有利于机组启动前对水箱中给水的加温及备用水箱维持水温。因为这时水并未循环流动，如加热蒸汽只在水面上加热，压力升高较快，但水不易得到加热。

(2) 正常运行中使用再沸腾管对提高除氧效果有益处。开启再沸腾阀，使水箱内的水经常处于沸腾状态，同时水箱液面上的汽化蒸汽还可以把除氧水与水中分离出来的气体隔绝，从而保证了除氧效果。

使用再沸腾管的缺点是汽水加热沸腾时噪声较大，且该路蒸汽一般不经过自动加汽调节阀，操作调整不方便。

3-184 什么是除氧器的自生沸腾现象?

答：除氧器“自生沸腾”是指进入除氧器的疏水汽化和排汽产生的蒸汽量已经满足或超过除氧器的用汽需要，从而使除氧器内的给水不需要回热抽汽加热自己就沸腾，这些汽化蒸汽和排汽在除氧塔下部与分离出来的气体形成旋涡，影响除氧效果，使除氧器压力升高。

3-185 除氧器发生自生沸腾现象有什么不良后果?

答：除氧器发生自生沸腾现象有如下后果：

(1) 除氧器发生自生沸腾现象，使除氧器内压力超过正常工作压力，严重时发生除氧器超压事故。

(2) 原设计的除氧器内部汽水逆向流动受到破坏，除氧塔底部形成蒸汽层，使分离出来的气体难以逸出，因而使除氧效果恶化。

3-186 除氧器加热蒸汽的汽源是如何确定的?

答：大气式除氧器的加热蒸汽汽源可接在汽轮机 0.049～0.147MPa 的抽汽管道上。高压除氧器用汽连接在相应压力的抽汽管上。为保证除氧器压力在汽轮机低负荷时不致降低，设置有能切换至较高抽汽压力的切换阀。当几台机组并列运行时可设置用汽母管作为备用汽源。

3-187 除氧器为什么要装溢流装置?

答：除氧器安装溢流装置的目的是防止在运行中大量水突然进入除氧器或监视调整不及时造成除氧器满水事故。安装溢流装置后，如果满水，水从溢流装置排走，避免了除氧器运行失常危及设备安全。大气式除氧器的溢流装置一般为水封筒，高压除氧器装设高水位自动放水阀。

3-188 什么是除氧器的定压运行?

答：除氧器的定压运行即运行中不管机组负荷为多少，除氧器始终保持在额定的工作压力下运行。定压运行时抽汽压力始终高于除氧器压力，用进汽调节阀节流调节进汽量，保持除氧器额定工作压力。

3-189 什么是除氧器的滑压运行？

答：除氧器滑压运行是指除氧器的运行压力不是恒定的，而是随着机组负荷与抽汽压力而改变的。机组从额定负荷至某一低负荷范围内，除氧器进汽调节阀全开，进汽压力不进行任何调节；机组负荷降低时，除氧器压力随之下降；负荷增加时，除氧器压力随之上升。

3-190 除氧器滑压运行有哪些优点？

答：除氧器滑压运行最主要的优点是提高了运行的经济性。这是因为避免了抽汽的节流损失；低负荷时不必切换压力高一级的抽汽，投资节省；同时可使汽轮机抽汽点得到合理分配，使除氧器真正作为一级加热器用，起到加热和除氧两个作用，提高机组的热经济性。另外还可避免出现除氧器超压。

3-191 火电厂主要有哪三种水泵？它们的作用是什么？

答：给水泵、凝结水泵、循环水泵是发电厂最主要的三种水泵。

给水泵的任务是把除氧器贮水箱内具有一定温度、除过氧的给水，提高压力后输送给锅炉，以满足锅炉用水的需要。

凝结水泵的作用是将凝汽器热井内的凝结水升压后送至回热系统。

循环水泵的作用是向汽轮机凝汽器供给冷却水，用以冷凝汽轮机的排汽。在发电厂中，循环水泵还要向冷油器、冷水器、发电机的空气冷却器等提供冷却水。

3-192 什么是泵的特性曲线？

答：泵的特性曲线就是在转速为某一定值下，流量与扬程、所需功率及效率间的关系曲线，即 $Q-H$ 曲线、$Q-N$ 曲线、$Q-\eta$ 曲线。

3-193 什么叫诱导轮？为什么有的泵设有前置诱导轮？

答：诱导轮是一种轴流叶片式叶轮，与轴流泵叶轮相比，叶轮外径与轮壳的比值较小，叶片数目少，叶片安装角小，叶栅稠密度大。

诱导轮的抗汽蚀性能比离心叶轮高得多，这是因为液体在进入诱导轮时不经过转弯，动压降较小，因而不易发生汽蚀。发生汽蚀后（主要发生在相对速度最大的入口外缘），汽泡受到两方面夹攻，一方面是因外缘汽泡沿轴向流到高压区域时，受压立即凝结；另一方面在离心力作用下，轮壳处的液

体冲向诱导轮外缘，同样使汽泡受压凝结。而离心泵没有这些特点，所以，一些汽蚀性能要求较高的泵设有前置诱导轮。

3-194 泵的主要性能参数有哪些？

答：泵的主要性能参数有：

(1) 扬程。单位重量液体通过泵后所获得的能量，用 H 表示，单位为m。

(2) 流量。单位时间内泵提供的液体数量，分体积流量 Q（单位为 m^3/s）和质量流量 G（单位为 kg/s）。

(3) 转速。泵每分钟的转数，用 n 表示，单位为 r/min。

(4) 轴功率。原动机传给泵轴上的功率，用 P 表示，单位为 kW。

(5) 效率。泵的有用功率与轴功率的比值，用 η 表示。它是衡量泵在水力方面完善程度的一个指标。

3-195 离心泵 $Q—H$ 特性曲线的形状有几种？各有何特点？

答：离心泵 $Q—H$ 特性曲线的形状有平坦型、陡降型和驼峰型三种。

平坦型特性曲线通常有 8%～12%的倾斜度，其特点是在流量变化较大时，扬程变化较小。

陡降型特性曲线具有 20%～30%的倾斜度，它的特点是扬程变化较大而流量变化较小。

驼峰型特性曲线具有一个最高点。特点是开始部分有个不稳定阶段，泵只能在较大流量下工作。

3-196 什么是泵的工作点？

答：泵的 $Q—H$ 特性曲线与管道阻力特性曲线的相交点，就是泵的工作点。

泵的工作点取决于泵的特性和与之相连的管道特性。管道特性取决于管道的阻力损失、管道的直径、泵的出口阀开度和所供液体的输送高度等。

3-197 什么是泵的相似定律？

答：泵的相似定律就是在两台泵成几何相似、运动相似的前提下得出的两台泵的流量、扬程、功率的关系。

$$\frac{Q}{Q'}=\left(\frac{D_2}{D'_2}\right)^3\frac{n}{n'}$$

$$\frac{H}{H'}=\left(\frac{D_2}{D'_2}\right)^3\left(\frac{n}{n'}\right)^2$$

$$\frac{N}{N'}=\left(\frac{D_2}{D_2'}\right)^5\left(\frac{n}{n'}\right)^3$$

式中 Q、H、N——实际泵的流量、扬程、功率；

Q'、H'、N'——模型泵的流量、扬程、功率；

D_2、n——实际泵的出口直径和转速；

D_2'、n'——模型泵的出口直径和转速。

对于同一台泵 $D_2=D_2'$，当它的转速变化时，流量、扬程、功率的关系为

$$\frac{Q}{Q'}=\frac{n}{n'}$$

$$\frac{H}{H'}=\left(\frac{n}{n'}\right)^2$$

$$\frac{N}{N'}=\left(\frac{n}{n'}\right)^3$$

上述三式表示，当转速变化时，流量与转速成正比，扬程与转速的平方成正比，功率与转速的立方成正比。这个关系式称为离心泵的比例定律。

3-198 什么是泵的比转数?

答: 将一台泵的实际尺寸几何相似地缩小至流量为 0.075m^3/s、扬程为 1m 的标准泵，此时，标准泵的转数就是实际泵的比转数。

比转数的表达式为

$$n_s=3.65\frac{n\sqrt{Q/2}}{H^{3/4}}$$

式中 Q——单吸叶轮的流量；

H——每级叶轮的平均扬程。

对于同一台泵，在不同工况下具有不同的比转数，一般取最高效率工况下的比转数为该泵的比转数。从比转数表示式中可以看出，大流量小扬程的泵比转数大，小流量大扬程的泵比转数小，比转数与泵的入口直径和出口宽度有关，随着泵的入口直径和出口宽度的增加，泵的比转数随着增大。因此，根据泵的比转数可以区分泵的种类：

(1) 比转数在 30～300 之间为离心泵。

(2) 比转数在 300～500 之间为混流泵。

(3) 比转数在 500～1000 之间为轴流泵。

3-199 什么是泵的允许吸上真空高度?

答: 泵的允许吸上真空高度就是指泵入口处的真空允许数值。规定泵的

允许吸上真空高度是由于泵入口真空过高时，泵入口的液体就会汽化，产生汽蚀。

泵的入口真空度是由下面三个因素决定的：

（1）泵产生的吸上高度 H_g。

（2）克服吸水管水力损失 h_w。

（3）泵入口造成的适当流速 v_s。

其表达式为

$$H_s = H_g + h_w + \frac{v_s^2}{2g}$$

三个因素中，吸上高度 H_g 是主要的，吸上真空高度 H_s 主要由 H_g 的大小来决定。吸上高度愈大，则真空度愈高。当吸上高度增加到泵因汽蚀不能工作时，吸上高度就不能再增加了，这个工况的真空高度就是最大吸上真空高度。为了保证运行时不产生汽蚀，泵的允许吸上真空高度应为最大吸上真空高度减去 0.5m。

3-200 什么是离心泵的串联运行？串联运行有什么特点？

答：液体依次通过两台以上离心泵向管道输送的运行方式称为串联运行。

串联运行的特点是：每台水泵所输送的流量相等，总的扬程为每台水泵扬程之和。串联运行时，泵的总性能曲线是各泵的性能曲线在同一流量下各扬程相加所得点相连组成的光滑曲线，其工作点是泵的总性能曲线与管道特性曲线的交点。

3-201 什么是离心泵的并联运行？并联运行有什么特点？

答：两台或两台以上离心泵同时向同一条管道输送液体的运行方式称为并联运行。

并联运行的特点：每台水泵所产生的扬程相等，总的流量为每台泵流量之和。

并联运行时泵的总性能曲线是每台泵的性能曲线在同一扬程下各流量相加所得的点相连而成的光滑曲线。泵的工作点是泵的总性能曲线与管道特性曲线的交点。

3-202 水泵串联运行的条件是什么？何时需采用水泵串联？

答：水泵串联的条件是：

（1）两台水泵的设计出水量应该相同，否则容量较小的一台会发生严重的过负荷或限制了水泵的出力。

(2) 串联在后面的水泵（即出口压力较高的水泵）结构必须坚固，否则会遭到损坏。

在泵装置中，当一台泵的扬程不能满足要求或为了改善泵的汽蚀性能时，可考虑采用泵串联运行方式。

3-203 离心泵对并联运行有何要求？特性曲线差别较大的泵并联使用有何不良后果？

答： 并联运行的离心泵应具有相似而且稳定的特性曲线，并且在泵的出口阀关闭的情况下，具有接近的出口压力。

特性曲线差别较大的泵并联，若两台并联泵的关死扬程相同，而特性曲线陡峭程度差别较大时，两台泵的负荷分配差别较大，易使一台泵过负荷。若两台并联泵的特性曲线相似，而关死扬程差别较大，可能出现一台泵带负荷运行，另一台泵空负荷运行，白白消耗电能，并且易使空负荷运行泵发生汽蚀损坏。

3-204 并联工作的泵的压力为什么会升高？串联工作的泵的流量为什么会增加？

答： 水泵并联时，由于总流量增加，则管道阻力增加，这就需要每台泵都提高它的扬程以克服这个新增加的损失压头，故并联运行时，压力比一台运行时高一些；而流量同样由于管道阻力的增加而受到制约，所以总是小于各台水泵单独运行下各输出水量的总和，且随着并联台数的增多，管路特性曲线愈陡直，参与并联的水泵容量愈小，输出水量减少得更多。

水泵串联运行时，其扬程成倍增加，但管道的损失并没有成倍的增加，故富余的扬程可使流量有所增加，但产生的总扬程小于它们单独工作时的扬程之和。

3-205 水泵调速的方法有哪几种？

答： 水泵调速方法有：

(1) 采用电动机调速。

(2) 采用液力偶合器和增速齿轮调速。

(3) 用给水泵汽轮机直接变速驱动。

3-206 凝结水泵有什么特点？

答： 凝结水泵所输送的是相应于凝汽器压力下的饱和水，所以在凝结水泵入口易发生汽化，故水泵性能中规定了进口侧的灌注高度，借助水柱产生的压力，使凝结水离开饱和状态，避免汽化。因而凝结水泵安装在热井最低

水位以下，使水泵入口与最低水位维持0.9～2.2m的高度差。

由于凝结水泵进口是处在高度真空状态下，容易从不严密的地方漏入空气积聚在叶轮进口，使凝结水泵打不出水。所以一方面要求进口处严密不漏气，另一方面在泵入口处接一抽空气管道至凝汽器汽侧（亦称平衡管），以保证凝结水泵的正常运行。

3-207 国产300MW机组为什么设凝结水升压泵?

答：国产300MW机组对凝结水质要求比较高，送入除氧器前要进行除盐处理，设置凝结水升压泵后，主凝结水泵抽吸凝汽器内的凝结水，然后送入除盐设备，经过除盐后的凝结水通过凝结水升压泵，然后打入除氧器内。使凝结水泵与凝结水升压泵串联工作，除盐设备可以避免承受较高的压力，同时通过除盐设备后凝结水压力损失较大，需要凝结水升压泵提高压力送入除氧器内。

3-208 300MW机组配置的凝结水泵与凝结水升压泵主要有什么区别?

答：300MW机组凝结水泵打的是高度真空的饱和液体，为此装有防止汽蚀的诱导轮，首级叶轮尺寸比次级叶轮大，属于大流量设计、小流量应用，以提高抗汽蚀性能。而凝结水升压泵打的是接近大气压力下的非饱和液体，没有上述结构，但是泵的出口压力高，将叶轮增加二级（共四级叶轮），凝结水升压泵的扬程为190m水柱，而凝结水泵扬程为100m水柱。

3-209 300MW机组配置的凝结水泵和凝结水升压泵在结构上有哪些主要特点?

答：两泵的主要特点有如下几点：

(1) 在水泵叶轮外缘装有静止的导向叶轮，导向叶轮的形式为双蜗壳。当叶轮旋转后，将水打入双蜗壳的两个进水口，然后通过6片反向导叶，将水通过6个流道均匀地诱导入次一级叶轮的进口。采用双蜗壳的特点是不产生径向力，高效率区域宽广一些。

(2) 各级叶轮同方向布置，轴向推力较大。采用平衡鼓结构，平衡整个轴向推力的80%左右，余下的推力由推力轴承承受。推力轴承为瓦块式，推力盘两侧设有工作瓦块和非工作瓦块。外部夹层通有冷却水进行冷却。

(3) 上导轴承的润滑油推力盘上开有6个油孔，当推力盘高速旋转时，6个油孔起着离心油泵的作用，将润滑油由油箱里吸入轴承内润滑。上导轴承轴衬开有6个油槽，使润滑油均匀进入轴承内。

3-210　凝结水泵为什么要装再循环管?

答: 凝结水泵接再循环管主要是为了解决水泵汽蚀问题。

为了避免凝结水泵发生汽蚀，必须保持一定的出水量。当空负荷和低负荷时，凝结水量少，凝结水泵采用低水位运行，汽蚀现象逐渐严重，凝结水泵工作极不稳定。这时通过再循环管，凝结水泵的一部分出水流回凝汽器，能保证凝结水泵的正常工作。

此外，轴封冷却器、射汽抽气器的冷却器在空负荷和低负荷时也必须流过足够的凝结水，所以一般凝结水再循环管都从它们的后面接出。

3-211　给水泵的作用是什么？它有什么工作特点?

答: 供给锅炉用水的泵叫给水泵。其作用是连续不断地、可靠地向锅炉供水。

由于给水温度高（为除氧器压力对应的饱和温度），在给水泵进口处水容易发生汽化，会形成汽蚀而引起出水中断。因此一般都把给水泵布置在除氧器水箱以下，以增加给水泵进口的静压力，避免汽化现象的发生，保证水泵的正常工作。

3-212　给水泵的出口压力是如何确定的?

答: 给水泵的出口压力主要取决于锅炉汽包的工作压力，此外给水泵的出水还必须克服以下阻力：给水管道以及阀门的阻力、各级加热器的阻力、给水调整阀的阻力、省煤器的阻力、锅炉进水口和给水泵出水口间的静给水高度。

根据经验估算，给水泵出口压力最小为锅炉最高压力的1.25倍。

3-213　用给水泵汽轮机拖动给水泵有什么优点?

答: 用给水泵汽轮机拖动给水泵有如下优点：

(1) 给水泵汽轮机可根据给水泵需要采用高转速（转速可从2900r/min提高到5000～7000r/min）变速调节。高转速可使给水泵的级数减少，质量减轻，转动部分刚度增大，效率提高，可靠性增加。改变给水泵转速来调节给水流量比节流调节经济性高，消除了阀门因长期节流而造成的磨损，同时简化了给水调节系统，调节方便。

(2) 大型机组电动给水泵耗电量约占全部厂用电量的50%左右，采用汽动给水泵后，可以减少厂用电，使整个机组向外多供3%～4%的电量。

(3) 大型机组采用给水泵汽轮机带动给水泵后，可提高机组的热效率0.2%～0.6%。

(4) 从投资和运行角度看，大型电动机加上升速齿轮液力联轴器及电气控制设备比给水泵汽轮机还贵，且大型电动机启动电流大，对厂用电系统运行不利。

3-214 给水泵为什么要装再循环管?

答: 给水泵在启动后，出水阀还未开启时或外界负荷大幅度减少时（机组低负荷运行），给水流量很小或为零，这时泵内只有少量或根本无水通过，叶轮产生的摩擦热不能被给水带走，使泵内温度升高。当泵内温度超过泵所处压力下的饱和温度时，给水就会发生汽化，形成汽蚀。为了防止这种现象发生，就必须使给水泵在给水流量减小到一定程度时，打开再循环管，使一部分给水流量返回到除氧器，这样泵内就有足够的水通过，把泵内摩擦产生的热量带走，使温度不致升高而使给水产生汽化。总之，装再循环管可以在锅炉低负荷或事故状态下，防止给水在泵内产生汽化，甚至造成水泵振动和断水事故。

3-215 给水泵出口止回阀的作用是什么?

答: 给水泵出口止回阀的作用是当给水泵停止运行时，防止压力水倒流，引起给水泵倒转。高压给水倒流会冲击低压给水管道及除氧器给水箱；还会因给水母管压力下降，影响锅炉进水。如给水泵在倒转时再次启动，会使启动力矩增大，容易烧毁电动机或损坏泵轴。

3-216 锅炉给水泵的允许最小流量一般是多少？为什么?

答: 制造厂对给水泵运行一般都规定了一个允许的最小流量值，一般为额定流量的25%～30%。规定允许最小流量的目的是防止因出水量太少使给水发生汽化。

现代高速给水泵普遍采用变速调节，其小流量时为低转速，而低转速时不容易发生汽蚀现象，所以允许的最小流量要比定速给水泵小得多。

3-217 大机组配套给水泵的轴承润滑供油设备由哪些组成部分?

答: 大机组配套的给水泵一般都有独立的强迫供油系统，主要由主油泵、辅助油泵、滤网、冷油器、油箱及其管道、阀门组成。正常运行时由主油泵供油，启动和停泵时由辅助油泵供油。油流回路为：

油箱→主油泵→过滤器→冷油器→压力油管→各轴承→回油管→油箱。

油箱→辅助油泵→过滤器→冷油器→压力油管→各轴承→回油管→油箱。

主油泵一般由泵轴带动，辅助油泵由电动机带动。

3-218　给水泵中间抽头的作用是什么?

答：现代大功率机组，为了提高经济效果，减少辅助水泵，往往从给水泵的中间级抽取一部分水量作为锅炉的减温水（主要是再热器的减温水），这就是给水泵中间抽头的作用。

3-219　为防止汽蚀现象，在泵的结构上可采取哪些措施?

答：为防止泵的汽蚀，常采用下列措施：

(1) 采用双吸叶轮。

(2) 增大叶轮入口面积。

(3) 增大叶片进口边宽度。

(4) 增大叶轮前后盖板转弯处曲率半径。

(5) 选择适当的叶片数和冲角，叶片进口边向吸入侧延伸。

(6) 首级叶轮采用抗汽蚀材料。

(7) 泵进口装设诱导轮或装设前置泵。

(8) 吸入管管径要大，阻力要小，且短而直。

(9) 通流部分断面变化率力求小，壁面力求光滑。

(10) 正确选择吸上高度。

(11) 汽蚀区域贴补环氧树脂等耐腐蚀涂料。

3-220　离心泵为什么会产生轴向推力?

答：因为离心泵工作时，叶轮两侧承受的压力不对称，所以会产生叶轮出口侧往进口侧方向的轴向推力。除此以外，还有因反冲力引起的轴向推力，不过这个力较小，在正常情况下不考虑。在水泵启动瞬间，没有因叶轮两侧压力不对称引起的轴向推力，这个反冲力会使轴承转子向出口侧窜动。

对于立式泵，转子的重量亦是轴向力的一部分。

3-221　平衡水泵轴向推力常用的方法有哪几种?

答：单级泵轴向推力平衡方法有：

(1) 在叶轮前、后盖板处设有密封环，叶轮后盖板上设有平衡孔（平衡孔一般为4～6个，总面积是密封面间隙面积的5倍）或装平衡管。

(2) 叶轮双面进水。

(3) 叶轮出口盖板上装背叶片，除此以外多余的轴向推力由推力轴承承受。

多级泵轴向推力平衡方法如下：

(1) 叶轮对称布置。

(2) 平衡盘装置法。

(3) 平衡鼓和双向止推轴承法。

(4) 采用平衡鼓带平衡盘的办法。

3-222 采用平衡鼓平衡水泵轴向推力有什么优缺点?

答: 平衡鼓是装在泵轴上末级叶轮后的一个圆柱体。

平衡鼓无需极小的轴向间隙,同时又采用了较大的平衡鼓与固定衬套之间的径向间隙,从而保证泵在任何运转条件下,不会发生平衡装置的磨损和咬煞事故,大大提高了运转可靠性。其缺点有:

(1) 平衡鼓不能用来平衡全部轴向力,因为它不能自动地调整平衡力以适应轴向力的改变,它只能平衡掉 90%~95%的定量轴向力,而其余的 5%~10%的变量轴向力必须由一个止推轴承来承担。

(2) 由于泄漏量大影响水泵效率。

3-223 采用平衡盘装置有什么缺点?

答: 平衡盘装置在多级泵上广泛使用,用来平衡轴向推力,但它有三个缺点:

(1) 在启动、停泵或发生汽蚀时,平衡盘不能有效地工作,容易造成平衡盘与平衡座之间的摩擦和磨损。

(2) 由于转轴位移的惯性,易造成平衡力大于或小于轴向力的现象,致使泵轴往返窜动,造成低频窜振。

(3) 高压水往往通过叶轮轴套与转轴之间的间隙窜水反流,干扰了泵内水的流动,又冲刷了部件,从而影响水泵的效率、寿命和可靠性。

3-224 平衡鼓带平衡盘的平衡装置有何优缺点?

答: 该装置先由平衡鼓卸掉 80%~85%的轴向力,再由弹簧式双向止推轴承承担 10%,其余 5%~10%的变量轴向力由平衡盘来承担。

优点是:

(1) 这种装置平衡盘的轴向间隙较大,承担的平衡力较少。

(2) 启动、停泵和在低速时,止推轴承弹簧把转轴向高压端顶开,防止平衡盘磨损或咬住。

缺点是流经平衡盘间隙的泄漏量较大。

3-225 什么是水泵的几何安装高度?安装高度与允许吸上真空高度之间有何联系?

答: 一般卧式离心泵,泵轴中心线距吸取液面的垂直距离称为水泵的几何安装高度，用符号 H_g 表示。

允许吸上真空高度与几何安装高度是两个不同的概念，但它们之间又有密切的联系。几何安装高度低，水泵所需吸上真空高度就低，水就不会汽化。几何安装高度增大，吸上真空高度也要增大，当吸上真空高度大到一定值时，因吸上真空过大而开始产生汽蚀，影响水泵的正常工作。所以几何安装高度取决于水泵允许吸上真空高度的大小。

3-226　何谓汽蚀余量？

答：泵进口处液体所具有的能量超出液体发生汽蚀时具有的能量的差值，称为汽蚀余量。汽蚀余量大，则泵运行时，抗汽蚀性能就好。

装置安装后使泵在运转时所具有的汽蚀余量，称为有效汽蚀余量。

液体从泵的吸入口到叶道进口压力最低处的压力降低值，称必需汽蚀余量。

显然，装置的有效汽蚀余量必须大于泵的必需汽蚀余量。

3-227　水在叶轮中是如何运动的？

答：水在叶轮中进行着复合运动，一方面它要顺着叶片工作面向外流动，另一方面还要跟着叶轮高速旋转。前一个运动称相对运动，其速度称为相对速度；后一个运动称为圆周运动，其速度称为圆周速度。两种运动的合成即是水在水泵内的绝对运动。

3-228　轴流式水泵的特性曲线有何特点？

答：轴流式水泵特性曲线具有如下特点：

(1) 轴流式水泵的 $Q-H$ 特性曲线在叶片装置角度不变时，陡度很大，线上有一转折点，由泵的 $Q-H$ 曲线可见，当出口阀关闭时，$Q=0$，相应的水泵扬程具有最高值，约是效率最高时的1.5～2倍。由于 $Q-H$ 特性曲线陡度很大，轴流泵的功率随着出水量的减少而急剧上升，所以应尽可能避免在关闭出水阀及小流量的工况下运行。

(2) 轴流泵最有利工况范围不大，由效率曲线可知，一旦离开最高效率点，不论向左或者向右，其效率都是迅速下降的。这是因为在非设计工况下，流体产生偏流，干扰主流，以致效率下降很快，所以要安装可调整角度的叶片改善其性能。

3-229　轴流泵如何分类？

答：轴流泵分类如下：

(1) 按照泵轴的安装方式可分为立式、卧式、斜式三种。立式轴流泵的特点是占地面积小，启动方便，电动机安装高，容易保持干燥，但需要立式

电动机。卧式轴流泵的特点是泵体可做成中开式，拆装方便，便于检查泵内部件，启动前要用真空泵引水。斜式兼有立式和卧式的优点。

(2) 按照叶片调节的可能性分为固定式叶片、半调节叶片和全调节叶片三种轴流泵。固定叶片式轴流泵，叶片和轮壳体铸在一起，叶片角度是不能调节的。半调节叶片式，停泵时拆下叶片可调节叶片安装角度。全调节叶片式，可以根据不同扬程和流量，在停泵和不停泵的情况下，通过一套调节机构来改变叶片的安装角。

3-230 “背叶片”是如何平衡轴向推力的？有何优缺点？

答：如果在叶轮的后盖板上铸有几个径向肋筋——背叶片，当叶轮旋转时，由于背叶片的作用，使叶轮盖板内的流体旋转速度大大加快，可接近叶轮的旋转角速度，降低了作用在叶轮后盖板上的流体压力值，减小了部分轴向推力。

背叶片常用在污水泵上，除了能平衡轴向推力外，还能防止杂质进入轴端密封，提高轴端密封的寿命。采用背叶片平衡轴向力需要消耗一些额外的功率，但它造成的功率消耗要低于平衡孔产生泄漏所消耗的功率。

3-231 离心泵流量有哪几种调节方法？各有什么优缺点？

答：离心泵流量有如下几种调节方法：

(1) 节流调节法。用泵出口阀门的开度大小来改变泵的管路特性，从而改变流量。这种调节的优点是十分简单，缺点是节流损失大。

(2) 变速调节。改变水泵转速，使泵的特性曲线升高或降低，从而改变泵的流量，这种调节方法，没有节流损失，是较为理想的调节方法。

(3) 改变泵的运行台数。用改变泵的运行台数来改变管道的总流量。这种调节方法简单，但工况点在管路特性曲线上的变化很大，所以进行流量的微调是很困难的。

(4) 汽蚀调节法。如凝结水泵采用低水位运行方式，通过凝汽器的水位高低，改变水泵特性曲线，从而改变流量。方法简单易行、省电，但叶轮易损，并伴有振动，有噪声。

轴流泵和混流泵常采用改变叶轮、叶片角度的办法，此法调节流量十分经济。

3-232 径向导叶起什么作用？

答：一般在分段式多级泵上均装有径向导叶。径向导叶的作用是收集由叶轮流出的高速液流，使其均匀地引入次级或压水室，并能在导叶中使液体的动能转换为压力能。

3-233 给水泵的轴端密封装置有哪些类型?

答: 给水泵的轴封装置主要有填料轴封、浮动环轴封、机械密封、迷宫式轴封，此外还有流体动力型轴封。

填料轴封由填料箱、填料、填料环、填料压盖、双头螺栓和螺母等组成。填料轴封就是在填料箱内施加柔软方型填料来实现密封，由于给水泵轴封处压力高，转速快，摩擦产生的热量也大，加之给水温度本来就高，所以对填料必须设冷却装置。这是电厂给水泵使用最多的一种。优点是检修方便、工艺简单，对多级水泵来说，密封效果好。

3-234 什么是浮动环密封装置?

答: 浮动环密封装置一般适用于圆周速度小于 60m/s 的场合，它由多级径向浮动环和支承环（密封座环）弹簧等组成，每个浮动环有 3 个弹簧，均匀布置于圆周。为了防止浮动环旋转，在浮动环上还设有径向导销 2 个，对称布置于圆周。为了提高密封效果、减少泄漏量，在多级环的中间，浮动环密封是借浮动环与浮动套的密封端面，在液体压力与弹簧力（亦有不用弹簧的）的作用下而紧密接触，使液体得到径向密封的。浮动环密封对轴向的密封，是借轴套的外圆表面与浮动环内圆表面形成的细小缝隙，对液流产生节流作用而达到降压密封效果的。因此使用浮动环密封时会有泄漏量存在。浮动环套在轴套上，由于液体动力的支承力可使浮动环沿着浮动套的密封端面上、下、左、右浮动，使浮动环能自动调整环心，以保持与泵轴有均匀的径向间隙。当浮动环与泵轴同心时，液体动力的支承力消失，浮动环不再浮动。因为浮动环能自动对准中心，所以浮动环与轴套的径向间隙可以做得很小，以减少泄漏量。

3-235 什么是迷宫密封装置?

答: 迷宫密封装置是利用密封片与泵轴间的间隙对密封的流体进行节流、降压，从而达到密封的目的。被密封的压力液体通过梳齿形的密封片时，会遇到一系列的截面扩大与缩小，于是对流体产生一系列的局部阻力，阻碍了流体的流动，达到密封的效应。它的最大特点是：转轴与固定衬套之间的径向间隙较大（一般半径间隙至少为 0.25mm），因此在任何情况下都不致发生摩擦，也不需采用轴套。英国 660MW 机组的给水泵的转子最大挠度为 0.075mm，在轴封处仅 0.025mm，而迷宫轴封的径向间隙有 0.25mm，因此在启、停泵时，即使泵壳和转轴热变形量很大，也不致发生径向接触。

即便在密封水中断时，甚至在水泵“干转”下，也不会因密封摩擦而引起事故。因此，迷宫密封量值得赞赏的特点是可靠性高。由于间隙大，泄漏量会增多，然而它能适应任何恶化条件下运转，所以，即使水泵效率可能降低也被采用。

3-236 什么是机械密封装置?

答：机械密封是无填料的密封装置，它是靠固定在轴上的动环和固定在泵壳上的静环，以及两个端面的紧密接近（由弹簧力滑推，同时又是缓冲补偿元件）达到密封的。在机械密封装置中，压力轴封水一方面顶住高压泄出水，另一方面窜进动静环之间，维持一层流膜，使动静环端面不接触。由于流动膜很薄，且被高压水作用着，因此泄出水量很少，这种装置只要设计得当，保证轴封水在动、静环端面上形成流动膜，也可满足“干转”下的运转。机械密封的摩擦耗功较少，一般为填料密封摩擦功率的10%～15%，且轴向尺寸不大，造价又低，被认为是一种很有前途的密封装置。

3-237 什么是流体动力密封装置?

答：流体动力密封装置（又叫副叶轮轴封）最初使用在高速火箭泵上，它是依靠轴套的一个或几个副叶轮，使泄漏水产生离心力（动力）顶住前方过来的泄漏水，从而达到密封作用。由于部件不会摩擦，理论上应该是很可靠和能够适应水泵“干转”的。但实际运转并不令人满意，尤其是水泵在变速运转下，达不到良好的密封。另外，停泵时还必须有另设的停车密封，因此这种密封装置尚在继续实践探索中。

3-238 一般转动机械设置的滑动轴承有哪些种类? 它们的构造是怎样的?

答：一般转动机械设置的滑动轴承的种类有整体式轴承和对开式轴承，根据润滑方式又可分为自动润滑式轴承和强制润滑式轴承。整体式轴承是一个圆柱形套筒，它以紧力镶入或螺栓连接的方式固定在轴承体内，其与轴接触的部分（瓦衬）可以镶青铜或铸乌金。对开式轴承由上下两半组成，也叫轴瓦。轴瓦上面有轴承盖压紧。

滑动轴承的组成如下：

(1) 顶部间隙。为了便于润滑油进入，使下轴瓦与轴颈之间形成油膜，在轴承上部都留有一定的间隙，一般为（0.001 5～0.002）d，d是轴的直径。两侧的间隙应为顶部间隙的一半。

(2) 油沟。为了把油分配给轴瓦的各处工作面，同时起贮油和稳定供油之用，在进油一方开有油沟。油沟顺转动方向应具有一个适当的坡度。油沟长度取0.8轴承长度，一般在两端留有15～20mm不开通。

(3) 油环。在正常情况下，一个油环可润滑两侧各50mm以内长度的轴瓦。轴径小于50mm，转速不超过3000r/min的机械都可以采用油环润滑。

油环宽度 $b=B-$（3～5）mm（B 为上轴瓦开槽宽度）。油环厚度 $S=$ 3～5mm。

油环浸入油面的深度为 $\frac{D}{4}\sim\frac{D}{6}$（$D$ 为油环直径）。

瓦衬常用锡基巴氏合金、铅基巴氏合金、青铜三种材料做成，锡基巴氏合金用于高速重载机械，铅基巴氏合金用在没有很大冲击的轴承上，青铜常用在小轴径或低转数的轴承上。

3-239　液力偶合器的主要构造是怎样的？

答： 液力偶合器主要由泵轮、涡轮和转动外壳（又叫旋转内套）组成。它们形成了两个腔室：在泵轮与涡轮间的腔室（即工作腔）中有工作油所形成的循环流动圆；另有由泵轮和涡轮的径向间隙（也有在涡壳上开几个小孔的）流入涡轮与转动外壳腔室（即副油腔）中的工作油。一般泵轮和涡轮内装有20～40片径向辐射形叶片，副油腔壁上亦装有叶片或开有油孔、凹槽。

3-240　液力偶合器的泵轮和涡轮的作用是什么？

答： 偶合器泵轮是和电动机轴连接的主动轴上的工作轮，其功用是将输入的机械功转换为工作液体的动能，即相当于离心泵叶轮，故称为泵轮。涡轮的作用相当于水轮机的工作轮，它将工作液体的动能还原为机械功，并通过被动轴驱动负载。泵轮与涡轮具有相同的形状、相同的有效直径（循环圆的最大直径），只是轮内径向辐射形叶片数不能相同，一般泵轮与涡轮的径向叶片数差1～4片，以避免引起共振。

3-241　在液力偶合器中工作油是如何传递动力的？

答： 在泵轮与涡轮间的腔室中充有工作油，形成一个循环流道；在泵轮带动的转动外壳与涡轮间也形成一个油室。若主轴以一定转速旋转，循环圆（泵轮与涡轮在轴面上构成的两个碗状结构组成的腔室）中的工作液体由于泵轮叶片在旋转离心力的作用下，将工作油从靠近轴心处沿着径向流道向泵轮外周处外甩升压，在出口处以径向相对速度与泵轮出口圆周速度组成合速，冲入涡轮外圆处的进口径向流道，并沿着涡轮径向叶片组成的径向流道流向涡轮，靠近从动轴心处，由于工作油动量距的改变去推动涡轮旋转。在涡轮出口处又以径向相对速度与涡轮出口圆周速度组成合速，冲入泵轮的进口径向流道，重新在泵轮中获取能量，泵轮转向与涡轮相同，如此周而复始，构成了工作油在泵轮和涡轮二者间的自然环流，从而传递了动力。

3-242 简述液力偶合器的系统情况。

答：在典型液力偶合器中，工作油泵和润滑油泵同轴而装，它们由原动机轴驱动伞形齿轮而拖动，工作油泵为离心式，供油经过控制阀后进入泵轮。偶合器循环圆内的工作油由勺管排出，进入工作油冷油器。冷油器出口的油分两路流动，一路直接回油箱，另一路经过控制阀再回到泵轮。因为勺管内的油流有较高的压力，使它通过冷油器后再回到泵轮，可以减少工作油泵的供油量，节约油泵的能耗。

润滑油泵与辅助油泵为齿轮式。润滑油泵的供油经过润滑油冷油器、双向可逆过滤器，分别送往各轴承和齿轮处进行润滑，润滑油的另外一路油经过控制油滤网，进入勺管控制滑阀和勺管的液压缸。

辅助油泵在偶合器启动前工作，进行轴承的润滑，待各轴承得到充分润滑后，才能启动偶合器。

3-243 试述液力偶合器的调速原理。调速的基本方法有哪几种？

答：在泵轮转速固定的情况下，工作油量愈多，传递的动转距也愈大。反过来说，如果动转距不变，那么工作油量愈多，涡轮的转速也愈大（因泵轮的转速是固定的），从而可以通过改变工作油油量的多少来调节涡轮的转速以适应泵的转速、流量、扬程及功率。通过充油量的调节，液力偶合器的调速范围可达0.2～0.975。

在液力偶合器中，改变循环圆内充油量的方法基本上有：

（1）调节循环圆的进油量。

（2）调节循环圆的出油量。

（3）调节循环圆的进出油量。

调节工作油的进油量是通过工作油泵和调节阀来进行的。调节工作油的出油量是通过旋转外壳里的勺管位移来实现的。但是采用前两种调节方法，在发电机组要求迅速增加负荷或迅速减负荷时，均不能满足要求。只有采用第三种方法，在改变工作油进油量的同时，移动勺管位置，调节工作油的出油量，才能使涡轮的转速迅速变化。

3-244 偶合器中产生轴向推力的原因是什么？为什么要设置双向推力轴承？

答：轴向推力产生的原因是：

(1) 由于工作轮受力面积不均衡，在此压力作用下必然会引起轴向作用力。

(2) 液体在工作腔中流动时，要产生动压力，动压力的大小与旋转速度有关。

(3) 由于泵轮和涡轮间存在滑差，因此在循环圆和转动外壳的腔内液体动压力值是有差异的，也会引起轴向作用力。

(4) 工作腔内充液量的改变，也会引起推力的变化，而偶合器在额定工作下工作时轴向力很小。

在偶合器稳定运行时，两个工作轮承受的推力大小相等、方向相反，工作过程中随负荷的变化，推力的大小和方向都可能发生变化，因此要设置双向推力轴承。

3-245　勺管是如何调节涡轮转速的?

答: 勺管用改变工作腔内充液量的方法来改变偶合器特性，获得不同的涡轮转速，以调节工作机械的转速。常用的方法是在转动外壳与泵轮间的副油腔中，安置一个导流管，即勺管。勺管的管口迎着工作液的旋转方向。勺管由操纵机构控制，在副油腔中作径向移动。当勺管移到最大半径位置时，将不断地把工作腔中供入的油全部排出，偶合器处于脱离状态；当勺管处在最小半径位置时，偶合器则处于全充油工作状态。这样，当勺管径向移动每一个位置，即可得到一个相应的不同充液度，从而达到调节负荷的目的。

3-246　液力偶合器的涡轮转速为什么一定低于泵轮转速?

答: 若涡轮的转速等于泵轮的转速，则泵轮出口处工作油的压力与涡轮进口处的油压相等，且它们的压力方向相反，相互顶住，工作油在循环圆内将不产生流动，涡轮得不到力矩，当然就转不起来，因此涡轮的转速永远只能低于泵轮的转速。而只有当泵轮转速大于涡轮转速时，泵轮出口处的油压才大于涡轮进口处的油压，工作油在压力差作用下产生循环运动，于是涡轮被冲动旋转起来。

3-247　液力偶合器有哪些损失?

答: 液力偶合器有机械损失和液力损失两种。机械损失指轴承密封损失，外部转子摩擦鼓风损失，以及为了冷却，需向液力偶合器通入若干工作流体，从而造成系统、泵轮的能量消耗等(这种损失也称为空载损失)。

液力损失指在泵轮和涡轮叶片之间的流道中，由于涡流和流体的内部摩擦和进入工作轮入口处的冲击损失等所造成的能量损失。

3-248 什么叫液力偶合器的转速比？什么叫滑差率？

答：涡轮和泵轮的转速之比叫转速比，即

$$i=\frac{n'}{n}=\eta$$

它实际上反映了液力偶合器的传动效率，也就是说涡轮转速越接近泵轮转速，传动效率越高（但不可能为1），所以偶合器很少在低转速比下工作。

滑差率也叫转差率，它反映了液力偶合器的传动损失，即

$$s=\frac{n-n'}{n}=1-\eta$$

式中 i——转速比；

s——滑差率；

n'——泵轮的转速；

n——涡转的转速；

η——传动效率或转速比。

3-249 偶合器装设易熔塞的作用是什么？

答：易熔塞是偶合器的一种保护装置。正常情况下，汽轮机油的工作温度不允许超过100℃，因油温过高极易引起油质恶化。同时油温过高，偶合器工作条件恶化，联轴器工作极不稳定，从而造成偶合器损坏及轴承损坏事故。为防止工作油温过高而发生事故，在偶合器转动外壳上装有4只易熔塞，内装低熔点金属。当偶合器工作腔内油温升至一定温度时，易熔塞金属被软化后吹损，工作油从4只孔中排出，工作油泵输出的油通过控制阀进入工作腔，不断带走热量，使偶合器中油温不再继续上升，起到了保护作用。

3-250 液力偶合器的特点是什么？

答：液力偶合器的工作特点主要有以下几点：

（1）可实现无级变速。通过改变勺管位置来改变涡轮的转速，使泵的流量、扬程都得到改变，并使泵组在较高效率下运行。

（2）可满足锅炉点火工况要求。锅炉点火时要求给水流量很小，定速泵用节流降压来满足，调节阀前、后压差可达12MPa以上。利用液力偶合器，只需降低输出转速即可满足要求，既经济又安全。

（3）可空载启动且离合方便。使电动机不需要有较大的富裕量，也使厂用母线减少了启动时的受冲击时间。

（4）隔离振动。偶合器泵轮与涡轮间扭矩是通过液体传递的，是柔性连接，所以主动轴与从动轴产生的振动不可能相互传递。

（5）过载保护。由于偶合器是柔性传动，工作时有滑差，当从动轴上的阻力扭矩突然增加时，滑差增大，甚至制动，但此时原动机仍继续运转而不致受损。因此，液力偶合器可保护系统免受动力过载的冲击。

（6）无磨损，坚固耐用，安全可靠，寿命长。

液力偶合器的缺点是：液力偶合器运转时有一定的功率损失。除本体外，还需增加一套辅助设备，价格较贵。

3-251 保护液力偶合器的易熔塞熔化的原因有哪些？

答：保护液力偶合器的易熔塞熔化的原因有：

（1）给水泵故障，转子卡涩或卡死，此时偶合器的涡轮不能转动，而泵轮仍以原速运转，电动机所提供的功率绝大部分转化成热量进入油中，使工作油温突然升高，引起易熔塞熔化。

（2）工作油进油量不足。工作腔中油的热量是靠工作油的循环冷却带走的。工作油控制阀开度与勺管位置不匹配，偶合器需要大流量工作油时控制阀开在小流量位置，偶合器内部大量热量不能及时带出，从而使循环圆中油温急剧升高，引起易熔塞熔化。

（3）工作冷油器运行不当。冷油器不能较好地冷却工作油，造成油温升高，使易熔塞熔化。

3-252 调速给水泵润滑油压降低的原因有哪些？

答：引起调速给水泵润滑油压降低的原因主要有：

（1）润滑油泵故障，齿轮碎裂，油泵打不出油。

（2）辅助油泵出口止回阀漏油，油系统溢油阀工作失常。

（3）油系统存在泄漏现象。

（4）油滤网严重阻塞，引起滤网前后压差过大。

（5）油箱油位过低。

（6）辅助油泵故障。主要有吸油部分漏空气，齿轮咬死，出口管段止回阀前空气排不尽等，从而引起油泵不出油。

3-253 给水泵运行中发生振动的原因有哪些？

答：给水泵发生振动的原因有：

（1）流量过大超负荷运行。

（2）流量小时，管路中流体出现周期性湍流现象，使泵运行不稳定。

（3）给水汽化。

（4）轴承松动或损坏。

(5) 叶轮松动。

(6) 轴弯曲。

(7) 转动部分不平衡。

(8) 联轴器中心不正。

(9) 泵体基础螺栓松动。

(10) 平衡盘严重磨损。

(11) 异物进入叶轮。

3-254　采用高速给水泵有哪些优点?

答: 随着汽轮发电机组向高参数大容量方向发展，锅炉给水泵大多采用转速为4000r/min以上的高速给水泵。高速给水泵有两种拖动方式，一种是电动机经增速齿轮带动给水泵，另一种是给水泵汽轮机直接拖动给水泵。在同样的流量、扬程条件下，采用高速给水泵，水泵叶轮级数减少，转轴长度可缩短，从而可使挠性转轴改换为刚性转轴，叶轮级数的减少，使径向导叶改为轴向导叶成为可能，从而提高了运行的可靠性；转速升高，可使叶轮直径相对地减小，这样泵体直径减小，泵体厚度减薄，可改善对热冲击的适应性，同时也减轻了泵的质量，降低了造价。

3-255　给水泵为什么设有滑销系统?

答: 因为给水泵输送的是温度较高的水，所以给水泵也存在热胀冷缩的问题。为了保证泵组膨胀和收缩顺利，及在膨胀、收缩过程中保持泵的中心不变，设置有滑销系统。

给水泵的滑销系统有两个纵销和两个横销。两个纵销布置在进水段和出水段下方，它保证水泵在膨胀和收缩过程中，中心线不发生横向移动，不妨碍水泵的前后胀缩；两个横销布置在进水端支承爪下面，其连线与两纵销连线交点即为水泵死点，水泵以此死点向出水端胀出或缩进。水泵所有支承爪底面与给水泵中心水平直径位于同一平面上，在水泵热膨胀时，中心线在垂直方向上也不会发生移动。

第四章　电气设备及系统

4-1　同步发电机如何分类?

答: 同步发电机按其特点分类如下:

(1) 按照原动机的不同，同步发电机可分为汽轮发电机、水轮发电机、燃气轮发电机及柴油发电机等。

(2) 按照冷却方式的不同，同步发电机可分为外冷式(冷却介质不直接与导线接触)和内冷式(冷却介质直接与导线接触)。

(3) 按照冷却介质的不同，同步发电机可分为空气冷却、氢气冷却和水冷却等。

(4) 按照冷却方式和冷却介质的不同组合，同步发电机可分为水氢氢(定子绕组水内冷、转子绕组氢内冷、铁芯氢冷);水水空(定子、转子绕组水内冷、铁芯空冷);水水氢(定子、转子绕组水内冷、铁芯氢冷)等。

(5) 按转子构造型式的不同可分为凸极式和隐极式。汽轮发电机一般是卧式的，转子是隐极式的，水轮发电机一般是立式的，转子是凸极式的。

4-2　大型发电机的冷却介质有哪些?

答: 由于大型发电机的功率很高，定子电流相当大，同时结构相对紧凑。所以要使定子电流产生的热量及时散发出去，就要采用冷却效果好的冷却介质。水和氢具有上述特点，一般可作为大型发电机的冷却介质。从冷却角度看，水是最好的:水的热容量比空气大 4.16 倍，密度较空气大 1000 倍，散热能力比之大 84 倍。此外，水还有良好的绝缘性能，得到电阻系数为 $200\times10^{3}\Omega\cdot cm$ 的凝结水是没有困难的。目前较为普遍的是定子绕组水内冷、转子绕组氢内冷、定子铁芯氢表冷(简称水氢氢冷却)方式。国内机组一般采用以下方式，即定子绕组、转子绕组均采用水冷却的双水内冷方式;定子绕组采用水冷却、转子本体采用氢冷却的水氢氢冷却方式。

4-3　简述汽轮发电机的结构特点及主要组成部分。

答: 大型汽轮发电机的基本结构一般为卧式布置的隐极式结构。它主要由定子和转子两部分组成。其中，定子主要由定子机座、定子铁芯、定子绕组和端盖等部分组成；转子主要由转子锻件、励磁绕组、护环、中心环和风扇等部分组成。

4-4 发电机机座的作用及结构是怎样的?

答: 发电机机座的作用主要是支撑和固定定子铁芯和定子绕组。300MW 汽轮发电机通常采用端盖式轴承，机座还要承受转子质量和电磁转矩。同时，在结构形状上还要满足发电机的散热、通风和密封要求。水氢氢冷发电机的机座还要能防止漏氢和承受住氢气的爆炸力。

整个铁芯通过机座安装并固定在基础上，而且还设置了作为冷却通风系统的风道和风室。机座的机壳和铁芯外圆背部间的空间是发电机通风系统的一部分。氢冷发电机的氢冷器一般采用垂直放置，放在机座端部两侧位置。机座采用整体防振结构，包括内机座和外机座，内、外机座间装有弹性隔振装置。另外，机壳的防爆和密封性要求高，一般采用较厚的钢板。

4-5 发电机端盖的作用及结构是怎样的?

答: 发电机端盖是用来保护定子端部绕组的，也是发电机密封的一个组成部分。为了安装和检修方便，端盖由水平方向分成两部分，并在上面设有停机检查人孔。同样，防爆和密封仍是对端盖的基本要求。

4-6 发电机定子铁芯的作用及结构是怎样的?

答: 发电机定子铁芯是构成发电机磁回路和固定定子绕组的重要部件。它的质量和损耗在发电机的总质量和总损耗中所占的比例很大。一般大型发电机定子铁芯为发电机总质量的 30%左右，铁损为发电机总损耗的 15%左右。为了减少定子铁芯磁滞及涡流损耗，定子常采用导磁性能好、损耗低的硅钢片叠压而成。

4-7 发电机转子的结构是怎样的?

答: 发电机转子是发电机的主要部件之一，它主要由转子铁芯、励磁绕组、护环、中心环、阻尼绕组、集电环及风扇等部件组成。转子铁芯一般采用具有良好导磁性能及具备足够机械强度的合金钢整体锻制而成。励磁绕组一般采用铜或机械性能经过改善的铜银合金导体材料绕制而成。

4-8 转子护环和中心环的作用是什么?

答: 转子护环的作用是承受转子绕组端部在高速旋转时产生的离心力，保护绕组端部不致沿径向发生位移、变形和偏心。中心环对护环起固定、支持和保持与转轴同心的作用，也有防止端部绕组轴向位移的作用。

4-9 发电机电刷及刷架的作用是什么?

答: 发电机电刷是励磁回路的一个组成部分，它可以将励磁电流经集电环传递到励磁绕组中。发电机刷架是固定和支持刷握及电刷的，刷握起着定位电刷的作用。

4-10 发电机的主要参数有哪些?

答: 发电机的主要参数有：额定功率；额定电压；额定电流；额定功率因数；额定频率；额定励磁电压；额定励磁电流；定子绕组联结组别；效率等。

4-11 简述同步发电机的工作原理。

答: 同步发电机是利用电磁感应原理将机械能转变为电能的。在同步发电机的定子铁芯内，对称地安放着 A-X、B-Y、C-Z 三相绕组。在同步发电机的转子上装有励磁绕组，励磁绕组中通入励磁电流后，产生转子磁通，当转子以逆时针方向旋转时，转子磁通将依次切割定子 A、B、C 三相绕组，在三相绕组中就会感应出对称的三相电动势。对确定的定子绕组而言，假若转子开始以 N 极磁通切割导体，那么转过 180°（电角度）后又会以 S 极磁通切割导体，所以定子绕组中的感应电动势是交变的，其频率取决于发电机的磁极对数和转子转速。

4-12 为什么发电机一般都要接成星形?

答: 一是消除高次谐波的存在；二是如果接成三角形的话，当内部故障或绕组接错造成三相不对称，此时就会产生环流，而将发电机烧毁。

4-13 大型发电机定子绕组为什么都采用三相双层短距分布绕组?

答: 大型发电机定子绕组采用三相双层短距分布绕组的目的是为了改善电流波形，即消除绕组的高次谐波电动势，以获得近似的正弦波电动势。

4-14 为什么大型发电机的定子绕组常接成双星形?

答: 发电机定子绕组接成星形主要是为了消除高次谐波和防止接成三角形时可能出现的内部环流；而接成双星形则是为了避免每相导体内电流太大。

4-15 发电机转子上装设阻尼绕组的目的是什么?

答: 发电机转子上装设阻尼绕组的目的是减小涡流回路的电阻，提高发电机承受不对称负荷的能力。

4-16 发电机定子绕组的水路是如何构成的?

答: 以 QFSN-300-2 型汽轮发电机为例，其定子绕组的股线为“四实一空”制，空心导体中央通以冷却水，这就构成了一个与电回路共存的水回路。定子绕组的冷却水从发电机侧面下层用管道引向发电机顶部，进入圆形汇水总管。水由此分为两路：一路进入 6 个有绝缘套管的导电杆和主引线，另一路经绝缘引水管流入半匝线圈，从汽端汇水管流出，吸收了这些部位的热量后，再由发电机顶部水管经发电机侧面流入下层。

4-17 大型汽轮发电机定子绕组一般采取哪种水路？采取这种水路的优点有哪些?

答: 大型汽轮发电机定子绕组的水路一般均采取半匝水路。所谓半匝水路是指冷却水在定子绕组内部采用并联单流水路，即一个线圈边为一条水路，水从励端圆形汇水总管引入端部后分为两个支路并行流向汽端，一路从下层线棒流过去，与另外一路从上层线棒流过去的水路汇合，再经过绝缘引水管到汽端汇水总管。采取这种水路的优点有：这种方案水路短，水压降小，水速在 1～2m/s，进水压力低，约为 0.2～0.3MPa，冷却效果好。

4-18 氢冷发电机密封油系统的任务是什么?

答: 氢冷发电机密封油系统的任务是：防止外界气体进入发电机以及机内氢气漏出，实现转轴与端盖之间的密封。

4-19 简述氢冷发电机“油密封”的实现机理。

答: “油密封”是以压力油注入密封瓦与转轴之间的间隙，在静止部分与转动部分之间隙中形成一层油膜，使空气与氢气隔离开来。它依靠压力不断地把油压入，以维持稳定的油膜。为了达到密封作用，油压应比氢压高。同时油流也起冷却与润滑密封瓦的作用。

4-20 氢冷发电机“油密封”的种类有哪些?

答: 氢冷发电机油密封分为环式和盘式两种。环式油密封由两块环形密封瓦组成，运转时在转轴和密封瓦之间形成一层圆筒形油膜。盘式油密封的瓦面形状似盘形，靠在转轴的台肩端面上，中间隔着一层盘形油膜。

4-21 如何解读发电机型号?

答: 发电机的型号表示该台发电机的类型和特点。我国发电机型号的现行标注法采用汉语拼音法。下面是几个常用符号的意义：T（位于第一字）—同步；Q（位于第一或第二字）—汽轮机；Q（位于第三字）—氢冷；

F—发电机；N—氢内冷；S或SS—水冷。

例如：TQN表示氢内冷同步汽轮发电机；QFS表示双水内冷汽轮发电机；QFQS表示定子绕组水内冷、转子绕组氢内冷、铁芯氢冷的汽轮发电机。

4-22 发电机运行时为什么会发热?

答: 任何机器运转都会产生损耗，发电机也不例外，运行时它内部的损耗也很多。就大的方面来说可分为四类，即铜损、铁损、励磁损耗和机械损耗。铜损指的是定子绕组的导线流过电流后在电阻上产生的损耗，即 I^2R，而且定子槽内导线产生的集肤效应额外引起损耗。铁损是铁芯齿部和轭部所产生的损耗，它有两种形式，一种是涡流损耗，另一种是磁滞损耗。涡流损耗是由于交变磁场产生感应电动势，在铁芯中引起涡流导致发热；磁滞损耗是由于交变磁场而使铁磁性材料克服交变阻力导致发热。励磁损耗是转子绕组的电阻损耗。另外，机械损耗就容易理解了。这四种损耗都将使绕组、铁芯或其他部件发热，因而发电机在运行中会发热，这种现象是不可避免的。

4-23 同步发电机为什么要装设冷却系统?

答: 这是因为同步发电机运行时的效率只有98.5%左右，也就是说，有在绝对数值上可观的能量在发电机内变成热量损耗，使发电机温度升高，因此必须装设冷却系统。

4-24 发电机的风路系统由哪些设备组成?

答: 发电机的风路系统是由风扇、冷却通道、铁芯通风沟、热风道、冷却器等组成的。水冷发电机采用的是轴向分段通风系统。

4-25 发电机的测温点是如何布置的?

答: 定子绕组的测温元件埋设在定子线棒中部上、下层之间，定子冷却水的测温元件安装在每根绝缘引水管出口处，这两部分的测温元件共同监视定子绕组冷却系统的运行。定子铁芯的测温元件也是采用埋入式，而且端部测点较多。

测温元件通常为体积很小的铜热电阻，并且已逐步改为采用具有电阻率高、体积更小、热响应时间短、性能稳定等优点的铂电阻。

4-26 简述氢气冷却发电机氢气系统的主要组成及其作用。

答: 氢气系统主要组成元件有：

（1）氢气干燥器。保证发电机内氢气的湿度在合格范围内。

（2）氢气压力控制装置。提供发电机内的氢气，同时在压力较低或者较高时进行补、排。

（3）氢气系统参数监视装置。监视氢气的压力、温度、湿度、纯度等参数。

4-27 简述氢气干燥器的主要种类及其工作原理。

答：目前使用的氢气干燥器主要有冷凝式和吸附式两种形式。

冷凝式氢气干燥器主要是利用制冷机将氢气温度降低到0℃，使氢气中的水分饱和析出，从而达到干燥的目的。干燥器接于发电机的高风压区域，利用发电机运行时转子风扇所产生的压力，使氢气进入干燥器，冷冻脱水以后进入热交换器，将冷氢进行升温后返回发电机内部。冷凝式干燥器一般采用两台运行，使两台运行于"双机"状态，其中一台处于制冷状态，另一台处于化霜状态，定时进行切换。当一台故障时，可以将故障的干燥器隔绝，使正常的干燥器运行于"单机"状态。

吸附式氢气干燥器主要是用高效的分子筛作为吸附剂将氢气内的水分吸附。吸附式氢气干燥器一般设计为双桶，桶内装有分子筛。两个桶分别工作于"加热"和"再生"状态。发电机内的氢气经过干燥器的增压风机后进入加热桶分子筛进行吸附干燥。干燥后的氢气绝大部分回到发电机内部。再生桶的分子筛由电加热对其进行加热再生，再生后的氢气经过冷却后回到干燥器入口。

4-28 励磁系统的作用是什么？

答：励磁系统的作用主要是供给同步发电机的励磁绕组的直流电源，它对同步发电机的作用可以从以下几个方面体现：

（1）根据发电机所带负荷情况，相应地调整励磁电流，维持发电机机端电压在允许范围。

（2）使并列运行的各台机组间无功功率合理分配。

（3）增加并入电网运行的发电机的阻尼转矩，提高电力系统动态稳定性及输电线路有功功率的传输能力。

（4）在电力系统发生短路故障造成发电机机端电压严重下降时，强行励磁将励磁电压迅速上升到足够的顶值，以提高电力系统的暂态稳定性。

（5）在发电机突然解列甩负荷时，强行减磁，以防发电机过电压。

（6）在不同运行工况下，根据要求对发电机实行过励限制、欠励限制、过励磁限制等，以确保发电机组的安全稳定运行。

4-29　发电机励磁系统由几部分组成？

答：发电机励磁系统由励磁功率单元和励磁调节器两部分组成。励磁功率单元包括整流装置及其交流电源，它向发电机的励磁绕组提供直流励磁电源。励磁调节器的作用是根据发电机机端电压及运行工况的变化，自动地调节励磁电流的大小，以满足系统运行的要求。

4-30　发电机励磁系统的主要形式有哪些？

答：发电机励磁系统的主要形式有三种：一是直流励磁机励磁方式，多用于中、小型汽轮发电机组。二是交流励磁机励磁方式，按功率整流器的不同又分为交流励磁机静止整流器励磁方式（有刷）和交流励磁机旋转整流器励磁方式（无刷）两种，多用于容量在 100MW 及以上的汽轮发电机组。三是静止励磁方式，其中最具代表性的是自并励励磁方式，多用于容量在 100MW 及以上的汽轮发电机组。

4-31　简述交流励磁机静止硅整流器励磁系统的工作过程。

答：交流励磁机静止硅整流器励磁系统主要由永磁机、中频励磁机及整流装置组成。永磁机与发电机同轴，产生的交流电经过整流后供中频励磁机的转子励磁，中频励磁机发出的交流电经过静止的整流装置后供给发电机的转子，使发电机正常工作。这种励磁系统设有集电环，运行时碳刷容易打火。

4-32　简述交流励磁机旋转硅整流器励磁系统的工作过程。

答：交流励磁机旋转硅整流器励磁系统的工作过程与交流励磁机静止硅整流器励磁系统相似，不同的是励磁回路的硅整流装置是与交流励磁机电枢和发电机转子同轴旋转的，励磁电流不需要经碳刷及滑环引入发电机的转子绕组。这种励磁系统又称为无刷励磁或旋转半导体励磁系统。

4-33　简述自并励励磁系统的工作过程。

答：自并励励磁系统是指只用一台接在机端的励磁变压器作为励磁电源，通过受励磁调节器控制的晶闸管整流装置直接控制发电机的励磁。其显著特点是整个励磁装置没有转动部分，因此又称为静止励磁系统或全静态励磁系统。

4-34　自动励磁调节器的基本任务是什么？

答：自动励磁调节器是发电机励磁控制系统中的控制设备，其基本任务是检测和综合励磁控制系统运行状态的信息，包括发电机端电压 U_c、有功

功率 P、无功功率 Q、励磁电流 I_f 和频率 f 等，并产生相应的信号，控制励磁功率单元的输出，达到自动调节励磁、满足发电机及系统运行需要的目的。

4-35 自动励磁调节器有哪些励磁限制和保护单元？分别说明其作用。

答：自动励磁调节器的励磁限制和保护单元主要包括欠励限制器、过励磁（V/f）限制器、反时限限制器、定时限限制器、瞬时电流限制器、TV断线检测器、低频保护器、电力系统稳定器PSS。

（1）欠励限制器主要用来防止发电机因励磁电流过度减小而引起失步，以及因过度进相运行而引起发电机端部过热，当励磁电流过度减小时闭锁减磁。

（2）过励磁限制器。用于防止发电机的端电压与频率的比值过高，避免发电机及与其相连的主变压器铁芯饱和而引起的过热。

（3）反时限限制器。主要用于限制最大励磁电流。它按照已知的反时限限制特性，即按发电机转子容许发热极限曲线，对发电机转子电流的最大值进行限制，以防转子过热。

（4）定时限限制器。与反时限限制器配合使用，当反时限限制器限制动作后，转子电流在规定时间内未能恢复到反时限限制器的启动值以下，则定时限限制器动作。定时限限制器作为反时限限制器的后备保护。

（5）瞬时电流限制器用于具有高顶值励磁电压的励磁系统，限制发电机励磁电流的顶值，防止其超过设计允许的强励倍数，防止可控硅整流装置和励磁绕组短时过负荷。

（6）TV断线检测器用于检测励磁调节器用的电压互感器因高压熔断器熔断或其他原因而使电压信号的丢失。TV信号丢失时，励磁调节器立即自动切换到备用励磁调节器工作，防止因电压信号丢失引起误强励。

（7）低频保护器用于防止机组解列运行时，长时间低频运行造成的不利影响。低频保护器检测发电机频率，当频率过低时，低频保护器延时动作。

（8）电力系统稳定器PSS，防止大区联络线的低频振荡。

4-36 自动励磁调节器的主要组成部分有哪些？各有什么作用？

答：自动励磁调节器主要由三部分组成，分别是：

（1）测量比较单元。测量发电机的机端电压并变换成直流，与给定的基准电压定值比较，得出电压偏差信号。

（2）综合放大单元。对测量单元的输出进行放大，有时还要根据要求对其他信号进行放大，如稳定信号、低励磁信号等。

（3）移相触发单元。根据控制电压的大小，改变晶闸管的触发角度，从而调节发电机的励磁电流。

4-37 为什么同步发电机励磁回路的灭磁开关不能改成快速动作的断路器？

答：由于发电机励磁回路存在电感，而直流电流又没有过零点，当电流一定时突然断路，电弧熄灭瞬间会产生过电压。电弧熄灭得越快，电流变化速度越大，过电压值就越高，这可能造成励磁回路绝缘被击穿而损坏。因此，同步发电机的励磁回路不能装设快速动作的断路器。

4-38 什么是恒值电阻放电灭磁？它有什么特点？

答：恒值电阻放电灭磁是指灭磁开关动作后，其动断触点首先闭合，将放电电阻并接在发电机绕组两端，然后动合触点断开，将转子绕组与直流励磁电源断开。这时，转子电流将由放电电阻续流，不致产生危险的过电压。之后，转子电流在由转子绕组和放电电阻构成的回路中自行衰减到零，完成灭磁过程。

恒值电阻放电灭磁的特点是：转子绕组两端的电压等于转子电流与放电电阻的乘积。放电电阻值可按转子电压小于或等于转子电压容许值的原则来选定；灭磁过程时间较长。

4-39 什么是非线性电阻放电灭磁？它有什么特点？

答：非线性电阻放电灭磁是指用非线性电阻代替恒值电阻，可以加快灭磁过程，当转子电流大时，其阻值小，当转子电流小时，其阻值大，使转子电流与电阻的乘积变化不大，并始终小于或等于转子电压容许值。

非线性电阻放电灭磁的特点是：灭磁速度快，接近于理想灭磁曲线。由于非线性电阻在额定励磁电压和强励电压下，其阻值很大，流过电阻的漏电流很小，因此可以直接并接于转子绕组的两端，既作为灭磁电阻，又作为过电压保护器件，还简化了接线和控制回路。

4-40 什么是灭弧栅灭磁？它有什么特点？

答：灭弧栅灭磁是指灭磁时，灭磁开关动作后，其动合触点 FMK1 和动断触点 FMK2 相继打开，在 FMK2 两端产生电弧。在专设的磁铁所产生的横向磁场的作用下，电弧被引入灭弧栅，铜栅片将电弧割成许多短弧，这些短弧在整个灭磁过程一直在燃烧，并保持灭弧栅上的电压 U_s 为常数。电压 U_s 的极性与原励磁电源极性相反，相当于在原励磁回路中串入了一个幅值为 U_s 的反电动势。反电动势 U_s 越大，则转子过电压越高，灭磁过程也

越快。

灭弧栅灭磁的特点是：接近于理想灭磁。缺点是转子电流较小时不能很快灭弧。

4-41 什么是逆变灭磁？它有什么特点？

答： 逆变灭磁是指利用三相全控桥的逆变工作状态，控制角从小于 90°的整流运行状态突然后退到大于 90°的某一适当角度，此时励磁电源改变极性，以反电动势的形式加于励磁绕组，使转子电流迅速衰减到零的灭磁方法。

逆变灭磁的特点是：能将转子储存的能量迅速地反馈到三相全控桥的交流侧电源中去，不需要放电电阻或灭弧栅，简便实用；灭磁可靠；灭磁时间相对较长，但过电压倍数较低。

4-42 同步发电机为什么要求快速灭磁？

答： 这是因为同步发电机发生内部短路故障时，虽然继电保护装置能迅速地把发电机与系统断开，但如果不能同时将励磁电流快速降低到零值，则由磁场电流产生的感应电动势将继续维持故障电流，时间一长，将会使故障扩大，造成发电机绕组甚至铁芯严重受损。因此，当发电机发生内部短路故障时，在继电保护动作快速切断主断路器的同时，还要求发电机快速灭磁。

4-43 简述永磁副励磁机的结构。

答： 永磁副励磁机是一种新型的外转子永磁电机，其旋转磁轭环直接悬挂在轴伸处，环上共有 20 个磁极，每极有一个整体极靴，极身由三块矩形磁钢组成，并用“914”胶粘接成一个整体，极身四周用无纬玻璃丝带缠绕固化成一个保护套，每个极身和极靴用两个不锈钢螺钉钉合在磁轭环上，电枢悬挂在固定支架上，穿入外转子膛内，电枢铁芯用整圆形 W_{10} 硅钢片叠压而成，硅钢片涂 H52-1F 级绝缘漆。电枢绕组采用 $q=4/5$ 的分数槽。

4-44 永磁副励磁机的冷却方式是怎样的？

答： 永磁副励磁机的冷却方式采用空冷，即在副励与主励的底架上构成风路，并在底架的进、出风口处装有空气过滤器消声筒，以进一步降低永磁机的噪声。

4-45 简述交流主励磁机的结构。

答： 交流励磁机结构与空气冷却汽轮发电机相似，其转子为实心隐极式，共四极。转子嵌线槽楔为硬铅，两端槽楔为铝青铜，转子护环材料是无磁性钢，搭接在本体和中心环上，转子两端各有一个离心式风扇固定在中心环上。

交流励磁机的定子铁芯由优质电工硅钢片冲成扇形片叠压而成，铁芯分16挡，每挡间有径向通风沟，扇形片通过背部燕尾槽轴向固定在机座内的支持筋上，铁芯两端用压板固定。

定子绕组为半组式，端部为篮形，绕组由7股玻璃丝包扇铜线叠成。绕组端部用绝缘后支架支撑，并设有端箍将绕组端部箍紧。

4-46 交流主励磁机的冷却方式是怎样的?

答: 交流励磁机的通风为密闭循环方式，有两个绕簧式铜管空气冷却器，安装在其基础下面的地坑里，风路为一进两出。底架上还附设有两个带消声筒的空气过滤器补充空气。

4-47 主励磁机的作用是什么?

答: 主励磁机的作用是：在正常运行时，发出大小随自动励磁调节柜的输出大小变化而改变的100Hz三相交流电，经整流柜整流后供给发电机的励磁电流。

4-48 自动励磁调节柜在正常运行时是怎样工作的?

答: 自动励磁调节柜的工作原理可简述为：将经过电压反馈单元测量的正比于发电机机端电压的直流电压与基准（给定）电压进行比较，然后将比较结果进行比例—积分—微分运算，再将所得的信号电压进行综合放大后，送到移相触发器，去控制晶闸管的导通，以调节主励磁机的励磁，达到自动维持发电机电压恒定的目的。

4-49 发电机励磁调节回路的运行方式是如何规定的?

答: 发电机的励磁调节回路由两套晶闸管整流的自动励磁调节柜和一套硅整流的手动励磁调节柜组成。正常运行中，两套自动励磁调节柜一套运行，另一套自动跟踪备用，当一套自动励磁调节柜故障时，则自动切换至另一套。手动励磁调节柜处于热备用，即电压跟踪状态，当两套自动励磁调节柜均故障时，可切换为手动励磁调节柜运行。

4-50 何谓强励顶值电压倍数?

答: 所谓强励顶值电压倍数是指：在同步发电机事故情况下，励磁系统强行励磁时的励磁电压和额定励磁电压之比。

4-51 强行励磁的作用是什么?

答：当系统电压大大下降时，发电机励磁电源会自动迅速增加励磁电流，这种作用叫强行励磁。强行励磁的作用主要有：

(1) 增加电力系统的稳定性。

(2) 在短路切除后，能使电压迅速恢复。

(3) 提高带时限的过流保护动作的可靠性。

(4) 改善系统故障时电动机的自启动条件。

4-52 手动感应调压器的作用是什么?

答：手动感应调压器的作用是：当自动励磁调节柜因故退出对，通过人为调节改变其二次电压的大小，并经三相硅整流后供给主励磁机的励磁电流，以保证发电机组的继续运行。

4-53 手动励磁调节回路中的隔离变压器有什么作用?

答：手动励磁调节器回路中的隔离变压器主要起隔离作用，即将硅整流回路与交流回路分离，减少相互间影响。另外起着降压作用，以满足硅整流的技术特性要求。

4-54 手动励磁调节柜与自动励磁调节柜有什么区别?

答：手动励磁调节柜与自动励磁调节柜的主要区别如下：

(1) 自动柜采用晶闸管整流而手动柜采用硅整流。

(2) 自动柜输出随发电机端电压及无功的变化而变化，而手动柜的输出需通过运行人员调节感应调压器的输出的大小来决定。

(3) 自动柜具有强励、欠励等功能，而手动柜则没有。

4-55 整流柜的作用是什么?

答：整流柜的作用是将交流主励磁机发出的100Hz三相交流电，经其三相全波桥式整流后供给发电机的转子电流。为了确保发电机转子电流的可靠性，一般设有两台或三台整流柜。正常运行中，处于并列运行状态。

4-56 变压器在电力系统中起什么作用?

答：变压器是电力系统中的主要设备之一，起到传递电能的作用。从发电厂到用户可根据不同的需要，选用升压或降压变压器，将供电电压升高或降低。它的作用主要有两个，一是满足用户用电电压等级的需要，二是减少电能在输送过程中的损失。

4-57 简述变压器的工作原理。

答： 变压器是一种静止电器，它利用电磁感应原理把一种交流电压转换成相同频率的另一种交流电压。其结构的主要部分是两个（或两个以上）互相绝缘的绕组，套在一个共同的铁芯上，两个绕组之间通过磁场而耦合，但在电的方面没有直接联系，能量的转换以磁场作媒介。在两个绕组中，把接到电源的一个称为一次绕组，简称一次侧（或原边），而把接到负载的一个称为二次绕组，简称二次侧（或副边）。当一次侧接到交流电源时，在外施电压作用下，一次绕组中通过交流电流，并在铁芯中产生交变磁通，其频率和外施电压的频率一致，这个交变磁通同时交链着一、二次绕组，根据电磁感应定律，交变磁通在一、二次绕组中感应出相同频率的电动势，二次侧有了电动势便向负载输出电能，实现了能量转换。

4-58 简述电力变压器的主要组成部分及其作用。

答： 变压器一般由铁芯、绕组、油箱、绝缘套管、调压装置、冷却装置和保护装置等组成，干式变压器没有油箱。

（1）铁芯是变压器磁路系统的本体，用导磁性能良好的硅钢片叠装组成，起集中和加强磁通的作用，同时用以支持绕组。

（2）绕组是电流的通路，用铜线或铝线绕在铁芯柱上，导线外边采用纸绝缘或纱包绝缘等。靠绕组通入电流，并借电磁感应作用产生感应电动势。

（3）油箱是油浸式变压器的外壳，大型变压器的油箱一般分上、下两部分。上部油箱为钟罩式，便于检修时只把上部吊起，不必吊器身。下部油箱同底板焊在一起，铁芯和绕组等安装在其中。变压器油箱中充满变压器油，使铁芯和绕组等浸在油中，变压器油起绝缘和散热作用。

（4）绝缘套管用来把变压器各侧绕组的引线引出油箱，它既是引线对地（外壳）的绝缘，又担负着固定引线的作用。

（5）调压装置能在一定范围内改变绕组的匝数，保证变压器输出电压在额定范围内，分为无载调压和有载调压两种。

（6）冷却装置的作用是疏散热量。变压器在运行中的空载损耗和负载损耗会产生热量，这些热量必须经油箱和冷却系统疏散掉，以延长变压器绕组绝缘寿命减轻变压器油质劣化。

（7）变压器本体保护装置主要用来保护变压器，延长其使用寿命，减轻损坏程度。一般包括储油柜、呼吸器、气体继电器、净油器、压力释放阀和温度计等。

（8）储油柜也叫辅助油箱，水平安装在变压器油箱盖上，储油柜上装有

油位计，储油柜的容积一般为变压器油箱所装油体积的8%～10%。其作用为：容纳因变压器温度升高而膨胀增加的变压器油；限制油与空气的接触面，减少油受潮和氧化的程度；运行中通过它注油能防止气泡进入变压器。在储油柜和油箱的连接管上装有气体继电器，反映变压器的内部故障。

(9) 呼吸器由一根铁管和一个玻璃容器组成，内装干燥剂即硅胶，与储油柜内的空间相连通。用来吸收空气中的水分，对空气起过滤作用，从而保持油的清洁与绝缘水平。

(10) 压力释放阀安装在变压器的油箱盖上。当变压器内部发生故障，产生高压，通过压力释放阀将油箱内的气体排到油箱外，释放压力，从而保持变压器油箱不被破坏。

4-59　变压器储油柜和防爆管之间的小连通管起什么作用？

答：此小管使防爆管的上部空间与储油柜的上部空间连通，让两个空间压力相等，油面保持相同。

4-60　什么叫变压器的分级绝缘？什么叫变压器的全绝缘？

答：变压器分级绝缘是指变压器绕组整个绝缘的水平等级不一样，靠近中性点部位的主绝缘水平比绕组端部的绝缘水平低。相反，变压器绕组首端与尾端绝缘水平一样的叫全绝缘。

4-61　变压器的额定容量、额定电压、额定电流、空载损耗、短路损耗和阻抗电压各代表什么意义？

答：变压器的额定容量是指变压器在额定电压、额定电流时连续运行所能输送的容量。额定电压是指变压器长时间运行所能承受的工作电压。额定电流是指变压器允许长期通过的工作电流。空载损耗是指变压器二次开路在额定电压时，变压器铁芯所产生的损耗。短路损耗是指将变压器的二次绕组短路，流经一次绕组的电流为额定电流时，变压器绕组导体所消耗的功率。阻抗电压是指将变压器二次绕组短路，使一次侧电压逐渐升高，当二次绕组的短路电流达到额定值时，一次侧电压与额定电压比值的百分数。

4-62　如何解读变压器型号？

答：变压器的型号是由字母和数字两个部分组成的，一般可表示为[1][2]-[3]/[4]。其中：[1]表示变压器的分类型号；[2]表示设计序号；[3]表示额定容量（kVA）；[4]表示高压绕组额定电压（kV）。

按国标规定，变压器的分类型号由多个字母组成。第一位表示绕组耦合方式，如O表示自耦（在型号首位表示降压，在末位表示升压）；第二位表示相数，如D表示单相，S表示三相；第三位表示冷却方式，可用一个或多个字母表示，如F表示油浸风冷，W表示油浸水冷，FP表示强迫油循环风冷，WP表示强迫油循环水冷，D表示强迫油导向循环，G表示干式空气自冷，C表示干式浇注绝缘；第四位表示绕组数，如S表示三绕组，F表示分裂绕组，双绕组不表示；第五位表示绕组导线材质，如L表示铝，铜绕组不表示，B表示低压箔式绕组；第六位表示调压方式，如Z表示有载调压，无励磁调压不表示。

如SFP7-360000/220型变压器表示三相油浸风冷式强迫油循环式变压器，其设计序号为7，额定容量为360 000kVA，额定电压为220kV。

又如SFFZ7-4000/220型号变压器表示三相油浸风冷式有载调压分裂变压器，其设计序号为7，额定容量为4000kVA，额定电压为220kV。

4-63　为什么说阻抗电压百分数是变压器的一个重要参数？

答：阻抗电压百分数又称为短路电压百分数，在数值上与变压器的阻抗百分数相等，表明变压器内阻抗的大小。阻抗电压百分数表明了变压器在满载（额定负荷）运行时变压器本身的阻抗压降的大小。阻抗电压百分数的大小在变压器运行中有着重要意义，它对于变压器在二次侧发生短路时将产生的短路电流的大小有决定性意义，对变压器的并联运行也有重要意义。阻抗电压百分数的大小与变压器的容量有关。当变压器的容量小时，阻抗电压百分数也小；当变压器的容量较大时，阻抗电压百分数也相应较大。我国生产的电力变压器，阻抗电压百分数一般在4%～24%的范围内。

4-64　变压器的阻抗电压在运行中有什么作用？

答：阻抗电压是涉及变压器成本、效率及运行的重要经济指标。同容量变压器，阻抗电压小的成本低、效率高、价格便宜，另外，运行时的压降及电压变动率也小，电压质量容易得到控制和保证。从变压器运行条件出发，希望阻抗电压小一些较好。从限制变压器短路电流条件出发，希望阻抗电压大一些较好，以免电气设备如断路器、隔离开关、电缆等在运行中经受不住短路电流的作用而损坏，所以在制造变压器时，必须根据满足设备运行条件来设计阻抗电压，且应尽量小一些。

4-65　为什么电力变压器一般都是低压绕组在里边，高压绕组在外边？

答：这主要是从绝缘方面考虑的，因为变压器的铁芯是接地的，低压绕组靠近铁芯，容易满足绝缘要求。若将高压绕组靠近铁芯，由于高压绕组的

电压很高，要达到绝缘要求就需要很多绝缘材料和较大的绝缘距离，既增加了绕组的体积，也浪费了绝缘材料。另外，把高压绕组安装在外面也便于引出到分接开关。

4-66 为什么电力变压器一般都从高压侧抽分接头?

答：电力变压器一般都从高压侧抽分接头，主要有两方面的原因：一是高压线圈装在低压线圈的外面，抽头引出和接线方便；二是高压侧电流比低压侧电流小，引线和分接开关的载流截面小。

4-67 什么是有载调压和无载调压?

答：有载调压是指变压器在带负荷运行中，在正常的负载电流下进行手动或电动变换一次分接头，以改变一次绕组的匝数，进行分级调压，其调压范围可达额定电压的±15%。无载调压是指在变压器的一、二次侧均与网络断开的情况下，通过变换其一次侧分接头来改变绕组匝数进行分级调压。

4-68 有载调压变压器与无载调压变压器有什么不同？各有何优缺点?

答：有载调压变压器与无载调压变压器的不同点在于：前者装有带负荷调压装置，可以带负荷调整电压，后者只能在停电的情况下改变分头位置，调整电压。有载调压变压器用于电压质量要求较严的地方，还可加装自动调压检测控制部分，在电压超出规定范围时自动调整电压。其主要优点是：能在额定容量范围内带负荷调整电压，且调压范围大，可以减少或避免电压大幅度波动，母线电压质量高，但其体积大，结构复杂，造价高，检修维护要求高。无载调压变压器改变分接头位置时必须停电，且调整的幅度较小（每调整一个分接头，改变电压 2.5%或 5%），输出电压质量较差，但比较便宜，体积较小。

4-69 变压器的调压接线方式有几种?

答：变压器的调压接线方式有三种，分别是绕组中性点抽头、绕组中部抽头和绕组端部抽头。

4-70 常用变压器有哪些种类?

答：变压器种类是多种多样的，一般常用的变压器的分类如下：

（1）按用途分有：电力变压器、试验变压器、仪用变压器、电炉变压器、电焊变压器、整流变压器、调压变压器等。

（2）按相数分有：单相变压器和三相变压器。

（3）按绕组形式分有：双卷变压器、三卷变压器和自耦变压器。

(4) 按铁芯形式分有：芯式变压器和壳式变压器。

(5) 按冷却方式分有：干式变压器和油浸变压器（油浸自冷、油浸风冷、油浸水冷，强迫油循环，水内冷等)。

4-71 什么是自耦变压器？它有什么优点？

答：自耦变压器是只有一个绕组的变压器。当作为降压变压器使用时，从绕组中抽出一部分出线匝作为二次绕组。当作为升压变压器使用时，外施电压只加在绕组的一部分线匝上。通常，把同时属于"一次和二次的那部分绕组"称为公共绕组，其余部分称为串联绕组。近几年来，由于电力生产的增长和输电电压的增高，自耦变压器应用得越来越多，因为在传输相同容量的情况下，自耦变压器与普通变压器相比，不但尺寸小，而且效率高。容量越大，电压越高，这个优点就尤为突出，因为只有采用自耦变压器才能满足整体传输的要求。

4-72 和普通双绕组变压器相比，自耦变压器有哪些特点？

答：和普通双绕组变压器相比，自耦变压器有以下主要特点：

(1) 由于自耦变压器的计算容量小于额定容量，所以在同样的额定容量下，自耦变压器的主要尺寸较小，有效材料（硅阀片和导线）和结构材料（钢材）都相应减少，从而降低了成本。有效材料的减少使得铜耗和铁耗也相应减少，故自耦变压器的效率较高。同时由于主要尺寸的缩小和质量的减轻，可以在容许的运输条件下制造单台容量更大的变压器。但通常在自耦变压器中只有 $k_a \leqslant 2$ 时，上述优点才明显。

(2) 由于自耦变压器的短路阻抗标幺值比双绕组变压器小，故电压变化率较小，但短路电流较大。

(3) 由于自耦变压器一、二次之间有电的直接联系，当高压侧过电压时会引起低压侧严重过电压。因此，一、二次都必须装设避雷器。

(4) 在一般变压器中有载调压装置往往连接在接地的中性点上，这样调压装置的电压等级可以比在线端调压时低。而自耦变压器中性点调压侧会带来所谓的相关调压问题。因此，要求自耦变压器有载调压时，只能采用线端调压方式。

4-73 自耦变压器与双绕组变压器有什么区别？

答：自耦变压器与双绕组变压器的主要区别是：双绕组变压器的高、低压绕组是分开绕制的，虽然每相高、低压绕组都装在同一个铁芯柱上，但相互之间是绝缘的。高、低压绕组之间只有磁的耦合，没有电的联系。电功率

的传递全是由两个绕组之间的电磁感应完成的。自耦变压器的高、低压绕组实际上是一个绕组，低压绕组接线是从高压绕组抽出来的，因此高、低压绕组之间既有磁的联系，又有电的联系。电功率的传递，一部分是由电磁感应传递的，另一部分是由电路连接直接传送的。

4-74 自耦变压器中性点为什么必须接地?

答：自耦变压器的中性点必须直接接地，这样中性点电位永远等于地电位，当高压电网内发生单相接地故障时，在其中压绕组上就不会出现过电压。

4-75 与双绕组变压器相比，三绕组变压器有何特点?

答：三绕组变压器与双绕组变压器原理相同，但比后者多一个绕组，因此三绕组变压器有以下特点：

(1) 三个绕组可以有多种运行方式，如高压—中压，高压—低压，高压同时向中、低压送电（或反之）等。在运行时，一个绕组的负荷等于其他两个绕组负荷的相量和，都不得超过各自的额定容量。

(2) 由于三个绕组在磁路上相互耦合，所以每个绕组都有自感和与其他绕组的互感。或者说三个绕组的电路是彼此关联的。在运行时，一个绕组负荷电流的变化将会影响两个外绕组的电压。

(3) 三绕组变压器通常采用同心式绕组，绕组的排列在制造上有两种组合方式：升压型，其绕组排列为铁芯—中压—低压—高压；降压型，其绕组排列为铁芯—低压—中压—高压。

4-76 三绕组变压器应用在哪些场合？它的构造与普通变压器有什么不同?

答：近年来三绕组变压器在电力系统中大量应用，大多用于需要三种不同电压的电力系统。对于重要负载，为了可靠供电，也可由两个电压系统通过三绕组变压器共同供电。与双绕组变压器相比，三绕组变压器不但提高了供电的可靠性和灵活性，而且比用两台双绕组变压器节省材料，降低电能损耗。三绕组变压器有高压、中压和低压三个绕组，通常套在一个铁芯柱上。由于绝缘结构的要求，高压绕组常套在最外面。考虑到短路阻抗的合理性，升压变压器的低压绕组常套在高、中压绕组之间，降压变压器的中压绕组则套在高、低压绕组之间。

4-77 分裂绕组变压器在结构上有哪些特点?

答：分裂绕组变压器实际上是一种特殊结构的三绕组变压器，和普通三绕组变压器的区别在于分裂变压器的两个低压绕组是分裂绕组，两个绕组没有电气上的联系，而且仅有较弱的磁的联系。因此，它的结构特点表现为各绕组在铁芯上的布置应满足以下两个要求：一是两个低压绕组之间应有较大的短路阻抗；二是每一分裂绕组与高压绕组之间的短路阻抗应较小，且应相等。

4-78 分裂变压器在什么情况下使用？它有什么特点？

答：随着变压器单台容量的增大，两台发电机共用一台变压器输出电能的方案也随之提出。但为了减小短路电流，要求两台发电机之间有较大的阻抗。此外，大型机组的厂用变压器要向两段独立的母线供电，因此要求两段母线之间有较大的阻抗，以减少一段母线短路时，由另一段母线所接的电动机而来的反馈电流。为了达到上述限制短路电流的要求，可用分裂变压器代替普通变压器。分裂变压器通常将低压绕组分裂成两个容量相等的分支，分支的额定电压可以相同，也可以相近。

4-79 分裂变压器有哪些参数？它有什么意义？

答：分裂变压器的特殊参数及意义如下：

(1) 当低压分裂绕组的两个分支并联成一个绕组对高压绕组运行时，叫做穿越运行。此时变压器的短路阻抗叫做穿越阻抗，用 z_c 表示。

(2) 当分裂绕组的一个分支对高压绕组运行时，叫做半穿越运行。此时变压器的阻抗叫做半穿越阻抗，用 z_b 表示。

(3) 当分裂变压器的一个分支对另一个分支运行时，叫做分裂运行。此时变压器的短路阻抗叫做分裂阻抗，用 z_f 表示。

(4) 分裂阻抗与穿越阻抗之比称为分裂系数，用 k_f 表示，即 $k_f = z_f / z_c$。

4-80 采用分裂绕组变压器有何优缺点？

答：当分裂变压器用作大容量机组的厂用变压器时，与双绕组变压器相比，它有以下优缺点：

(1) 限制短路电流显著。当分裂绕组一个支路短路时，由电网供给的短路电流经过分裂变压器的半穿越阻抗比穿越阻抗大，故供给的短路电流要比用双绕组变压器小。同时，分裂绕组另一支路由电动机供给短路点的反馈电流，因受分裂阻抗的限制，亦减少很多。

(2) 当分裂绕组的一个支路发生故障时，另一支路母线电压降低比较小。同样，当分裂变压器一个支路的电动机自启动时，另一个支路的电压几乎不受影响。

但分裂变压器的缺点是价格较贵，一般分裂变压器的价格约为同容量的普通变压器的1.3倍。

4-81 干式变压器有哪几种形式?

答: 干式变压器的主要形式有以下几种：

(1) 开启式。开启式是常用的形式，其器身与大气相连通，适用于比较干燥而洁净的室内环境（环境温度为+20℃，相对湿度不超过85%）。对大容量变压器可采用吹风冷却，空气风冷式容量可达16MVA。

(2) 封闭式。与外部大气不相连通，可用于较恶劣的环境。

(3) 浇注式。用油填料或无填料环氧树脂或其他树脂浇注作为主绝缘，结构简单、体积小，适用于较小容量产品。

(4) 绕包式。用浸有环氧树脂的玻璃丝作为主绝缘。单台容量也不大。

4-82 干式变压器有哪些特点?

答: 干式变压器与油浸式变压器的主要区别是冷却介质的不同。干式变压器的铁芯和绕组都不浸在任何绝缘液体中，它的冷却介质为空气，一般用于安全防火要求较高的场合。干式变压器具有下列特点：

(1) 由于空气的绝缘强度和散热性能都比油差，以空气作绝缘的干式变压器的有效材料消耗比油浸式多。

(2) 也应能承受住冲击电压试验。

(3) 绕组绝缘可以采用A、E、B、F、H级，常用E级和H级。

(4) 干式变压器还可装在外壳内。

4-83 什么叫变压器的联结组别?

答: 变压器的联结组别是指变压器的一、二次绕组按一定接线方式连接时，一、二次侧的电压或电流的相位关系。变压器联结组别是用时钟的表示方法来说明一、二次侧线电压（或线电流）的相量关系。

4-84 为什么主变压器一般采用YNd11联结组别?

答: 这是因为主变压器一般接在中性点直接接地的110kV及以上的电压系统上，采用YNd11联结组别能降低高压绕组绝缘的造价，减少高压绕组匝数，减小低压侧相电流和绕组截面，而且使励磁电流中的三次谐波有通路，从而保证二次电压为正弦波。

4-85 什么叫变压器的极性?

答: 变压器绕组的极性是指一、二次绕组的相对极性，即当一次绕组的某一端在某一瞬时的电位为正时，在同一瞬间二次绕组也一定有一个电位为正的对应端，该端就是变压器绕组的同极性端。

4-86 为什么变压器相序标号不能随意改变？

答：变压器高、低压侧套管旁边标有A、B、C和a、b、c字样，这就是相序标号，相序与联结组别有着密切的关系。如果相序改变，联结组别也就改变了。特别是两台变压器并联，若将其中一台变压器相序改变，并联运行时，由于联结组别不同，在变压器二次侧将出现很大的电位差，即使变压器二次绕组没有接负荷，在这电位差的作用下也会产生高出几倍的额定电流（环流），这个循环电流可使变压器产出高温而不能正常运行，甚至于过热烧毁。

4-87 什么是变压器的铜损和铁损？

答：铜损（短路损耗）是指变压器一、二次电流流过该线圈电阻所消耗的能量之和。由于线圈多用铜导线制成，故称铜损。它与电流的平方成正比。铭牌上所标的千瓦数是指线圈在75℃时通过额定电流的铜损。铁损是指变压器在额定电压下（二次开路），在铁芯中消耗的功率，其中包括励磁损耗与涡流损耗。

4-88 油浸变压器常用的冷却方式有哪几种？简述各自的作用过程。

答：油浸变压器常用的冷却方式有油浸自冷、油浸风冷、强迫油循环风冷、强迫油循环水冷等。

油浸自冷式冷却系统是利用油在变压器内自然循环，将铁芯和绕组所产生的热量依靠油的对流作用传至油箱壁或散热器。其作用过程为：变压器运行时，油箱内的油因铁芯和绕组发热而受热，由于对流作用，热油会上升到油箱顶部，然后从散热管的上端入口进入散热管内，散热管的外表面与外界冷空气相接触，使油得到冷却。冷油在散热管中下降，再从散热管的下端流入变压器油箱的下部，自动进行油流循环，使变压器铁芯和绕组得到冷却。

油浸风冷式冷却系统是在变压器油箱的各个散热器旁安装一个或几个风扇，通过强制对流作用来增强散热器的散热效果。它与自冷式相比，冷却效果可提高150%～200%，相当于变压器输出能力提高20%～40%。

强迫油循环风冷式冷却系统是在油浸风冷式的基础上，在油箱与带风扇的散热器（也称冷却器）的连接管道上装有潜油泵。油泵运转时，强迫油箱内的油从上部进入散热器，再从散热器的下部进入油箱内，实现强迫循环。冷却效果与油流速度有关，一般用于大型变压器。

强迫油循环水冷式冷却系统由潜油泵、冷油器、油管道、冷却水管道等组成。工作时，变压器上部的热油被潜油泵吸入后增压，迫使油通过冷油器再进入油箱底部，实现强迫油循环。油通过冷油器时，利用冷却水冷却油。在这种冷却系统中，铁芯和绕组的热量先传给油，然后再由冷却水把油中的热量带走。

4-89 为什么要规定变压器的允许温度和允许温升？

答：因为变压器运行温度越高，绝缘老化越快，这不仅影响使用寿命，而且还因绝缘变脆而碎裂，使绕组失去绝缘层的保护。另外，温度越高，绝缘材料的绝缘强度就越低，很容易被高电压击穿造成故障，因此，变压器运行时，不能超过允许温度。当周围空气温度下降很多时，变压器的外壳散热能力将大大增加，而变压器内部的散热能力却提高很少。当变压器带大负荷或超负荷运行时，尽管有时变压器上层油温尚未超过规定值，但温升却超过规定值很多，线圈有过热现象，因此，变压器运行中，对油温和温升应同时监视，既要规定允许温度，也要规定允许温升。

4-90 变压器油的作用是什么？

答：变压器的油箱内充满了变压器油，变压器油的作用有以下几点：

(1) 绝缘。变压器油可以增加变压器内部各部件的绝缘强度，因为油是易流动的液体，它能够充满变压器内各部件之间的任何空隙，将空气排除，避免了部件因与空气接触受潮而引起的绝缘降低。因为油的绝缘强度比空气大，从而增加了变压器内各部件之间的绝缘强度，使绕组与绕组之间、绕组与铁芯之间、绕组与油箱盖之间均保持良好的绝缘。

(2) 散热。变压器油还可以使变压器的绕组和铁芯得到冷却，因为变压器运行中，绕组与铁芯周围的油受热后，温度升高，体积膨胀，相对密度减小而上升，经冷却后，再流入油箱的底部，从而形成了油的循环。这样，油在不断循环的过程中，将热量传给冷却装置，从而使绕组和铁芯得到冷却。

(3) 变压器油能使木材、纸等绝缘物保持原有的化学和物理性能，使金属如铜得到防腐作用，能熄灭电弧。

4-91 常用的变压器套管有几种类型？各用在什么场合？

答：变压器常用的套管类型有纯瓷型套管、充油型套管和电容型套管三种。

(1) 纯瓷型套管。该套管的表面电场在法兰和端盖附近比较集中，套管直径愈小，法兰附近的电场强度愈高。这种形式的套管主要用于35kV及以下的电压等级。

（2）充油型套管。以变压器油和绝缘纸筒形成的绝缘屏障作为主绝缘，而不以瓷套作为主绝缘的套管称为充油型套管。一般充油型套管用于 63kV 及以上电压等级。

（3）油纸电容型套管。由于其性能优良，外形尺寸小，可使变压器体积相应减小，成本大大降低，故被大量采用。目前，63kV 电压及以上油纸电容型套管，已基本上全部取代了其他类型的套管。

4-92　变压器气体继电器的动作原理是什么？

答： 当变压器内部故障时，产生的气体聚集在气体继电器的上部，使油面降低。当油面降低到一定程度时，上浮筒下沉水银对地接通，发出信号，当变压器内部严重故障时，油流冲击挡板，挡板偏转并带动板后的连动杆转动上升，挑动与水银接点相连的连动环，使水银接点分别向与油流垂直的两侧转动，两处水银接点同时接通，使断路器跳闸或发出信号。

4-93　变压器的铁芯为什么要接地？

答： 变压器运行中其铁芯及其他附件都处于绕组周围的电场内，如果不接地，铁芯及其他附件必然产生一定的悬浮电位，在外加电压的作用下，当该电位超过对地放电电压时，就会出现放电现象。为了避免变压器的内部放电，所以铁芯要接地。

4-94　变压器中性点的接地方式有几种？各有什么优缺点？

答： 变压器中性点的接地方式就是电力系统接地方式的具体体现。目前电力系统接地方式有三种，即中性点不接地、中性点直接接地和中性点经消弧线圈接地。

中性点不接地系统的主要优点是供电可靠性高。当系统发生单相接地时，如果三相电压、电流均平衡，则不需要切除线路，这就减少了停电次数，提高了供电可靠性。主要缺点是最大长期工作电压和过电压均较高，特别是存在电弧接地过电压的危险，整个系统绝缘水平要求较高。此外，实现灵敏而有选择性的接地保护比较困难。

中性点直接接地系统的主要优点是过电压和绝缘水平较低。从继电保护角度来看，对于大电流接地系统用一般简单的零序过电流保护就可以，选择性和灵敏度都易解决。从经济观点来看，中性点直接接地是一种投资最少的接地方式。但这种系统的缺点是一切故障，尤其是最可能发生的单相接地故障，都将引起断路器跳闸，增加了停电的次数。另外，接地短路电流过大，有时会烧坏设备并妨碍通信系统的工作。

中性点经消弧线圈接地的主要优点有：①单相接地故障时，由于消弧线圈的补偿作用，故障点接地电流被减小，可以自动熄弧，保证继续供电。②减小了故障点电弧重燃的可能性，降低了电弧接地过电压的数值。③减小了故障点接地电流的数值及持续时间，从而减轻了设备的损坏程度。④减小了因单相接地故障而引起多相短路的可能性。缺点是系统的运行比较复杂、实现有选择性的接地保护比较困难、费用大等。

4-95 有些变压器的中性点为何要装避雷器？

答：由于运行方式的需要（为了防止单相接地故障时短路电流过大），220kV及以下系统中有部分变压器的中性点是断开运行的。在这种情况下，对于中性点绝缘不是按照线电压设计的，即分级绝缘的变压器中性点，应装设避雷器。原因是当三相承受雷电波时，由于入射波和反射波的叠加，在中性点上出现的最大电压可达到避雷器放电电压的1.8倍左右，这个电压作用在中性点上会使中性点绝缘损坏，所以必须装一个避雷器保护。

4-96 变压器中性点在什么情况下应装设保护装置？

答：直接接地系统中的中性点不接地变压器，如中性点绝缘未按线电压设计，为了防止因断路器非同期操作，线路非全相断线，或因继电保护的原因造成中性点不接地的孤立系统带单相接地运行，引起中性点的避雷器爆炸和变压器绝缘损坏，应在变压器中性点装设棒型保护间隙或将保护间隙与避雷器并接。保护间隙的距离应按电网的具体情况确定，如中性点的绝缘按线电压设计。但变电站是单进线具有单台变压器运行时，也应在变压器的中性点装设保护装置。非直接接地系统中的变压器中性点，一般不装设保护装置，但多雷区进线变电所应装设保护装置，中性点接有消弧绕组的变压器，如有单进线运行的可能，也应在中性点装设保护装置。

4-97 电气设备的主要任务是什么？

答：电气设备的主要任务是启停机组、调整负荷、切换设备和线路、监视主要设备的运行状态、发生异常故障时及时处理等，以满足电力生产和保证电力系统运行的安全稳定性和经济性。根据电气设备的作用不同，可将电气设备分为一次设备和二次设备。

4-98 什么是一次设备？一次设备包括哪些电气设备？

答：通常把生产、变换、输送、分配和使用电能的设备称为一次设备。它们包括：

(1) 生产和转换电能的设备。如发电机将机械能转换成电能，电动机将电能转换成机械能，变压器将电压升高或降低以满足输配电需要。

(2) 接通或断开电路的开关电器。如断路器、隔离开关、负荷开关、熔断器、接触器等，它们用于正常或事故时，将电路闭合或断开。

(3) 限制故障电流和防御过电压的保护电器。如限制短路电流的电抗器和防御过电压的避雷器等。

(4) 载流导体。如传输电能的裸导体、电缆等，它们按设计的要求，将有关电气设备连接起来。

(5) 接地装置。

4-99 什么是二次设备？二次设备包括哪些电气设备？

答：对一次设备和系统的运行状态进行测量、控制、监视和保护的设备，称为二次设备。它们包括：

(1) 仪用互感器。如电压互感器和电流互感器，可将电路中的高电压、大电流转换成低电压、小电流，供给测量仪表和保护装置使用。

(2) 测量表计。如电压表、电流表、功率表和电能表等，用于测量电路中的电气参数。

(3) 继电保护及自动装置。这些装置能迅速反应系统不正常情况并进行监控和调节或作用于断路器跳闸，将故障切除。

(4) 直流电源设备。包括直流发电机组、蓄电池组和硅整流装置等，供给控制、保护用的直流电源和厂用直流负荷、事故照明用电等。

(5) 操作电器、信号设备及控制电缆。如各种类型的操作把手、按钮等操作电器实现对电路的操作控制，信号设备给出信号或显示运行状态标志，控制电缆用于连接二次设备。

4-100 什么是电气主接线？电气主接线中包括哪些设备？

答：电气主接线主要是指在发电厂、变电站和电力系统中，为满足预定的功率传送方式和运行等要求而设计的、表明高压电气设备之间相互连接关系的传送电能的电路。电气主接线中的高压电气设备包括发电机、变压器、母线、断路器、隔离开关、线路等。

4-101 电气主接线应满足哪些基本要求？

答：对电气主接线的基本要求，包括可靠性、灵活性、经济性三个方面。安全可靠是电力生产的首要任务，保证供电可靠是电气主接线最基本的要求，但也不是绝对的。在分析电气主接线的可靠性时，要考虑发电厂和变电站在系统中的地位和作用、用户的负荷性质和类别、设备制造水平及运行

经验等诸多因素。电气主接线应能适应各种运行状态，并能灵活地进行运行方式的转换。其灵活性主要包括操作的方便性、调度的方便性、扩建的方便性三个方面。经济性主要从节省一次投资、占地面积少、电能损耗少三个方面考虑。

4-102 什么是发电机—变压器组单元接线？

答：发电机—变压器组单元接线是指发电机与变压器直接连接成一个单元，简称发电机—变压器组单元接线。

4-103 采用发电机—变压器组单元接线有什么优点？

答：采用发电机—变压器组单元接线有以下优点：

（1）可以减少所用电气设备的数量，简化配电装置结构，降低建造费用。

（2）避免了由于额定电流或短路电流过大而在制造条件或价格等方面给选择出口断路器造成的困难。

（3）由于不设发电机电压母线，使得在发电机或变压器低压侧短路时，其短路电流相对于有发电机电压母线时有所减小。

4-104 大型发电机—变压器组采用分相封闭母线有什么优点？

答：采用分相封闭母线，与敞露母线相比，具有以下优点：

（1）可靠性高。由于每相母线均封闭于相互隔离的外壳内，可防止发生相间短路故障。

（2）减小母线间的电动力。由于外壳的屏蔽作用，母线间的电动力大大减小。

（3）防止临近母线处的钢构件严重发热。由于壳外磁场的减小，临近母线处的钢构件内感应的涡流也会减小，涡流引起的发热损耗也减小。

（4）安装方便，维护工作量小，整齐美观。

4-105 什么是厂用电和厂用电系统？

答：发电厂在电力生产过程中，有大量由电动机拖动的机械设备（如给水泵、送风机、磨煤机等），用以保证机组的主要设备（如锅炉、汽轮机、发电机等）和辅助设备（如输煤、除灰、除尘、脱硫及水处理等）的正常运行。这些电动机以及全厂的运行、操作、试验、检修、照明等用电设备总耗电量，统称为厂用电。供给厂用电的配电系统叫厂用电系统。

4-106 厂用电负荷是怎样分类的？对电源有什么要求？

答：根据其用电设备在生产中的作用和突然中断供电对人身和设备安全

所造成的危害程度，厂用电负荷按其重要性可分为四类：

（1）Ⅰ类厂用负荷。凡是属于短时停电（包括手动切换恢复供电所需要的时间）会造成主辅设备损坏、危及人身安全、主机停运及影响大量出力的厂用负荷都属于Ⅰ类厂用负荷。如给水泵、凝结水泵、循环水泵、引风机、送风机等。通常，这类负荷都设有两套或多套相同的设备，分别接到两段独立电源的母线上，并设有备用电源。当工作电源失电时，备用电源就立即自动投入。

（2）Ⅱ类厂用负荷。凡是允许短时停电（几秒至几分钟），经人工操作恢复电源后，不致造成生产紊乱的厂用负荷都属于Ⅱ类厂用负荷。如工业水泵、疏水泵、灰浆泵、输煤设备和化学水处理设备等。一般均应由两段母线供电，并采用手动切换。

（3）Ⅲ类厂用负荷。凡是几小时或较长时间停电，不会直接影响生产，仅造成生产上不方便的厂用负荷都属于Ⅲ类厂用负荷。如试验室、修理间、油处理室等的负荷。通常它们由一路电源供电，但在大型发电厂，也常采用两路电源供电。

（4）事故保安负荷。在200MW及以上机组的大容量发电厂中，自动化程度较高，要求在事故停机过程中及停机后的一段时间内，仍必须保证供电，否则可能引起主要设备损坏、重要的自动控制失灵或危及人身安全的负荷，称为事故保安负荷。按对电源要求的不同，它又可分为：①直流保安负荷，如发电机的直流事故油泵、事故氢密封油泵等；②交流保安负荷，如盘车电动机、交流润滑油泵、交流密封油泵等。为满足事故保安负荷的供电要求，对大容量机组应设置事故保安电源。通常，由蓄电池组、柴油发电机组、燃汽轮机组或可靠的外部独立电源作为事故保安负荷的备用电源。

（5）不间断供电负荷。在机组运行期间，以及正常或事故停机过程中，甚至在停机后的一段时间内，需要连续供电并具有恒频恒压特性的负荷，称为不间断供电负荷。如实时控制用的计算机、热工保护、自动控制和调节装置等。不间断供电电源一般采用由蓄电池供电的电动发电机组或配备数控的静态逆变装置。

4-107　厂用电接线应满足哪些基本要求？

答：厂用电接线应满足以下要求：

（1）各机组的厂用电系统应是独立的。特别是200MW及以上机组，应做到这一点。在任何运行方式下，一台机组故障停运或其辅机的电气故障不应影响另一台机组的运行，并要求受厂用电故障影响而停运的机组应能在短

期内恢复运行。

(2) 全厂性公用负荷应分散接入不同机组的厂用母线或公用负荷母线。在厂用电接线中，不应存在可能导致切断多于一个单元机组的故障点，更不应存在导致全厂停电的可能性，应尽量缩小故障影响范围。

(3) 充分考虑发电厂正常、事故、检修、启动等运行方式下的供电要求，尽可能地使切换操作简便，启动（备用）电源能在短时内投入。

(4) 200MW 及以上机组应设置足够容量的交流事故保安电源。当全厂停电时，可以快速启动和自动投入向保安负荷供电。另外，还要有符合电能质量指标的交流不间断电源，以保证不允许间断供电的热工保护和计算机等负荷的用电。

4-108 对高压厂用电系统的中性点接地方式有什么规定？其特点及适用范围是什么？

答：高压（3、6、10kV）厂用电系统中性点接地方式的选择，与接地电容电流的大小有关：当接地电容电流小于 10A 时，可采用不接地方式，也可采用经高电阻接地方式；当接地电容电流大于 10A 时，可采用经消弧线圈或消弧线圈并联高电阻的接地方式，也可采用经中电阻接地方式。

(1) 中性点不接地方式。当高压厂用系统发生单相接地故障时，流过短路点的电流为电容性电流，且三相线电压基本平衡。当单相接地电容电流小于 10A 时，允许继续运行 2h，为处理故障争取了时间。适用于接地电容电流小于 10A 的高压厂用电系统。

(2) 中性点经高电阻接地方式。高压厂用电系统的中性点经过适当的电阻接地，可以抑制单相接地故障时非故障相的过电压倍数不超过额定相电压的 2.6 倍，避免故障扩大。当发生单相接地故障时，短路点流过固定的电阻性电流，有利于馈线的零序保护动作。适用于高压厂用电系统接地电容电流大于 10A，且为了降低间歇性弧光接地过电压水平和便于寻找接地故障点的情况。

(3) 中性点经消弧线圈接地方式。在这种接地方式下，厂用电系统发生单相接地故障时，中性点的位移电压产生感性电流流过接地点，补偿电容电流，将接地点的综合电流限制到 10A 以下，达到自动熄弧、继续供电的目的。适用于大机组高压厂用电系统接地电容电流大于 10A 的情况。

4-109 低压厂用电系统中性点接地方式的种类及其特点是什么？

答：低压厂用电系统中性点接地方式主要有中性点经高电阻接地和中性点直接接地两种接地方式。

(1) 中性点经高电阻接地方式。在低压厂用电系统中，发生单相接地故障时，可以避免断路器立即跳闸和电动机停运，也防止了由于熔断器一相熔断所造成的电动机两相运转，提高了低压厂用电系统的运行可靠性。600MW 机组单元厂用电 400V 系统，多采用中性点经高电阻接地方式。

(2) 中性点直接接地方式。在低压厂用电系统中，发生单相接地故障时，中性点不发生位移，防止了相电压出现不对称和超过 250V，保护装置立即动作于跳闸。这种方式有利于增加运行的安全性，但是降低了低压厂用电系统的可靠性。

4-110　火电厂的厂用电母线接线方式为什么要按锅炉分段？采用这种分段方式有什么特点？

答：发电厂厂用电系统接线通常都采用单母线分段接线形式，并多以成套配电装置接受和分配电能。火电厂的厂用电负荷容量较大，尤以锅炉的辅助机械设备耗电量最大。为了保证厂用电系统的供电可靠性和经济性，高压厂用母线均采取按锅炉分段的原则，凡属同一台锅炉的厂用负荷均接在同一段母线上，与锅炉同组的汽轮机的厂用负荷一般也接在该段母线上，而该段母线由其对应的发电机组供电。全厂公用负荷，应根据负荷功率及可靠性的要求，分别接到各段母线上，各段母线上的负荷应尽可能均匀分配。当公用负荷大时，可设公用母线段。对于 400t/h 及以上的大型锅炉，每台锅炉设两段高压厂用母线。低压厂用母线一般也按锅炉分段，厂用电源则由相应的高压厂用母线供电。

厂用电各级电压均采用单母线分段（按锅炉分段）接线方式，具有以下特点：

(1) 若某一段母线发生故障，只影响其对应的一台锅炉的运行，使事故影响范围局限在一机一炉。

(2) 厂用电系统发生短路时，短路电流较小，有利于电气设备的选择。

(3) 将同一机炉的厂用电负荷接在同一段母线上，便于运行管理和安排检修。

4-111　什么叫厂用备用电源和启动电源？

答：厂用备用电源用于工作电源因事故或检修而失电时替代工作电源，起后备作用。启动电源一般是指机组在启动或停运过程中，工作电源不可能供电的工况下为该机组的厂用负荷提供的电源。我国目前对 200MW 及以上大型发电机组，为了确保机组安全和厂用电的可靠才设置厂用启动电源，且以启动电源兼作事故备用电源，统称为启动（备用）电源。

4-112 什么叫备用电源的明备用和暗备用方式？

答：备用电源有明备用和暗备用两种方式。明备用方式是指设置有专用的备用变压器（或线路），经常处于备用状态（停运），当工作电源因故断开时，由备用电源自动投入装置进行切换接通，代替工作电源，承担全部负荷。暗备用方式是指不设专用的备用变压器（或线路），而将每台工作变压器容量增大，相互备用，当其中任一台厂用工作变压器退出运行时，该台工作变压器所承担负荷由另一台厂用工作变压器供电。

4-113 为什么要设置交流事故保安电源系统？

答：对300MW及以上的大容量机组，应设置事故保安电源系统。以保证机组在厂用电源事故停电时能安全停机，以及在厂用电恢复后能快速启动并网。事故保安电源通常采用快速自动程序启动的柴油发电机组、蓄电池组以及逆变器将直流变为交流作为交流事故保安电源。

4-114 柴油发电机组的作用是什么？

答：柴油发电机组的作用是当电网发生事故或其他原因造成发电厂厂用电长时间停电时，向机组提供安全停机所必需的交流电源，如汽轮机的盘车、顶轴油泵、交流润滑油泵电源等，以保证机组在停机过程中不受损坏。

4-115 什么是交流不停电电源（UPS）？

答：交流不停电电源（UPS）是为机组的计算机控制系统、数据采集系统、重要机炉保护、测量仪表及重要电磁阀等负荷提供与系统隔离的、防干扰的、可靠的不停电交流电源的装置，一般为单相或三相正弦波输出。

4-116 对交流不停电电源的基本要求是怎样的？

答：对交流不停电电源的基本要求有以下几点：

（1）保证在发电厂正常运行和事故状态下，为不允许间断供电的交流负荷提供不间断电源。在全厂停电情况下，要求满负荷连续供电的时间不得少于30min。

（2）输出的交流电源质量要求为：电压稳定度在5%～10%范围内，频率稳定度稳态时不超过±1%，暂态时不超过±2%，总的波形失真度相对于标准正弦波不大于5%。

（3）交流不停电电源切换过程中，供电中断时间小于5ms。

（4）交流不停电电源必须有各种保护措施，保证安全可靠运行。

4-117 交流不停电电源系统有哪几种接线方式?

答: 交流不停电电源系统主要有以下两种接线方式。

(1) 采用晶闸管逆变器的不停电电源系统的接线。主要由整流器、逆变器、旁路隔离变压器、逆止二极管、静态开关、同步控制器电路、信号及保护电路、直流输入电路、交流输入电路等部分组成。

(2) 采用逆变机组的不停电电源系统的接线。逆变机组就是直流电动机—交流发电机组。一般由220V直流电动机带动同步交流发电机输出380V/220V交流电。

4-118 采用晶闸管逆变器的UPS系统中，各部件分别起什么作用?

答: 整流器的作用是将交流电源整流为直流电源后提供给逆变器。此外，整流器还有稳压和隔离作用，能防止厂用电系统的电磁干扰侵入到负荷回路。

逆变器的作用是将整流器输出的直流电源或来自蓄电池的直流电转换为单相或三相正弦交流电源输出给负载。

旁路隔离变压器的作用是当逆变回路故障时能自动地将负荷切换到旁路回路，以确保对不允许间断供电负荷安全可靠地供电。

静态开关的作用是在来自逆变器的交流电源和旁路系统电源中选择其一送至负荷。它的动作条件是预先整定好的，要求在切换过程中对负荷的间断供电时间小于5ms。

手动旁路开关的作用是在维修或需要时将负荷在逆变回路和旁路回路之间进行手动切换。要求切换过程中对负荷的供电不中断。

4-119 感应电动机的工作原理是怎样的?

答: 图4-1是感应电动机的工作原理示意图，从图可见，三相定子绕组接通三相交流电后，在空间产生了一个同步旋转磁场，转速为 n_1 ($=60\ f/p$)。假定 n_1 顺时针方向旋转，此时静止的转子和旋转磁场间有了相对运动，即转子绕组（鼠笼式转子是端部短接的线棒）切割了磁场的磁力线，从而在转子绕组中感应出电动势，方向可由右手定则判定。当转子绕组构成闭合回路时，便有了转子电流。这个转子电流便

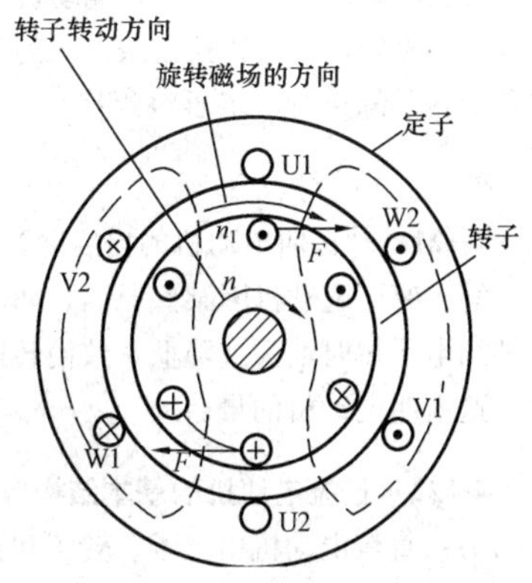

图4-1 感应电动机工作原理图

和旋转磁场相互作用产生电磁转矩作用在转子上，方向可由左手定则判定，如图 4-1 所示，从而使电动机转子顺着旋转磁场的方向转动起来。转子在电磁转矩的作用下加速，当转速 n 等于定子旋转磁场转速 n_1 时，旋转磁场与转子相对保持静止，此时电磁转矩消失，转子在负载或有机械损耗情况下，开始减速，此时 $n<n_1$，电磁转矩又开始作用于转子，使转子加速。在一定的负载情况下，转子的转动速度始终低于同步转速。因此，感应电动机也称异步电动机。

4-120 电动机铭牌上的内容各表示什么含义？

答：电动机铭牌上的内容包括电动机型号、额定功率、额定电压、额定电流、接线法、额定转速、绝缘等级、允许温升、功率因数及工作方式和转子额定电压等。

型号一般由 6 个字母或数字组成，例如 J02-51-2，它表示封闭式异步电动机，设计顺序号为 2，机座号数为 5，铁芯长度号数为 1，最后位表示磁极对数目。额定功率是指在额定情况下工作时，转轴上所能输出的机械功率。额定电压是指额定工作方式时的线电压，额定电流是指电动机允许长期通过的线电流，$\cos\varphi$ 是电动机的功率因数，η 是效率。额定转速是指在额定工况下带额定负载时的转速，它一般是同步转速的 95%～98%。绝缘等级是由该电动机所用的绝缘材料决定的，一般发电厂内所用的电动机均是 B 级，它的最高允许温度是 130℃。电动机允许温升与绝缘有关，负载越大，温升越大，在绝缘不良的情况下往往会导致定子绕组受损，因此在电动机工作方式上就有差别，有连续、短时、断续三种工作方式。功率因数是有功功率与视在功率之比所得的值；电动机吸收有功功率变为机械能，吸收无功功率以产生磁场，创造转换的条件。另外，绕线式转子还标有转子额定电压，它是指转子静止时，定子绕组接于额定电压而转子绕组开路，在滑环间的电压。

4-121 什么叫电动机的自启动？

答：感应电动机因某些原因，如所在系统短路、倒接到备用电源等，造成外加电压短时消失或降低，致使转速降低，而当电压恢复后转速又恢复正常，这就叫电动机的自启动。

4-122 直流电动机的基本结构包括哪些部分？各有什么作用？

答：直流电动机由定子、转子和其他部件组成，如图 4-2 所示。

（1）定子。定子是产生电动机磁场并构成部分磁路的部件，它又可分成

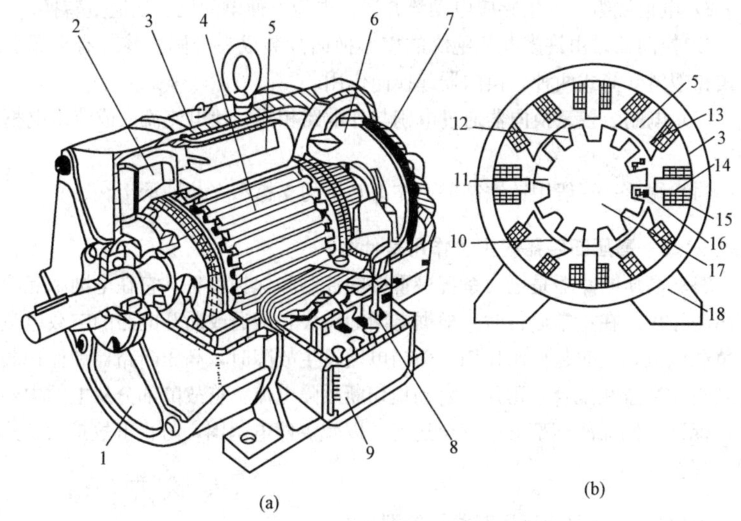

图 4-2　直流电动机结构图

（a）内部结构；（b）剖面图

1—端盖；2—风扇；3—机座；4—电枢；5—主磁极；6—刷架；7—换向器；8—接线板；9—出线盒；10—极掌；11—电枢齿；12—电枢槽；13—励磁线圈；14—换向极；15—换向极绕组；16—电枢绕组；17—电枢铁芯；18—底脚

以下几个部分：

1）机座。用铸钢或钢板焊成，具有良好的导磁性和机械强度，起保护和支撑作用，同时还是电动机磁路的一部分。

2）主磁极。由铁芯和励磁绕组组成，作用是产生主磁场。铁芯通常用1～2mm 厚的薄钢板冲制叠压后，用铆钉铆紧制成，也有用 0.5mm 厚的硅钢片叠压制成的。励磁绕组用铜线式铝线绕制。按一定尺寸用模具制成形后套装在铁芯上，一起固定在机座上。励磁绕组通入直流电后，便产生主磁通。

3）换向极。又叫附加极或中间极，作用是改善换向。铁芯大多用整块钢加工制成。换向极绕组和电枢绕组串联，电流较大，一般用圆铜线或扁线绕制。换向极安装在相邻两主磁极之间的几何中线上。

（2）转子。转子是能量转换的重要部分，由以下部分组成：

1）电枢铁芯。由 0.5mm 厚的硅钢片叠压而成。铁芯的作用是固定电枢绕组，同时又是磁路的一部分，整个铁芯固定在转轴上。

2）电枢绕组。产生感应电动势并通过电流，使电动机实现能量转换。

3）换向器。由许多互相绝缘的楔形换向片装成一个圆柱体，有金属套筒式和塑料套筒式两种。换向器起换向作用。

(3) 电刷装置。换向器通过电刷与外电路相连，使电流流入或流出电枢绕组。

(4) 端盖。一般用铸铁制成，作为转子的支撑和安装轴承用。

4-123 高压断路器的主要作用是什么?

答：高压断路器是电力系统最重要的控制和保护设备，它在电网中起两方面的作用。在正常运行时，根据电网的需要，接通或断开电路的空载电流和负载电流，这时起控制作用。而当电网发生故障时，高压断路器和保护装置及自动装置相配合，迅速、自动地切断故障电流，将故障部分从电网中断开，保证电网无故障部分的安全运行，以减少停电范围，防止事故扩大，这时起保护作用。

4-124 如何解读高压断路器的型号?

答：高压断路器的型号、规格一般由文字符号和数字按以下方式表示：

[1] [2] [3]-[4] [5] / [6]-[7] [8]

其代表意义为：

1——产品字母代号。用下列字母表示：S—少油断路器；D—多油断路器；K—空气断路器；L—SF_6断路器；Z—真空断路器；Q—自产气断路器；C——磁吹断路器。

2——装设地点代号。N—户内；W—户外。

3——设计系列顺序号。以数字1，2，3，…表示。

4——额定电压（kV）。

5——其他补充工作特性标志。G—改进型；F—分相操作。

6——额定电流（A）。

7——额定开断能力（kA或MVA）。

8——特殊环境代号。

4-125 高压断路器铭牌上的数据代表什么意义?

答：高压断路器铭牌上的数据代表的意义是：

(1) 额定电压。是指断路器在运行中所承受的正常工作电压。

(2) 额定电流。是指断路器长时间通过的最大工作电流。当长期通过额定电流时，断路器各部分发热不超过规定的温升标准。

(3) 额定开断电流。是指断路器在额定电压下允许开断的最大电流。

(4) 额定开断容量。是指断路器在额定电压下的开断电流与额定电压的乘积再乘以线路系数。线路系数在单相系统中为 1，两相系统中为 2，三相系统中为$\sqrt{3}$。

(5) 5s 的热稳定电流。是指在 5s 的时间内，流过断路器使其各部分发热不超过短时容许温度的最大短路电流，以有效值表示。

(6) 动稳定电流。是指断路器能够承受短路电流的第一频率峰值产生的电动力效应，而不致损坏的峰值电流，为额定开断电流的 2.55 倍。

4-126 高压断路器有哪些主要技术参数?

答: 高压断路器的主要技术参数有额定电压、额定电流、额定开断电流、关合电流、t 秒热稳定电流、动稳定电流、全分闸时间、合闸时间、操作循环等。

4-127 什么是高压断路器的操作循环?

答: 操作循环是表征断路器操作性能的指标。我国规定断路器的操作循环如下:

(1) 自动重合闸操作循环。分—θ—合分—t—合分。

(2) 非自动重合闸操作循环。分—t—合分—t—合分。

“分”表示分闸操作;“合分”表示合闸后立即分闸的动作;“θ”表示无电流间隔时间，标准值为 0.3s 或 0.5s; “t”表示强送电时间，标准时间为 180s。

4-128 高压断路器的分类及基本结构是怎样的?

答: 目前运行在电力系统中的断路器可按灭弧介质进行分类：液体介质断路器、气体介质断路器、真空断路器及磁吹断路器。在液体介质断路器中，有多油断路器和少油断路器。多油断路器就是其中的油不但是灭弧介质，而且还担负着相间、相对地的绝缘作用。少油断路器就是其中的油仅作灭弧介质，而相间、相对地的绝缘一般由空气等其他介质承担。气体介质断路器有压缩空气断路器和 SF_6 气体断路器。真空断路器是利用真空作为绝缘和灭弧手段的断路器。高压断路器主要由基座、绝缘支柱、开断元件及操作机构组成。开断元件是断路器用来进行接通或断开电路的执行元件，它包括触头、导电部分及灭弧室等。触头的分合动作是靠操动机构来带动的。开断元件放在绝缘支柱上，使处于高电位的触头及导电部分与地电位部分绝缘。绝缘支柱则安装在基座上。

4-129 高压断路器有哪些主要类型?

答: 高压断路器按照使用的灭弧介质和灭弧原理可分为油断路器、空气断路器、真空断路器、SF_6断路器、磁吹断路器和自产气断路器。

4-130 对高压断路器的主要要求是什么?

答: 对高压断路器的主要要求是:

(1) 绝缘部分能长期承受最大工作电压，还能承受过电压。

(2) 长期通过额定电流时，各部分温度不超过允许值。

(3) 断路器的跳闸时间要短，灭弧速度要快。

(4) 能满足快速重合闸。

(5) 断路器遮断容量大于系统的短路容量。

(6) 在通过短路电流时，有足够的动稳定性和热稳定性。

4-131 高压断路器采用多断口结构的优点是什么?

答: 高压断路器采用多断口结构的优点有以下几点:

(1) 有多个断口可使加在每个断口上的电压降低，从而使每段的弧隙恢复电压降低。

(2) 多个断口把电弧分割成多个小电弧串联，在相等的触头行程下多个断口比单个断口的电弧拉伸得更长，从而增大了弧隙电阻。

(3) 多断口相当于总的分闸速度加快了，介质恢复速度增大。

4-132 高压油断路器中油的作用是什么?

答: 油断路器中的油主要是用来熄灭电弧的，当断路器切断电流时，动触头与静触头之间产生电弧。由于电弧的高温作用，使油剧烈分解成气体，气体中氢占7%左右，它能够迅速地降低弧柱温度并提高极间的绝缘强度。这一特性对熄灭电弧是极为有利的，所以用油作为熄灭电弧的介质。

4-133 少油断路器的基本构造及灭弧方式是怎样的?

答: 少油断路器主要由绝缘部分（相间绝缘和对地绝缘）、导电部分（灭弧触头、导电杆、接线端头）、传动部分、支座和油箱等组成。

油断路器的灭弧方式大体分为横吹灭弧、纵吹灭弧、横纵吹灭弧以及去离子栅灭弧等。

(1) 横吹灭弧。分闸时动静触头分开，产生电弧，电弧热量将油汽化并分解，使灭弧室中的压力急剧增高，此时气体收缩，储存压力。当动触头继续运行，喷口打开时，高压力油和气自喷口喷出，横吹电弧，使电弧拉长、冷却而熄灭。

（2）纵吹灭弧。纵吹灭弧室有三个触头，1是动触头，2是中间触头，3是定触头。分闸时，2、3先分断，1、2再分断。2、3分断时，"激发弧"首先形成。上半室中的压力大大增加，使灭弧室上部的活塞压紧，动触头继续向下移动，这时"被吹弧"就会形成。"激发弧"所形成的压力，使室内的油以很高的速度自管中喷出，把"被吹弧"劈裂成很多细弧，从而使之冷却熄灭。

（3）纵横吹灭弧。它是纵横吹结合进行灭弧的。

（4）去离子栅灭弧。当断路器断开时，电弧的马蹄形钢片形成强大的磁场，这磁场又把电弧吸引到狭缝的各个纵槽缝里。在电弧的通道上，各个纵槽缝中的油都被蒸发分解，蒸发分解出来的气体向外喷出，结果把弧切成许多细弧。

4-134 真空断路器有哪些特点？

答：真空断路器的结构非常简单，在一只抽真空的玻璃泡中放一对触头，由于真空的绝缘性，其灭弧性能特别好，因此，真空断路器有以下特点：

（1）动、静触头的开距小。10kV级真空断路器的触头开距只有10mm左右。因为开距短，可使真空灭弧室做得小巧，所需的操作功小、动作快。

（2）燃弧时间短，且与开断电流大小无关，一般只有半个周波。

（3）熄弧后触头间隙介质恢复速度快，对开断近区故障性能良好。

（4）由于真空断路器的触头不会氧化，并且熄弧快，在开断电流时烧损量很小，所以触头不易烧损，断路器的使用寿命比油断路器约高10倍。

（5）体积小，质量轻。

（6）能防火防爆。

4-135 真空断路器的屏蔽罩有什么作用？

答：（1）屏蔽罩在燃弧时，冷凝和吸附了触头上蒸发的金属蒸气和带电粒子，不使其凝结在外壳的内表面，增大了开断能力，提高了容器内的沿面绝缘强度，同时防止带电粒子返回触头间隙，减少发生重燃的可能性。

（2）屏蔽罩改善灭弧室内的电场和电容的分布，以获得良好的绝缘性能。

4-136 为什么六氟化硫（SF_6）断路器具有良好的灭弧性能？

答：六氟化硫具有良好的负电性，它的分子能迅速捕捉自由电子而形成负离子，这些负离子的导电作用十分迟缓，从而加速了电弧间隙介质强度的恢复速度，因此有良好的灭弧性能。在大气压下，六氟化硫的灭弧作用是空

气的 100 倍，并且灭弧后不变质，可重复使用。

4-137 为什么把六氟化硫（SF_6）气体作为断路器的绝缘介质和灭弧介质?

答：这是因为 SF_6 气体具有以下优异性能：

（1）化学性能稳定。在电气设备允许运行的温度范围内，SF_6 气体对断路器的材料没有腐蚀性。

（2）绝缘性能良好。由于 SF_6 分子具有较强的电负性，很容易吸附自由电子而形成负离子，并吸收其能量生成低活动性的稳定负离子。这种直径更大的负离子在电场中自由行程很短，难以积累发生碰撞游离的能量。同时，正、负离子的质量都比较大，行动迟缓，再结合的几率大为增加。因此，在 1 个大气压下，SF_6 气体的绝缘能力超过空气的 2 倍；当压力为 3 个大气压时，其绝缘能力就和变压器油相当。

（3）灭弧性能很强。在电弧的作用下接受电能而分解成低氟化合物，但电弧过零时，低氟化合物则急速再结合成 SF_6，所以弧隙介质强度恢复过程极快。因此，SF_6 的灭弧能力相当于同等条件下空气的 100 倍。另外，电弧弧柱的导电率高、燃弧电压低、弧柱能量小。

4-138 SF_6 断路器有何特点?

答：SF_6 断路器具有以下特点：

（1）断口耐压高，串联断口数和绝缘支柱数较少，零部件也较少，结构简单，使制造、安装、调试和运行都比较方便。

（2）允许断路次数多，检修周期长。由于 SF_6 气体分解后可以复原，且分解物中不含影响绝缘性能的物质，在严格控制水分的情况下，生成物没有腐蚀性。因此，断路后的 SF_6 气体的绝缘强度不下降，检修周期也长。

（3）开断性能良好。SF_6 断路器的开断电流大、灭弧时间短、无严重的截流和截流过电压。

（4）占地少。

（5）无噪声和无线电干扰。

（6）要求加工精度高、密封性能良好。

4-139 断路器操动机构的工作原理是怎样的?

答：断路器操动机构的一般工作原理是：当断路器操动机构接到分闸（或合闸）命令后，将能源（人力或电力）转变为电磁能（或弹簧位能、重力位能、气体或液体的压缩能等），传动机构将能量传给提升机构。传动机构将相隔一定距离的操动机构和提升机构连在一起，并可改变两者的运动方向。提升机构是断路器的一个组成部分，是带动断路器动触头运动的机构，它能使动触头按一定的轨迹运动，通常为直线或近似直线运动，从而完成分闸（或合闸）操作。

4-140　断路器操动机构的类型有哪些?

答: 断路器操动机构的类型有手动操动机构、电磁操动机构、弹簧操动机构、气动操动机构、液压操动机构、液压弹簧操动机构等。

4-141　什么是自动空气断路器? 其作用是什么?

答: 自动空气断路器，容隔离开关、熔断器、热继电器和低电压继电器的功能于一体，用于保护低压交直流电路内的电气设备免受过电流、短路或低电压等不正常情况的危害，同时也可用于不频繁地启动电动机以及操作或转换电器。

4-142　自动空气断路器的工作原理是怎样的?

答: 自动空气断路器的种类很多，构造各异，主要由触头及灭弧装置、操动机构、保护系统三部分组成，工作原理基本相同，动作原理图如图 4-3 所示。图中主触头串联在被保护的三相电路中，由它来接通和分断回路。正常运行时，由搭钩 4 实现自保持，电磁脱扣器线圈所产生的吸力不能将它的

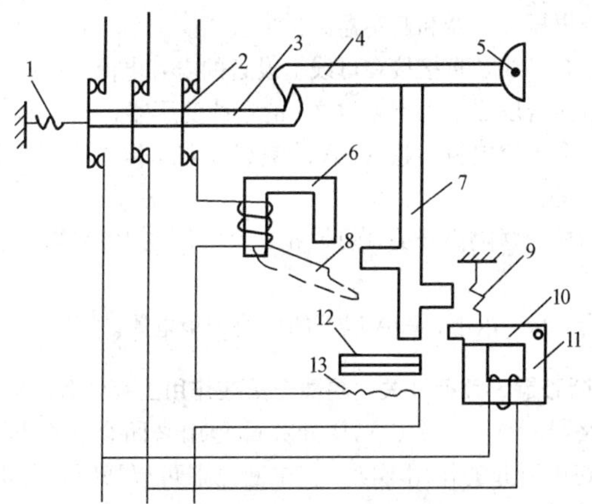

图 4-3　自动空气断路器动作原理图

1、9—弹簧；2—主触头；3—锁扣；4—搭钩；
5—转轴；6—电磁脱扣器；7—杠杆；8、10—衔铁；
11—欠电压脱扣器；12—双金属片；13—发热元件

衔铁吸合。当线路发生短路或产生很大的过电流时，电磁脱扣器的吸力增强，将衔铁8吸合，并撞击杠杆7，把搭钩4顶上去，断开主触头，从而将主电路分断。欠电压脱扣器的线圈并联在电路上，当电路电压正常时，欠电压脱扣器产生的电磁吸力能够克服弹簧的拉力而将衔铁10吸合。如果线路电压下降，欠电压脱扣器的吸力减小，衔铁10被弹簧拉开，撞击杠杆7，把搭钩4顶开，断开主触头。

当电路过载时，过载电流通过热脱扣器的发热元件而使双金属片受热弯曲，于是撞杠杆7顶开搭钩4，使主触头断开主电路，从而起到过载保护作用。

4-143 隔离开关的作用是什么？用隔离开关可以进行哪些操作？

答：隔离开关的作用是在设备检修时，形成明显的断开点，使检修设备和系统隔离。原则上隔离开关不能用于开断负荷电流，但是在电流很小和容量很低的情况下，可视为例外。隔离开关究竟能开断多大电流或多大容量，不但与隔离开关的型号有关，而且也因操作人员的水平而异。

应用隔离开关可以进行以下操作：

（1）可以拉、合闭路开关的旁路电流。

（2）拉开、合上变压器中性点的接地线，但当有消弧线圈时，只有在系统无故障时拉、合。

（3）拉合电压互感器和避雷器。

（4）拉、合母线及直接接在母线上设备的电容电流。

（5）可以拉合励磁电流不超过2A的空载变压器。

（6）拉、合电容电流不超过5A的空载线路，但在20kV及以下者应使用三联隔离开关。

（7）用屋外三联隔离开关，可以拉、合电压在10kV以下、电流在15A以下的负荷。

（8）拉合10kV以下、70A以下的环路均衡电流。

4-144 断路器、负荷开关、隔离开关在作用上有什么区别？

答：断路器、负荷开关、隔离开关都是用来闭合和切断电路的电器，但它们在电路中所起的作用不同。其中断路器可以切断负荷电流和短路电流；负荷开关只能切断负荷电流，短路电流是由熔断器来切断的；隔离开关既不能切断负荷电流，更不能切断短路电流，只能切断允许切断的小电流。

4-145 交流接触器由哪几部分组成？

答：交流接触器由以下几部分组成：

（1）电磁系统。包括吸引线圈、上铁芯（动铁芯）和下铁芯（静铁芯）。

（2）触头系统。包括三副主触头和两个动合、两个动断辅助触头，它和动铁芯是连在一起互相联动的。主触头的作用是接通和切断主回路。而辅助触头则接在控制回路中，以满足各种控制方式的要求。

（3）灭弧装置。接触器在接通和切断负荷电流时，主触头会产生较大的电弧，容易烧坏触头，为了迅速切断开断时的电弧，一般容量较大的交流接触器装有灭弧装置。

（4）其他部件。还有支撑各导体部分的绝缘外壳、各种弹簧、传动机构、短路环、接线柱等。

4-146 交流接触器的工作原理和适用范围是什么？

答：交流接触器的工作原理是：吸引线圈和静铁芯在绝缘外壳内固定不动，当线圈通电时，铁芯线圈产生电磁吸力，将动铁芯吸合。由于触头系统是与动铁芯联动的，因此动铁芯带动三条动触片同时运动，触点闭合，从而接通电源。当线圈断电时，吸力消失，动铁芯联动部分依靠弹簧的反作用而分离，使主触头断开，切断电源。

交流接触器可以通断启动电流，但不能切断短路电流，即不能用来保护电气设备。适用于电压为1kV及以下的电动机或其他操作频繁的电路，作为远距离操作和自动控制，使电路通路或断路。不宜安装在有导电性灰尘、腐蚀性和爆炸性气体的场所。

4-147 熔断器的作用是什么？它有哪些主要参数？

答：熔断器是一种简单的保护电器，它串接在电路中，当电路发生短路和过负荷时，熔断器自动断开电路，从而使电气设备得到保护。

熔断器的主要参数有额定电压、额定电流、熔体的额定电流、极限分断能力等。

4-148 熔断器的保护特性是怎样的？

答：通过熔体的电流达到一定值时，熔体便熔断。熔断器的断路时间取决于熔体的熔化时间和灭弧时间。通过熔体的电流越大，熔体熔化得越快，断路时间越短。

4-149 熔断器的灭弧方式有哪些？

答：熔断器的灭弧方式分为填充料和无填充料两种。无填充料灭弧方式

是用纤维管或硬绝缘材料管做熔断器的管体，主要借熔管内壁在电弧高温作用下产生高压气体（约 9.5MPa），从而将电弧熄灭。有填充料灭弧方式是在管内填充石英砂，利用石英砂来吸收电弧的热量，使之冷却，促使电弧熄灭。

4-150 为什么熔断器不能作异步电动机的过载保护？

答： 为了在电动机启动时不使熔断器熔断，所以选用的熔断器的额定电流要比电动机额定电流大 1.5～2.5 倍，这样即使电动机过负荷 50%，熔断器也不会熔断，但电动机不到 1h 就烧坏了。所以熔断器只能作电动机、导线、开关设备的短路保护，而不能起过载保护的作用。只有加装热继电器等设备才能作电动机的过载保护。

4-151 为什么负荷开关配带的熔断器要装在开关的电源侧？

答： 负荷断路器只能切断负荷电流，因此要加装熔断器以完成切断短路电流的任务。当负荷断路器发生弧光短路时，熔断器应能可靠地切断短路电流，因此熔断器必须安装在电源侧。如果装在负荷出线侧，一旦负荷断路器发生弧光短路故障，熔断器因处在故障电流之外而起不到它应有的作用。

4-152 什么是互感器？互感器的作用和种类有哪些？

答： 互感器是电力系统中测量仪表、继电保护等二次设备获取电气一次回路信息的传感器。互感器的作用是将高电压、大电流按比例变成低电压（100V、$100/\sqrt{3}$V）和小电流（5A、1A），其一次侧接在一次系统，二次侧接测量仪表与继电保护等。互感器包括电流互感器和电压互感器两大类，主要是电磁式的。此外，电容式电压互感器在超高压系统中也被广泛使用。

4-153 什么是电流互感器？

答： 把大电流按规定比例转换为小电流的电气设备，称为电流互感器。电流互感器的一次侧绕组串接在一次电路中，二次侧绕组额定电流一般设计为 5A 或 1A，与测量仪表或继电器的电流线圈相串联。电流互感器是电力系统中供测量和保护用的重要设备。

4-154 电流互感器为什么不允许开路？

答： 电流互感器一次电流大小与二次负载的电流大小无关，电流互感器正常工作时，由于二次负载阻抗很小，接近于短路状态，一次电流所产生的磁通势大部分被二次电流的磁通势所抵消，总磁通密度不大，二次线圈电动势也不大。当电流互感器开路时，阻抗无限大，二次电流为零，其磁通势也为零，总磁通势等于一次绕组磁通势，也就是一次电流完全变成了励滋电流，在二次线圈产生很高的电动势，其峰值可达几千伏，威胁人身安全，或造成仪表、保护装置、互感器二次绝缘损坏，也可能使铁芯过热而损坏。

4-155 电流互感器与普通变压器相比较有何特点?

答: 电流互感器与普通变压器比较，有以下特点：

(1) 电流互感器二次回路所串的负载是电流表和继电器的电流线圈，阻抗很小，因此，电流互感器的正常运行情况相当于二次短路的变压器的状态。

(2) 变压器的一次电流随二次电流的增减而增减，可以说是二次起主导作用，而电流互感器的一次电流由主电路负载决定而不由二次电流决定，故是一次起主导作用。

(3) 变压器的一次电压既决定了铁芯中的主磁通，又决定了二次电动势，因此，一次电压不变，二次电动势也基本不变。而电流互感器则不然，当二次回路的阻抗变化时，也会影响二次电动势，这是因为电流互感器的二次回路经常是闭合的，在某一定值的一次电流作用下，感应二次电流的大小决定于二次闭路中的阻抗（可想象为一个磁场中短路匝的情况），当二次阻抗大时，二次电流小，用于平衡二次电流的一次电流就小，用于励磁的电流就多，则二次电动势就高；反之，当二次阻抗小时，感应的二次电流大，一次电流中用于平衡二次电流的电流就大，用于励磁的电流就小，则二次电动势就低。

(4) 电流互感器之所以能用来测量电流，即二次侧即使串上几个电流表，其电流值也不减小，是因为它是一个恒流源，且电流表的电流线圈阻抗小，串进回路对回路电流影响不大。它不像变压器，二次侧一加负载，对各个电量的影响都很大。但这一点只适用于电流互感器在额定负载范围内运行，一旦负载增大超过允许值，也会影响二次电流，且会使误差增加到超过允许的程度。

4-156 什么叫电流互感器的准确级、准确限值与额定容量?

答: 电流互感器根据测量时误差的大小可划分为不同的准确级。准确级是指在规定的二次负荷变化范围内，一次电流为额定值时的最大电流误差。电流互感器的准确级有四级：0.2、0.5、1 和 3。

保护用电流互感器按用途可分为稳态保护用（P）和暂态保护用（TP）两类。稳态保护用电流互感器的准确级常用的有 5P 和 10P，保护级的准确级是以额定准确限值一次电流下的最大复合误差的百分数来标称的。额定准

确限值一次电流即一次电流为额定一次电流的倍数，也称为额定准确限值系数。例如，5P 表示在额定准确限值一次电流下的最大复合误差为5%；暂态保护用电流互感器的准确级分为 TPX、TPY、TPZ 三个级别。

电流互感器的额定容量 S_{2N} 是指电流互感器在额定二次电流 I_{2N} 和额定二次阻抗 Z_{2N} 下运行时，二次绕组输出的容量，$S_{2N}=I_{2N}^2Z_{2N}$。由于电流互感器的额定二次电流为标准值，为了便于计算，有的厂家常提供电流互感器的 Z_{2N} 值。因电流互感器的误差和二次负荷有关，故同一台电流互感器使用在不同准确级时，会有不同的额定容量。例如：LMZ1-10-3000/5 型电流互感器在 0.5 级工作时，$Z_{2N}=1.6\Omega$（40VA）；在 1 级工作时，$Z_{2N}=2.4\Omega$（60VA）。

4-157 什么是零序电流互感器？它有什么特点？

答： 零序电流互感器是一种零序电流滤过器，它的二次侧反映一次系统的零序电流。这种电流互感器用一个铁芯包围住三相的导线（母线或电缆），一次线圈就是被保护元件的三相导体，二次线圈就绕在铁芯上。图 4-4 为零序电流互感器的简单结构原理图。

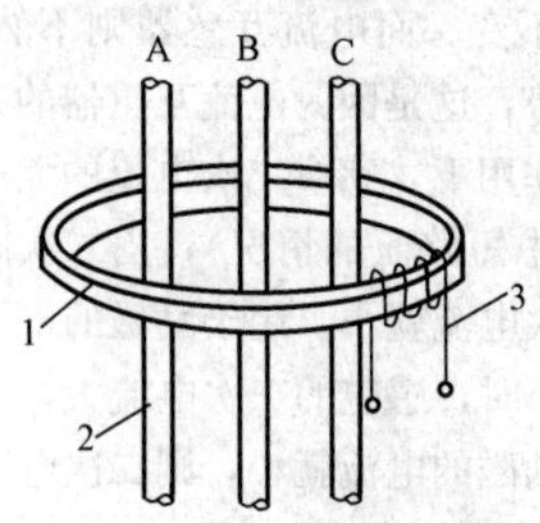

图 4-4 零序电流互感器简单结构原理图
1—铁芯；2——次线圈；3—二次线圈

正常情况下，由于零序电流互感器一次侧三相电流对称，其向量和为零，铁芯中不会产生磁通，二次线圈中没有电流。当系统中发生单相接地故障时，三相电流之和不为零（等于 3 倍的零序电流），因此在铁芯中出现零序磁通，该磁通在二次线圈感应出电动势，二次电流流过继电器，使之动作。

实际上，由于三相导线排列不对称，它们与二次线圈间的互感彼此不相等，零序电流互感器的二次线圈中有不平衡电流流过。零序电流互感器一般有母线型和电缆型两种。

4-158 什么是电压互感器？

答： 将高电压变为低电压的电气设备称为电压互感器。电压互感器的一次侧绕组并接在高压电路中，将高电压变为低电压，二次侧额定电压一般为 100V，与测量仪表或继电器的电压线圈并联。电压互感器是电力系统中供测量和保护用的重要设备。

4-159 电压互感器允许运行方式如何？

答：电压互感器在额定容量下可长期运行，但在任何情况下，都不允许超过最大容量运行。电压互感器二次线圈所接负载为高阻抗仪表，二次侧电流很小，接近于磁化电流，一、二次线圈中的漏抗压降也很小，所以它在运行时接近于空载情况，因此，二次线圈不允许短路，如果短路，那么二次侧的阻抗大大减小，会出现很大的短路电流，使线圈严重发热甚至烧毁，值班人员要特别注意。

4-160 为什么电压互感器铭牌上标有好几个容量？各是什么含义？

答：由于电压互感器的误差随其负载值的变化而变化，所以一定的容量（实际上是供给负荷的功率）是和一定的准确度相对应的。一般所说的电压互感器的额定容量指的是对应于最高准确度的容量。容量增大，准确度会降低。铭牌上也标出其他准确度时的对应容量。

电压互感器的准确度有四级：0.2、0.5、1 和 3。0.2 级多用于实验室精密测量，一般发电厂和变电站的测量和保护常用 0.5 级和 1 级。

准确度是以互感器的容许最大电压误差和角误差来分的，在二次电路里所接的仪表及继电器的功率，不应大于该准确度下的额定容量。

铭牌上的“最大容量”是指由热稳定（在最高工作电压下长期工作时容许发热条件）确定的极限容量。

4-161 电压互感器二次回路中熔断器的配置原则是什么？

答：电压互感器二次回路中熔断器的配置原则如下：

(1) 在电压互感器二次回路的出口，应装设总熔断器或自动开关，用以切除二次回路的短路故障。自动调节励磁装置及强行励磁用的电压互感器的二次侧不得装设熔断器，因为熔断器熔断会使它们拒动或误动。

(2) 若电压互感器二次回路发生故障，由于延迟切断二次回路故障时间可能使保护装置和自动装置发生误动或拒动，因此应装设监视电压回路完好的装置。此时宜采用自动开关作为短路保护，并利用其辅助触点发出信号。

(3) 在正常运行时，电压互感器二次开口三角辅助绕组两端无电压，不能监视熔断器是否断开；且当熔断器熔断时，若系统发生接地，保护会拒绝动作，因此开口三角绕组出口不应装设熔断器。

(4) 接至仪表及变送器的电压互感器二次电压分支回路应装设熔断器。

(5) 电压互感器中性点引出线上，一般不装设熔断器或自动开关。采用 B 相接地时，其熔断器或自动开关应装设在电压互感器 B 相的二次绕组引出端与接地点之间。

4-162 电压互感器与普通变压器相比较有何特点?

答: 电磁式电压互感器的工作原理和结构与普通变压器相似，有以下特点：

(1) 容量较小，通常只有几十伏安或几百伏安。

(2) 二次侧所接测量仪表和继电器的电压线圈阻抗很大，故电压互感器在接近于空载状态下运行。

(3) 电压互感器一次侧作用着一个恒压源，它不受互感器二次负荷的影响，不像变压器一样通过大负荷时会影响电压，这和电压互感器吸取功率很微小有关。

4-163 电压互感器和电流互感器在作用原理上有什么区别?

答: 电压互感器和电流互感器的主要区别是正常运行时工作状态很不相同，表现为：

(1) 电流互感器二次侧可以短路，但不得开路；电压互感器二次侧可以开路，但不得短路。

(2) 相对于二次侧的负载来说，电压互感器的一次内阻抗较小以至于可以忽略，可以认为电压互感器是一个电压源；而电流互感器的一次内阻抗很大，以至于可以认为是一个内阻无穷大的电流源。

(3) 电压互感器正常工作时的磁通密度接近饱和值，故障时磁通密度下降；电流互感器正常工作时磁通密度很低，而短路时由于一次侧短路电流变化很大，使磁通密度大大增加，有时甚至远远超过饱和值。

4-164 避雷针、避雷线的作用及其保护范围是什么?

答: 避雷针、避雷线的作用是将雷电吸引到避雷针或避雷线本身上来并安全地将雷电流引入大地，从而保护了设备。避雷针一般用于保护发电厂和变电站，避雷线主要用于保护线路，也可用于保护发、变电站。

4-165 避雷针是如何防雷的?

答: 避雷针可以保护设备免受直接雷击，它一般由接闪器、引下线和接地装置三部分组成。

避雷针之所以能防雷，是因为在雷云先导发展的初始阶段，因其离地面较高，其发展方向会受一些偶然因素的影响而不“固定”。但当它离地面达到一定高度时，地面上高耸的避雷针因静电感应聚集了与雷云先导异性的大量电荷，使雷电场畸变，因而将雷云放电的通路由原来可能向其他物体发展的方向，吸引到避雷针本身，通过引下线和接地装置将雷电波放入大地，从而使被保护设备免受直接雷击。所以避雷针实质上是引雷针，它把雷电波引入大地，有效地防止了直击雷。

4-166　避雷线与避雷针有什么不同?

答: 避雷线的接闪器不像避雷针那样采用金属杆，一般采用截面不小于 $25mm^2$ 的镀锌钢绞线，以保护架空线路免受直接雷击。由于避雷线既要架空，又要接地，所以它又称为架空地线。

避雷线的防雷作用和原理与避雷针相同。由于避雷针是一个尖端，电场比较集中，雷云对它易放电，因而保护范围较大。单针时其保护范围像一个帐篷，保护角（空间立面内的边缘线与铅垂线之间的夹角）为 45°角，多针时互相配合可适用于保护一块占地一定面积的发电厂或变电站。而避雷线是水平悬挂的狭长线，因而用于保护狭长的电气设备（如架空线路）较为妥当，其保护角为 25°角，保护范围为有一定宽度的长带状。

4-167　避雷器的作用是什么? 它有哪几类?

答: 避雷器的作用是限制过电压以保护电气设备。避雷器的类型主要有保护间隙、管型避雷器、阀型避雷器和氧化锌避雷器等几种。保护间隙和管型避雷器主要用于限制大气过电压，一般用于配电系统、线路和发、变电站进线段的保护。阀型避雷器用于变电站和发电厂的保护，在 220kV 及以下系统主要用于限制大气过电压，在超高压系统中还将用来限制内部过电压或作内部过电压的后备保护。

4-168　什么叫保护间隙? 它有几种型号?

答: 保护间隙是一种最简单的防雷保护装置。它构造简单、维护方便，但自行灭弧能力较差。它是由两个金属电极构成的，一个电极固定在绝缘子上与带电导体相连接，另一个电极与接地装置相连接，两个电极之间保持规定的间隙距离。根据电极的形状有棒形、角形和球形三种。

4-169　保护间隙的工作原理是什么?

答: 在正常情况下，保护间隙对地是绝缘的。当电气设备遭受雷击过电压或在设备上产生正常绝缘所不能承受的内部过电压时，由于保护间隙的绝缘水平低于设备的绝缘水平，在过电压的作用下，首先被击穿放电，产生大电流泄入大地，使过电压大幅度下降，从而保护了线路绝缘子和电气设备的绝缘，不致发生闪络或击穿事故。

4-170　保护间隙的主要缺点是什么?

答: 当雷电波入侵时，主间隙先击穿，形成电弧接地。过电压消失后，

主间隙中仍有正常工作电压下的工频电弧电流（称为工频续流）。对中性点接地系统而言，这种间隙的工频续流就是间隙处的接地短路电流。由于这种间隙的熄弧能力较差，间隙电弧往往不能自行熄灭，将引起断路器跳闸，这样，虽然保护间隙限制了过电压，保护了设备，但将造成线路跳闸事故，这是保护间隙的主要缺点。

4-171 管型避雷器的结构及工作原理是怎样的?

答：管型避雷器实质上是一种具有较高熄弧能力的保护间隙。它有两个相互串联的间隙：一个在大气中称为外间隙，其作用是隔离工作电压避免产气管被流经管子的工频泄漏电流所烧坏；另一个间隙装在管内称为内间隙或灭弧间隙，其电极一个为棒形，另一个为环形，管由纤维、塑料或橡胶等产气材料制成。雷击时内外间隙同时击穿，雷电流经间隙流入大地；过电压消失后，内外间隙的击穿状态将由导线上的工作电压维持，此时流经间隙的工频电弧电流称为工频续流，其值为管型避雷器安装处的短路电流，工频续流电弧的高温使管内产气材料分解出大量气体，管内压力升高，气体在高压力作用下由环形电机的开口孔喷出，形成强烈的纵吹作用，从而使工频续流在第一次经过零值时就被熄灭。

4-172 阀型避雷器的结构及工作原理是怎样的?

答：阀型避雷器的基本元件为间隙和非线性电阻，间隙与非线性电阻元件（又称阀片）相串联，阀片的电阻值与流过的电流有关，具有非线性特性，电流愈大，电阻愈小。阀型避雷器的工作原理是：在电力系统正常工作时，间隙将电阻阀片与工作母线隔离，以免由母线的工作电压在电阻阀片中产生的电流使阀片损坏。当系统中出现过电压且其幅值超过间隙放电电压时，间隙击穿，冲击电流通过阀片流入大地，由于阀片的非线性特性，故在阀片上产生的压降（称为残压）将得到限制，使其低于被保护设备的冲击耐压，从而保护了设备。当过电压消失后，间隙中由工作电压产生的工频电弧电流（称为工频续流）仍将继续流过避雷器，此续流受阀片电阻的非线性特性所限制远较冲击电流为小，使间隙能在工频续流第一次经过零值时就将电弧切断。以后，就依靠间隙的绝缘强度能够耐受电网恢复电压的作用而不会发生重燃。

4-173 阀型避雷器有哪些类型?

答：阀型避雷器分为普通型和磁吹型两类。普通型有 FS 和 FZ 两种型号，FS 型适用于配电系统，FZ 型适用于变电站。磁吹型主要有 FCZ 电站型和保护旋转电机用的FCD型两种。

4-174 什么叫磁吹避雷器？它有什么优点？

答：磁吹避雷器是由磁吹型火花间隙与高温阀片构成的。磁吹间隙有拉长电弧型和旋转电弧型两种。基本原理是一样的，即利用永久磁铁的磁场与工频续流电流相互作用，将电弧拉长或旋转，使电弧分割，冷却借以产生强烈去游离而熄灭。由于磁吹间隙的上述特点，旋转电弧型间隙能可靠切断300A（幅值）的续流，切断比降到1.5；拉长电弧型间隙灭弧能力更强，可切断450A的续流，切断比可达1.28～1.35。高温阀片通流容量大，不易受潮，所以磁吹避雷器不但放电电压低、残压低，而且具有通流容量大、灭弧能力强等优点。

4-175 如何解读氧化锌避雷器的型号？

答：氧化锌避雷器的型号组成为：[Y] [1] [2] [3]-[4]/[5]。

其代表意义为：

Y——类别（氧化锌）。

1——标称电流（kA）。

2——型式。W—无间隙；B—并联间隙；C—串联间隙。

3——使用场合或设计序号。S—配电型；Z—电站型；D—电机型；X—线路型；R—电容器型；L—直流型。

4——避雷器额定电压（kV）。

5——附加特征代号或方波电流（A）。

4-176 氧化锌避雷器的主要优点是什么？

答：氧化锌避雷器的主要优点是：①无间隙；②无续流；③电气设备所受过电压可以降低；④通流容量大，可以用来限制内部过电压。此外，由于无间隙和通流容量大，故氧化锌避雷器体积小、质量轻、结构简单、运行维护方便、使用寿命长。由于无续流，故也可用于直流输电系统。

4-177 什么叫雷电放电记录器？

答：雷电放电记录器是一种监视避雷器运行、记录避雷器动作次数的电器。它串接在避雷器与接地装置之间，避雷器每次动作，它都以数学形式累计显示出来，便于运行人员检查和记录。

4-178 绝缘子的结构是怎样的？它的作用是什么？

答：绝缘子又称瓷瓶，它由瓷质部分和金具两部分组成，中间用水泥黏

合剂胶合。瓷质部分是保证绝缘子有良好的电气绝缘强度，金具是固定瓷瓶用的。

绝缘子的作用有两方面：一是牢固地支持和固定载流导体，二是将载流导体与地之间形成良好的绝缘。

4-179 绝缘子表面为什么做成波纹形?

答: 绝缘子表面做成波纹形有以下作用:

(1) 将绝缘子做成凹凸的波纹形，延长了爬弧长度，所以在同样有效高度下，增加了电弧爬弧距离。而且每一个波纹又能起到阻断电弧的作用。

(2) 在雨天，能起到阻止水流的作用，污水不能直接由绝缘子上部流到下部，形成水柱引起接地短路。

(3) 污尘降落到绝缘子上时，其凸凹部分使污尘分布不均匀，因此在一定程度上保证了耐压强度。

4-180 电缆有何作用？它与一般导线相比有何优缺点?

答: 在发电厂和变电站中，由于要引出很多的架空线路，往往因出线走廊不够而受到限制。同时在建筑物与居民密集的地区，交通道路两侧，均因地理位置的限制，不允许架设架空线路，因此，只能采用电缆来输送电能。

电缆与架空线相比，有下列优点:

(1) 供电可靠，不受雷击、风害等外部干扰的影响，其次是不会发生架空线路常见的断线、倒杆等引起的短路或接地现象。

(2) 对公共场所比较安全。

(3) 不需在路面架设杆塔和导线，使市容整齐美观。

(4) 不受地面建筑物的影响，易于在城市内经工业地区供电。

(5) 运行简单方便，维护工作减少，费用低。

(6) 电缆的电容有助于提高功率因数。

电缆有以上优点，但它也有下列缺点:

(1) 成本昂贵，投资费用大，约为架空线的 10 倍。

(2) 敷设后不易变动，不适宜扩建。

(3) 线路接分支较困难。

(4) 易受外力破坏，寻找故障困难。

(5) 修理较困难、时间长，且费用大。

4-181 电缆的构造是怎样的？有哪些类型?

答: 电缆由电线芯、绝缘层和铅包三个主要部分组成。电缆芯是传导电流的通路，绝缘层用来把带电体彼此隔开，并且将电缆芯与地隔开，铅包是用来保护绝缘层的，它具有一定的机械强度，使在运输、敷设和运行中不受外力损伤，并防止水分侵入，在油浸纸绝缘电缆中还防止绝缘油外流。

电缆一般可分为单芯、双芯、三芯和四芯四种。电缆除芯数不同外，导体的形状也是不同的，它的主要作用是使电缆直径减小，节省制造材料和减轻电缆的质量。导体的形状有圆形、腰子形、半圆形、扇形、空心形及同心圆形几种。电缆除芯数及导体形状不同外，还可分为统包型、屏蔽型和分相铅包型等，这类电缆充实了油浸纸绝缘，因而统称为实心浸渍纸绝缘电缆。

4-182　电缆中间接头盒和终端盒的作用是什么？有哪些类型？

答：电缆经过敷设后，各段必须连接起来，使其成为一个连续的线路，这些连接点一般叫接头。在一条电缆线路上，中间有若干接头，这些都需要封在盒子里。另外，电缆线路的末端还需要用一个盒子来保护电缆芯的绝缘。在这些盒子内，填充填料，增强它的耐压强度和机械强度，增加供电的可靠性。

电缆盒有户外和户内两种，装在户外的由于气温变化大、湿度大，因而需要可靠的密封。户内一般不考虑防水问题，因而在形状上就有区别。户外有鼎足式、扇式和倒挂式三种，户内有漏斗型、铅手型、干封型及生铁盒四种。

4-183　架空线路由哪些部件组成？

答：架空线路由架空地线、导线、绝缘子、杆塔、接地装置、金具和基础构成。

第五章　锅炉设备及系统

5-1　何谓锅炉？锅炉是由什么设备组成的？

答：锅炉中的锅是指在火上加热的盛汽水的压力容器，炉是指燃料燃烧的场所，通常把燃料的燃烧、放热、排渣称为炉内过程；把工质水的流动、传热、化学变化等称为锅内过程。

锅炉本体是由汽包、受热面、连接管道、烟道、风道、燃烧设备、构架、炉墙、除渣设备等组成的整体。锅炉辅助设备由燃料供应系统、给水系统、通风系统、煤粉制造系统、除尘系统、水处理系统、控制保护系统等组成。本体系统与辅助系统组成了锅炉机组。

5-2　锅炉参数包括哪些方面？如何定义？

答：锅炉参数包括锅炉容量、过热蒸汽参数、再热蒸汽参数与给水温度。

锅炉容量指锅炉蒸发量，是用来表示锅炉供热能力的指标，分为额定蒸发量与最大连续蒸发量两种。

过热蒸汽参数指锅炉过热器出口处的额定过热蒸汽压力、温度。

再热蒸汽参数指再热蒸汽进入锅炉再热器的蒸汽压力、温度，锅炉再热器出口处额定再热蒸汽压力、温度。

给水温度指给水进入锅炉省煤器入口处的温度。

5-3　锅炉本体的布置形式有哪些？按照锅炉蒸发受热面内工质流动方式分为哪几种锅炉？

答：锅炉的布置形式主要有Ⅱ形布置、Γ形布置、箱形布置、塔形布置、半塔形布置等。

按照锅炉蒸发受热面内工质流动方式分为自然循环锅炉、控制循环锅炉、直流锅炉及复合循环锅炉。

5-4　自然循环锅炉有什么特点？

答：自然循环锅炉的特点有以下几点：

（1）最主要的特点是有一个汽包，锅炉蒸发受热面通常就是由许多管道组成的水冷壁。

（2）汽包是省煤器、过热器、蒸发受热面的分隔容器，所以给水的预热、蒸发和蒸汽过热等各个受热面有明显的分界。

（3）汽包中装有汽水分离装置，从水冷壁进入汽包的汽水混合物既在汽包中的汽空间，也在汽水分离装置中进行汽水分离，以减少饱和蒸汽带水。

（4）锅炉的水容量及其相应的蓄热能力较大，负荷变化时汽包水位与蒸汽压力变化速度慢，对机组调节要求较低。但由于水容量大，加之汽包壁厚，故受热与冷却都不易均匀，使启停速度受限制。

（5）水冷壁管出口含汽率低，对较大的含盐量可以进行排污，故对蒸汽品质要求可低些。

（6）金属消耗量大，成本高。

5-5 什么是强制循环锅炉？其蒸发系统流程如何进行？

答：蒸发受热面内的工质除了依靠水与汽水混合物的密度差以外，主要依靠锅水循环泵的压头进行循环的锅炉，称为强制循环锅炉，又称辅助循环锅炉。在水冷壁上升管入口处加装节流圈的大容量强制循环锅炉，又称为控制循环锅炉。

蒸发系统流程是：水从汽包通过集中下降管后，再经循环泵送进水冷壁下集箱，再进入带有节流圈的膜式水冷壁，受热后的汽水混合物最后进入汽包。

5-6 强制循环锅炉有何特点？

答：强制循环锅炉的特点如下：

（1）由于装有循环泵，其循环推动力比自然循环大好几倍。

（2）可以任意布置蒸发受热面，管子直立、平放都可以，所以锅炉形状与受热面能采用比较好的布置方案。

（3）循环倍率低。

（4）由于循环倍率小，循环水量较小，可以采用蒸汽负荷较高、阻力较大的旋风分离装置，以减少分离装置的数量和尺寸，从而减小汽包直径。

（5）蒸发受热面中可以保持足够高的质量流速，而使循环稳定，不会发生循环停滞和倒流等故障。

（6）循环泵所消耗的功率一般为机组功率的0.2%～0.25%。

（7）锅炉能快速启停。

（8）由于循环泵的使用，增加了制造费用。

5-7 何谓直流锅炉？有何特点？

答： 给水靠给水泵压头在受热面中一次通过，产生蒸汽的锅炉称为直流锅炉。直流锅炉有以下特点：

(1) 由于没有汽包进行汽水分离，因此水的加热、蒸发和过热过程没有固定分界线，过热汽温随负荷的变动而波动较大。

(2) 由于没有汽包，直流锅炉的水容积及其相应蓄热能力大为降低，一般为同参数汽包锅炉的50%以下，因此，对锅炉负荷变化比较敏感，锅炉工作压力变化速度较快。

(3) 直流锅炉蒸发受热面不构成循环，无汽水分离问题，故工作压力升高，汽水密度差减小时，对蒸发系统工质流动无影响，在超临界压力以上时，直流锅炉仍能可靠工作。

(4) 由于没有汽包，直流锅炉一般不能进行连续排污，对给水品质的要求很高。

(5) 直流锅炉蒸发受热面由于没有热水段、蒸发段和过热段的固定分界，且汽水比体积不同，会出现流动不稳定、脉动等问题，影响锅炉安全运行。

(6) 在锅炉的设计与运行中必须防止膜态沸腾问题。

(7) 直流锅炉蒸发受热面中汽水流动完全靠给水泵压头推动汽水流动，故要消耗较多的水泵功率。

(8) 节省钢材，制造工艺比较简单，运输安装比较方便。蒸发受热面可任意布置，容易满足炉膛结构要求。

(9) 启动和停炉速度较快。

5-8 何谓复合循环锅炉？有何特点？

答： 复合循环锅炉是由直流锅炉和强制循环锅炉综合发展而来的，是直流锅炉的改进。依靠锅水循环泵的压头，将蒸发受热面出口部分或全部工质进行再循环的锅炉，称为复合循环锅炉，包括全负荷复合循环锅炉和部分负荷复合循环锅炉。复合循环锅炉有以下特点：

(1) 需要有能长期在高温高压下运行的循环泵。

(2) 由于在高负荷时可选用较低的质量流速，低负荷时利用循环泵来得到足够的质量流速，与直流锅炉比，可节省给水泵能量消耗。

(3) 炉膛水冷壁工质流动可靠，很少发生故障，爆管可能性很小。

(4) 锅炉运行时的最低负荷没有限制。同时低负荷时，由于没有旁路系统热损失，减少了机组效率的降低。

(5) 旁路系统简化，使机组启动时的热损失减少。

5-9 什么是煤的元素分析？

答：经过分析，煤的成分包括碳、氢、氧、氮、硫、水分、灰分等。除水分和灰分是化合物外，其余都是元素，所以元素分析是指对煤中碳、氢、氧、氮、硫五种元素分析的总和。各种元素成分都用质量百分数来表示。

5-10 什么是煤的工业分析？如何进行？

答：从煤的着火和燃烧过程中生成四种成分，即水分、挥发分、固定碳和灰分。将在一定条件下的煤样，分析出水分、挥发分、固定碳和灰分这四种成分的质量百分数，是煤的工业成分。

在实验室中，首先，将风干后的煤样置于105～110℃的温度下保持1～1.5h，煤变干燥，失去的质量就是分析水分。分析水分加风干水分就是全水分。然后，将失去水分的煤样，在隔绝空气下加热至900℃±10℃，使煤中有机化合物分解而析出挥发分，保持7min，煤样中失去的质量就是挥发分，剩下的就是焦炭。再将焦炭加热至815℃±10℃，待燃烧完全后失去的质量便是固定碳，剩下的残留物便是灰分。

5-11 常用的煤的成分计算基准有哪些？

答：常用的基准有收到基、空气干燥基、干燥基、干燥无灰基、干燥无矿物质基、恒温无矿物质基。

5-12 什么叫煤的高位发热量？什么叫煤的低位发热量？

答：单位质量的煤在完全燃烧时所释放出的热量叫做煤的发热量，通常用 Q 表示，其单位为kJ/kg。煤的发热量有弹筒发热量、高位发热量、低位发热量。

弹筒发热量是在实验室中用氧弹式量热计测定的实测值。高位发热量是指弹筒发热量减去硫和氮生成酸的校正值后所得的热量。低位发热量是指煤的高位发热量减去煤中水和氢燃烧生成水的蒸汽潜热后所得的热量。

5-13 如何测定灰熔点？

答：常用角锥法测定灰熔点。角锥法就是根据目测灰锥在受热过程中的形态变化，得到关于灰锥不同状态的三个温度：变形温度DT，软化温度ST和流动温度FT。

5-14 什么叫煤的可磨性系数？什么叫煤的磨损指数？

答：煤的可磨性系数表示煤被磨碎成煤粉的难易程度。在风干状态下，

将质量相等的标准燃料与被测燃料由相同力度磨碎到相同的煤粉细度所消耗的电能之比称为煤的可磨性系数。

煤的磨损指数表示煤种对磨煤机的研磨部件磨损的轻重程度。

5-15 煤粉的自燃与爆炸是如何形成的？影响煤粉爆炸的因素有哪些？

答： 煤粉堆积在某一死区里，与空气中的氧长期接触而氧化时，自身热量分解释放出挥发分与热量，使温度升高，而温度升高又会加剧煤粉氧化，若散热不良，会使氧化加剧，最后使温度达到煤的着火点而引起煤粉的自燃。在制粉系统中，煤粉是由气体来输送的，气体和煤粉混合成云雾状的混合物，一旦遇到火花就会造成煤粉的爆炸。

影响煤粉爆炸的因素主要有挥发分含量，煤粉细度，风粉混合物浓度、流速、温度、湿度和输送煤粉的气体中氧的比例等。

5-16 什么叫做煤粉细度？如何表示？

答： 煤粉细度是煤粉最重要指标之一，它是煤粉颗粒群粗细程度的反映。

煤粉细度是指把一定量的煤粉在筛孔尺寸为 $x\mu m$ 的标准筛上进行筛分、称重，煤粉在筛子上剩余量占总量的质量百分数定义为煤粉细度 R_x。对于一定的筛孔尺寸，筛上剩余的煤粉量越少，说明煤粉越细。我国常用筛孔尺寸为 $200\mu m$ 和 $90\mu m$ 的两种筛子来表示，即 R_{200} 和 R_{90}。

5-17 影响煤粉经济细度的因素有哪些？

答： 影响煤粉经济细度的因素主要有：①燃料的燃烧特性；②磨煤机和分离器的性能；③燃烧方式。

5-18 磨煤机如何分类？

答： 磨煤机主要分为低速磨煤机、中速磨煤机、高速磨煤机。

低速磨煤机主要有钢球磨煤机、双进双出钢球磨煤机等。

中速磨煤机主要有中速平盘磨煤机、碗式中速磨煤机、中速钢球磨煤机（E 型磨煤机）等。

高速磨煤机主要有风扇磨煤机和竖井磨煤机等。

5-19 影响钢球磨煤机工作的主要因素有哪些？

答： 影响钢球磨煤机工作的主要因素有：

（1）钢球磨煤机的临界转速与工作转速。

（2）磨煤机护甲的磨损程度。

(3) 磨煤机筒体中钢球的充满系数。

(4) 钢球磨煤机筒体中的通风情况。

(5) 磨煤机筒体中的载煤量。

5-20　什么是钢球磨煤机的临界转速和最佳工作转速?

答: 当钢球磨煤机筒体转速超过一定数值后，作用在钢球上的离心力很大，以致使钢球和煤附着于筒壁与其一起运动。产生这种状态的最低转速称为临界转速。

当钢球被筒体带到一定高度后延抛物线轨迹落下，产生强烈的撞击磨煤作用。磨煤作用最大的转速称为最佳转速。钢球磨煤机的最佳工作转速一定小于临界转速，根据经验 $n=(0.75\sim0.78)\,n_{lj}$。

5-21　什么是钢球磨煤机的磨煤出力?

答: 由于燃料在磨煤机内被磨成煤粉的同时又进行干燥，所以钢球磨煤机的出力有两个：磨煤出力和干燥处理。磨煤出力是指磨煤机在消耗一定能量的条件下，在单位时间内能够磨制符合煤粉细度要求的煤粉量。而干燥出力是指磨煤系统在单位时间内在磨煤过程中将燃料从原有水分干燥到所要求的煤粉水分的煤粉量，因此，要得到一定数量和一定干燥程度的煤粉，就必须使磨煤出力和干燥出力相一致，这可以通过调节进入磨煤机中的干燥剂的流量和温度来实现。

5-22　双进双出钢球磨煤机与一般钢球磨煤机的主要区别是什么?

答: 双进双出钢球磨煤机与一般钢球磨煤机的主要区别有以下几点：

(1) 在结构上，双进双出钢球磨煤机两端均装有转动的螺旋输送器，而一般钢球磨煤机没有。

(2) 从风粉混合物的流向来看，双进双出钢球磨煤机在正常运行时，磨煤机两端同时进煤，同时出粉，且进煤出粉在同一侧；而一般钢球磨煤机只是一端进煤，另一端出粉。

(3) 在出力相近时，一般钢球磨煤机占地大，且电动机容量大，单位电耗较高。

(4) 双进双出钢球磨煤机热风、原煤分别从磨煤机端部进入，在磨内混合；而一般钢球磨煤机的热风、原煤是在磨煤机入口的落煤管内混合的。

(5) 双进双出钢球磨煤机从磨煤机两个端部出粉，而一般钢球磨煤机只从一个端部出粉，前者比后者多一倍出粉口，因此无论从煤粉分配上，还是外管道的阻力平衡上，双进双出钢球磨煤机比一般钢球磨煤机在布置上都更

有利。

5-23 简述中速磨煤机的工作原理。

答：中速磨煤机的结构各异，但都具有共同的工作原理。它们都有两组相对运动的研磨部件。研磨部件在弹簧力、液压力或其他外力的作用下，将其间的原煤挤压和研磨，最终破碎成煤粉，通过研磨部件的旋转，把破碎的煤粉甩到风环室，流经风环室的热空气流将这些煤粉带到中速磨煤机上部的煤粉分离器，过粗的煤粉被分离下来重新再磨。在这个过程中，还伴随着热风对煤粉的干燥。在磨煤过程中，同时被甩到风环室的还有原煤中夹带的少量石块和铁器等杂物，它们最后落入杂物箱，被定期排出。

5-24 影响中速磨煤机工作的主要因素有哪些？

答：影响中速磨煤机工作的主要因素有：

(1) 中速磨煤机的转速。中速磨煤机的转速应考虑最小能量消耗下的最佳磨煤效果及研磨元件的合理使用寿命。

(2) 通风量。通风量的大小对中速磨煤机出力和煤粉细度影响较大，而且还影响石子煤量的多少，为此要求维持一定的风煤比。

(3) 风环的气流速度。对中速磨煤机，其风环气流速度应选择一合理数值，以保证研磨区具有良好的空气动力特性，可以通过控制风环间隙实现。

(4) 研磨压力。研磨件上的的平均载荷称为研磨压力，对磨煤机的工作影响较大，需要随时调整研磨压力。

(5) 燃料性质。

5-25 简述高速风扇磨煤机的结构特点和工作原理。

答：高速风扇磨煤机的构造类似风机，带有8～10个叶片的叶轮以500～1500r/min的速度高速旋转，具有较高的自身通风能力。燃料从磨煤机轴向或切向进入，在磨煤机内同时完成干燥、磨煤和输送三个工作过程。进入磨煤机的煤粒受高速旋转的叶片的冲击而破碎，同时又依靠叶片的鼓风作用把用于干燥和输送煤粉的热空气或高温炉烟吸入磨煤机内，一边强烈进行煤的干燥，一边把合格的煤粉带出磨煤机经燃烧器喷入炉膛内燃烧。在高速风扇磨煤机前装置一个干燥竖井，用炉内高温烟气与热空气混合作为干燥剂，提高高速风扇磨煤机磨制高水分煤种的能力。

5-26 煤粉燃烧分为几个阶段？

答：将煤粉放在空气中燃烧，其燃烧过程一般分为四个阶段，即预热干燥阶段、挥发分析出阶段、燃烧阶段、燃尽阶段。

5-27 影响煤粉气流着火的主要因素有哪些?

答: 影响煤粉气流着火的主要因素有:①燃料的性质;②炉内的散热条件;③煤粉气流的初温;④一次风量和一次风速;⑤燃烧器的结构特性;⑥炉内的空气动力场;⑦锅炉的运行负荷。

5-28 保证燃烧良好的条件有哪些?

答: 要保证良好的燃烧过程,其标志就是尽量接近完全燃烧,也就是在保证炉内不结渣的前提下,燃烧速度快,而且燃烧完全,得到最高的燃烧效率。要接近完全燃烧,其原则性条件为:

(1) 为燃烧提供充足与合适的空气量。

(2) 需要保持适当高的炉膛温度。

(3) 需要有足够长的燃烧时间。

(4) 空气与燃料的良好扰动与混合。

5-29 对燃烧器的要求有哪些?

答: 对燃烧器的要求有:

(1) 燃烧效率高,即化学未完全燃烧热损失和机械未完全燃烧热损失应尽可能小。

(2) 着火和燃烧稳定、可靠。燃烧设备应能保证着火的燃烧稳定和连续,并能保证设备和人身的安全,在运行中不发生结渣、腐蚀、灭火和回火等故障。

(3) 运行方便。燃烧设备应便于点火、调节等运行操作,并且操作和调节控制机构要灵活简便。

(4) 制造、安装和检修要简单、方便。

5-30 旋流燃烧器的分类与特点是什么?

答: 根据燃烧器的结构,旋流燃烧器可以分为蜗壳式旋流燃烧器、轴向叶片式旋流燃烧器、切向叶片式旋流燃烧器三大类型。

旋流燃烧器的特点在于旋流射流扩散角大。扩散角越大,则回流区越大,射流出口段湍动度大,故早期混合强烈。另外,强烈的湍流,衰减也快,故后期的混合较差,射流也较短。

5-31 直流燃烧器的特点是什么?

答: 直流燃烧器的出口气流是不旋转的直流射流或直流射流组。通常直流射流器布置在炉膛四角,四角燃烧器出口的射流,其几何轴线同切于炉膛中心的假象圆,形成四角布置切圆燃烧方式,以此造成气流在炉膛内的强烈

旋转，使炉膛四周气流呈强烈的螺旋上升运动。而中心区则是速度很低的微风区。它在炉膛内燃烧器区域形成一个稳定的旋转大火球，各个角上燃烧器喷出的煤粉气流一进入炉膛就受到高温旋转火球的点燃，而迅速着火。因此着火条件良好，煤种的适应范围广，几乎可以成功地燃用各种固体燃料，炉内气流的强烈旋转上升，可使煤粉气流的后期扰动混合仍十分强烈，煤粉燃尽条件好。

5-32 四角布置切圆燃烧方式的特点是什么？

答：现代大、中型燃煤锅炉广泛采用四角布置切圆燃烧方式，四角切圆燃烧方式的特点是：

（1）四角射流着火后相交，互相点燃，使煤粉着火稳定，是一种较好的燃烧方式。切圆燃烧方式是以整个炉膛来进行组织燃烧的，故燃烧器的工况与整个炉膛的空气特性关系十分密切。

（2）由于四股射流在炉膛内相交后强烈旋转，湍流的热质交换和动量交换十分强烈，故能加速着火后燃料的燃尽。

（3）四角切向射流有强烈的湍流扩散和良好的炉内空气动力结构，烟气在炉内充满程度好，炉内热负荷分配较均匀。

（4）切圆燃烧时，每角均由多个一、二次风（或有三次风）喷嘴组成，负荷的调节灵活，对煤种适应性强，控制和调节的手段也较多。

（5）炉膛结构较简单，便于大容量电站锅炉布置。

（6）采用摆动式直流燃烧器时，运行中改变上下摆动角度，即可改变炉膛出口烟温，达到调节再热汽温的目的。

（7）便于实现分段送风，组织分段燃烧，从而抑制了 NO_x 的产生。

5-33 直流燃烧器的着火方案有哪些？

答：根据四角布置的直流燃烧器的切圆燃烧方式，其着火方案通常有着火三角形方案和集束吸引着火两种。可根据直流燃烧器的配风方式加以实现。按照一、二次风喷口布置方式，又称为均等配风方式和分级配风方式。

5-34 采用高浓度煤粉燃烧器的优点有哪些？

答：采用高浓度煤粉燃烧器的优点有：

（1）提高煤粉浓度能使一次风煤粉气流的着火热减少。

（2）煤粉浓度的增加将加速着火前煤粉的化学反应，也加速了着火后煤粉的化学反应速度，使放热增加，故促进了煤粉的着火及着火稳定性。

（3）煤粉浓度的增加，使一次风煤粉空气混合物的着火温度降低。

(4) 煤粉浓度提高，由于减少了着火热，将使煤粉气流在相同时间内加热到更高温度，即煤粉浓度提高后，气流的加热条件强化了，加热速度提高了，因此，达到着火所需的时间缩短了。

(5) 煤粉浓度提高，增加了火焰黑度和幅射吸热量，促进了煤粉的着火，并提高了火焰传播速度。

(6) 煤粉浓度增加，还可以降低 NO_x 的生成量。

5-35　什么是 W 形火焰?

答: W 形火焰燃烧方式又称为双 U 形火焰燃烧方式，W 形火焰炉膛由下部的拱式着火炉膛和上部的辐射炉膛组成。着火炉膛的深度比辐射炉膛大约 80%～120%，前后突出的炉顶构成炉顶拱，煤粉喷嘴及二次风喷嘴装在炉顶拱上，并向下喷射。当煤粉气流向下流动扩展时，在炉膛下部与三次风相遇后，180°转弯向上流动，形成 W 形火焰。燃烧产生的烟气进入辐射炉膛。在炉顶拱下区域的水冷壁敷设燃烧带，使着火区域形成高温，以利于燃烧着火。

5-36　W 形火焰燃烧方式在炉内燃烧时分为哪几个阶段?

答: W 形火焰的燃烧方式在炉内燃烧时分为三个阶段：第一阶段为起始阶段，燃料在低扰动状态下着火和初燃，空气以低速，少量引入，以免影响着火；第二阶段为燃烧阶段，燃料和二次风、三次风强烈混合，急剧燃烧；第三阶段为辐射传热阶段，燃烧生成物进入上部炉膛，除继续以低扰动状态使燃烧趋于完全外，对受热面进行辐射热交换。

5-37　W 形火焰燃烧方式有哪些特点?

答: W 形火焰燃烧方式有如下特点：

(1) 煤粉开始自上而下流动，着火后向下扩展，随着燃烧过程发展，煤粉颗粒逐渐变小，速度减慢。在离开一次风喷口数米处，火焰开始转折 180°向上流动，既不易产生煤粉分离现象，又获得了较长的火焰燃烧行程。煤粉在炉内停留的时间较长，有利于提高燃烧效率，更适合燃烧低挥发分的煤。

(2) 由于着火区没有大量空气进入，保证了炉膛温度无明显下降。而且有部分高温烟气回流至着火区，有利于迅速加热进入炉内的煤粉气流，加速着火，提高着火的稳定性。

(3) 下部的拱式着火炉膛的前、后墙及炉顶拱部分，可以辐射大量热量，提供了煤粉气流比较充足的着火热。

(4) 煤粉自上而下进入炉膛，一次风率可以降至 5%～15%，风速很低，

可以降至15m/s。这便于采用直流燃烧器，而且空气可以沿火焰行程逐步加入，达到分级配风的目的。

(5) 宜于采用高浓度煤粉燃烧器，有利于着火。

(6) 因为燃烧过程基本上是在下部着火炉膛中高温区内完成，而上部炉膛主要用来冷却烟气，因此，锅炉炉膛的高度主要由炉膛出口烟气温度决定。这样可以使上、下的横截面布置都比较灵活。

(7) 因为火焰流向与炉内水冷壁平行，所以没有烟气冲刷炉墙现象，也就不易结渣。

(8) 因为火焰不旋转，炉膛出口烟气的速度场和温度场分布比较均匀，可以减少过热器和再热器的热偏差。而且炉内动力工况良好，有利于稳燃。

(9) 因为采用了一次风煤粉气流下行后转180°弯向上流程的火焰烟气流程，可以分离烟气中的部分飞灰。

(10) 由于采用分段送风，以及喷嘴出口煤粉的可调性，使W形的火焰炉性能适应较广泛煤种、负荷的变化，有良好的调节性能。

(11) 主要缺点是煤粉和空气的后期混合较差，且由于下部炉膛的截面积大于上部炉膛，所以火焰中心偏低，炉内温度水平较低，可能造成不完全燃烧损失增大。为解决这个问题，必须在炉顶拱下部的水冷壁上敷设燃烧带，以造成着火区的高温，但燃烧带敷设部位，又易引起结渣，此外，炉膛结构比较复杂，尺寸较大，而且造价较高。

5-38 锅炉制粉系统是怎样分类的？各有何优缺点？

答：锅炉制粉系统可以分为中间储仓式制粉系统和直吹式制粉系统两种。

(1) 直吹式制粉系统简单，设备部件少，输粉管路阻力小，因而制粉系统输粉电耗小；储仓式制粉系统中，由于有煤粉仓，磨煤机的运行出力不必与锅炉随时配合，磨煤机可一直维持在经济工况下运行，但由于储仓式制粉系统工作在较高的负压下，漏风量较大，输粉电耗较高。

(2) 负压直吹式制粉系统中，燃烧所需的全部煤粉都要经过排粉机，因而磨损较快，发生振动和需要检修的可能性较大，而中间储仓制粉系统中，只有含少量细粉的冷风流经排粉机，故其磨损较轻，工作较安全。

(3) 储仓式制粉系统中，磨煤机的工作对锅炉影响较小，即使磨煤设备发生故障，煤粉仓内的煤粉仍可供锅炉燃烧需要。同时，各炉之间可用螺旋输粉机相互联系，以调剂锅炉间的煤粉要求，从而提高了系统的可靠性，因而磨煤设备的储备容量可小一些。相比之下，直吹式系统需要较大的磨煤设备储备裕量。

(4) 储仓式制粉系统部件多，管路长，系统复杂，初投资和系统建筑尺寸都比直吹式系统大，防爆安全性差。

(5) 当锅炉负荷变动时，储仓式系统只要调节给粉机就能适应需要，方便快捷。而直吹式系统要从改变给煤量开始，经过整个系统才能改变煤粉量，因而惰性较大，适应锅炉负荷变动能力较差。

5-39　螺旋输粉机（绞龙）的作用是什么?

答: 螺旋输粉机用于中间储仓式制粉系统。它上部与细粉分离器落粉管相接，下部有接到煤粉仓的管子。带动输粉机螺杆旋转的电动机，可以正、反方向旋转。因此，它既可把甲炉（仓）制粉系统的煤粉输往乙炉（仓），也可将乙炉（仓）制粉输往甲炉（仓），提高运行的可靠性。

5-40　竖直蒸发管中汽水混合物的传热分为哪几个阶段?

答: 竖直蒸发管中汽水混合物的传热分为以下几个阶段：液体对流传热阶段、过冷沸腾阶段、饱和核状沸腾阶段、强制水膜对流传热阶段、含水不足阶段、蒸汽对流传热阶段。

5-41　锅炉受热面传热恶化的类型有哪些?

答: 锅炉传热恶化的类型主要有两类：

第一类传热恶化发生在含汽率较小和受热面热负荷特别大的区域。由于热负荷高，使管子内壁的整个面积都产生蒸汽，流速又低，蒸汽来不及被水带走，使管子内壁面覆盖一层汽膜，形成了管子中间是水、四周是汽的流动状态，即发生第一类传热恶化。发生第一类传热恶化的主要决定因素是受热面热负荷。

第二类传热恶化发生在比较高的热负荷下雾状流动结构区域。当含汽率比较大时，环状流动的水膜被撕破或被蒸干而产生膜态沸腾，从而导致第二类传热恶化。发生第二类传热恶化的热负荷不像第一类传热恶化时那么高，其放热方式为强迫对流，蒸汽流速快，又有水滴撞击和冷却管壁，工质的放热系数比第一类传热恶化时要高，所以壁温上升值没有第一类传热恶化时那样大。但当有一定热负荷时，壁温也可能会超过允许值而使管子被烧坏。

5-42　对亚临界自然循环锅炉来说，防止因传热恶化而引起蒸发管工作不安全，必须采取的措施是什么?

答: 对亚临界自燃循环锅炉来说，防止因传热恶化而引起蒸发管工作不安全，必须采取的措施是：受热面采用内螺纹管；采用较高并且适宜的质量

流速；循环倍率大于界限循环倍率，尽量减少炉内的热偏差等。

5-43 自然循环工作主要的可靠性指标有哪些？

答：自然循环工作主要的可靠性指标有：

(1) 循环速度。自然循环工作可靠性要求所有的上升管要保证得到足够的冷却，因此必须保证管内有连续的水膜冲刷管壁和保持一定的循环速度，以防止管壁超温。在循环回路中，饱和水在上升管入口处的流速称为循环流速。

(2) 循环倍率。循环水在上升管中受热，其中一部分生成蒸汽，循环水流量与上升管出口蒸汽流量之比称为循环倍率。其意义是在上升管中每产生1kg 蒸汽需要在上升管入口处送进多少千克水，或者说 1kg 水在循环回路中经过多少次循环才能全部变成蒸汽。自燃循环锅炉用它表示循环的安全性，循环倍率越大，水循环越安全。

(3) 自然循环的自补偿能力。在一定的循环倍率范围内，循环速度（或循环水量）随热负荷增加而增大的特性称为自然循环自补偿能力。合理的自然循环系统应是在上升管吸热变化时，锅炉始终工作在自补偿特性区域内。

(4) 上升管单位流通截面蒸发量。当上升管单位截面积蒸发量小于界限值时，水循环具有自补偿能力；反之则失去自补偿能力，使循环可靠性受到影响。

5-44 膜式水冷壁的主要优点是什么？

答：膜式水冷壁的主要优点有：

(1) 膜式水冷壁能够保证炉膛具有良好的严密性，对负压锅炉可以显著降低炉膛的漏风系数，改善炉内的燃烧工况。

(2) 它能使有效辐射受热面积增加，从而节约钢耗。

(3) 它对炉墙的保护最为彻底，采用敷管式炉墙，只要保温材料而不需耐火材料，不但大大减轻炉墙质量，同时炉墙蓄热量减少 3/4～4/5，使锅炉启动和停炉时间可以缩短。

(4) 可以增加管子的刚性，若偶然燃烧不正常发生事故，膜式水冷壁可承受冲击压力，不致引起破坏。

(5) 能提高炉墙紧固件的使用寿命。

(6) 在工厂可成片预制，大大减少了安装工作量。

5-45 膜式水冷壁有哪些结构？

答：根据膜式水冷壁的结构，膜式水冷壁主要分为两种形式：

(1) 由光管加焊扁钢制成，工艺简单，焊接量大。

(2) 由轧制的肋片管拼焊制成，工艺复杂，成本高。

5-46　自然循环锅炉下降管带汽的原因有哪些？有何危害？如何防止？

答：自然循环锅炉下降管带汽的主要原因有：下降管进口处由于流动阻力和水的加速而造成的自沸腾；下降管进口截面上上部形成旋涡斗，使蒸汽被吸入下降管；汽包水室（水空间）含汽，使蒸汽被带入下降管。

下降管内水中含有蒸汽会使下降管的重位压头减小。同时，由于蒸汽密度较小，有向上流动的趋势，因而增加了下降管的阻力。显然，下降管水中带汽会降低循环回路的压差，使运动压头减小，对水循环不利。

为防止或减少下降管带汽，应满足以下条件：

(1) 控制下降管流速。

(2) 当省煤器出口水温度低于饱和温度时，最好将部分或全部给水送到下降管进口附近。

(3) 在下降管入口截面上部加装格栅或在下降管入口部位装设十字架，将下降管入口截面分割成许多小截面，用以破坏旋转涡流，防止形成旋涡斗。

(4) 下降管应尽可能从汽包最下部位置引出。

(5) 汽包内下降管管口与汽水混合物引入管管口之间距离应不小于250～300mm。

(6) 运行时应维持正常的汽包水位，防止汽压和负荷的突变。

(7) 当下降管含有蒸汽并可能带到下集箱时，可将部分下降管对准受热弱的上升管，以增加这部分上升管的含汽量，改善水循环。

5-47　汽包的作用有哪些？

答：汽包是自然循环锅炉及强制循环锅炉最重要的受压元件，无汽包则不存在循环回路，汽包的主要作用有：

(1) 汽包是工质加热、蒸发、过热三个过程的连接枢纽，用它来保证锅炉正常的水循环。

(2) 汽包内部装有汽水分离装置及连续排污装置，用以保证蒸汽的品质。

(3) 汽包中存在一定的水量，因而具有蓄热能力，锅炉或机组变工况时，可缓解汽压的变化速度，有利于锅炉运行调节。

(4) 汽包上装有压力表、水位计、事故放水阀、安全阀等附属设备，用以控制汽包压力监视汽包水位，以保证锅炉的安全工作。

5-48 强制循环锅炉的蒸发受热面应保证哪些条件？

答：强制循环锅炉与自然循环锅炉的主要区别在于蒸发受热面中工质是强制流动的，因而其水动力特性和自然循环锅炉受热面有很大的不同。

强制循环锅炉水动力特性应能保证：水动力特性是单值的；流体不发生任何脉动；不发生流体的停止和倒流；各受热管子处于正常的温度工况；并列管子无过大的热偏差；防止传热恶化；当系统有循环泵时，泵内不发生汽化等。

5-49 为保证汽包的安全运行，应采取哪些措施？

答：为保证汽包的安全运行，应采取以下措施：

(1) 严格控制汽包温差，防止内外壁温度差过高而引起过大的温度应力。

(2) 汽包采用环形夹套结构。

(3) 锅炉启、停初期，适当地进水与放水，可以保证汽包各部分受热均匀，促进锅内水循环的建立。炉膛点火时，燃烧器投入要对称且均匀，使炉内温度场尽量均匀。

5-50 为什么说合格的蒸汽品质是保证锅炉和汽轮机安全经济运行的重要条件？

答：锅炉的任务是提供一定数量和质量的蒸汽。蒸汽的质量包括压力、温度和品质。蒸汽的品质是指蒸汽中杂质含量的多少。

经过炉外水处理后送入锅炉汽包的给水，仍然带有微量的盐分和杂质。因此，由汽包送出的饱和蒸汽中也会携带和溶解一些杂质。这些杂质主要是钠盐、硅酸、CO_2和NH_3等。含有杂质的蒸汽通过过热器，部分杂质沉积在管子内壁上，形成盐垢，使蒸汽流通截面变小，流动阻力增加。同时影响传热，造成管壁温度升高，加速钢材蠕变，甚至产生裂变而爆破。如杂质沉积在蒸汽管道的阀门处，可能引起阀门动作失灵、漏汽；沉积在汽轮机通流部分的杂质将改变汽轮机叶片的型线，减少蒸汽流通面积，增加阻力，使汽轮机出力及效率降低，严重时，可能造成调速机构卡涩、轴向力增大，甚至破坏转子两端的止推轴承。如叶片结盐垢严重，还可能影响转子的平衡而造成重大事故。由此可知，合格的蒸汽品质是保证锅炉和汽轮机安全经济运行的重要条件。

5-51 什么叫蒸汽污染？蒸汽污染的原因有哪些？

答：蒸汽中含有杂质称为蒸汽污染。蒸汽被污染的原因有两个，一是饱和蒸汽携带锅水水滴，而锅水中含有杂质；二是饱和蒸汽溶解携带某些杂质，而这些杂质是随给水进入锅炉的。因此，蒸汽被污染的根本原因在于锅炉的给水中含有杂质。含有杂质的给水进入锅炉后，由于不断蒸发而浓缩，使锅水的含盐浓度比给水大得多，蒸汽携带这种锅水水滴而被污染。这是中、低压锅炉蒸汽污染的主要原因。随着压力升高，蒸汽溶解盐的能力增加。因此，高压以上的大型锅炉蒸汽的污染是由蒸汽带水和溶盐两个原因造成的。

5-52 影响蒸汽带水的主要因素有哪些?

答: 锅炉运行时，影响蒸汽带水的主要因素为锅炉负荷、锅炉工作压力、汽包蒸汽空间高度、锅水含盐量及汽包内部装置等。

5-53 汽包内旋风分离器的分类是怎样的? 简述其工作原理。

答: 汽包内的旋风分离器的形式主要有立式、涡轮式和卧式等三种。卧式旋风分离器由于蒸汽空间高度小，分离效果不及前两种。

立式旋风分离器由筒体、筒底和顶帽三部分组成，有柱形筒体和锥形筒体两种。

柱形旋风分离器汽水混合物以一定的速度沿切线方向进入筒体，产生旋转运动。水滴由于离心力作用被抛向筒壁，并沿筒壁流下，蒸汽则由中心上升。为防止贴筒水膜层被上升汽流撕破重新使蒸汽带水，在筒的顶部装有溢流环，使上升水膜能完整地溢流出筒体。同时，为防止水向下排出时把蒸汽带出，筒底中心部分有一圆形底板，水只能由底板周围的环形通道排出，通道内装有倾斜导叶，使水稳定地流入汽包水容积中。分离器的顶部还装有波形板组成的顶帽（即波形板百叶窗分离器），即能均匀上升蒸汽的流速，又能再次使汽水分离，以保证高品质的蒸汽进入汽包的蒸汽空间。

近年来，导流式旋风分离器得到推广使用，如 DG1000t/h 锅炉的旋风分离器，这种分离器在筒体内汽水混合物入口引管的上半部加装导流板，形成导流式筒体，借此延长汽水混合物的流程和在筒体内停留的时间，强化离心作用，从而提高分离效果，增大旋风分离器的允许负荷。对高参数锅炉，要注意对底部排水带汽的影响，需先进行热态试验。

锥形筒体立式旋风分离器的筒体采用内翻边缘，这样，可避免开式溢流环往筒外甩水，但边缘的溢水有时会破坏水膜沿筒体内壁的流动。

涡轮式旋风分离器（又称为轴流式旋风分离器）由外筒、内筒、与内筒相连的集汽短管、螺旋导叶装置和百叶窗顶帽等组成。汽水混合物由分离器底部轴向进入，借助于固定式导向叶片产生的离心力作用，使汽水混合物产

生强烈的旋转而分离，水被抛到内筒壁向上作螺旋运动，通过集汽短管与内筒之间的环形截面流入内外筒间的疏水夹层折向下，进入汽包水容积。蒸汽则由筒体的中心部分上升经波形板分离器进入汽包蒸汽空间。这是一种高效的分离器，而且体积小。这种分离器通常用于强制循环锅炉。

5-54 什么是锅炉的排污？分为哪几种形式？

答： 饱和蒸汽的品质在很大程度上决定于锅水的含盐浓度。锅炉给水的杂质含量一般很低，但在锅炉运行中，由于水的不断蒸发而浓缩。这些杂质只有少部分被蒸汽带走，绝大部分被留在锅水中，使锅水的含盐浓度不断增大。为了保证获得符合要求的蒸汽品质，锅水的含盐浓度应维持在容许的范围内。因此，必须从锅炉中排出部分含盐浓度较大的锅水，代之以比较纯净的给水，这就是锅炉排污。

锅炉排污包括连续排污和定期排污两种。连续排污是连续不断地排出部分含盐浓度大的锅水，使锅水的含盐量和碱度保持在规定值内。因此，连续排污应从锅水含盐量最大的部位（通常是汽包水容积靠近蒸发面处）引出。

定期排污用以排除水中的沉渣、铁锈，以防这些杂质在水冷壁管中结垢和堵塞。所以，定期排污应从沉淀物积聚最多的地方（循环回路的最低位置，如水冷壁下部联箱或大直径下降管底部）引出，间断进行。

5-55 锅炉的排污率如何计算？

答： 排污量 D_{pw} 与额定蒸发量之比称为排污率 p，即

$$p=\frac{D_{pw}}{D}\times 100\%$$

对凝汽式发电厂，p 为 1%～2%；对热电厂，p 为 2%～5%。

锅炉所需排污量可以根据锅炉的盐平衡确定。

直流锅炉没有汽包，所有的水全部蒸发，不可能组织排污。根据杂质在水中和汽中的溶解度，有些沉积在受热面上，有些随蒸汽带走。如果在直流锅炉某些区域中积存的为易溶盐，可以在启动或停炉期间用水洗去，对于难溶的沉积物，要在停炉时由化学清洗来去除。因此，直流锅炉对给水品质要求较高。

此外，随着锅炉参数的提高，溶解性携带影响增大，此时，单靠排污来控制锅水品质以达到蒸汽净化的目的，其效果不显著，有时甚至是不可能的，必须考虑提高给水的品质。

5-56 锅炉蒸发设备的任务是什么？它主要包括哪些设备？

答： 锅炉蒸发设备的任务是吸收燃烧所释放的热量，把具有一定压力的

饱和水加热成饱和蒸汽。它主要包括汽包、下降管、下联箱、水冷壁、上联箱、汽水引出管等。

5-57 在汽包内清洗蒸汽的目的是什么？

答：对蒸汽进行清洗的目的是：利用给水作清洗水，将蒸汽所携带水分中的盐分和溶解在蒸汽中的盐分扩散到清洗水中，通过连排或定排排出锅炉外面，从而降低蒸汽里的含盐量，防止过热器及汽轮机叶片结垢，保证机组的安全运行。

5-58 再热器的作用是什么？

答：再热器的作用如下：

（1）提高热力循环的热效率。

（2）提高汽轮机排汽的干度，降低汽耗，减小蒸汽中的水分对汽轮机末几级叶片的侵蚀。

（3）提高汽轮机的效率。

（4）进一步吸收锅炉烟气热量，降低排烟温度。

5-59 什么是超温和过热？两者之间有什么关系？

答：超温或过热是指在运行中，金属的温度超过其允许的温度。两者之间的关系：超温与过热在概念上是相同的。所不同的是，超温指运行中出于种种原因，使金属的管壁温度超过所允许的温度，而过热是因为超温致使管子发生不同程度的损坏，也就是说超温是过热的原因，过热是超温的结果。

5-60 过热器及再热器的形式有哪些？

答：（1）按照不同的传热方式，过热器和再热器可分为对流式、辐射式和半辐射式三种形式。

（2）根据烟气和管内蒸汽的相对流动方向又可分为顺流、逆流和混合流三种形式。

（3）根据管子的布置方式又可分为立式和卧式两种形式。

（4）根据管圈数量可分为单管圈、双管圈和多管圈三种形式。

5-61 与过热器相比，再热器的运行有什么特点？

答：与过热器相比，再热器的运行有以下特点：

（1）放热系数小，管壁冷却能力差。

（2）再热蒸汽压力低、比热容小，对汽温的偏差较为敏感。

（3）由于入口蒸汽是汽轮机高压缸的排汽，所以，入口汽温随负荷变化而变化。

(4) 机组启停或突甩负荷时，再热器处于无蒸汽运行状态，极易烧坏，故需要较完善的旁路系统。

(5) 由于其流动阻力对机组影响较大，故对其系统的选择和布置有较高的要求。

5-62 常用的改善辐射式过热器工作条件的措施有哪些?

答: 由于炉膛内热负荷很高，辐射式受热面是在恶劣的条件下工作的。尤其在启动和低负荷运行时，问题更为突出。为了改善其工作条件，常采用的措施是:

(1) 辐射式受热面常布置在远离火焰中心的炉膛上部，这里的热负荷较低，管壁温度亦可相应降低。对于墙式辐射受热面，将使这面墙上的水冷壁蒸发管的高度缩短，影响水循环的安全。

(2) 根据运行经验，在正常的工作条件下，辐射式过热器中最大的管壁温度可能比管内工质温度高出约100～200℃。为了保证受热面运行的安全性，常将辐射式受热面作为低温受热面。

(3) 采用较高的质量流速，使受热面金属管壁得到足够的冷却。为此，需尽量减少受热面并列管子的数目，将受热面分组布置，增加工质的流动速度。

辐射式受热面可满足因蒸汽参数提高、蒸汽过热和再热吸热份额增加的需要，同时可改善锅炉的汽温特性，节省金属消耗。

5-63 以SG1025t/h强制循环锅炉为例，简述墙式再热器的布置形式。

答: 亚临界300MW机组锅炉的再热器一般采用高温布置，即采用了墙式再热器及屏式再热器，以辐射换热为主。这是近年来由于锅炉燃用较差的煤质放大炉膛尺寸的一个措施。由此可同时改善受热面的汽温特性及机组对负荷的适应性。

SG1025t/h强制循环锅炉的墙式再热器布置在炉膛上部的前墙和两侧墙前部，紧靠在水冷壁之前，将水冷壁遮盖。水冷壁被遮盖部分按不吸热考虑。墙式再热器管都是穿过水冷壁管进入炉膛的，所以这部分水冷壁管必须拉稀。

该锅炉墙式再热器的进、出口联箱均呈L形。前墙再热器管共有212根，位于前墙标高41020mm处，沿宽度方向布满前墙。前墙再热器紧靠水冷壁管，将部分水冷壁遮挡住。两侧墙再热器管共有198（2×99）根管子，与前墙再热器管同在一个高度，但只占两侧墙的前部分，紧靠水冷壁管布置。墙式再热器的管径均为 $\phi54\times5$。管子间的节距为 57mm，管子的材料全部用 15CrMo，墙式再热器的蒸汽由 4 根 $\phi457\times16$ 的大管子分别从上部两个 L 形出口集箱引出，并进入屏式再热器的进口集箱。

5-64 影响汽温变化的因素有哪些?

答：影响汽温变化的因素有很多，主要有锅炉负荷、炉膛过量空气系数、给水温度、燃料性质、受热面污染情况和燃烧器运行的方式等。

5-65 试述锅炉负荷对汽温的影响。

答：锅炉过热器一般分为辐射式、半辐射式、对流式。但由于辐射式和半辐射式过热器所占份额较少，故其总的汽温特性是对流式的，即随锅炉负荷的增加而升高，随锅炉负荷的减少而降低。

一般再热器布置为辐射式、半辐射式、对流式串联组成的联合形式，整体特性一般呈现对流特性，故其总的汽温特性是对流式的，受负荷影响时，同过热汽温变化趋势是相同的。

5-66 试述过量空气系数对锅炉汽温的影响。

答：当送入炉膛的过量空气量增加时，炉膛温度水平降低，辐射传热减弱，辐射过热器出口汽温降低；对于对流过热器，则由于燃烧生成的烟气量增多，烟气流速增大，对流传热加强，导致出口过热汽温升高。风量减小时相反。

5-67 试述汽包炉给水温度对锅炉汽温的影响。

答：随着给水温度的升高，产出相同蒸汽量所需燃料用量减少，烟气量相应减少且流速下降，炉膛出口烟温降低。辐射过热器吸热比例增大，对流过热器吸热比例减少，总体出口汽温下降，减温水量减少，机组整体效率提高。反之，当给水温度降低时，将导致锅炉出口汽温升高。因此，高压加热器的投入与解列对锅炉汽温的影响比较明显。

5-68 试述燃料性质对锅炉汽温的影响。

答：燃料性质对锅炉汽温的影响：

(1) 燃用发热量较低且灰分、水分含量高的煤种时，相同的蒸发量所需燃料量增加，同时煤中水分和灰分吸收了炉内热量，使炉温降低，辐射传热减少。

(2) 水分和灰分的增加增大了烟气容积，抬高了火焰中心，使对流传热量增大，出口汽温升高、减温水量增大。

(3) 煤粉变粗时，煤粉在炉内燃尽的时间增加，火焰中心上移，炉膛出口烟温升高，对流过热器吸热量增加，蒸汽温度升高。

5-69 试述受热面结焦积灰对锅炉汽温的影响。

答：蒸发受热面结焦时，会造成辐射传热量减少，炉膛出口烟温升高，使对流过热器吸热量增大，出口汽温升高。

对流过热器积灰时，本身换热能力下降，出口汽温降低。

5-70 试述喷燃器的运行方式对锅炉汽温的影响。

答：燃烧器运行方式改变，如摆动式喷燃器倾角改变、多排喷燃器投退切换以及喷燃器出现故障时等，必然会改变炉内燃烧工况，使火焰中心发生变化，影响到炉膛出口烟气温度。若炉膛出口温度升高，则蒸汽温度上升；反之，汽温则下降。

5-71 汽温调节的总原则是什么？

答：汽温调节的总原则如下：

(1) 汽温调节的总原则是控制好煤水的比例，以燃烧调整作为粗调手段，以减温水调整作为微调手段。

(2) 对于汽包锅炉，汽包水位的高低直接反映了煤水比例的正常与否，因此调整好汽包水位就能够控制好煤水比例。

(3) 对于直流炉，必须将中间点温度控制在合适的范围内。

5-72 如何利用减温水对汽温进行调整？

答：目前，汽包锅炉过热汽温调整一般以喷水减温为主，大容量锅炉通常设置两级以上的减温器。一般用一级喷水减温器对汽温进行粗调，其喷水量的多少取决于减温器前汽温的高低，应能保证屏过管壁温度不超过允许值。二级减温器用来对汽温进行细调，以保证过热蒸汽温度的稳定。

5-73 为什么规定运行中汽温偏离额定值的波动不能超过−10～+5℃？

答：为了保证机组安全经济运行，必须维持稳定的蒸汽温度，汽温过高会使金属的许用应力下降，危及机组的安全运行。如对于12Cr1MoV钢，在585℃时，有10万h的持久强度，而在595℃时，3万h之后就会丧失其强度；而汽温下降则会降低机组的循环热效率。当再热汽温变化过于剧烈时，还会引起汽轮机中压缸的转子与汽缸之间的相对胀差变化，使汽轮机激烈振动，同样危及机组安全。据计算，过热器在超温10～20℃的状态下长期运行，其寿命会缩短一半以上，而汽温每下降10℃，会使循环热效率相应降低0.5%。为此，运行中一般规定汽温偏离额定值的波动不能超过－10～＋5℃。

5-74 蒸汽温度调节的分类是怎样的？分别如何调节？

答：蒸汽温度的调节方法通常分为两类：蒸汽侧的调节和烟气侧的调节。

蒸汽侧的调节是指通过改变热焓来调节汽温。主要有喷水式减温器、表面式减温器；烟气侧的调节则是通过改变锅炉内辐射受热面和对流受热面的吸热量分配比例的方法（如调节燃烧器的倾角，采用烟气再循环等）或改变流经过热器、再热器的烟气量的方法（如烟气挡板）来调节汽温。

5-75 按照喷水方式，喷水减温器可以分为哪些类型？各有何优缺点？

答：喷水减温器的结构形式很多。按喷水方式有喷头式（单喷头、双喷头）减温器、文丘利管式减温器、旋涡式喷嘴减温器和多孔喷管式减温器（又称笛形管式减温器）。

喷头式减温器结构简单，制造方便。但由于其喷孔数量受到限制，喷孔阻力大。而且这种喷嘴悬挂在减温器中成为一悬臂，受高速汽流冲刷易产生振动，甚至发生断裂损坏，从而使其在大容量锅炉中的应用受到一定的限制。

采用文丘利喷管可以增大喷水与蒸汽的压差，改善混合。这种减温器结构较复杂、变截面多、焊缝多。喷射给水时温差较大，在喷水量多变的情况下产生较大的温差应力，易引起水室裂纹等损坏事故，应予以特别注意。

因为旋涡式喷嘴也是以悬臂的方法悬挂在减温器中。故在设计中应采取必要的措施，使其避开共振区，保证喷嘴的安全工作。

为了防止悬臂振动，多孔喷管减温器喷管采用上下两端固定，故其稳定性较好。多孔喷管减温器结构简单，制造安装方便。在300MW及其更大容量机组的锅炉中得到广泛应用。

5-76 再热汽温如何进行调解？为什么？

答：再热器一般不宜采用喷水减温。因为再热器喷入的水转化的蒸汽仅在汽轮机中、低压缸中做功。就如在电厂的高压循环系统中附加一个中压循环系统。由于中压系统热效率较低，因此整个系统的热效率下降。此外，机组定压运行时，因再热器调温幅度较大，为保证低负荷下的汽温，高负荷时，需投入大量减温水，在超高压机组中，每增加1%喷水量，降低效率

0.1%～0.2%。故再热器常采用烟气侧调节法作为汽温调节的主要手段，而用喷水减温器作为辅助调节方法。

5-77 采用烟气再循环如何调节汽温？有何优点？

答：烟气再循环的工作原理是采用再循环风机从锅炉尾部低温烟道中（一般为省煤器后）抽出一部分温度为250～350℃的烟气，由炉子底部（如冷灰斗下部）送回到炉膛，用以改变锅炉内辐射和对流受热面的吸热量分配，从而达到调节汽温的目的。

由于低温再循环烟气的掺入，炉膛温度降低，炉内辐射吸热量随之减少。而炉膛出口烟温一般变化不大。这时，在对流受热面中，因为烟气量增加使其对流吸热量增加。而且，受热面离炉膛越远，对流吸热量的增加就越显著。

采用烟气再循环后，各受热面的吸热量的变化（即热力持性）与再循环烟气量、烟气抽出位置及送入炉膛的位置有关。一般每增加1%的再循环烟气量，可使再热汽温升高约2℃。如再循环率为20%～25%，则可调温40～50℃ 。由此可知，烟气再循环调温幅度大，迟滞小。与喷水调节比较可节省受热面金属耗量，且调节灵敏。在近代大型锅炉中，还常用来减少大气污染，因此得到广泛使用。

5-78 采用炉底注入热风调节汽温的工作原理是怎样的？

答：这种调节方式与烟气再循环的形式相似，但机理却不尽一致。烟气再循环是借助调整对流受热面处的烟气流量来调节汽温的。而自炉底注入热风，并随着锅炉负荷的改变相应改变炉底热风量，相应调整燃烧器中二次风或三次风的数量，则可使炉内过量空气系数尽量维持最佳值。也就是说，当自炉底注入热风的时候，通过适当的调节，可使炉内生成的烟气量不变或变化不大，但却改变了炉膛温度，而再热蒸汽温度的调节主要是靠由炉底注入的这股热风抬高炉膛火焰中心的位置，从而改变炉膛出口烟气温度来实现的。在锅炉最大负荷时，调温空气量为零。随着锅炉负荷的降低，相应增加调温空气量，可使再热汽温维持在额定值。为增大调温幅度，再热器布置在靠近炉膛出口处的水平烟道内。

5-79 采用改变火焰中心位置是如何进行汽温调整的？

答：调节摆动式燃烧器喷嘴上下倾角，改变火焰中心沿炉膛高度的位置，从而改变炉膛出口烟气温度，调节锅炉辐射和对流受热面吸热量的比例，可用来调节过热及再热温度。

摆动式燃烧器多用于四角布置的炉子中。在高负荷时，燃烧器向下倾斜某一角度；而在低负荷时，燃烧器向上倾斜某一角度，使火焰中心位置改变。一般燃烧器上下摆动±（20～30)℃时，炉膛出口烟温变化约110～140℃，调温幅度40～60℃。燃烧器的倾角不宜过大。过大的上倾角会增加燃料的未完全燃烧损失，下倾角过大又会造成冷灰斗的结渣。

采用多层燃烧器的锅炉（如4～5层），当负荷降低时，首先停用下排燃烧器，使火焰中心抬高，能起到一定的调温作用，但其调温幅度较小，一般应与其他调温方式配合使用。

5-80　造成过热器热偏差的原因有哪些？

答：造成受热面热偏差的原因是吸热不均、结构不均、流量不均。受热面结构不一致，对吸热量、流量均有影响，所以，通常把产生热偏差的主要原因归结为吸热不均和流量不均两个方面。

（1）吸热不均方面。

1）沿炉宽方向烟气温度、烟气流速不一致，导致不同位置的管子吸热情况不一样。

2）火焰在炉内充满程度差，或火焰中心偏斜。

3）受热面局部结渣或积灰，会使管子之间的吸热严重不均。

4）对流过热器或再热器，由于管子节距差别过大，或检修时割掉个别管子而未修复，形成烟气“走廊”，使其邻近的管子吸热量增多。

5）屏式过热器或再热器的外圈管，吸热量比其他管子的吸热量大。

（2）流量不均方面。

1）并列的管子，由于管子的实际内径不一致（管子压扁、焊缝处突出的焊瘤、杂物堵塞等)，长度不一致，形状不一致（如弯头角度和弯头数量不一样)，造成并列各管的流动阻力大小不一样，使流量不均。

2）联箱与引进引出管的连接方式不同，引起并列管子两端压差不一样，造成流量不均。现代锅炉多采用多管引进引出联箱，以求并列管流量基本一致。

5-81　减少过热器、再热器热偏差的主要措施有哪些？

答：减少过热器、再热器热偏差的主要措施有：

(1）沿着烟气流动方向将整个过热器及再热器分级。

(2）采用各种定距装置。

(3）采用合理的蒸汽引入和引出方式。

(4）采用不同的管径和不同壁厚的蛇形管管圈。

(5) 采用燃烧器四角布置及多层燃烧器结构。

(6) 设计合理的折焰角。

5-82 锅炉省煤器的作用是什么?

答: 省煤器是一种利用锅炉尾部烟气的热量来加热给水的热交换装置。它可以降低排烟温度，提高锅炉效率，节省燃料。在现代大型锅炉中，由于给水的回热加热，给水温度已经提高得比较多，例如亚临界压力锅炉，给水温度可达到250～280℃，因此只靠省煤器受热面将烟气冷却到合乎要求的经济温度已不可能。在省煤器之后就用空气预热器来吸收排烟中的热量，以降低排烟温度。

由于给水进入锅炉蒸发受热面之前，先在省煤器中加热，这样就减少了水在蒸发受热面内的吸热量，采用省煤器可以取代部分蒸发受热面。而且，省煤器中的工质是给水，其温度要比给水压力下的饱和温度要低得多，加上在省煤器中工质是强制流动，逆流传热，它与蒸发受热面比较，在同样烟气温度的条件下，其传热温差较大，传热系数较高。也就是说，在吸收同样热量的情况下，省煤器可以节省金属材料。同时，省煤器的结构比蒸发受热面简单，造价也就较低。因此，电厂锅炉中常用管径较小、管壁较薄、传热温差较大、价格较低的省煤器代替部分造价较高的蒸发受热面。此外，给水通过省煤器后，可使进入汽包的给水温度提高，减少了给水与汽包壁之间的温差，从而降低了汽包的热应力。因此，省煤器的作用不仅是省煤，实际上已成为现代锅炉中不可缺少的一个组成部件。

5-83 锅炉空气预热器的作用是什么?

答: 空气预热器不仅能吸收排烟中的热量，降低排烟温度，从而提高锅炉效率；而且由于空气的预热，改善了燃料的着火条件，强化了燃烧过程，减少了不完全燃烧热损失，这对于燃用难着火的无烟煤及劣质煤尤为重要。使用预热空气，可使炉膛温度提高，强化炉膛辐射热交换，使吸收同样辐射热的水冷壁受热面可以减少。较高温度的预热空气送到制粉系统作为干燥剂，对于制粉系统，尤其当磨制多水分的劣质煤时更为重要。因此，空气预热器也成为现代大型锅炉机组中必不可少的组成部件。

5-84 省煤器如何分类?

答: 按照省煤器出口工质状态的不同，可以分成沸腾式和非沸腾式两种。

省煤器按所用材料不同，又可分为钢管省煤器和铸铁省煤器两种。

省煤器按布置方式不同，又可分为错列布置省煤器和顺列布置省煤器。省煤器蛇形管在对流烟道中的布置，可以垂直于锅炉前墙，也可以与前墙平行。

5-85 什么叫沸腾式省煤器和非沸腾式省煤器？有何不同？

答：出口水温低于该压力下的饱和温度的省煤器，称为非沸腾式省煤器，而水在省煤器内被加热至饱和温度并产生部分蒸汽的，称为沸腾式省煤器。沸腾式和非沸腾式这两种省煤器并不表示结构上的不同，而只是表示省煤器热力特性的不同。在现代大容量锅炉中，由于参数高，水的汽化潜热所占比例减少，预热所占比例增大，因此总是采用非沸腾式省煤器，而且为了保证安全，省煤器出口的水都有较大的欠焓。

5-86 钢管省煤器和铸铁省煤器分别有何优缺点？

答：铸铁省煤器耐磨损、耐腐蚀，但不能承受高压，更不能忍受冲击，因此只能用于低压的非沸腾式省煤器。而钢管省煤器则可用于任何压力容量及任何形状的烟道的锅炉中。它的优点是体积小，质量轻，布置自由，价格低廉，所以现代大、中型锅炉常用它；其缺点是钢管容易受氧腐蚀，故给水必须除氧。

5-87 错列布置省煤器和顺列布置省煤器分别有何优缺点？

答：省煤器蛇形管可以错列布置或顺列布置。错列布置可使结构紧凑，管壁上不易积灰，但一旦积灰后吹灰比较困难，磨损也比较严重。顺列布置时的情况正好相反。

5-88 空气预热器的形式有哪些？

答：按照传热方式，可将空气预热器分为两大类：传热式和蓄热式（或称再生式）。在传热式空气预热器中，热量连续地通过传热面由烟气传给空气，烟气和空气各有自己的通道；在蓄热式空气预热器中，烟气和空气交替地通过受热面，当烟气流过受热面时，热量由烟气传给受热面金属，并被金属积蓄起来，然后空气通过受热面，受热面金属就将积蓄的热量传给空气，依靠这样连续不断地循环将空气预热。

在电站锅炉中，常用的传热式空气预热器是管式空气预热器，蓄热式空气预热器则是回转式空气预热器。

随着电站锅炉蒸汽参数的提高和容量的增大，管式空气预热器由于受热面增大而使其体积和高度显著增大，给锅炉尾部受热面的布置带来很大困难。因而，只在200MW以下的锅炉机组中使用，而配300MW及更大容量

的锅炉，通常都采用结构紧凑、质量较轻的回转式空气预热器。

5-89 回转式空气预热器与管式空气预热器相比较，有哪些特点?

答: 回转式空气预热器与管式空气预热器相比较，有以下特点：

(1) 回转式空气预热器由于其传热面密度高，因而结构紧凑，占地面积小，其体积约为同容量的管式空气预热器的1/10。

(2) 质量轻，因管式空气预热器的管子壁厚为1.5mm，而回转式空气预热器的蓄热板，其厚度只有0.5～1.25mm，而且蓄热板布置很紧凑，故回转式空气预热器金属耗量约为同容量管式空气预热器的1/3。

(3) 回转式空气预热器布置灵活方便，使锅炉本体容易得到合理的布置方案。

(4) 在同样的外界条件下，回转式空气预热器因其受热面金属温度较高，因而低温腐蚀的危险比管式空气预热器轻些。

(5) 回转式空气预热器的漏风量比较大，一般管式空气预热器的漏风量不超过5%，而回转式空气预热器的漏风量，在状态良好时为8%～10%，密封不良时常达20%～30%。

(6) 回转式空气预热器的结构比较复杂，制造工艺要求高，运行维护工作较多，检修也较复杂。

5-90 回转式空气预热器的布置形式有哪些?

答: 回转式空气预热器有两种布置形式：垂直轴和水平轴布置。国内外常用垂直轴布置。垂直轴布置形式的回转式空气预热器又分为受热面转动和风罩转动两种形式，通常使用的受热面转动的是容克式回转空气预热器，而风罩转动的则是罗特缪勒（Rothemuhle）式回转空气预热器。这两种回转式空气预热器都被广泛应用，而采用受热面转动的回转式空气预热器则更多些。

5-91 什么是直流炉的中间点温度?

答: 在汽包锅炉中，汽包是加热、蒸发和过热三过程的枢纽和分界点。对于直流炉，它的加热、蒸发和过热是一次完成的、没有明确的分界。人们人为地将其工质具有微过热度的某受热面上一点的温度（一般取至蒸发受热面出口或第一级低温过热器的出口汽温）作为衡量煤水比例是否恰当的参照点，即为所谓的中间点温度。

5-92 如何调节直流锅炉的汽温和汽压?

答: 直流锅炉的汽温主要是通过给水和燃料量的调节来实现的。汽压的调节主要是利用给水量的调节来实现的。

直流锅炉发生外扰时，如外界负荷增大，首先反映的是汽压降低，而后汽温下降，此时应及时增加燃料量，根据中间点温度的变化情况适当增加给水量，维持中间点温度正常，将汽压、汽温恢复到原始水平。

直流锅炉发生内扰时，例如给水量增大时，汽压会上升，而汽温下降。具体调节时应迅速减小给水量。

5-93 简述直流锅炉过热蒸汽温度的调节方法。

答：通过合理的燃料与给水比例，控制包墙过热器出口温度作为基本调节，喷水减温作为辅助调节。在运行中应控制中间点温度小于385℃，尽量减少一、二级减温水的投用量，当用减温水调节过热蒸汽温度时，以一级喷水减温为主，二级喷水减温为辅。

5-94 汽温调整过程中应注意哪些问题？

答：汽温调整过程中应注意以下问题：

（1）汽压的波动对汽温影响很大，尤其是对那些蓄热能力较小的锅炉，汽温对汽压的波动更为敏感，所以减小汽压的波动是调整汽温的一大前提。

（2）用增减烟气量的方法调节汽温，要防止出现燃烧恶化。

（3）不能采用增减炉膛负压的方法调节汽温。

（4）受热面的清灰除焦工作要经常进行。

（5）低负荷运行时，尽可能少用减温水，防止受热面出现水塞。

（6）防止出现过热汽温热偏差，左右两侧汽温偏差不得大于20℃。

5-95 简述运行中使用改变风量调节蒸汽温度的缺点。

答：运行中使用改变风量调节蒸汽温度的缺点如下：

（1）使烟气量增大，排烟热损失增加，锅炉热效率下降。

（2）增加送、引风机的电能消耗，使电厂经济性下降。

（3）烟气量增大，烟气流速升高，使锅炉对流受热面的飞灰磨损加剧。

（4）过量空气系数大时，会使烟气露点升高，增大空气预热器低温腐蚀的可能。

5-96 锅炉负荷变化时汽包水位变化的原因是什么？

答：锅炉负荷变化引起汽包水位变化，有两方面的原因，一是给水量与蒸发量平衡关系破坏；二是负荷变化必然引起压力变化，而使工质比体积变化。

5-97 水位调节中应注意哪些问题？

答：水位调节中应注意以下问题：

（1）判断准确，有预见性地调节，不要被虚假水位迷惑。

（2）注意自动调节系统投入情况，必要时要及时切换为手动调节。

（3）均匀调节，勤调、细调，不使水位出现大幅度波动。

（4）在出现外扰、内扰、定期排污、炉水加药、切换给水管道、汽压变化、给水调节阀故障、自动失灵、水位报警信号故障和表面式减温器用水等现象和操作时，要注意水位的变化。

5-98 如何维持运行中的水位稳定？

答：大型机组都采用较可靠的给水自动来调节锅炉的给水量，同时还可以切换为远方手动操作。当采用手动操作时，应尽可能保持给水稳定均匀，以防止水位发生过大波动。监视水位时必须注意给水流量和蒸汽流量的平衡关系，以及给水压力和调整阀开度的变化。此外，在排污、切换给水泵、安全阀动作、燃烧工况变化时，应加强水位的监视与调整。

5-99 提高直流炉水动力稳定性的方法有哪些？

答：提高直流炉水动力稳定性的方法有：

（1）提高质量流速。

（2）提高启动压力。

（3）采用节流圈。

（4）减小入口工质欠焓。

（5）减小热偏差。

（6）控制下辐射区水冷壁出口温度。

5-100 直流炉蒸发管脉动有何危害？

答：直流炉蒸发管脉动的危害如下：

（1）在加热、蒸发和过热段的交界处，交替接触不同状态的工质，且这些工质的流量周期性变化，使管壁温度发生周期变化，引起管子的疲劳损坏。

（2）由于过热段长度周期性变化，出口汽温也会相应变化，汽温极难控制，甚至出现管壁超温。

脉动严重时，由于受工质脉动性流动的冲击力和工质比体积变化引起的局部压力周期性变化的作用，易引起管屏机械振动，损坏管屏。

5-101　试述回转式空气预热器常见的问题。

答：回转式空气预热器常见的问题有漏风和低温腐蚀。

（1）回转式空气预热器的漏风主要有密封（轴向、径向和环向密封）漏风和风壳漏风。

（2）回转式空气预热器的低温腐蚀是由于烟气中的水蒸气与硫燃烧后生成的三氧化硫结合成硫酸蒸汽进入空气预热器时，与温度较低的受热面金属接触，并可能产生凝结而对金属壁面造成腐蚀。

5-102　回转式空气预热器的密封部位有哪些？什么部位的漏风量最大？

答：在回转式空气预热器的径向、轴向、周向上均设有密封。径向漏风量最大。

5-103　不同转速转机的振动合格标准是什么？

答：不同转速转机的振动合格标准是：

（1）额定转速 750r/min 以下的转机，轴承振动值不超过 0.12mm。

（2）额定转速 1000r/min 的转机，轴承振动值不超过 0.10mm。

（3）额定转速 1500r/min 的转机，轴承振动值不超过 0.085mm。

（4）额定转速 3000r/min 的转机，轴承振动值不超过 0.05mm。

5-104　简述润滑油（脂）的作用。

答：润滑油（脂）可以减少转动机械与轴瓦（轴承）动静之间摩擦，降低摩擦阻力，保护轴和轴承不发生擦伤及破裂，同时润滑油对轴承还起到清洗冷却作用，以达到延长轴和轴承的使用寿命的目的。

5-105　轴承油位过高或过低有什么危害？

答：轴承油位过高，会使油循环运动阻力增大、打滑或停脱，油分子的相互摩擦会使轴承温度过高，还会增大间隙处的漏油量。轴承油位过低，会使轴承的滚珠和油环带不起油来，造成轴承得不到润滑而使温度升高，把轴承烧坏。

5-106　如何选择并联运行的离心风机？

答：（1）最好选择两台特性曲线完全相同的风机并联。

（2）每台风机流量的选择应以并联工作后工作点的总流量为依据。

（3）每台风机配套电机容量应以每台风机单独运行时的工作点所需的功率来选择，以便发挥单台风机工作时最大流量的可能性。

5-107　简述离心式风机的调节原理。

答：风机在实际运行中流量总是跟随锅炉负荷发生变化，因此，需要对风机的工作点进行适当的调节。所谓调节原理就是通过改变离心式风机的特性曲线或管路特性曲线人为地改变风机工作点的位置，使风机的输出流量和实际需要量相平衡。

5-108 什么是离心式风机的特性曲线？风机实际性能曲线在转速不变时的变化情况如何？

答：当风机转速不变时，可以表示出风量 Q—风压 P，风量 Q—功率 P，风量 Q—效率 η 等关系曲线，这些曲线叫做离心式风机的特性曲线。

由于实际运行的风机，存在着各种能量损失，所以 Q—P 曲线变化不是线性关系。由 Q—P 曲线可以看出，风机的风量减小时，全风压增高；风量增大时，全风压降低。这是一条很重要的特性曲线。

5-109 风机的启动主要有哪几个步骤？

答：风机的启动主要步骤有：

(1) 具有润滑油系统的风机应首先启动润滑油泵，并调整油压、油量正常。

(2) 采用液压联轴器调整风量的风机，应启动辅助油泵对各级齿轮和轴承进行供油。

(3) 启动轴承冷却风机。

(4) 关闭出入口挡板或将动叶调零，保持风机空载启动。

(5) 启动风机，注意电流回摆时间。

(6) 电流正常后，调整出力至所需。

5-110 风机喘振有什么现象？

答：运行中风机发生喘振时，风量、风压周期性地反复，并在较大的范围内变化，风机本身产生强烈的的振动，发出强大的噪声。

5-111 离心式水泵为什么要定期切换运行？

答：(1) 水泵长期不运行，会由于介质（如灰渣、泥浆）的沉淀、侵蚀等使泵件及管路、阀门生锈、腐蚀或被沉淀物及杂物堵塞、卡住（特别是进口滤网）。

(2) 除灰系统的灰浆泵长期不运行时，最易发生灰浆沉淀堵塞的故障。

(3) 电动机长期不运行也易受潮，使绝缘性能降低。水泵经常切换运行可以使电动机绕组保持干燥，设备保持良好的备用状态。

5-112 轴流式风机有何特点?

答: 轴流风机的特点如下:

(1) 在同样流量下,轴流式风机体积可以大大缩小,因而占地面积也小。

(2) 轴流式风机叶轮上的叶片可以做成能够转动的,在调节风量时,借助转动机械将叶片的安装角改变一下,即可达到调节风量的目的。

5-113 什么是离心式风机的工作点?

答: 由于风机在其连接的管路系统中输送流量时,它所产生的全风压恰好等于该管路系统输送相同流量气体时所消耗的总压头。因此它们之间在能量供求关系上是处于平衡状态的,风机的工作点必然是管路特性曲线与风机的流量—风压特性曲线的交点,而不会是其他点。

5-114 停运风机时怎样操作?

答: 停运风机的操作步骤如下:

(1) 关闭出入口挡板或将动叶调零,将风机出力减至最小。

(2) 停止风机运行。

(3) 辅助油泵为了冷却液压联轴器设备,应继续运行一段时间后停运。

(4) 停止冷却风机和强制油循环油泵。

5-115 风机按其工作原理是如何分类的?

答: 风机按其工作原理可分为叶轮式和容积式两种。火电厂常用的离心式和轴流式风机属于叶轮式风机;而空气压缩机则属于容积式风机。另外一些不常用的如叶氏风机、罗茨风机和螺杆风机等亦属于容积式风机。

5-116 泵按其工作原理是如何分类的?

答: 泵按其工作原理可分为叶轮式、容积式和其他形式三种。其中叶轮式又分为离心泵、轴流泵和混流泵、旋涡泵等;容积式有活塞泵、齿轮泵、螺杆泵和滑片泵等常用形式;其他类型中有真空泵、射流泵等几种。

5-117 泵与风机各有哪几种调节方式?

答: 泵与风机的调节方式有节流调节、入口导流器调节、汽蚀调节、变速调节和可动叶片调节等。

5-118 离心式风机启动前应注意什么?

答: 风机在启动前,应做好以下主要工作:

(1) 关闭进风调节挡板。

(2) 检查轴承润滑油是否完好。

(3) 检查冷却水管的供水情况。

(4) 检查联轴器是否完好。

(5) 检查电气线路及仪表是否正确。

5-119 离心式风机投入运行后应注意哪些问题?

答: 离心式风机投入运行后应注意以下问题:

(1) 风机安装后试运转时，先将风机启动 1～2h，停机检查轴承及其他设备有无松动情况，待处理后再运转 6～8h，风机大修后分部试运不少于 30min，如情况正常可交付使用。

(2) 风机启动后，应检查电动机运转情况，发现有强烈噪声及剧烈震动时，应停车检查原因予以消除。启动正常后，风机逐渐开大进风调节挡板。

(3) 运行中应注意轴承润滑、冷却情况及温度的高低。

(4) 不允许长时间超电流运行。

(5) 注意运行中的震动、噪声及敲击声音。

发生强烈震动和噪声，振幅超过允许值时，应立即停机检查。

5-120 强制循环泵启动前的检查项目有哪些?

答: 强制循环泵启动前的检查项目有:

(1) 检查水泵电动机符合启动条件。绕组绝缘合格，接线盒封闭严密，事故按钮已释放且动作良好。

(2) 关闭出入口阀，打开备用强循泵旁路阀。

(3) 关闭电动机下部注水阀并做好防误开措施。关闭泵出口管路放水阀。

(4) 打开低压冷却水阀，检查水量充足。

(5) 检查汽水分离器水位是否符合启动泵的条件，打开入口阀给泵体灌水。

5-121 强制循环泵运行中的检查及维护项目有哪些?

答: 强制循环泵运行中的检查及维护项目有:

(1) 检查水泵运行稳定无异常。各结合面无渗漏。

(2) 高压冷却水温不大于 45℃，低压冷却水量充足。

(3) 泵出入口差压正常。

(4) 电动机接线盒密封良好，无汽水侵蚀现象。

(5) 泵自由膨胀空间充足且已完全膨胀。

（6）备用泵处于良好备用状态。

5-122 投入油枪时应注意哪些问题?

答: 投入油枪时应注意以下问题:

（1）检查油管上的阀门和连接软管等有无漏泄。

（2）检查油枪和点火枪等有无机械卡涩。

（3）就地观察油枪着火情况，有无雾化不良、配风不当的情况。

（4）油温和油压要符合规定。

（5）油中含水较多时，要先放水后再启动油枪。

5-123 简述三冲量给水自动调节系统原理及调节过程。何时投入?

答: 三冲量给水自动调节系统有三个输入信号（冲量）: 水位信号、蒸汽流量信号和给水流量信号。蒸汽流量信号作为系统的前馈信号，当外界负荷要求改变时，使调节系统提前动作，克服虚假水位引起的误动作；给水流量信号是反馈信号，克服给水系统的内部扰动，然后把汽包水位作为主信号进行校正，取得较满意的调节效果。下面仅举外扰（负荷要求变化）时水位调节过程。当锅炉负荷突然增加时，由于虚假水位将引起水位先上升，这个信号将使调节器输出减小，关小给水阀门，这是一个错误的动作；而蒸汽流量的增大又使调节器输出增大，要开大给水阀门，对前者起抵消作用，避免调节器因错误动作而造成水位剧烈变化。随着时间的推移，当虚假水位逐渐消失后，由于蒸汽流量大于给水流量，水位逐渐下降，调节器输出增加，开大给水阀门，增加给水流量，使水位维持到定值。所以三冲量给水自动调节品质要比单冲量给水自动调节系统要好。一般带30%额定负荷以后才投入此系统。

5-124 常用的汽包水位计有哪几种? 反事故措施中水位保护是如何规定的?

答: 常用的汽包水位计有电接点水位计、差压水位计、云母水位计、磁翻板式水位计等。

反事故措施中水位保护的规定如下:

（1）水位保护不得随意退出，应建立完善的汽包水位保护投停及审批制度。

（2）汽包水位保护在锅炉启动前和停炉前应进行实际传动试验，应采用上水进行高水位保护试验，用排污阀放水进行低水位保护试验，严禁用信号短接法进行模拟传动代替。

(3) 三路水位信号应相互完全独立，汽包水位保护应采用三取二逻辑；当有一路退出运行时，应自动转为二取一方式，并办理审批手续，限 8h 恢复；当有二路退出运行时，应自动转为一取一方式，应制订相应的安全措施，经总工程师批准，限 8h 内恢复，否则立即停炉。

(4) 在确认水位保护定值时，应充分考虑因温度不同而造成的实际水位与水位计（变送器）中水位差值的影响。

(5) 水位保护不完整，严禁锅炉启动。

5-125 为什么省煤器前的给水管路上要装止回阀？为什么省煤器要装再循环管？

答： 在省煤器的给水管路上装止回阀的目的是为了防止给水泵或给水管路发生故障时，水从汽包或省煤器反向流动，因为如果发生倒流，将造成省煤器和水冷壁缺水而烧坏并危急人身安全。

省煤器装再循环管的目的是为了保护省煤器的安全。因为锅炉点火、停炉或其他原因停止给水时，省煤器内的水不流动就得不到冷却，会使管壁超温而损坏，当给水中断时，开启再循环阀，就在再循环管—省煤器—汽包—再循环管之间形成循环回路，使省煤器管壁得到不断的冷却。

5-126 简述静电除尘器的基本结构。

答： 电除尘器主要由两大部分组成，一部分是产生高压直流电的装置和低压控制装置；另一部分是电除尘器本体，它是对烟气进行净化的装置。

电除尘器的电源控制装置的主要功能是根据烟气性质和电除尘器内粉尘的黏附情况来随时调整供给电除尘器的最高电压，使之能够保持平均电压稍低于即将发生火花放电的电压运行。国内通常采用的 GGAJ02 型晶闸管自动控制高压硅整流设备，由高压硅整流器和晶闸管自动控制系统组成。它可将工频交流电变换成高压直流电并进行火花频率控制。

电除尘器还有许多低压控制装置，这些都是保证电除尘器安全可靠运行所必不可少的。如温度检测和恒温加热控制，振打周期控制，灰位指标，高低灰位报警和自动卸灰控制，检修门、孔、柜的安全连锁控制等。

电除尘器本体的主要部件包括烟箱系统、阴极系统、阳极系统、槽板系统、储灰系统、壳体、管路、保温护壳和梯子平台等。

5-127 电除尘器的本体烟箱系统的功能是怎样的？

答： 烟箱系统包括进气烟箱和出气烟箱两部分。进气烟箱是烟道与工作室（即电场）之间的过渡段。烟气经过进气烟箱要完成由原烟道的小通流截面到工作室的大通流截面的扩散，使其达到在整个通流截面上气流分布的均匀。同时还有对于温度、湿度、流速、动静压及含尘浓度的测定。

出气烟箱是已经净化过的烟气由工作室到烟道的过渡段。

5-128 电除尘器的阴、阳极系统的功能是怎样的？主要包括哪些部分？

答：阴极系统是发生电晕、建立电场的最主要构件。它决定了放电的强弱，影响烟气中粉尘荷电的性能，直接关系着除尘效率。另外，它的强度和可靠性也直接决定着整个电除尘器的安全运行。所以阴极系统是电除尘器设计、制造和安装的关键部位。必须选择良好的型线、合理的结构和适宜的振打。安装时要保证严格的极间距，确保整个阴极系统与除尘器其他部位的良好绝缘和足够的放电距离。

阳极系统与阴极线共同形成电场，是使粉尘沉积的重要构件。它直接影响电除尘器的效率。

阴极系统是电除尘器的心脏。它包括阴极绝缘支柱、阴极大框架、阴极小框架及电晕线、阴极振打传动系统、阴极振打轴、电缆引入室（变压器置于除尘器顶部时没有电缆引入室而有高压隔离开关）六部分。由于阴极系统在工作时带高电压，所以阴极系统与阳极系统及壳体之间要留有足够的绝缘距离。

阳极系统由阳极板排、振打锤轴和阳极振打传动装置三部分组成。它的功能是捕获荷电粉尘，并在振打作用下使极板表面附着的粉尘成片状脱离板面，落入灰斗中，达到收尘的目的。

5-129 电除尘器本体其他部分的功能是怎样的？

答：槽板系统是排列在电场后端对逃逸出电场的尘粒进行捕集的装置。同时它还具有改善电场气流分布和控制二次扬尘的功能。所以，它对提高除尘效率有显著作用。

储灰系统是把从电极上落下来的粉尘进行收容和集中，并且排输到卸灰管道中去的装置。一般多采用斗式灰仓并配以电动格式排灰机。灰斗可用钢板或钢筋混凝土甚至砌块制成，根据电除尘器的大小，每个电场配设 1～4 个灰斗。灰斗倾角过小或斗壁加热保温不良则又会造成落灰不畅，甚至结块堵塞。此外，对于不同黏附特性及露点温度的粉尘，其灰斗的设计要求也不尽相同。为了保证灰斗的安全运行，可以采用灰斗加热（蒸汽加热、电加热或热风加热）装置和灰位显示、高低灰位报警等检测装置。

壳体可分为两部分。一是承受电除尘器全部结构质量及外部附加荷载的框架；二是用以将外部空气隔开，独立形成一个电除尘环境的墙板。现代的

电除尘器几乎都采用钢质壳体。一般壳体耗钢量占除尘器总耗钢量的1/5～1/3，所以它是影响电除尘器经济性的举足轻重的因素。运行前后，电除尘器各构件要发生变形，所以电除尘器壳体下部的支座不能都与基础固定，而是只有一点固定，其余各点可以在指示方向上滑动。目前多采用聚四氟乙烯材料滑动式或球面铰柱头摆动式。

电除尘器的管路系统一般包括三个部分：一是蒸汽加热管路，由汽轮机抽汽级或其他蒸汽源引来蒸汽，通过紧贴在电除尘器外壁上的盘管对除尘器进行局部加热。一般灰斗加热多采用这种形式。二是热风保养管路，由空气预热器出口引来热风，穿过灰斗壁直接通入除尘器内部，作为停机时保养及水冲洗后烘干的热源。也有的在除尘器运行过程中持续地向电瓷轴、绝缘瓷支柱、瓷套管等部位引入少量热风进行吹扫，以防表面积灰。三是积灰冲洗管路，用管道与消防水源接通，停机时将水引入电除尘器内部对电极进行冲洗。

保温不良不仅影响电除尘器的正常工作，而且还会导致和加重电除尘器的锈蚀。敷设质量差，使用寿命短，必将造成人力和物力的浪费。保温材料一般用热阻大、密度小、易敷设的材料，如岩棉板、矿渣棉毡、玻璃棉毡、微孔硅酸钙、蛭石板、珍珠岩板等。护壳材料要用耐腐蚀、抗老化、方便施工的板材，并且断面多呈凸凹槽形，如薄的镀锌钢板、薄的刷漆钢板、玻璃钢瓦楞板等。

第六章　热网设备及系统

6-1　什么是热力网？

答：热力网就是指供应热能的动力网。

6-2　热力网由哪几部分组成？

答：热力网由生产热能的热源、输送热能的热网和使用热能的热用户组成。

6-3　热能的供应方式有哪两种？

答：热能的供应有分散供热、集中供热两种。

（1）分散供热。由于它的供热规模限制，只能采用热效率不高的小锅炉（实际效率为40%以下～50%）。

（2）集中供热。采用区域性锅炉房或热电联产，由于规模大，采用了高效率的大锅炉（效率为85%～90%以上）。

6-4　集中供热有什么优点？

答：集中供热的优点是以热电厂或区域性供热锅炉房为热源，向一个较大的区域供热，与分散的小锅炉房供热比较，集中供热可以保证供热质量，提高劳动生产率，节约燃料，更重要的是可以减轻环境污染，优化生态环境。

6-5　集中供热分为哪两种形式？

答：集中供热有热电联产和热电分产两种形式。

6-6　目前城市集中供热的大型供暖系统具有哪些特点？

答：目前城市集中供热的大型供暖热系统具有如下特点：供热半径大；输送距离远；供热量大；管径大；系统存水量大；沿途截止阀（主管线）少等。

6-7　什么是热负荷？

答：热用户所消耗的热量称为热负荷。

6-8 根据热用户在一年内用热工况的不同，热负荷分为哪两类?

答: 根据热用户在一年内用热工况的不同，热负荷可分为：

(1) 季节性热负荷。主要指在每年采暖期用热的热用户，其热量与室外气温有关。

(2) 非季节性热负荷。全年用热的热用户，其用热量与室外气温基本无关。

6-9 按热量用途的不同可以把热负荷分为哪几种?

答: 按热量用途的不同可以把热负荷分为以下几种：

(1) 工艺热负荷。主要是石油、化工、纺织、冶金等行业，如加热、烘干、蒸煮、清洗、熔化或拖动各种机械设备（如汽锤、汽泵）等工艺过程。这种热负荷是由一定参数的蒸汽（参数一般为 0.15～1.6MPa，也有高于 1.6MPa 的）供给。其大小和变化规律完全取决于工艺性质、生产设备的形式及生产的工作制度，在一昼夜间可能变化较大，但在全年和每昼夜中的变化规律却大致相同。采用直接供汽时工质损失大（20%～100%），间接供热时工质损失小（0.5%～2%）。

(2) 热水负荷。主要用于生产洗涤、城市公用事业及民用，这种热负荷由 60～65℃的热水供应，其特点是非季节性，全年变化不大，但一昼夜变化较大，工质全部损失。

(3) 采暖及通风热负荷。主要用于生产厂房、城市公用事业及民间的采暖及通风。这种负荷是由温度为 70～130℃以上的热水供应或由压力为 0.07～0.02MPa 之间的蒸汽供应，其特点是季节性强，全年变化大，昼夜变化不大，采用水网供热时工质损失较小（0.5%～2%）。

6-10 根据热电联产所用的能源及热力原动机形式的不同，热电联产可分为几种基本形式?

答: 根据热电联产所用的能源及热力原动机形式的不同，热电联产可分为下列四种形式：

(1) 汽轮机热电厂型。使用供热式汽轮机生产电能的同时，对外供热。这种形式是目前国内外发展热化事业的基础，是热电联产的最主要形式。

(2) 燃气—蒸汽热电厂型。燃气轮机与汽轮机的优缺点相互补偿的供热发电机组的热电厂。

(3) 核能热电厂型。燃用核燃料，利用核电型汽轮机发电和对外供热的热电厂。

(4) 热泵热电厂型。利用热泵原理对外供热的热电厂。

6-11　根据供热式汽轮机的形式及热力系统将汽轮机热电厂分为哪几种形式?

答: 根据供热式汽轮机的形式及热力系统，将汽轮机热电厂分为下列四种形式:

(1) 背压式机组热电联产系统。采用背压式汽轮机发电做功后的蒸汽全部对外供热，没有凝汽设备，系统简单。

(2) 抽汽式机组的热电联产系统。采用可调整抽汽的供热机组，将在汽轮机内做了部分功的蒸汽抽出，对外供热，其余部分继续做功，排汽进入凝汽设备。其特点是抽汽压力可以调整，当电负荷在一定范围内变化时，热负荷可以维持不变。

(3) 背压与凝汽机组组合热电联产系统。为克服背压式机组不能同时适应电、热负荷变化的缺点，与凝汽机组联合装置的一种热电联产系统。

(4) 凝汽—采暖两用机热电联产系统。将现代大型凝汽汽轮机稍作改动(在中、低压缸导汽管上加装调整蝶阀作为抽汽调节机构)，在采暖期从抽汽蝶阀前抽汽对外供热并相应减少发电量；在非采暖期仍还原为凝汽式机组发电。这是大机组普遍采用的热电联产方式。

6-12　供热系统是怎样组成的?

答: 供热系统由热源、热网、用户引入口和局部用热系统构成。

(1) 热源。集中供热的热源，可以是热电联产的热电厂或大型区域集中供热锅炉房，热源设备生产的热能通过能够载热的物质—载热质输送到热用户的引入口。

(2) 热网。将热源热量输送到用户引入口的管道及换热设备。

(3) 用户引入口。将热量由热网转移到局部用热系统，同时对转移到局部系统中的热量和热能能够局部调节的设备。

(4) 局部用热系统。将热量传递或将热能转换给用户的用热设备。

6-13　根据载热质流动的形式，供热系统可分为哪三种?

答: 根据载热质流动的形式，供热系统可分为以下三种:

(1) 双管封闭式系统。用户只利用载热质所携带的部分热量，而载热质本身则携带剩余的热量返回到热源，并在热源重新增补热量。

(2) 双管半封闭式系统。用户利用载热质的部分热量，同时耗用一部分载热质，剩余的载热质及其所含有的余热返回热源。

(3) 单管开放式系统。在单管开放式系统中，载热质本身和它携带的热量全部被用户所利用。

6-14 集中供热系统可以用什么作为载热质?

答:集中供热系统可以用水或蒸汽作为载热质。

6-15 集中供热系统用水做载热质的特点是什么?

答:集中供热系统用水做载热质的特点是:

(1)可进行远距离供热(一般20~30km)。

(2)输送热量时损失小(大型水网的温降小于1℃/km,而汽网的压力降低为0.1~0.15MPa/km)。

(3)汽轮机抽汽压力低(从0.06~0.2MPa),使供热发电量增加。

(4)水质损失少,不需要较大的补充水设备。

(5)局部供暖网络的投资少,运行调节方便。

6-16 根据调节地点的不同,供热调节可分为哪三种方式?

答:根据调节地点的不同,供热调节可分为中央调节、局部调节和单独调节三种方式。

6-17 什么是中央调节?

答:在热电厂进行的供热调节,称为中央(集中)调节,它是较经济的供热调节方式。

6-18 什么是局部调节?

答:在热用户总入口处进行调节,称为局部(地方)调节。

6-19 什么是单独调节?

答:根据单个用热设备的需要直接在用热设备处进行调节,称为单独调节。

6-20 采用中央调节方式时,根据调节对象的不同,供热调节可分为哪几种方式?

答:根据调节对象的不同,供热调节又可分为质调节、量调节和混合调节三种调节方式。

6-21 什么是质调节?其优点是什么?

答:水热网送水流量不变,只调节送水水温,称为质调节。其优点是当热负荷较小时,就可降低水热网的送水温度,使供热机组的抽汽压力相应降低,因而可提高热化发电比,多节约燃料。同时因热网水流量不变,水力工况稳定,易实现供热调节自动化。

6-22 什么是量调节？其优点、缺点各是什么？

答：维持水热网送水温度不变只调节供水流量称为量调节。它的优点是当热网负荷减小时，水网流量的降低可节省热网水泵的电耗；它的缺点是因送水温度不变，水网低负荷时不能利用低压抽汽，降低了热化效果，且当网络和用户系统流量改变时，在地方水暖系统内会产生严重的水力失调，自动调节较困难。

6-23 什么是混合调节？

答：水热网送水流量和送水温度均可调节的，称为混合调节（质—量调节）。它综合了质调和量调的优点，抑制了它们各自的缺点。

6-24 什么是热电联产？

答：热电联产是集中供热的最高形式，又称热化，它把热电厂中的高位热能用于发电，低位热能用于供热，实现了合理的能源利用。

6-25 什么是热电分产？

答：热电分产是指用区域性锅炉房供热，凝汽式电厂生产电能的系统。

6-26 从效率法的观点看，热电联产的特点有哪些？

答：从效率法的观点来看，热电联产的特点包括两个方面：

（1）利用热功转换过程不可避免的冷源损失来对外供热，使热化发电没有了冷源损失。

（2）热化是一种集中供热，它采用了高效率的大容量锅炉代替低效率的分散小锅炉，减少了锅炉方面的热损失，提高了效率。

6-27 热电联产工程中，一般采用什么方法评价热功能量转换的效果？

答：现代热电联产工程中，一般采用热平衡法（即热效率法）评价热功能量转换的效果，它是一种能量的数量方面的分析法。

6-28 根据载热质的不同，热电厂的供热系统可分为哪两种？

答：热电厂的供热系统根据载热质的介质不同可分为汽热网和水热网。

6-29 水热网供热系统由哪几部分组成？

答：水热网由蒸汽系统、循环水供热系统和疏水系统三部分组成。

6-30 什么叫外网系统及厂内热网系统？

答：在水供暖热网系统中，把到用户的供、回水总阀以外的系统称为外网系统。总阀以内的系统称为厂内热网系统。

6-31 水网适用于哪些负荷?

答：一般水网适用于采暖、通风负荷，以及100℃以下的低温工艺热负荷。

6-32 什么叫高温水供热系统?

答：水温在180～250℃的供热系统为高温水供热系统。

6-33 高温水供热系统的特点是什么?

答：高温水供热系统的特点是：

(1) 用于生产工艺热负荷，温度稳定，调节方便。

(2) 高温水供热是大温差小流量的输热，工质的载热能力提高，输送电耗小，管网投资和运行费用降低。

(3) 扩大供热半径，发展了更多工业用户，提高电厂的经济性。

(4) 高温水供热可保存全部抽汽凝结水，降低水处理设备投资。

(5) 采用多级抽汽加热，有利于提高电厂的经济性。

(6) 系统承受压力增大，增加了投资。

(7) 高温供热系统的维护比一般系统要求严格。

6-34 汽网有哪两种供汽方式?

答：汽网有直接供汽和间接供汽两种方式。

6-35 集中供热系统用蒸汽作为载热质有什么特点?

答：集中供热系统用蒸汽作为载热质的特点是：

(1) 通用性好，可满足各种用热形式的需要，特别是某些生产工艺用热必须用蒸汽。

(2) 输送载热质所需要的电能少。

(3) 由于蒸汽的密度小，所以蒸汽因输送地形高度形成的静压力很小。

(4) 在散热器或加热器中，蒸汽的温度和传热系数都比水的高，因而可减少换热器面积，降低设备造价。

6-36 热网站内汽水系统包括哪些?

答：热网站内汽水系统包括蒸汽系统、疏水系统、补水系统及厂内循环水系统。

6-37 什么是减温减压器？其作用是什么?

答：减温减压器（RAP）是将具有较高参数的蒸汽的压力和温度降至所需要数值的设备。在发电厂中主要作为厂用蒸汽的汽源。在热电厂中，它作为备用汽源，也可作为补偿热化供热调峰之用。

6-38 减温减压器的工作原理是什么？

答：减温减压器的工作原理是压力、温度较高的新蒸汽首先经节流阀节流降压，然后喷入减温水，使新蒸汽的压力、温度降至规定值。减温水来自高压给水泵的出口或将凝结水泵出口的凝结水经专门减温水泵升压后作为减温水。

6-39 减温减压器的作用是什么？

答：火力发电厂中减温减压器有以下几方面的作用：

（1）在对外供热系统中，装设减温减压器用以补充汽轮机抽汽的不足，此外还可作备用汽源，当汽轮机检修或事故停运时，它将锅炉的新蒸汽减温减压，以保证热用户的用汽。

（2）在大容量中间再热式汽轮机组的旁路系统中，当机组启动、停机或发生故障时，它可起调节和保护的作用。

（3）电厂内所装的厂用减温减压器可作厂用低压用汽的汽源。

（4）电厂中装设点火减温减压器则是用于回收锅炉点火的排汽。

6-40 减温减压器一般是用什么方法进行减温、降压的？

答：减温减压器一般是用喷水法减温，节流法降压的。

6-41 什么是热网加热器？其特点是什么？

答：热网加热器是用来加热热网水的加热器。其特点是容量和换热面积较大，端差可达10℃，为了便于清洗，热网加热器多采用直管管束。

6-42 热网加热器系统装设哪几种加热器？

答：热网加热器系统一般装设基本和尖峰两种加热器。

6-43 简述基本加热器的原理。

答：基本加热器在整个采暖期间均运行，它是利用汽轮机的0.12～0.25MPa的调整抽汽作为加热蒸汽的，可将热网水加热到95～115℃，能满足绝大部分供暖期间对水温的要求。

6-44 简述尖峰加热器的原理。

答：尖峰加热器在冬季最冷月份，要求供暖水温达到120℃以上时使用。尖峰加热器在水侧与基本加热器串联，利用压力较高的汽轮机抽汽或经减温减压后的锅炉蒸汽做汽源。

6-45 热网加热器的疏水方式是什么？

答：热网加热器的疏水一般都引入到回热系统中。疏水方式采用逐级自流，最后的疏水用疏水泵送往与热网加热器共用一段抽汽的除氧器内或引到与热网加热器共用一段抽汽的表面式加热器的主凝结水管道中。

6-46 热电厂内尖峰热水锅炉的主要任务是什么？

答：热电厂内的尖峰热水锅炉的主要任务是高峰热负荷期把基本加热器的出口水温进一步加热到热网设计温度（130～150℃），热网中部或末端的尖峰热水锅炉的供热参数，一般采用与热电厂相同的供热参数，对现有的热电厂也可以增加一定数量的尖峰热水锅炉或使热电厂与区域性锅炉房配合，这样可以扩大热电厂的供热能力，提高经济效益。

6-47 热水锅炉分为哪两种？

答：热水锅炉有直流炉和自然循环炉两种。其工作原理与蒸汽锅炉相似，只不过水在锅炉内是单相（即液态）流动。

6-48 什么是直流式热水锅炉？

答：直流式热水锅炉是一种无锅筒的强制循环锅炉，锅炉水在水泵压力作用下，通过联箱实现垂直上下单一方向流动。

6-49 什么是自然循环水锅炉？

答：自然循环热水锅炉中水的流动是靠锅炉受热面中水温的不同而形成密度差来建立自然循环的。

6-50 对热水锅炉有什么要求？

答：为保证安全、经济运行，热电厂承担高峰负荷的热水锅炉和向供热区域供给大量热水的热水锅炉，应有下列要求：

（1）在大于100℃的高温热水锅炉和系统中，无论系统是处于运行状态还是静止状态，都要求防止热水汽化，因此须有定压装置对系统的某一点进行定压，使锅炉及系统中各处的压力都高于供水温度的饱和压力。

（2）热水锅炉一般只在采暖期使用，设备利用率低，因此在保证安全经济的前提下，力求锅炉的结构简单、造价低。

（3）由于热负荷随室外气温变化而增减，引起水温和循环水量的改变，故要求热水锅炉的负荷有较大的变化范围，并能在低负荷下安全运行。

（4）对热网的不正常工况有一定适应能力。

（5）为避免水侧产生水垢和气体腐蚀，系统中应有水处理和除氧设备。

6-51　简述热电厂内的尖峰热水锅炉系统。

答：热网水经过基本加热器，被加热到110℃左右，如果室外气温继续降低，进入高峰热负荷期时，把热网水送入尖峰热水锅炉继续加热到150℃左右，再送给供热系统。当室外气温回升到尖峰热水锅炉停运的室外温度时，停运尖峰炉，使热网从基本加热器出来的水通过旁路系统直接进入供热系统。

6-52　简述热水锅炉房的原则性系统。

答：热网水在热水锅炉中加热到供热所需温度后（150℃）把其中一部分加热后的水用循环水泵打回锅炉入口回水管与回水混合，其目的是把锅炉入口水温提高到烟气的露点以上，同时也使流经锅炉的水温保持恒定。当室外气温较高时，可通过旁路管掺混回水来降低供水管内水温，避免锅炉在较低负荷下运行所带来的问题。应用热网水泵保持热网内水的循环。用补水泵把化学补水送入热网泵入口。

6-53　简述热网蒸汽系统。

答：供热网加热器的汽源来自汽轮机的中压缸的末级排汽，调整抽汽压力为0.245～0.686MPa，来自辅助汽源（来自锅炉或相邻机组）的蒸汽经减温减压器后，作为热网加热器的备用汽源。

6-54　热网加热器循环水设置旁路有什么作用？

答：热网加热器的循环水设置旁路有两个作用：

（1）任一台热网加热器停运时，循环水量的一部分可通过旁路继续运行。

（2）可以主动的利用旁路上的阀门进行调节，根据外界热负荷的短时间变化而改变旁路部分的水量。在热网加热器正常工况下采用。

6-55　热网一般采用什么调节手段？

答：热网一般采用热电厂的热网站内部集中质调节手段。

6-56　为什么抽汽供热式热网的调节采用内部集中质调节手段？

答：采用集中质调节，有以下几个原因：

（1）苏联及东欧各国在热电厂供热方面，大都采用此方式，具有相对成熟的经验。

（2）此方式具有简单易行，便于管理，误操作可能性小等优点。

（3）因为供热机组的中压缸排汽不管用于发电，还是用于供热，都会被

充分利用。

(4) 采用此方式，对城市热网二级热力站的水量分配没有影响。

6-57 安全阀的作用是什么?

答: 为确保热网加热器水侧、汽侧不超压，在加热器汽侧、水侧均设置了安全阀保护，安全阀是在试验台上调试好以后再装在系统上的，动作值为正常工作压力的 1.25 倍。

第三部分

运行岗位技能知识

第七章　单元机组的启动

7-1　什么是单元发电机组的启动？

答：单元制发电机组的启动是指锅炉点火、升温、升压，蒸汽参数达到要求，汽轮机进行暖管、冲车、暖机、定速，发电机并网带基本负荷，锅炉撤油抢逐渐升至满负荷的过程。

7-2　单元机组启动前应具备哪些条件？

答：单元机组启动前，应具备以下条件：

(1) 锅炉燃烧室及冷灰斗内无结焦、积灰及其他杂物。

(2) 炉墙、风道、烟道、空气预热器和冷灰斗等处人孔、检查孔应完整，而且关闭严密。

(3) 空气压缩机、瓦斯系统和燃油泵检查准备就绪。

(4) 汽轮机本体各处保温完整，各种测量元件无损坏，调速系统静态试验合格。

(5) 油箱、油管、冷油器、油泵均应处于完好状态，冷油器油温为30～40℃。

(6) 氢冷发电机组发电机已充氢。

(7) 确认各处悬挂接地线、短路线、标示牌、临时遮栏及其他安全设施已拆除。

(8) 发电机、励磁机滑环碳刷完好，发电机大轴接地碳刷已投入。

(9) 发电机、励磁机、变压器各部绝缘测定符合标准，变压器冷却系统正常。

(10) 发电机—变压器组恢复备用，大型发电机组的继电保护定值整定合格，自动装置投入。

(11) 直流系统及蓄电池投入。

(12) 所有电气设备经绝缘测定并且合格后送电。

除以上条件外，还要检查外围设备是否准备好，如燃料上煤、化学制水、除灰脱硫系统的投运等。

7-3 发电机启动前的准备工作有哪些?

答: 为了保证发电机的顺利启动和正常运行，在启动前，应对有关的设备及系统进行全面检查和试验，确认各部分都处于良好状态时，才可以启动。

(1) 对发电机及其系统的检查和绝缘试验。启动前检查发电机本体各部分应完整清洁；检查励磁回路（包括励磁机或半导体励磁装置等）各部分应安装齐全；检查励磁机整流子和滑环表面应清洁完好，电刷均在刷握内，并保持0.1～0.2mm的间隙，刷握压簧的压力应均匀，无卡涩现象；检查一次回路的电气设备应正常。在全部设备检查完毕后，应测定发电机定子、转子及励磁回路的绝缘电阻并在合格范围内。

(2) 对冷却系统和辅机的检查和试验。对于空冷和氢冷的发电机，检查空气冷却器或氢气冷却器风道应严密，各窥视孔（空冷发电机）应完好；投入冷却水后，冷却器供水系统的水压应正常，并无漏水现象。检查机组各附属设备安装齐全，并应试运转以表明工作情况良好。对于水内冷发电机，启动前除应做好上述检查工作外，还应检查供水系统严密不漏，并且应取样化验水质合格。

(3) 对信号、控制和保安系统的检查及试验。首先，进行发电机主断路器、灭磁开关及厂用分支断路器的合、分闸试验和汽轮机危急保安器动作遮断主断路器的电回路试验。然后，根据现场规程进行主断路器与灭磁开关的联动试验。最后，对发电机的继电保护、测量仪表及自动装置进行一次外部检查，使其符合启动要求。

7-4 如何使用绝缘电阻表测量绝缘电阻?

答: 电气设备的绝缘及绝缘电阻，主要靠专业试验人员在大小修时按照《电气设备预防性试验规程》的规定要求进行技术监督。在正常运行维护中，值班人员测量绝缘电阻是必不可少的。因此，设备送电前除了感应电压高的设备或室外架构高不好测的设备外，均要测量绝缘电阻。值班人员一般可按每千伏额定工作电压不少于1MΩ来掌握，并以此作为设备绝缘电阻合格的最低标准。摇测绝缘电阻时应注意的事项如下：

(1) 应将一次回路的全部接地线拆除，拉开接地隔离开关，被测设备的工作接地点（例如TV）和保护接地点也要临时甩开。

(2) 对于低压回路（380/220V），应将负荷（例如电压表、电能表、信号灯、继电器等）的中性线甩开。

(3) 摇测水内冷发电机绝缘电阻，应使用专用绝缘电阻表或规定的仪表

进行测量。

(4) 初步判定某设备绝缘电阻不合格时，为了慎重，值班人员应用同一电压等级的不同绝缘电阻表进行核对，以证实绝缘电阻表无问题。若确定设备绝缘电阻有问题，应通知高压试验人员复查。为了便于分析，应将绝缘电阻值折算到同一温度（一般规定 75℃）进行比较。绝缘电阻不合格，设备不得送电或列为备用。

7-5 如何测量发电机定子、转子及励磁回路绝缘电阻？应特别注意哪些问题？

答：(1) 测量发电机定子线圈的绝缘电阻时，通常使用 1000～2500V 的绝缘电阻表。测量时可以包括引出母线或电缆在内。发电机定子绕组的绝缘电阻值，在热状态下应不低于每千伏电压 1MΩ，并应与上次测量的数值相比较，以判断绝缘电阻合格与否。当所测得的绝缘电阻值比上次测量的数值降低 1/3～1/5 时，则认为绝缘不良。同时还应测量发电机绝缘的吸收比，即要求测得的 60s 与 15s 绝缘电阻的比值，应该大于或等于 1.3 倍（$R_{60}/R_{15} \geqslant 1.3$），若比值低于 1.3 倍，则说明发电机绝缘受潮了，应进行烘干。

(2) 测量发电机转子及励磁回路的绝缘电阻，应使用 500～1000V 的绝缘电阻表。一般情况下，发电机转子线圈和励磁回路可以一起测量。全部励磁回路的绝缘电阻值应不低于 0.5MΩ。

(3) 为了防止发电机运行中产生轴电流，还应测量发电机的轴承对地、油管及水管对地的绝缘电阻不小于 1MΩ。

7-6 如何测量水内冷发电机定子、转子绝缘电阻？

答：水内冷发电机的定子绝缘电阻可用专用的绝缘电阻测量仪来测定。测量分通水前和通水后两种状态。通水前测量绝缘电阻时，应将定子绕组内的积水用压缩空气吹尽，并且将集水环与外部水管的连接拆开。这时测得的绝缘电阻值应与一般发电机相似。通水后测得的绝缘电阻值主要与水质有关，不能作为判断发电机绝缘的依据，但应在 0.2MΩ 以上，否则应对水质进行检查。水内冷发电机转子绕组的绝缘电阻用 500V 绝缘电阻表或万用表测量。在 65℃时，一般为数千欧至数万欧，它也不能作为判断转子绕组对地绝缘状况的依据，仅能反映转子绕组无金属性接地现象。测量结果应与制造厂提供的数值相接近，如绝缘电阻值低于 1～2kΩ 时，应查明原因。

7-7 如何根据测量发电机的吸收比判断绝缘受潮情况？

答：吸收比对绝缘受潮反应很灵敏，同时温度对它略有影响，当温度在

10～45℃范围内测量吸收比时，要求测得的60s与15s绝缘电阻的比值，应该大于或等于1.3倍（$R_{60}/R_{15}\geqslant 1.3$），若比值低于1.3倍，则说明发电机绝缘受潮了，应进行烘干。

7-8　氢冷发电机启动前如何置换气体?

答: 氢冷发电机启动前应先进行充氢工作，氢气置换工作必须在汽轮机静止或盘车转速、密封油系统已投入运行且运行正常的情况下进行。目前，发电机置换气体的方法一般采用二氧化碳法，即先向发电机内充入二氧化碳，赶走机内全部空气，再充入氢气，驱走二氧化碳。这样氢气不会直接与空气混合，避免了发生爆炸的危险。置换还可以采用真空置换法，即先将机内抽成真空（700mm汞柱以上），然后通入氢气。这种方法的优点是操作简单方便，不需要二氧化碳，因此应推广使用。在置换气体的过程中，应杜绝烟火，注意监视密封油系统的正常运行，密封油压应高于氢压。在置换完毕后，应检查氢气的纯度为92%～98%，并且氢气压力正常，然后投入自动补氢系统。

7-9　使用绝缘电阻表测量电容性电力设备的绝缘电阻时，在取得稳定读数后，为什么要先取下测量线，再停止摇动摇把?

答: 使用绝缘电阻表测量电容性电力设备的绝缘电阻时，由于被测设备具有一定的电容，在绝缘电阻表输出电压作用下处于充电状态。表针先向零位偏移，随后指针逐渐向∞方向移动，约经1min后，充电基本结束，可以取得稳定读数。此时，若停止摇动摇把，被测设备将通过绝缘电阻表放电，通过绝缘电阻表内的放电电流与充电电流相反，绝缘电阻表的指针因此向∞方向偏移，对于高电压、大容量的设备，由于放电电流较大，常会使表针偏转过度而损坏。所以，在测量大电容设备的绝缘电阻时，应在取得稳定读数后，先取下测量线，再停止摇动摇把。同时，测试之后，要对被测设备进行充分的放电，以防触电。

7-10　为什么有的汽轮发电机在启动时要对转子进行预热?

答: 当转子绕组的铜与转子本体的钢的温度超过30℃时，就可能会使转子导体发生残余变形，因此要对转子进行预热。所谓预热，就是当发电机启动后在低速时，用充电机或备用励磁机的直流电将汽轮发电机的转子导体加热至60～70℃，在发电机低速时加热，因离心力还小，所以转子导体可以自由地伸长，达到额定转速时，导体所占的位置不受机械应力的影响，使转子绕组在停机后不会产生残余变形。

7-11 发电机在启动升速过程中为何要随时调节转子的进水压力？

答：发电机开始盘车时，转子即应通水，由于转速低，转子进水压力保持 9.8×10^4 Pa 左右即可。当汽轮机开始冲转升速时，随着转速的不断升高，出水箱上的离心力不断增加，致使转子中冷却水的流量不断增加而压力逐渐减小，如果此时不及时调整转子进水压力，在转子内部有可能造成负压，这是不允许的。因此，随着发电机转速的不断升高应逐渐增加转子进水压力。当转速额定时，压力应保持 0.2～0.3MPa。反之，在发电机停机解列过程中，随着发电机转速的下降，应随时根据流量的变化，减小转子进水压力。

7-12 发电机启动过程中应进行哪些检查？

答：当汽轮机冲转至额定转速前，值班人员应对发电机进行下列检查：

(1) 仔细倾听发电机、励磁机内部声音是否正常、有无摩擦和振动。

(2) 检查发电机冷却器的各水门、风门是否在规定的开停位置等，检查定子线圈及引出线，发电机冷却器的通水情况，压力、流量及温度指示正常。

(3) 检查轴承油温、轴承振动及其他运转部分应正常。

(4) 检查整流子或滑环上的电刷接触是否良好，有无跳动或卡涩现象，并及时消除不正常现象。

发电机经上述检查，一切正常，就可以继续升速至额定转速，等待并列。

7-13 发电机升压过程中应注意哪些问题？

答：在发电机电压上升的过程中，应检查以下方面并符合规定。

(1) 检查发电机三相定子电流指示均为零或接近零。如果定子电流有明显指示，应迅速减励磁到零，拉开灭磁开关，查找原因并处理。

(2) 检查发电机三相定子电压应平衡，并且无零序电压。如果三相电压不平衡或有零序电压，则说明定子绕组可能有接地或表计回路有故障，此时应该迅速将发电机电压减到零，拉开灭磁开关，进行处理。

(3) 检查发电机转子回路的绝缘电阻应合格，否则应查明原因。

(4) 核对发电机的空载特性。当发电机定子电压达到额定值时，转子电流和电压也应达到空载值，若当定子电压达到额定值时，转子电流大于空载额定电压时的数值，则说明转子绕组有匝间或层间短路。

7-14 发电机升压过程中为什么要监视励磁电压和励磁电流是否正常？

答：监视励磁电压和励磁电流的主要目的是，利用转子电流表的指示来核对转子电流值是否与空载额定电压时的转子电流值相符。如果定子电压还未达到额定值，转子电流就已经大于空载额定电压时的相应数值，则说明转子绕组有层间短路。

7-15 发电机升压操作时有哪些注意事项?

答: 发电机转速额定后，进行升压操作时，应注意以下几点：

（1）升压应缓慢进行，使定子电压缓慢上升。

（2）升压过程中，应监视转子电压、电流和定子电压表指示均匀上升。定子电流应为零，若发现有电流，则说明定子回路有短路点，应立即切除励磁进行检查。

（3）电压升至额定值的 50%时，应分别测量定子三相电压是否平衡。电压升至额定时，还应检查发电机零序电压 $3U_0 \leqslant 5V$。

（4）升压过程中，应检查发电机、励磁机的工作状况，电刷运行是否正常，进出口风温是否正常等。

（5）升压至额定后，应检查转子回路的绝缘状况，正、负极对地电压应相等。

7-16 发电机并列的方法有哪几种?

答: 发电机并列的方法有两种，即准同步法和自同步法。准同步法并列就是并列操作前，调节发电机励磁，当发电机电压的频率、相位、幅值分别与并列点系统的电压、频率、相位、幅值接近时，将发电机断路器合闸，完成并列操作。自同步法并列就是先将励磁绕组经过一个电阻（阻值为励磁绕组阻值的 5～10 倍）闭路，在不加励磁的情况下，当待并发电机频率与系统频率接近时，合上发电机断路器，紧接着加上励磁，利用发电机的自整步作用，即借助于原动机的转矩与同步转矩的相互作用，将发电机拉入同步。

7-17 准同步并列的条件是什么?

答: 利用准同步法进行并列时，应满足以下三个条件：①待并发电机的电压与系统的电压相同；②待并发电机的频率与系统频率相同；③待并发电机的电压相位与系统的电压相位一致。

7-18 简述自动准同期并列的过程。

答: 大容量机组一般都采用自动准同期并列方法，它能够根据系统的频率检查待并发电机的转速，并发出调节脉冲来调节待并发电机的转速，使它达到比系统高出一个预先整定的数值，然后检查同期回路便开始工作，这些工作是由发电机自动准同期装置（ASS）来完成的。当待并发电机以一定的

转速向同期点接近时，由电压自动调整装置（AVR）通过调节转子励磁回路的励磁电流改变发电机电压。当待并发电机电压与系统电压相差在±10%以内时，它就在一个预先整定好的提前时间上发出合闸脉冲，合上主断路器，使发电机与系统并列。

7-19 怎样调节有功功率?

答: 有功功率的调节是通过调节汽轮机的进汽量来实现的。有功电流与发动机电动势同相位，有功电流产生的磁场与励磁电流相作用产生电磁力矩，这个电磁力矩是阻力矩，汽轮机必须克服此力矩才能保持同步转速转动。如果负载增加，则有功电流增加，阻力矩也增大，由汽轮机提供的机械能也必须增加，也就是汽轮机的进汽量要增加。调节有功功率时也应相应调整励磁电流，以保证发电机的静稳定。

7-20 调节有功功率时，无功功率会变化吗?

答: 调节有功功率时，无功功率会自动变化。以有功功率增大的情况为例，有功电流产生的磁场使转子主磁极前进方向上进入边的磁场削弱，起去磁作用；退出边的磁场加强，起助磁作用，但是发电机的铁芯都稍呈饱和，增加的磁通总是少于减少的磁通，所以发电机的总磁通减小，发电机的端电压略有下降。因此必然要增加励磁电流来维持电压恒定，若励磁电流保持不变，无功功率就会相应减小。

7-21 怎样调节无功功率?

答: 无功功率的调节是通过调节励磁电流来实现的。发电机所带的负载一般为感性负载，由于感性无功电流滞后电动势90°，感性无功电流产生的磁场的方向与转子主磁场的方向相反，不产生力矩，但它的去磁作用将使发电机的端电压发生变化。如果感性无功负载增加，去磁作用增强，为了维持发电机的端电压不变，就必须增加励磁电流；反之，如果感性无功负载减少，则应相应减少励磁电流。也就是说，在有功功率一定的情况下，要改变发电机的无功负荷只需改变励磁电流。

7-22 调节无功功率时，有功功率会变化吗?

答: 调节无功功率时，有功功率基本不变。增加无功功率时，随励磁电流增加所相应增加的感性无功电流不产生力矩，因此不会影响有功功率。减少无功功率时，情况是一样的。

7-23 如何投运厂用电?

答：厂用电投运步骤如下：

（1）检查厂用电系统新投运设备确实具备投运条件，有检修及各项试验合格的书面交待。

（2）新投运设备外部检查无缺陷，符合规程规定，各开关静态传动动作正常。

（3）厂用电系统设备保护及自动装置电源送好。静态试验动作可靠。

（4）运行人员测试各投运设备绝缘电阻合格并作好记录。

（5）按照操作票的内容，逐条进行。

（6）对投运后的设备应进行详细检查，以防止事故发生。

（7）各系统的送电应掌握先送电源后送负荷、先高压后低压的原则。

7-24　高压厂用母线由备用电源供电切换至工作电源供电的操作原则是什么？

答：高压厂用母线由备用电源供电切换至工作电源供电的操作原则如下：

（1）正常切换应在发电机有功负荷约为额定负荷的30%左右时进行。

（2）应先把高压厂用母线工作电源进线开关恢复至热备用状态。

（3）检查高压厂用工作变压器运行正常。

（4）必须先投入同步装置，并确认符合同步条件。

（5）合上高压厂用母线工作电源进线开关，并检查工作进线电流表有指示，再断开高压厂用母线备用电源开关，并退出同步装置。

（6）应投入高压厂用母线备用电源自投装置。

7-25　为什么发电机—变压器组并、解列前必须投入主变压器中性点接地隔离开关？

答：发电机—变压器组并、解列前投入主变压器中性点接地隔离开关的主要目的是为了避免某些操作过电压。在110～220kV大电流接地系统中，为了限制短路电流，部分变压器的中性点是不接地的。发电机—变压器组并、解列操作前若不将主变压器中性点接地，那么当操作过程中发生断路器三相不同步动作或不对称开断时，将发生电容传递过电压或失步工频过电压，从而造成事故。

7-26　切换变压器中性点接地隔离开关如何操作？

答：切换变压器中性点接地隔离开关的原则是保证电网不失去接地点，采用先合后拉的操作方法。

（1）合上待投入变压器中性点的接地隔离开关。

（2）拉开工作接地点的接地隔离开关。

（3）将零序保护切换到中性点接地的变压器。

7-27 为什么新安装或大修后的变压器在投入运行前要作冲击合闸试验？

答：切除电网中运行的空载变压器，会产生操作过电压。在小电流接地系统中，操作过电压的幅值可达3～4倍的额定相电压；在大电流接地系统中，操作过电压的幅值也可达3倍的额定相电压。所以，为了检验变压器的绝缘能否承受额定电压和运行中的操作过电压，要在变压器投运前进行数次冲击合闸试验。另外，投入空载变压器时会产生励磁涌流，其值可达额定电流的6～8倍。由于励磁涌流会产生很大的电动力，所以作冲击合闸试验还是考验变压器机械强度和继电保护是否会误动作的有效措施。

7-28 变压器停送电操作的主要原则有哪些？

答：在变压器停送电操作中，应严格遵循以下原则：

（1）变压器各侧都装有断路器时，必须使用断路器进行切合负荷电流及空载电流的操作。当没有断路器时，使用隔离开关仅允许拉合空载电流不大于2A的变压器。

（2）变压器投入运行时应从装有保护装置的电源侧进行充电，变压器停止时，应由装有保护装置的电源侧断路器最后断开。

（3）变压器高低压侧均有电源时，为避免充电时产生较大的励磁涌流，一般采用高压侧充电、低压侧并列的操作方法。

（4）经检修后的厂用变压器投入运行或热备用前，应从高压侧对变压器充电一次，确认正常后方可投入运行或列为备用。

（5）对于大接地电流系统的变压器，在投入或停运时，均应先合入中性点接地隔离开关，以防过电压损坏变压器的绕组绝缘。同时必须注意做好变压器中性点的切换工作。

7-29 对变压器停送电操作顺序有哪些规定？为什么？

答：变压器停、送电操作顺序是：停电时先停负荷侧，后停电源侧；送电时先送电源侧，再送负荷侧，原因如下：

（1）多电源的情况下，按操作顺序停电，可以防止变压器反充电；若停电时先停电源侧，遇有故障，可能造成保护误动或拒动，延长故障切除时间，使停电范围扩大。

（2）当负荷侧母线电压互感器带有低频减载装置，且未装设电流闭锁时，可能由于大型同步马达的反锁使低频减载装置动作。

（3）从电源侧逐级送电，如遇故障便于送电范围检查、判断和处理。

7-30 变压器送电时，为什么要从电源侧充电、负荷侧并列？

答：这是因为变压器的保护和电流表均装在电源侧，当变压器送电时，采用从电源侧充电、负荷侧并列的方法有以下优点：

（1）送电的变压器如有故障，可通过自身的保护动作跳开充电断路器，对运行系统影响小。大容量变压器均装有差动保护，无论从哪一侧充电，回路故障均在主保护范围之内，但为了区别后备保护，仍然是按照电源侧充电、负荷侧并列的原则操作为好。

（2）便于判断、处理事故。例如合变压器电源侧断路器时，若保护跳闸，则说明故障在变压器上；合变压器负荷侧断路器时，若保护跳闸，则说明故障在负荷上。

（3）可以避免运行变压器过负荷。变压器从电源侧充电，空载电流及所需无功功率由上一级电源供给，即使运行变压器是满载运行，也不会使其过负荷。

（4）利于监视。电流表都是装在电源侧的，从电源侧充电，如有问题能及时从表计上得到反映。

7-31 什么是励磁涌流？它对变压器有什么影响？

答：当合上断路器给变压器充电时，有时可以看到变压器电流表的指针摆动得很大，然后很快返回到正常的空载电流值，这个冲击电流通常叫做励磁涌流。励磁涌流可达额定电流的5～8倍，为空载电流的50～100倍，但衰减很快。由于变压器电、磁能的转换，合闸瞬间电压的相角、铁芯的饱和程度等，决定了变压器合闸时，有励磁涌流。励磁涌流的大小，将受到铁芯剩磁、铁芯材料、电压的幅值和相位的影响。

由于冲击电流存在的时间很短，因此励磁涌流对变压器本身没有多大的直接危害。但是它可能会因绕组间的机械力作用引起其固定件松动以及变压器一次侧的过电流保护动作等。

7-32 变压器并列运行的条件是什么？

答：变压器并列运行的条件是：

（1）各变压器变比相等，允许差值在±0.5%以内。

（2）各变压器短路电压应相等，允许相差在±10%以内。

(3) 各变压器联结组别相同。

7-33 电气设备的状态是如何划分的?

答: 电气设备有运行、热备用、冷备用和检修四种状态。运行状态是指设备隔离开关和断路器都在合闸位置(包括电压互感器、避雷器),将电源至受电电路接通;热备用状态是指设备只靠断路器断开而隔离开关仍在合闸位置;冷备用状态是指设备断路器和隔离开关(包括电压互感器、避雷器)都在断开位置,电压互感器高低压熔丝都取下;检修状态是指设备在冷备用的基础上装设接地线、悬挂标示牌,设备进行检修工作。

7-34 断路器的操作规定有哪些?

答: 断路器的操作规定如下:

(1) 断路器检修后,投入运行前,必须作远方跳合闸试验,试验时应将两侧隔离开关断开。

(2) 有液压操动机构的断路器,跳合闸前,升不到所需的油压,不允许跳合闸,以防造成断路器慢分、慢合。

(3) 断路器严禁连续拉合闸试验 10 次以上,以免合闸线圈烧毁及机构严重磨损。

(4) 断路器禁止带电压手动机械合闸。

(5) 各断路器允许按开关铭牌上规定的数值长期运行,开关工作电压、电流和切断故障电流不应超过铭牌额定值。

(6) 断路器操作和合闸电源电压变动,不得超过额定值的±5%。

(7) 掉闸机构失灵的断路器,禁止投入运行;操动机构拒绝合闸的断路器,禁止列入备用。

(8) 断路器在事故遮断后,值班人员应将遮断次数、日期清楚地记在断路器遮断记录中,同时应对断路器进行外部检查。6kV 小车开关拉出、推入哪个断路器间隔,应在断路器卡上标明并注明推入或拉出的时间及原因,对于 F—C 开关,还应注意检查熔断器型号及参数是否一致。

7-35 电动机送电前的检查项目有哪些?

答: 电动机送电前应检查的项目如下:

(1) 电动机工作票结束,附近无杂物,安全措施拆除和确已无人工作。

(2) 电动机外壳接地良好,各部螺钉紧固。

(3) 靠背轮已接好,防护罩完整牢固,所带的机械设备已具备启动条件。

（4）油润滑的电动机，油位油色正常，油环光滑无杂物，顶盖关闭严密。

（5）采用强制润滑的电动机，其辅助油泵应提前送电投入运行，供油系统运行正常。

（6）带有水冷却器密闭通风的电动机其冷却水系统应投入。

（7）对无负荷启动的小型电动机，确认转子与定子无磨损，所带机械部分转动灵活无卡涩现象。

（8）检查电动机及其操作、监视回路完好，TA及端子接线无松动，仪表齐全，保护投入正确，电动机标志明显、确切。

7-36 电动机启动前的检查项目有哪些？

答：电动机启动前应检查的项目如下：

（1）电动机上及其附近应无杂物和无人工作。

（2）电动机地脚螺栓齐全牢固，靠背轮防护罩完好，电动机外壳接地良好。

（3）电动机所带动的机械已具备启动条件。

（4）轴承润滑油质、油位正常，冷却水系统良好。

（5）电动机事故按钮完整，并挂有明显的设备名称牌和保险罩。

（6）盘动转子灵活。

（7）对绕线式转子的电动机，应检查启动装置，并应特别注意滑环的接触面和电刷压在滑环上是否紧密，启动电阻器的状态和滑环短接装置的状态。

（8）对处于备用中的电动机，应经常检查，保证随时具备启动条件。

7-37 电动机启动时的规定有哪些？

答：电动机启动时的规定如下：

（1）新安装或检修后的电动机第一次启动应试验电动机转向正确，所带机械不能反转的电动机，应在接靠背轮前试验。

（2）电动机启动时，应监视电流表指示、电动机的声音以及启动时间，判断电动机是否启动正常。

（3）对远方操作的电动机，应由负责电动机运行的人员进行检查后，通知远方操作者，说明电动机已准备好可以启动；负责电动机运行的人员应留在电动机旁，直到电动机升到额定转速正常运行为止。

（4）在电动机启动过程中，遇有下列情况之一时应立即拉开断路器并停电：

1）电动机启动时，冒烟着火或强烈震动。

2）合闸后电动机不转动或达不到正常转速。

3）合闸后电流不返回或保险熔断。

4）合闸后保护动作掉闸。

（5）正常情况下鼠笼式转子的电动机在冷却状态下（铁芯温度50℃以下）允许启动二次，每次间隔时间不得小于5min，在热状态下启动一次，只有在事故处理及启动时间不超过2～3s的电动机，可以多启动一次。当进行动平衡试验时，启动的间隔时间为：

1）200kW以下的电动机不应小于0.5h。

2）200～500kW的电动机不应小于1h。

3）500kW以上的电动机不应小于2h。

7-38　转动机械的试转是如何规定的？

答：电动机因检修工作拆过接线的，应进行电动机空转试验。对于低压电动机可直接送电后启动作试验；而高压电动机应先将电源送到试验位置，待静态传动有关联锁、保护信号及远方打闸试验后再送电，然后进行空转试验。一般规定电动机的空转时间不少于30min，在此期间查看电动机转向应正确，空载电流符合制造厂规定。电动机空转结束，串对轮进行转动机械的试验。在试验过程中，检查转动机械的出力应达到设计值，转动部分无异音，测量各轴承的振动符合要求，电动机电流不超标。然后按照程序设计的要求，试验运行程序及联锁装置程序。

7-39　传动机械应符合的条件是什么？

答：所有的安全遮栏及防护罩完整、牢固，靠背轮连接完好，传动皮带完整、齐全，紧度适当，地脚螺栓不松动。轴承内的润滑油洁净，油位计完好，指示正确，清晰易见，油位接近正常油位线，放油阀或放油丝堵严密不漏。油盒内有足够的润滑脂，轴承油环良好，接头螺栓牢固，轴承温度表齐全。冷却水充足，排水管畅通，水管不漏。

7-40　什么叫做锅炉的启动？如何分类？

答：锅炉由静止状态转变成运行状态的过程称为启动。锅炉的启动分为冷态启动和热态启动两种。有的锅炉把启动分成冷态启动、温态启动和热态启动三种。冷态启动是指锅炉在没有表压，其温度与环境温度相接近的情况下的启动。这种启动通常是新锅炉、锅炉经过检修或者经过较长时间停炉备用后的启动。温态启动和热态启动则是指锅炉还保持有一定表压、温度高于环境值情况下的启动。温态启动时，锅炉的压力和温度值比热态启动时低。这两种启动是锅炉经过较短时间的停用后的重新启动，启动的工作内容与冷态启动大致相同，只是由于它们还具有一定的压力和温度，所以它们是以冷态启动过程中的某中间阶段作为启动的起始点，而起始点以前冷态启动的某些内容在这里可以省略或简化，因而它们的启动时间可以较短。

7-41 什么叫机组的启动时间？机组启动时间如何确定？

答：锅炉的启动时间，对单元制机组是指从点火到机组并网运行所花的全部时间。它除了与启动前锅炉状态有关以外，还与锅炉机组的形式、容量、结构、燃料种类、电厂热力系统的形式及气候条件等有关。通常单元机组冷态启动时间为6～8h，温态启动时间为3～4h，热态启动时间为1～2h。锅炉启动时间的长短，除上面提到的条件之外，尚应考虑下面两个原则：

（1）使锅炉机组各部件逐步和均匀地得到加热，使之不致产生过大的温差热应力而威胁设备的安全。

（2）在保证设备安全的前提下，尽量缩短启动时间，减少启动过程中的工质损失和能量损失。

7-42 为什么说锅炉的启动过程是锅炉机组运行的重要阶段？

答：锅炉的启动过程是一个不稳定的变化过程。启动过程中锅炉工况的变动很复杂，如各部件的工作压力和温度随时在变化；启动时各部件的加热不均匀；金属体中存在着温度场，会产生热应力。特别是像汽包、联箱等厚壁部件的上下、内外壁温差要严格控制，以免产生过大的热应力而使部件损坏。启动初期炉膛的温度低，在点火后的一段时间内，燃料投入量少，燃烧不易控制，容易出现燃烧不完全、不稳定，炉膛热负荷不均匀，可能出现灭火和爆炸事故。在启动过程中，各受热面内部工质流动尚不正常，容易引起局部超温，如水循环尚未正常时的水冷壁、未通汽或汽流量很少的再热器、断续进水的省煤器等，都可能有引起管壁超温损坏的危险。因此，锅炉启动是锅炉机组运行的一个重要阶段，必须进行严密监视，以保证锅炉安全。

7-43 什么叫做滑参数启动？

答：300MW机组的启动，通常都采用单元制系统滑参数启动，即联合启动。滑参数启动是在启动锅炉时就启动汽轮机，即锅炉的启动与暖管、暖机和汽轮机的启动同时或基本上同时进行。在启动过程中，锅炉送出的蒸汽参数逐渐升高，汽轮机就用这些蒸汽来暖机、冲转、升速、带负荷，直至锅炉蒸汽参数达到额定值时，汽轮机也带到满负荷或带到设定的负荷。由于汽

轮机暖机、冲转、升速、带负荷是在蒸汽参数逐渐变化的情况下进行的，所以这种启动方式称为滑参数启动。

7-44 滑参数启动有何优点?

答：单元制机组采用滑参数启动有如下优点：

(1) 缩短了启动时间，因而增加了运行调度的灵活性。因为滑参数启动时，蒸汽管道的暖管和汽轮机的启动与锅炉的升温、升压过程同时进行，所以同时启动比锅炉和汽轮机独立启动必然大大缩短。

(2) 提高了启动过程的经济性。启动时间的缩短必然减少启动过程中的燃料消耗量和工质损失，同时机组在启动过程中就发电。

(3) 增加了机组的安全可靠性。滑参数启动时，整个机组的加热过程是从较低的参数下开始的，因而各部件的受热膨胀比较均匀。对锅炉而言，可使水循环工况和过热器冷却条件得到改善；对汽轮机而言，由于开始进入汽轮机的是参数低的蒸汽，体积流量大，因而汽轮机的主汽阀和调节汽阀均可达到基本上全开，这不但减少了节流损失，而且汽轮机通流部分蒸汽充满度好，流速提高，这使汽轮机各部分能得到均匀而迅速的升温，热应力工况得到了改善。

由于滑参数启动方式的特点，汽轮机对部件的加热要求更为严格，因此滑参数启动时，锅炉的启动不但要考虑锅炉的安全，而且亦应以汽轮机的加热要求作为依据，确定锅炉的升温、升压过程。

7-45 单元机组的启动如何分类?

答：单元机组的联合启动分为真空法和压力法两种。

7-46 简述真空法滑参数的启动过程。

答：真空法滑参数启动前，从锅炉至汽轮机进口蒸汽管道上的阀门全部打开，沿路的空气阀和疏水阀则全部关闭。

在锅炉进水完毕以后，汽轮机投入油系统。利用盘车装置低速运转汽轮机，以便在蒸汽进入汽轮机时转子能得到均匀加热。启动循环水泵、凝结水泵，并投入相应的系统，然后投入凝汽器的真空泵（抽气器）抽真空。由于蒸汽管道上的阀门全开，故真空可以一直抽到锅炉汽包，从而将锅炉受热面内的空气同时抽走。

当锅炉点火后，产生的蒸汽立即由过热器经主蒸汽管道通往汽轮机，然后排入凝汽器。这样，从投入点火燃烧器后锅炉产生蒸汽起，就开始了暖管和汽轮机的暖机。

在较低的压力下蒸汽开始冲转汽轮机后，停止盘车。随着锅炉的升温升压，汽轮机转速也逐步加快。当汽轮机转速接近临界值时，使其迅速通过临界转速，然后逐步升到额定转速。

当汽轮机达到额定转速时，发电机已同步，即可并入电网，开始带负荷。此后，就是锅炉继续升温升压，相应地增加汽轮发电机组的电负荷过程。等到汽轮机前的蒸汽参数达到额定数值时，汽轮机也带到额定负荷。

真空法滑参数启动，由于汽轮机冲转、升速初期蒸汽压力很低，因此有时盘车停止后，可能产生汽轮机的转速波动，损伤汽轮机。同时，由于冲转汽轮机的蒸汽温度也很低，而且湿度较大，容易引起水冲击伤害叶片。因此，目前已很少采用这种启动方法。

7-47 简述压力法滑参数的启动过程。

答：对于具有中间再热的单元机组，采用真空法滑参数启动存在很大的困难，主要是冲转汽轮机的蒸汽温度太低，汽轮机安全性差。因此，目前具有中间再热的300MW单元机组通常都采用压力法滑参数启动。

压力法滑参数启动，是指待锅炉所产生的蒸汽具有一定的压力和温度后，才开始冲转汽轮机，然后再转入滑压运行。这种启动方法在锅炉点火前也可以对系统通过凝汽器抽真空，这时汽轮机主汽阀关闭，过热器、再热器、汽包及蒸汽管道的真空通过旁路系统由凝汽器抽真空建立。在汽轮机冲转前，锅炉产生的蒸汽通过启动旁路进入凝汽器。汽轮机升速过程中，也用此旁路平衡汽量，待汽轮机并网后，旁路关闭，此后汽轮机进入滑参数运行。

压力法滑参数启动，开始冲转汽轮机时的蒸汽压力较高，通常在3.0～4.5MPa范围内，并且汽温有一定的过热度（一般过热50℃）。冲转参数的提高，对汽轮机升速、通道湿度控制较好，可以消除转速波动和水冲击对汽轮机的损伤。同时，由于再热蒸汽温度升高，对高、中压缸合缸的汽轮机减少汽缸热应力也十分有利。

7-48 锅炉启动前的准备工作主要有哪些?

答：锅炉在点火启动前，必须进行详细的全面检查，从而明确锅炉设备是否具备启动条件，应采取什么措施，以保证锅炉在启动过程中及投入运行后安全可靠。

锅炉启动前的准备工作主要有：

(1) 锅炉炉内检查。

（2）锅炉炉外检查。

（3）锅炉汽水系统检查。

（4）转动机械的检查与试运转。

（5）燃料的准备。

（6）锅炉进水。

7-49 启动前锅炉炉内检查的主要内容有哪些？

答：炉内检查包括燃烧室和烟道内部检查。此项检查一般都在检修后（或安装后）结合验收工作来进行。内容有：炉内应无人工作，无杂物；炉墙应完整，无裂缝；燃烧器、油枪应完好，无焦渣堵塞，且位置端正；燃烧器摆动装置要灵活；受热面清洁，无明显的凹凸、变形和磨损；焊口无渗水的痕迹；各固定卡子、挂钩、吹灰器及管道应完好，位置正确；烟道及挡板应无裂缝、严重磨损或腐蚀，风、烟挡板完整，运转灵活；渣井或灰斗水封槽内应充满水，浇渣和冲渣的喷嘴位置正确，喷出的水不应喷到或飞溅到水冷壁管上等。

7-50 启动前锅炉炉外检查的主要内容有哪些？

答：炉外检查的主要内容包括：各看火门、检查孔、打渣孔和人孔门应完整且关闭；防爆门应完好，上面没有妨碍其动作的杂物；炉墙保温层、包覆金属外壳应完整；各挡板及传动装置动作灵活，刻度指示与实际情况相符合，并将挡板位置调到启动状况；炉前油系统、蒸汽吹扫系统各阀门、仪表、报警应完好，阀门无卡涩现象；现场水位计完整、清洁，刻度指示清晰、正确，阀门开关灵活，水、汽通道阀门应开启，放水阀门应关闭；锅炉操作盘各仪表、信号装置、指示灯、操作开关、电视屏幕显示等都应完整、良好（该项可配合热控和电气人员进行）。

7-51 启动前锅炉汽水系统检查的主要内容有哪些？

答：锅炉启动前汽水系统的检查内容有：汽水系统各阀门应完整、动作灵活；手轮开关方向指示正确；法兰应有再拧紧的裕度，以便在泄漏时可以加紧盘根；对电动阀门应作遥控试验，证实其电气远方控制灵活可靠；将阀门调整到启动位置，如空气阀、给水总阀、省煤器再循环阀、蒸汽管道上的疏水阀应开启；主给水和旁路给水的隔绝阀、给水管和省煤器的放水阀、水冷壁下联箱放水阀、连续排污二次阀、事故放水二次阀等应关闭；安全阀应完整牢固、上面没有影响其动作的杂物，并应作起、落座试验，保证可靠；汽包、集箱等处的膨胀指示器应完好、无卡涩和顶碰现象，并应校对其指示零位；汽水取样和加药设备完整及管道的支吊架应完整、牢固等。

7-52　启动前锅炉转动机械的检查与试运转的主要内容有哪些？

答：转动机械的靠背轮应有防护罩，地脚螺栓不能松动。轴承内油位正常、油质良好，轴承冷却水应打开并畅通，电器设备正常。转动机械启动前应进行盘车，证明无卡涩现象才能试运转。试运转时应无摩擦、撞击异声；转动方向要正确，轴承温度、机械振动和窜轴要符合规定；轴承应无漏油、甩油现象；电动机电流指示要正常，温度不超过允许值。对新安装或经大修后的锅炉，以及转动机械的电气设备进行过检修时，在锅炉启动前还应对其作动态联动试验，以证明其动作正常。如300MW机组锅炉投入总联动及分联动时，若两台送风机跳闸停运，此时所有的给粉机、排粉机、给煤机等都应连锁跳闸停运，跳闸电动指示灯动作，报警音响发出事故报警等。在作总联动试验前，首先应作诸如制粉系统的分联动。

7-53　启动前锅炉燃料准备的主要内容有哪些？

答：对煤粉锅炉，制粉系统应处于良好的准备状况。原煤仓应有足够的煤量。中间储仓式制粉系统的粉仓应有足够的粉量。

7-54　启动前锅炉进水时应注意哪些问题？

答：锅炉在进水前汽包金属接近于室温，也没有内压力。温水进入汽包时首先加热汽包内壁，内壁温度随即上升。因为汽包壁较厚，因此外壁升温较慢，这样就出现了汽包内、外壁温差。内壁温度高，产生较大的膨胀；外壁因温度低，膨胀较小。这就使内壁膨胀受到外壁的限制，受到压应力，反之外壁受到拉伸应力。

线性分布时，两壁的应力最大，其值为

$$\sigma = \frac{1}{2}(t_1 - t_2)\frac{\alpha E}{1-\mu}$$

式中　σ——热应力，MPa；

$t_1 - t_2$——内、外壁温度差，℃；

α——材料的线膨胀系数，mm/（mm·℃）；

E——弹性模数，MPa；

μ——泊桑系数。

对于普通锅炉用钢，$\alpha = 12\times10^{-6}$，$E = (2\sim2.1)\times10^{5}$，$\mu = 0.25\sim0.33$。

锅炉上水时，特别是水温和水速较高时，锅炉两壁间应力分布的最大应力发生在内壁，其值为

$$\sigma=(t_1-t_2)\frac{\alpha E}{1-\mu}$$

此时，最大应力约比线性分布时增加一倍。

从以上分析可知，为了避免产生过大的温差热应力而损伤锅炉，必须控制进水的水温和进水的速度。一般规定，锅炉进水除了应保证进水的水质合格之外，冷锅炉进水的水温不得超过 90℃，进水速度也不能太快，应控制给水流量为 30～60t/h。同时还规定上水的时间，夏季不少于 2h，冬季不少于 4h。一般电厂均用除氧水箱 104℃除氧水作为锅炉进水，当水流经省爆器再进入汽包时，水温约为 70℃。

由于锅水受热后要膨胀、汽化，体积增加，使汽包水位逐渐升高。因此，自然循环锅炉在点火前，进水只到汽包水位线的低限，以免启动过程中由于汽包水位太高而不得不大量排放，造成过大的工质损失和热损失。强制循环锅炉，由于上升管的最高点在汽包标准水位以上很多，为了防止出现启动循环时水位可能下降到水位表可见范围以下，所以进水高度要接近汽包水位的上限。锅炉进水完毕后，应检查汽包水位有无变化。若水位上升，说明进水阀或给水阀未关严密或有泄漏；若水位下降，表明有漏水的地方，查明原因并消除。

此外，进水过程中还应注意汽包上、下壁温差和受热面的膨胀是否正常。进水前后均应记录各部分的膨胀指示值。若发现异常情况，查明原因并予以消除。

7-55 锅炉点火过程中应注意哪些问题？

答：锅炉在点火前，应首先启动回转式空气预热器，以使空气预热器的转子在点火后有烟气通过时，能受到均匀加热，防止其损伤。随后要启动引风机，以其额定负荷的 25%～30%风量进行烟道和炉膛通风 5～10min，以排除炉膛内和烟道中的可燃物，防止点火时发生爆燃。然后启动送风机和一次风机对一次风管进行吹扫，每根风管吹扫时间约为 2～3min，以清除管内可能积存的煤粉，防止煤粉燃烧器点火投入运行时发生爆燃。吹扫风管应逐根进行。倒换一次风挡板时，必须先开后关。吹扫完毕后，调整总风压为点火所需数值。此时，炉膛内负压一般维持在 49～98Pa 范围。

机组的锅炉现在通常采用二级点火，即用高能点火器点燃重油，重油再点燃煤粉。为保证油路通畅，在点火前，还应用蒸汽对启动油系统和油枪逐一进行加热冲洗。为保证燃油雾化良好，点火前重油和蒸汽的压力和温度必须符合规定值。

锅炉点火应首先投入下层点火油枪，并根据升温升压的要求，按自下而上的原则投入其余的点火油枪。由于冷炉点火容易发生熄火，所以投油枪时要同时投入两只，并呈对角。这样两只油枪可以相互影响，容易使燃烧稳定。同时，为了使炉膛温度场尽量均匀，烟道两侧烟气温偏差减小，对过热器的安全运行有利，在锅炉点火初期，每层初投的两只油枪运行一段时间之后，应切换到另外两角运行。其切换的原则一般应为“先投后停”。

由于煤粉燃烧器的送粉量较大，为了防止炉膛温度升高过快，在油燃烧器投入运行后，应根据燃烧工况、各部温度情况和燃煤性质等条件，经过一定的时间以后再投入煤粉燃烧器。投煤粉时，应先投油枪上面或紧靠油枪的煤粉燃烧器，这样对煤粉引燃有利。投煤粉时，如发生炉膛熄火或投粉 5s 不能引燃，应立即停止送粉，并对炉膛进行适当地通风吹扫，然后再重新点火，以避免未点燃的煤粉突然燃烧，形成爆燃而损坏设备和伤人。

7-56　什么是锅炉的升温升压过程？为什么锅炉的升压速度不能过快？

答：锅炉点火以后，由于燃料燃烧放热而使锅炉各部分逐渐受热、升温，蒸发受热面和其中的锅水温度也逐渐升高。当锅水达到饱和状态并且开始汽化以后，汽压也逐渐升高。从锅炉点火直到汽压升到工作压力的过程，称为升压过程。在升压过程中，蒸发受热面吸收的热量，除了用于加热锅水至饱和状态并使其部分蒸发汽化外，同时也使受热面金属本身的温度相应提高。

由于水和蒸汽在饱和状态下温度和压力之间存在一定的对应关系，所以锅炉启动的升压过程也就是升温过程，通常锅炉在启动时以控制升压速度来控制其温升速度的大小。为使汽包和受热面的温升不过快，避免产生过大的温差热应力而造成设备损坏，故锅炉的升压速度不能过快。

7-57　什么是锅炉的启动曲线？为什么锅炉的升温升压需要制定启动曲线？

答：在升压初期，由于只有少量点火油枪投入运行，燃烧较弱，炉膛火焰充满度差，所以蒸发受热面加热不均匀的程度较大；另外，由于受热面和炉墙的温度较低，因此燃料燃烧放出的热量中用于使锅水汽化的热量并不多。而且因压力越低，水的汽化潜热也越多，故蒸发受热面内产生的蒸汽量不多，水循环不稳定，不能从内部来促使受热面均匀受热。这样，就容易使蒸发受热面设备，主要是汽包产生较大的温差热应力。所以，升压过程的初始阶段温升速度应比较缓慢。

此外，根据水和蒸汽的饱和温度与压力之间的变化规律可知：压力越高，饱和温度随压力而变化的数值越小；压力越低，饱和温度随压力变化的数值越大。饱和温度随压力的变化率见表 7-1。

表 7-1 饱和温度随压力的变化率

绝对压力（MPa）	0.1～0.2	0.2～0.5	0.5～1.0	1.0～4.0	4.0～10	10～14	14～20
饱和温度平均变化率（℃/MPa）	205	105	55	23	10	6.4	5

因此，在低压阶段若升压速度过快，则由于压力升高会引起饱和温度较大增加，从而造成大的温差热应力。为避免这种情况的出现，在低压阶段，升压过程持续的时间就应当比较长。

在升压的最后阶段，虽然汽包上、下壁和内、外壁温度差已大为减小，此时升压速度可以比低压阶段快些。但由于此时汽包工作压力升高产生的机械应力较大，因此，最后阶段的升压速度也不能超过规程规定的速度。

由以上可知，在锅炉启动即升温升压过程中，升压速度过快将影响汽包和各部件的安全。但如果升压速度太慢，又必然延长机组的启动时间，显然这是不经济的。因此，对于不同类型的锅炉，应当根据具体的设备条件，通过启动试验，确定升压各阶段的温度升高值或升压所需时间，由此制定出锅炉启动曲线，用以指导锅炉安全和经济启动。

7-58 什么叫锅炉升压过程中的定期工作?

答：锅炉点火以后，随着压力的逐渐升高，锅炉运行人员应按一定的技术要求，在不同的压力下进行有关操作，如关闭空气阀、冲洗水位计、进行锅炉下部的定期放水、检查和记录热膨胀、紧人孔门螺栓等。这些工作的操作时间在锅炉运行规程中通常都有明确的规定，故称其为定期工作。

7-59 锅炉升压过程中的定期工作有哪些?

答：当汽压升至 0.15～0.20MPa 时，空气已经排完。此时应关闭空气阀，开启过热器与再热器的各疏水阀，开启汽轮机高、低压旁路及主蒸汽电动隔离门前面的疏水阀、疏水暖管。

当蒸汽压力升至 0.1～0.3MPa 时，应冲洗汽包水位计一次，冲洗后应仔细核对水位，以保证指示正确。冲洗时操作应缓慢，人不要正对水位计。

压力升至 0.2～0.3MPa 时，可以进行锅炉下部放水。目的是为了促使蒸发受热面各部分受热均匀，并放出沉淀物以提高锅水品质，同时也可以检查水冷壁放水系统是否正常、畅通。在放水过程中，应密切注意汽包水位的变化。为了尽早建立起正常的水循环，在锅炉点火升压的初始阶段，对水冷壁下集箱的放水时间可以长一些。放水时还应区别不同情况，对膨胀量小的集箱放水应加强。根据汽包壁温差以及水冷壁膨胀情况的需要，在升压中期，还可再进行1～2次锅炉放水。

蒸汽压力升到0.5MPa时，应对连接部件的紧固螺栓拧紧，并对设备疏放水。拧紧螺栓是考虑到它们受热膨胀后可能松动，失去连接的紧密性而规定必须有的。

在汽轮机冲转以后，应关闭末级过热器出口启动放气阀。在汽轮机转速升到3000r/min，机组并网并带初负荷暖机后，锅炉应撤出炉烟测温探针，检查确认锅炉本体各疏水阀应全部关闭，汽轮机关闭主蒸汽电动隔绝阀前的疏水阀，根据化学要求开启加药闸、取样阀，投入锅炉连续排污。在蒸汽压力接近额定值之前，还应对锅炉机组进行一次全面性的检查，确保锅炉正常运行时的安全。

若锅炉的安全阀进行过检修，还应进行安全阀的校验，确保其符合要求。

7-60 直流锅炉的启动特点是什么?

答：直流锅炉没有汽包，因而启动时间可以大大缩短，但此时锅炉的启动时间受到汽轮机启动的限制。

单元制直流锅炉机组在进行滑参数启动时，锅炉和汽轮机在同一时间内对蒸汽参数的要求是不同的，如锅炉要求有一定的启动流量和启动压力。前者对受热面的冷却、水动力的稳定性、防止汽水分层都是必要的，因为流量过大也会造成工质和热量损失增加，所以一般规定启动流量为额定值的30%。锅炉启动保持一定的压力对改善水动力特性，防止脉动、停滞，减少启动时汽水膨胀量都是有利的，启动压力约定为7～8MPa。而汽轮机在启动时主要是暖机和冲转，它要求的蒸汽压力和流量是不高的。为了解决直流锅炉单元机组这种启动时锅炉与汽轮机要求不一致的矛盾，也为了使进入汽轮机的蒸汽具有相应压力下50℃以上的过热度，更为了回收利用工质和热量，减少损失，直流锅炉都安装了带有分离器的启动旁路系统。

国产300MW机组和美国、日本的一些UP型锅炉均采用分离器放在第一、二级过热器之间的启动旁路系统。这种系统可以避免旁路系统向正常运行切换时的过热蒸汽温度下跌，防止汽轮机因转换而产生热应力。

7-61 简述直流锅炉带启动旁路系统的启动过程。

答：直流锅炉带启动旁路的启动过程如下：

(1) 循环清洗。目的是清洗沉积在受热面上的杂质和盐分，以及因腐蚀而生成的氧化铁。清洗用温度为104℃的除氧水进行，流量为额定流量的

1/3，后期可增加到100%的额定流量。当省煤器入口和分离器出口水的电导率小于1μS/cm或含铁量小于100mg/kg时，清洗工作结束。

（2）锅炉点火和分离器升压。清洗结束后，可调节给水和过热器旁路阀，使包覆管出口工质流量维持在30%额定流量并保持一定的压力，这个流量一直维持到切除分离器后，汽轮机加负荷时为止。锅炉点火后，工质温度逐渐升高，当辐射受热面中某处达到相应压力下的饱和温度时，此处工质就开始汽化。由于工质蒸发后体积突然增加，使汽化点以后的水高速排出，这就形成直流锅炉启动中的膨胀现象。膨胀过程持续的时间并不长，当分离器前受热面出口温度也达到饱和温度时，膨胀过程很快就结束。如果膨胀量很大，持续时间又短，则膨胀现象就比较严重，造成锅炉工质压力和分离器水位等难以控制。为此，必须控制工质的压力和燃烧率。一般在启动初期，锅炉燃烧控制在额定负荷的10%～15%，使包覆管出口工质温度以110℃/h的速度升高，膨胀结束以后，调整分离器水位并升压至一定数值。

（3）高温过热器通汽。分离器压力上升到一定值之后，即可打开过热器阀通汽，并进行蒸汽管道的预热。待汽轮机前蒸汽参数达到规定数值时，就可以对汽轮机进行冲转、暖机、升速、同步后并网带负荷等。进行以上操作时，锅炉燃烧率约为额定值的15%～20%，分离器压力接近或达到规定值（约3.5～4.5MPa，亦有高达7MPa的），供应10%的额定蒸汽量，汽轮机带7%的负荷。汽轮机带初始负荷后，可将旁路控制转为调速控制。

（4）打开过热器减压阀，实现部分蒸汽直流运行。

（5）切除分离器，过渡到纯直流运行。随着汽轮机负荷增加，开大过热器减压阀，关小低温过热器旁路阀，当负荷达到1/3额定负荷时，将其全部关闭。之后，随着分离器压力下降，将高压加热器和除氧器的汽源改由汽轮机抽汽供给，分离器切除，锅炉以纯直流方式运行。

7-62 复合循环锅炉的启动特点是什么？

答：复合循环锅炉的主通道中有分离器，作用与汽包类似。由于复合循环锅炉点火前就启动再循环泵，因此，启动时水冷壁的冷却是有保证的。限制复合循环锅炉启动速度的是分离器，因为它是厚壁元件，但其直径比自然循环锅炉汽包小，分离器内工质流动和传热情况比较均匀。因此，复合循环锅炉的升温升压速度可比自然循环锅炉大得多。由于它有再循环泵，因而，启动流量仅为额定值的5%～10%，燃烧率为5%左右。这样，锅炉启动初期的炉温和烟温都不高，不必装设减温减压旁路装置。因此，其系统也简单，热损失也小，控制也方便。

7-63 简述复合循环锅炉的启动过程。

答：超临界压力的复合循环锅炉本身没有装设分离器，因此，它的启动过程和直流锅炉相似，通常都要装设启动旁路系统。

复合循环锅炉的启动过程大致如下：

(1) 启动给水泵，维持进入锅炉水冷壁的水量为额定值的5%～10%，水由锅炉启动抽气旁路阀、分离器、分离器放水阀进入凝汽器，并经除盐装置和除氧器再返回给水泵。

(2) 用锅炉启动抽气旁路阀控制水冷壁的压力，启动再循环泵，点火，使水冷壁内工质温度以200℃/h的速度上升。随着产汽量的增加，用锅炉启动抽气阀和锅炉启动抽气旁路阀调整分离器和水冷壁内的压力。打开锅炉启动送汽阀，使蒸汽进入过热器，暖管并经汽轮机旁路阀进入凝汽器。如果蒸汽量较多，可将部分蒸汽送入除氧器或经分离器放汽阀排入凝汽器。此时，分离器压力由分离器放汽阀控制，并设法维持6MPa，水位则由分离器放水阀控制。

(3) 蒸汽符合汽轮机冲转要求时，开始冲转汽轮机，并升速、并网。此时，燃烧率应作相应调整。

(4) 锅炉节流阀前工质温度升到415℃时，用打开锅炉启动旁路阀、锅炉节流阀和关闭锅炉启动抽汽阀与分离器放水阀切换分离器，使分离器退出系统。切换时应力求保持汽轮机前的汽温稳定不变。

(5) 锅炉和汽轮机升温、升压并增加负荷，同时加大燃烧率和给水，待蒸汽参数达到额定值时，转入正常负荷调整，汽轮机则由调速阀进行自动控制。

7-64 锅炉启动过程中的安全监护项目有哪些？

答：锅炉启动过程中的安全监护项目有：

(1) 热膨胀监护。

(2) 升压过程中汽包的安全监护。

(3) 启动过程中过热器的监护。

(4) 启动过程中再热器的监护。

(5) 启动过程中省煤器和空气预热器的监护。

(6) 启动中汽包水位的监护。

(7) 启动过程中蒸汽品质的监护。

7-65 为什么要进行锅炉热膨胀监护？如何进行？

答：锅炉在升压过程中，由于温度升高，各部件都要相应地产生热膨

胀。对新安装或大修后的锅炉，都必须严格监视汽包、联箱和管道的热膨胀情况，定期检查和记录汽包各监视点的温度、各处膨胀指示器的膨胀方向和指示值，判断其膨胀是否正常。如不正常时，必须限制升压速度，并查明原因，采取措施消除。

如果各水冷壁管的受热情况不同，它们的膨胀差异将使下集箱下移的数值不同。因此，水冷壁的受热均匀性可以通过膨胀量加以监督。当水冷壁不能自由膨胀时即有热应力产生，它将使水冷壁管发生弯曲或顶坏其他部件。

对各部件的膨胀指示值，在点火或炉底蒸汽加热前要作好记录。点火或炉底蒸汽加热后，除了要定期记录指示值之外，一般还要从升压初期到汽轮机冲转、暖机、同步带负荷，直至锅炉负荷达到70%额定负荷前，还应进行多次膨胀指示值的检查与记录。通常在锅炉升温升压的初期，检查间隔的时间还应该短些。

当水冷壁及其集箱因受热不同而出现不均匀膨胀时，可以用加强放水，特别是加强膨胀量较小的水冷壁回路放水的方法来解决。

7-66 锅炉升压过程中，汽包金属出现的应力有哪些?

答: 锅炉在启动过程中，汽包壁温差是必须控制的安全性指标之一。锅炉启动时要严格控制其升温升压的速度，很主要的一个原因就是考虑汽包的安全。在锅炉升压过程中，汽包金属出现的应力主要有:

(1) 汽包上、下侧温差产生的热应力。

(2) 汽包内、外壁温差产生的应力。

(3) 汽包内压力产生的应力。

7-67 锅炉升压过程中汽包上、下侧温差产生的热应力是如何形成的?如何计算?

答: 锅炉上水时，由于汽包只上到最低水位，因此，此时出现汽包上、下侧温差及其产生的热应力。但是，此时锅炉尚无压力，只要温差值不过大，汽包工作是安全的。随着锅炉启动过程的进行，汽包内出现蒸汽。由于汽包的上部内壁金属温度低，当与蒸汽接触时，蒸汽即在其上凝结，放出凝结热。而汽包下部此时发生的是水对金属的放热。因蒸汽的放热系数远大于锅水对壁面的放热系数，最终汽包上侧壁温将高于下侧，汽包又一次出现温差并因此产生热应力。此时上侧受到压应力，下侧为拉应力，且均为轴向。由于此时汽包内压力较高，因此，这时温差造成的热应力就比上水时温差产生的热应力具有更大的危险性。为此，一般规定，此时汽包上下侧的温差值不得超过50℃。汽包上、下侧温差产生的轴向应力按下式计算

$$\sigma_{a}^{\theta} = \frac{\alpha E}{2}\Delta\theta$$

式中 $\Delta\theta$——汽包上、下侧平均温差。

7-68 汽包内、外壁温差产生的应力方向是怎样的？如何计算？

答：汽包内、外壁温差 Δt 将在汽包金属中产生轴向和切向应力，内壁受压应力，外壁受拉应力。

计算方法如下：

外壁轴向和切向应力

$$\sigma_{tw}^{t} = \sigma_{aw}^{t} = \frac{\alpha E \Delta t}{1-\mu} \times \frac{2\varphi(\beta)}{(1-\beta^{2})(1-\beta)^{2}}$$

内壁轴向和切向应力

$$\sigma_{tn}^{t} = \sigma_{an}^{t} = \frac{\alpha E \Delta t}{1-\mu} \times \frac{2\varphi(\beta)}{(1-\beta^{2})(1-\beta)^{2}} - 1$$

$$\Delta t = K\omega\delta^{2}(1 + 2\delta/3R_{n})/2\alpha$$

式中 Δt——最大内外壁温差，℃；

K——保温系数，人孔有保温时 $K=1$，无保温时 $K=1.1$；

δ——汽包最大壁厚，m；

R_n——封头内弯曲半径，m；

α——热扩散率，m^2/h；

ω——升温速度，℃/h；

β——内、外径比，$\beta = r_n/r_w$。

$$\varphi(\beta) = \frac{1}{12} - \frac{1}{2}\beta^{2} + \frac{2}{3}\beta^{3} - \frac{1}{4}\beta^{4}$$

7-69 汽包内压力产生的应力方向是怎样的？如何计算？

答：汽包内压力产生的机械应力有切向、轴向和径向应力三种，计算公式如下：

轴向
$$\sigma_{a}^{p} = \frac{r_n^2}{r_w^2 - r_n^2}p$$

切向
$$\sigma_{t}^{p} = \frac{r_n^2}{r_w^2 - r_n^2}\left(1 + \frac{r_w^2}{r^2}\right)p$$

径向
$$\sigma_{r}^{p} = \frac{r_n^2}{r_w^2 - r_n^2}\left(1 - \frac{r_w^2}{r^2}\right)p$$

式中 p——汽包内压力，MPa；

r、r_n、r_w——汽包平均、内、外半径，m。

7-70 实际运行中如何测定汽包内、外壁温差？

答：实际运行中如何测定汽包内、外壁温差，实质上就是如何测定汽包内壁温度。根据试验规律，在锅炉启动初始阶段和稳定运行阶段，蒸汽引出管的外壁温度与汽包上部的内壁温度相差仅在0～3℃范围内，故可直接用引出管的外壁温度代替汽包上部内壁温度。在启动初始阶段，尤其是锅炉先经过底部蒸汽加热后再点火启动的初始阶段，以及锅炉稳定运行的阶段，集中下降管外壁温度与汽包下部内壁表面温度相差在0～5℃范围内，故也可用前者代替后者。

在集控盘上，通常都装几个汽包外壁温度测点，同时还装有几个饱和蒸汽引出管下部外壁温度测点以及集中下降管上部外壁温度测点的表计。在监护和控制温差时，应将这些测点温度数值全部抄下来并进行计算：以最大的引出管外壁温度减去汽包上部外壁最小温度，差值即为汽包上部内、外壁最大温差；若减去集中下降管上部外壁最小温度，其差值就是汽包上、下内壁最大温差。同理也可以计算得到汽包下部内、外壁最大温差等。目前，国内300MW机组锅炉汽包上、下壁和内、外壁温差允许最大值均控制在50℃以内。实践证明，温差只要在此范围内，产生的附加温差热应力不会造成汽包损坏。因此，在升压过程，运行人员应严格监视壁温变化，若发现温差过大，应找出原因并根据设备情况采取相应的措施，使温差不超过50℃，保证汽包安全。

7-71 防止汽包壁温差过大的措施有哪些？

答：防止汽包壁温差过大的措施如下：

（1）严格控制温升速度，尤其是低压阶段的升速要尽量缓慢，这是防止汽包壁温差过大的根本措施。因为在低参数的启动阶段，蒸汽体积流量大，升压太快，蒸汽对汽包上部内壁加热更剧烈，产生的温差就更大。为此，升压过程应严格按给定的锅炉启动曲线进行，若发现汽包壁温差过大，应减慢升压速度或暂停升压。控制升压速度的主要手段是控制燃料耗量，此外还可以加大旁路阀门的开度进行升压速度控制。

（2）升压初期应尽量使压力不产生大的波动。因在低压阶段，压力波动时饱和温度的变动率很大，这将导致温差较大。

（3）尽快建立正常的水循环。在锅炉尚未建立正常水循环之前，水与金属的接触传热很差，因而汽包上、下壁温差很大。水循环正常后，汽包中的水流扰动增加，促进其与壁面传热加强，从而能使上、下壁温差减小。可见，建立正常水循环不仅使水冷壁受热均匀，也可使汽包壁温差减小。

7-72 在升压过程中，尽早建立正常稳定水循环的措施有哪些？

答：在升压过程，水循环早建、稳定、正常的措施一般有以下几点：

(1) 炉膛燃烧稳定，热负荷均匀，是水循环早建、稳定和正常的必不可少的条件。初投燃料量大小要适中，太少，对尽快建立水循环、稳定燃烧和炉膛热负荷均匀等不利；太多，对各部的加热均匀也不利，特别是要对过热器等进行保护，要求限制炉膛出口烟温不大于540℃。为此，投运油枪要均匀、对称。单个油枪油量要少，油枪根数要稍多，也可采取投用油枪轮流调换，以达到炉膛热负荷均匀。

(2) 对自然循环锅炉，要建立起稳定的水循环，必须有一定的蒸发量。压力较低时，虽然水的汽化热较多，但饱和温度低，对应的金属壁温也低，金属和水的蓄热量较少，因此，在相同的燃烧条件下产汽量较多；低压时，汽与水的密度差也较大，相对产生的流动压头较大。随着压力的升高，饱和温度上升，金属和水的蓄热增多，部分燃料放热要消耗在蓄热上，而且这时汽与水的密度差也相对减小。因此，启动初期较低的升压速度对早建稳定的自然循环是有利的。

(3) 炉底蒸汽加热。为了在启动初期尽快建立稳定的水循环，300MW机组的锅炉水冷壁下集箱（或下水包）通常都装有加热蒸汽引入管，借助邻机抽汽或启动锅炉产生的蒸汽加热锅水，一般可将锅水加热到100℃左右再进行锅炉点火。这样，在锅炉点火以后，水冷壁可以立即开始产汽，大大加快了水循环的建立和稳定。投入炉底蒸汽加热后，由于水空间会产生汽泡，使水体积膨胀而引起汽包水位上升。所以，此时运行人员应密切注意保持汽包正常水位。同时在进行炉底蒸汽加热时，还应注意控制锅水升温速度保持在28～56℃/h以内，以免受热面产生过大的温差热应力。

(4) 锅内补放水。锅内补放水就是利用定期排污放水，同时对汽包补充给水以保持汽包正常水位。这样，可使受热较小的水冷壁管用热水代替较冷的水，促进水循环的尽早建立。

7-73 启动过程中，锅炉过热器工作应满足哪些要求？

答：过热器是锅炉中的主要部件之一，它的工质温度和管壁温度都是锅炉受热面中最高者。锅炉启动过程中，保护它的安全是十分重要的。启动过程中，过热器的工作应满足两点要求：

(1) 过热蒸汽的温度和压力应符合汽轮机冲转、升速、并网、升负荷等要求。

(2) 过热器管壁温度不得超过其使用材料的允许值，其联箱、管子等不产生过大的周期性热应力。

7-74 启动过程中，过热汽温调节方法有哪些?

答: 启动过程中，除了监护过热器的安全运行之外，还应控制其出口汽温满足汽轮机的启动要求。启动中过热汽温调节主要有以下几种方法:

(1) 改变燃烧中心高度。投运下层燃烧器可使火焰中心下移，过热汽温下降；反之汽温上升。燃烧器倾角向上，燃烧中心抬高，汽温上升。应当说明的是，改变炉膛火焰中心位置，主要是用来调整再热蒸汽温度，对过热蒸汽温度的调节幅度是较小的。

(2) 调节混合式减温器喷水量。喷水量增加，过热汽温降低，但应注意的是，由于此时蒸汽流量较少，过热度也不大，因此，喷水量不能过多、过快。否则，可能喷水不能完全汽化，产生较大的水冲击损伤受热面。由于有此风险，故在锅炉启动的初期和中期，此种调温方式应尽量避免使用。

(3) 通过启动旁路改变过热器的蒸汽流通量调节。如高、低压旁路开大，在维持汽压不变时，燃烧的燃料量必然增多，过热汽温将升高。

7-75 启动过程中如何防止过热器管壁金属超温损坏?

答: 锅炉正常运行时，过热器管内有蒸汽不断流过，对其进行可靠的冷却，其金属壁就不会超温损坏。单元机组的锅炉在启动过程中，过热器靠锅炉自产蒸汽冷却，但锅炉点火到尚未产生蒸汽以前，过热器处于无蒸汽冷却状态，而这时烟气却在对其加热，所以其壁温很快就会接近流过的烟气温度。为了防止它的管壁金属超温损坏，此时应当限制进入过热器的烟温，使之不得高于过热器管壁最大允许温度。通常在点火初期，以控制炉膛出口烟气温度小于或等于540℃来实现。为此，点火时一般应先投下排油枪，而且投入的燃料量也不能太多，燃料增加不能过猛，应控制汽温升速在2.0～2.5℃/min范围内。

锅炉点火后，锅水受热升温并逐渐产生蒸汽。但在升压的初期，由于燃料燃烧放热量不多，而且有很大一部分要消耗于加热水和金属等，用于锅水蒸发的热量不多，因此产汽量很少。过热器中蒸汽流量很少时，容易出现并列管中的流量不匀。同时，升压初期炉膛火焰充满度不好，温度场也很不匀，造成流经过热器的烟气分配和烟温很不均匀，这样，蒸汽流量少、受烟气加热强的管子就可能发生超温损坏。所以，升压初期，除要限制炉膛出口烟温外，还应尽力保持炉内燃烧工况稳定、火焰不偏斜且充满度好。为此，点火时应保持投入大于最低燃料量的燃烧，同时用两对角油枪切换运行方式，保持炉膛出口左右两侧烟温偏差最大不得超过50℃。

7-76 锅炉在启动过程中，过热器积水有何危害？如何防止？

答：锅炉在冷态启动前，过热器管，特别是立式蛇形管中积水是无法放掉的。点火后蒸汽通过过热器冷却也会凝结成水。蛇形管中的积水会形成水塞，阻止蒸汽畅流。平行管中的积水往往是不均匀的，故在流动压头不大时，部分积水少的管子被疏通，而积水多的管子仍处于水塞状态，必须使疏通管的进出口压差大于水塞管的阻力，才能使水塞管疏通。因此，在没有达到疏通流量之前，应限制热负荷。积水管靠自身蒸发冷却，但在积水水位处会形成多变热应力。为了加快自蒸发，此时应利用凝汽器抽真空。

对于壁式过热器，如包覆管过热器，可利用底部集箱疏水阀把水疏尽。环形集箱疏水阀、水平烟道包覆管下集箱疏水阀、壁式过热器进口疏水阀等，在锅炉启动时均应全开，以利疏水，等压力升高逐步关小，直到汽轮机冲转时才能将它们关死。

为了对过热器暖管疏通，启动开始时，过热器出口集箱疏水阀应部分打开，高压旁路亦应部分打开，等到主汽阀前疏水阀打开以后才关闭。运行实践证明，只要启动方式和操作正确，过热器的积水是不会造成危险的。

7-77 锅炉升压过程中，流经过热器的蒸汽量对锅炉有何影响？

答：随着锅炉升压过程的进行，过热器即依靠锅炉产生的蒸汽冷却。流经过热器的蒸汽，在汽轮机未冲转前，通过高、低压旁路系统引入凝汽器，以减少热量和工质损失。

升压过程中，流经过热器的蒸汽量对锅炉工作有影响。蒸汽流量少，过热器可能得不到足够的冷却；蒸汽流量过大，对其冷却作用加强，对过热器的安全有利，但锅炉升压慢，启动时间延长，启动费用高。

7-78 启动过程中如何保护省煤器？

答：300MW 机组的省煤器通常均为单级布置。锅炉启动时对其保护一般有两种方式，一种是利用汽包与省煤器下集箱的再循环管，形成汽包—省煤器—汽包组成的再循环回路来保护省煤器。对强制循环锅炉，再循环管可接在循环泵之后，借水泵压头形成可靠的强制再循环水流冷却，保护省煤器不超温损坏。另一种是考虑有些锅炉的省煤器相对吸热量较少，而将其布置在烟气入口温度较低区域，此时不再设置再循环管，如 SG-1025/18.2-M319 型自然循环锅炉，省煤器在 MCR 时入口烟温才 441℃，该温度在碳钢可承受的范围内。锅炉启动时，省煤器入口烟温还应低于此值，所以，不设置再循环管也是非常安全的。此外，单元机组启动时，为了保持汽包水位，通常

要采用小流量连续给水方式，因此省煤器可得到一定冷却，所以，省煤器在锅炉启动时通常都是安全的。

7-79 启动过程中，对空气预热器应重点监护哪些方面？

答：锅炉启动时对空气预热器的监护首先要防止发生二次燃烧，其次是不正常的热变形。二次燃烧主要是启动初期燃烧不完全的燃料带到尾部受热面积存下来，在烟温逐渐升高，燃料逐步氧化升温，达到自燃温度后发生。因此，启动时应密切监视空气预热器的出口烟温，当排烟温度不正常升高时，应立即停止启动或停炉，并进行灭火处理。为了防止回转式空气预热器的异常变形，在锅炉点火前，即应启动运转，以保证烟气进入时能对其均匀加热。

7-80 锅炉启动过程中如何进行蒸汽品质的监护？

答：在锅炉启动过程中，随着汽压升高，蒸汽密度不断增大，其性质也愈接近于水，溶盐能力因而增强。对于300MW机组的锅炉，汽包工作压力一般在19MPa以上，蒸汽此时有较强的溶盐能力。如硅酸在汽压为7.8MPa时，溶于蒸汽的数量仅为锅水中溶量的0.5%～0.6%，当汽压升到18MPa时，此值则为8%。锅炉中蒸汽溶解的盐分主要是硅酸 H_2SiO_3，其溶解量随着锅水中的含量增加和压力增加而增多。

蒸汽中溶盐严重影响蒸汽品质。硅酸随蒸汽带入汽轮机后，随着蒸汽在汽轮机中膨胀做功，汽温汽压降低，盐类就以固态从蒸汽中析出，沉积在汽轮机低压通道和叶片上，且难溶于水，严重影响到汽轮机安全、经济运行。因此，锅炉在启动中，对锅水的含盐量应进行严格控制，并根据锅水含硅量限制锅炉的升温升压。排除高浓度含硅锅水，保证蒸汽含硅量在0.02mg/L以内，这个过程称为洗硅。

对于300MW机组的锅炉，在压力升到9.8MPa时开始洗硅，以后锅炉升压必须受锅水中含硅量限制。根据化学取样分析，在锅水硅含量达到下一级压力允许的含硅量时，锅炉才能升压至相应级，并继续进行洗硅，直至正常运行。

不同压力下锅水允许含硅量见表7-2。

表7-2 不同压力下的锅水允许含硅量

蒸汽压力（MPa）	9.8	11.8	14.7	16.7	17.6
锅水中 SiO_2 含量（mg/L）	3.3	1.28	0.5	0.3	0.2

7-81 机组启动过程中如何进行汽包水位的调整？

答：在升压过程中，锅炉的工况变动多，如燃烧调节、汽压汽温逐渐升高、蒸汽流量改变、锅炉下部放水等。这些工况的变动都会对汽包水位产生不同程度的影响，若调控不当，就可能引起水位事故。对于300MW机组的锅炉，蒸汽参数都在亚临界以上，由于给水压力更高，所以水位相对难以控制。因此，对升压过程如何保持正常的汽包水位应当予以足够的重视。

为了安全，锅炉启动过程中，可指派专人对一次水位计的指示进行监视。

在升压过程中，对水位的控制与调整，应密切配合锅炉工况的变化进行。

在点火升压的初期，锅水逐渐受热升温、汽化，因其体积膨胀，汽包水位逐渐升高。同时，一般还要进行锅炉下部放水，使水冷壁受热均匀。同时，还应根据放水量的多少和水位的变化情况，决定是否需要补充进水，以保持汽包水位正常。

在升压过程的中期，主燃烧器投入运行，炉内燃烧逐渐加强，汽温、汽压逐渐加速升高。由于这时蒸汽产量加大，消耗水量增多，故应注意及时地增加给水量，以防水位下降。因主给水管大，给水不容易控制，因而此时一般应用小旁路或低负荷进水管进水。

在升压过程的后期，进行安全阀校验时，在开始的瞬间由于蒸汽突然大量外流，锅炉汽压会因此迅速降低，产生严重的“虚假水位”现象，使汽包水位迅速升高。为了避免造成蒸汽大量带水，事先应将汽包水位保持在较低的位置。当虚假水位很严重时，还应暂时适当地减少给水，待水位停止上升后，再开大给水阀增加给水。

在锅炉送汽带负荷以后，应根据负荷上升的情况，切换主给水管投入运行，并根据需要改变给水调节阀的开度，维持给水量与供汽量的平衡，保持水位正常。当锅炉负荷上升到一定数值，水位也比较稳定后，即可将给水自动调节装置投入运行。

7-82 锅炉启动过程中对再热器的监护项目有哪些？

答：中间再热单元机组再热器的启动保护，主要和启动旁路系统形式、受热面所处温度、汽轮机冲转蒸汽参数及其所用钢材性能等有关。

带中间再热的锅炉，再热器大多布置在烟温较低的烟道内。这样，启动初期控制炉膛出口烟温不超过540℃时，对再热器使用的材料来说，即使“干烧”也不会损坏它。但这种布置在启动初期，再热器吸热很少，很难提高再热汽温。如果用真空法滑参数启动，汽轮机中、低缸内蒸汽湿度很大，运行不安全。所以，此时应用压力法滑参数启动才恰当。

再热器的安全监护除点火、升压初期控制炉膛出口烟温实现以外，在以后的升温升压中保护主要通过启动旁路系统实现。启动旁路系统有一级大旁路、二级旁路和三级旁路启动系统三种。

在锅炉点火、升温升压尚未达到汽轮机设定的冲转蒸汽参数之前，通常高压旁路全开，低压旁路开 1/2～2/3。这样，锅炉产生的蒸汽除暖管外，可经过高压旁路减温减压后进入再热器，再经低压旁路减温减压进入凝汽器中。对于锅炉来说，汽压通常能较早地达到汽轮机冲转要求，而汽温则不能。采用此旁路系统能适当控制升压速度，等待汽温升高。因此时过热器和再热器均有流动蒸汽冷却，其安全性就比较好。待蒸汽参数达到汽轮机冲转设定数值后，汽轮机开始冲转、升速、带负荷等。随着汽轮机负荷的增加，逐渐关小高、低压旁路，直至最后切除旁路。利用旁路系统通汽量的改变来调节汽轮机前的汽温和汽压，通常也是启动过程的主要手段之一。

应当说明的是，旁路系统的蒸汽由于直接进入凝汽器而未通过汽轮机做功，所以，汽轮机设定的冲转蒸汽参数越高，锅炉启动过程的能量损失也越多。

7-83 为什么说启动是汽轮机设备运行中最重要的阶段？

答：汽轮机启动过程中，各部件间的温差、热应力、热变形大。汽轮机多数事故是发生在启动时刻。由于不正确的暖机工况，值班人员的误操作以及设备本身某些结构存在缺陷都可能造成事故，即使在当时没有形成直接事故，但由此产生的后果还将在以后的生产中造成不良影响。现代汽轮机的运行实践表明，汽缸、阀门外壳和管道出现裂纹、汽轮机转子和汽缸的弯曲、汽缸法兰水平结合面的翘曲、紧力装配元件的松弛、金属结构状态的变化、轴承磨损的增大，以及在投入运行初始阶段所暴露出来的其他异常情况，都是启动质量不高的直接后果。

7-84 汽轮机升速、带负荷阶段与汽轮机机械状态有关的主要变化是哪些？

答：汽轮机升速、带负荷阶段与汽轮机机械状态有关的主要变化有：

（1）由于内部压力的作用应力，在管道、汽缸和阀门壳体产生应力。

（2）在叶轮、轮鼓、动叶、轴套和其他转动部件上产生离心应力。

（3）在隔板、叶轮、静叶和动叶产生弯曲应力。

（4）由于传递力矩给发电机转子，汽轮机轴上产生切向应力。

（5）由于振动使汽轮机的动叶，转子和其他部件产生交变应力。

（6）出现作用在推力轴承上的轴向推力。

（7）各部件的温升引起的热膨胀、热变形及热应力。

7-85　汽轮机有哪些不同的启动方式?

答: 汽轮机的启动过程就是将转子由静止或盘车状态加速至额定转速并带负荷至正常运行的过程，根据不同的机组和不同的情况，汽轮机的启动有不同的方式。

按启动过程的新蒸汽参数分为额定参数启动和滑参数启动。

按启动前汽缸温度水平分为冷态启动和热态启动。

按冲动控制转速所用阀门分为调节汽阀启动、自动主汽阀和电动主闸门启动及总汽阀旁路阀启动。

按冲转时的进汽方式分为高、中压缸进汽启动和中压缸进汽启动。

7-86　汽轮机滑参数启动应具备哪些必要条件?

答: 汽轮机滑参数启动应具备如下必要条件:

（1）对于非再热机组要有凝汽器疏水系统，凝汽器疏水管必须有足够大的直径，以便锅炉从点火到冲转前所产生的蒸汽能直接排入凝汽器。

（2）汽缸和法兰螺栓加热系统有关的管道系统的直径应予以适当加大，以满足法兰和螺栓及汽缸加热需要。

（3）采用滑参数启动的机组，其轴封供汽，射汽抽气器工作用汽和除氧器加热蒸汽须装设辅助汽源。

7-87　额定参数启动时为什么必须对新蒸汽管道进行暖管?

答: 通常说的暖管是指自动主汽阀前新蒸汽管道暖管。

额定参数启动时，如果不预先暖管并充分排放疏水，由于较长的管道要吸热，这就保证不了汽轮机冲动参数达到额定值，同时管道中的凝结水进入汽轮机将造成水冲击。暖管时应避免新蒸汽管道突然受热造成过大的热应力和水冲击，使管道产生变形与裂纹。新蒸汽管道的暖管一般分低压暖管和升压暖管。

7-88　启动前进行新蒸汽暖管时应注意什么?

答: 启动前进行新蒸汽暖管时应注意如下事项:

（1）低压暖管的压力必须严格控制。

（2）升压暖管时，升压速度应严格控制。

（3）主汽阀应关闭严密，防止蒸汽漏入汽缸。电动主汽阀后的防腐阀及

调节汽阀和自动主汽阀前的疏水应打开。

（4）为了确保安全，暖管时应投入连续盘车。

（5）整个暖管过程中，应不断地检查管道、阀门有无漏水、漏汽现象，管道膨胀补偿，支吊架及其他附件有无不正常现象。

7-89 为什么低压暖管的压力必须严格控制？

答：低压暖管时，由于管道的初温（接近室温）比蒸汽的饱和温度低得多，蒸汽对管壁进行急剧凝结放热。凝结放热的放热系数相当大，如果不严格控制蒸汽压力，管内蒸汽压力升得过高，则蒸汽的饱和温度与管道内壁温差过大，蒸汽剧烈冷却，从而使管道内壁温度急剧增加，造成管道内、外壁，特别是阀门、三通等部件产生相当大的热应力，使管道及其附件产生裂纹或变形。因此，低压暖管时，必须根据金属管壁的温升速度，逐渐提高蒸汽压力。

此外，管壁的温升速度还与通入管道的蒸汽流量有关，如果蒸汽流量过大，也会使管道部件受到过分剧烈的加热，故低压暖管时，还应十分注意调节总汽阀或疏水阀的开度，以控制蒸汽流量不致过大。

7-90 汽轮机启动前为什么要保持一定的油温？

答：机组启动前应先投入油系统，油温控制在35～45℃，若温度低时，可采用提前启动高压电动油泵，用加强油循环的办法或使用暖油装置来提高油温。

保持适当的油温，主要是为了在轴瓦中建立正常的油膜。如果油温过低，油的黏度增大会使油膜过厚，使油膜不但承载能力下降，而且工作不稳定。油温也不能过高，否则油的黏度过低，以致难以建立油膜，失去润滑作用。

7-91 启动前向轴封送汽要注意什么问题？

答：轴封送汽应注意下列问题：

（1）轴封供汽前应先对送汽管道进行暖管，使疏水排尽。

（2）必须在连续盘车状态下向轴封送汽。热态启动应先送轴封供汽，后抽真空。

（3）向轴封供汽时间必须恰当，冲转前过早地向轴封供汽，会使上、下缸温差增大，或使胀差正值增大。

（4）要注意轴封送汽的温度与金属温度的匹配。热态启动最好用适当温度的备用汽源，有利于胀差的控制，如果系统有条件将轴封汽的温度调节，使之高于轴封体温度则更好，而冷态启动轴封供汽最好选用低温汽源。

(5) 在高、低温轴封汽源切换时必须谨慎，切换太快不仅引起胀差的显著变化，而且可能产生轴封处不均匀的热变形，从而导致摩擦、振动等。

7-92 为什么转子静止时严禁向轴封送汽?

答: 因为在转子静止状态下向轴封送汽，不仅会使转子轴封段局部不均匀受热。产生弯曲变形，而且蒸汽从轴封段处漏入汽缸也会造成汽缸不均匀膨胀，产生较大的热应力与热变形，从而使转子产生弯曲变形。所以转子静止时严禁向轴封送汽。

7-93 以额定参数启动汽轮机时，怎样控制才能减少热应力?

答: 额定参数启动汽轮机时，冲动转子一瞬间，接近额定温度的新蒸汽进入金属温度较低的汽缸内，和新蒸汽管道暖管的初始阶段相同，蒸汽将对金属进行剧烈的凝结放热。使汽缸内壁和转子外表面温度急剧增加，温升过快，容易产生很大的热应力，所以额定参数下冷态启动时，只能采用限制新蒸汽流量、延长暖机和加负荷的时间等办法来控制金属的加热速度。减少受热不均产生过大的热应力和热变形。

7-94 采用额定参数启动方式有哪些优缺点?

答: 额定参数只是在一些母管制机组上不得不采用的一种传统启动方式，而其所存在的缺点越来越受重视，大致有如下几点。

(1) 启动所需时间长，所耗的经济费用高。

(2) 热冲击、热应力、热变形及热膨胀差大而且不易控制，对金属部件的寿命损耗大。

7-95 高、中压缸联合启动和中压缸进汽启动各有什么优缺点?

答: 高、中压缸联合启动有如下优点：蒸汽同时进入高、中压缸冲动转子，这种方法可使高、中压合缸的机组分缸处加热均匀，减少热应力，并能缩短启动时间。缺点是汽缸转子膨胀情况较复杂，胀差较难控制。

中压缸进汽启动有如下优点：冲转时高压缸不进汽，而是待转速升到2000～2500r/min后才逐步向高压缸进汽，这种启动方式对控制胀差有利，可以不考虑高压缸胀差问题，以达到安全启动的目的。但启动时间较长，转速也较难控制。采用中压缸进汽启动，高压缸无蒸汽进入，鼓风作用产生的热量使高压缸内部温度升高，因此还需引进少量冷却蒸汽。

7-96 什么叫负温差启动?为什么应尽量避免负温差启动?

答: 凡冲转时蒸汽温度低于汽轮机最热部位金属温度的启动为负温差启

动。因为负温差启动时，转子与汽缸先被冷却，而后又被加热，经历一次热交变循环，从而增加了机组疲劳寿命损耗。如果蒸汽温度过低，则将在转子表面和汽缸内壁产生过大的拉应力，而拉应力较压应力更容易引起金属裂纹，并会引起汽缸变形，使动静间隙改变，严重时会发生动静摩擦事故，此外，热态汽轮机负温差启动，使汽轮机金属温度下降，加负荷时间必须相应延长，因此一般不采用负温差启动。

7-97 启动、停机过程中应怎样控制汽轮机各部温差?

答: 高参数大容量机组的启动或停机过程中，因金属各部件传热条件不同，各金属部件产生温差是不可避免的，但温差过大，使金属各部件产生过大热应力热变形，加速机组寿命损耗及引起动静摩擦事故。这是不允许的。

因此应按汽轮机制造厂规定，控制好蒸汽的升温或降温速度，金属的温升、温降速度、上下缸温差、汽缸内外壁、法兰内外壁、法兰与螺栓温差及汽缸与转子的胀差。控制好金属温度的变化率和各部分的温差，就是为了保证金属部件不产生过大的热应力、热变形，其中对蒸汽温度变化率的严格监视是关键，不允许蒸汽温度变化率超过规定值，更不允许有大幅度的突增突降。

7-98 启动过程中应注意哪些事项?

答: 汽轮机启动是运行人员的重大操作之一，在启动时应充分准备，认真检查，作好启动前的试验，并在启动中注意:

(1) 严格执行规程制度，机组不符合启动条件时，不允许强行启动。

(2) 在启动过程中要根据制造厂规定，控制好蒸汽、金属温升速度，上下缸、汽缸内外壁、法兰内外壁、法兰与螺栓等温差、胀差等指标。尤其是蒸汽温升速度必须严格控制，不允许温升率超过规定值，更不允许有大幅度的突增突降。

(3) 启动时，进入汽轮机的蒸汽不得带水，参数与汽缸金属温度应相匹配，要充分疏水暖管。

(4) 严格控制启动过程的振动值。

(5) 高压汽轮机滑参数启动中，金属加热比较剧烈的阶段是冲转后和并列后的低负荷阶段，这些阶段容易出现较大的胀差和金属温差。可采用调整真空，投汽缸，法兰、螺栓加热装置和调整轴封用汽温度的办法加以调整。

(6) 在启动过程中，按规定的曲线控制蒸汽参数的变化，保持足够的蒸汽过热度。

(7) 调节系统赶空气要反复进行，直至空气赶完为止。赶空气后保持高压油泵连续运行到机组全速后方可停下，以免空气再次进入调节系统。

(8) 任何情况下，汽温在10min内突降或突升50℃，应打闸停机。

(9) 刚冲转时，一定要控制转速，不能突升过快，并网后调节汽阀应分段开起，严禁并网后突然开足。

(10) 并网后应注意各风、油、水、氢气的温度，调整正常，保持发电机氢气温度不低于35℃。

7-99 高压汽轮机启动有哪些特点?

答: 高压汽轮机结构上比较复杂，动静间隙较小，主要有如下特点:

(1) 高压汽轮机轴向间隙相当小，如启动加热不均匀，将会出现胀差值超过规定，可能造成轴向动静摩擦，因此胀差控制很重要。

(2) 高压机组径向间隙也很小，故控制上下汽缸温差及转子弯曲值极为重要，上下缸温差、转子弯曲超过规定值不得启动，应采取措施使之恢复正常。

(3) 高压机组汽缸壁、法兰都很厚重，一般采用汽缸法兰加热装置。要注意加热蒸汽温度必须比汽缸法兰温度高。加热时，法兰温度应低于汽缸温度。法兰螺栓比较粗大，受热膨胀较慢，要注意法兰和螺栓的温度差。为了减小上下缸温度差，启动时应尽量把下缸的疏水放尽，合理使用汽加热装置，并要对下缸加强保温。为消除转子热弯曲，停机后，启动前都必须投连续盘车。

(4) 高压机组启动时，应特别注意机组的振动情况。如振动超过规定，应立即果断停机投盘车，不得使用降速暖机的办法消除振动。

7-100 汽轮机启动时，暖机稳定转速为什么应避开临界转速150～200r/min?

答: 这是因为在启动过程中，主汽参数、真空都会波动，且厂家提供的临界转速值在实际运转中会有一定出入，如不避开一定转速，工况变动时机组转速可能会落入共振区而发生更大的振动，所以规定机稳定转速应避开临界转速150～200r/min。

7-101 汽轮机冲转时，转子冲不动的原因有哪些？冲转时应注意什么?

答: 冲转时汽轮机不转的原因有:

(1) 汽轮机动静部分有卡住现象。

(2) 冲动转子时真空太低或新汽参数太低。

(3) 盘车装置未投。

(4) 操作不当，应开的阀门未开，如危急安全器未复位，主汽阀、调节

汽阀未开等。

汽轮机启动时除应注意启动阀位置，主汽阀、调节汽阀开度，油动机行程与正常启动时比较外，还应注意调节级后压力升高情况。一般汽轮机冲转时，调节级后压力规定为该机额定压力的10%～15%，如果转子不能在此状态下转动则应停止汽轮机启动，并查明原因。

7-102 汽轮机冲转条件中为什么规定要有一定数值的真空？

答：汽轮机冲转前必须有一定的真空，一般为60kPa左右，若真空过低，转子转动就需要较多的新蒸汽，而过多的乏汽突然排至凝汽器，凝汽器汽侧压力瞬间升高较多，可能使凝汽器汽侧形成正压，造成排大气安全薄膜损坏，同时也会给汽缸和转子造成较大的热冲击。

冲动转子时，真空也不能过高，真空过高不仅要延长建立真空的时间，也因为通过汽轮机的蒸汽量较少，放热系数也小，使得汽轮机加热缓慢，转速也不易稳定，从而会延长启动时间。

7-103 汽轮机启动升速和空负荷时，为什么排汽温度反而比正常运行时高？采取什么措施才能降低排汽温度？

答：汽轮机升速过程及空负荷时，因进汽量较小，故蒸汽进入汽缸后主要在高压段膨胀做功，至低压段时压力已降至接近排汽压力数值，低压级叶片很少做功或者不做功，形成较大的鼓风摩擦损失，加热了排汽，使排汽温度升高。此外，此时调节汽阀开度很小，额定参数的新汽受到较大的节流作用，亦使排汽温度升高。这时凝汽器的真空和排汽温度往往是不对应的，即排汽温度高于真空对应下的饱和温度。

大机组通常在排汽缸设置喷水减温装置，排汽温度高时，喷入凝结水以降低排汽温度。

对于没有排汽缸喷水装置的机组，应尽量缩短空负荷运行时间。当汽轮发电机并列带部分负荷时，排汽温度即会降低至正常值。

7-104 汽轮机升速和加负荷过程中为什么要监视机组的振动情况？

答：大型机组启动时，发生振动多在中速暖机及其前后升速阶段，特别是通过临界转速的过程中，机组振动将大幅度的增加。在此阶段中，如果振动较大，最易导致动静部分摩擦，汽封磨损，转子弯曲。转子一旦弯曲，振动越来越大，振动越大，摩擦就越厉害。这样恶性循环，易使转子产生永久性变形弯曲，使设备严重损坏。因此要求暖机或升速过程中，如果发生较大的振动，应该立即打闸停机，进行盘车直轴，消除引起振动的原因后，再重新启动机组。

机组定速并网后，每增加一万负荷，蒸汽流量变化较大，金属内部温升速度较快，主蒸汽温度再配合不好，金属内外壁最易造成较大温差，使机组产生振动。因此，每增加一定负荷时需要暖机一段时间，使机组逐步均匀加热。

综上所述，机组升速与带负荷过程中，必须经常监视汽轮机的振动情况。

7-105 启动前采用盘车预热暖机有什么好处?

答: 盘车预热暖机就是冷态启动前在盘车状态通入蒸汽，对转子、汽缸在冲转前就进行加热，使转子温度达到其材料脆性转变温度 150℃以上。采用这种方法有下列好处:

(1) 盘车状态下用阀门控制少量蒸汽加热，蒸汽凝结放热时可避免金属温升率太大，高压缸加热至 150℃时再冲转，减少了蒸汽与金属壁的温差，温升率容易控制，热应力较小。

(2) 盘车状态加热到转子材料脆性转变温度以上，使材料脆性断裂现象也得到缓和。

(3) 可以缩短或取消低速暖机，经过盘车预热后转子和汽缸温度都比较高（相当于热态启动时的缸温）。故根据具体情况可以缩短或取消低速暖机。

(4) 盘车暖机可以在锅炉点火前用辅助汽源进行，缩短了启动时间，降低了启动费用。

事实证明：只要汽缸保温良好、汽缸疏水畅通，采用上述方法暖机不会产生显著的上下缸温差。

7-106 用内上缸内壁温度 150℃来划分冷热态启动的依据是什么?

答: 高压汽轮机停机时，汽缸转子及其他金属部件的温度比较高，随着时间的延续才逐渐冷却下来，若在未达到全冷状态要求启动汽轮机时，就必须注意此时与全冷态下启动的不同特点，一般把汽轮机金属温度高于冷态启动额定转速时的金属温度状态称为热态，大型机组冷态启动至额定转速时，下汽缸外壁金属温度为 120～200℃。这时，高压缸各部的温度、膨胀都已达到或稍为超过空负荷运行的水平，高、中压转子中心孔的温度已超过材料的脆性转变温度，所以机组不必暖机而直接在短时间内升到全速并带一定负荷。故以内缸内壁 150℃为冷、热态启动的依据。

7-107 轴向位移保护为什么要在冲转前投入?

答: 冲转时，蒸汽流量瞬间较大，蒸汽必先经过高压缸，而中、低压缸

几乎不进汽，轴向推力较大，完全由推力盘来平衡，若此时的轴向位移超限，也同样会引启动静摩擦，故冲转前就应将轴向位移保护投入。

7-108 为什么在启动、停机时要规定温升率和温降率在一定范围内？

答：汽轮机在启动、停机时，汽轮机的汽缸、转子是一个加热和冷却过程。启、停时，势必使内、外缸存在一定的温差。启动时由于内缸膨胀较快，受到热压应力，外缸膨胀较慢则受到热拉应力；停机时，应力形式则相反。当汽缸金属应力超过材料的屈服应力极限时，汽缸可能产生塑性变形或裂纹，而应力的大小与内外缸温差成正比，内外缸温差的大小与金属的温度变化率成正比，启动、停机时没有对金属应力的监测指示，取一间接指标，即用金属温升率和温降率作为控制热应力的指标。

7-109 冲转后为什么要适当关小主蒸汽管道的疏水阀？

答：主蒸汽管道从暖管到冲转这一段时间内，暖管已经基本结束，主蒸汽管温度与主蒸汽温度基本接近，不会形成多少疏水。另外，冲转后，汽缸内要形成疏水，如果这时主蒸汽管疏水阀还是全开，疏水膨胀器内会形成正压，排挤汽缸的疏水，造成汽缸的疏水疏不出去，这是很危险的。疏水扩容器下部的存水管与凝汽器热井相通，全开主蒸汽管疏水阀，疏汽量过大，使水管中存在汽水共流，形成水冲击，易振坏管道，影响凝汽器真空；另外，疏水阀全开，热损失大，所以冲转后应关小主蒸汽管上所有疏水阀。

7-110 为什么机组达全速后要尽早停用高压油泵？

答：机组在启动冲转过程中，主油泵不能正常供油时，高压调速油泵代替主油泵工作。随着汽轮机转速的不断升高，主油泵逐步进入正常的工作状态，汽轮机转速达3000r/min，主油泵也达到工作转速，此时主油泵与高压油泵成了并泵运行。若设计的高压油泵出口油压比主油泵出口油压低，则高压调速油泵不上油而打闷泵，严重时将高压调速油泵烧坏，引起火灾事故。若设计的高压调速油泵出口油压比主油泵出口油压高，则主油泵出油受阻，转子窜动，轴向推力增加，推力轴承和叶轮口环均会发生摩擦，并且泄漏油量大，会造成前轴承箱满油，所以机组达到全速后，应检查主油泵出口油压正常后，及时停用高压油泵。

7-111 汽轮机启动、停机时为什么要规定蒸汽的过热度？

答：如果蒸汽的过热度低，在启动过程中，由于前几级温度降低过大，后几级温度有可能低到此级压力下的饱和温度，变为湿蒸汽。蒸汽带水对叶片的危害极大，所以在启动、停机过程中蒸汽的过热度要控制在50～100℃

较为安全。

7-112 热态启动时应注意哪些问题？

答：热态启动时应注意如下问题：

（1）热态启动前应保证盘车连续运行，大轴弯曲值不得大于原始值，否则不得启动，应连续盘车直轴，直至合格。连续盘车应在 4h 以上，不得中断。若有中断，应追加 10 倍于盘车中断时间连续盘车。

（2）先向轴封送汽，后抽真空。轴封高压漏汽阀应关闭严密，轴封用汽使用高温汽源（送轴封汽前应充分疏水），真空至 39.997kPa，通知锅炉点火。

（3）必须加强本体和管道疏水，防止冷水、冷汽倒至汽缸或管道，引起水击振动。

（4）低速时应对机组全面检查，确认机组无异常后，即升至全速，并列带适当负荷。在升速过程中应防止转速上升过快又降速的现象。

（5）在低速时应严格监视机组振动情况，一旦轴承振动过大，应立即打闸停机，投盘车，测量轴弯曲情况（如因故盘车投不上，不得强行盘车，查明原因，采取措施后，方可再次投盘车）。

（6）要适时投入汽缸法兰加热装置。

7-113 为什么热态启动时先送汽封后抽真空？

答：热态启动时，转子和汽缸金属温度较高，如先抽真空，冷空气将沿轴封进入汽缸，而冷空气是流向下缸的，因此下缸温度急剧下降，使上下缸温差增大，汽缸变形，动静产生摩擦，严重时使盘车不能正常投入，造成大轴弯曲，所以热态启动时应先送汽封，后抽真空。

7-114 低速暖机时为什么真空不能过高？

答：低速暖机时，若真空太高，暖机的蒸汽流量太小，机组预热不充分，暖机时间反而加长。另外，过临界转速时，要求尽快地冲过去，其方法有：①加大蒸汽流量；②提高真空。若一冲转就将真空提得太高，冲越临界转速的时间就加长了，机组较长时间在接近临界转速的区域内运行是不安全，也是不允许的。

7-115 辅助设备及系统的启动项目有哪些？

答：（1）联系启动循环水泵、凝汽器通循环水、凝结水除盐装置的准备和投运。

（2）启动工业水泵，投入联锁开关。

（3）联系启动热动空压机，投入厂用压缩空气系统。

（4）启动润滑油系统、低油压保护投入，启动润滑油泵，进行油循环。当油系统充满油，润滑油压已经稳定，对油系统管道、法兰、油箱油位、主机各轴承回油等情况进行详细检查。

（5）投入密封油系统。

（6）发电机充氧（发电机冷却方式是水氢氢）。

（7）启动顶轴油泵，投入汽轮机盘车装置。

（8）启动 EH 油泵，投入联锁开关。

（9）启动旁路油站运行。

（10）启动化学补充水泵向凝汽器补水至正常位置。

（11）启动开式循环水泵，投联锁。

（12）启动闭式循环水泵，投联锁。

（13）联系启动锅炉或邻机送汽至辅助蒸汽母管暖管，暖管结束后投入辅汽系统运行。

（14）启动凝结水泵，投联锁开关；凝结水再循环，水质合格后，向除氧器上水，冲洗凝结水系统及除氧器。在冲洗合格后，将除氧器水位补至正常水位（2.5～3.0m），然后投“自动”。

（15）根据锅炉需要启动电动给水泵或用凝升泵向锅炉上水。

（16）在锅炉点火前作调节保安系统静止试验。

（17）投轴封系统，用辅助汽源向轴封送汽；转子静止时绝对禁止向轴封送汽，否则可能引起转轴弯曲。

（18）启动真空泵，抽真空，真空大于－30kPa，联系锅炉点火。

（19）锅炉起压后（0.1MPa），启动除氧器循环泵，投入除氧器蒸汽加热，投入高低压旁路系统运行：手动方式开低压旁路 50%额定容量，高压旁路 20%～30%配合锅炉或升温升压，注意水幕保护及高、低压旁路减温水投入。

（20）启动发电机水冷系统。

（21）选择主汽轮机的运行控制方式，主汽轮机可以三种方式启动和运行，即汽轮机自动程序控制（ATC）、运行人员自动操作（OPER AUTO）和手动操作（TURBIVE MANUAL）。

（22）DEH 系统控制器及 ETS 盘面检查。

7-116 机组启动时，高压油泵启动后，应注意检查什么？

答：高压油泵启动后，应检查下列项目：

（1）油泵运转是否正常。检查油泵出口油压；法兰漏油；冷却水情况；轴承温度、振动、声响；电动机的电流和温升等符合要求。

（2）油系统各部油压正常。

（3）机组各轴承温度、油盅油位、各轴承油流、回油量与回油温度（轴承油流不正常或看不清楚应及时排除，不能恢复正常，严禁启动汽轮机，轴封供汽后还应注意每道轴承回油窗应无水珠）。

（4）整个油系统无泄漏（管道、阀门、法兰，压力表考克接头，冷油器等）。

（5）油箱油位变化情况，启动排烟风机和防爆风机。

（6）油系统滤网前后压差。

（7）调整油温。

7-117 国产300MW汽轮机暖机分为哪几个主要阶段？各阶段暖机的目的和效果如何？

答：国产300MW汽轮机暖机有低速暖机、中速暖机、初始负荷暖机、低负荷暖机等几个主要阶段。

（1）低速暖机（600r/min）。主要用于对机组全面检查，低速暖机因汽量小，蒸汽参数低，换热系数不大，暖机效果不明显，一般停留30min。

（2）中速暖机（1500～1800r/min）。它是300MW机组启动的重要暖机阶段，这是因为中速暖机后，机组要通过临界转速，届时升速较快，蒸汽流量变化较大，金属温升率也会增大，如果中速暖机不充分，会使金属各部件产生较大的温差、汽轮机变形，振动增大，胀差超限，中速暖机一般停留90～120min，待高压处下缸处壁温度高于200℃，中压外下缸外壁温度高于150℃，中压缸胀出后才可升速。

（3）初始负荷暖机（10～20MW）。它是弥补机组为避开临界转速而不能高速暖机的缺陷。进一步提高金属温度，防止材料脆性损坏，避免过大的热应力，初始负荷暖机一般为30min。

（4）低负荷暖机（40～50MW）。进一步提高金属温度，为汽轮机适应汽温、汽压、负荷大幅度增加，准备必要的缸温和缸胀条件，避免金属热冲击，胀差超限，机组振动。低负荷暖机一般为60～90min，待汽缸总膨胀大于20mm，中压缸膨胀高于6mm，高、中压外下缸外壁温度高于350℃，胀差不过大时，锅炉才可切分。

低负荷暖机后，若要解列进行超速试验，则暖机时间应维持4～5h，待转子中心孔内壁温度超过其低温脆性转变温度约121℃后，才可解列进行超

速试验。

7-118 300MW 机组冷态启动时，怎样使转子平稳迅速地通过临界转速?

答: 300MW 汽轮机冷态启动过程中，为了避免产生过大的振动和轴承油膜振荡，提升转速时应使转子平稳迅速地通过临界转速。但怎样才能做到这一点呢? 一般说来有三个措施:

(1) 操作启动阀以较大升程开大调节汽阀。

(2) 关小真空破坏阀，提高真空。

(3) 调节关小有关疏水阀。

由于 300MW 汽轮机轴系临界转速较多，所以在采用上述措施时，应结合机组升速前的蒸汽参数、背压和胀差情况具体选择。但是不管采用单一措施，还是采用综合措施，转子过临界转速时，从液晶转速表上可以看到转速数字是连续上升的，不应出现怠速、回降和忽上忽下的情况。

7-119 汽轮机冲转前的状态是怎样的?

答: (1) 使用盘车装置进行盘车。

(2) 主汽阀完全关闭 (TV CLOSED)。

(3) 调节汽阀 (GV)、再热主汽阀 (RV) 和再热调节汽阀 (IV) 全开。

(4) 主汽阀前蒸汽参数按启动蒸汽参数曲线 (主汽阀进口汽压、进口汽温和蒸汽室壁金属温度之间的关系曲线) 确定。

(5) 真空破坏门关闭。

(6) 汽轮机所有疏水阀开启。

(7) 排汽压力尽可能低，而且不大于再热汽轮机全速空负荷曲线所给出的再热蒸汽温度和排汽压力限制的组合值，不遵守排汽压力限制会导致叶片损坏或汽轮机动静部分之间的摩擦，造成严重事故。

(8) 转速大于 3r/min 时，低压缸喷水处于备用状态。

7-120 为什么汽轮机启动中，在 50%额定负荷前，凝汽器水柱要保持高水位，而超过 50%额定负荷后，要改为低水位运行?

答: 因为凝汽器热井上接有某些疏水管 (例如: 汽轮机本体疏水扩容器疏水管，低压加热器疏水排凝汽器管等)，机组启动 50%额定负荷以下时，汽轮机的排汽量较少，通过凝结水泵出口调整阀与凝结水再循环阀维持凝汽器汽侧高水位运行，可确保疏水管管口浸没在水面以下。这样，当疏水进入热井就不会直接冲入凝汽器而发生撞击振动，可以减少铜管的损坏。机组带

50%额定负荷以上，汽轮机的排汽量较大时关闭凝结水再循环阀，适当开大凝结水泵出口调整阀，利用凝结水泵的汽蚀原理自动维持凝汽器低水位运行，可减少人工调节量，并能降低厂用电消耗。

7-121　为什么高、低压加热器最好随机启动？

答：高、低压加热器随机启动，能使加热器受热均匀，有利于防止铜管胀口漏水，有利于防止法兰因热应力大造成的变形。对于汽轮机来讲，由于连接加热器的抽汽管道是从下汽缸接出的，加热器随机启动，也就等于增加了汽缸疏水点，能减少上下汽缸的温差。此外，还能简化机组并列后的操作。

7-122　国产300MW机组凝结水系统循环时，为什么要控制凝结水泵出口压力为0.196～0.784MPa，流量为300～700t/h？

答：主要考虑保证化学二次除盐装置覆盖过滤器的安全，因为覆盖过滤器的滤元是纸浆薄膜结构，凝结水压力过高会造成破膜；压力过低，流量过小易造成脱膜。

7-123　国产300MW机组启动前，除氧器开始加热时，为什么要保证凝结水泵出水温度不高于60℃？如何保证？

答：机组启动前，除氧器开始加热凝结水时，一定要保证凝结水泵出水温度不高于60℃，这是化学水处理的要求，因为凝结水温度太高，容易使化学混床中的树脂碎裂，而且水中的二氧化硅胶体不易除去。一般说来，保证凝结水泵出水温度低于60℃的措施有：

（1）控制除氧器加热温度。

（2）增大凝汽器循环水量。

（3）适当提高凝汽器汽侧水位。

（4）提前抽真空。

7-124　国产300MW机组启动旁路系统有哪些特点？

答：国产300MW机组普遍采用总容量为锅炉蒸发量的37%或47%的两级旁路并联系统。

大旁路（又称全机旁路）分两路从主蒸汽联络管上接出，每路容量为锅炉额定蒸发量的10%或15%，经快速减压减温器，再经装在汽轮机凝汽器喉部外侧的扩容式减温减压器，直通凝汽器。

小旁路（又称高压缸旁路）从主蒸汽联络管上接出，容量为锅炉蒸发量的17%，经快速减压减温器，接入再热器冷段。

主蒸汽，大、小旁路减温水来自给水泵出水母管。

再热蒸汽减温水来自给水泵抽头母管。

扩容式减温减压器减温水来自凝结水升压泵出水母管。

7-125 什么叫缸胀？机组启动停机时，缸胀如何变化？

答：汽缸的绝对膨胀叫缸胀。

启动过程是对汽轮机汽缸、转子及每个零部件的加热过程。在启动过程中，缸胀逐渐增大；停机时，汽轮机各部金属温度下降，汽缸逐渐收缩，缸胀减小。

7-126 什么叫胀差？胀差正负值说明什么问题？

答：汽轮机启动或停机时，汽缸与转子均会受热膨胀，受冷收缩。由于汽缸与转子质量上的差异，受热条件不相同，转子的膨胀及收缩较汽缸快，转子与汽缸沿轴向膨胀的差值，称为胀差。胀差为正值时，说明转子的轴向膨胀量大于汽缸的膨胀量；胀差为负值时，说明转子轴向膨胀量小于汽缸膨胀量。

当汽轮机启动时，转子受热较快，一般都为正值；汽轮机停机或甩负荷时，胀差较容易出现负值。

7-127 胀差大小与哪些因素有关？

答：汽轮机在启动、停机及运行过程中，胀差的大小与下列因素有关：

（1）启动机组时，汽缸与法兰加热装置投用不当，加热汽量过大或过小。

（2）暖机过程中，升速率太快或暖机时间过短。

（3）正常停机或滑参数停机时，汽温下降太快。

（4）增负荷速度太快。

（5）甩负荷后，空负荷或低负荷运行时间过长。

（6）汽轮机发生水冲击。

（7）正常运行过程中，蒸汽参数变化速度过快。

7-128 如何确定汽轮机轴向位移的零位？

答：在冷状态时，轴向位移零位的定法是将转子的推力盘推向推力瓦工作瓦块，并与工作面靠紧，此时仪表指示应为零。

7-129 如何确定高压胀差零位？

答：高压胀差的零位定法与轴向位移的零位定法相同。汽轮机在全冷状态下，将转子推向发电机侧，推力盘靠向推力瓦块工作面，此时仪表指示为零。机组在盘车过程中高压胀差指示表应为一定的负值（－0.3～－0.4mm）。

7-130　轴向位移与胀差有何关系？

答：轴向位移与胀差的零点均在推力瓦块处，而且零点定位法相同。轴向位移变化时，其数值虽然较小，但大轴总位移发生变化。轴向位移为正值时，大轴向发电机方向位移，胀差向负值方向变化：当轴向位移向负值方向变化时，汽轮机转子向车头方向位移，胀差值向正值方向增大。

如果机组参数不变，负荷稳定，胀差与轴向位移不发生变化。机组启停过程中及蒸汽参数变化时，胀差将会发生变化，而轴向位移并不发生变化。

运行中轴向位移变化，必然引起胀差的变化。

7-131　胀差在什么情况下出现负值？

答：由于汽缸与转子的钢材有所不同，一般转子的线膨胀系数大于汽缸的线膨胀系数，加上转子质量小受热面大，机组在正常运行时，胀差均为正值。

当负荷下降或甩负荷时，主蒸汽温度与再热蒸汽温度下降，汽轮机水冲击；机组启动与停机时汽加热装置使用不恰当，均会使胀差出现负值。

7-132　机组启动过程中，胀差大如何处理？

答：机组启动过程中，胀差过大，运行人员应做好如下工作：

（1）检查主蒸汽温度是否过高，适当降低主蒸汽温度。

（2）使机组在稳定转速和稳定负荷下暖机。

（3）适当提高凝汽器真空，减少蒸汽流量。

（4）增加汽缸和法兰加热进汽量，使汽缸迅速胀出。

7-133　汽轮机启动时怎样控制胀差？

答：可根据机组情况采取下列措施：

（1）选择适当的冲转参数。

（2）制定适当的升温、升压曲线。

（3）及时投用汽缸、法兰加热装置，控制各部金属温差在规定的范围内。

（4）控制升速速度及定速暖机时间，带负荷后，根据汽缸温度掌握升负荷速度。

（5）冲转暖机时及时调整真空。

(6) 轴封供汽使用适当，及时进行调整。

7-134 汽轮机上、下汽缸温差过大有何危害?

答: 高压汽轮机启动与停机过程中，很容易使上下汽缸产生温差。有时，机组停机后，由于汽缸保温层脱落，同样也会造成上下汽缸温差大，严重时，甚至达到130℃左右。通常上汽缸温度高于下汽缸温度。上汽缸温度高，热膨胀大，而下汽缸温度低，热膨胀小。温差达到一定数值就会造成上汽缸向上拱起。在上汽缸拱背变形的同时，下汽缸底部动静之间的径向间隙减小，因而造成汽轮机内部动静部分之间的径向摩擦，磨损下汽缸下部的隔板汽封和复环汽封，同时隔板和叶轮还会偏离正常时所在的平面（垂直平面），使转子转动时轴向间隙减小，结果往往与其他因素一起造成轴向摩擦。摩擦就会引起大轴弯曲，发生振动。如果不及时处理，可能造成永久变形，机组被迫停运。

7-135 为什么要规定冲转前上、下缸温差不高于50℃?

答: 当汽轮机启动与停机时，汽缸的上半部温度比下半部温度高，温差会造成汽轮机汽缸的变形。它可以使汽缸向上弯曲，从而使叶片和围带损坏。曾对汽轮机进行汽缸挠度的计算，当汽缸上下温差达100℃时，挠度大约为1mm，通过实测，数值也是很近似。由经验表明，假定汽缸上下温差为10℃，汽缸挠度大约0.1mm，一般汽轮机的径向间隙为0.5～0.6mm。故上下汽缸温差超过50℃时，径向间隙基本上已消失，如果这时启动，径向汽封可能会发生摩擦，使径向间隙增大，影响机组效率。严重时还能使围带的铆钉磨损，引起更大的事故。

7-136 造成下汽缸温度比上汽缸温度低的原因有哪些?

答: 造成下汽缸温度比上汽缸温度低的原因有以下几个方面:

(1) 下汽缸比上汽缸金属质量大，约为上汽缸的两倍，而且下汽缸有抽汽口和抽汽管道，散热量面积大，保温条件差。

(2) 机组在启动过程中，温度较高的蒸汽上升，而内部疏水由上而下流到下汽缸，从下汽缸疏水管排出，使下缸受热条件恶化。如果疏水不及时或疏水不畅，上下缸温差更大。

(3) 停机后，机组虽在盘车中，但由于疏水不良或下汽缸保温质量不高及汽缸底部挡风板缺损，空气对流量增大，使上下汽缸冷却条件不同，增大了温差。

(4) 滑参数启动或停机时，汽加热装置使用不得当。

（5）机组停运后，由于各级抽汽阀、新蒸汽阀关不严，汽水漏至汽缸内。

7-137　如何减少上、下汽缸温差？

答：为减小上、下汽缸温差，避免汽缸的拱背变形，应该做好下列工作：

（1）改善汽缸的疏水条件，选择合适的疏水管径，防止疏水在底部积存。

（2）机组启动和停机过程中，运行人员应正确及时使用各疏水阀。

（3）完善高、中压下汽缸挡风板，加强下汽缸的保温工作，保温不应脱落，减少冷空气的对流。

（4）正确使用汽加热装置，发现上下缸温差超过规定数值时，应用汽加热装置对上汽缸冷却或对下汽缸加热。

7-138　什么叫弹性变形？什么叫塑性变形？汽轮机启动时如何控制汽缸各部温差，减少汽缸变形？

答：金属部件在受外力作用后，无论外力多么小，部件均会产生内部应力而变形。当外力停止作用后，如果部件仍能恢复到原来的形状和尺寸，则这种变形称为弹性变形。

当外力增大到一定程度时，外力停止作用后，金属部件不能恢复到以前的形状和几何尺寸，这种变形称为塑性变形。

对汽轮机来讲，各部件是不允许产生塑性变形的。汽轮机启动时，应严格控制汽缸内外壁、上下汽缸、法兰内外壁和法兰左右等温差，保证温差在规定范围内，从而避免不应有的应力产生。具体温差应控制在如下范围内：

（1）高、中压内、外缸的法兰内外壁温差不大于80℃。

（2）高、中压内、外缸温差（内缸内壁与外缸内壁，内缸外壁与外缸外壁）不大于50～80℃。

（3）高、中压内缸上下温差不大于35℃，外缸上下温差不大于50℃。

（4）螺栓与法兰中心温差不大于30℃。

（5）高、中压内外缸法兰左右温差不大于10℃。

机组在启动过程中，应严密监视金属各测点温度变化情况，适当调整加热汽量，并注意主蒸汽温度和再热蒸汽温度不应过高或过低，做好以上各项工作，机组启动方可得到安全保证，延长机组使用寿命。

7-139　汽轮机转子弯曲测点处的表计指示值是否为转子的实际弯曲值？

为什么？

答：机头大轴弯曲指示值不是转子的实际弯曲值。因为转子弹性弯曲较大时，正是汽缸的弯曲比较大的时候，而且弯曲最大的部位一般在调节级前后，离大轴弯曲指示测点还有一定的距离，转子由 1、2 号瓦支撑。因此，根据大轴弯曲指示表晃动的数值、轴的长度、支撑点和测点之间的距离，由三角形相似的比例关系，可以计算转子的实际最大弯曲值。计算式如下

$$f_{max} = 0.25\frac{L}{e}f_u$$

式中 f_{max}——最大弹性弯曲值；

L——转子轴瓦之间的距离；

e——千分表至 1 号瓦之间的距离；

f_u——大轴弯曲指示值。

7-140 汽轮机带负荷到什么阶段可以不限制加负荷速度？

答：根据汽轮机制造厂产品说明书和大机组启动经验介绍，当调整段下缸及法兰内壁金属温度达到相当于新蒸汽温度减去新蒸汽与调整段金属正常运行最大温差时，可以认为机组启动加热过程基本结束，机组带负荷速度不再受限制。此后可以将机组负荷加到额定负荷。例如，125MW 机组在带负荷过程中，高、中压内缸及法兰温度达到 350℃时，汽加热装置可以停用，加负荷速度可以快一些，也可以直接加到额定负荷。因为在此阶段，汽缸温度水平已经很高，主蒸汽压力和温度及主蒸汽流量较大，汽缸、法兰金属壁受热条件比冷态时要好，各部温差不致于过大，负荷增加速度虽然较快，但对机组金属热应力影响并不大。

7-141 汽轮机转子发生摩擦后为什么会产生弯曲？

答：由于汽缸法兰金属温度存在温差，导致汽缸变形，径向动静间隙消失，造成转子旋转时，机组端部轴封和隔板汽封处径向发生摩擦而产生很大的热量。产生的热量使轴的两侧温度差很快增大。温差的增加，使转子产生弯曲。这样周而复始，大轴两侧温差越大，转子越弯曲。

7-142 汽轮机停机后或热态启动前，发现转子弯曲值增加及盘车电流晃动，其原因是什么？怎样处理？

答：汽轮机停机后或热态启动前，发现转子弯曲值增加及盘车电流晃动，其原因往往是高、中压汽缸上下温差超过规定值，而引起汽缸变形，汽封摩擦，造成大轴弯曲。

发现转子弯曲值增加，盘车电流晃动，首先应检查原因，如属于上下汽

缸温差过大，则应先检查汽轮机各疏水阀开关是否正确，有无冷水冷汽倒至汽缸，根据高、中压上下汽缸温差情况对下汽缸加热或对上汽缸用空气进行冷却，使上下汽缸温差尽量减少，盘车直轴，并要求大轴弯曲值恢复到原始数值。

7-143　热态启动时为什么要求新蒸汽温度高于汽缸温度50～80℃？

答：机组进行热态启动时，要求新蒸汽温度高于汽缸温度50～80℃。可以保证新蒸汽经调节汽阀节流，导汽管散热、调节级喷嘴膨胀后，蒸汽温度仍不低于汽缸的金属温度。因为机组的启动过程是一个加热过程，不允许汽缸金属温度下降。如在热态启动中新蒸汽温度太低，会使汽缸、法兰金属产生过大的应力，并使转子由于突然受冷却而产生急剧收缩，高压胀差出现负值，使通流部分轴向动静间隙消失而产生摩擦，造成设备损坏。

7-144　汽轮机启动过程中，汽缸膨胀不出来的原因有哪些？

答：启动过程中，汽缸膨胀不出来的原因有：

(1) 主蒸汽参数、凝汽器真空选择控制不当。

(2) 汽缸、法兰螺栓加热装且使用不当或操作错误。

(3) 滑销系统卡涩。

(4) 增负荷速度快，暖机不充分。

(5) 本体及有关抽汽管道的疏水阀未开。

7-145　汽轮机冲转后为什么要投用汽缸、法兰加热装置？

答：对于高参数大容量的机组来讲，其汽缸壁和法兰厚度达300～400mm。汽轮机冲转后，最初接触到蒸汽的金属温升较快，而整个金属温度的升高则主要靠传热。因此汽缸法兰内外受热不均匀，容易在上下汽缸间，汽缸法兰内外壁、法兰与螺栓间产生较大的热应力，同时汽缸、法兰变形，易导致动静之间摩擦，机组振动。严重时造成设备损坏。故汽轮机冲转后应根据汽缸、法兰温度的具体情况投用汽缸、法兰加热装置。

7-146　汽轮机冲转后如何投用汽缸、法兰加热装置？

答：冷态启动时，汽轮机冲转后，应立即投用汽缸、法兰加热装置。投用初阶段，加热蒸汽压力不要太高，一般控制汽缸加热联箱压力为0.196～0.294MPa，法兰加热混温联箱压力为0.05～0.1MPa，这是因为机组冲转后，转速还不太高，进入汽轮机的蒸汽流量较少，因此加热汽量也相应较小。汽轮机冲转和汽加热装置投用时，汽缸及法兰金属是凝结放热过程。混温联箱的压力太高，内壁温度升高较快，而外壁温度仍较低，此时易造成内外壁温差大，所以投用汽加热时，汽量不宜过大。

投用方法是：先投汽缸，后投法兰。开启高、中压、下汽缸加热进汽阀再开上缸进汽阀，并闭螺旋管疏水阀及联箱疏水阀。开启高、中压汽缸法兰加热左右进汽阀和回汽阀，关闭联箱疏水阀，压力分别控制在 0.196～0.294MPa 和 0.05～0.1MPa。

低速暖机结束后，可适当提高加热混温联箱压力，根据汽缸上、下法兰内外左右温差情况调整加热进汽阀。

并网带负荷后，混温联箱的压力应视主蒸汽压力、温度及负荷大小进行调整。一般法兰螺栓加热混温联箱压力不超过 0.78MPa，汽缸加热混温箱压力应始终高于一级抽汽压力 0.49MPa。当一级抽汽压力达 2.45MPa 时，停用汽加热装置。

7-147 汽轮机启动与停机时为什么要加强汽轮机本体及主、再热蒸汽管道的疏水？

答：汽轮机在启动过程中，汽缸金属温度较低，进入汽轮机的主蒸汽温度及再热蒸汽温度虽然选择得较低，但均超过汽缸内壁温度较多。蒸汽与汽缸温度相差超过 200℃。暖机的最初阶段，蒸汽对汽缸进行凝结放热，产生大量的凝结水，直到汽缸和蒸汽管道内壁温度达到该压力下的饱和温度时，凝结放热过程结束，凝结疏水量才大大减少。

在停机过程中，蒸汽参数逐渐降低，特别是滑参数停机，蒸汽在前几级做功后，蒸汽内含有湿蒸汽，在离心力的作用下甩向汽缸四周，负荷越低，蒸汽含水量越大。

另外，汽轮机打闸停机后，汽缸及蒸汽管道内仍有较多的余汽凝结成水。

由于疏水的存在，会造成汽轮机叶片水蚀，机组振动，上下缸产生温差及腐蚀汽缸内部，因此，汽轮机启动或停机时，必须加强汽轮机本体及蒸汽管道的疏水。

7-148 怎样才能加快除氧器的加热速度？

答：通过以下方法可加快除氧器的加热速度：

（1）在不影响给水泵、减压站正常运行的情况下，尽量提高加热蒸汽压力和温度。

（2）在保证锅炉启动流量的前提下，尽量降低给水循环流量。

7-149 汽轮机启动时，规定给水泵汽轮机和主机何时抽真空？为什么？

答：汽轮机启动时，给水泵汽轮机和主机抽真空应注意：

（1）给水泵。汽轮机在投用盘车装置后，打开抽汽总阀或备用汽总阀前进行抽真空。原因有两点：①自动主汽阀前疏水至凝汽器，抽真空可提高总汽阀到自动主汽阀管段的暖管效果；②防止自动主汽阀及调节汽阀阀芯泄漏，蒸汽漏入凝汽器造成汽轮机内部温度、压力升高，排汽缸安全阀动作。

（2）主机。在除氧器开始加热时即投用抽气器抽真空，使凝汽器保持微真空，在锅炉点火后及时向轴封送汽，在汽轮机冲转前将真空逐渐提高到冲转要求真空。主要是考虑此时已有热量进入凝汽器，紧接着就是点火向轴封送汽，开锅炉分离器出口阀等操作。此时需防止汽轮机温度过高或凝汽器中压力升高，引起排汽缸安全阀动作（凝汽器通循环水也是措施之一）。

7-150　汽轮机启动或过临界转速时对油温有什么要求？

答：汽轮机油的黏度受温度影响很大，温度过低，油膜厚且不稳定，对轴有粘拉作用，容易引起振动甚至油膜振荡。但油温过高，其黏度降低过多，使油膜过薄，过薄的油膜也不稳定且易被破坏，所以对油温的上下限都有一定要求。启动初期轴颈表面线速度低，比压过大，汽轮机油的黏度小了就不能建立稳定的油膜，所以要求油温较低。过临界转速时，转速很快提高，汽轮机油的黏度应该比低速时小些，即要求的油温要高些，汽轮机启动及过临界转速时，主机和给水泵的油温要求如下：

给水泵：汽轮机启动时，油温在25℃以上，过临界转速时油温在30℃以上。

主机：汽轮机启动时，油温在30℃以上，过临界转速时油温在38～45℃。

7-151　过临界转速时应注意什么？

答：过临界转速时应注意如下几点：

（1）过临界转速时，一般应快速平稳的越过临界转速，但亦不能采取飞速冲过临界转速的做法，以防造成不良后果，现规程规定过临界转速时的升速率为500r/min左右。

（2）在过临界转速过程中，应注意对照振动与转速情况，确定振动类别，防止误判断。

（3）振动声音应无异常，如振动超限或有碰击摩擦异声等，应立即打闸停机，查明原因并确证无异常后方可重新启动。

（4）过临界转速后应控制转速上升速度。

7-152 启动中怎样分析汽轮机各部温度是否满足要求？

答：启动中为保证转子、汽缸均匀的膨胀，保证动静间隙在安全范围内，应该使汽缸及转子协调均匀加热。汽缸温度应尽量跟上转子温度（因转子无温度测点，具体监视指标只能是胀差）；外缸温度跟上内缸温度（监视指标为内缸外壁与外缸内壁温差及内缸内外壁温差）；法兰温度跟上汽缸温度（监视指标为法兰内外壁温差及汽缸外壁与法兰外壁温差）；螺栓温度跟上法兰温度（指标为法兰与螺栓温差）；汽缸、法兰及汽温的温升率。其他还有汽缸上下、法兰左右等温差也需分析和控制。

7-153 汽轮机胀差正值、负值过大有哪些原因？

答：汽轮机胀差正值大的原因有：

（1）启动暖机时间不足，升速或增负荷过快。

（2）汽缸夹层、法兰加热装置汽温太低或流量较小，引起加热不足。

（3）进汽温度升高。

（4）轴封供汽温度升高，或轴封供汽量过大。

（5）真空降低，引起进入汽轮机的蒸汽流量增大。

（6）转速变化。

（7）调节汽阀开度增加，节流作用减小。

（8）滑销系统或轴承台板滑动卡涩，汽缸胀不出。

（9）轴承油温太高。

（10）推力轴承非工作面受力增大并磨损，转子向机头方向移动。

（11）汽缸保温脱落或有穿堂冷风。

（12）多缸机组其他相关汽缸胀差变化，引起本缸胀差变化。

（13）双层缸夹层中流入冷汽或冷水。

（14）胀差指示表零位不准，或频率、电压变化影响。

负胀差值大的原因有：

（1）负荷下降速度过快或甩负荷。

（2）汽温急剧下降。

（3）水冲击。

（4）轴封汽温降低。

（5）汽缸夹层、法兰加热装置加热过度。

（6）进汽温度低于金属温度。

（7）轴向位移向负值变化。

（8）轴承油温降低。

（9）双层缸夹层中流入高温蒸汽（进汽短管漏汽）。

（10）多缸机组相关汽缸胀差变化。

（11）胀差表零位不准或受周率、电压变化影响。

7-154 暖机时间依据什么来决定？

答：暖机时间是由汽轮机的金属温度水平、温升率及汽缸膨胀值、胀差值决定。暖机的目的是为了使汽轮机各部件温度均匀上升，温度差减小，避免产生过大的热应力。理想的办法是直接测出各关键部位的热应力，根据应力控制启动速度。我国一般通过试验，测定各部件温度，控制有关数据。国产300MW机组各控制数据如下：

（1）汽轮机汽缸与转子相对膨胀正常。

（2）各部件温升速度及温差正常。

（3）中速（1200r/min）暖机结束标志如下：

1）高压外缸外壁温度达200℃以上，中压外缸外壁温度达180℃以上，高、中压内缸内壁温度在250℃以上。

2）金属温升、各部温差、胀差、机组振动正常。

3）高压缸总膨胀达10mm以上，中压缸膨胀已达3mm以上（热态启动要求已开始胀出）。

（4）锅炉启动分离器切除的条件如下：

1）胀差稳定，胀差值不过大，机组振动正常。

2）高、中压外缸外壁温度大于350℃，高压内缸壁温大于380℃。

3）总缸胀大于20mm，中压缸胀大于6mm。

7-155 增负荷过程中应特别注意些什么问题？

答：增负荷过程中，对于300MW机组，尤其是150MW以前的增负荷过程也是暖机过程，金属的温升率、汽缸膨胀，胀差都有较大变化，因此在增负荷过程中必须注意以下问题：

（1）汽轮机的振动情况：负荷低时，汽加热仍在使用，汽缸尚未胀足，汽加热使用不当或汽缸膨胀受阻以及机组加热不均匀能改变机组的中心，甚至造成动静部分碰撞摩擦。无论单个或几个轴承某一方向的振动逐渐增大，必须停止增负荷，甚至减负荷，使机组维持原负荷或较低负荷运行一段时间，待振动减小后，再继续增负荷。但停止增负荷后，振动仍然较大或第二次增负荷时重新出现振动增大，须分析研究确定是否可以继续运行。

（2）轴向位移、推力瓦温度及胀差变化。

（3）注意调节凝汽器、除氧器水位、发电机冷却水温度及风温。

（4）注意调节系统动作是否正常，调节汽阀有无卡涩、跳动现象。

（5）随着负荷增加应及时调节轴封供汽，防止油中大量进水。

7-156 对于300MW机组，锅炉升压时，汽轮机应注意些什么？调节级汽室温度降得过快、过多有何危害？

答：锅炉升压时，要关小汽轮机调节汽阀，调节汽阀节流加剧，蒸汽流量减少，调节级汽室温度将下降。由于调节级处汽缸壁厚，法兰宽、形状复杂，又处于温度剧变区，工作条件恶劣，所造成的热应力变化大，且转子及汽缸金属易造成塑性变形，甚至导致疲劳裂纹，减少设备使用寿命，所以在锅炉升压过程中要严格控制调节级汽室温度下降过快、过多的现象发生，具体要求是：

（1）注意二次油压应缓慢下降，调节汽阀应逐渐关小，汽压应逐渐上升。

（2）在汽压上升的同时要求锅炉适当提高汽温及增加负荷，以减少调节级汽室温度下降的数值。

（3）调节级汽室温度下降数值不应太多、太快，当下降数值超过20℃/min时，应联系锅炉减慢升压速度或暂停升压。

7-157 热态启动时，汽轮机对再热蒸汽温度有什么要求？

答：热态启动时，由于联合汽阀前进汽量不足，暖管不充分，极易使再热蒸汽温度跟不上主蒸汽温度的升高速度，造成主蒸汽温度已达到冲转要求而再热蒸汽温度还低于冲转要求的情况，从而延误冲转时间。等到再热蒸汽温度达到要求，主蒸汽温度又已偏离，不但延长启动时间，而且使操作变得困难。为防止这种现象的发生，应尽快提高再热蒸汽温度并且要注意甲、乙两侧温度要同时提高，两侧温差不要过大。

（1）在保证膨胀箱压力不超限的前提下，尽量开大联合汽阀前的直管、弯管疏水阀。

（2）当出现再热蒸汽两侧温度差时，应及时调节两侧疏水阀开度，及时纠正再热蒸汽两侧温度差。

（3）及早联系要求锅炉增加大旁路流量，增加暖管进汽量，但此时要注意转子是否自行冲转，盘车有否自行脱扣。

7-158 怎样理解热态启动中尽快并列带负荷，直至达到与金属温度相对应的负荷？

答：在进汽参数不变时，汽轮机的金属温度决定于进汽量，也就是负荷，即一定的金属温度对应于一定的负荷。在热态启动中汽缸与转子温度本来就较高，在启动的初始阶段往往不是在暖机，而是在冷却金属部件。因此，如无特殊情况均应尽快将负荷加至与金属温度相对应的负荷。但300MW机组汽缸金属温度表全部在调节级汽室附近的汽缸部位，热态启动前，由于金属的热传导作用，汽缸或转子前后的温度往往差得较少（比运行中），在热态启动中，即便调节级汽室温度已达内缸内壁温度，只说明调节级处金属已不再受冷却作用，而在转子及汽缸的后半段则仍在继续受到冷却，因转子加热或冷却比汽缸快，此时胀差仍将向负方向变化，所以与金属温度相对应的负荷应理解成胀差不向负方向变化的负荷。

第八章 单元机组的运行调整及维护

8-1 发电机正常运行时应监视的项目及注意事项有哪些?

答: 发电机正常运行时应监视的项目及注意事项如下:

(1) 正常情况下,发电机应按制造厂铭牌规定运行,不得超出铭牌规定运行参数。

(2) 应监视发电机及其辅助系统参数,若参数与正常参数相比有较大变化,应认真分析原因,汇报领导,采取措施。

(3) 发电机定子电压在额定值的±5%范围内波动,最大不超过±10%,当电压在上述范围内波动时,定子电流的相应波动不应超过额定值的±5%,且当功率因数为额定值时,发电机额定容量不变。

(4) 发电机频率应保持在50Hz运行,其变化范围不超过±0.2Hz。

(5) 发电机正常运行时定子三相不平衡电流之差不得超过额定值的8%,且最大一相电流不超过额定值。

(6) 发电机的功率因数正常保持迟相,一般不应超过迟相0.95。

8-2 发电机过负荷运行时应注意什么?

答: 在事故情况下,发电机过负荷运行是允许的,但应注意以下几点:

(1) 当定子电流超过允许值时,运行人员应注意过负荷的时间不得超过允许值。否则应降低无功负荷,使定子电流降到额定值,但是不能使功率因数过高和电压过低,必要时降低有功负荷,使发电机在额定值下运行。

(2) 在过负荷运行时,运行人员应加强对发电机各部分温度的监视,使其控制在规程规定的范围内。否则,应进行必要的调整或降低有功负荷。

(3) 加强对发电机端部、滑环和整流子碳刷的检查。

总之,在发电机过负荷运行期间,运行人员要密切监视、调节和检查,以防事态严重。

8-3 发电机进相运行的条件有哪些?

答: 发电机进相运行时应按照发电机的 *P*-*Q* 曲线和发电机的V形曲线运行,发电机在不同有功负荷下可从系统吸收无功负荷的数值由发电机进相试验确定，同时应满足下列条件：

（1）发电机运行工况正常，定子、转子冷却方式符合规定，冷却介质温度、流量在额定范围内。

（2）自动励磁调节装置良好，运行正常。

（3）发电机机端电压、厂用母线电压不低于额定值的95%。

（4）发电机定子绕组及铁芯温度在允许范围内。

8-4 发电机进相运行期间的监视项目有哪些？

答：发电机进相运行期间的监视项目有：

（1）发电机机端电压、厂用母线电压不低于额定值的95%。

（2）发电机励磁调节器在“自动”方式运行，不得运行在“手动”方式。

（3）发电机冷却系统的压力、流量、温度正常。

（4）发电机定子绕组温度、端部铁芯温度不超过允许值。

（5）发电机各部温度每半小时记录一次。

（6）就地检查发电机、励磁机各部运行情况正常。

8-5 如何进行发电机进相运行期间的异常处理？

答：（1）发电机进相运行期间，若发生振荡或失步，应立即增加发电机无功，减少发电机有功，稳定发电机运行。

（2）采取上述措施无效时，根据发电机振荡程度及时将发电机解列。

（3）发电机进相运行期间，若发生异常，如发电机端部温度升高过快或超过规定值等，应立即停止进相运行。

8-6 为什么调节有功功率应调节进汽量，而调节无功功率应调节励磁？

答：这个问题主要是针对绕组流过无功电流或有功电流的影响而言。先讨论当绕组流过有功电流的情况。如图8-1所示，定子绕组内流过有功电流，它的方向与电动势的方向一致，这个电流在磁场中要受到力矩F_1的作用，而定子又是固定不动的，因而相当于转子受到F_2这个力矩的作用；对转子来讲，这是一个阻力矩，有功电流越大，阻力矩越大。因此，要求原动机输出力矩加大，这就需要调大进汽量。再讨论当流过无功电流时的情况。以感性电流为例，如图8-1所示，感性电流滞后电动势90°，设电流在B1-B2内流过，此时，它所受力矩F_1在水平方向，相对于转子力矩F_2也只是起压紧绕组而已，因此对原动机的进汽量无关，然而此时电枢反应相当强烈，定子绕组产生一个反向于转子的磁场，对转子磁场起削弱作用，它的无功减少，端电压降低，此时需要增大励磁电流。容性电流的作用与感性相反。

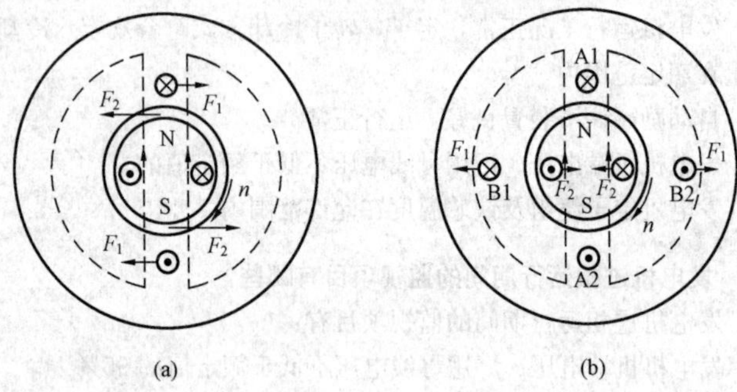

图 8-1 有功电流与无功电流的影响水平

（a）定子绕组内流过有功电流；（b）定子绕组内流过无功电流

8-7 为什么调节无功功率时有功功率不会变，而调节有功功率时无功功率会自动变化？

答： 发电机的功角特性如图 8-2 所示。调节无功功率时，因为励磁电流的变化会引起功角 δ 的变化，从式 $P_{dc}=mE_0U\sin\delta/X_d$ 看出，当 E_0 增加，$\sin\delta$ 值减小时，P_{dc} 基本不变。调节有功功率时，对无功功率输出的影响就较大。发电机能不能送无功功率与电压差 ΔU 有关，这个电压差指的是发电机的电动势 E_0 和端电压 U_{xt} 的同相部分的电压差，只有这个电压差才产生无功电流。当发电机送出有功功率。电动势 E_0 就与 U_{xt} 错开 δ，这样 $ab<ac$，无功电压变小了。有功功率变化越大，δ 角就越大，无功电压更小，因而无功功率自动减小。反之，当 δ 角减小，无功功率会自动增加。

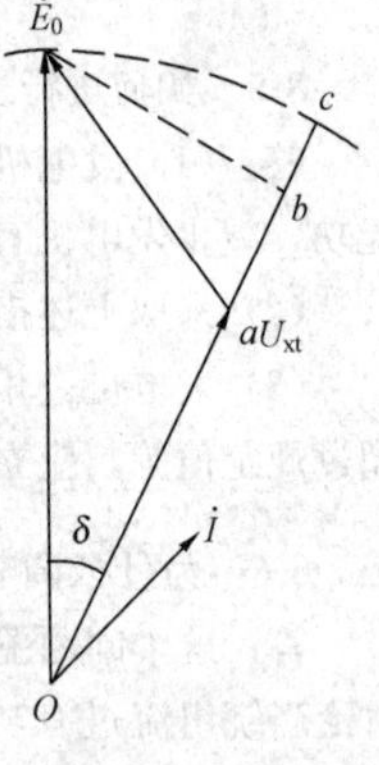

图 8-2 发电机的功角特性

8-8 端电压高了或低了对发电机本身有什么影响？

答： 发电机机端电压在额定值的±5%范围内变化是允许长期运行的，而且电压降低 5%，电流还可以提高 5%，这是考虑电压降低会使铁耗降低。如果电压过低或过高，对发电机运行就会有影响。首先，如果电压太高，转子绕组的温度升高可能超出允许值。电压是由磁场感应产生的，磁场的强弱又和励磁电流的大小有关，若保持有功出力不变而提高电压，就要增加励磁电流，因此温度升高。另外，铁芯内部磁通密度增加，损耗也就增加，铁芯温度也会升高。而且温度升高，对定子线圈的绝缘也产生威胁。电压过低就会降低运行的稳定性，因为电压是气隙磁通感应起来的，电压降低，磁通减少，定转子之间的联系就变得薄弱，容易失步。电压一低，转子绕组产生的磁场不在饱和区，励磁电流的微小变化就会引起电压的大变化，降低了调节的稳定性，而且定子绕组温度可能升高（出力不变的情况下）。因此，端电压过高或过低都对发电机有不良影响。

8-9　频率高了或低了对发电机本身有什么影响?

答：按规定频率的变动范围容许在±0.5Hz，频率升高，主要受转子机械强度的限制，转速升高，转子上的离心力增大，容易使转子的某些部件损坏。

频率过低，对发电机有以下几点影响：

（1）使转子两端的鼓风量减小，温度升高。

（2）发电机电动势和频率、磁通成正比，为保持电动势不变，必须增加励磁电流，使转子线圈温度升高。

（3）使端电压不变，加大磁通，容易使铁芯饱和而逸出，使机座等其他部件出现高温。

（4）可能引起汽轮机叶片共振而断叶片。

（5）厂用电动机转速降低，电能质量受到影响。

因此，频率过高或过低对发电机本身有很大影响。

8-10　入口风温变化时对发电机有哪些影响?

答：入口风温的变化将直接影响发电机的出力。因为发电机铁芯和绕组的温度与入口风温及铜、铁中的损耗有关。而铁芯和线圈的最高允许温度是一个限定值，因为入口风温与允许温升之和不能超过这个允许温度。若入口风温高，允许温升就要小，而当电压保持不变时，温升与电流有关，若温升小，电流就要降低。反之，入口风温低，电流就可增大。

从上可见，入口风温超过额定值时，要降低发电机的出力，入口风温低于额定值时，可以稍微提高发电机的出力。出力的提高或降低多少，应根据温升试验来确定。

8-11　发电机的出、入口风温差变化说明什么问题?

答：发电机的出、入口风温差与空气带走的热量以及空气量有关，另

外，与冷却水的水温、水量也有关系。在同一负荷下，出、入口风温差应该不变，这可与以往的运行记录相比较。如果发现风温差变大，则说明是发电机的内部损耗增加，或者是空气量减少，应引起注意，检查并分析原因。

发电机内部损耗的突然增加，可能是定子绕组某处一个焊头断开、股间绝缘损坏，或铁芯出现局部高温等。空气量减少可能是由于冷却器或风道被脏物堵塞等原因所致。

8-12 发电机运行中，调节有功负荷时要注意什么？

答：有功负荷的调节是通过改变汽阀开度，即改变功角 δ 的大小来实现的。运行中，调节有功负荷时应注意：

（1）应使功率因数尽量保持在规程规定的范围内，不要大于迟相的0.95。因为功率因数高说明与该有功功率相对应的励磁电流小，即发电机定子、转子磁极间用以拉住的磁力线少，这就容易失去稳定。从功角特性来看，送出的有功功率增大，δ 角就会接近 $90°$，这样也就容易失去稳定。

（2）调节有功负荷应缓慢，应注意蒸汽参数的变化。

8-13 发电机运行中，调节无功负荷时要注意什么？

答：无功负荷的调节是通过改变励磁电流的大小来实现的。在调节无功负荷时应注意：

（1）无功负荷增加时，定子电流、转子电流不要超出规定值，也就是不要使功率因数太低。功率因数太低，说明无功负荷过多，即励磁电流过大，这样，转子绕组就可能过热。

（2）由于发电机的额定容量、定子电流、功率因数都是相对应的，若要维持励磁电流为额定值，又要降低功率因数运行，则必须降低有功负荷，不然容量就会超过额定值。

（3）无功负荷减少时，要注意不可使功率因数进相。

8-14 水冷发电机运行中有哪些需要特殊注意的地方？

答：水冷发电机运行中，需特殊注意以下事项：

（1）严格注意出水温度。因为出水温度升高，不是进水少或漏水，就是内部发热不正常引起。

（2）经常通过窥视孔观察端部是否有漏水、绝缘引水管折裂或折扁、部件松动、局部过热、结露等情况发生。

（3）应严格注意定子、转子绕组冷却水不能中断，故需注意断水保护装置的运行。

（4）加强对各部分温度的监视。

（5）注意线棒的振动情况，如采用测温元件对地电压的方法来监视。

8-15　发电机运行中，定子汇水管为什么要接地？

答：发电机运行中定子汇水管接地，主要是为了人身和设备的安全。汇水管与外接水管间的法兰是一个绝缘结构，而汇水管距发电机线圈端部近且汇水管周围铺设很多测温元件，如果不接地，一旦线圈端部绝缘损坏或绝缘引水管绝缘击穿，使汇水管带电，对在测温回路上工作的人员和测温设备都是危险的。因此，运行中，在汇水管与外接水管的法兰处接有一根跨接线，汇水管就通过这根跨接线接地。

8-16　发电机运行中应检查哪些项目？

答：发电机在运行过程中应经常进行检查、维护，以便及时发现异常情况，消除设备缺陷，保证发电机长期安全运行。经常检查、维护的项目主要有：

（1）定子绕组、铁芯、转子绕组、硅整流器和发电机各部温度。

（2）发电机有无异常振动及音响和气味如何。

（3）氢压、密封油压、水温、水压应正常，发电机内无漏油。

（4）引出室、油断路器室、励磁开关和引出线设备清洁完整，接头无放电过热现象。

（5）发电机内无流胶、渗水等现象。

（6）冷却系统是否完好。

（7）电刷清洁完整无冒火。

8-17　发电机励磁调节回路的运行方式是如何规定的？

答：发电机的励磁调节回路由两套晶闸管整流的自动励磁调节柜和一套硅整流的手动励磁调节柜组成。正常运行中，两套自动励磁调节柜并列运行，手动励磁调节柜处于热备用，即电压跟踪状态。当一套自动励磁调节柜故障时，另一套自动励磁调节柜能自动承担全部工作，而当两套自动励磁装置均故障或永磁副励磁机故障时，可改为手动调节励磁运行。

8-18　强励动作后应注意什么问题？

答：强励倍数，即强行励磁电压与额定励磁电压之比，对于空气冷却励磁绕组的汽轮发电机，强励电压为2倍额定励磁电压，强励允许时间为50s；对于水冷和氢冷励磁绕组的汽轮发电机，强励电压为2倍额定励磁电压，强励允许时间10～20s。强行励磁动作后，应对励磁机的碳刷进行全面

检查，看有无异常，另外要注意电压恢复后短路磁场电阻的继电器接点是否已打开，是否曾发生过该触点粘住的现象。

8-19 正常运行中，励磁调节由“自动”切至“手动”怎样进行？

答：正常运行中，励磁调节由“自动”切至“手动”的操作原则如下：

（1）检查手动励磁调节柜各元件是否完好。

（2）检查手动励磁调节柜交流开关是否合上。

（3）将手动调节柜输出电压调至最低位置。

（4）合上手动励磁调节柜直流开关。

（5）缓慢调节励磁，以增加手动输出，减少自动输出，保持无功不变。

（6）待减少自动励磁调节柜输出至最小时，拉开自动励磁调节柜直流开关。

8-20 励磁调节器运行中应进行哪些检查？

答：励磁调节器运行中应进行的检查项目有：

（1）屏内各表计指示准确，数值应在规定的范围内。

（2）稳压电源指示灯应亮，“过压”指示灯应灭。

（3）屏内各元件无过热及焦臭味。

（4）各插件和开关的位置与实际运行方式相符。

（5）励磁调节器工作指示灯应亮。

（6）各信号继电器不掉牌。

8-21 整流柜冷却风机有几个？当停运时有何后果？

答：整流柜采用开式强迫风冷，每柜有两台风机，分别由两路独立的380V电源供电，实际运行中，一台运行，一台备用。运行中的风机故障后，备用风机启动。第二台风机同时停运，则将延时跳开整流柜的交流开关，使该整流柜退出运行，从而加重另一台整流柜的负担，给机组运行带来不利。

8-22 整流柜运行中应进行哪些检查？

答：整流柜运行中应进行如下检查：

（1）屏面各表计和指示灯指示正常。

（2）切换主励三相交流电压应平衡。

（3）各整流柜输出电流应基本相同，符合现场规定。

（4）各整流柜风机运行正常，无异音。

（5）各元件无过热，接线无松动。

（6）避雷器无放电现象。

8-23 运行中，维护碳刷时应注意什么？

答：运行中的发电机，应定期用压缩空气吹净整流子和滑环表面上的灰尘，使用的压缩空气应无水分和油，压力应不超过 0.3MPa。在滑环上工作时，工作人员应穿绝缘鞋或站在绝缘垫上，使用绝缘良好的工具，并应采取防止短路及接地的措施。当励磁回路有一点接地时，尤应特别注意。禁止用两手同时碰触励磁回路和接地部分，或两个不同极的带电部分。工作时应穿工作服，禁止穿短袖衣服或把衣袖卷起来；衣袖要小，并在手腕处扣紧。更换的碳刷应是同一型号和尺寸，且经过研磨，每次每极更换的碳刷数不应过多，以不超过每极总数的 20%为宜，对更换过的碳刷应作好记录。

8-24 运行中，对滑环应定期检查哪些项目？

答：运行中，应定期对滑环进行下列检查：

（1）整流子和滑环上电刷的冒火情况。

（2）电刷在刷框内有无跳动或卡涩的情况，弹簧的压力是否正常。

（3）电刷连接软线是否完整，接触是否良好，有无发热，有无碰触机壳的情况。

（4）电刷边缘是否有剥落的情况。

（5）电刷是否过短，若超过现场规定，则应给予更换。

（6）各电刷的电流分担是否均匀，有无过热。

（7）滑环表面的温度是否超过规定。

（8）刷框和刷架上有无积垢。

8-25 热虹吸在变压器运行中起什么作用？运行维护有什么要求？

答：运行中的变压器上层油温同下层油温有一定的温差，使油在热虹吸器内循环。油中的有害物质如水分、游离碳、氧化物等，随油循环而被吸收到硅胶内，因此热虹吸器不但有热均匀作用，而且对油的再生也有良好作用。在运行维护中应注意：①硅胶最好选用大颗粒，而且应排出热虹吸器内的气体，以免影响瓦斯保护动作。②热虹吸器充满油后，应关闭热虹吸器与变压器连接的下部截止阀，静止几小时排出杂物后，再打开下部截止阀。正式投用 24h 后，再将重瓦斯投入跳闸回路。③定期化验油样，监视油的化学成分，及时更换硅胶。

8-26 变压器在什么情况下应进行核相？不核相并列可能有什么后果？

答：变压器在下列情况下应进行核相：

（1）新装或大修后投入，或易地安装。

(2) 变动过内、外接线或联结组别。

(3) 电缆线路或电缆接线变动，或架空线走向发生变化。

变压器与其他变压器或不同电源线路并列运行时，必须先做好核相工作，两者相序相同才能并列，否则会造成相序短路。

8-27 并联的变压器怎样做到经济运行?

答：运行中，并联的变压器的经济运行主要是按照运行方式，使变压器运行在总损失最小的情况下，即根据负荷的变化，投入或者切除并联中的变压器。

变压器运行经济与否，是以变压器损耗的大小来衡量的。变压器的损耗由不变损耗（铁损）和可变损耗（铜损）两部分组成，而可变损耗与所带负荷的大小、持续的时间有关。

在数台变压器并联运行的情况下，可控制在不同负荷时的运行变压器台数，使其总损耗最小，运行状态最佳。

当并联的各台变压器形式和容量相同时，不同负荷情况下的运行变压器台数，可按负荷增加或减少的公式决定。

当并联的各台变压器形式和容量不同时，不同负荷情况下的运行变压器台数，则由查曲线的方法决定，如图 8-3 所示。损耗曲线的交点是确定经济运行变压器台数的分界点。

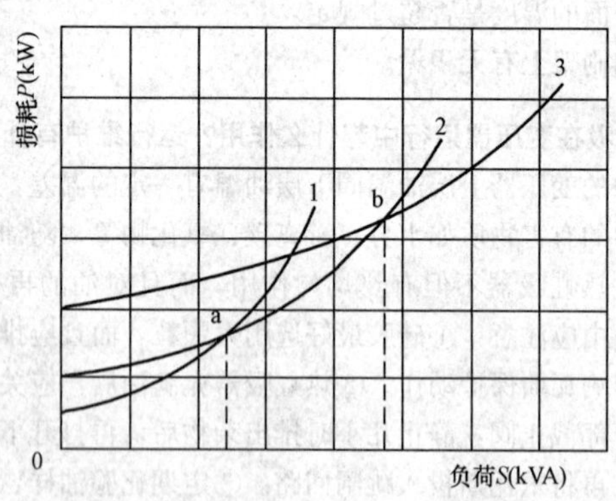

图 8-3 不同负荷并联变压器台数曲线图

1、2—变压器的损耗曲线；3—两台变压器同时运行的总的损耗曲线

要尽量减少变压器的操作次数，停用的时间一般不少于 2～3h。

8-28 电压过高对运行中的变压器有哪些危害？

答：规程规定运行中的变压器正常电压不得超过额定电压的 5%，电压过高会使铁芯产生过励磁并使铁芯严重饱和，铁芯及其金属夹件因漏磁增大而产生高热，严重时将损坏变压器绝缘并使构件局部变形，缩短变压器的使用寿命。所以，运行中变压器的电压不能过高，最大不得超过额定电压的 10%。

8-29 有载调压变压器运行中为什么要重点检查油面和动作记录？

答：有载调压变压器运行中应重点监视附加油箱的油位，因为它的油面受外部温度影响较大，其切换开关带运行电压，操作时又要切断并联分支电流，故要求附加油箱油位经常达到标示的要求，调整装置每动作 5000 次以后，应对它进行检修，因而要有动作记录。

8-30 怎样测量变压器的绝缘？如何判断是否合格？

答：变压器在安装或检修后、投入运行前以及长时期停用后，均应测量绕组的绝缘电阻。变压器绕组额定电压在 6kV 及以上，使用 2500V 绝缘电阻表；变压器绕组额定电压在 500V 及以下，用 1000V 或 2500V 绝缘电阻表；变压器的高中低压绕组之间，使用 2500V 绝缘电阻表。

变压器绕组绝缘电阻的允许值不予规定。在变压器使用期间所测得的绝缘电阻值与变压器安装或大修干燥后投入运行前测得的数值相比是判断变压器运行中绝缘状态的主要依据。如在相同条件下变压器的绝缘电阻剧烈降低至初次值的 1/3～1/5 或更低，吸收比 $R_{60''}/R_{15''}<1.3$，应进行分析，查明原因。

8-31 摇测变压器的绝缘电阻有哪些注意事项？

答：摇测变压器的绝缘电阻应注意以下事项：

(1) 摇测前应将绝缘子、套管清扫干净，拆除全部接地线，将中性点接地隔离开关拉开。

(2) 使用合格绝缘电阻表，摇测时将绝缘电阻表放平，当转速达到 120r/min 时，读 $R_{15''}$、$R_{60''}$ 两个数值，以测出吸收比。

(3) 摇测时应记录当时变压器的油温及温度。

(4) 不允许在摇测时用手摸带电导体或拆接线，摇测后应将变压器的绕组放电，防止触电。

(5) 摇测项目：对三绕组变压器应测量一次对二、三次及地，二次对一、三次及地，三次对一、二次及地的绝缘电阻。

（6）在潮湿或污染地区应加屏蔽线。

8-32 什么是变压器的空载运行？

答：变压器的空载运行是指变压器的一次绕组接电源、二次绕组开路的工作状况。当一次绕组接上交流电压时，原绕组中便有电流流过，这个电流称为变压器的空载电流。空载电流流过一次绕组，便产生空载时的磁场。在这个磁场（主磁场，即同时交链一、二次绕组的磁场）的作用下，一、二次绕组中便感应出电动势。变压器空载运行时，虽然二次侧没有功率输出，但一次侧仍要从电网吸取一部分有功功率来补偿由于磁通饱和，在铁芯内引起的铁耗即磁滞损耗和涡流损耗。磁滞损耗的大小取决于电源的频率和铁芯材料磁滞回线的面积，涡流损耗与最大磁通密度和频率的平方成正比。另外还有铜耗，由一次绕组流过空载电流引起。对于不同容量的变压器，空载电流和空载损耗的大小是不同的。

8-33 什么是变压器的负载运行？

答：变压器的负载运行是指一次绕组接上电源，二次绕组接有负载的状况。当二次绕组接上负载后，二次绕组便有电流 i_2 流过，i_2 将产生磁通势 $w_2 i_2$，该滋通势将使铁芯内的磁通趋于改变，使一次电流 i_0 发生变化，但是由于电源电压 u_1 为常值，故铁芯内的主磁通始终应维持常值，所以，只有当一次绕组新增的电流 Δi_1 所产生的磁通势 $w_1 \Delta i_1$ 和二次绕组磁通势 $w_2 i_2$ 相抵消时，铁芯内主磁通才能维持不变，即

$$w_1 \Delta i_1 + w_2 i_2 = 0$$

上述关系称为磁通势平衡关系。变压器正是通过一、二次绕组的磁通势平衡关系，把一次绕组的电功率传递到了二次绕组，实现能量转换。

8-34 什么是变压器的正常过负荷？

答：变压器在运行中的负荷是经常变化的，即负荷曲线有高峰和低谷。当它过负荷运行时，绝缘寿命损失将增加；而轻负荷运行时绝缘寿命损失将减小，因此可以互相补偿。变压器在运行中冷却介质的温度也是变化的。在夏季油温升高，变压器带额定负荷时的绝缘寿命损失将增加；而在冬季油温降低，变压器带额定负荷时的绝缘寿命损失将减小，因此也可以互相补偿。变压器的正常过负荷能力，是指在上述的两种补偿后，不以牺牲变压器的正常使用寿命为前提的过负荷。

8-35 变压器的正常过负荷应考虑哪些因素？

答：变压器正常过负荷运行时，除应保持正常寿命损失，注意绕组最热

点温度不超过允许值外，还应考虑到套管、引线、焊接点和分接开关等组件的过负荷能力。综合考虑以上因素，并结合我国变压器目前的设计结构，推荐变压器正常过负荷的最大值是：油浸自冷、风冷变压器为额定负荷的 1.3 倍；强油循环风冷、水冷变压器为额定负荷的 1.2 倍。同时绕组最热点温度不超过 140℃（强油循环 125MVA 及以上容量变压器不超过 135℃）。变压器存在较大缺陷（例如冷却系统不正常、严重漏油、色谱分析异常等）时，不准过负荷运行。

8-36　运行中的变压器为什么会有“嗡嗡”声？如何根据变压器的声音判断运行是否正常？

答：变压器一接上电源，就有“嗡嗡”的响声，这是由于铁芯中交变的磁通在铁芯硅钢片间产生一种力的振动的结果。一般说来，这种“嗡嗡”声的大小与加在变压器上的电压和电流成正比。正常运行中，变压器铁芯声音应是均匀的，什么情况下变压器会产生异声呢？据运行经验，产生异声的因素较多，发生的部位也不同。只能不断地积累经验，才能作出合乎实际的判断。下面举几个例子：

（1）过电压（如铁磁共振）引起。

（2）过电流（如过负荷、大动力负荷起动、穿越性短路等）引起。

以上两种原因引起的只是声音比原来大，仍是“嗡嗡”声，无杂音。但也可能随负荷的急剧变化，呈现“割割割、割割割”突出的间歇响声，此声音的发生和变压器的指示仪表（电流表、电压表）的指示同时动作，易辨别。

（3）用于夹紧铁芯的螺钉松动引起。这种原因能造成非常惊人的“锤击”和“刮大风”声，如“叮叮当当”和“呼……呼……”声。但指示仪表均正常，油色、油位、油温也正常。

（4）变压器外壳与其他物体撞击引起。这是因为变压器内部铁芯的振动引起其他部件的振动，使接触部位相互撞击。如变压器上装控制线的软管与外壳或散热器撞击，呈现“沙沙沙”声，有连续时间较长、间歇的特点，变压器各种部件不会呈现异常现象。这时可寻找声源，在最响的一侧用手或木棒按住，再听声音有何变化。

（5）外界气候影响造成的放电声。如大雾天、雪天造成套管处电晕放电或辉光放电，呈现“嘶嘶”、“嗤嗤”之声，夜间可见蓝色小火花。

（6）铁芯故障引起。如铁芯接地线断开会产生如放电的劈裂声，“铁芯着火”，造成不正常鸣音。

（7）匝间短路引起。因短路处局部严重发热，使油局部沸腾会发出“咕噜咕噜”像水开了的声音。这种声音需特别注意。

（8）分接开关故障引起。因分接开关接触不良，局部发热也会引起像绕组匝间短路引起的那种声音。引起异音的原因繁多，而且复杂，需要在实践中不断地积累经验来判断引起异音的原因，上述例子仅供参考。

8-37 如何判断变压器的油位是否正常？出现假油面的原因是什么？

答：变压器的油面正常变化（排除渗漏油）决定于变压器的油温变化，因为油温的变化直接影响变压器油的体积，使油面上升或下降。影响变压器油温的因素有负荷的变化、环境温度和冷却装置的运行状况等。如果油温的变化是正常的，而油标管内油位不变化或变化异常，则说明油面是假的。运行中出现假油面的原因可能有油标管堵塞、呼吸器堵塞、防爆管通气孔堵塞等。处理时，应先将重瓦斯解除。

8-38 新投入或大修后的变压器运行时应巡视哪些部位？有哪些注意事项？

答：新投入或大修后的变压器运行巡视和注意事项如下：

（1）音响正常，油位变化情况应正常。

（2）试摸散热片温度是否正常，证实各排管截止阀确已打开。

（3）油温变化是否正常。

（4）监视负荷变化和导线接头有无发热现象。

（5）检查瓷套管有无放电打火现象。

（6）气体继电器应充满油。

（7）防爆管玻璃应完整。

（8）各部件有无渗漏油情况。

（9）冷却装置运行良好。

8-39 主变压器正常与特殊巡视项目有哪些？

答：主变压器正常巡视项目有：

（1）音响应正常。

（2）油位应正常，无漏油现象。

（3）油温正常。

（4）负荷情况。

（5）引线不应过紧过松，接头接触良好，示温蜡片无熔化现象。

（6）气体继电器应充满油。

(7) 防爆玻璃完整无裂，无存油。

(8) 冷却系统运行正常。

(9) 瓷套管无裂纹和打火放电现象。

(10) 呼吸器畅通，硅胶不应吸潮饱和，油封呼吸器油位正常。

主变压器特殊巡视项目有：

(1) 过负荷情况：监视负荷、油温和油位的变化，接头接触应良好，示温蜡片无熔化现象，冷却系统应运行正常。

(2) 大风天气引线摇动情况及是否有搭挂杂物。

(3) 雷雨天气瓷套管有无放电短路现象。

(4) 下雾天气瓷套管有无放电打火现象，重点监视污秽瓷质部分。

(5) 下雪天气根据积雪溶化情况检查接头有无发热。

(6) 短路故障后检查有关设备、接头有无异常。

8-40 怎样判断变压器的温度变化是正常还是异常？

答：变压器的温升是因为损耗转为热量而引起的。正常运行时有规程规定温度数据。在升负荷情况下，温度会随之缓慢上升。如果负荷不变，而冷却也完好，温度比平时高出 10℃以上，这说明有内部故障产生。

8-41 油断路器油面过高或过低对运行有什么影响？标准是什么？

答：油面过高会使断路器桶内的缓冲空间相应地减少，当故障电流出现时，所产生的弧光将周围的绝缘油气化，从而产生强大的压力，如缓冲空间过小，就会出现喷油，桶皮变形，甚至有爆炸的危险。严重缺油时引起油面过低，在遮断电流通过时，弧光可能冲出油面，游离气体混入空气中，产生燃烧爆炸。另外，绝缘暴露在空气中容易受潮。运行中油断路器大量漏油，油面急剧下降看不到油时，为防止产生严重后果，此断路器不应用来切断负荷电流，需采取措施将断路器退出运行。油面标准按厂家规定，也可按油标的 1/2 掌握。

8-42 断路器的运行总则是什么？

答：断路器的运行总则是：

(1) 在正常运行时，断路器的工作电流、最大工作电压和断流容量不得超过额定值。

(2) 断路器绝对不允许在带有工作电压时使用手动合闸，或手动就地操作按钮合闸，以避免合于故障时引起断路器爆炸和危及人身安全。

(3) 远方和电动操作的断路器禁止使用手动分闸。

(4) 明确断路器的允许分、合闸次数。

（5）禁止将有拒绝分闸缺陷或严重缺油、漏油、漏气等异常情况的断路器投入运行。

（6）对采用空气操作的断路器，其气压应保持在允许的范围内。

（7）所有断路器均应有分、合闸机械指示器。

（8）在检查断路器时，运行人员应注意辅助触点的状态。

（9）检查断路器合闸的同时性。

（10）多油式断路器的油箱或外壳应有可靠的接地。

（11）少油式断路器外壳均带有工作电压，故运行中值班人员不得任意打开断路器室的门或网状遮栏。

8-43 断路器送电前应检查哪些项目？

答：断路器送电前应检查的项目有：

（1）断路器检修工作完毕后，在送电前，应收回所有工作票，拆除安全设施，恢复常设遮栏，并对断路器进行全面检查。

（2）检查断路器两侧隔离开关均应在断开位置。

（3）测量断路器的绝缘电阻值。

（4）油断路器本体清洁，无遗留工具，并且断路器三相均应在断开位置。

（5）油断路器本身及充油套管油位应在正常位置，油色应透明，不发黑且无漏油现象。

（6）油断路器的套管应清洁，无裂纹及放电痕迹。

（7）操动机构应清洁完整，连杆、拉杆瓷瓶、弹簧及油缓冲器等应完整无损。

（8）断路器排气管及隔板应完整，装置应牢固。

（9）分合闸机械位置指示器应指示在“分”位置。

（10）二次回路的导线和端子排完好。

（11）断路器的接地装置应紧固不松动，断路器周围的照明及围栏应良好。

（12）对断路器进行拉、合闸和重合闸试验一次，以检查断路器动作的灵活性。

上述各项工作完成后，即可合闸送电。

8-44 断路器的送电操作和停电操作是怎样的？

答：送电操作步骤如下：

（1）根据分、合闸机械位置指示器的指示，确认断路器在断开位置，且操作熔断器未投入。

(2) 先合电源侧隔离开关，后合负荷侧隔离开关。

(3) 投入合闸及操作熔断器。

(4) 核对断路器的编号及名称无误后，操作人员将操作把手向顺时针方向扭转90°至“预合闸”位置。

(5) 待绿色指示灯闪光后，再将操作把手向顺时针方向扭转45°至“合闸”位置，此时绿灯熄灭、红灯亮，说明断路器已合上。

停电操作步骤如下：

(1) 核对断路器的编号及名称无误后，操作人员将操作把手逆时针方向扭转90°至“预分闸”位置。

(2) 待红灯闪光后，将操作把手逆时针方向扭转45°至“分闸”位置，此时，红灯熄灭、绿灯亮，说明断路器已断开。

(3) 取下合闸熔断器。

(4) 根据分、合闸机械位置指示器的指示，确认断路器已在断开位置。

(5) 先拉开负荷侧隔离开关，后拉开电源侧隔离开关。

(6) 取下操作熔断器。

8-45 对运行中的断路器应如何检查维护?

答：对运行中的断路器应检查维护的项目有：

(1) 油位的检查。油位对断路器的温度和灭弧性能有很大的关系，应当经常检查油箱中的油位。当油位过高时，通过放油阀放油；当油位过低时，设法加油，保持正常油位。

(2) 对油位计应进行仔细检查，防止油位计的油孔流动不畅，或出现假油位。

(3) 油色的外貌检查。油位计中的油应当色泽鲜明，不变质。

(4) 断路器渗、漏油和进水的检查。

(5) 气体断路器及液压机构的维护检查。

8-46 防止误操作的“五防”内容是什么?

答：防止误操作的“五防”内容是：

(1) 防止误拉、误合断路器。

(2) 防止带负荷误拉、误合隔离开关。

(3) 防止带电合接地隔离开关。

(4) 防止带接地线合闸。

(5) 防止误入带电间隔。

8-47 操作隔离开关的注意事项是什么？

答：操作隔离开关前首先注意检查断路器确在断开位置。

合隔离开关时的注意事项如下：

（1）不论是用手还是用传动装置或绝缘操作杆操作，均必须迅速而果断，但在合闸终了时用力不可太猛，以避免发生冲击。

（2）隔离开关操作完毕后，应检查是否合上，合好后应使隔离开关完全进入固定触头，并检查接触良好。

拉开隔离开关时的注意事项如下：

（1）开始时应慢而谨慎，当刀片离开固定触头时应迅速，特别是切断变压器的空载电流、架空线路及电缆的充电电流、架空线路的小负荷电流，以及切断环路电流时，拉闸应迅速果断，以便消弧。

（2）拉开隔离开关后，应检查隔离开关三相均在断开位置，并应使刀片尽量拉到头。

8-48 隔离开关有哪些正常巡视检查项目？

答：隔离开关的正常巡视检查项目如下：

（1）瓷质部分应完好无破损。

（2）各接头应无发热、松动。

（3）刀口应完全合入并接触良好，试温蜡片应无熔化。

（4）传动机构应完好，销子应无脱落。

（5）联锁装置应完好。

（6）液压机构隔离开关的液压装置应无漏油，机构外壳应接地良好。

8-49 交流接触器工作时，常发生噪声的原因是什么？

答：交流接触器工作时，产生噪声的原因有以下几点：

（1）动、静铁芯接触面有脏物，造成铁芯吸合不紧。

（2）电源电压过低，线圈吸力不足。

（3）铁芯磁路的短路环断裂，造成极大振动，不能正常工作。

8-50 电流互感器在运行中应当检查的项目有哪些？

答：电流互感器在运行中，值班人员应进行定期检查，以保证安全运行，检查项目如下：

（1）检查电流互感器的接头应无过热现象。

（2）电流互感器在运行中应无异声及焦臭味。

（3）电流互感器瓷质部分应清洁完整，无破裂和放电现象。

（4）检查电流互感器的油位应正常，无渗漏油现象。

（5）定期检验电流互感器的绝缘情况，对充油的电流互感器要定期放油，化验油质情况。

（6）有放水装置的电流互感器，应进行定期放水，以免雨水积聚在电流互感器上。

（7）检查电流表的三相指示值应在允许范围内，不允许过负荷运行。

（8）检查电流互感器一、二次侧接线应牢固，二次线圈应该经常接上仪表，防止二次侧开路。

（9）检查户内浸膏式电流互感器应无流膏现象。

8-51 电流互感器为什么不允许长时间过负荷？过负荷运行有什么影响？

答：电流互感器过负荷会使铁芯磁通达到过饱和，使其误差增大，表计指示不正确，不容易掌握实际负荷。另外，由于磁通密度增大，使铁芯和二次线圈过热，绝缘老化快，甚至损坏导线。

8-52 电压互感器在送电前应做好哪些准备工作？

答：电压互感器在送电前应做好以下准备工作：

（1）应测量其绝缘电阻，低压侧绝缘电阻不得低于1MΩ，高压侧绝缘电阻每千伏不低于1MΩ。

（2）定相工作完毕（即要确定相位的正确性）。如果高压侧相位正确而低压侧接错，则会引起非同期并列。此外，在倒母线时，还会使两台电压互感器短路并列，产生很大的环流，造成低压熔断器熔断，引起保护装置电源中断，严重时会烧坏电压互感器二次绕组。

（3）电压互感器送电前的检查：

1）检查绝缘子应清洁、完整，无损坏及裂纹。

2）检查油位应正常，油色透明不发黑，无渗、漏油现象。

3）检查低压电路的电缆及导线应完好，且无短路现象。

4）检查电压互感器外壳应清洁，无渗漏油现象，二次绕组接地应牢固。

准备工作结束后，可进行送电操作，投入高低压侧熔断器，合上其出口隔离开关，使电压互感器投入运行，检查二次电压正常，然后投入电压互感器所带的继电保护及自动装置。

8-53 电压互感器在运行中应当检查的项目有哪些？

答：电压互感器在运行中，值班人员应进行定期检查，项目如下：

（1）绝缘子应清洁、完整，无损坏及裂纹，无放电痕迹及电晕声响。

（2）电压互感器油位应正常，油色透明不发黑，且无严重渗、漏油现象。

（3）呼吸器内部吸潮剂不潮解。

（4）在运行中，内部声响应正常，无放电声及剧烈振动声，当外部线路接地时，更应注意这一点。

（5）高压侧导线接头不应过热，低压电路的电缆及导线不应腐蚀及损伤，高、低压侧熔断器及限流电阻应完好，低压电路应无短路现象。

（6）电压表三相指示应正确。

（7）电压互感器外壳应清洁，无裂纹，无渗、漏油现象，二次线圈接地线牢固良好。

8-54 电压互感器停用时应注意哪些问题？

答：在双母线制中，如一台电压互感器出口隔离开关、电压互感器本体或电压互感器低压侧电路需要检修时，则需停用电压互感器，如在其他接线方式中，电压互感器随母线一起停用，在双母线制中停用电压互感器，方法有两种：一是双母线改单母线，然后停用电压互感器；二是合上两母线隔离开关，使TV并列，再停其中一组。通常采用第一种。下面是电压互感器停用操作顺序：

（1）先停用电压互感器所带的保护及自动装置，如装有自动切换装置或手动切换装置时，其所带的保护及自动装置可不停用。

（2）取下低压熔断器，以防止反充电，使高压侧充电。

（3）拉开电压互感器出口开关，取下高压侧熔断器。

（4）进行验电，用电压等级合适而且合格的验电器，在电压互感器进行各相分别验电。验明无误后，装设好接地线，悬挂标示牌，经过工作许可手续，便可进行检修工作。

8-55 110kV电压互感器二次电压是怎样切换的？切换操作后应注意什么？

答：双母线上的各元件的保护测量回路是由110kV两组电压互感器供给的，切换有两种方式。

（1）直接切换。电压互感器二次引出线分别串于所在母线电压互感器隔离开关和线路隔离开关的辅助触点中，在线路倒母线时，根据母线隔离开关的拉合来切换电压互感器电源。

（2）间接切换。电压互感器二次引出线不通过母线隔离开关的辅助触点直接切换，而是利用母线隔离开关的辅助触点控制切换中间继电器进行切换。通过母线隔离开关的拉、合，启动对应的中间继电器，就达到电压互感器电源切换的目的。

切换后应注意下列事项：

(1) 母线隔离开关的位置指示器是否正确（监视辅助触点是否切换）。

(2) 电压互感器断线光字是否出现。

(3) 有关有功、无功功率表指示是否正常。

(4) 切换时中间继电器是否动作。

8-56 正常运行中，厂用电系统应进行哪些检查？

答：厂用电系统运行中应进行的检查是：①值班人员应严格监视各厂用母线电压及各厂用变压器和母线各分支电流均正常，不得超过其铭牌额定技术规范。②各断路器、隔离开关等设备的状态符合运行方式要求。③定期检查绝缘监视装置、环量三相对地电压，了解系统的运行状况。

8-57 为什么处于备用中的电动机应定期测量绕组的绝缘电阻？

答：绝缘好坏可以用绝缘电阻的大小来表明。备用电动机处于停用状态，温度比运转的电动机低。因为固体都有一定的吸附能力，因此容易吸收空气中的水分而受潮，为了在紧急情况下能投入正常运转，监视备用电动机的绝缘情况很有必要，因此要求定期测量绕组的绝缘电阻。

8-58 为什么允许鼠龙式感应电动机在冷态下可连续启动2～3次，而在热态下只允许启动一次？

答：冷态是指电动机任何部分的温度与周围空气温度之差不超过3℃时的状态，热态是指停机后热量未散时的状态。

连续启动的电动机温升曲线如图8-4所示，热态下的电动机，它的温升是τ_0。当启动后，它的温升达到τ_{m1}，直接达到了电动机最大允许温升。而处于冷态下的电动机，它的初始$\tau=0$，它启动一次后，到达τ_m，因此，经过拉闸后温度有所下降，再启动一次也没关系。所以，冷态下

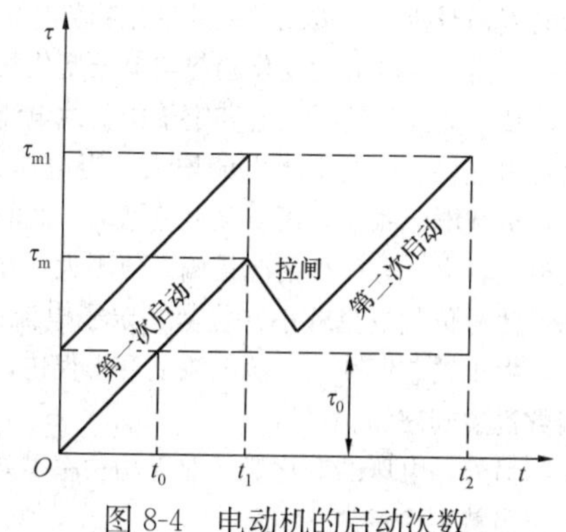

图8-4 电动机的启动次数

启动2～3次的后果相当于热态下启动一次所致的结果。

8-59 对运行中的电动机应注意哪些问题？

答：为了保证电动机的安全运行，对运行中的电动机要进行日常的监护和维护，除规程规定外，还需强调以下几点：

（1）电流、电压。正常运行时，电流不应超过允许值，允许不对称度为10%。电压不能超出10%或低于5%范围的额定电压，允许不对称度为5%。

（2）温度。密切监视电动机的温度，其值应低于电动机温度的最高允许值。

（3）音响、振动和气味。电动机正常运转时，声音应是均匀的，无杂音。电动机的振动应在允许范围内。如用手触摸轴承觉得发麻，说明振动已很厉害。另外，在电动机附近有焦味或冒烟，则应立即查明原因，采取措施。

（4）轴承工作情况。主要是注意轴承的润滑情况，温度是否过高，是否有杂音。大型电动机应特别注意润滑油系统和冷却水系统的正常运行。

（5）对于绕线式电动机还应注意滑环上电刷的运行情况。

8-60 电压变动对感应电动机的运行有什么影响？

答：电压发生变化在忽略漏阻抗情况下，相当于磁通成正比地变化。磁通的变化导致运行中的电动机力矩发生变化，因而转速就会发生变化。输出功率与电压的关系和转速对电压的关系相似。当电压变化较小时，影响不很大，但变化大时，影响就很大。

定子电流为空载电流与负载电流的相量和，其中负载电流实际上是与转子电流相对应的，负载电流的变化趋势与电压变化相反，即电压升高，电流减小。而空载电流的变化趋势与电压变化相同。当电压降低时，电磁力矩降低，转差变大，转子电流和定子中负载电流都增大，而空载电流减小，通常前者占优势，因而定子电流增大。当电压升高时，电磁力矩增大，转差减小，负载电流减小，而空载电流增大，此时要分两种情况；一种情况是电压偏离比较大，另一种情况是偏离值不大。在偏离值不大的情况下，铁芯未饱和，此时负载电流减小占优势，定子电流是减小的；在偏离值很大的情况下，由于铁芯饱和，空载电流上升得很快，以致定子电流增加，而此时功率因数也遭到破坏。

另外，电压的变化对吸取无功功率、效率和温升都有影响，因此在运行中应当特别注意。

8-61 电压升高或降低时对感应电动机的性能有何影响?

答: 电压升高或降低时对感应电动机的性能影响随电压的变化值和负载大小而各有不同，一般的变化如下：

电压升高时，电动机的转矩、转速、启动电流都随之增大；在重载时，功率因数、定子电流则随之降低，对效率影响不大；轻载时，电流可能要增大。电压升高时，磁通密度及铁芯损耗增大。

电压降低时，电动机的转矩、转速、启动电流都随之减小，而功率因数、定子电流则随之升高。在满载时，效率也随之降低，但在半载时，效率还会提高。

一般情况下，当端电压与额定电压的差值不超过±5%时，电动机的输出功率能维持额定值。

8-62 什么叫电动机的自启动?

答: 感应电动机因某些原因，如所在系统短路、换接到备用电源等，造成外加电压短时消失或降低，致使转速降低，而当电压恢复后转速又恢复正常，这就叫电动机的自启动。

8-63 电动机启动前应做哪些准备工作？检查哪些项目?

答: 电动机启动前，值班人员应做如下准备工作：

(1) 工作票已全部终结，拆除全部安全措施。

(2) 作好电动机断路器的拉合闸、继电保护和联动试验。

(3) 测量电动机绝缘电阻应合格。

(4) 作好各方面的检查：电动机外壳接地线应完整，定子、转子、启动装置、引出线等设备应正常，绕线式电动机滑环、电刷等均完好，各保护装置完好且投入，滑动轴承润滑油的油位、油色正常，配有油泵的电动机，其油泵电源送上，冷却器投入。

(5) 机械部分具备运行条件。否则，靠背轮应甩开。

8-64 电动机大修后应作哪些检查和试验?

答: 电动机大修后应作以下检查和试验：

(1) 装配质量的检查。包括出线端连接是否正确，各处螺钉是否拧紧，转子转动是否灵活，轴伸径向摆动是否在允许范围内等。对于绕线式异步电动机还应检查电刷提升短路装置的操动机构是否灵活，电刷与集电环接触是否良好，以及电刷与刷握的配合情况。

(2) 测量绕组的直流电阻。三相绕组的直流电阻应平衡，其电阻差值应

小于5%。

(3) 绝缘电阻的测量。用500V绝缘电阻表检测，在室温下绕组的绝缘电阻值不得低于0.5MΩ（对低压电动机而言）。

(4) 耐压试验。在绕组间和绕组对机壳间进行，试验电压的有效值为额定电压的两倍再加上1000V、50Hz的交流电压，持续1min时间。

(5) 空载试验。在额定电压下空载运行0.5h以上，测量三相电流平衡与否，空载电流与额定电流的百分比是否符合要求。此外，还应检查铁芯、轴承是否过热，运行速度、声音是否正常。绕线式电动机空载试验时，要将转子三相绕组短路。

8-65 电站设备运行中调整的特点是什么?

答: 单元机组是炉—机—电纵向串联构成一个不可分割的整体，其中任何一个环节运行状态的变化都将引起其他环节运行状态的改变。所以，炉—机—电的运行维护与调整是互相联系着的。但是，在正常运行中各环节的工作又各有特点，如锅炉侧重于调整，汽轮机侧重于监视，而电气则从事与单元机组的其他环节以及外界电力系统的联系。

8-66 锅炉运行调整的主要任务是什么?为什么?

答: 锅炉机组运行的好坏在很大程度上决定着整个电厂运行的安全性和经济性。为此，必须认真监视某些重要运行参数，必要时对自动装置的工作进行干预并及时调整。

电站锅炉的产品是过热蒸汽。因此，锅炉运行调整的任务就是要根据用户（汽轮机）的要求，保质（压力、温度和蒸汽品质）、保量（蒸发量）并适时地供给汽轮机所需要的过热蒸汽，同时锅炉机组本身还必须做到安全与经济。

8-67 为什么锅炉必须随时监视运行状况并及时正确地调整?

答: 由于汽轮发电机组随时都在随外界负荷的变化而变动，因而锅炉机组也必须相应地进行一系列的调整，使供给锅炉机组的燃料量、空气量、给水量等作相应的改变，保证其与外界负荷变化相适应。否则，锅炉的蒸发量和运行参数就不能保持在需要和规定的范围内，严重时将对锅炉机组和整个电厂的安全和经济运行产生重大影响，甚至危及设备和人身安全，给国家带来重大损失。即使在外界负荷稳定的时候，锅炉内部某些因素的改变也会引起锅炉运行参数的变化，这同样要求锅炉进行必要的调整。可见，锅炉机组在实际运行中总是处在不断的调整之中，它的稳定只是维持在一定范围内的相对值。所以，为了锅炉运行的安全和经济，就必须随时监视其运行状况，并及时、正确地进行适当的调整。

8-68　对运行中的锅炉进行监视和调整的主要内容有哪些？

答：对运行中的锅炉进行监视和调整的主要内容有：

（1）使锅炉的蒸发量适应外界负荷的需要。

（2）均衡给水并维持汽包的正常水位。

（3）保持锅炉过热蒸汽压力和温度在规定的范围内。

（4）保持锅水和蒸汽品质合格。

（5）维持经济燃烧，尽量减少热损失，提高锅炉机组的热效率。

8-69　何谓锅炉工况？如何反应锅炉工况？

答：锅炉工况是指锅炉运行工作状况。锅炉工况可以通过一系列的工况参数来反映，如锅炉的蒸发量、工质的压力和温度、烟气温度和燃料消耗等。一定的运行工况对应着确定的工况参数。

8-70　什么叫锅炉的稳定工况？什么叫锅炉的最佳运行工况？

答：锅炉在运行中，如果工况参数一直保持不变，这种工况称为稳定工况。在实际运行中，绝对的稳定工况是没有的。只要锅炉的工况参数在较长时间内变动很小，就可以认为锅炉处于稳定工况下。若在某一稳定工况下锅炉的效率达到最高值，则此工况称为锅炉的最佳运行工况。

8-71　什么叫锅炉的动态特性与静态特性？如何进行确定？

答：当一个或几个工况参数发生改变，锅炉就会由一种稳定工况变动到另一个稳定工况，其变化过程称为动态过程或过渡过程。在动态过程中，各参数之间变化的关系，称为锅炉的动态特性，它可以通过动态特性试验来测定，并作为整定自动调节系统及设备的依据。锅炉在稳定工况下参数之间的关系称为静态特性。它可以通过静态特性试验确定，其目的是为了确定锅炉的最佳运行工况，并作为运行调整的依据。

8-72　锅炉负荷的变动对锅炉效率有何影响？

答：锅炉在运行中，随着外界负荷的变动，其负荷（蒸发量）也在一定范围内变动。它的变动将对锅炉的工况参数产生一定的影响。

当过量空气系数不变时，在较低负荷下，锅炉效率随负荷增加而提高；达到某一负荷时，锅炉效率为极大值，该负荷就是经济负荷。超过经济负荷以后，锅炉效率则随负荷升高而降低。

当锅炉负荷增加时，燃料消耗量相应增加，炉膛出口烟气温度升高，锅炉排烟温度也升高，造成排烟损失 q_2 增大。另外，由于负荷增加，炉内温度也提高，而且空气总量的增加，使炉内气流扰动增强，混合条件得到改善，提高了燃烧效率，使化学不完全燃烧损失 q_3 和机械不完全燃烧损失 q_4 减少，此时锅炉散热损失 q_5 也相对减小。在经济负荷以下时，$q_3+q_4+q_5$ 热损失的减小值大于 q_2 的增加，故锅炉效率提高。当锅炉负荷增加到经济负荷时，$q_2+q_3+q_4+q_5$ 热损失达到极小值，锅炉效率为最高。锅炉的经济负荷通常为额定负荷的 80%左右。当超过经济负荷以后，则因过分缩短了可燃质在炉内停留的时间，q_3+q_4 热损失要么减小值小于 q_2 的增加值，要么反而增大，而 q_2 总是增加的，故此时锅炉效率是降低的。

8-73 锅炉负荷的变动对燃料消耗量有何影响?

答: 如果不考虑锅炉排污、自用饱和蒸汽和中间再热等情况，根据热平衡关系，锅炉的燃料消耗量为

$$B=\frac{D(h''_{gr}-h_{gs})}{\eta_{gl}Q_r}$$

式中 D——锅炉的蒸发量，kg/s；

h''_{gr}——过热器出口蒸汽焓，kJ/kg；

h_{gs}——给水热焓，kJ/kg；

η_{gl}——锅炉热效率，%；

Q_r——相应于每千克燃料输入炉内的热量，kJ/kg。

如果 h''_{gr}、h_{gs}、Q_r、η_{gl} 都不变，则燃料消耗量随负荷成正比增加，即

$$\frac{B_2}{B_1}=\frac{D_2}{D_1}$$

式中 B_1、B_2——第一、二工况燃料耗量，kg/s；

D_1、D_2——第一、二工况锅炉蒸发量，kg/s。

实际上在负荷变动时，η_{gl} 是要变化的。在经济负荷以下时，燃料消耗量增加比 B_2/B_1 略小于负荷增加比 D_2/D_1；在经济负荷以上时，B_2/B_1 略大于 D_2/D_1。由于此比值的变化不大，因此可以粗略认为燃料消耗量 B 随锅炉负荷 D 呈比例增减。

8-74 锅炉负荷的变动对锅炉辐射传热有何影响?

答: 炉内传热量随负荷增减而增减，但对应于单位负荷的辐射换热量随负荷增加而减少。因此，高负荷下，纯辐射过热器出口蒸汽温度下降，水冷壁燃料单位蒸发率 D/B 下降。炉膛出口温度和炉内辐射热量的相对变量

（$\Delta T''_1/T''_1$ 和 $\Delta Q_f/Q_f$）与燃料相对变量 $\Delta B/B$ 的关系按下两式规律变化

$$\frac{\Delta T''_1}{T''_1}=0.6\left(\frac{T_a-T''_1}{T_a}\right)\frac{\Delta B}{B}$$

$$\frac{\Delta Q_f}{Q_f}=-0.6\left(\frac{T''_1}{T_a}\right)\frac{\Delta B}{B}$$

式中 T_a——绝热燃烧温度，K；

T''_1——炉膛出口烟温，K。

由上两式可知，$\Delta T''_1/T''_1$、$\Delta Q_f/Q_f$ 与 $\Delta B/B$ 的变化规律，完全取决于 T_a、T''_1 值。$\frac{T_a-T''_1}{T_a}$、$\frac{T''_1}{T_a}$ 值愈大，$\Delta B/B$ 对 $\Delta T''_1/T''_1$、$\Delta Q_f/Q_f$ 影响愈大，即辐射传热特性愈显著。

8-75　锅炉负荷的变动对对流传热有什么影响?

答: 对流传热方程为 $Q^d=HK\Delta t/bj$。如上所述，而相对增加相对辐射吸热量随负荷增加而相对减少。那么，对流吸热量必随负荷增加。即 $Q_2^d>Q_1^d$，而且 $\frac{B_2Q_2^d}{B_1Q_1^d}>\frac{D_2}{D_1}$，即总对流吸热量的增加比大于负荷的增加比。

这一点也可用对流传热的关系式说明。负荷增加时，燃烧室出口及烟道各部的烟气温度都相应升高，使得 Δt 有所增大；而烟气、空气、工质的流速几乎正比于负荷的增加而增大，故传热系数 K 值显著增高，致使 $\frac{K_2\Delta t_2}{K_1\Delta t_1}>\frac{B_2}{B_1}$。可见，当锅炉负荷增加时，对流过热器的出口蒸汽温度，省煤器出口水温、空气预热器出口空气温度及排烟温度都将升高。

8-76　为什么相同负荷下给水温度降低会造成燃料消耗量的增加?

答: 锅炉的给水是由除氧器水箱经给水泵加压，通过高压加热器后送来的。所以，当高压加热器运行情况改变时，例如，加热器故障停用，受热面清洁度改变等，给水温度 t_{gs} 也会随之变化。单元机组的负荷 D 变化，也会引起给水温度 t_{gs} 的变化。根据公式 $h''_{gp}-h_{gs}=\frac{B}{D}Q_r\eta_{gl}$ 可知，当给水温度降低时，如果燃料性质 Q_r 和过热蒸汽温度 t''_{gq}（与 h''_{gq} 成比例）保持不变，考虑到给水温度对锅炉热效率 η_{gl} 的影响可以忽略不计，则给水温度 t_{gs} 的变化只引起锅炉负荷 D 或燃料消耗量 B 的变化。如果保持燃料消耗量 B 不变，锅炉的蒸发量 D 将要减少；如欲维持锅炉的负荷，则燃料消耗量 B 必须增加。

8-77 给水温度降低时，对流受热面与辐射受热面吸热量如何变化？

答：给水温度降低时，锅炉的热力工况与锅炉负荷增加时相似，即炉膛出口烟温和烟气量增加。因此，增加了每千克燃料在对流受热面区域的放热量 Q^{d}，另外又使单位工质的燃料消耗量 B/D 增加。所以，在对流受热面中，工质的吸热 BQ^{d}/D 增加，工质出口温度升高，而炉膛辐射吸热减小。

8-78 给水温度降低时，对电厂经济性有何影响？

答：给水温度降低，使省煤器的传热温差加大，烟气流速的增加又使传热系数提高，二者均使省煤器的对流吸热量增多，排烟温度降低，排烟损失减少。但是，排烟损失的减少抵消不了在相同负荷、正常给水温度情况下燃料消耗量增加的损失和凝汽热损失（高压加热器故障停用后，排入凝汽器的蒸汽量将增多）。所以，对整个电厂而言，经济性仍然是下降的。可见，在非特殊的情况下，电厂的给水加热器均不应解列。

8-79 假设锅炉送风量改变而漏风量不变，锅炉的工况参数将如何变化？

答：（1）在其他条件不变时，增大炉膛出口过量空气系数，炉膛内的理论燃烧温度要下降，锅炉的排烟温度要升高，而炉膛的出口烟温变化较小。

（2）锅炉在某一负荷时，若其过量空气系数可使 $q_2+q_3+q_4$ 热损失之和为最小，则此过量空气系数称为最佳过量空气系数。当过量空气系数小于最佳值时，增加送风量可以增加燃料与空气的接触，有利于完全燃烧，使 q_3 和 q_4 热损失的减少量大于 q_2 的增加量，锅炉热效率可提高。当过量空气系数超过最佳值时，由于炉内温度的下降和燃料在炉内的停留时间缩短，要么 q_3+q_4 热损失减少很小，要么 q_3+q_4 热损失反而增加（当过量空气系数过大时），而 q_2 热损失总是随着过量空气系数的增大而增加。所以，锅炉的热效率是降低的。

（3）过量空气系数增加时，炉膛平均温度降低，故炉内辐射传热减少，辐射式过热器和再热器出口汽温降低；而对流受热面因烟速提高，传热系数增大，所以传热量增大，对流过热器和再热器的出口汽温提高。

8-80 假设锅炉送风量不变而漏风量改变，锅炉的工况参数将如何变化？

答：负压制粉系统漏风和炉膛漏风量增加，其影响与加大送风量情况一样，且漏入冷风危害性更大。此外，漏风点位置不同，产生的影响亦不相同。燃烧器和炉膛下部漏风，对理论燃烧温度降低影响较大，炉内传热减少更多，如果漏风过大，可能危及燃料的着火和稳定燃烧，并降低炉膛的出口温度。如果漏风点在炉膛上部，则对炉内辐射传热和燃料着火与燃烧影响较小，但对炉膛出口烟温降低作用较大。对流烟道的漏风将降低当地及以后烟道的烟温和减小温压，因而受热面吸热减少，锅炉效率降低。漏风点离炉膛出口越近，漏风对传热减少和锅炉效率降低也越严重。总体说来，漏风对锅炉受热面壁温的影响均较小。

8-81　锅炉运行中，当燃料的灰分增加时，对锅炉有何影响？

答：燃料灰分增大时，可燃物含量就相对减少，故1kg燃料的发热量、燃烧所需要的空气量和生成的烟气量都比设计值减少。如果保持燃料消耗量不变，由于燃料发热值降低，炉内总放热量随之减少，因而锅炉蒸发量减少。同时，炉膛出口的烟气温度也下降，烟气量减少，因此对流吸热量显著减少。如果保持蒸发量不变，则必须增加燃料的消耗量。增加燃料耗量以后，可以使各部烟气温度、烟气总体积和流速、受热面的吸热量和过热蒸汽温度等都恢复到原来的设计值。

燃料灰分的增大，由于灰分会妨碍可燃质与空气的接触，所以q_4损失可能增大，锅炉热效率会稍有降低。同时，灰分增大还会加剧对流受热面的磨损，并容易造成积灰甚至堵灰。如果新燃料中灰分的软化温度降低，在燃烧调整时，应注意控制炉膛出口烟气温度，防止炉膛出口附近的受热面结渣。

8-82　锅炉运行中，当燃料水分增加时，对锅炉有何影响？

答：燃料水分增加使其低位发热值显著降低，因为水分增大不但减少了燃料的可燃质含量，而且增大了蒸发水分所用的热量损失。水分增加，着火热大大增加，炉内理论燃烧温度显著降低，这不但使未完全燃烧损失增加，而且对燃料在炉内的着火、燃烧和热力过程的稳定性都会带来不利的影响。

水分与炉内过量空气系数对烟温、传热和排烟损失等的影响在性质上相似。但由于水的比热容比空气大得多，而且水分还要吸收大量的汽化潜热使其蒸发，所以它的增加对炉内温度下降和排烟损失的增大影响要比过量空气增加时严重得多，由它引起炉内辐射传热量份额减少和对流传热量份额的增加的影响也要大得多。

在运行中必须保证锅炉蒸发量满足外界负荷需要。当燃料水分增加时，必须增加燃料耗量，这样锅炉的排烟温度和体积均增加，所以排烟热损失增大，锅炉热效率下降。另外，烟速增大，对流传热系数K提高，吸热量增加，因此，对流特性的过热器、再热器、省煤器和空气预热器内的工质出口

温度均要升高。在飞灰数量和性质不变时，对流受热面的飞灰磨损也要加剧。

燃煤水分增加还可能给制粉带来麻烦，同时对受热面的腐蚀和堵灰也会带来不利影响。

8-83 正常运行中，锅炉的负荷如何进行分配？

答：几台锅炉同时投入运行，或负荷增加需决定新投入那台锅炉，或负荷减少要决定停用那台锅炉，都需要按最经济的原则来分配锅炉负荷。锅炉间负荷分配的方法有：

（1）按锅炉机组的额定负荷比例分配。这种方法最简单，但并不经济，特别是各台锅炉的形式、参数、性能相差悬殊时更不经济。因此，这种方法只适用于各台锅炉性能、参数基本相同时。

（2）按锅炉机组总热效率最高的原则分配。这种方法是按锅炉机组热效率之和为最高来分配，为此，热效率较高的锅炉首先承担基本负荷，效率低的锅炉承担变动负荷。这种方法比前一种方法经济，但因低效率锅炉负荷经常变动，因此，设备总的经济性还不是最好的。

（3）按燃料消耗量微增率相等的原则分配。锅炉机组负荷每增加 1t/h 时，每小时燃料耗量的增加值 Δb 称为燃料耗量的微增率，$\Delta b = \Delta B/\Delta D$，每台锅炉的 Δb 值可由锅炉燃料耗量的特性曲线 $B = f(D)$ 求得。这样，按 $\Delta b_1 = \Delta b_2 = \Delta b_3 = \cdots$ 来分配负荷是最经济的。

按（3）分配锅炉间的负荷是最经济的，但此运行方式要求负荷调整相当精确。因此，在实际中一般都用（2）调负荷。

8-84 为什么说主蒸汽压力是锅炉监视和控制的主要参数之一？

答：主蒸汽压力是蒸汽质量的重要指标之一，汽压波动过大会直接影响到锅炉和汽轮机的安全与经济运行。由于单元机组没有母管及相邻机组的缓冲作用，蒸汽压力对机组的影响突出，所以在锅炉运行中，汽压是作为监视和控制的主要运行参数之一。

8-85 锅炉汽压降低过多有何危害？

答：汽压降低使蒸汽做功能力下降，减少其在汽轮机中膨胀做功的焓降。当外界负荷不变时，汽耗量必须增大，随之煤耗增大，从而降低发电厂运行的经济性，同时，汽轮机的轴向推力增加，容易发生推力瓦烧坏等事故。蒸汽压力降低过多，甚至会使汽轮机被迫减负荷，不能保持额定出力，影响正常发电。资料表明，当汽压较额定值低 5%时，汽轮机的汽耗率将增加1%。

8-86 锅炉汽压过高有何危害?

答: 汽压过高，机械应力大，将危及锅炉、汽轮机和蒸汽管道的安全。当安全阀发生故障不动作时，则可能发生爆炸事故，对设备和人身安全带来严重危害。当安全阀动作时，过大的机械应力也将危及各承压部件的长期安全性。安全阀经常动作不但排出大量高温高压蒸汽，造成工质损失和热损失，使运行经济性下降，而且由于磨损和污物沉积在阀座上，也容易使阀关闭不严，造成经常性的泄漏损失，严重时需要停炉检修。

8-87 锅炉汽压变化对锅炉水位有何影响?

答: 汽压变化对汽包水位等主要运行参数也有影响。当汽压降低时，由于相应的饱和温度下降，会使部分锅水蒸发，引起锅水体积"膨胀"，故汽包水位要上升。反之，锅水体积要"收缩"，汽包水位下降。如果汽压的变化是由于负荷变动引起的，那么上述水位变化只是暂时现象。例如，当负荷增加瞬时引起汽压下降，造成汽包水位上升时，在给水没有增加之前，由于蒸发量大于给水量，故水位很快会下降。由此可知，汽压变化对水位有直接影响，在汽压急剧变化时，这种影响尤为明显。若运行调整不当或误操作，容易发生满水或缺水事故。

8-88 锅炉汽压变化对锅炉汽温有何影响?

答: 汽压变化对汽温的影响一般是汽压升高时过热蒸汽温度也要升高。这是因为，当汽压升高时，相应的饱和蒸汽焓值增加，在燃料耗量未改变时，锅炉的蒸发量要瞬时减少（因水中的部分饱和蒸汽泡凝结），通过过热器的饱和蒸汽数量减少，在传热系数、传热面积和传热温差基本不变的情况下，平均每千克蒸汽的吸热量必然增大，导致过热蒸汽温度升高。

8-89 正常运行中，锅炉汽压变化速率对锅炉有何影响?

答: 汽压的变化速率对锅炉也有影响，其影响主要有以下三点：

（1）汽压的突然变化，例如负荷突然增加使汽压下降，汽包水位升高时，汽包的蒸汽空间高度和容积会突然减小，蒸汽携带能力增加（蒸汽速度提高），将可能造成蒸汽大量携带锅水，使蒸汽品质恶化和过热汽温降低（当由于燃烧恶化引起汽压突然降低时，一般不会增加蒸汽的机械携带）。

（2）汽压的急剧变化还可能影响锅炉水循环的安全性，变化速率和幅度越大，影响越严重。根据高压锅炉研究的结果，不致引起水循环破坏的允许汽压下降速度，建议不大于0.25～0.3MPa/min，锅炉在中等负荷以上时，

压力升高率不大于0.25MPa/min。

(3) 汽压经常反复地变化，使锅炉承压受热面金属经常处于交变应力的作用下，如果再加其他应力（如温差热应力）的影响，可能导致受热面金属发生疲劳损坏。

8-90 影响汽压变化速率的因素主要有哪些?

答: 影响汽压变化速率的因素主要有:

(1) 负荷变化速度。负荷变化速度是影响汽压变化速率最主要、也是最大的因素。此时，汽压变化的速率反应了锅炉保持或恢复规定汽压的能力。对于单元制机组，汽轮机（外界）负荷的变化将直接影响到锅炉的工作。外界负荷变化速度越快，引起锅炉汽压变化的速率也越高。

(2) 锅炉的蓄热能力。锅炉的蓄热能力是指当外界负荷变化而燃烧工况不变时，锅炉能够放出热量或吸收热量的大小。锅炉的蓄热能力越大，汽压的变化速度越小。

(3) 燃烧设备的惯性。燃烧设备的惯性是指从燃料开始变化到炉内建立起新的热负荷平衡所需要的时间。燃烧设备的惯性大，当负荷变化时，汽压变化的速率就快，变化幅度也越大。

8-91 为什么说锅炉的蓄热能力与锅炉的汽压有关? 有何优缺点?

答: 当外界负荷变动时，例如负荷增加时，锅炉的蒸发量由于燃烧调整滞后而跟不上需要，因而汽压下降，其对应的饱和温度和热焓降低。这样，降压前锅水（及工质蒸发系统金属）对应的饱和焓比降压后锅水对应的饱和热焓高，两焓之差就是降压后新工况余下的热能，此热量将使部分锅水自汽化，产生所谓的“附加蒸发量”补偿外界负荷增加，减缓汽压下降。但由于锅炉的蓄热能力是有限的，所以靠它来满足负荷增加，阻止汽压的下降能力也有限。尤其是对于大容量、高参数的强制循环锅炉，其相对蓄热能力比自然循环锅炉小，所以汽压变化速率相对较大。汽包锅炉蓄热能力大，对维持汽压变化速度有利；但如果需要主动改变锅炉出力，由于蓄热能力大，将使得锅炉出力和参数的反应也较迟缓，因而不能迅速跟上工况变动的要求，显然这也是不利的。

8-92 燃烧设备的惯性与哪些因素有关?

答: 燃烧设备的惯性与调节系统的灵敏度、燃料的种类和制粉系统的形式有关。燃烧调节系统灵敏，则惯性小。由于油的着火、燃烧比煤粉迅速，因而惯性较小。直吹式制粉系统因为改变给煤量到出粉量的变化要有一定时间，而储仓式制粉系统只要改变给粉量就能很快适应负荷的需要，所以直吹式系统的惯性较大。

8-93 影响汽压变化的主要因素有哪些?

答：汽压的变化实质上反映了锅炉蒸发量与外界负荷之间的平衡关系。因外界负荷、炉内燃烧工况和换热情况、锅内工作情况经常变化而引起锅炉蒸发量的不断变化，所以汽压的变化与波动是必然的。汽压的稳定是相对的，不稳定才是绝对的。引起锅炉汽压发生变化的原因有外部原因，称为“外扰”，也有锅炉内部原因，称为“内扰”。

8-94 简述锅炉正常运行中外部扰动形成的原因。

答：外扰是指外部负荷的正常增减及事故情况下的甩负荷，它具体反映在汽轮机所需蒸汽量的变化上。在锅炉汽包的蒸汽空间内，蒸汽是不断流动的。一方面蒸发受热面产生的蒸汽不断流入，另一方面蒸汽又不断流出汽包，经过热器向汽轮机供汽。当供给锅炉的燃料量和空气量不变，燃烧工况不变时，燃烧放热量就一定；如果蒸发受热面吸热量也一定，锅炉单位时间的产汽量也就一定。蒸汽压力是容器内气体分子碰撞器壁的频率和动能大小的宏观量度，气体的分子数量越多，分子的运动速度越大时，产生的蒸汽压力就越高。反之，蒸汽压力就低。当外界负荷增加时，送往汽轮机的蒸汽量增多，若此时锅炉蒸汽容积内的蒸汽分子数量得不到足够的补充，汽压就必然下降。若此时能及时地调整燃烧工况和给水量，使产生的蒸汽量相应地增加，则汽压就能较快地恢复至正常数值。由上述可知，从物质平衡的角度看，汽压的稳定取决于锅炉产汽量与汽轮机的需要汽量的平衡。产汽量大于或小于用汽量，锅炉的汽压就要升高或降低，两者相等，汽压就稳定不变。

8-95 简述锅炉正常运行中内部扰动形成的原因。

答：内扰是指锅炉机组本身的因素引起的汽压变化。这主要是指炉内燃烧工况的变动（如燃烧不稳定或失常）和锅炉工作情况（如热交换情况）变动。

在外界负荷不变时，汽压的变化主要决定于炉内燃烧工况的稳定。当燃烧工况稳定时，汽压的变化是不大的，其数值可保持在允许的变化范围内。若燃烧不稳定或失常，那么炉内热强度将发生变化，使蒸发受热面的吸热量改变，因而水冷壁产生的蒸汽量改变，引起汽压发生变化。

此外，锅炉热交换情况的改变也会影响汽压的稳定。在炉膛内，传热过程总是伴随着燃烧过程同时进行的。燃料燃烧释放出的热量主要以辐射传热

的方式传递给上升管受热面（炉内对流换热量一般约占总换量的5%），使管内工质升温并蒸发成蒸汽。因此，如果换热条件变化，使受热面内工质的吸热量改变，那么必然会影响产汽量，引起汽压变化。水冷壁管外积灰、结渣以及管内结垢时，热阻就加大，蒸发受热面的换热条件恶化，产汽量减少，引起汽压下降。所以，为了保持正常的热交换，应当根据运行情况，正确地调整燃烧，及时地进行吹灰、排污，保持受热面的内、外清洁。

8-96 怎样判断锅炉正常运行中的内扰或外扰？

答：无论是内扰，还是外扰，汽压的变化总是与蒸汽流量的变化密切相关。因此，在运行中，当蒸汽压力发生变化时，除了通过“电力负荷表”来了解外界负荷是否发生变化外，通常是根据汽压和蒸汽流量的变化关系来判定引起汽压变化的原因。

（1）如果蒸汽压力与蒸汽流量的变化方向相反，那么此时就是外扰的影响。这一变化规律无论对单元机组或是并列运行的机组都是适用的。当蒸汽压力升高的同时蒸汽流量反而减少，说明外界要求用汽量减少；当蒸汽压力降低，同时蒸汽流量增加，说明外界用汽量增加，这均属外扰。

（2）当蒸汽压力与蒸汽流量的变化方向一致时，通常是内扰影响的表现。例如：当蒸汽压力下降的同时蒸汽流量也减少，说明燃料燃烧的供热量不足；蒸汽压力上升的同时蒸汽流量亦增加，说明燃烧供热量偏多，这都属于内扰。但是必须指出，判断内扰的这一方法，对于单元机组而言仅只适用于工况变化的初期，即在汽轮机调节汽阀未动作之前。当调节汽阀动作之后，蒸汽压力与蒸汽流量的变化方向则是相反的。例如，当外界负荷不变时，如锅炉燃料量突然增加（内扰），最初汽压上升，同时蒸汽流量增加，但是当汽轮机为了维持额定转速和电频率而自动关小调节汽阀以后，蒸汽流量将减少，而此时蒸汽压力却在继续升高，反之亦然。这一点在运行中应予以注意。

8-97 简述锅炉汽压控制的意义与手段。

答：控制汽压在规定的范围内，实际上就是力图保持锅炉蒸发量和汽轮机负荷之间的平衡。汽压的控制与调节是以改变锅炉蒸发量作为基本的调节手段。只有当锅炉蒸发量已超出允许值或有其他特殊情况发生时，才用增加或减少汽轮机负荷的方法来调整。

外界负荷的变化是客观存在的，而锅炉蒸发量的多少则是可以由运行人员通过对锅炉的燃烧调节来控制的。当负荷变化时，例如负荷增加，如果能及时和正确地调整燃烧和给水量，使蒸发量也相应地随之增加，则汽压就能维持在正常的范围内，否则锅炉蒸汽压力就不能稳定并且下降。因此，对汽压的控制与调整，就是运行人员如何正确地调整锅炉燃烧工况和给水，控制其蒸发量，使之适应外界负荷需要的问题。对汽压的调整，实质上就是对锅炉蒸发量的调节。

8-98 锅炉负荷变化导致汽压变化时如何进行调整？

答：锅炉负荷变化对汽压（即蒸发量）实施调整的一般方法如下：当负何变化时，例如当负荷增加（此时蒸汽流量指示值增大）使汽压下降时，必须强化燃烧工况，即增加燃料供给量和风量。当然此时还必须相应地增加给水量和改变减温水量。增加燃料供给量和风量的操作顺序，一般情况下最好是先增加风量，然后紧接着再增加给粉量。如果先增加给粉量而后增加风量，并且风量增加较迟，则将造成较多的不完全燃烧损失。但是，由于炉膛中总是保持有一定的过剩空气量，所以在某些实际操作中，例如当负荷增加较多或增加速度较快时，为了保持汽压稳定使之不致有大幅度的下跌，并促其尽快恢复正常汽压，此时可以先增加供粉量，然后紧接着再适当地增加风量。在低负荷情况下，由于炉膛内过剩空气量较多，因而在负荷增加时也可以先增加供粉量，后增加送风量。

增加风量时，应先开大引风机入口挡板，然后再开大送风机的入口挡板，否则可能出现火焰和烟气喷出炉外伤人（炉膛内出现正压燃烧）的情况，并且恶化锅炉房的卫生条件。送风量的增加，一般都是增大送风机入口挡板的开度，即增加总风量。只有在必要时，才根据需要再调整各个（或各组）喷燃器前的二次挡风板。

增加燃料量的方法是同时或单独地增加各个运行燃烧器的燃料供给量，燃煤锅炉增加给粉机或给煤机（直吹式制粉系统）的转速，燃油锅炉则增加油压或减少回油量。如负荷增加较多，则增加燃烧器的运行只数。

燃煤锅炉如果装有油燃烧器，必要时还可以将油燃烧器投入运行或加大喷油量，以强化燃烧，稳定汽压。但是如果控制油量的操作不方便或者受燃油量的限制，则不宜采用投油或加大喷油量来调整汽压。

当负荷减少使汽压升高时，则必须减弱燃烧。此时应先减少燃料供给量，然后再减少送风量，其调整方法与上述汽压下降时相反。在异常情况下，当汽压急剧升高，单靠燃烧调节来不及时，通常均采用开启向空排汽阀，以尽快降压，保证锅炉安全运行。

直流锅炉的汽压调整与汽温调整是不能分开的。直流锅炉中锅炉负荷与汽轮机负荷不相适应，汽压就要波动。由于直流锅炉的给水量等于蒸发量，

因此，它的汽压调整首先应通过调节给水量来实现，然后再调节燃料供给量、送风量，以保持其他参数不变。由上可知，直流炉汽压调整与汽包锅炉的调整操作是相反的。

8-99 锅炉主蒸汽温度过高或过低有何危害？

答：过热蒸汽温度是蒸汽质量的重要指标。因此过热汽温是锅炉运行中必须监视和控制的主要参数之一。

过热汽温偏高，会加快金属材料的蠕变，还会使过热器、蒸汽管道、汽轮机高压缸部分产生额外的热应力，而缩短设备的使用寿命。如12CrWoV钢在585℃下工作时有10万h的持续强度，当温度升到595℃下工作时，3万h则丧失强度。发生严重超温时，甚至会造成过热器管爆破。当压力不变而过热汽温降低时，蒸汽的热焓必然减少，因而做功能力下降。在汽轮机的负荷一定时，汽耗量就必须增加，电厂经济性降低。通常超高压到亚临界压力的锅炉机组，如果过热器出口汽温每下降10℃，汽耗量将增加1.3%～1.5%，大约会使循环热效率降低0.3%。

8-100 锅炉再热汽温过高或过低有何危害？

答：锅炉再热蒸汽温度也是蒸汽质量的重要指标。因此，再热汽温也是锅炉运行中必须监视和控制的主要参数之一。

单元机组的锅炉通常均有再热器。再热汽温过高也会使设备使用寿命缩短，甚至发生爆管事故。特别是再热汽温的急剧变化，将可能导致汽轮机中压缸与转子间的胀差发生显著变化，即汽轮机中压缸转子相对于汽缸长度出现显著的伸长或缩短，这可能引起汽轮机的剧烈振动，威胁设备的安全。再热汽温低，也将使汽轮机的耗汽量增加，循环经济性下降。如果再热汽温过低，汽轮机低压缸最后几级的蒸汽湿度过大，就会加剧汽水对叶片的侵蚀作用，缩短叶片寿命；严重时可能出现水冲击，直接威胁汽轮机的安全。

8-101 正常运行中，影响汽温变化的主要因素有哪些？

答：影响汽温变化的因素很多，大体可将它们分为烟气侧的影响因素和蒸汽侧的影响因素两个方面。这些影响因素在实际运行中常常可能同时发生影响。

8-102 正常运行中，影响汽温变化的烟气侧的主要因素有哪些？

答：烟气侧影响汽温变化的主要因素有燃料性质的变化、风量的大小及其分配的变化、燃烧器运行方式的改变和受热面污染的情况等。燃料性质的变化主要是燃煤水分、灰分、挥发分和含碳量，以及煤粉细度的改变。一般燃煤水分、灰分增加，挥发分降低，含碳量增加或煤粉变粗，辐射过热器汽温降低而对流过热器汽温会升高。送风量增加，即过量空气系数增加，炉膛漏风量增加，对流过热汽温将增加，辐射过热汽温会下降。燃烧器上层二次风减小，火焰中心上移，对流过热汽温升高。送、引风机配合不当使炉膛负压增大，也会使对流汽温增加。摆动燃烧器喷口向上倾斜，对流汽温升高；将上组燃烧器切换成下组燃烧器运行，对流汽温就下降。炉膛受热面污染对流汽温升高；过热器受热面污染，汽温就降低。

8-103　正常运行中，影响汽温变化的蒸汽侧的主要因素有哪些？

答：蒸汽侧影响汽温变化的主要因素有锅炉负荷的变化、给水温度的改变、饱和蒸汽的用量变化和减温水的变化等。

大型机组的锅炉过热器通常由辐射式、半辐射式和对流式过热器串联组成。如果布置恰当，在很多运行工况下，可以得到相当平稳的汽温变化特性，但在实际情况下，由于锅炉结构布置的限制和运行安全的要求，不可能做到使汽温特性在负荷变化时呈直线。联合过热器的负荷特性通常呈对流式，即联合过热器的出口汽温随锅炉负荷增加而升高。大型机组的锅炉再热器组成有纯对流式再热器，有由辐射式、半辐射式和对流式三种受热面串联组成的联合式再热器，也有半辐射式和对流式两种受热面串联组成的联合式再热器。由于受锅炉结构布置的限制和运行可靠的要求，通常它们也都呈对流式特性，而且其对流特性比过热器更强。所以负荷增加时，再热汽温升高。

给水温度降低，对流汽温升高。饱和蒸汽用量增加，对流汽温也升高。锅炉汽包水位过高和锅水含盐增加，汽温将降低。减温水压力升高，汽温也会降低。

应当指出的是，由于再热器的对流特性比过热器强，而且由于再热蒸汽的温度高、压力低，因而再热蒸汽的比热容比过热蒸汽的比热容要小。这样，等量的蒸汽在获得相同热量时，再热蒸汽的温度变化幅度要比主蒸汽更大。此外，再热汽温不仅受锅炉方面因素变化的影响，而且汽轮机工况的改变对它也有较大影响。在过热器中，进口蒸汽温度始终等于汽包压力下的饱和温度，而在再热器中，进口蒸汽温度则随汽轮机负荷的增加而升高，随汽轮机负荷的减小而降低。所以，在单元机组定压运行时，再热蒸汽温度受工况变动的影响要比过热蒸汽温度更敏感，再热蒸汽温度的波动也比主蒸汽温度大。

8-104　300MW 单元机组中，锅炉的汽温调节方法主要有哪几种？

答：300MW 单元机组中，锅炉的汽温调节方法主要有以下几种：

（1）喷水减温。

（2）摆动式燃烧器。

（3）分隔烟道挡板。

（4）烟气再循环。

8-105 锅炉过热蒸汽喷水减温调整的原理是怎样的?

答：单元机组中的锅炉过热蒸汽通常都采用喷水减温作为主要调温手段。由于锅炉给水品质较高，所以减温器通常采用给水作为冷却工质。喷水减温的方法是将给水呈雾状直接喷射到被调过热蒸汽中去与之混合，吸收过热蒸汽的热量使本身加热、蒸发、过热，最后也成为过热蒸汽的一部分。被调温的过热蒸汽由于放热，所以温度下降，达到了调温的目的。

8-106 锅炉过热蒸汽喷水减温调整的方法是怎样的?

答：喷水减温器的调节操作比较简单，只要根据汽温的变化适当变更相应的减温水调节阀的开度，改变进入减温器的减温水量即可达到调节过热汽温的目的。当汽温高时，开大调节阀增加调温水量；当汽温较低时，关小进水调节阀减少减温水量，或者根据需要将减温器撤出运行。

8-107 简述锅炉过热器减温水系统的布置与调节原理。

答：300MW单元机组的锅炉对汽温调节的要求较高，故通常均装置两级以上的喷水减温器，在进行汽温调节时必须明确每级减温器所担负的任务。如SG-1025/18.2-M319型锅炉过热器采用两级喷水减温。第一级布置在分隔屏过热器之前。由于该级减温器距过热蒸汽出口尚有较长距离，减温器的出口蒸汽还要经过辐射式分隔屏过热器、半辐射式后屏过热器和高温对流过热器等，所以相对来说，它对出口汽温的调节时滞较大；而且由于蒸汽流经这几级过热器后汽温的变化幅度较大，误差也大，所以很难保证出口蒸汽温度在规定的范围内，因此，这级过热器只能作为主蒸汽温度的粗调节。同时，由于分隔屏布置在锅炉炉膛上方，所处位置的烟温也是所有过热器中最高的，为了保证该过热器的安全运行，因此，必须保障其冷却可靠，使之管壁温不超过允许数值。第一级喷水减温器设在此处，就可保障该级过热器进口参数一定，借以保障其冷却作用。该锅炉第二级喷水减温器设在高温对流过热器进口。由于此处距主蒸汽出口距离近，且此后蒸汽温度变化幅度也不大，所以此时喷水减温的灵敏度高，调节时滞也小，能较有效地保证主蒸汽出口温度符合要求，因而该级喷水调节是主蒸汽的细调节，或曰终极调节。

8-108 再热器入口管道设置喷水减温器的目的是怎样的?

答: 在再热器进口管道中通常要装设喷水减温器。设计该喷水减温器的主要目的是，当出现事故工况，再热器入口汽温超过允许值，可能出现超温损坏时，喷水减温器立即投入运行，借以保护再热器。在正常运行情况下，只有当积极采用其他温度调节方法尚不能完全满足要求时，此喷水减温器才投入微量喷水，作为再热汽温的辅助调节。

8-109 喷水减温器调节汽温的特点是怎样的?

答: 喷水减温器调节汽温的特点是，只能使蒸汽减温而不能升温。因此，锅炉按额定负荷设计时，过热器受热面的面积是超过需要的，也就是说，锅炉在额定负荷下运行时过热器吸收的热量将大于蒸汽所需要的过热热量，这时就必须用减温水来降低蒸汽的温度使之保持额定值。由于一般联合过热器运行特性都偏于对流特性，所以当锅炉负荷降低时，汽温也将下降，这时减温水就应关小，直至减温器解列为止，此时锅炉的负荷大约为额定值的70%。如果此后负荷再减小，对于定压运行的单元机组，由于蒸汽已失去汽温调节手段，因而主汽温就不能保持规定值，故锅炉不宜在此情况下作定压运行。如果机组此时采用变压运行方式，还是可行的。

8-110 采用喷水减温调节主、再热汽温有哪些优缺点?

答: 喷水减温调节主蒸汽温度在经济上是有一定损失的。一方面由于在额定负荷时过热器受热面积比实际需要值大，增加了投资成本；另一方面因一部分给水用作减温水，使进入省煤器的水流量减少，因而锅炉排烟温度升高，增加了排烟损失（否则就要增加尾部受热面的投资）。同时，喷水减温的过程也是一个熵增过程，故而有可用能的损失。但是，由于喷水减温设备简单、操作方便，调节又灵敏，所以仍得到广泛应用。

再热蒸汽通常都不采用喷水减温器调节汽温。因为喷水减温将增加再热蒸汽的数量，从而增加了再热蒸汽的压头损失和汽轮机中、低压缸的蒸汽流量，即增加了中、低缸的出力。如果机组的负荷一定，将使高压缸出力减少，即减少高压缸的蒸汽流量。这就等于部分地用低压蒸汽循环代替高压蒸汽循环做功，因而必然导致整个机组热经济性的降低。根据计算，对超高压机组，再热蒸汽每喷水1%（锅炉蒸发量的1%），机组的热循环效率将降低0.1%～0.2%。

8-111 采用摆动式燃烧器如何调节汽温?

答: 采用摆动式燃烧器调节汽温，是目前大型单元机组常见的一种方

式。摆动式燃烧器调节汽温，就是将燃烧器的倾斜角度改变，从而改变燃烧火焰中心沿炉膛高度的位置，达到调节汽温的目的。在高负荷时，将燃烧器向下倾斜某一角度，让火焰中心位置下移，使进入过热器区域的烟气温度下降，减小过热器的传热温差，使汽温降低；在低负荷时将燃烧器倾角向上某一数值，提高火焰中心位置，使汽温升高。

8-112 摆动式燃烧器调节汽温有哪些优缺点？

答：摆动式燃烧器调节汽温有很多优点，首先是调温幅度较大。目前，300MW机组使用的摆动式燃烧器，其摆动角度为±（10°～30°），可以使炉膛出口烟气温度变化110～140℃，汽温调节幅度达到40～60℃。其次是调节灵敏，设备简单，投资费用少，并且没有功率损耗。不过这种调节方式应注意倾角范围不可过大，否则可能增加不完全燃烧损失，出现结渣、燃烧不稳定等问题。如燃烧器上倾角过大，将增加不完全燃烧损失，并可能引起屏式过热器区域结渣、受热面超温等，在负荷较低时，还可能出现燃烧不稳定，甚至熄火。

8-113 当采用摆动式燃烧器主要调整过热汽温或主要调整再热汽温时有何不同？

答：摆动式燃烧器可用于过热蒸汽的调温，也可用于再热蒸汽的调温。当其用于过热蒸汽调温时，它总是与喷水减温器配合使用。采用这种联合调温方式时，在锅炉的实际操作中，通常摆动燃烧器的倾角调整只是在安装、检修后的启动初期进行，调整燃烧器倾角时要与喷水减温配合，使之保证在70%～100%负荷内过热汽温可维持额定值，保证锅炉效率，同时不能出现受热面结渣或燃烧不稳定的情况。当满足这些要求以后也就得到了燃烧器的倾角数值。在以后的正常运行操作中这一倾角一般将不再改变，只是按照运行的实际情况，改变喷水减温器的减温水量来调节过热汽温符合要求即可。

当摆动式燃烧器作为再热汽温的主调节方式时，它将以再热汽温为信号，改变燃烧器的倾角。为了保持炉膛火焰的均匀分布，此时四组燃烧器的倾角应一致并同时动作。当燃烧器倾角已达到最低极限值－30°，再热汽温仍然高于额定值时，再热器事故喷水减温器将自动投入运行，以保持汽温和保护再热器。

8-114 使用燃烧器调节汽温还有哪些方法？

答：使用燃烧器调温还可以采用下列两种辅助调节手段。

（1）改变燃烧器的运行方式。这种方式是将不同高度的燃烧器喷口投入或停止运行，或将几组燃烧器切换运行，以此来改变炉膛火焰中心的位置高低，实现调节汽温的目的。当汽温较高时，应尽量先投下组或下排喷嘴运行；当汽温较低时，优先投运上组燃烧器或燃烧器上排喷嘴。

（2）改变配风工况。在总风量不变的前提下，可用改变上、下二次风量分配比例的办法改变炉膛火焰中心位置的高低，改变进入过热器区域的烟温，实现调节汽温的目的。当汽温偏高时，可加大上二次风量，减小下二次风量，降低火焰中心；当汽温较低时，减少上二次风量，增加下二次风量，抬高炉膛火焰中心。

采用燃烧器辅助调温方式时，应根据运行的具体情况灵活掌握。但必须强调指出的是，改变燃烧器的运行方式和配风工况时，首先应满足燃烧工况的要求，保证锅炉机组运行的安全性和经济性。

8-115 采用分隔烟道挡板进行汽温调节的原理是怎样的？有何优缺点？

答：分隔烟气挡板调温也是单元机组经常采用的一种蒸汽温度调节方式，它通常用来调节再热蒸汽温度。

当再热器布置在锅炉对流烟道内时，为了调节再热汽温，有时将对流烟道用隔墙分开，而将再热器和过热器分别布置在互相隔开的两个烟道中，在其后再布置省煤器，在出口处设有可调烟气挡板。调节烟气的开度，可以改变流经两个烟气通道的烟气流量分配，从而改变烟道内受热面的吸热量，实现再热汽温调节。在实际运行操作时，一般可将再热器下面的烟气调节挡板全开，用改变过热器烟道下面的烟气调节挡板开度来改变两个烟道的烟气流量，实现再热汽温调节。

采用烟气挡板调节蒸汽温度时，由于其调节原理是改变烟气侧的传热量分配，因而这一调节方法同时对再热汽温和过热汽温起作用。而这两者的汽温变化特性是不同的，对于过热汽温的变化，可用调节减温器的喷水量来维持其稳定。

烟气挡板调节器结构简单、操作方便，但挡板的开度与汽温变化不呈直线关系。一般挡板在0～40%开度范围内，调节比较灵敏，开度再大些，调节灵敏性就较差。

8-116 采用锅炉烟气再循环如何进行调节？有何优缺点？

答：烟气再循环通常是用再循环风机将省煤器后的一部分低温烟气送入炉膛下部，改变锅炉辐射受热面和对流受热面的吸热比例，从而达到调节汽温的目的。再循环烟气送入炉内的地点应远离燃烧中心，以免影响燃料的燃烧。由于低温烟气的掺入，炉内温度水平要下降，炉内辐射吸热量减少；在

一般情况下，炉膛出口处的烟温变化不大；但因烟气量增加，过热器、再热器和省煤器等对流吸热量增大。而且，受热面离炉膛出口越远，吸热量的增加就越显著。因再热器一般都布置在过热器之后，因此，烟气再循环通常用来调节再热汽温。

在100%负荷时，烟气再循环不投入（有些锅炉投入少量再循环烟气），汽温保持额定值。负荷降低时，靠烟气再循环来维持再热汽温。在70%以下负荷时，再热汽温不能维持额定值。

采用烟气再循环调节再热汽温，要设置能够承受高温和耐磨的再循环风机。此外，烟气再循环还会使燃料的未完全燃烧损失和排烟损失有所增加，致使锅炉效率下降。所以，这种调温方式一般只在燃油锅炉的再热汽温调节中才使用。

8-117 锅炉燃烧调整的任务是什么？

答：炉内燃烧调整的任务可归纳为三点：

（1）保证燃烧供热量适应外界负荷的需要，以维持蒸汽压力、温度在正常范围内。

（2）保证着火和燃烧稳定，燃烧中心适当，火焰分布均匀，不烧坏燃烧器，不引起水冷壁、过热器等结渣和超温爆管。燃烧完全，使机组运行处于最佳经济状况。

（3）对于平衡通风的锅炉来说，应维持一定的炉膛负压。

8-118 如何判断锅炉炉内燃烧良好？

答：煤粉的正常燃烧，应具有光亮的金黄色火焰，火色稳定和均匀，火焰中心在燃烧室中部，不触及四周水冷壁；火焰下部不低于冷灰斗一半的深度，火焰中不应有煤粉分离出来，也不应有明显的星点，烟囱的排烟应呈淡灰色。如火焰亮白刺眼，表示风量偏大，这时的炉膛温度较高；如火焰暗红，则表示风量过小，或煤粉太粗、漏风多等，此时炉膛温度偏低；火焰发黄、无力，则是煤的水分偏高或挥发分低的反应。

8-119 保证燃烧经济性的条件有哪些？

答：燃烧过程的经济性要求保持合理的风、煤配合，一、二、三次风配合，送、引风机配合，同时还要求保持较高的炉膛温度。这样才能实现着火迅速，燃烧完全，减少损失，提高机组的效率。为此，对于煤粉炉在运行操作的燃烧调整中应使一、二、三次的出口风速、风率和相位角配合恰当，燃料量与外界负荷相适应，煤粉为经济细度，炉膛过量空气系数为最佳值，调整送、引风机，使炉膛保持适当的负压，减少漏风等。

8-120 中间储仓式制粉系统的锅炉加减负荷时如何进行煤粉量的调整？应注意什么？

答：对配有中间储仓式制粉系统的锅炉，因制粉系统的出力变化与锅炉负荷没有直接关系，所以当锅炉负荷改变而需要调节进入炉内煤粉量时，只要通过改变给粉机转速和燃烧器投入的只数（包括相应的给粉机）即可，而不必涉及制粉系统负荷变化。

当负荷变化较小时，改变给粉机转速就可以达到调节的目的。当锅炉负荷变化较大时，改变给粉机转速不能满足调节幅度，此时应先采用投入或停止燃烧器的只数作粗调，然后再用改变给粉机的转速作细调。但投、停燃烧器应对称，以免破坏整个炉内的动力工况。

当投入备用的燃烧器和给粉机时，应先开启一次风门至所需开度，并对一次风管进行吹扫，待风压指示正常后方可启动给粉机送粉，并开启二次风，观察火焰是否正常。相反，在停用燃烧器时，应先停给粉机并关闭二次风，而一次风应在继续吹扫数分钟后再关闭，防止一次风管内出现煤粉沉积。为防止停用燃烧器因过热而烧坏，可将一、二次风门保持微小开度，以作冷却喷口之用。

给粉机转速的正常调节范围不宜过大，若调得过高，不但煤粉浓度过大容易引起不完全燃烧，而且也容易使给粉机过负荷发生事故；若转速调得太低，在炉膛温度不高的情况下，因煤粉浓度低，着火不稳，容易发生炉膛灭火。此外，各台给粉机事先都应作好转速—出力特性试验，运行人员应根据出力特性平衡操作，保持给粉均匀，应避免大幅度的调节。任何短时间的过量给粉或中断给粉，都会使炉内火焰发生跳动，着火不稳，甚至可能引起灭火。

8-121 直吹式制粉系统的锅炉加减负荷时如何进行煤粉量的调整？应注意什么？

答：配有直吹式制粉系统的锅炉，一般都装有 3～5 台中速磨煤机或高速磨煤机，相应地具有 3～5 个独立的制粉系统。由于直吹式制粉系统出力的大小直接与锅炉蒸发量相匹配，故当锅炉负荷有较大变动时，即需启动或停止一套制粉系统。在确定制粉系统启、停方案时，必须考虑到燃烧工况的合理性，如投运燃烧器应均衡、保证炉膛四角都有燃烧器投入运行等。若锅炉负荷变化不大，可通过调节运行中的制粉系统出力来解决。当锅炉负荷增加，要求制粉系统出力增加时，应先开大磨煤机和排粉机的进口风量挡板，

增加磨煤机的通风量，利用磨煤机内的少量存粉作为增负荷开始时的缓冲调节；然后再增加磨煤机的给煤量，同时开大相应的二次风门，使燃煤量适应负荷。反之，当锅炉负荷降低时，则减少给煤量和磨煤机通风量以及二次风量。由此可知，对于带直吹式制粉系统的煤粉炉，其燃料量的调节是用改变给煤量来实现的，因而其对负荷改变的响应频率比储仓式制粉系统慢。

在调节给煤量及风门挡板开度时，应注意辅机的电流变化，挡板开度指示、风压的变化以及有关的表计指示变化，防止发生电流超限和堵管等异常情况。

8-122 锅炉空气量如何表示？如何保持最佳过量空气系数？

答：进入锅炉的空气主要是有组织的一、二、三次风，其次是少量的漏风。送入炉内的空气量可以用炉内的过量空气系数 α 来表示。α 与烟气中的 RO_2 和 O_2 含量有如下近似关系

$$\alpha = \frac{RO_2^{max}}{RO_2} \text{ 及 } \alpha \approx \frac{21}{21 - O_2}$$

对于一定的燃料，RO_2^{max} 值是一个常数，烟气中 RO_2 值与 CO_2 值又近似相等，所以对于各种燃料都可以制定出相应的过量空气系数与烟气中 CO_2 和 O_2 的关系曲线。控制烟气中的 CO_2 和 O_2 含量，实际上就是控制过量空气系数的大小。锅炉控制盘上装有 CO_2 表或 O_2 量表，运行人员可直接根据这种表记的指示值来控制炉内空气量，使其尽可能保持炉内为最佳 α，以获得较高的锅炉效率。

考虑到测点的可靠和方便，实际锅炉上 CO_2 表或 O_2 表的取样点通常是装在后面烟道而不是炉内。因此，在使用 CO_2 表或 O_2 量表监视炉膛送风量时，必须考虑测点至炉膛段的漏风 $\Delta\alpha$ 的影响。

8-123 最佳过量空气系数与哪些因素有关？通常各煤种对应的最佳过量空气系数是多少？

答：当排烟损失 q_2，化学未完全燃烧损失 q_3 和机械未完全燃烧损失 q_4 之和为最小值时，锅炉处在最佳过量空气系数下运行。最佳过量空气系数值的大小与锅炉设备的形式和结构、燃料的种类和性质、锅炉负荷的大小及配风工况等有关，应通过在不同工况下锅炉的热平衡试验来确定。但一般在0.75～1.0额定蒸发量范围内，最佳过量空气系数值无显著变化。对于一般固态排渣煤粉炉，在经济负荷范围内，炉膛出口过量空气系数最佳值是：无烟煤、贫煤和劣质烟煤为1.20～1.25；烟煤和褐煤为1.15～1.20。

8-124　运行人员在正常运行中如何判断送风量的多少？如何进行调节？

答：锅炉在运行中，除了用表计分析、判断燃烧情况之外，还要注意分析飞灰、灰渣中的可燃物含量，观察炉内火焰及排烟颜色等，综合分析炉内工况是否正常。

如火焰炽白刺眼，风量偏大时，CO_2 表计指示值偏低，而 O_2 量表计的指示值偏高，当火焰暗红不稳风量偏小时，CO_2 表计值偏大而 O_2 量表计值偏小，此时火焰末端发暗且有黑色烟炱，烟气中含有 CO 并伴随有烟囱冒黑烟等。CO_2 表计值偏低而 O_2 量表计值过高，可能是送风量过大，也可能是锅炉漏风严重，因此在送风调整时应予以注意。

风量的调节方法，就总风量调节而言，目前电厂多数是通过电动执行机构操纵送风机进口导向挡板，改变其开度来实现的。除了改变总风门外，有些情况下还需要借助改变二次风挡板的开度来调节。如某燃烧器中煤粉气流浓度与其他燃烧器不一致时（可从看火门中观察到），即应用改变燃烧器的二次风门挡板开度来调整该燃烧器送风量。

大容量锅炉都配有两台送风机。锅炉增、减负荷时，若风机运行的工作点在经济区域内，出力在允许的情况下，一般只要调整送风机进口挡板开度改变送风量即可。如负荷变化较大，需要变更送风机运行方式，即开启或停止一台送风机时，合理的风机运行方式应按技术经济对比试验结果确定。当两台风机都在运行而需要调整风量时，一般应同时改变两台风机进口挡板开度，使烟道两侧流动工况均匀。在调整风机的操作中，应注意观察电动机电流和电压、炉膛负压和 CO_2 量表计值或 O_2 量表计值的变化，以判断是否达到调整的目的。高负荷时，应防止电动机电流超限危及设备安全。

8-125　锅炉正常运行中加减负荷时，风量与燃料量的调节顺序是怎样的？

答：正常运行中，当锅炉的负荷增加时，燃料量和风量调整顺序一般应是先增加送风量，然后紧接着再增加燃料量。在锅炉减负荷时，则应先减燃料量，然后紧接着减送风量。但是，由于炉膛中总保持有一定的过量空气，所以当负荷增幅较大或增速较快时，为了保持汽压不致有大幅度的下跌，在实际操作中，也可以酌情先增加燃料量，紧接着再增加送风量；在锅炉低负荷运行时，因炉膛中过量空气相对较多，因而在增负荷时，也可采取先增加燃料量、后增加送风量的操作方式。

锅炉引风量的调整是根据送入炉内的燃料量和送风量的变化情况进行的。它的具体调整操作方法与送风机类似。当锅炉负荷变化需要进行风量调

整时，为了避免出现正压和缺风现象，原则上是在负荷增加时，先增加引风，然后再增加送风和燃料；反之，在减负荷时，则应先减燃料量，再减送风量，最后减引风量。

8-126 为什么锅炉更多地采用氧量表作为风量调节的依据？

答：在现代锅炉中，常用氧量表作为风量调节的依据。因为和 CO_2 含量相比，烟气中最适当的含 O_2 量与燃料的化学成分和质量无关。而且燃烧实践表明，当发生煤粉自流，排粉机带粉增多而使风量相对减少时，由于风量过小使燃烧不完全，有大量的 CO 产生，CO_2 含量大为减少，因此，相对地烟气中 CO_2 含量就减少。如果用 O_2 量表就不会出现这种反常的变化，只要空气量小，O_2 量值肯定小。

8-127 为什么锅炉炉膛的负压表一般装在炉顶出口处？

答：炉膛负压是反映燃烧工况正常与否的重要运行参数之一。目前煤粉炉基本上都采用平衡通风方式，炉膛风压稍低于环境大气压力。由于炉内高温烟气有自拔风力的作用，因而自炉底到炉顶烟气压力是逐渐增高的。另外，由于引风作用，烟气离开炉膛后沿烟道流动需要克服沿程流动阻力，所以压力又逐渐降低，直到最终由引风机提高压头从烟囱排出。这样，整个炉膛和烟道内的烟气压力都呈负压，其中以炉顶的烟气压力为最高（负压最小），炉膛的负压表测点就装在炉顶出口处。这样，只要炉顶保持合适的负压值，就不会出现烟气外漏的现象，也不会出现漏风偏大的情况。

8-128 在锅炉正常运行中，加减负荷时与异常情况下，炉膛负压如何变化？

答：在单位时间内，如果从炉膛排出的烟气量等于燃料燃烧产生的实际烟气量时，进、出炉膛的物质保持平衡，炉膛压力就保持不变。否则，炉膛负压就要变化。例如，在引风量未增加时，先增加送风量，就会使炉膛压力增大，可能出现正压。当锅炉负荷改变使燃料量和风量发生改变时，随着烟气流速的改变，各部分负压也相应改变，负荷增加，各部分的负压值也相应增大。

当燃烧系统出现故障或异常情况时，最先反映的就是炉膛负压表变化。例如，锅炉出现灭火，首先反应的是炉膛风压表指针剧烈摆动并向负方向甩到底，光字牌报警，然后才是汽包水位、蒸汽流量和参数指示的变化。在运行中，因燃烧工况总有小量的变化，故炉内风压是脉动的，风压显示总在控制值左右晃动。

当燃烧不稳定时，炉内风压将出现剧烈脉动，风压表显示大幅度摆动，同时风压表报警装置动作。此时，运行人员必须注意观察炉膛火焰情况，分析原因，并作适当调整和处理。实践表明，炉膛负压表大幅度摆动，往往是炉膛灭火的先兆。对负压运行的锅炉，由于炉内烟气经常有变动，而且炉膛同一截面上的压力也不一定相等，因此，为了安全起见，进行引风调整时，以炉膛风压表值为－30Pa左右为好；在运行人员即将进行吹灰、清渣时，炉膛负压值应比正常值大一些，约为－50～－80Pa。

8-129　锅炉燃烧器出口风速、风率过大或过小有何危害?

答: 保持适当的一、二、三次风出口速度和风率，是建立良好的炉内动力工况，使风粉混合均匀，保证燃料正常着火和燃烧的必要条件。一次风速过高会推迟着火，过低则可能烧坏喷口，并可能在一次风管造成煤粉沉积。二次风速过高或过低都可能直接破坏炉内正常动力工况，降低火焰的稳定性。三次风对主燃火焰和它本身携带煤粉的燃烧都有影响。燃烧器出口断面尺寸和风速决定了一、二、三次风的风率。风率也是燃烧调整的主要内容。一次风率增大，着火热就增大，着火时间延迟，显然这对低挥发分燃料是不利的；对高挥发分燃料着火并不困难，为保证火焰迅速扩散和稳定要求有较高的一次风率。

不同的燃料和不同结构的燃烧器，对一、二、三次风的风速和风率匹配比要求不同。

表8-1为四角布置直流燃烧器的配风条件。

表8-1　　四角布置直流燃烧器的配风条件

名　　称	无烟煤	贫煤	烟煤	褐煤
一次风出口速度（m/s）	20～25	20～30	25～35	25～40
二次风出口速度（m/s）	40～55	45～55	40～60	40～60
三次风出口速度（m/s）	50～60	50～60		
一次风率（%）	18～25	20～25	25～40	25～45

8-130　四角布置喷燃器如何调整一、二次风速?

答: 采用炉膛四角布置直流燃烧器是目前较普遍使用的方式。由于这种燃烧方式是靠四股气流配合组织的，所以它们的一、二次风速及风率的选择都会影响炉内良好的动力工况，因此必须注意四股气流整体配合的调整。由于四角布置直流燃烧器的结构、布置特性差异较大，故其风速的调整范围也较宽，此时一、二次风出口速度可用下述方法进行调整：

(1) 改变一、二次风率百分比。

(2) 改变各层燃烧器的风量分配，或停掉部分燃烧器。例如，可改变相应上、下两层燃烧器的一次风量及风率，或上、中、下各层二次风的风量与风速。在一般情况下，减少下排二次风量，增加上排二次风量，可使火焰中心下移，反之则可抬高火焰中心。

(3) 有的燃烧器具有可调的二次风喷嘴出口风速挡板，改变风速挡板的位置即可调整风速，而保持风量不变或变化很小。

8-131 运行中判断风速与风量的标准是什么？

答：运行中判断风速或风量是否适当的标准。第一是燃烧的稳定性，炉膛温度场的合理性和对过热汽温的影响。第二是比较经济指标，主要是看排烟损失 q_2 和机械未完全燃烧损失 q_4 的数值大小。

8-132 锅炉运行中如何投停燃烧器？注意什么？

答：由于燃烧器的结构种类不同，布置方法多种多样，因此对于燃烧器的投、停方式很难作出统一的具体规定，但一般可参考下述原则确定：

(1) 只是为了稳定燃烧以适应锅炉负荷需要和保证锅炉蒸汽参数的情况下停用燃烧器，这时经济性方面的考虑是次要的。

(2) 停上、投下，可以降低火焰中心，有利于燃料燃尽和降低汽温。

(3) 在四角布置燃烧方式中，宜分层停用或对角停用，在非特殊的情况下，一般不允许缺角运行。

(4) 需要对燃烧器进行切换操作时，应先投入备用燃烧器，待运行正常以后才能停用运行的燃烧器，防止燃烧火焰中断或减弱。

(5) 在投、停或切换燃烧器时，必须全面考虑其对燃烧、汽温等方面的影响，不可随意进行。

在投、停燃烧器或改变燃烧器的负荷过程中，应同时注意其风量与煤量的配合。运行中对停用的燃烧器，要通以少量的空气进行冷却，保证喷口安全。

8-133 汽包水位过高或过低时有何危害？

答：维持锅炉汽包水位正常是保证锅炉和汽机安全运行的重要条件之一。

当汽包水位过高时，由于汽包蒸汽容积和空间高度减小，蒸汽携带锅水将增加，因而蒸汽品质恶化，容易造成过热器积盐垢，引起管子过热损坏；

同时盐垢使热阻增大，引起传热恶化，过热汽温降低。汽包严重满水时，除引起汽温急剧下降外，还会造成蒸汽管道和汽轮机内的水冲击，甚至打坏汽轮机叶片。汽包水位过低，则可能破坏水循环，使水冷壁管的安全受到威胁。如果出现严重缺水而又处理不当，则可能造成水冷壁爆管。

8-134　影响锅炉水位变化的主要因素有哪些?

答: 锅炉运行中，汽包水位是经常变动的。引起水位变化的原因一个是锅炉外部扰动，如负荷变化；另一个是锅炉内部扰动，如燃烧工况的改变。出现外扰和内扰时，将使物质平衡遭到破坏，即给水量与送汽量的不平衡；或者工质状态发生变化（锅炉压力变化时，工质比体积和饱和温度随之改变），两者都能引起水位变化。水位变化的剧烈程度随扰动量增大、扰动速度加快而增强。

8-135　简述锅炉加负荷后汽压降低时汽包水位的变化过程。

答: 锅炉加负荷后汽压下降的结果，一方面造成汽水比体积增大，水位上升；另一方面也使工质饱和温度相应降低，使蒸发管金属和锅水放出它们的蓄热量，产生所谓附加蒸发量，从而使锅水内的汽泡（含汽率）数量增加，汽水混合物体积膨胀，促使水位很快上升。这种水位暂时上升的现象通常称为虚假水位。因为它并非表示锅炉贮水量的增加，相反，此时贮水量正在变少。随着锅水耗量的增加，在给水量未增加和蒸汽逸出水面后，水位也就随之下降。随着给水调整和燃烧调整的实施，汽包水位和蒸汽压力又很快恢复正常。

8-136　锅炉燃烧增强时汽包水位如何变化?

答: 在锅炉负荷和给水未变的情况下，炉内燃烧工况变动多数是由于燃烧不良，给粉不稳定引起的。燃烧工况变动不外乎燃烧加强或减弱两种情况。当燃烧增强时，锅水汽化加强，工质体积膨胀，使水位暂时升高。由于产汽增加，汽压升高，相应的饱和温度提高，锅水中的汽泡数量又有所减少，水位又下降。对于单元机组，如果这时汽压不能及时调整而继续升高，由于蒸汽做功能力提高而外界负荷又不变，因此，汽轮机调节汽阀将关小，减少进汽量，保持功率平衡，由于给水量没变，所以汽包水位又要升高。

8-137　300MW 机组锅炉汽包水位的监视手段有哪些?

答: 汽包水位是通过水位计来监视的。在 300MW 单元机组的锅炉中，除了在汽包两端各装一只就地的一次水位计外，通常还装有多只机械式或电子式二次水位计（如差压计、电接点式、电子记录式水位计等），其信号直

接接到操作盘上，增加水位监视。有的锅炉还用工业电视监视汽包水位。

8-138 什么是给水单冲量调节？有何问题？

答：给水调整的任务是使给水量适应锅炉的蒸发量，维持汽包水位在允许的范围内变化。最简单的调节办法是根据汽包水位的偏差 ΔH 来调整给水阀开度实现，在自动控制中就是采用单冲量自动调节器。

单冲量调节的主要问题是，当锅炉负荷和压力变化时，由于水容积中蒸汽含量和蒸汽比体积改变而产生虚假水位时，调节器会指导给水调整阀朝错误的方向动作，所以它只能用于水容量相对较大或负荷相当稳定的锅炉上。

8-139 为什么300MW机组锅炉汽包水位以二次水位计作为监视与调整依据？应注意什么？

答：300MW单元机组的锅炉汽包水位多采用给水自动调节，而二次水位计的准确性和可靠性均能满足运行要求，二次水位计的形式和数量又多，同时还设有高、低水位报警与跳闸，因此，在正常运行时可以将二次水位计作为水位监视和调整的依据。

在用水位计监视水位时，还需要时刻注意蒸汽量和给水量（以及减温水量）数值之差是否在正常范围内。此外，对于可能引起水位变化的运行操作，如锅炉排污，投、停燃烧器，增开给水泵等，也需予以注意，以便根据这些工况的改变可能引起水位变化的趋势，将调整工作做在水位变化之前，从而保证运行中汽包水位的稳定。

8-140 什么是给水双冲量调节？什么是给水三冲量调节？在锅炉运行中如何应用？

答：在双冲量给水调节系统中，除了水位信号外，又增加了蒸汽流量信号。当锅炉负荷变化时，蒸汽流量信号比水位信号提前反应，以抵消虚假水位的不正确指挥，故双冲量调节系统可用于负荷经常变动和大容量的锅炉上。但是这种调节系统还不能反映和纠正给水方面的扰动带来的影响，例如给水压力变化所引起的给水量变化带来的影响。

完善的给水调节系统是三冲量的调节系统。这种系统中又增加了给水量信号。此系统对给水量的调节，综合考虑了蒸发量与给水量相平衡的原则，又考虑了水位偏差大小的影响，所以既能够补偿虚假水位的反应，又能纠正给水量的扰动。

单元机组的锅炉通常都配备有单冲量给水调节系统和三冲量给水调节系统两种。在锅炉启动和低负荷运行时，投入单冲量调节系统；当锅炉转为正常运行时，给水调节即自动切换投入三冲量给水自动调节系统运行。

8-141 何谓机组的定压运行方式？

答：单元机组的运行方式有两种，即定压运行和变压运行。定压运行是指汽轮机在不同运行工况下工作时，只依靠改变调节汽阀的开度、改变新汽数量来适应外界负荷变化的运行方式，此时无论汽轮机负荷如何变化，进入汽轮机的主蒸汽压力和温度是不变的，维持在额定值范围内。这是一种通常使用的运行方式，单元机组中得到广泛使用。

8-142 何谓机组的变压运行方式？与定压运行比较有何优点？

答：变压运行亦称滑压运行，它是依靠改变进入汽轮机的主蒸汽压力(同时也改变了进入汽轮机的新蒸汽量)，来适应外界负荷的变化。而无论汽轮机负荷如何变化，它的主汽阀和调节汽阀的开度总保持不变，主汽阀保持全开（与定压运行一样），调节汽阀也基本上保持全开。

进入汽轮机的主蒸汽温度维持额定值不变。处在变压运行中的单元机组，当外界电负荷变动时，在汽轮机跟随的控制方式中，变动的指令直接下达给锅炉的燃烧调节系统和给水调节系统，锅炉就按指令要求改变燃烧工况和给水量，使出口主蒸汽的压力和流量适用外界负荷变动后的需要。而在定压运行时此指令是送给汽轮机调节系统改变调节汽阀的开度。

变压运行时，机组的负荷愈低，主蒸汽的压力也愈低，进入汽轮机的蒸汽流量也有所减少。然而，此时蒸汽的比体积却是增大的，这样，进入汽轮机内蒸汽的容积流量近乎不变。由于此时汽轮机调节汽阀的开度和第一级通流截面都不变，因而就相对减少了蒸汽进入汽轮机的节流损失，同时也改善了汽轮机高压缸蒸汽流动状况。因此，变压运行时汽轮机的内效率比定压运行时高。负荷越低，这个优点越突出。并且采用全周进汽节流调节的汽轮机比一般喷嘴调节的汽轮机更为有利。

8-143 汽包锅炉与直流锅炉采用变压运行时各有何优缺点？

答：对汽包锅炉单元机组，采用变压运行对外界负荷变化率的限制主要是锅炉的适应性差。一方面由于外界负荷变化首先要调整燃烧和给水，改变锅炉的汽压和蒸汽流量，而汽包锅炉的蓄热量多，热惯性大，这就限制了汽压的变化速度，即限制了锅炉适应外界负荷变化的速率。所以，这种机组采用变压运行，一般不宜做调频机组。另一方面，由于锅炉的工作压力随时要随外界负荷的变化而改变，这时锅炉蒸发受热面或汽包的饱和温度也要随之而变，与之接触的金属壁温也将随之改变。这样，在这些金属中将产生热应

力或交变热应力。负荷变化的幅度越大，速度越快，产生的热应力也越大。因此，为了保证机组运行的安全可靠，必须限制负荷变化的幅度和速率。由此可见，带汽包锅炉的单元机组采用变压运行方式比直流锅炉和复合循环锅炉的变压运行效果要差，而且实现变压运行也比较困难。

直流锅炉可以很好地实现变压运行，但必须注意低负荷、低压力对锅炉水动力学稳定性、两相介质分配的均匀性和汽水分层等的不良影响。超临界参数的锅炉还应注意压力降到临界值以下时是否会发生膜态沸腾、汽水分配不匀和汽水分层等问题。

8-144 三油模轴承在运行中有什么要求？

答：运行中轴承回油温度升高的程度是衡量轴瓦工作是否正常的主要标志。一般规定进油压力为0.08MPa，不低于0.06MPa时可以正常工作，进油温度为40～45℃。温度升高不超过10℃，运行中各轴瓦回油温度不超过最高允许值。如果各轴瓦回油温升偏差过大，则表明轴承的进油量分配不当，需要进行适当调整。调整时要把温度高的轴承进油节流孔适当扩大以增进油量。

8-145 汽轮机油中为什么会进水？如何防止油中进水？

答：油中进水是油质劣化的重要因素之一，油中进水后，如果油中含有有机酸，则会形成油渣，若有溶于水中的低分子有机酸，除形成油渣外还有使油系统发生腐蚀的危险。油中进水多半是汽轮机轴封的状态不良或是发生磨损，轴封的进汽过多所引起的。另外，轴封汽回汽受阻，如轴封加热器或汽封加热器满水或其旁路水阀开度过大，轴封高压漏汽回汽不畅，轴承内负压太高等原因也往往直接构成油中进水。

为防止油中进水，除了在运行中冷油器水侧压力应低于油侧压力外，还应精心调整各轴封的进汽量，防止油中进水。

8-146 冷油器为什么要放在机组的零米层？若放在运转层有何影响？

答：冷油器放在零米层，离冷却水源近，节省管道，安装检修方便，布置合理（能充分利用油箱下部位置）。机组停用时，冷油器始终充满油，可以减少充油操作。若冷油器放在运转层，情况正好相反，它离冷却水源较远，管路长，要求冷却水有较高的压力，停机后冷油器的油全部回至油箱。启动时，要先向冷油器充油放尽空气，操作复杂，而且冷油器放在运转层，影响机房整体美观和清洁卫生。

8-147 轴封间隙过大或过小对机组运行有何影响？

答：轴封间隙过大，使轴封漏汽量增加，轴封汽压力升高，漏汽沿轴向漏入轴承中，使油中进水，严重时造成油质乳化，危及机组安全运行。

轴封间隙过小，容易产生动静部分摩擦，造成转子弯曲和振动。

8-148 汽轮机为什么会产生轴向推力，运行中轴向推力怎样变化？

答：汽轮机每一级动叶片都有大小不等的压降，在动叶片前后也产生压差，因此形成汽轮机的轴向推力。还有隔板汽封间隙中的漏汽也使叶轮前后产生压差，形成与蒸汽流向相同的轴向推力。另外，蒸汽进入汽轮机膨胀做功，除了产生圆周力推动转子旋转外，还将使转子产生与蒸汽流向相反的轴向推力。冲动式汽轮机采用在高压轴封两端建立反向压差的措施平衡轴向推力。

运行中影响轴向推力的因素很多，基本上轴向推力的大小与蒸汽流量的大小成正比。

8-149 影响轴承油膜的因素有哪些？

答：影响轴承转子油膜的因素有：①转速；②轴承载荷；③油的黏度；④轴颈与轴承的间隙；⑤轴承与轴颈的尺寸；⑥润滑油温度；⑦润滑油压；⑧轴承进油孔直径。

8-150 凝汽器底部的弹簧支架起什么作用？为什么灌水时需要用千斤顶顶住凝汽器？

答：凝汽器底部弹簧支架除了承受凝汽器的质量外，当排汽缸和凝汽器受热膨胀时，补偿其热膨胀量。如果凝汽器的支持点没有弹簧，而是硬性支持，凝汽器受热膨胀时向上，就会使低压缸的中心破坏而造成振动。

如果停机，为了查漏，对凝汽器汽侧灌水。由于灌水后增加了凝汽器支持弹簧的负荷，会使凝汽器弹簧严重过载，使弹簧产生不允许的残余变形，故应预先用千斤顶将凝汽器顶住，防止弹簧负荷过大，造成永久变形。

在灌水试验完毕放水后，应拿掉千斤顶，否则低压缸受热向下膨胀时，由于凝汽器阻止而只能向上，会使低压缸中心线改变而出现机组振动。

8-151 什么叫凝汽器的热负荷？

答：凝汽器热负荷是指凝汽器内蒸汽和凝结水传给冷却水的总热量（包括排汽、汽封漏汽、加热器疏水等热量）。凝汽器的单位负荷是指单位面积所冷凝的蒸汽量，即进入凝汽器的蒸汽量与冷却面积的比值。

8-152 什么叫循环水温升？温升的大小说明什么问题？

答：循环水温升是凝汽器冷却水出口温度与进口水温的差值，温升是凝

汽器经济运行的一个重要指标，温升可监视凝汽器冷却水量是否满足汽轮机排汽冷却之用，因为在一定的蒸汽流量下有一定的温升值。另外，温升还可供分析凝汽器铜管是否堵塞、清洁等。

温升大的原因有：①蒸汽流量增加；②冷却水量减少；③铜管清洗后较干净。

温升小的原因有：①蒸汽流量减少；②冷却水量增加；③凝器铜管结垢污脏；④真空系统漏空气严重。

8-153 凝汽器端差的含义是什么？端差增大有哪些原因？

答：凝汽器压力下的饱和温度与凝汽器冷却水出口温度之差称为端差。

对一定的凝汽器，端差的大小与凝汽器冷却水入口温度、凝汽器单位面积蒸汽负荷、凝汽器铜管的表面洁净度，凝汽器内的漏入空气量以及冷却水在管内的流速有关。一个清洁的凝汽器，在一定的循环水温度和循环水量及单位蒸汽负荷下就有一定的端差值指标，一般端差值指标是当循环水量增加，冷却水出口温度愈低，端差愈大，反之亦然；单位蒸汽负荷愈大，端差愈大，反之亦然。实际运行中，若端差值比端差指标值高得太多，则表明凝汽器冷却表面铜管污脏，致使导热条件恶化。

端差增加的原因有：①凝器铜管水侧或汽侧结垢；②凝汽器汽侧漏入空气；③冷却水管堵塞；④冷却水量减少等。

8-154 什么叫凝结水的过冷却度？过冷却度大有哪些原因？

答：在凝汽器压力下的饱和温度减去凝结水温度称为“过冷却度”。从理论上讲，凝结水温度应和凝汽器的排汽压力下的饱和温度相等，但实际上各种因素的影响使凝结水温度低于排汽压力下的饱和温度。

出现凝结水过冷的原因有：

（1）凝汽器构造上存在缺陷，管束之间蒸汽没有足够的通往凝汽器下部的通道，使凝结水自上部管子流下，落到下部管子的上面再度冷却。而遇不到汽流加热，则当凝结水流至热水井中时造成过冷却度大。

（2）凝汽器水位高，以致部分铜管被凝结水淹没而产生过冷却。

（3）凝汽器汽侧漏空气或抽气设备运行不良，造成凝汽器内蒸汽分压力下降而引起过冷却。

（4）凝汽器铜管破裂，凝结水内漏入循环水（此时凝结水质严重恶化，如硬度超标等）。

（5）凝汽器冷却水量过多或水温过低。

8-155 凝结水过冷却有什么危害？

答：凝结水过冷却造成以下结果：

（1）凝结水过冷却，使凝结水易吸收空气，结果使凝结水的含氧量增加，加快设备管道系统的锈蚀，降低了设备使用的安全性和可靠性。

（2）影响发电厂的热经济性，因为凝结水温度低，在除氧器加热就要多耗抽汽量，在没有给水回热的热力系统中，凝结水每冷却7℃，相当于发电厂的热经济性降低1％。

8-156 为什么凝汽器半面清洗时，汽侧空气阀要关闭？

答：由于凝汽器半面的冷却水停止，此时凝汽器内的蒸汽未能被及时冷却，故使抽气器抽出的不是空气和蒸汽的混合物，而是未凝结的蒸汽，从而影响了抽气器的效率，使凝汽器真空下降，所以凝汽器半面清洗时，应先将该侧空气阀关闭。

8-157 凝汽器水位升高有什么危害？

答：凝汽器水位过高，会使凝结水过冷却，影响凝汽器的经济运行。如果水位太高，将铜管（底部）浸没，将使整个凝汽器冷却面积减少，严重时淹没空气管，使抽气器抽水，凝汽器真空严重下降。

8-158 除氧器出水含氧量升高的原因是什么？

答：除氧器出水含氧量升高的原因有：

（1）进水温度过低或进水量过大。

（2）进水含氧量大。

（3）除氧器进汽量不足。

（4）除氧器排氧阀开度过小。

（5）喷雾式除氧器喷头堵塞或雾化不好。

（6）除氧器汽水管道排列不合理。

（7）取样器内部泄漏，化验不准。

8-159 除氧器发生振动的原因有哪些？

答：除氧器发生振动的原因有：

（1）投除氧器过程中，加热不当造成膨胀不均，或汽水负荷分配不均。

（2）进入除氧器的各种管道水量过大，管道振动而引起除氧器振动。

（3）运行中由于内部部件脱落。

（4）运行中突然进入冷水，使水箱温度不均产生冲击而振动。

（5）除氧器漏水。

(6) 除氧器压力降低过快，发生汽水共腾。

8-160 除氧器压力、温度变化对出水含氧量有什么影响?

答: 当除氧器内压力突然升高时，水温变化跟不上压力的变化，水温暂时低于升高后压力下的饱和温度，因而水中含氧量随之升高，待水温上升至升高后压力下的饱和温度时，水中的溶解氧才又降至合格范围内；当除氧器压力突降时，由于同样的原因，水温暂时高于该压力对应下的饱和温度，有助于水中溶解气体的析出，溶解氧随之降低，待水温下降至该压力对应的饱和温度后，溶解氧又缓慢回升。

综上所述，将水加热至除氧器对应压力下的饱和温度是除氧器正常工作的基本条件，因此在运行中应保持除氧器内压力和温度的稳定，切勿突变，除氧器的压力调节应投自动，且灵活可靠。

8-161 运行中的除氧器为什么要保持一定的水位?

答: 除氧器的水位稳定是保证给水泵安全运行的重要条件。在正常运行中，除氧器水位应保持在水位计指示高度的2/3～3/4范围之内，水位过高将引起轴封进水，机组振动。溢水管大量跑水，若溢水管排不及时则会造成除氧头振动，抽汽管发生水击及振动，严重时造成沿汽轮机抽汽管返水事故。因此，除氧器必须装有可靠的溢水装置和水位警报器。水位过低，一旦补充水不能及时补充，将造成水箱水位急剧下降，引起给水泵入口压力降低而汽化，严重影响锅炉上水，甚至造成被迫停炉停机事故。

当水箱水位过低时，为缓和紧张局面可采取下列措施：

(1) 可适当地加大补充水量。

(2) 采用控制非生产用汽的手段，以减少锅炉蒸发量，减少汽水消耗。

(3) 必要时限制汽轮机的负荷。

8-162 除氧器滑压运行要注意些什么?

答: 除氧器滑压运行特别要注意两个问题：①除氧效果；②给水泵入口汽化。

根据除氧器加热除氧的工作原理，滑压运行升负荷时，除氧塔的凝结水和水箱中的存水水温滞后于压力的升高，致使含氧量增大。这种情况要一直持续到除氧器在新的压力下接近平衡时为止，对升负荷过程中除氧效果的恶化可以通过投入加装在给水箱内的再沸腾管来解决。

减负荷时，滑压运行的除氧效果要比定压运行好。除氧器滑压运行，机组负荷突降，进入给水泵的水温不能及时降低，此时给水泵入口的压力由于除氧器内压力下降已降低，于是就出现了给水泵入口压力低于泵入口温度所对应的饱和压力，易导致给水泵入口汽化。

可以采取的措施：将除氧器布置位置加高，预备充分的静压头；另外在突然甩负荷时为避免压力降低较快，应紧急开启备用汽源。

8-163　如何防止运行中的除氧器超压爆破？

答：除氧器是一种压力容器，特别是高压除氧器，运行中发生超压十分危险，如果因超压爆破造成事故，后果是相当严重的。因此必须注意：

（1）除氧器及其水箱的设计、制作、安装和检修必须合乎要求，必须定期检测除氧器的壁厚情况和是否有裂纹。

（2）除氧器的安全保护装置，如安全阀、压力报警等动作必须正确可靠，应定期检验安全阀动作时必须能通过最大的加热蒸汽量。

（3）除氧器进汽调节汽阀必须动作正常。

（4）低负荷切换上一级抽汽时，必须特别注意除氧器压力。

（5）正常运行时，应保持经常监视除氧器压力。

8-164　离心式水泵启动前为什么要灌水？

答：离心式水泵是靠叶轮的旋转，使液体产生离心力，甩出叶轮，同时叶轮进口处形成真空，水池内的液体在大气压力作用下，进入水泵的叶轮进口，周而复始，连续工作。根据离心力公式 $F=mD\omega^2$，在叶轮直径 D，角速度 ω 为定值时，离心力的大小取决于流体质量 m 的大小，如若水泵内有空气，叶轮旋转时，空气产生的离心力是同样体积水的 1/830，这时叶轮出口的压力，也只有打水时的 1/830，无法将水排出，而泵的进口能产生的真空也极低，因此水泵只能处于空转不出水状态。所以必须于启动前将水泵灌水，赶尽空气。水泵内有空气，长时间空转，水泵会发热甚至损坏。

8-165　离心式水泵为什么不允许倒转？

答：因为离心泵的叶轮是一套装的轴套，上有丝扣拧在轴上，拧的方向与轴转动方向相反，所以泵顺转时，就愈拧愈紧，如果反转就容易使轴套退出，使叶轮松动产生摩擦。此外，倒转时扬程很低，甚至打不出水。

8-166　水泵运行中应检查哪些项目？

答：水泵在运行中，应重点检查以下几个方面：

（1）轴承工作是否正常。①轴承回油温度不超过 60℃；②油量应保证有足够的润滑油量；③油不能进水进杂质，不能乳化或变黑；④是否有异常声音（轴承内不应有异常声音）。

（2）真空表、压力表、电流表指示是否正常。①真空表指针不能摆动过大，如摆动过大有可能是入口发生汽化。另外，真空表读数不能过高，过高可能使入口阀堵塞卡住或入口阀阀瓣脱落，吸水池水位降低等。②压力表读数过低，可能是泵内部件工作不良，密封环严重磨损等。另外，系统用水量大时，泵出口压力也会降低。③电流表读数过大，可能是供水量大，泵内发生摩擦等，如电流表指示过小，说明水泵入口汽化或外界不需原来那么多的水量。

（3）泵体、轴承是否有振动。

（4）填料的松紧度是否正常。填料处应能稍许滴水，不要过紧，否则会因摩擦冒烟，但过松也会大量漏水，容易窜到轴承内使油乳化。

（5）格兰、轴承是否有足够的冷却水量。

8-167 水泵启动时打不出水的原因有哪些？

答：水泵启动时打不出水的原因有：

（1）叶轮或键损坏，不能正常地把能量传给流体。

（2）启动前泵内未充满水或漏气严重。

（3）水流通道堵塞，如进、出水阀阀芯脱落。

（4）并联运行的水泵出口压力低于母管压力，水顶不出去。

（5）电动机接线错误或电动机两相运行。

8-168 水泵为什么会发生轴向窜动？

答：水泵正常运行中窜动极小，一般很难看出来，对具有平衡盘的泵，在泵启动或停止时，因轴向推力消失，平衡盘不起定位作用，发生窜动，假如平衡盘磨损，转子会逐渐向入口移动，趋于新的工作位置、长时间磨损后能看得出来。

滚动轴承定位的水泵窜动的原因有：①轴承没被端盖压紧；②推力轴承损坏。

8-169 水泵运行中常出现哪些异常声音？

答：水泵运行中常出现的异常声音有：

（1）汽蚀异音。即水泵发生汽蚀时，发出的声音一般是噼噼啪啪的爆裂声响。

（2）松动异音。即由转子部件在轴上松动而发出的声音，这种声音常带有周期性，当泵轴有弯曲时，松动异音会更有规律性。

（3）小流量异音。主要是对蜗壳泵来说，小流量的噪声类似汽蚀声音，但有的较大，像是石子甩到泵壳上似的。

（4）滚动轴承异音。①新换的滚动轴承，由于装配时径向紧力过大，滚动体转动吃力，会发出较低的嗡嗡声，此时轴承温度会升高。②如果轴承体内油量不足，运行中滚动轴承会发出均匀的口哨声。③在滚动体与隔离架间隙过大时，运行中可发出较大的唰唰声。④在滚动轴承内、外圈滚道表面上或滚动体表面上出现剥皮时，运行中会发出断续性的冲击和跳动。⑤如果滚动轴承损坏，运行中发出啪啪啦啦破裂的响声。

8-170 何谓凝结水泵低水位运行？有何优缺点？

答：利用凝结水泵的汽蚀特性来自动调节凝汽器水位的运行方式，称为低水位运行，其优点是简化了运行设备，减少了水位自动调节装置，减少了值班人员的操作，并且提高了运行的可靠性，又节省电力。其缺点是凝结水泵经常在汽蚀条件下运行，对水泵叶轮要求较高，且噪声振动大，影响水泵的寿命。

8-171 凝结水泵为什么要装诱导轮？

答：为了防止凝结水泵内凝结水的汽化，在凝结水泵进口装设了诱导轮。凝结水进入泵内首先经过诱导轮增压，然后再进入首级叶轮、诱导轮的形式为轴流式的叶轮，共三片叶片，为减少进水口的漩涡损失，诱导轮有30°的锥度，诱导轮在锥形的衬圈内旋转。

8-172 凝结水泵为什么要装有空气管，而给水泵没有装空气管？

答：因为凝结水泵在真空情况下运转，把水从凝汽器中抽出，凝结水泵很容易漏入空气，凝结水泵内有少量的空气，可通过空气管排入凝汽器，不使空气聚集在凝结水泵内部而影响凝结水泵打水。

而给水泵进口水管接自除氧器，它的压力等于除氧器内部压力，与除氧器给水泵进口标高压力之和大于大气压力，空气不会进入给水泵内，故不需要装空气管。

8-173 什么是水泵的汽蚀现象？有什么危害？

答：液体在叶轮入口处流速增加，压力低于工作水温的对应的饱和压力时，会引起一部分液体蒸发（即汽化）。蒸发后的汽泡进入压力较高的区域时，受压突然凝结，于是四周的液体就向此处补充，造成水力冲击。这种现象称为汽蚀。

由于连续的局部冲击，会使材料的表面逐渐疲劳损坏，引起金属表面的剥蚀，进而出现大小蜂窝状蚀洞，除了冲击引起金属部件损坏外，

还会产生化学腐蚀现象，氧化设备。汽蚀过程是不稳定的，会使水泵发生振动和产生噪声，同时汽泡还会堵塞叶轮槽道，致使扬程、流量降低，效率下降。

8-174 为什么漏气的水泵会出现不出水现象？

答：在负压下运行的水泵，由于泵的入口压力低于外界大气压力，空气会从泵的不严密处漏入泵内部。泵在设计工况下工作时，漏入的气体占有的比例小，所以不易失水；反之，空气所占的比例增加，这时液体比重降低，液体在泵中获得的离心力减少，流量、扬程下降。流量减小，影响越大，当出口扬程低于母管压力或空气在泵中积聚较多时，水泵就打不出水来。

8-175 低压加热器疏水泵在运行中不出水如何处理？

答：低压加热器疏水泵在运行中不出水应作如下处理：

（1）若因凝结水母管压力大于疏水泵出水压力，应在不影响除氧器正常补水的情况下适当降低母管压力，采用调整凝结水再循环阀开度、降低除氧器压力等办法。

（2）若因进口汽蚀造成不出水，应适当开大进口空气阀，并将低压加热器维持一定水位运行。

（3）如因叶轮松动，出口调节汽阀阀芯脱落或轴承损坏等，须停泵切换至备用泵运行，联系检修处理。

（4）如因密封水投用不当，应将密封水压恢复正常。

8-176 什么叫加热器的端差？运行中有什么要求？

答：进入加热器的蒸汽饱和温度与加热器出水温度之间的差称为“端差”。在运行中应尽量使端差达到最小值。对于表面式加热器，此数值不得超过5～6℃。

8-177 运行中加热器出水温度下降有哪些原因？

答：运行中加热器出水温度下降的原因有：

（1）铜管或钢管水侧结垢，管子堵得太多。

（2）水侧流量突然增加。

（3）疏水水位上升。

（4）运行中负荷下降，蒸汽流量减少。

（5）误开或调整加热器的旁路阀不合理。

（6）隔板泄漏。

8-178 高、低压加热器为什么要在汽侧安装空气管道？

答：因为加热器蒸汽侧在停用期间或运行过程中都容易积聚大量的空气，这些空气在铜管或钢管的表面形成空气膜，使热阻增大，严重地阻碍了加热器的热传导，从而降低了换热效率，因此必须装空气管放走这部分空气，高压加热器的空气管由高压向低压逐级排放，最后引到低压加热器，可以回收部分热量，低压加热器空气管由高压向低压侧排放，最终接到凝汽器，利用真空将低压加热器内积存的空气吸入凝汽器，最后经抽气器抽出。

8-179 高、低压加热器保持无水位运行好还是有水位运行好？为什么？

答：高、低压加热器在运行时都应保持一定水位，但不应太高，因为水位太高会淹没铜管，减少蒸汽和铜（钢）管的接触面积，影响热效率。严重时会造成汽轮机进水的可能。如水位太低，则将有部分蒸汽经过疏水管进入下一级加热器，降低了下一级加热器的热效率。同时，汽水冲刷疏水管、降低疏水管的使用寿命，因此对加热器水位应严格监视。

8-180 加热器运行要注意监视什么？

答：加热器运行要注意监视以下参数：

（1）进、出加热器的水温。

（2）加热蒸汽的压力、温度及被加热水的流量。

（3）加热器汽侧疏水水位的高度。

（4）加热器的端差。

8-181 影响加热器正常运行的因素有哪些？

答：影响加热器正常运行的因素有：

（1）受热面结垢，严重时会造成加热器管子堵塞，使传热恶化。

（2）汽侧漏入空气。

（3）疏水器或疏水调整阀工作失常。

（4）内部结构不合理。

（5）铜管或钢管泄漏。

（6）加热器汽水分配不平衡。

（7）抽汽止回阀开度不足或卡涩。

8-182 正常运行时，启动疏水泵向除氧器补水时需注意什么？

答：正常运行时，启动疏水泵向除氧器补水的注意事项如下：

（1）启动疏水泵向除氧器补水前，化验疏水箱水质合格，注意轴封蒸汽压力。

(2) 关闭疏水泵至邻机除氧器的补水阀。

(3) 启动疏水泵后，缓慢开启疏水泵出口阀 3～5 圈，保持压力在 $10kg/cm^2$ 以上，并及时调整除氧器压力。

(4) 除氧器水位补至正常时应停运疏水泵，关闭该泵出口阀和除氧器补水阀。

(5) 将疏水箱水位补至 2/3 后，关闭疏水箱补水阀，防止溢流。

8-183 给水泵汽蚀的原因有哪些？

答：给水泵汽蚀的原因有：

(1) 除氧器内部压力降低。

(2) 除氧水箱水位过低。

(3) 给水泵长时间在较小流量或空负荷下运转。

(4) 给水泵再循环阀误关或开得过小，给水泵打闷泵。

8-184 给水泵出口压力变化的原因是什么？

答：给水泵出口压力变化的原因是：

(1) 锅炉汽压不稳定。

(2) 给水流量大幅调整。

(3) 给水管道破裂。

(4) 频率及电压变化。

(5) 运行给水泵跳闸或备用给水泵误启动。

(6) 给水泵再循环阀误操作。

(7) 锅炉泄漏或大量排污。

(8) 调速给水泵偶合器运行失常。

8-185 给水泵平衡盘压力变化的原因及危害是什么？

答：给水泵平衡盘压力变化的原因是：

(1) 给水泵进口压力变化。

(2) 平衡盘磨损。

(3) 给水泵节流衬套间隙增大（即平衡盘与平衡圈径向间隙）。

(4) 给水泵内水汽化。

造成的危害是：平衡盘与平衡座之间的间隙消失，给水泵产生动静摩擦，引起水泵振动。

8-186 给水泵密封水压力高、低对给水泵运行有何影响？

答：浮动密封环结构简单、运行可靠，能适应高压高温水。由于密封水从轴套与浮动环之间狭小间隙通过，因此密封水有一部分流入泵内，另一部分流至泵外。运行中，浮动环的密封冷却水进水压力过高或浮动环严重磨损时都会使泄漏量增加，浪费凝结水。如果浮动环的密封冷却水压过低或中断，将会使浮动环水温升高，可能造成浮动环与轴套卡涩，甚至摩擦损坏。

8-187　给水泵密封水供水异常如何处理?

答: 密封水泵应运行可靠，当密封水泵跳闸时，备用泵应自启动，否则应强行启动，或迅速提高凝结水水压，以保证密封水的正常供应。另外，对于采用备用密封水母管的机组，可立即切换至备用母管供水。

8-188　凝结水泵盘根为什么要用凝结水密封?

答: 凝结水泵在备用时处在高度真空下，因此，凝结水泵必须有可靠的密封。凝结水泵除本身有密封填料外，还必须使用凝结水作为密封冷却水。若凝结水泵盘根漏气，则将影响运行泵的正常工作和凝结水溶氧量的增加。

凝结水泵盘根使用其他水源来冷却密封，会使凝结水污染，所以必须使用凝结水来冷却密封盘根。

8-189　采用调速给水泵有哪些优点?

答: 采用调速给水泵有如下优点:

(1) 锅炉给水泵系统简单。

(2) 操作方便，调节可靠，便于实现锅炉给水全程调节自动化。

(3) 效率高，减少节流损失。

(4) 降低给水管道阻力，提高机组给水管道、附件及高压加热器运行可靠性。

(5) 适应于变动负荷，节省厂用电。

(6) 通过调速改变给水流量和压力，适应机组启停和负荷变化，便于滑压运行。

(7) 给水调节质量高，降低了给水调节阀前后压差，阀门使用寿命长。

8-190　冷却塔为什么要保持一定的排污量?

答: 对于密闭的二次循环供水系统，循环水多次进行循环使用，循环水将被浓缩，循环水中的有机杂质及无机盐的比例将大大增加，继续使用而不加强排污或补充新水，循环水中的盐类物质在凝汽器铜管内结垢，影响铜管的传热效果，使真空下降，机组汽耗增加。因此，应对冷却塔的运行加强管理，进行连续不断的排污工作。

8-191 凝汽器铜管轻微泄漏如何堵漏？

答：凝汽器铜管胀口轻微泄漏，凝结水硬度稍微增大，可在循环水泵进口侧或用胶球清洗泵加球室加锯末，使锯末吸附在铜管胀口处，从而堵住胀口的泄漏点。

8-192 为什么射水箱要保持一定的溢流？如何调整溢流流量？

答：因为抽气器抽来的具有一定温度的汽气混合物排放到射水箱内，使射水箱水温逐渐升高。由于水温的提高，影响抽气器的工作效率，降低汽轮机真空，故在运行中应连续不断地向射水箱补充一部分温度较低的冷水，以维持射水箱的水温。调整射水箱溢流量时，应注意水箱的水温高低，一般要求射水箱水温在26℃以下。溢流量不要忽大忽小，要调整到溢流水带走的热量正好是抽气器排入射水箱的热量，做到既要保证凝汽器的真空，又要不浪费水。

8-193 射水箱水温超过26℃时为什么会影响汽轮机真空？

答：因为射水抽气器设计的进水温度为20℃，渐缩喷嘴出口处膨胀的绝对压力为0.003 43MPa，其饱和温度为26℃，20℃的水在此真空下不会发生汽化。当射水箱水温高于26℃时，工作水在喷嘴出口将发生汽化，降低了抽气器的效率，射水抽气器不能抽到0.005 2MPa真空，要保持凝汽器真空设计值，水温就不能超过26℃。

8-194 凝结水硬度大有哪些原因？

答：凝结水硬度大的原因如下：

（1）凝汽器铜管胀口处泄漏或者铜管破裂使循环水漏入汽侧。

（2）备用射水抽气器的空气阀和进水阀，空气止回阀关闭不严或卡涩，使射水箱的水吸入凝汽器内。

8-195 凝结水电导率增大的原因有哪些？

答：凝结水电导率增大的原因如下：

（1）凝汽器铜管泄漏。

（2）软化水水质不合格。

（3）阀门误操作，使生水吸入凝汽器汽侧。

（4）汽水品质恶化。

（5）低负荷运行。

8-196 除氧器排气管带水的原因有哪些？

答：当除氧器内部压力与温度不对应（即除氧器压力降低）时，除氧器排气管就喷出汽水。

造成这种现象的原因有：

（1）除氧器大量进冷水，使压力降低。

（2）高压加热器疏水量大或再沸腾阀误开，造成除氧器自生沸腾。

（3）除氧器泄压消除缺陷时，低压加热器停用太快。

（4）除氧器满水。

8-197　电动机启动前为什么要测量绝缘？为什么要互为联动正常？

答：因为电动机停用或备用时间较长时，线圈中有大量积灰或受潮，影响电动机的绝缘，长期使用的电动机，绝缘有可能老化，端线松弛。启动前测量绝缘则尽可能暴露这些问题，以便采取措施，不影响运行中的切换使用。

一切电动机辅机应在机组启动前联动试验正常，防止备用设备失去备用作用，造成发电厂停电事故，因此作为运行人员来讲，不能轻视这一工作，并在正常运行中应定期对备用设备进行试验，以保证主设备故障时，备用设备及时投运。

8-198　主蒸汽压力升高时，对机组运行有何影响？

答：主蒸汽压力升高后，总的有用焓降增加了，蒸汽的做功能力增加了，因此如果保持原负荷不变，蒸汽流量可以减少，对机组经济运行是有利的。但最后几级的蒸汽湿度将增加，特别是对末级叶片的工作不利。对于调节级，最危险工况是在第一调节汽阀刚全开时，此时初压升高，调节级的焓降及流量均增加，对调节级是不利的，但在额定负荷下工作时，调节级焓不是在最大，一般危险性不大。主蒸汽压力升高而没有超限，机组在额定负荷下运行，只要末级排汽湿度没有超过允许范围，调节级可以认为没有危险，但主蒸汽压力是不可以随意升高的。主蒸汽汽压过高，调节级焓降过大，时间长了会损坏喷嘴和叶片，另外主蒸汽压力升高超限，最末几级叶片处的蒸汽湿度大大增加，叶片遭受冲蚀。新蒸汽压力升高过多，还会导致导汽管、汽室、汽阀等承压部件应力的增加，给机组的安全运行带来一定的威胁。

8-199　新蒸汽温度过高对汽轮机有何危害？

答：制造厂设计汽轮机时，汽缸、隔板、转子等部件根据蒸汽参数的高低选用钢材，对于某一种钢材有它一定的最高允许工作温度，在这个温度以下，它有一定的机械性能，如果运行温度高于设计值很多时，势必造成金属机械性能的恶化，强度降低，脆性增加，导致汽缸蠕胀变形、叶轮在轴上的

套装松弛，汽轮机运行中发生振动或动静摩擦，严重时使设备损坏，故汽轮机在运行中不允许超温运行。

8-200 新蒸汽温度降低对汽轮机运行有何影响？

答：当新蒸汽压力及其他条件不变时，新蒸汽温度降低，循环热效率下降，如果保持负荷不变，则蒸汽流量增加，且增大了汽轮机的湿汽损失，降低了机内效率。

新蒸汽温度降低还会使除末级以外各级的焓降都减少，反动度都要增加，转子的轴向推力增加，对汽轮机安全不利。

新汽温度急剧下降，可能引起汽轮机水冲击，对汽轮机安全运行更是严重的威胁。

8-201 新蒸汽压力降低对汽轮机运行有何影响？

答：假如新汽温度及其他运行条件不变，新蒸汽压力下降，则负荷下降。如果维持负荷不变，则蒸汽流量增加。新汽压力降低时，调节级焓降减少，反动度增加，而末级的焓降增加，反动度降低，对机组总的轴向推力没有多大的变化，或者变化不明显，新汽压力降低，机组汽耗增加，经济性降低，当新蒸汽压力降低较多时，要保持额定负荷，使流量超过末级通流能力，使叶片应力及轴向推力增大，故应限制负荷。

8-202 排汽压力变化对汽轮机运行有何影响？

答：排汽压力的变化对汽轮机的经济性、安全性影响很大，真空的提高可以使汽轮机汽耗减少而获得较高的经济性、凝汽器真空越高，即排汽压力越低，蒸汽中的热能转变为机械能越多，被循环水带走的热量越少，凝汽器压力每降低 1kPa，会使汽转机负荷大约增加额定负荷的 2%。真空也不是越高越好，真空越高，循环水泵消耗的能量越多。真空越高，末级湿度越大，轴向推力增加。如果凝汽器真空恶化，排汽压力升高，蒸汽中的热能被循环水带走的热量就越多，热能损失越多，则同样的蒸汽流量、同样的初参数，负荷就不能带到额定值。如保持额定负荷蒸汽流量增加，叶片将要过负荷，轴向推力增加，因此机组在运行中应尽量维持经济真空，以获得较好的经济性。

8-203 调节汽阀后汽压变化时如何进行分析？

答：调节汽阀后汽压一般可作为监视负荷变化或蒸汽流量大小的依据，当该调节汽阀未开时，调节汽阀后汽压和调整段汽压相接近，如果该调节汽阀开启，则调节汽阀后的汽压和汽轮机进汽压力相接近，如果该调节汽阀或联合汽阀阀杆断落，卡涩或其他故障而处于某一状态时，则该调节汽阀后压力随调整段的压力变化而变化。

8-204　高温季节调度循环水泵运行时应注意什么？

答：高温季节循环水温度高，汽轮机真空较低，会影响机组正常出力。为提高真空，增开一台循环水泵来增加循环水量。提高凝汽器真空，降低循环水温度也可以有效地提高真空。根据运行及试验得知，循环水温度每降低1℃，真空约提高0.3%，可以节约燃料0.3%～0.5%。合理地调度（增开）循环水泵运行是取得经济真空的有效措施之一。但也要考虑到闭式循环，冷却塔的冷却面积是不变的，由于循环水量的增加，冷却塔内淋水密度也大大增加，使溅水反射线变粗，造成水与空气的热交换减弱。当冷却塔水池内的水循环一周次后，循环水温将比开一台循环水泵运行时要高，降低了冷却塔的冷却效率。所以高温季节调度循环水泵要进行综合分析。

8-205　什么叫冷却水的正常温度和最高温度？

答：冷却水的正常温度就是凝汽器热力计算时，设计人员根据厂址水源长年平均温度选定的冷却水设计温度。

冷却水的最高温度是汽轮机的进汽参数正常，制造厂保证机组能带额定负荷长期运行的冷却水温度最高允许值。

8-206　锅炉静压进水有何好处？

答：锅炉静压进水有如下好处：

（1）减少给水泵的启停次数和对电动机的冲击。

（2）减少给水泵组的运行时间，节约厂用电。

（3）简化暖泵操作步骤，暖泵效果好，同时节省暖泵所用时间，减少除盐水的损耗。

8-207　电动阀进行电动切换与手动切换时应注意什么？

答：电动阀电动开启后，不要手摇开至极限，切换把手应放在电动位置上。运行中为了隔绝某一系统需将电动隔绝阀关得更严密些，电动关闭后再手动摇至关严不漏，此时将切换把手放在手动位置，切忌放在电动位置，以免他人拨动开关，造成烧电动机及烧开关箱的事故。需打开此阀时，应先手动摇开数圈，感觉轻松后，再把切换把手放至电动位置，进行电动开启。

8-208　如何保持油系统清洁、油中无水、油质正常？

答：为了保持油系统清洁、油中无水、油质正常，应做好以下各方面

工作：

（1）机组大修后，油箱、油管路必须清洁干净，机组启动前需进行油循环冲洗油系统，油质合格后方可进入调节系统。

（2）每次大修应更换轴封梳齿片，梳齿间隙应符合要求。

（3）油箱排烟风机必须运行正常。

（4）根据负荷变化及时调整轴封供汽量，避免轴封汽压过高漏至油系统中。

（5）保证冷油器运行正常，冷却水压必须低于油压。停机后，特别要禁止水压大于油压。

（6）加强对汽轮机油的化学监督工作，定期检查汽轮机油质量和放水工作。

8-209 汽轮机油温度高、低对机组运行有何影响？

答：汽轮机油黏度受温度变化的影响，油温高，油的黏度小，油温低，油黏度大。油温过高过低都会使油膜不好建立，轴承旋转阻力增加，工作不稳定，甚至造成轴承油膜振荡或轴颈与轴瓦产生干摩擦，而使机组发生强烈振动，故温度必须在规定范围内。

8-210 运行中的冷油器投入，油侧为什么一定要放空气？

答：冷油器在检修或备用时，其油侧积聚了很多空气，如不将这些空气放尽就投用油侧，油压就会产生很大波动，严重时可能使轴承断油或低油压跳机事故。

8-211 为什么氢冷发电机密封油装置设空气、氢气两侧？

答：在密封瓦上通有两股密封油，一个是氢气侧，另一个是空气侧，两侧油流在瓦中央狭窄处，形成两个环形油密封，并各自成为一个独立的油压循环系统。从理论上讲，若两侧油压完全相同，则在两个回路的液面接触处没有油交换。氢气侧的油独自循环，不含有空气。空气侧油流不和发电机内氢气接触，因此空气不会侵入发电机内。这样不但保证了发电机内氢气的纯度，而且也可使氢气几乎没有消耗，但实际上要始终维持空气氢气侧油压绝对相等是有困难的，因而运行中一般要求空气侧和氢气侧油压差要小于0.001MPa，而且尽可能使空气侧油压略高于氢气侧。

另外，这种双流环式密封瓦结构简单，密封性能好，安全可靠，瞬间断油也不会烧瓦，但由于瓦与轴间间隙大（0.1～0.15mm），故用油量大。为了不使大量回油把氢气带走，故空气、氢气侧各自单独循环。

8-212 密封油箱的作用是什么？它上部为什么装有 2 根与发电机内相通的 $\phi16$ 管子？

答：国产 200MW 机组密封油系统是双流环式瓦结构，空气侧与氢气侧密封油互不干扰，空气侧密封油循环是由主油箱的油完成的，而氢气侧密封油循环是由氢气侧密封油箱内的油来完成的。因此密封油箱的作用就是用来完成氢气侧密封油循环的一个中间储油箱。

氢气侧密封油是直接与氢气接触的，当中溶解有很多氢气，那么油回到氢气侧密封油箱后，氢气将分离出来，分离出的氢气如不及时排掉，将引起回油不畅，所以在氢气侧密封油箱上部装有两根 $\phi16$ 的管子与发电机内系统接通，使分离出来的氢气及时排出，运行中应将这两个阀开启。

8-213 密封油系统运行中应注意哪些问题？

答：密封油系统运行中应注意如下问题：

(1) 注意密封油箱油位正常，严禁满油。

(2) 应严格控制空气侧油压与氢压差在 0.04～0.06MPa 范围内，并定期检查发电机内部不应有油。

(3) 注意监视旁路差压阀和平衡阀油压跟踪情况，若自动调整失灵时，应退出运行，改为手动调整。

(4) 及时调整冷油器油温在规定范围内。

(5) 控制空气侧油压稍大于氢气侧油压（1kPa）。

(6) 防爆风机进风管应每班进行放水。

(7) 密封油箱不能打空，否则氢气侧油泵不再上油，除非将泵内氢气排尽。

(8) 密封油箱补油时，监控人员与就地操作人员联系好，防止密封油压降得太多，造成跑氢。

8-214 为什么要求空气、氢气侧油压差在规定范围内？

答：理论上最好空气、氢气侧油压完全相等，这样两侧油流不至交换，在实际运行中不可能达到这个要求。为了不使氢气侧油流向空气侧窜引起漏氢，所以规定空气侧密封油压稍大于氢气侧密封油压 1kPa，如空气侧密封油压高得过多，则空气侧密封油就向氢气侧窜，一则引起氢气纯度下降，二则易使氢气侧密封油箱满油。反之若氢气侧密封油压大于空气侧密封油压，则氢气侧密封油即向空气侧窜，使氢气泄漏量大，还要引起密封油箱缺油，不利于安全运行。

8-215 密封油泵和顶轴油泵在启动前为什么要将进、出口阀全开?

答：国产200MW机组密封油泵和顶轴油泵是螺杆泵，根据顶轴油泵和密封油泵的工作原理，分析可知，这两种泵启动时如不将出口阀打开，油压会越升越高，最终将泵的密封圈打坏，所以启动前应全开进、出口阀。

8-216 发电机进油的原因有哪些？如何防止?

答：发电机进油原因有：

(1) 密封油压大于氢压过多。

(2) 密封油箱满油。

(3) 密封瓦损坏。

(4) 密封油回油不畅。

防止进油的措施有：

(1) 调整油压大于氢压0.039～0.059MPa范围内。

(2) 调整空气侧氢气侧密封油压力正常，防止密封油箱满油，补油结束后，应及时关闭补油电磁阀旁路阀。

(3) 经常检查密封瓦的磨损程度。

(4) 经常检查防爆风机及回油管是否畅通。

8-217 运行中发现主油箱油位下降应检查哪些设备?

答：运行中发现主油箱油位下降应检查如下设备：

(1) 检查油净化器油位是否上升。

(2) 油净化器自动抽水器是否有水。

(3) 密封油箱油位是否升高。

(4) 发电机是否进油。

(5) 油系统各设备管道、阀门等是否泄漏。

(6) 冷油器是否泄漏。

8-218 发电厂生产过程中的汽、水损失有哪些?

答：发电厂生产过程中汽、水损失如下：

(1) 汽轮机主机和辅机的自用蒸汽损失：锅炉的蒸汽吹灰，射汽式抽气器的用汽，汽动给水泵、汽动油泵以及轴封漏汽等。

(2) 热力设备、管道及其附件的漏汽损失。

(3) 热力设备在检修和停运后的放水、放汽损失。

(4) 经常性和暂时性的汽水损失，如锅炉连续排污和定期排污，除氧器的向空排气。

(5) 对热力设备的加热及热力设备的散热损失。

8-219 发电机冷却水箱如何换水?

答: 冷却水箱水质不合格，应对冷却水箱进行换水。

先开启冷却水箱补水旁路阀，再开启冷却水箱放水阀，保持水箱水位在水位计的2/3，直到冷却水箱水质合格。关闭冷却水箱放水阀及补水旁路阀。

冷却水箱换水方法有多种。最经济的换水操作如下:

(1) 开启冷却水箱放水阀，将冷却水箱水位放至1/2处，关闭放水阀。

(2) 开启冷却水箱补水旁路阀，补至正常水位。

这样反复几次换水后，直至水质合格。

8-220 发电机风温过高、过低有什么危害?

答: 发电机风温过高会使定子绕组温度、铁芯温度、转子温度相应升高，使绝缘发生脆化，机械强度减弱，使发电机寿命大大缩短，严重时会引起发电机绝缘损坏、击穿，造成事故；风温过低容易发生结露，水珠凝结在发电机绕组上降低了绝缘能力，威胁发电机的安全运行。

8-221 对发电机冷却水水质有何要求?水质不合格有何危害?

答: 对发电机冷却水水质有以下要求:

(1) 电导率不大于2μs/cm (20℃)。

(2) 硬度$\left(\frac{1}{2}Ca^{2+}+\frac{1}{2}Mg^{2+}\right)$不大于5μmol/L。

(3) pH值为7~8。

(4) 透明纯净，无机械混合物。

发电机水质不合格有以下危害:

(1) pH值超限，容易使线圈和冷却水系统结垢腐蚀。

(2) 电导率超限，容易造成发电机接地。

8-222 电动机分哪些种类?

答: 电动机的种类很多，按所接电源的类别可分为直流电动机和交流电动机两大类。

直流电动机按励磁方式可分为他励式与自励式（包括串励、并励与反励）；交流电动机分为同步电动机和异步电动机（即感应电动机）；异步电动机可分为绕线式电动机和鼠笼式电动机，且以鼠笼式电动机用得最多。在某些需要调速的地方常用到绕线式电动机。

8-223 电动机运行时应注意哪些问题?

答：除了注意电动机各部位温度不得超过允许温度外，还应注意下列问题：

(1) 因为转矩与电压的平方成正比，所以电压波动时对转矩的影响很大。一般情况下，电压波动不得超过5%～10%的范围。

(2) 三相电压不平衡会引起电动机额外的发热，一般三相电压不平衡不得超过5%。

(3) 如果三相电流不平衡不是由于电源造成的，则可能是电动机内部有某种程度的故障，当各相电流均未超过额定电流时，最大不平衡电流不得超过额定电流的10%。

(4) 对于新安装电动机，同步转速为3000r/min的要求振动值不超过0.05mm，1500r/min的不超过0.085mm，1000r/min的不超过0.12mm，750r/min以下的不超过0.15mm。

(5) 绕线式电动机的电刷与滑环之间应接触良好，没有火花产生。

(6) 电动机一相断电后即为缺相运行，此时容易因过热而损坏绝缘等，故应立即切断电源。

(7) 电动机及所带动的工作机械的各运转部分均不应有卡涩现象。

8-224 异步电动机的启动电流为什么较大？用何方法降低启动电流？

答：异步电动机在额定转速下运转时，其转差率很小（约为0.01～0.06），转子导线与旋转磁场的相对运动速度很低，所以转子产生的感应电动势也很低，而当电动机由静止状态启动时，其瞬间转差率$S=1$，转子导线与旋转磁场间的相对运动速度很大，因此转子的感应电动势亦很大，它在转子里便会形成较大的转子电流以抵消转子电流产生的磁通对主磁通的去磁作用。因此，启动时，这个较大的转子电流定将相应地引起一个较大的定子启动电流，从而常使异步电动机的启动电流高达其额定电流的5～7倍。降低启动电流采用下列方法：

(1) 绕线式电动机加装变阻器，启动时使电动机电流（转子）逐步增加。

(2) 减少启动时的机械负荷（如关闭离心式水泵的出口阀，全速后开启）。

(3) 改变启动时接线方式，启动时为星形接线，启动后为三角形接线。

8-225 电压低对电动机运行有何影响?

答：转矩与电压的平方成正比。当电压降低后（如电压从380V降到

360V时）电动机的功率也要相应降低。假如电流保持不变，功率约为原功率的94.7%。如果负荷保持不变，那么电流必须增加，以便产生所需要的转矩。当转矩超过电动机的限额时，可能造成电动机过载而保护动作。如果电动机长期在低电压状况下运行，电动机容易发热使绝缘老化而烧坏。

8-226　辅机动力设备运行中电流变化的原因是什么？

答：辅机动力设备运行中电流变化的原因如下：

（1）电流到零原因：①电源中断；②开关跳闸；③电流表电缆开路。

（2）电流晃动的原因：①水泵流量变化；②频率及电压变化；③水泵内水汽化；④水泵轴封填料过紧，轴承损坏；⑤动静部分摩擦。

8-227　电动机温度的变化与哪些因素有关？

答：电动机温度的变化与下列因素有关：

（1）电动机负荷改变。

（2）环境温度变化。

（3）电动机风道阻塞或积灰严重。

（4）空冷器冷却水量及水温变化。

（5）电动机风叶损坏，冷却风量减少。

8-228　电缆过负荷时对安全运行有什么影响？

答：电缆过负荷运行会使电缆线路事故率增加，同时缩短电缆的使用寿命。过负荷电流的大小和过负荷时间的长短，对电缆的危害程度也不一样。在电缆线路设备上因过负荷反映出来的损坏部件大体可分为下面几类：

（1）造成导线接触部分的损坏或是造成终端头外部接触部分的损坏。

（2）加速绝缘的老化。

（3）使铅包发生龟裂或整条电缆铅包膨胀，在嵌装接缝处裂开。

（4）使电缆终端头或中间接头盒受沥青绝缘材料的膨胀而胀裂。

8-229　过载保护与失压保护的作用是什么？

答：过载保护是当线路或设备的负荷超过允许范围时，能延时切断电源的一种保护。热继电器和脱扣器是常用的过载保护装置；熔断器可用作照明线路或其他没有冲击负荷的线路和设备的过载保护。设备损坏往往造成人身事故，所以过载保护对保障人身安全起很大作用。

失压（欠压）保护是电源电压消失或低于某一数值时，能自动断开线路的一种保护。其作用是当电压恢复时，设备不致突然启动，造成事故，同时，能避免设备在低压下运行而受损坏，失压（欠压）保护由失压（欠压）

脱扣器等元件执行。

8-230 什么叫操作电源？操作电源有几种？

答：操作电源是向一次回路中的控制、信号元件、继电器保护和自动装置供电的电源。由操作电源供电的二次回路可分为控制回路和合闸回路。

控制回路是开关分、合闸的控制电路及信号、继电保护，自动装置的总称。

合闸回路是向开关的合闸线圈供电的电路。只有在合闸时才短时接通电路。由于所需合闸电流比较大，因此合闸回路的负荷属短时冲击负荷。

8-231 提高氢冷发电机氢气压力有什么好处？

答：提高氢压运行可以提高发电机的出力，因为氢气的导热能力和传热系数是随着氢气压力的增加而增加的，所以在相同的条件下氢压愈高，吸收的热量愈多，在保证发电机各部温升不变的情况下，可以提高发电机出力。

8-232 防爆风机进口管为什么要定期放水？

答：发电机空气使密封油回油至隔氢装置，由于运行中氢气侧密封油会往空气侧密封油窜，带走一部分氢气，因此空气侧密封油中也带有一部分氢气，这部分氢气随回油进入隔氢装置，在隔氢装置内，氢气分离出来，由防爆风机抽走，排入大气。防爆风机在进口管中有一段U形管状的管路，在这段U形管中，油水越积越多，时间长了会将U形管堵塞，防爆风机的全压为1.18kPa，克服不了这段水柱的阻力，使氢气不能从隔氢装置中排出，而从发电机两侧轴端溢出，严重时会引起爆炸事故。另外，堵塞后密封油回油不畅，密封油会从发电机轴端甩出，发生火灾，污染环境，所以必须每班对防爆风机进风管放水一次。

8-233 防爆风机出口带氢说明什么问题？

答：防爆风机出口带氢说明：

（1）密封瓦的密封圈损坏。

（2）空气侧密封油压太低或断油。

8-234 调速给水泵为什么要用水密封？如何调整密封水在正常状态？

答：调速给水泵用水密封，使轴与密封套之间的摩擦阻力减少，提高经济性，另外机械密封易坏，维修量大。

首先保证母管压力在2.45MPa以上，调整前置泵密封水压稍大于前置泵进口压力，适当开启主泵密封水调整阀的旁路阀，用主泵密封水调整阀调整压差在 0.098～0.196MPa（集控室差压表），使密封水回水温度在 60～70℃。

8-235 给水泵密封水哪些可以倒入凝汽器？何时倒入？为什么？

答： 给水泵密封水的压力回水可以倒入凝汽器，一般在凝汽器内有一定真空的情况下倒入。因为在凝汽器无真空或真空较低的情况下，将给水泵的密封水倒至凝汽器，由于回水需经过水封袋，这部分阻力将使回水不畅或回不出去。而重力回水由于压力低，流量小，设备管道、阀门易漏空气，使凝汽器真空下降，故一般不回收。

8-236 给水泵在备用及启动前为什么要暖泵？

答： 启动前暖泵的目的就是使泵体上下温差减小，避免泵体及轴发生弯曲，否则启动后会产生动静摩擦使设备损坏，同时由于泵体膨胀不均，启动后会产生振动，因此启动前一定要进行暖泵，而备用泵随时都有可能启动，所以也必须保持暖泵状态。

8-237 高压加热器水侧和汽侧为什么装有放空气阀？

答： 高压加热器水侧如果不装空气阀，水侧隔离时将无法泄压，投用时高压加热器内部的空气排不出去，这样会引起给水管道剧烈振动，严重时会造成锅炉断水。所以高压加热器水侧一定要装放空气阀。

汽侧空气阀的作用是高压加热器投入前将汽侧的空气排出，防止汽侧积聚空气，影响加热效果。

8-238 循环水泵启动前为什么要放空气？

答： 循环水泵进口积聚了大量的空气，这些空气如进入叶轮，将引起水泵汽蚀，在凝汽器内的空气占有一定的空间，使循环水通流面积减少，减少冷却面积，影响冷却效果，同时空气在管道内也会产生冲击，严重时会使凝汽器水室端盖变形。

8-239 为什么循环水长时间中断要等到凝汽器外壳温度降至 50℃以下才能启动循环水泵供循环水？

答： 事故后，循环水中断，如果由于设备问题循环水泵不能马上恢复起来，排汽温度将很高，凝汽器的拉筋、低压缸、铜管均作横向膨胀，此时若通入循环水，铜管首先受到冷却，但低压缸、凝汽器的拉筋却得不到冷却；这样铜管收缩，而拉力不收缩，铜管有很大的拉应力，这个拉应力能够将铜管的端部胀口拉松，造成凝汽器铜管泄漏。

8-240 凝结水溶解氧增大有哪些原因?

答:凝结水溶解氧增大的原因有:

(1) 凝汽器铜管破裂或泄漏。

(2) 凝结水过冷却(凝汽器水位过高)。

(3) 软化水补水量太大,或稳压水箱水位过低。

(4) 凝汽器真空除氧装置损坏。

(5) 低于热井中心线以下的负压设备漏空气。

8-241 高压加热器不投,机组是否一定限制带负荷?

答:高压加热器不投入运行,一、二、三级抽汽可以在后面继续做功,汽轮机的功率可以提高。如果保持汽轮机的负荷不变,总的蒸汽流量可以减少,此时应按高压加热器之后各级的通流能力确定机组是否可以带额定负荷(制造厂有明确规定的则除外)。一般来讲在炎热的夏季,机组凝汽器真空较低,则要限制汽轮机负荷。如果高压加热器后面各级压力不超过制造厂的最大允许值,轴向位移值不超过规定值,机组可以带满负荷。若高压加热器不投时,锅炉再热器、过热器壁温超限,则要根据锅炉的情况来决定是否限带负荷。

8-242 什么叫机组的滑压运行?滑压运行有何特点?

答:汽轮机开足调节汽阀,锅炉基本维持新蒸汽温度,并且不超过额定压力、额定负荷,用新蒸汽压力的变化来调整负荷,称为机组的滑压运行。

滑压运行的优点如下:

(1) 可以增加负荷的可调节范围。

(2) 使汽轮机允许较快速度变更负荷。

(3) 由于末级蒸汽湿度的减少,提高了末级叶片的效率,减少了对叶片的冲刷,延长了末级叶片的使用寿命。

(4) 由于温度变化较小,所以机组热应力也较小,从而减少了汽缸的变形和法兰结合面的漏汽。

(5) 变压运行时,由于受热面和主蒸汽管道的压力下降,其使用寿命延长了。

(6) 变压运行调节可提高机组的经济性(减少了调节汽阀的节流损失),且负荷愈低,经济性愈高。

(7) 同样的负荷采用滑压运行,高压缸排汽温度相对提高了。

(8) 对于调节系统不稳定的机组,采用滑压运行可以把调节汽阀维持在一定位置。

滑压运行的缺点如下：

（1）滑压运行机组，如除氧器定压运行，应备有可靠的汽源。

（2）调节汽阀长期在全开位置，为了保持调节汽阀不致卡涩，需定期活动调节汽阀。

8-243 水封袋注水后为什么要关闭注水阀？

答：如水封装注水后不关闭注水阀，在轴封抽气器疏水阀不关的情况下，凝结水有可能通过轴封抽气器进入轴封回汽管倒至各轴封和汽缸，造成轴封带水。热态启动时造成转子及汽缸局部冷却变形，如此时冲转将造成水击事故，停机情况下会造成汽缸进水的恶性事故。

8-244 凝结水再循环管为什么要接在凝汽器上部？它是从哪儿接出的？为什么？

答：凝结水再循环管接在凝汽器上部的目的就是使这部分凝结水经过轴封加热器、1 号低压加热器、已被加热的凝结水再与凝汽器铜管接触，由循环水冷却后再由凝结水泵打出，不致于使热井内的凝结水温度升高过多。

再循环管从轴封加热器后接出，主要考虑当汽轮机启动、停用或低负荷时，让轴封加热器有足够的冷却水量。否则，由于冷却水量不定，将使轴封回汽不能全部凝结而引起轴封汽回汽不畅、轴端冒汽。所以再循环管从轴封加热器后接出，打至凝汽器冷却后，再由凝结水泵打出。这样不断循环，保证了轴封加热器的正常工作。

8-245 EH 油系统由哪几部分组成？

答：（1）保护和遮断系统，用于机组保护。

（2）遮断试验系统，用于系统的试验。

（3）高压主汽阀和调节汽阀控制系统。

（4）中压主汽阀和调节汽阀控制系统。

8-246 DEH 系统调节机构有哪些特点？

答：各油动机及其相应的汽阀称为 DEH 系统执行机构。由于调节对象和任务的不同，其结构形式和调节规律也不相同，但从整体看，它们具有以下相同特点：

（1）所有的控制系统都有一套独立的汽阀、油动机、电液伺服阀（开关型汽阀例外）、隔绝阀、止回阀、快速泄载阀和滤油器等，各自独立执行任务。

（2）所有油动机都是单侧油动机，其开启依靠高压动力油，关闭靠弹簧

力，这是一种安全型机构，例如在系统漏油时，油动机向关闭方向动作。

(3) 执行机构是一种组合阀门机构，在油动机的油缸上有一个控制块的接口，在该块上装有隔绝阀、快速卸载阀和止回阀，并加上相应的附加组件构成一个整体，成为具有控制和快关功能的组合阀门机构。

8-247　油净化器投入对机组有什么重要性?

答: 为了保持油质清洁，延长汽轮机油的使用寿命。同时汽轮机组调节系统对油质要求较高，油质含水使调节系统锈蚀，导致卡死；油中含杂质，也会使错油阀卡住或调节系统某个部件不灵，严重威胁机组安全运行，故机组运行时应将油净化器投入。

8-248　什么情况下离心式水泵需要灌水？什么情况下需要放空气?

答: 根据离心式水泵的工作原理可知，离心式水泵工作之前，泵的叶轮中必须充满水，否则在启动后，叶轮中心就不能形成真空，水就不能源源不断地向泵内补充。因此，离心式水泵装在液面上方时，必须对离心式水泵先进行灌水，排出泵内空气。离心式水泵装在液面下方时，必须先开泵进水阀将泵内空气放尽，这样才能保证离心式水泵的正常工作。

8-249　轴流式与离心式泵有什么主要区别?

答: 轴流式与离心式泵区别如下:

(1) 从工作原理上看，轴流式是利用升力对流体做功，而离心泵是利用叶轮叶片离心力对流体做功。

(2) 轴流式泵不能关闭出口阀启动（需要很大功率，会引起很大的轴向推力），而离心式泵则能关闭出口阀启动。

(3) 在同功率的情况下，轴流式泵的压力低，流量大，而离心式泵则相反。

(4) 轴流式泵必须安装在水里。

8-250　高压加热器为什么要装注水阀?

答: 高压加热器装设注水阀后有下列好处:

(1) 便于检查水侧是否泄漏。

(2) 便于打开进水三通阀。

(3) 为了预热钢管减少热冲击。

8-251　发电机空气冷却器为什么有时会发生气阻？如何消除?

答: 发电机空气冷却器发生气阻一般多发生在开机过程中，由于空气冷却器内空气未放完，这部分气体被压缩在冷却器或回水管道上部，使冷却水量减少，随着负荷的增加，发电机的温度升高，冷却水出水温度也升高，使气阻增加，最后使空气冷却器的冷却水中断。使用地表水时，由于脏物堵塞水管，使空气冷却器的冷却水量逐渐减少，甚至中断，发电机进、出风温升高。

当发生气阻时，应开启空气冷却器放空气阀放气，同时，应设法提高冷却水压力（增开循环水泵或工业水泵）。若属脏物堵塞水管，可逐个隔离清洗，在处理过程中要严格控制发电机出风温度不高于75℃，铁芯和线圈温度不超限，否则应适当降低负荷。

8-252　运行中低压加热器隔离与恢复操作时，重点注意事项有哪些？

答：运行中隔离低压加热器，特别是除氧器前一级低压加热器的隔离，必须密切注意除氧器运行情况及凝结水温度，严防除氧器失压、断水或水侧过负荷，不可同时隔离二级低压加热器。

低压加热器隔离时，有关系统的切换顺序为：①空气系统；②汽侧进汽（包括轴封系统相关的阀门调整）；③水侧系统；④汽侧疏水。

低压加热器恢复时，有关系统的操作顺序为：①水侧系统；②汽侧系统；③汽侧疏水；④空气系统（注意凝汽器真空）。

8-253　为什么一台凝结水泵运行，另一台凝结水泵隔离时，有关阀门的操作顺序相反？

答：凝结水泵隔离的顺序是关闭出水阀、进水阀、空气阀、冷却水阀、密封水阀。而恢复操作应顺序开启密封水阀、冷却水阀、空气阀、进水阀、出水阀。规定阀门的开关顺序主要是为了保证运行泵的安全，防止运行泵吸入空气打不出水，假设对需要隔离的泵先关空气阀，从格兰处漏入的空气或凝结水中析出的气体，由于空气阀已关，就会沿进水母管窜入运行泵中，致使运行泵工作失常，凝汽器水位升高，真空下降。同理，恢复操作时，若空气阀没有在进水阀之前开启，隔离泵中的空气也会窜入运行泵。

8-254　运行中凝汽器隔离查漏，开启人孔门时，为什么必须特别注意凝汽器真空的变化？

答：凝结水硬度不合格，往往是由于铜管胀口处漏或钢管破裂，循环水漏入凝结水中引起的。运行中，凝汽器半边隔离查漏，从系统上看水侧和抽气侧是可以隔离的，但汽侧是不可隔离的，依然是真空状态，因而一旦人孔门打开，即会有空气经泄漏处进入凝汽器汽侧，引起真空下降，所以运行人

员应特别注意真空变化。

8-255 检修后的冷却器投用时，为什么必须放尽空气?

答：水冷发电机的冷却器故障停用检修后投用时，必须放尽冷却水侧的空气。如果不把这部分空气放尽，空气进入定子，特别是转子水冷系统，会造成发电机冷却水中断事故。

8-256 怎样检查判断冷却器铜管泄漏?

答：运行中发电机冷却水箱水位下降；有可能是冷却器铜管泄漏，冷却水漏入循环水侧。应分别对各冷却器进行试验，判断是否泄漏。检查的方法是，关闭循环水出水阀，打开循环水侧放空气阀，再关闭循环水进水阀，如果这时从放空气阀不断放出压力和温度较高的冷却水，说明该冷却器铜管泄漏，应停用检修。

8-257 辅机启动时，如何从电流表上判断启动是否正常?

答：可以从以下几种情况判断启动是否正常：

(1) 启动时电流很大，因此刚合上开关，转子升速时，电流表是满表的，当转子加速至接近全速，则电流表读数迅速下降，转子达全速，电流降至正常值，该次启动正常。

(2) 如果启动时电流表一晃即返零，即可能是开关未合上即跳闸，若伴有“6kW 辅机故障”信号，则表示电动机可能有故障。

(3) 如果启动后电流比正常值小，则可能是泵轮打不出流量。

(4) 如果电流满表不下降，则表示机械部分可能有故障或电动机两相运行，应停用处理；如果启动电流满表时间过长或启动后电流比正常值大，则表示机械部分可能有故障，对容积式泵还应检查出路是否畅通，出口压力是否超限。

8-258 给水泵中间抽头阀开、关对运行有何影响?

答：根据泵的特性，如总流量（出口流量和中间抽头流量之和）不变化，而抽头流量增加，则对于其前二级工作不产生影响，而后几级流量减小，泵的总扬程增大；反之抽头阀关闭（流量减小），则其后几级流量增加，泵的总扬程下降，如出口管道特性不变（出口阀及炉侧不操作），则开抽头阀时，前二级流量增加，扬程减小，后几级流量减少，扬程增加，水泵的总扬程略有下降，反之亦然。但实际运行时抽头流量变化不大，总扬程变化很小，此外中间抽头开启时，水泵试转，由于抽头前几级和抽头后几级不可能同时在设计工况下运转，因此整台泵的效率比设计工况下降。据试验，泵在具有中间抽头（抽头阀开启）的情况下效率下降1%～1.5%。

8-259　除氧器空气阀为何要保持微量冒汽？

答：除氧器工作原理是用蒸汽将水加热至该压力下的饱和温度，使凝结水中的溶解气体（包括氧气）分离出来，从除氧头空气阀排出，如空气阀不开，则分离出来的氧气无法跑掉，又会重新溶解在给水中，起不到除氧目的。如果空气阀开得过大，虽能达到除氧效果，但有大量蒸汽随同氧气一起跑掉，造成热量及汽水损失。所以在保证除氧效果的前提下，尽量关小空气阀，保持微量冒汽，以减少汽水损失。

8-260　辅机停用后为什么要检查转子转速是否到零？

答：辅机停用后，检查转子转速是否到零的原因：

（1）辅机停用后，如果出口止回阀关闭不严，引起辅机倒转，如不及时发现处理，影响系统正常运行，有的辅机严重倒转，甚至可能引起停机事故。

（2）若停用时因两相电源未拉开而使辅机两相低速运行，易引起电动机烧坏事故。

（3）不检查转子是否转动，转子在倒转的情况下，有以下危害：①辅机转子在静止状态下启动，启动电流就已经很大了，在倒转状态下启动，要使本来倒转的转子变为顺转，启动电流更大，过大的启动电流对电动机不利，可能会造成电动机线圈或线棒松动，甚至损坏绝缘。②有些辅机用并帽螺母固定叶轮，辅机倒转，容易使并帽螺母松动，造成叶轮松动。

8-261　真空系统漏空气引起真空下降的象征和处理特点是什么？

答：漏空气引起真空下降时，排汽温度升高，端差增大，凝结水过冷度增大，凝结水含氧量升高，当漏空气量与抽气器的最大抽气量能平衡时，真空下降到一定值后，真空还能稳定在某一数值。真空系统漏空气，用真空严密性试验就能方便地鉴定。真空系统漏空气的处理，除积极想法消除漏空气外，在消除前应增开射水泵及射水抽气器，维持凝汽器真空。

8-262　为什么容积式泵和轴流泵不允许在出口阀不开的情况下启动？

答：对容积式泵来说，在其出口阀关闭时，只要电动机还在转动，出口压力仍要向上升高，电动机的功率也随着出口压力的升高而升高，其结果不是因超压损坏泵体、管道、设备，就是因过电流而损坏电动机。对轴流泵来说，在关闭出口阀（流量为0）的工况下，泵所消耗的功率最大，随着流量的增加，泵消耗的功率减少，而电动机是根据设计点的功率和一定的裕量选

定的，所以轴流泵在出口阀关闭的工况下运行，电动机也会超载，泵的出口压力也会超限，叶片受力也容易超限。

由于容积式泵和轴流泵有上述特性，为确保设备安全，故严禁在关闭出口阀的情况下启动。

8-263 离心式水泵为什么不允许在出口阀关闭状态下长时间运行？

答：一般离心式水泵的特性是：流量越小，出口压力越高，耗功越小，所以出口阀关闭情况下电动机耗功最小，对电动机运行无影响，但此时水泵耗功大部分转变为热能，使泵中液体温度升高，发生汽化，这会导致离心泵损坏。

8-264 什么是监视段压力？

答：调节汽室压力及各段抽汽压力统称为监视段压力，凝汽式汽轮机除末一二级以外，调节汽室压力及各段抽汽压力与蒸汽流量近似成正比关系，运行中监视这些压力的变化可以判断新蒸汽流量的变化、负荷的高低以及通流部分是否结垢、损坏及堵塞等。

8-265 调节汽室压力异常升高说明什么问题？

答：调节汽室压力是指调节级与第一压力级之间的蒸汽压力，与安装或大修后首次启动相比较，若在同一负荷下，调节汽室压力升高，则说明调节级后的压力级通流面积减少，多数情况是结了盐垢，有时也由于某些金属元件碎裂和机械杂物堵塞了通流部分或叶片损坏变形所致。

对于中间再热机组，当调节汽室压力和高压排汽压力同时升高时，可能是中压联合汽阀开度不够或高压缸排汽止回阀卡涩引起。

8-266 投用盘车前为什么要向水内冷发电机送冷却水？

答：这是为了防止发电机转子进水盒格兰垫料发生干摩擦。因干摩擦的热量无法散出，会磨损甚至烧坏垫料，引起严重漏水，影响启动与运行。向发电机送冷却水也可防止转子回水盒轴封垫料干磨损坏，引起运行中转子回水盒漏水，此外也可在此时检查转子通水是否畅通，以便及早发现问题。

8-267 盘车启动后，盘车电流怎样才能算正常？

答：盘车启动后，盘车电流应满足如下条件：

（1）盘车电流应为正常值（该正常值应以机组内部无摩擦、异音，润滑油压、顶轴油压、油温、盘车装置、电气回路均为正常情况时的电流为准）。

（2）盘车电流应无变化。如电流产生变化，应检查转子弯曲、胀差、异声，并测量盘车电源电压。

8-268 盘车启动后胀差超限怎么办？需特别注意什么问题？

答：盘车启动后，胀差超限应根据情况作如下处理：凝汽器通循环水或打开凝汽器汽侧人孔门，向轴封送一定温度的轴封汽（200～250℃），同时检查盘车电流升高或变化情况，倾听汽缸内部有无摩擦异音，若无异音且盘车电流无明显上升或变化，则应加强监视与检查。若盘车电流明显上升或变化较大或汽缸内部有摩擦异音时，应立即停止连续盘车，此时应用行车每隔15min盘车180℃，并打开凝汽器人孔门送轴封汽，行车盘不动时，不准送轴封汽。

8-269 国产300MW机组的轴向位移为什么是负值？

答：国产300MW机组的低压缸，由于采用分流形式，轴向推力基本上能相互抵消。另外，高压缸产生反向推力，中压缸产生正向推力，因此轴向推力主要由高、中压缸轴向推力的差值所决定。如果高压缸推力比中压缸推力大，就会形成负方向的轴向推力，将转子向车头方向推，当中压缸推力大于高压缸推力时，轴向推力为正。300MW机组在额定工况时，制造厂计算机组轴向推力正值为14t，最大轴向推力为20t，但实际运行时，高压缸产生的轴向推力大于中压缸的轴向推力，所以机组的轴向推力为负值，而轴向位移的零位是以推力盘向低压侧（紧靠工作面瓦片）推足时的位置为基准零位的，推力盘在非工作面侧和工作面侧有0.4mm的总间隙，运行中负轴向推力将转子推向非工作瓦块。由于非工作瓦块承力，所以轴向位移为负值。

8-270 汽轮机运行中应经常监视的参数有哪些？

答：汽轮机运行中应经常监视的参数有：汽轮机负荷、主蒸汽及再热蒸汽温度及压力、凝汽器真空、汽轮机转速（频率）轴向位移、胀差、油压、振动值、监视段压力、油温以及转动设备的运转声音。

8-271 汽轮机运行中应经常巡视的仪表有哪些？

答：汽轮机运行中经常巡视的仪表有：调节汽室蒸汽压力表，各级抽汽的蒸汽压力和温度表，主蒸汽流量表，排汽温度表，凝结水温度表，循环水出、入口温度表，各加热器进出口水温及其水位表，油箱油位表，调速油压表，润滑油压表，氢密封油压和油温表，各轴承振动表，机组热膨胀及胀差表，转子的轴向位移表，推力轴承和主轴承温度表，调节汽阀开度表，发电机出、入口风温表及氢气压力表等。

8-272 运行中对汽轮机本体前轮承箱的检查项目有哪些?

答：汽轮机总膨胀指示、回油温度、回油量、振动情况、同步器位置、油动机位置、凸轮转角、调节汽阀有无卡涩、油动机齿条工作是否正常和清洁。

8-273 运行中对汽轮机主轴承需要检查哪些项目?

答：运行中对汽轮机主轴承需要检查的项目有：所有轴瓦的回油温度、油量、振动，油挡是否漏油，排油烟阀开度，油中是否进水。

8-274 运行中对汽缸需要检查哪些项目?

答：运行中对汽缸需要检查的项目有：轴封温度、机组运转声音、相对膨胀、排汽缸振动及排汽温度。

8-275 汽轮机运行中对盘车设备应检查哪些项目?

答：汽轮机运行中，盘车设备检查手柄应放在退出工作位置，并确证工作电源正常。

8-276 运行中对自动主汽阀检查哪些项目?

答：运行中对自动主汽阀应检查：主汽阀指示位置正常，冷却水是否畅通，油系统有无渗漏油。

8-277 一般泵在运行中应检查哪些项目?

答：一般泵在运行中的检查项目如下：

（1）对电动机应检查：联锁位置、出口风温、轴承温度、轴承振动、运转声音等正常，接地线良好，地脚螺栓牢固。

（2）对泵体应检查：出口压力应正常，盘根不发热和不甩水，运转声音正常，轴瓦冷却水畅通，泄水漏斗不堵塞，轴承油位正常，轴瓦油质良好，油环带油正常，无漏油，联轴器罩固定良好。

（3）与泵连接的管道保温良好，支吊架牢固，截止阀开度位置正常，无泄漏。

（4）有关仪表应齐全、完好、指示正常。

8-278 给水泵在运行中应检查哪些项目?

答：除按一般泵的检查外，由于给水泵有自己的润滑系统、串轴指示及电动机冷风室，所以调速给水泵的密封水装置应检查：

（1）串轴指示是否正常。

（2）冷风室出、入水阀位置情况，油箱油位、油质、辅助油泵的工作情况，油压是否正常，冷油器出、入口油温及水温情况，密封水压力，液力偶合器的勺管开度，工作冷油器进、出口油温。

8-279 运行中对其他辅助设备的检查项目有哪些？

答：运行中对其他辅助设备的检查项目有：

（1）主油箱、辅助油箱的油位正常，排烟风机工作是否良好。

（2）冷油器出、入口油温正常，水侧无气囊，无漏油、漏水现象，油压大于水压。

（3）密封油及氢冷系统：发电机风扇前及母管氢压、各油箱油位正常，密封油泵工作情况、油泵出口油压及油温等正常，密封油冷油器无泄漏，油滤网、油水继电器正常，自动补泄油装置是否良好，信号是否正常。

（4）各油泵、滤油机及低位油箱、油位正常。

（5）主抽气器及轴封抽气器工作蒸汽及工作水压力、真空破坏阀、水封等正常。

（6）凝汽器凝结水位，循环水出、入口压力和温度，凝结水温度，各截止阀开关位置。

（7）高、低压加热器水位，各级抽汽压力，截止阀开关位置正常，水控止回阀保护水源应投入，水位调整器工作状况，管道及法兰无漏水、漏汽。

（8）轴封加热器水位、虹吸井情况、注水阀位置、排汽口排汽状态。

（9）高、中、低压疏水联箱，阀门开关应正常且无漏水、漏汽现象。

（10）蒸发器各水位计指示及一、二次汽压调整器工作应正常。

（11）除氧器压力、温度、水位是否正常，排气情况，各截止阀开关位置，压力调整器工作情况，管道法兰应无漏水、漏汽，安全阀应工作正常。

（12）循环水泵、运行泵工作正常，备用泵内充水足，联锁正确，截止阀位置正确。

8-280 怎样检查判断低压加热器铜管泄漏水？

答：运行中低压加热器铜管漏水的主要象征是水位升高，疏水泵电流增大。对于疏水逐级自流方式的加热器，在排除疏水器调节失灵的因素后，应对加热器逐只试验，确定是哪一只加热器铜管漏水。检查的方法是将加热器的进汽、空气和疏水阀关闭，继续通入凝结水，看水位是否上升，一般如水位上升较快，可确定为这台加热器漏水。对于 N125 型机组的三号低压加热器隔离判断时，还要关去疏水泵的轧兰水封阀，否则会发生误判断。

8-281 轴封加热器疏水U形管失水，为什么凝汽器真空下降？如何处理？

答：轴封加热器疏水有的采用U形管疏至冷凝器，当U形管失水时，不能起到水封作用，轴封加热器里的蒸汽和空气进入凝汽器，使凝汽器真空下降。

主要象征如下：

(1) 凝汽器真空下降。

(2) 轴封加热器水位计无水位。

(3) 疏水管温度升高。

(4) 轴封加热器真空指示正常。

处理如下：

(1) 迅速启用备用射水抽气器。

(2) 关闭U形管出水阀。

(3) 待轴封加热器水位升高后，逐渐开大U形管出水阀。

一般U形管出水阀应关小节流，否则管内水在高真空下汽化，会再次失水。

8-282 何谓汽轮机的寿命？正常运行中影响汽轮机寿命的因素有哪些？

答：汽轮机寿命是指从初次投入运行至转子出现第一条宏观裂纹（长度为0.2～0.5mm）期间的总工作时间。

汽轮机正常运行时，主要受到高温和工作应力的作用，材料因蠕变要消耗一部分寿命。在启、停和工况变化时，汽缸、转子等金属部件受到交变热应力的作用，材料因疲劳也要消耗一部分寿命。在这两个因素共同作用下，金属材料内部就会出现宏观裂纹。通常，蠕变寿命占总寿命的20%～30%，考虑到安全裕度，低周疲劳损伤应小于70%，以上分析的是在正常运行条件下的寿命，实际工作中影响汽轮机寿命的因素很多，如运行方式、制造工艺、材料质量等。例如不合理的启动、停机所产生的热冲击，运行中的水冲击事故，蒸汽品质不良等都会加速设备的损坏。

8-283 汽轮机寿命损耗大的运行工况有哪些？

答：汽轮机寿命损耗主要包括材料的蠕变消耗和低周疲劳损耗两部分。前者主要取决于材料的工作温度，后者主要取决于热应力变化幅度的大小。对汽轮机寿命损耗大的工况，主要是超温运行和热冲击等应力循环变化幅度较大的工况。如机组的启动，尤其是极热态启动、甩负荷、汽温急剧降低以及水冲击等。

8-284 汽轮机的使用为什么不应单纯追求“长寿”?

答: 汽轮机的使用年限是根据各个国家的能源政策和机械加工水平等因素综合分析规划的。一些发达的资本主义国家由于能源短缺，而机械加工水平很高，故能源的消耗是主要矛盾，这样机组启停速度快，当然寿命损耗也大。一般20年就要更新换代。而在我国一般认为30年较合适。机组使用的时间较长，这就要减小每次启停的热应力，以减小寿命的损耗。只有延长启动与停机的时间，才能控制温升率达到减小热应力和延长机组寿命的目的。

8-285 怎样进行汽轮机的寿命管理?

答: 为了更好地使用汽轮机，必须对汽轮机的寿命进行有计划的管理，对汽轮机在总运行年限内的使用情况作出明确的、切合实际的规划，确定汽轮机的寿命分配方案，事先给出汽轮机在整个运行年限内启动、停机次数和启停方式，以及工况变化、甩负荷的次数等。然后根据这些要求和汽轮机在交变载荷下的寿命损伤特性，对汽轮机的寿命进行有计划的管理，以保证汽轮机达到预期的寿命。

8-286 进入汽轮机的蒸汽流量变化时，对通流部分各级的参数有哪些影响?

答: 对于凝汽式汽轮机，当蒸汽流量变化时，级组前的温度一般变化不大（喷嘴调节的调节级汽室温度除外）。不论是采用喷嘴调节，还是节流调节，除调节级外，各级组前压力均可看成与流量成正比变化，所以除调节级和最末级外，各级级前、后压力均近似地认为与流量成正比变化。运行人员可通过各监视段压力来有效地监视流量变化情况。

8-287 汽轮机流量变化与各级反动度的关系如何?

答: 对于凝汽式汽轮机，当流量变化时，除调节级和末级外，各压力级的级前压力与流量成正比变化，故各级焓降基本不变，所以反动度亦基本不变。对于调节级，当流量增加时，在第一调节汽阀全开以前焓降随流量增加而增加，反动度随流量增加而减小；第二调节汽阀开启直到达到额定流量，调节级的焓降是随流量增加而减小，故反动度随流量增加而增加。末级焓降是随流量增加而增加，故反动度是随流量增加而减小。反之，当流量减小时，其变化方向相反。当流量变化较大时，焓降的变化越向低压级，变化值越大，反动度变化亦越大。各级反动度的变化还与级设计工况的反动度有关，设计工况的反动度越大，变工况下反动度的变化越小，反动级的反动度基本不变。

8-288 能够进入汽轮机的冷水、冷汽通常来自哪些系统？

答：能够进入汽轮机的冷水、冷汽通常来自如下系统：

（1）锅炉和主蒸汽系统。

（2）再热蒸汽系统。

（3）加热器泄漏满水后从抽汽系统进入汽轮机。

（4）凝汽器满水。

（5）汽轮机本身的疏水系统不完善和布置不合理。

（6）机组的公用系统。

8-289 机组运行和维护中，防寒防冻的措施有哪些？

答：机组运行和维护中，防害防冻措施有：

（1）机组正常运行中，当汽温降至零下3℃以下时，各400V备用动力设备，应间隔2h启动一次，正常后仍停下备用。

（2）疏水箱补水阀调整开度，既保持有水流动，又不能溢流太大或水位太低。

（3）汽轮机房的门、窗应关闭严密。

（4）机组小修时，各水箱（如除氧器水箱、射水箱、水冷箱、凝汽器及各加热器）均应放水，各泵体也应放水，无放水阀的请检修人员拆除一侧盘根放水。

（5）机组临修，短时间内需开机而不准放水的，能运行的设备（如循环水泵，工业水泵、水冷泵等）尽量保持一台运行，保证系统内有水流动，本体管道疏水应全开。如锅炉有压力，则通锅炉的疏水应等压力泄到零后开启。

（6）凝汽器灌水查漏应尽量避免夜间进行，灌水、查漏、放水应连续进行，以免冻裂铜管及管板。

（7）机组仪表管或其他管道、阀门冻结，需化冻时仍应执行工作票制度。

（8）各级值班人员应加强巡回检查，对因防冻而变更运行方式，操作情况应记入运行日志。

第九章　单元机组的停运

9-1　什么是单元机组的停运？有哪些注意事项？

答： 单元机组的停运是指机组从带负荷运行状态到减去全部负荷，直至发电机与系统解列，汽轮机打闸，锅炉灭火，汽轮发电机组惰走停转及盘车，锅炉降压和机炉冷却等全过程。

在停运过程中，首先要考虑的是金属的热应力。在锅炉的停运过程中，除了要稳定燃烧以防灭火外，还要防止受热面过热或突然冷却引起爆管。注意汽轮机汽缸内外壁温差。实践证明，汽缸发现裂纹或损坏，大多是汽缸内壁的拉应力引起的，因此汽缸的快速冷却比快速加热更为危险，所以在停机过程中一定要严格控制降温、降压的速率，以保证发电机组的安全。

9-2　单元机组的停运方式有哪些？

答： 单元机组的停运方式可分为正常停机和事故停机两类。

正常停机是指根据电网生产和机组检修计划安排有准备的停机。正常停机分为滑参数停机和额定参数停机两类。

事故停机是指电网发生故障或单元制发电机组发生异常情况下，保护装置动作或手动停机以达到保护机组不致于损坏或减少损坏的目的。事故停机分为紧急停机和故障停机两类。

9-3　停机前的准备工作有哪些？

答： 停机前的准备工作有：

（1）对机、电、炉主辅设备进行全面检查，记录缺陷。

（2）锅炉原煤仓的存煤、煤粉仓的粉位，应根据停炉时间的长短，制订相应的措施。

（3）停炉前对锅炉受热面全面吹灰一次。

（4）检查燃油系统良好备用，逐个试验油枪，作好低负荷时稳定燃烧的准备。

（5）停炉前校对水位计，并确证各水位计良好、正确。

（6）试验交直流润滑油泵、高压启动油泵、顶轴油泵及盘车电动机均应

工作正常；作润滑油压低联锁试验，各油泵应联动正常。确保汽轮机惰走及盘车过程中轴承润滑冷却用油，使设备处于随时可用的良好状态。

(7) 将高压厂用母线电源由工作电源接带切换至备用电源接带。

9-4　发电机并、解列前为什么必须投入主变压器中性点接地隔离开关?

答: 发电机—变压器组并、解列前投入主变压器中性点接地隔离开关的主要目的是为了避免某些操作过电压。在110～220kV大电流接地系统中，为了限制短路电流，部分变压器的中性点是不接地的。发电机—变压器组并、解列操作前，若不将主变压器中性点接地，那么当操作过程中发生断路器三相不同步动作或不对称开断时，将发生电容传递过电压或失步工频过电压，从而造成事故。

9-5　高压厂用母线由工作电源供电切换至备用电源供电的操作原则是什么?

答: 高压厂用母线由工作电源供电切换至备用电源供电的操作原则是:

(1) 正常切换应在发电机有功负荷约为额定值的50%进行。

(2) 备用电源进线开关应处于热备状态，高压备用变压器应处于充电运行状态。

(3) 必须先投入同步装置，并确认符合同步条件。

(4) 合上备用电源进线开关，并检查备用进线电流表有指示，再断开工作电源进线开关，并退出同步装置。

(5) 应退出高压厂用母线备用电源自投装置。

9-6　水氢氢冷发电机正常解列与停机时应注意哪些问题?

答: 水氢氢冷发电机正常解列与停机时应注意以下问题:

(1) 应按值长命令填写操作票，经审核批准后执行。

(2) 在机组有功负荷降到额定负荷的50%时，将厂用电切换到备用电源接带。

(3) 在机组有功负荷降到零，无功负荷降到接近零时，拉开发电机—变压器组出线开关。在减有功负荷的同时，应注意相应减少无功负荷，保持功率因数为额定值。

(4) 调整励磁调节器的自动或手动整定开关，使励磁电流减小，检查发电机定子电压约为额定值的1/3左右时，断开灭磁开关，记录解列时间。

(5) 根据值长命令拉开发电机—变压器组出线隔离开关，停运主变压器及其冷却装置。

(6) 在解列与停机期间，定子冷却水系统应继续运行，直至汽轮机完全停止转动为止。如果发电机停用时间较长，应将定子绕组和定子端部的冷却水全部放掉、吹干。冷却系统管道内的积水也应放掉，并注意发电机各部分的温度不应低于5℃，以防止冻坏。

(7) 运行两个月以上的发电机停机后，应对发电机的水回路进行反冲洗，以确保水路畅通。

9-7 发电机解列、停机应注意什么？停机后做哪些工作？

答：发电机解列、停机时应注意：

(1) 发电机若采用单元接线方式，在解列前，应先将厂用电倒换为备用电源接带。

(2) 如发电机组为滑参数停机时，应随时调整无功负荷，注意功率因数在允许值范围内。

(3) 如在额定参数下停机，值班人员降有功、无功负荷时，应缓慢、平稳地进行，不得使功率因数超过额定值。

待停机后，还应完成以下工作：

(1) 立即测量发电机定子绕组及全部励磁回路的绝缘电阻，如测量结果不合格，汇报有关人员。

(2) 检查励磁机励磁回路变阻器和灭磁开关上的各触点，如有发热或熔化情形，则必须设法消除。

(3) 检查冷却系统。

9-8 什么是发电机解列及转子惰走？

答：发电机解列前，带厂用电的机组应先将厂用电切换到备用电源供电。当发电机有功负荷降到零，无功负荷降到接近零时，断开发电机—变压器组出线开关。发电机解列后，抽气管止回阀应自动关闭，同时应注意转速变化，防止超速。发电机从电网解列并去掉励磁后，从自动主汽阀和调节汽阀关闭到转子完全静止的这段时间，称为汽轮机转子的惰走。

9-9 什么是机组停机后的保养？

答：单元机组停机后，应按规定作好停机后的维护和保养，防止发生停机机组漏汽、漏水、腐蚀和冻裂等现象。

(1) 锅炉停运维护保养的目的在于防止锅炉发生腐蚀和管子受冻。

(2) 汽轮机停用一周以上时间时，必须对其进行保养，一般是通过经电加热后的压缩空气加热汽轮机，使其保持一定的温度和干度，达到防冻、防

腐的目的。

（3）发电机组应根据自身特点、环境、系统等制订保养措施。对于氢冷发电机组，需考虑排氢或降低氢压，发电机内充满氢气时，应保证密封油系统正常运行。对于定子绕组水冷机组，在冬季停运期间，保证汽机房内温度不低于5℃，否则应启动一台定子冷却水泵，用通水循环方法防冻，或将水排放干净，并用压缩空气吹干。

9-10 什么叫锅炉的停炉？如何分类？

答：锅炉机组从运行状态逐步转入停止向外供汽，停止燃烧，并逐步减温减压的过程，叫做停炉。锅炉的停运过程实质上是高温厚壁承压部件的冷却过程。锅炉机组的停炉通常按目的分为正常停炉和事故停炉两种。事故停炉又分为故障停炉和紧急停炉两种情况，正常停炉又分为备用停炉和检修停炉。

按停炉的方法分，正常停炉有滑参数停炉和定参数停炉两种方式。

9-11 正常停炉与事故停炉如何定义？

答：锅炉设备的运行连续性是有一定限度的。当锅炉运行一定时间后，为了恢复或提高锅炉机组的运行性能，预防事故的发生必须停止运行，进行有计划的检修。另外，当外界负荷减少，为了使发电厂和电网的运行比较经济、安全，经计划调度，也要求一部分锅炉停止运行，转入备用。上述两种情况下的锅炉停运，都属于正常停炉。

无论是锅炉外部还是内部的原因发生事故，如不停止锅炉设备的运行，就会造成设备的损坏或危及运行人员的安全，因此必须停止锅炉机组的运行，这种情况的停炉叫做事故停炉。根据事故的严重程度，若需要立即停炉，称为紧急停炉；若事故不甚严重，但为了安全，不允许锅炉机组继续长时间运行下去，必须在一定时间内停止运行时，这种停炉称为故障停炉。故障停炉的时间，应根据故障的大小及影响程度决定。

9-12 停炉过程中应重点注意什么？停炉时间与什么有关？

答：锅炉的停炉过程是一个冷却过程。因此，在停炉过程中应注意的主要问题是使机组缓慢冷却，防止由于冷却过快而使锅炉部件产生过大的温差热应力，造成设备损坏。

锅炉停炉降压减温冷却的时间，与锅炉设备的运行状况、结构形式、锅炉尺寸等因素有关，应根据锅炉具体情况予以规定。

9-13 锅炉正常停炉的一般步骤分几个阶段？

答：锅炉正常停炉的过程大致可分为停炉前的准备、减负荷、停止燃烧和降压冷却等几个阶段。

9-14 锅炉正常停炉前的主要准备工作有哪些?

答: 锅炉正常停炉前的主要准备工作如下:

(1) 对于停炉检修或作为冷态备用的锅炉，在停炉前应停止向原煤仓上煤。一般要求将原煤仓中的煤用完。

(2) 停炉前应做好投入点火油燃烧器的准备工作，以备在停炉减负荷过程中用以助燃，防止炉膛燃烧不稳定和灭火。

(3) 停炉前应检查启动旁路系统的情况，并做好有关准备工作。

(4) 停炉前应对锅炉受热面进行全面吹扫，以保持各受热面在停炉后处于清洁状态。

(5) 停炉前应对锅炉进行一次全面检查，若发现设备有缺陷，应进行登记，以备在停炉后予以消除。

9-15 锅炉停炉减负荷和停止燃烧的过程如何进行操作?

答: 首先缓慢而均匀地减小负荷，相应地减少给粉量和送、引风量，并根据减负荷情况逐步停用给粉机和相应的燃烧器，同时注意保持汽温和汽压的稳定。

对于中间储仓式钢球磨煤机制粉系统，考虑到检修工作的需要和防止煤粉长期积聚可能发生自燃或爆炸，应根据煤粉仓粉位的高低，提前停止制粉系统的运行，以便有计划地将煤粉仓中的煤粉用完。对于直吹式制粉系统，则应先减少各组制粉系统的给煤量，然后停用各组制粉系统。在减少给煤量的同时，应减小磨煤机通风量和送、引风量。

锅炉在减负荷、停用制粉系统和燃烧器时，应做好磨煤机、给粉机和一次风管内存粉的清扫工作。对停用的燃烧器，应通以少量冷却风，保证燃烧器不被烧坏。

当锅炉负荷减到零时，停止燃料供应、灭火，然后停运送风机。为了排除炉膛和烟道内可能残存可燃物，送风机停运后引风机要继续运行 5～10min 再停。

随着锅炉负荷的逐渐降低，应相应地减少给水量，保持锅炉正常的水位。此时，还应注意给水自动调节器的工作情况，如不好用就改换为手动调节给水，并可改用给水旁路进水。

对回转式空气预热器，为了防止转子因冷却不均而变形和发生二次燃烧，在炉膛熄火和送、引风机停转后，还应连续运转一段时间，待尾部烟温低于规定值后再停转。

在停止炉内燃烧，并根据蒸汽流量表或汽压表指示说明锅炉已停止对外供汽时，应立即关闭锅炉主汽阀和隔绝阀，同时开启过热器出口疏水阀或向空排汽阀，冷却过热器。此时，给水可继续少量补给，在停止进水前，应把汽包水位升到较高允许值。停止进水后，应开启省煤器再循环阀，保护省煤器。锅炉停止供汽后，还应加强对锅炉汽压和水位的监视。由于蓄热作用，可能会使汽压升高。为此，可加强过热器疏水或排汽，也可向锅炉进水和放水。

9-16　锅炉正常停炉降压和冷却过程有哪些相应的操作？

答：锅炉从停止燃烧开始即进入降压和冷却阶段。这期间总的要求是：保证设备的安全。为此，应控制好降压和冷却的速度，防止冷却过快产生过大的热应力，特别要注意不使汽包壁温差过大。

在锅炉停止供汽初期4～8h内，关闭锅炉各处阀、孔和挡板，防止锅炉急剧冷却。此后，再逐渐打开烟道挡板和炉膛各阀、孔，进行自然通风冷却，同时进行锅炉放水和进水一次，使各部冷却均匀。

停炉8～10h后，可再进行放水和进水。此后如有必要使锅炉加快冷却，可启动引风机进行通风冷却，并适当增加放水和进水次数。在锅炉尚有汽压或辅机电源未切除之前，仍应对锅炉加强监视和检查。

若需把锅水放净，为防止急剧冷却，应待锅炉汽压降为零，锅水温度降至70～80℃以下时，方可开启所有的空气阀和放水阀，将锅水全部放出。

9-17　为什么停炉初期必须严密关闭所有孔门、挡板？

答：锅炉停止运行以后，储存在锅炉机组内部工质、金属和炉墙构架中的热量，逐渐耗费于下列几方面而使机组逐步冷却。

（1）经锅炉外表面散失到周围介质中。

（2）冷却过热器的排汽带走的热量。

（3）锅炉放水带走的热量。

（4）进入炉膛和烟道的冷空气带走的热量。

实践证明，锅炉机组与冷空气之间的对流热交换是其冷却的主要原因之一。当机械通风停止以后，即使锅炉烟道挡板关闭，但由于存在不可避免的缝隙，冷空气仍然可能借自然通风作用而漏入锅炉。因此，在停炉冷却的初期必须严密关闭烟道挡板和所有的人孔门、检查门、看火门和除灰门等，防止冷空气大量漏入炉内而使锅炉急剧冷却。

9-18　为什么停炉冷却过程中要严密监视和控制汽包壁温差？

答：停炉冷却过程中，锅炉汽包温度工况的特点是壁温和汽包内的水长时间地保持在饱和温度。由于汽包向周围介质的散热很小，所以停炉过程中汽包的冷却主要靠水的循环。由于蒸汽对汽包壁凝结放热量大于水对汽包壁的放热量，所以与蒸汽接触的汽包上半部长时间地保存着较多的热量，冷却较慢，因而造成了汽包上、下壁温度的不均匀性。与锅炉启动时一样，上部壁温高于下部壁温。在正常情况下，这一温差一般在50℃以下，但如果冷却过快，则温差会达到很大的数值，从而引起汽包产生过大的热应力。所以，在停炉过程中也必须严格监视和控制汽包上下部壁温差，使之不得超过规定的数值。

9-19　为什么停炉一段时间后水循环回路会发生微弱的反循环？

答：停炉一定时间后，锅炉水循环系统的正常自然循环将会停止。但是，由于上升管和下降管中水的重度不同，而此时水冷壁内的水比位于通风区外且包有保温层的下降管内的水冷却快，因此，在回路中可能发生微弱的反循环。

9-20　是否可以通过增加补、放水次数来加快锅炉冷却？

答：当通过放水和补水冷却锅炉时，由于进入汽包的水温较低，使汽压的下降和锅炉的冷却加快。因此，补入给水对锅炉的冷却有重大的影响。所以，在停炉冷却的过程中，不可随意增加放水和补水的次数，尤其不可大量地放水和进水而使锅炉受到急剧的冷却。

9-21　锅炉紧急停炉的一般步骤有哪些？

答：锅炉运行中，当发生重大事故时，必须立即停止锅炉机组的运行。例如，锅炉严重缺水或满水，水冷壁管爆破，经加强给水仍不能维持锅炉正常水位，所有的水位计都损坏，以及其他会危及设备和人员安全的事故等，均需要紧急停炉抢修。紧急停炉的一般步骤为：

（1）立即停止向燃烧室供应燃料（停止全部给粉机，将全部油燃烧器解列，停止制粉系统运行）。

（2）停止送风机，约5min后再停止引风机运行。当发生锅炉爆管事故时，为了保持一定的炉膛负压，可保持一台引风机继续运行。若在烟道内发生再燃烧事故，则应立即停止引风机。

（3）关闭锅炉主汽阀或隔绝阀，如果汽压升高，应适当开启对空排汽阀或过热器疏水阀。

（4）除了发生严重缺水或满水事故以外，一般应继续向锅炉进水，注意

保持水位的正常。此时，应将给水自动调节切换成手动。若发生水冷壁管爆破不能继续维持正常水位，则应停止进水。

（5）关闭主汽阀后，应开启省煤器再循环阀（在水冷壁和省煤器爆管时除外）。在紧急停炉过程中，必须严密注意对锅炉汽压和水位的监视与调节。由于紧急停炉时，故障锅炉的负荷迅速降低，因而必须注意不使汽压过高，当汽压突然升高时，将出现虚假水位现象，应注意及时、正确地调节给水，保持水位的正常。

9-22　锅炉紧急停炉后，进行事故抢修时快速冷却的方法有哪些？

答：锅炉停炉后，如需要进行快速冷却时，主要是通过加强通风和加强放水与进水两个方面来实现。

通常在锅炉解列一定时间（应根据设备具体情况来决定）后，即可启动引风机对锅炉进行机械通风冷却，并适当增加放水和进水的次数。

对锅炉进行快速冷却时，将造成机组热力状况急剧变化，并可能出现危险的温差热应力，因此，快速冷却只能在事故停炉后必须对设备进行抢修时方可采用。

9-23　单元机组如何进行滑参数停运？

答：单元机组采用滑参数停止运行时，是在逐渐降低汽温的情况下进行汽轮机和锅炉的减负荷的。

在整个停炉的过程中，锅炉的负荷和蒸汽参数的降低主要是按照汽轮机的要求进行的。根据汽轮机降负荷的要求，逐渐减弱锅炉的燃烧（减少燃料量并逐对停用燃烧器），降压，减温。待汽轮机负荷快减完时，此时蒸汽参数较低，锅炉即可停止燃烧（亦可适当提前）。

9-24　单元机组滑参数停炉时应注意什么？

答：锅炉减负荷和降压、减温的速度，除了考虑汽轮机的安全要求以外，还应考虑锅炉本身的安全，主要是不使汽包壁温差超过规定的数值。一般降压速度为0.03～0.15MPa/min；主蒸汽的减温速度大约为2℃/min；再热蒸汽的减温速度约为2.5℃/min。

滑参数停炉过程中，除了用燃烧调整和使用减温水进行降压减温外，还可以通过汽轮机增减负荷的办法来共同进行，使汽压、汽温的降低比较均匀。

300MW单元机组在滑压停运过程中，可用旁路系统将多余的蒸汽排入凝汽器，以减少排入大气带来的工质损失和热损失，避免排汽噪声。一般在锅炉熄火后关闭旁路系统，此时可将过热器出口集汽箱的疏水阀开启，经一段时间以后再关闭。单元机组滑参数停运时，在汽轮机高、中压缸膨胀许可和锅炉减温手段力所能及的情况下，应尽可能使滑停的蒸汽参数低一些，缩短汽轮机的冷却时间，滑参数停炉的后期，由于燃烧的燃料量很少，很不容易维持燃烧的稳定，应注意及时投用点火油枪，防止锅炉灭火、打炮。

滑参数停炉时，除锅炉减负荷之外，其他主要的操作步骤和方法基本上与非滑参数停炉相似。

9-25 单元机组滑参数停炉的优点有哪些？

答：单元机组的滑参数方式停运过程中，机组的蒸汽通流量较大，故对各部件的冷却较均匀，汽轮机热应力和热变形较小；由于蒸汽参数低，能缩短部件的冷却时间，便于及早开工；还可以更好地利用锅炉停运过程中的余热多发电。

9-26 什么是机组的定参数停炉？

答：定参数停炉是指在机组降负荷过程中，汽轮机前蒸汽的压力和温度尽量保持接近额定值的停运方式。一般情况下，机组停运热备用时，为尽量保证锅炉蓄热，以缩短启动时间，采用定参数停炉。

9-27 为什么一台锅炉不应长时间连续保持冷备用状态？

答：锅炉停止运行后，当在短时间内不再参加运行时，应将锅炉转入冷态备用。锅炉机组由运行状态转入冷态备用时的操作过程完全按照正常停炉程序进行。冷态备用锅炉的所有设备都应保持在完好状态下，以便可以随时启动投入运行。

锅炉在冷备用期间的主要问题是防止腐蚀。运行中的锅炉实际上也存在腐蚀问题。但是实践证明，除了特殊情况之外，如除氧器运行效果不好或失灵，而省煤器中水流速度又很低，水处理不佳，造成锅炉运行时严重结垢，煤的硫含量高而锅炉排烟温低等。一般在同一时期内，运行中的锅炉都比冷备用锅炉（即使采用了保养措施）因腐蚀而造成的损坏要小得多，同时，考虑到冷备用炉应保证随时都可投入运行，因此不应该将某一台锅炉长时期连续地保持冷备用状态，而应根据具体情况尽可能地把各台锅炉轮换作备用炉。

9-28 锅炉冷备用期间采取保养的目的是什么？

答：锅炉在冷备用期间所受的腐蚀主要是氧化腐蚀（此外还有二氧化碳腐蚀等）。所以，减少溶解在水中的氧和外界漏入的氧，或者减少氧气与受热

面金属接触的机会就能减轻腐蚀。锅炉冷备用期间采用的各种保养方法就是为了达到这一目的。

当受热面清洁时，腐蚀是均匀的；而当受热面的某部分有沉积物时，则会在这些地方发生局部垢下腐蚀。局部腐蚀虽然发生在不大的区段，但发展的深度较大，严重时甚至可能形成裂缝、深凹坑等，因此，它比均匀腐蚀的危险性更大。所以，在锅炉停用后将受热面上的沉积物清除干净，可以大大减少局部腐蚀的机会，提高其安全性。

对冷备用锅炉进行保养时采用的防腐保养方法，应当以简便、有效和经济为原则，并能适应运行的需要，使其可在较短的时间内就能投入运行。

9-29 锅炉停炉后保养的基本原则是什么？

答：锅炉停炉后保养的方法很多，其基本原则为：

(1) 不使空气进入停用锅炉的汽水系统。

(2) 保持金属内表面干燥。

(3) 在金属表面形成具有防腐作用的薄膜（钝化膜）。

(4) 使金属表面浸泡在含有保护剂的水溶液中。

9-30 锅炉湿式防腐的种类有哪些？

答：锅炉湿式防腐的种类主要有：

(1) 压力防腐。

(2) 联氨防腐。

(3) 碱液防腐。

9-31 压力防腐法如何进行操作？

答：当锅炉停止运行转为备用，如备用时间不太长并且承压部件无检修任务时，大多采用压力防腐。

压力防腐又称充压防腐。其要点是在锅炉中保持一定的压力（高于大气压力）和高于100℃的锅水温度，防止空气进入锅炉，达到防腐目的。

当锅炉停止运行适当的时间后，进行锅炉的换水，换水的目的是促使锅水品质合格。换水通常通过锅炉下部各定期排污阀进行放水，而由给水管路省煤器进口的旁路阀向锅炉补水。换水过程中，锅炉水位应保持在一次水位计上部最高可见水位。在保证汽包壁温差不超过规定值的情况下，可以加快换水的速度。

根据化学人员鉴定，当锅水品质合格后，停止换水并将各管路系统与其他锅炉隔绝。在汽压和过热器管壁温度降到较低数值后（可根据具体设备做出规定），即可通过给水管路向锅炉上水充压，使整个锅炉充满水。

压力防腐时的锅炉压力一般控制在1.0～3.0MPa的范围之内。

充压防腐期间，锅水的磷酸根、溶解氧等指标应符合化学监督的规定，如不符合时应继续换水。

检修后的锅炉转入压力防腐时，应先点火升压至适当的压力后停下来，再进行充压防腐。

由于压力防腐方法简便，故应用较为普遍。

9-32 联氨防腐法如何进行操作？

答：长期备用的锅炉采用联氨防腐效果较好。联氨（N_2H_4）是较强的还原剂。联氨与水中的氧或氧化物反应后，生成不具腐蚀性的化合物，从而达到防腐的目的。其反应过程如下：

$$N_2H_4+O_2 \longrightarrow N_2\uparrow+2H_2O$$

$$N_2H_4+2CuO \longrightarrow N_2\uparrow+2Cu+2H_2O$$

$$N_2H_4+2FeO \longrightarrow N_2\uparrow+2Fe+2H_2O$$

进行联氨防腐以前，应将锅炉各部存水放尽，关闭各放水阀、省煤器入口阀，并将各管路系统与其他锅炉隔离，给水管路处于备用状态。

联氨溶液是在专用水箱内配制的，溶液浓度为300mg/L。在加联氨的同时，还应加氨水，以保证锅水中pH值保持在规定的范围内。配好的溶液用泵（如疏水泵或酸洗泵）先经过热器反冲洗管路使过热器上满药液，再经过定期排污管路使整个锅炉灌满药液，然后开启给水管路中省煤器进口旁路阀用给水进行顶压，使压力保持在1.5～2.0MPa的范围。

防腐期间还应定期对溶液取样化验，如联氨浓度下降至100mg/L以下时，应补加联氨；如锅水pH值低于10，则应补加氨水。

联氨防腐的锅炉应保持密闭状态。药品可用加药泵加入，在补加药品过程中应注意防止压力升高过多。

联氨是剧毒品，配药必须在化学人员的监护下进行，并应做好防护工作。

联氨防腐锅炉在转入启动或检修时，都必须先放尽药液并用水冲洗干净，使锅水中的联氨含量和氨含量小于规定值以后，才能转入点火或转入检修。转入检修时，应先点火升压至锅炉额定压力，并带负荷运行一定时间，然后再将锅炉停下，放尽锅水将锅炉烘干再检修。

9-33 简述碱液防腐的目的及操作方法。

答：锅炉停用之后，如在锅炉受热面中充入一定浓度的碱溶液，例如苛

性纳（NaOH）、磷酐（P_2O_5）、亚硫酸钠（Na_2SO_3）、磷酸三纳（Na_3PO_4）等溶液，能使金属表面生成一层保护膜，因而可减少氧气与锅炉受热面接触的机会，达到防腐目的。防腐溶液的浓度、药剂种类应视设备的具体条件而定。

采用碱液防腐时，应预先清除锅炉受热面内、外的污垢，并使各管路系统与外绝断，然后将碱溶液用专用泵打入锅炉并充满整个受热面。在备用防腐期间，锅炉的压力应保持在0.2～0.4MPa范围内，并保持锅水中的药液浓度，当药液浓度低于规定范围时，应补加药液。碱液防腐方法消耗药剂量较大，同时还由于需要专用泵及其系统等原因，因而现在很少使用。

9-34　简述锅炉停炉后干式防腐的操作方法。

答：放尽锅水以后，先将锅炉内部和外部清理干净，然后按每立方米的锅炉容积中放置一定数量的具有吸湿能力的干燥剂，例如无水氯化钙$CaCl_2$、生石灰、硅胶等，其用量约为1.5～3.0kg/m^3，保持锅炉金属表面的干燥状态。干燥剂装在布袋内或无盖的器皿中放入锅内。锅炉在保养期内应处于密闭状态，然后定期（例如每隔一个月）进行检查和更换干燥剂。在上述几种干燥剂中，由于氯化钙和生石灰用过一次后即失效，而硅胶则可定期取出经加热驱水后再用；同时在加热驱水时还可以测定其水分，从而可以知道一段时间内吸收了多少水分，便于进行比较。因此，通常使用硅胶较好。

由于300MW锅炉机组体积较大，使用这种防腐方法又比较麻烦，且效果也不是很好，所以现在很少使用。

9-35　简述锅炉停炉后充氮防腐的操作方法。

答：在氮气来源比较方便的条件下，如电厂离某些化工厂较近时，可以采用充氮防腐。氮气（N_2）为惰性气体，本身不会与金属发生化学反应。当锅炉内部充满氮气并保持适当压力时，空气就不能进入锅内，因而能防止氧气对金属的侵蚀。

充氮的方法是：先将该锅炉的各系统与外界隔绝，当锅内压力降到低于氮气母管的压力后，开启氮气阀门，将氮气充入锅内（例如从汽包充入），充氮时，锅炉可以一面放水一面充氮，叫做湿式充氮；也可以先将锅水放尽，然后再充氮，这种方法称为干式充氮。

充氮防腐时，氮气的压力一般保持在0.3MPa左右，当氮气压力降低到0.1MPa时，要开启氮气阀门进行顶压一次。同时，化学人员还应定期化验氮气纯度，氮气纯度一般保持在99.8%以上，当氮气纯度降到98.5%后，应进行排气，并充氮至合格。

9-36　简述锅炉停炉后充氨防腐的操作方法。

答： 当锅炉停炉放尽水并马上充入一定压力的氨气后，氨气（NH_3）即溶入金属表面的水珠内，在金属表面形成一层氨水（NH_4OH）保护层，该保护层具有极强烈的碱性反应，可以防止腐蚀。

由于空气的密度较氨气大（氨气的密度为 0.771，空气的密度是 1.293），所以，在充氨时，应将盛满氨气的容器放置在锅炉的上部，并用管子与锅炉最上部连接（如锅炉上部的空气阀），这样就使氨气从锅炉最上部送入，利用氨气的压力同时排除锅内的空气，保证氨气充满锅炉。当氨气到达锅炉的最低点后（可以从气味来判定），即可关闭下部的阀门。充氨防腐时，锅炉内应保持的过剩氨气压力约为 1.333×10^4Pa。

当锅炉需要重新启动时，点火以前应先将氨气全部排出，并用水冲洗干净。

9-37　简述锅炉停炉后热炉放水预余热烘干法的操作方法。

答： 当锅炉正常停止运行以后，还可以采用热炉放水余热烘干法进行锅炉保养。这种方法是在锅炉正常停用后，汽包压力降至 0.8～0.5MPa，汽包壁温降至 150～180℃时，开启放水阀进行全面快速放水，压力降至 0.2～0.15MPa 时，全开空气阀，对空排气阀、疏水阀，对锅炉进行预热烘干。当锅炉本体需进行检修或不具备其他保养条件时使用此法。

9-38　锅炉冬季停炉后，防冻应注意哪几方面的问题？

答： 锅炉冬季停炉后，防冻方面应注意：

（1）冬季应将锅炉各部分的伴热系统、各辅机油箱加热装置、各处取暖装置投入运行，确保正常。

（2）冬季停炉时，应尽可能采用干式保养，若锅内有水，应投入水冷壁下集箱蒸汽加热。

（3）锅炉停运时，备用的冷却水应保持畅通或将水放尽，以防管道冻结。厂房及辅机室门窗关闭严密，设备系统的各处保温完好，发现缺陷应及时进行消除。

（4）根据实际情况制订具体防冻措施。

9-39　汽轮机停机的方式有几种？如何选用各种不同的汽轮机停机方式？

答： 有正常停机和故障停机。所谓正常停机是指有计划地停机。故障停

机是指汽轮发电机组发生异常情况下，保护装置动作或手动停机以达到保护机组不致于损坏或减少损失的目的。故障停机又分为紧急停机和一般性故障停机。

正常停机中按停机过程中蒸汽参数不同又分为滑参数停机和额定参数停机两种方式。

停机方式可根据停机的目的和设备状况来决定。正常停机，如果是以检修为目的的，希望机组尽快冷却，便检修早日开工，应尽可能采用滑参数停机；并且要尽量使滑参数停机的时间长一些，将参数滑得低一些。

9-40 什么叫滑参数停机?

答：汽轮机从额定参数和额定负荷开始，开足高、中压调节汽阀，由锅炉改变燃烧，逐渐降低蒸汽参数，便汽轮机负荷逐渐降低。同时投用汽缸法兰加热装置，使汽缸法兰温度逐渐冷却下来，待主蒸汽参数降到一定数值时，解列发电机打闸停机，这一过程称为滑参数停机。

9-41 额定参数停机过程应注意哪些问题?

答：额定参数停机过程应注意如下问题：

(1) 减负荷过程必须严格控制汽缸和法兰金属的温降速度和各部温差的变化。

(2) 停机过程应注意汽轮发电机组胀差指示的变化。

(3) 减负荷时，系统切换和附属设备的停用应根据各机组情况按规定执行。

(4) 减负荷过程中，应注意凝结水系统的调整。

(5) 减负荷过程中，要检查调节汽阀有无卡涩。

(6) 注意轴封供汽的调整和发电机冷却水量的调整。

(7) 负荷减至零即可解列发电机，解列后抽汽止回阀应关闭，同时密切注意此时汽轮机转速应下降，防止超速。

(8) 停止汽轮机进汽时，须先关小自动主汽阀，以减轻打闸时对自动主汽阀的冲击，然后手打危急保安器，检查自动主汽阀、调节汽阀是否关闭。

(9) 汽轮机转速降低后，应及时启动低压润滑油泵。

9-42 滑参数停机有哪些注意事项?

答：滑参数停机应注意如下事项：

(1) 滑参数停机时，对新蒸汽的滑降有一定的规定，一般高压机组新蒸汽的平均降压速度为0.02～0.03MPa/min，平均降温速度为1.2～1.5℃/

min。较高参数时，降温、降压速度可以较快一些；在较低参数时，降温、降压速度可以慢一些。

（2）滑参数停机过程中，新蒸汽温度应始终保持50℃的过热度，以保证蒸汽不带水。

（3）新蒸汽温度低于法兰内壁温度时，可以投入法兰加热装置，应使混温联箱温度低于法兰温度80～100℃，以冷却法兰。

（4）滑参数停机过程中不得进行汽轮机超速试验。

（5）高、低压加热器在滑参数停机时应随机滑停。

9-43　为什么滑参数停机过程中不允许作汽轮机超速试验？

答：在蒸汽参数很低的情况下作超速试验是十分危险的。一般滑参数停机到发电机解列时，主汽阀前蒸汽参数已经很低，要进行超速试验就必须关小调节汽阀来提高调节汽阀前压力。当压力升高后，蒸汽的过热度更低，有可能使新蒸汽温度低于对应压力下的饱和温度，致使蒸汽带水，造成汽轮机水冲击事故，所以规定大机组滑参数停机过程中不得进行超速试验。

9-44　中间再热机组与非中间再热机组的滑参数停机有何区别？应注意哪些问题？

答：中间再热机组在滑参数减负荷停机过程中，再热蒸汽温度下降有滞后现象，因此，每进行一档降温时，应等待再热器出口温度跟上主蒸汽温度后，方可进行降压。

中间再热机组进行滑参数停机应注意如下问题：

（1）由于再热蒸汽温度下降有滞后现象，故新蒸汽与再热蒸汽温度相差不能太大。

（2）旁路系统的使用要恰当，防止发生中压缸处于无蒸汽运行的情况。

（3）当负荷较低时，若锅炉燃烧不稳，可用开启旁路系统的办法，使汽轮机继续滑参数降负荷，使汽缸温度再降低一些。

9-45　何谓汽轮机转子的惰走曲线？绘制它有什么作用？

答：发电机解列后，从自动主汽阀和调节汽阀关闭起，到转子完全静止的这段时间称为转子惰走时间，表示转子惰走时间与转速下降数值的关系曲线称为转子惰走曲线。

新机组投运一段时间，各部工作正常后，即可在停机期间，测绘转子的惰走曲线，以此作为该机组的标准惰走曲线，绘制这条曲线时要控制凝汽器的真空，使其以一定速度下降，以后每次停机均按相同工况记录，绘制惰走

曲线，以便于比较分析问题。如果惰走时间急剧减少，则可能是轴承磨损或汽轮机动静部分发生摩擦；如果惰走时间显著增加，则说明新蒸汽或再热蒸汽管道阀门或抽汽止回阀不严，致使有压力蒸汽漏入了汽缸。

当顶轴油泵启动过早，凝汽器真空较高时，惰走时间也会增加。

9-46 为什么停机时必须等真空到零，方可停止轴封供汽？

答：如果真空未到零就停止轴封供汽，则冷空气将自轴端进入汽缸，使转子和汽缸局部冷却，严重时会造成轴封摩擦或汽缸变形，所以规定要真空至零，方可停止轴封供汽。

9-47 为什么规定打闸停机后要降低真空，使转子静止时真空到零？

答：汽轮机停机惰走过程中，维持真空的最佳方式应是逐步降低真空，并尽可能做到转子静止，真空至零。这是因为：

(1) 停机惰走时间与真空维持时间有关，每次停机以一定的速度降低真空，便于惰走曲线进行比较。

(2) 如惰走过程中真空降得太慢，机组降速至临界转速时停留的时间就长，对机组的安全不利。

(3) 如果惰走阶段真空降得太快，尚有一定转速时真空已经降至零，后几级长叶片的鼓风摩擦损失产生的热量多，易使排汽温度升高，也不利于汽缸内部积水的排出，容易产生停机后汽轮机金属的腐蚀。

(4) 如果转子已经停止，还有较高真空，这时轴封供汽又不能停止，也会造成上下缸温差增大和转子变形不均发生热弯曲。

综上所述，停机时最好控制转速到零，真空到零。实际操作时用真空破坏阀控制调节。

9-48 汽轮机盘车过程中为什么要投入油泵联锁开关？

答：汽轮机盘车装置虽然有联锁保护，当润滑油压低到一定数值后，联动盘车跳闸，以保护机组各轴瓦，但盘车保护有时也会失灵，万一润滑油泵不上油或发生故障，会造成汽轮机轴瓦干摩擦而损坏。油泵联锁投入后，若交流油泵发生故障，可联动直流油泵开启，避免轴瓦损坏事故。

9-49 盘车过程中应注意什么问题？

答：盘车过程中应注意如下问题：

(1) 监视盘车电动机电流是否正常，电流表指示是否晃动。

(2) 定期检查转子弯曲指示值是否有变化。

(3) 定期倾听汽缸内部及高低压汽封处有无摩擦声。

（4）定期检查润滑油泵的工作情况。

9-50 为什么停机后盘车结束后润滑油泵必须继续运行一段时间？

答：润滑油泵连续运行的主要目的是冷却轴颈和轴瓦，停机后转子金属温度仍然很高，顺轴颈方向轴承传热。如果没有足够的润滑油冷却转子轴颈，轴瓦的温度会升高，严重时会使轴承乌金熔化，轴承损坏；轴承温度过高还会造成轴承中的剩油急剧氧化，甚至冒烟起火。

低压油泵运行期间，冷油器也需继续运行并且使润滑油温不高于40℃。

高压汽轮机停机以后，润滑油泵至少应运行8h以上。当然，每台机应根据情况具体确定。

9-51 停机后应做好哪些维护工作？

答：停机后的维护工作十分重要，停机后除了监视盘车装置的运行外，还需做好如下工作：

（1）严密切断与汽缸连接的汽水来源，防止汽水倒入汽缸，引起上下缸温差增大，甚至设备损坏。

（2）严密监视低压缸排汽温度及凝汽器水位、加热器水位，严禁满水。

（3）注意发电机转子进水密封支架冷却水，防止冷却水中断，烧坏盘根。

（4）锅炉泄压后，应打开机组的所有疏水阀及排大气阀门；冬天应做好防冻工作，所有设备及管道不应有积水。

9-52 汽轮机停机后转子的最大弯曲在什么地方？在哪段时间内启动最危险？

答：汽轮机停运后，如果盘车因故不能投运，由于汽缸上下温差或其他某些原因，转子将逐渐发生弯曲，最大弯曲部位一般在调节级附近，最大弯曲值约出现在停机后2～10h，因此在这段时间内启动是最危险的。

9-53 停机后为什么要检查高压缸排汽止回阀关闭是否严密？

答：再热蒸汽管道中的余汽或再热器事故减温水倒入汽缸，而使汽缸下部急剧冷却，造成汽缸变形、大轴弯曲、汽封及各动静部分摩擦，导致设备损坏。

9-54 为什么负荷没有减到零不能进行发电机解列？

答：停机过程中若负荷不能减到零，一般是由于调节汽阀不严或卡涩，或是抽汽止回阀失灵，关闭不严，从供热系统倒进大量蒸汽等引起。这时如将发电机解列，将要发生超速事故。故必须先设法消除故障，采用关闭自动主汽阀、电动主汽阀等办法，将负荷减到零，再进行发电机解列停机。

9-55 为什么滑参数停机时最好先降汽温再降汽压？

答：由于汽轮机正常运行中，主蒸汽的过热度较大，所以滑参数停机时最好先维持汽压不变而适当降低汽温，降低主蒸汽的过热度，这样有利于汽缸的冷却，可以使停机后的汽缸温度低一些，能够缩短盘车时间。

9-56 额定参数停机时减负荷应注意哪些问题？

答：额定参数停机时，减负荷应注意如下问题：

(1) 汽轮机正常停机的过程中应逐渐降负荷，降负荷速度不超过2kW/min。

(2) 汽缸、法兰各金属温度及温差应比启动时控制得更加严格，一般要求金属温度下降速度不超过1.5℃/min，为保证这个温降速度，每下降一定负荷就须停留一段时间，使汽缸、法兰、转子温度均匀下降。

(3) 减负荷时，蒸汽流量及参数均匀下降，机组内部逐渐冷却，汽缸及法兰内壁产生较大的热拉应力，因此停机过程中，一定压力下蒸汽必须保持一定的过热度。

(4) 由于汽缸法兰金属厚重，减负荷时汽缸法兰收缩滞后于转子收缩。为使胀差不超规定，应投用汽缸法兰加热装置，投入低温蒸汽，使汽缸、法兰冷却，汽缸均匀收缩。

9-57 停机后盘车状态下，对氢冷发电机的密封油系统运行有何要求？

答：氢冷发电机的密封油系统在盘车时或停止转动而内部又充压时，都应保持正常运行方式。因为密封油与润滑油系统相通，这时含氢的密封油有可能从连接的管路进入主油箱，油中的氢气将在主油箱中被分离出来。氢气如果在主油箱中积聚，就有发生氢气爆炸的危险和主油箱失火的可能，因此油系统和主油箱系统使用的排烟风机和防爆风机也必须保持连续运行。

9-58 三用阀旁路系统如何进行投用前的检查及投用？

答：采用冷态的投用步骤（锅炉点火前，真空在27kPa以上）如下：

(1) 通知热工、电气送上旁路电源和油泵站电源。

(2) 检查油泵站油位正常，油质良好。

(3) 将油泵站联锁扳至“自动”位置，油泵应自启动，检查油压正常，油泵联锁正常。

(4) 将油系统的进油阀打开，回油阀打开。

(5) 手动操作开启旁路阀至20%。

(6) 开启两只高压旁通阀电动隔离阀。

(7) 手动操作开启高压旁通阀至15%。

(8) 锅炉起压后，根据旁路后温度，开启二、三级减温水隔离阀，手动操作开启低压旁通阀一级减温水调整阀，手动操作开启三级减温水调整阀。

(9) 随锅炉压力升高，调整高压旁通阀开度，以满足机炉的要求。

(10) 冲转前调整旁路的开度，使中压缸进汽绝对压力为

$$p=\frac{8.7\times \text{主蒸汽压力}}{130}\times 0.098\ (\text{MPa})$$

9-59　国产机组二级串联旁路系统怎样投用?

答: 冷态投用步骤(锅炉点火前，真空在27MPa以上)如下:

(1) 联系电气车间送上旁路电源。

(2) 开低压旁路减温水调节阀至5%，使低压旁路阀开至60%，适当开启高压旁路阀(事故情况下应加强疏水)。

(3) 根据机炉要求调整旁路阀开度。

(4) 锅炉起压后，根据旁路阀后温度，调整减温水量；控制高压旁路阀后的温度低于400℃，适当调整二、三级减温水。

9-60　热态启动时，旁路系统的投用步骤是怎样的?

答: 热态启动时，旁路系统的投用步骤如下:

(1) 凝汽器真空必须保持在53kPa以上。

(2) 锅炉熄火后，应即开启高压旁路阀前、后疏水阀，低压旁路阀疏水阀，高压缸排汽止回阀前、后疏水。

(3) 旁路疏水阀开启10min以上，确认疏水疏尽，高压缸排汽止回阀后无积水，缓慢开启低压旁路阀。

(4) 微开高压旁路阀，待高压旁路阀后温度逐渐升高后，再缓慢开启高压旁路阀或高压旁路调整阀，投入减温水控制旁路阀后温度，投三级减温水。

(5) 根据需要调整旁路阀开度。

9-61　旁路系统的停用操作如何进行?

答: 旁路系统的停用操作步骤如下:

(1) 关闭高压旁路隔离阀、调整阀或高压旁路阀。

(2) 关闭低压旁路隔离阀、调整阀或低压旁路阀。

(3) 停用旁路减温水。

9-62 一般泵类的启动操作步骤是怎样的?

答：一般泵类的启动操作步骤如下：

（1）按启动按钮，检查电流、压力正常；泵与电动机声音、振动、轴承温度等正常。

（2）渐开出口阀，一切正常后投入联锁开关。

9-63 一般泵类如何进行停用操作?

答：一般泵类停用操作如下：

（1）解除联锁开关。

（2）缓慢开启出口阀（螺杆泵无此操作）。

（3）按停泵按钮。

（4）泵停运后，全开出口阀，根据需要投用联锁开关备用。

（5）如需检修，联系电气人员切断电源，关闭进出口阀及空气阀、冷却水阀，做好隔离措施。

9-64 冷油器的投用操作步骤是怎样的?

答：冷油器投用操作步骤如下：

（1）关闭冷油器上部和下部放油阀，缓慢开启进口油阀及顶部放空气阀，油充满后应有油冒出，即关闭顶部放空气阀，然后开启出口油阀。

（2）全开冷油器出口水阀，稍开顶部水侧放空气阀，空气放尽后关闭。

（3）根据冷油器出口油温调整出水阀，保持油温正常。

（4）如在冬季油温较低，不能满足需要时，有加热装置的冷油器可开启加温水阀对冷油器进行加温。必须注意：在对冷油器加热时，冷油器出水阀必须开启，防止冷油器水侧压力过高，铜管破裂或胀口松弛，造成损坏设备，油中进水。

9-65 冷油器的停用操作步骤是怎样的?

答：冷油器停用操作步骤如下：

（1）在盘车状态下，油温低于40℃时，要停用冷油器水侧（一般油侧不停用）。

（2）视油温的下降，逐渐关小进水阀。

9-66 除氧器投用前应做哪些工作?

答：除氧器投用前应做如下工作：

（1）检查设备管道，应完整良好；安全阀检验良好；各仪表水位计在投入位置；有关保护检验正常后投运。

（2）检查并关闭与公用母管相连的隔离阀，送上各电动阀电源，试验各电动阀开关正常后关闭。

（3）开启疏水泵来水阀，关闭放水阀。开启排气阀（除氧器投用后，根据水质情况调整在某一开度），关闭再沸腾阀及锅炉连续排污进汽阀。

（4）联系化学人员化验水质应符合要求，否则必须换水直至合格。

9-67 除氧器的投用步骤是怎样的?

答：除氧器投用步骤如下：

（1）疏水箱、凝汽器等进除盐水至正常。

（2）启动疏水泵或凝结水泵向除氧器进水至1/3处，再联系化验水质，水质不合格应换水直至合格。

（3）并用公用汽母管，开启再沸腾电动阀、手动阀，加热至70～90℃，开启除氧器进汽阀投入运行，关闭再沸腾阀。

（4）随负荷的升高，视抽汽压力的升高及时切换本机汽源。

（5）调整除氧器压力在规定范围。

9-68 除氧器的正常维护项目有哪些?

答：除氧器的正常维护项目如下：

（1）保持除氧器水位在正常值。

（2）除氧器系统无漏水、漏汽、溢流现象，排气阀开度适当，不振动。

（3）确保除氧器压力在规定范围内，滑压除氧器应保证压力、温度相适应。

（4）禁止水位、压力大幅度波动影响除氧效果。

（5）经常检查校对室内压力表，水位计与就地表计相一致。有关保护投运正常。

9-69 除氧器降压过程中及投用时有哪些注意事项?

答：除氧器降压过程中及投用时，注意事项有：

（1）除氧器降温、降压不得过快，控制除氧器内温度下降不超过1℃/min。

（2）除氧器降温降压过程中，应根据锅炉壁温带负荷。

（3）检修结束后，应先投除氧器，再投低压加热器，待除氧器内温度达130℃时，方可将水切换高压加热器内部，再投入高压加热器汽侧。

（4）全面检查，恢复正常运行。

9-70 低压加热器投用前应进行哪些检查?

答：低压加热器投用前应作如下检查：

(1) 检查各表计齐全，水位计投用，各电动阀送电并试验良好，有关保护校验投运。

(2) 开启抽汽止回阀前、后疏水阀。

(3) 检查开启低压加热器进出水阀，关闭旁路阀。

(4) 缓慢开启各低压加热器空气阀（由高至低逐级开大）。正常运行后，3、4号低压加热器空气阀应关闭或开少许。

9-71 低压加热器如何投用？

答：低压加热器投用步骤如下：

(1) 开启抽汽止回阀，逐渐开启进汽电动阀，控制温升速度。

(2) 加热器水位至1/3以上时，开启疏水阀，疏水逐级自流，经2号低压加热器至凝汽器，随负荷的升高，根据加热器水位，启动中继泵，关闭疏水至凝汽器阀。

(3) 关闭抽汽止回阀前、后疏水阀。

(4) 投入抽汽止回阀保护联锁。

(5) 全面检查并注意各加热器温升情况。

9-72 低压加热器的停用如何操作？

答：低压加热器的停用步骤如下：

(1) 关闭空气阀后，逐渐关闭进汽电动门，关闭抽汽止回阀，停用中继泵。

(2) 关闭疏水阀。

(3) 开启低压加热器旁路阀，关闭进、出水阀。

(4) 开启抽汽止回阀前、后疏水阀。

9-73 高压加热器水侧的投用步骤是怎样的？

答：高压加热器水侧投用步骤如下：

(1) 开启出口阀，全开高压加热器注水一次阀，稍开注水二次阀，向高压加热器内部注水。

(2) 高压加热器水侧空气放尽后关闭放空气阀。

(3) 高压加热器水侧达全压后关闭高压加热器注水一次阀，检查高压加热器内部压力不应下降。

(4) 开启高压加热器进、出水阀。

(5) 关闭给水旁路阀，注意给水压力的变化。

(6) 投用高压加热器保护开关。

9-74 高压加热器汽侧的投用步骤是怎样的?

答：高压加热器汽侧投用步骤如下：

(1) 在负荷带70%以上时，投用高压加热器。

(2) 开足进汽阀前疏水阀。

(3) 稍开高压加热器进汽阀或进汽旁路阀进行暖管，注意进汽管道应无冲击。

(4) 待汽侧空气放尽后，关闭汽侧空气节流板旁路阀。

(5) 暖管结束后，关闭进汽阀前、后疏水阀。

(6) 逐渐开大进汽阀，注意给水温升率不大于5℃/min。

(7) 调节高压加热器水位和高压加热器放地沟阀，保持高压加热器水位。

(8) 冲洗各台高压加热器水位计。

(9) 解除高压加热器保护开关，校验各高压加热器水位正常后投入高压加热器保护开关。

(10) 待水质合格后关闭高压加热器放地沟直通阀，开启高压加热器至除氧器的隔离阀。

(11) 开足各高压加热器进汽阀，关闭其旁路阀，调节各高压加热器水位，维持正常。

(12) 全面检查。

9-75 检修后的高压加热器如何投用（指机组带负荷、高压加热器检修后)?

答：检修后的高压加热器投用步骤如下：

(1) 检修工作结束，工作票终结，汽侧放水阀关闭。

(2) 缓慢开启高压加热器注水阀向高压加热器注水，检查钢管是否泄漏，并开启水侧放空气阀，有水流出后关闭。

(3) 开启高压加热器进、出水阀，高压加热器入口三通阀开启，关闭高压加热器旁路阀，关闭注水阀，给水至高压加热器内部。

(4) 开启高压加热器危急疏水手动隔离阀。

(5) 开启抽汽止回阀前、后疏水阀，微开高压加热器进汽阀，维持温升速度在1～2℃/min左右，预热高压加热器约30min，疏水可经4号低压加热器倒入凝汽器，若疏水不畅，可经1号高压加热器危急疏水阀排放。

(6) 高压加热器预热结束，控制温升率不大于5℃/min。缓慢由低至高逐渐开启高压加热器进汽阀，关闭危急疏水阀，疏水逐级自流，经1号高压

加热器进入除氧器，全面检查正常后，疏水稳定后投疏水自动及高压加热器保护和抽汽止回保护。

（7）其他操作同高压加热器随机滑参数启动。

9-76 高压加热器的停用如何操作?

答：高压加热器停用操作如下：

（1）汇报、联系值长降10%的负荷（300MW机组负荷降至80%）切除高压加热器保护。

（2）由高压至低压逐台关闭高压加热器进汽阀。调整水位，控制温降速度小于2℃/min，待高压加热器出水温度稳定后再停下一台高压加热器，关闭高压加热器至除氧器的疏水阀，切换给水走旁路。

（3）稍开抽汽止回阀前、后疏水阀，高压加热器汽侧隔离后，开启高压加热器汽侧放地沟阀。

（4）如需停用高压加热器水侧，应先开电动旁路阀，再关高压加热器进、出水阀。

（5）抽汽止回阀保护打至“手动“，确认止回阀关闭后，打至“解除”位置。

9-77 采用水氢氢冷却方式的发电机冷却水系统怎样投用?

答：采用水氢氢冷却方式的发电机冷却水系统投用步骤如下：

（1）检查冷却水系统设备完整良好，各种监视表计齐全，各阀门处于正常状态，冷水箱进水至正常水位，水质合格，开启线圈排汽阀。

（2）启动一台冷却水泵，向发电机定子绕组充水，当定子绕组内空气排完后关闭排气阀，调整进水压力、流量在规定范围内。

（3）检查冷却水系统有无漏水。

（4）开启冷水箱补水电磁阀前、后隔离阀，关闭补水电磁阀旁路阀，冷水箱补水投入自动。

（5）开启备用冷却水泵出口阀，投入联锁开关。

（6）随负荷的升高，调整冷水器出水温度在正常范围以内。

9-78 发电机密封油系统如何投用?

答：发电机密封油系统投用步骤如下：

（1）各密封油泵送电，联轴器盘动灵活。

（2）试验密封油箱补排油电磁阀动作正常，灵活可靠。

（3）启动防爆风机运行。

(4) 开启主油箱至空气侧密封油泵进油总阀及进油阀，检查系统阀门位置正常，开启空气侧交直流密封油泵试泵正常。联锁试验动作良好，停直流油泵。

(5) 对密封油箱补油至 1/2 处，用再循环调整压力泵出口压力在 0.49MPa。

(6) 开空气侧压差阀旁路阀，将空气侧密封油压调整在 0.02MPa。

(7) 开启密封油箱至氢气侧油泵进油阀，开启氢气侧油泵试转正常，用再循环阀调整出口压力在 0.49MPa。

(8) 开启两个平衡阀旁路阀，保持空气侧油压不大于氢气侧油压 0.001MPa。

(9) 发电机充氢气后，应及时调整密封油压，使油压大于氢气压力 0.04～0.06MPa。

(10) 系统稳定后，投入密封油系统的差压阀和平衡阀，关闭其旁路阀。

(11) 及时调整冷油器出口温度在正常范围。

(12) 投入油泵联锁。

(13) 当氢气压力大于 0.15MPa 时，开启润滑油至密封油泵进油总阀，关闭主油箱至密封油泵进油总阀。开启润滑油至氢气侧油泵进油阀，关闭密封油箱至氢气侧油泵进油阀，密封油箱补排油，电磁阀投入自动。

9-79 发电机密封油系统的停用条件是什么？如何停用？

答：发电机密封油系统的停用条件如下：

(1) 必须在发电机置换（由氢气置换为空气）结束，盘车停用后，方可停用密封油系统。

(2) 解除空气侧油泵联锁，停掉空气侧油泵。

(3) 关闭补排油电磁阀前、后隔离阀，关闭差压阀及平衡阀前、后隔离阀及旁路阀。

(4) 停用防爆风机。

9-80 闭式供水系统循环水泵启动前检查与启动如何进行？

答：闭式供水系统循环水泵启动前检查与启动过程如下：

(1) 联系电气人员测量循环水泵电动机绝缘，出口蝶阀油泵电动机及进口电动阀电动机绝缘合格，电动机外部接地良好，周围无杂物，各电动阀处于电动位置，送上电源。

(2) 水塔水位正常。

(3) 投入压力表，循环水泵出口蝶阀应处于关闭位置。进水阀开启。开启放空气阀，有水流出后关闭（手摇开启出口蝶阀少许，对凝汽器充水赶空气）。

（4）各轴承出口蝶阀油箱油位正常在2/3处，油质良好，开启各轴瓦冷却水阀。

（5）开启各凝汽器进、出口电动阀，凝汽器水侧放空气，有水流出后关闭。

（6）检查循环水泵出口蝶阀电磁阀及旁路阀位置正确。

（7）联系电气合上动力开关。

（8）注意电流复归情况，水泵全速时出口蝶阀应联动开启。

（9）检查循环水泵出口压力、轴承、水泵的声音、振动正常。

（10）正常后投运行泵联锁开关在“联锁”位置。

9-81 循环水泵的停用如何操作？

答：循环水泵停用操作如下：

（1）联系电气，循环水泵值班工。

（2）切除联锁开关。

（3）手按循环水泵停用按钮（检查循环水泵出口蝶阀应下落或出口阀应联动关闭）。

（4）若因出口阀或止回阀不严，停泵后泵倒转，应采取措施，如关进口阀。

9-82 国产300MW机组的除氧器启动步骤是怎样的？

答：300MW机组的除氧器启动步骤如下：

（1）确定除氧器水位正常，水质合格，有关保护投入。

（2）开启再循环系统后，调节除氧器水位及除氧器至凝汽器的再循环阀，维持除氧器水位，提高水质。

（3）水质合格后，逐渐开大除氧器进水阀，逐渐关闭除氧器至凝汽器的再循环阀，调节除氧器水位，维持除氧器水位。

（4）确定备用汽源正常，逐渐开启备用汽至除氧器的阀门。

（5）开启水箱加热蒸汽阀，调整除氧器汽压调整器，加热凝结水至饱和温度，维持除氧器内部压力不超过0.196MPa，关闭有关疏水阀。

（6）调节除氧器顶部放空气阀，保持微冒汽。

（7）注意除氧器水位，压力、温度等均正常，汽水温度达100℃，关闭水箱加热蒸汽阀。

（8）严禁锅炉启动分离器向除氧器送水。

（9）机组带100MW负荷以上，除氧器由备用汽源切换至本机供汽：

①调整本机四段抽汽压力与除氧器压力相接近；②联系主机开启四段抽汽隔离阀，关闭阀后疏水阀；③关闭备用汽至除氧器阀，稍开阀后疏水阀；④调整除氧器水位，压力正常。

（10）根据情况投入压力，水位调整自动，随机组负荷上升，维持除氧器压力不超过 0.558MPa。

9-83　国产 300MW 机组的除氧器如何停用?

答：国产 300MW 机组的除氧器停用步骤如下：

（1）机组减负荷时，注意调整除氧器压力、水位正常。

（2）机组负荷减至 100MW 左右，除氧器汽源由本机切换为备用汽源供汽：①待除氧器压力与备用汽源压力相接近时，开启备用汽源至除氧器阀，关闭阀后疏水阀；②联系主机关闭四段抽汽隔离阀，稍开阀后疏水阀；③调整除氧器压力，水位正常。

（3）锅炉停用后关闭除氧器进水阀、进汽阀，使除氧器自然泄压冷却。

9-84　发电机冷却器如何投用?

答：发电机冷却器投用如下：

（1）检查系统阀门位置正常。

（2）缓慢开启冷却器进水阀（1～2 圈）逐渐开启水冷却器放空气阀，以后间断进行数次放空气，确认冷却器内无空气，全开水冷却器进水阀。

（3）缓慢开启冷却器进水阀，同时检查水冷泵出口压力稳定，转子进水压力正常，集控室转子流量表指示正常（一般在 25t/h 以上）。

（4）全开工业水出水阀。

（5）根据冷却水出水温度，调整冷却水进水阀保证出口温度在正常范围内。

9-85　冷却器泄漏隔离怎样操作?

答：冷却器泄漏隔离操作步骤如下：

（1）确认备用冷却器工作正常。

（2）关闭泄漏冷却器进、出水阀。

（3）关闭泄漏冷却水进、出水阀。

（4）调整运行冷却器温度符合机组要求。

（5）注意压力的变化。

9-86　发电机冷却水系统怎样投用?

答：发电机冷却水系统投用步骤如下：

（1）通知化学人员化验水质，如水质不合格应进行水箱换水。

（2）待水质合格后，启动水冷泵，维持水冷箱水位 2/3 以上，会同电气全面检查（内部水冷系统）。

（3）调整发电机各部进水阀，维持进水压力在正常范围。

（4）调整转子轴封冷却水阀，保持轴封微量滴水。

（5）检查定子、端部流量正常，转子回水正常。

（6）投入水冷泵联锁。

9-87 低速盘车如何投用？

答：投用顺序如下：

（1）确认低压润滑油泵（氢冷机组密封油系统应投入运行）运行，全面检查各轴承油流、油压正常，油系统无漏油现象，投入低压油泵联锁。

（2）启动排烟风机和防爆风机。

（3）启动顶轴油泵、油压正常。

（4）开启盘车润滑油阀，检查油位计内应有油，否则应加油至正常油位。

（5）检查盘车电动机手柄应压住断开的行程开关。

（6）盘车电动机符合启动条件，投入盘车联锁开关。

（7）将控制箱上切换开关扳至“自动”位置。

（8）按启动箱上“启动”按钮。

（9）按下启动箱上“启动”按钮，盘车自动挂钩，达约 30s 后，盘车自动投入运行。

（10）检查盘车电流，测量大轴弯曲。

（11）汽轮机冲转后，盘车应自动脱扣，否则应手动推开，盘车电动机失电，停止运行，将控制箱上切换开关扳至“停止”位置，按下控制箱上“停止”按钮。

盘车点动操作如下：

（1）同手动 1～3 条。

（2）将控制箱上切换开关扳至“点动”位置。

（3）按控制箱上“启动”按钮、“点动”按钮（手松脱即停），使其转子转到所需位置。

（4）盘车结束后，用手动脱扣可退出盘车。

9-88 低速盘车如何停用？

答：低速盘车停用方法如下：

（1）将控制箱上切换开关扳至“停止”位置，盘车电动机停止运行，盘车装置应能自动脱扣，否则应手动使其脱扣。

（2）按控制箱上“停止”按钮，关闭盘车润滑油阀。

（3）根据需要停用顶轴油泵、低压油泵、排烟风机（采用氢冷机组，应待氢气调换成空气后即可停密封油泵、防爆风机）。

9-89　盘车运行中的注意事项有哪些？

答：盘车运行中注意事项如下：

（1）盘车运行或停用时手柄方向应正确。

（2）盘车运行时，应经常检查盘车电流及转子弯曲。

（3）盘车运行时应确保一台顶轴油泵运行。

（4）汽缸温度高于200℃，因检修需停盘车，应定期每20min盘动转子180℃。

（5）定期盘车改为连续盘车时，其投用时间要选择在二次盘车之间。

（6）应经常检查各轴瓦油流正常，油压正常，系统无漏油。

9-90　凝汽器的投用步骤是怎样的？

答：凝汽器投用步骤如下：

（1）全面检查凝汽器系统，循环水进、出口电动阀送上电源，开关良好，各放水阀关闭，顶部放空气阀开启（开式循环投入虹吸装置）。

（2）全开出水阀。

（3）缓慢开启进口阀或开启进水旁路阀充水赶空气，顶部放空气，待有水流出后关闭（开式循环调节虹吸装置保持真空正常），全开进水阀。

（4）全面检查并监视温升情况。

注：对开式循环系统，厂家无凝汽器出口阀时，应视循环水母管压力，开凝汽器进水阀，投凝汽器出口虹吸装置，保持真空正常，检查温升正常。

9-91　运行中凝汽器半面隔离查漏或清洗的操作步骤是怎样的？注意事项是什么？

答：运行中凝汽器半面隔离查漏或清洗的操作步骤：

（1）适当降低机组负荷。

（2）关闭停用一侧汽侧空气阀。

（3）设法增加运行一侧冷却水量（对于母管制的机组）。

（4）关闭停用一侧凝汽器的进、出水电动阀并手动关紧。

（5）打开清洗停用侧进水阀后及出水阀前放水阀放水。

(6) 凝汽器水侧放完水后，真空稳定正常后，可打开人孔门进行查漏或清洗（因铜管大面积泄漏时，打开人孔门应特别注意真空变化）。

应当注意凝汽器其空值的变化，根据凝汽器真空值带相应的负荷。

9-92 投用胶球清洗泵前应作好哪些检查？

答：胶球清洗泵投用前应作如下检查：

(1) 胶球清洗泵电动机绝缘合格，泵符合启动条件，联系电气送上电源。

(2) 胶球清洗泵进口阀和加球室放水阀开启，胶球清洗泵出口阀和加球室出口阀关闭。

(3) 打开胶球室端盖，加入600只符合要求的胶球，加完球后盖好加球室大盖，关闭放水阀。

9-93 胶球清洗系统投用步骤是怎样的？

答：胶球清洗系统的投用步骤如下：

(1) 启动胶球清洗泵，开启胶球清洗泵出口阀，打开胶球室放空气阀，空气放尽后关闭，将切换把手扳至清洗位置，开加球室出口阀，胶球进入系统。

(2) 检查胶球清洗泵出口压力应正常，胶球清洗泵运行应正常。

9-94 胶球清洗系统回收胶球操作步骤是怎样的？

答：胶球清洗系统回收胶球操作步骤如下：

(1) 将切换把手扳至收球位置。

(2) 2h后关闭出口阀和加球室出口阀，停胶球清洗泵，开加球室放水阀。

(3) 打开胶球室上盖，取球，算出收球率。

9-95 凝汽器胶球清洗收球率低有哪些原因？

答：凝汽器胶球清洗收球率低的原因如下：

(1) 活动式收球网与管壁不密合，引起“跑球”。

(2) 固定式收球网下端弯头堵球，收球网污脏堵球。

(3) 循环水压力低、水量小，胶球穿越冷却水管能量不足，堵在管口。

(4) 凝汽器进口水室存在涡流、死角，胶球聚集在水室中。

(5) 管板检修后涂保护层，使管口缩小，引起堵球。

(6) 新球较硬或过大，不易通过冷却水管。

(7) 胶球比重太小，停留在凝汽器水室及管道顶部，影响回收。胶球吸水后的比重应接近于冷却水的比重。

9-96 离心水泵启动前为什么要先灌水或将泵内空气抽出?

答: 因为离心泵所以能吸水和压水，是依靠充满在工作叶轮中的水作回转运动时产生的离心力。如果叶轮中无水，因泵的吸入口和排出口是相通的，而空气的密度比液体的密度要小得多，这样不论叶轮怎样高速旋转，叶轮进口都不能达到较高的真空，水不会吸入泵体，故离心泵在启动前必须在泵内和吸入管中先灌满水或抽出空气后再启动。

9-97 机组运行中、凝结水泵检修后恢复备用的操作步骤是什么?

答: 机组运行中、凝结水泵检修后恢复备用的操作步骤如下:

(1) 检查确认凝结水泵检修工作完毕，工作票已收回，检修工作现场清洁无杂物。

(2) 开启检修泵密封水阀。

(3) 开启检修泵冷却水阀。

(4) 缓慢开启检修泵壳体抽空气阀，检查泵内真空建立正常。

(5) 开启检修泵进水阀。

(6) 检修泵电动机送电。

(7) 开启检修泵出水阀。

(8) 投入凝结水泵联锁开关，检修泵恢复备用。

9-98 电动调速给水泵启动的主要条件有哪些?

答: 电动调速给水泵启动的主要条件有:

(1) 辅助油泵运行，润滑油压正常，各轴承油压正常，回油畅通，油系统无漏油。

(2) 除氧器水位正常。

(3) 确认电动给水泵再循环阀全开。

(4) 电泵密封水压力正常。

(5) 电泵进口阀开启。

(6) 电泵工作油及润滑油温正常。

(7) 勺管开度在规定值范围内。

9-99 水泵在调换过盘根后为何要试开?

答: 这是为了观察盘根是否太紧或太松。太紧盘根要发烫，太松盘根会漏水，所以水泵在调换过盘根后应试开。

9-100 给水泵运行中的检查项目有哪些？

答：由于给水泵有自己的润滑系统、串轴指示及电动机冷风室，调速给水泵具有密封水装置，故除按一般泵的检查外，还应检查：

（1）轴指示是否正常。

（2）冷风室出、入水阀位置情况，油箱油位、油质、辅助油泵的工作情况，油压是否正常，冷油器出、入口油温及水温情况，密封水压力，液力偶合器，勺管开度，工作冷油器进、出口油温。

对于汽动给水泵组，还应检查：

（1）系统无漏油、漏水、漏汽现象。

（2）调节系统调节灵活，无卡涩、摆动现象。

（3）给水泵汽轮机轴承振动在规定范围内；转速调节范围在正常范围内。

（4）调节油压在规定范围内；安全控制油压在规定范围内。

（5）润滑油压、润滑油温正常；轴承回油温度在正常范围内。

（6）轴承金属温度在正常范围内；过滤器压差在正常范围内。

（7）给水泵汽轮机轴封压力在正常范围内；排汽缸排汽温度在规定范围内。

（8）给水泵汽轮机真空正常。

9-101 一般泵运行中应检查哪些项目？

答：一般泵运行中的检查项目有：

（1）对电动机应检查：电流、出口风温、轴承温度、轴承振动、运转声音等正常，接地线良好，地脚螺栓牢固。

（2）对泵体应检查：进、出口压力正常，盘根不发热和不漏水，运转声音正常，轴承冷却水畅通，泄水漏斗不堵塞，轴承油位正常，油质良好，油环带油正常，无漏油，联轴器罩固定良好。

（3）与泵连接的管道保温良好，支吊架牢固，阀门开度位置正常，无泄漏。

（4）有关仪表应齐全、完好，指示正常。

9-102 简述汽动给水泵冲转到并泵的主要操作步骤。

答：汽动给水泵冲转到并泵的主要操作步骤如下：

（1）检查除氧器水位正常。

（2）先送上轴封汽，然后立即开启给水泵汽轮机排气疏水阀及给水泵汽轮机本体疏水阀，对给水泵汽轮机抽真空，防止给水泵汽轮机排汽安全盘破裂。待给水泵汽轮机真空正常后，开启给水泵汽轮机排汽蝶阀，并注意主机真空变化。

(3) 给水泵汽轮机进汽管暖管并疏水。

(4) 给水泵及给水系统有关放水阀关闭。给水泵注水并排净泵内空气后暖泵。

(5) 投入前置泵及汽泵密封水、油冷却水及检查密封水，冷却水正常。

(6) 开启前置泵进口阀。

(7) 给水泵汽轮机油系统启动。

(8) 启动前置泵检查正常。

(9) 检查给水泵汽轮机启动条件满足开启给水泵汽轮机进汽电动阀。

(10) 给水泵汽轮机挂闸，切除水位自动，给水泵汽轮机冲转暖机升速，给水泵汽轮机泵出口压力与给水母管压力相近开启给水泵汽轮机泵出口阀。

(11) 对给水泵汽轮机泵进行并列，注意调节缓慢，维持汽包水位正常。

第十章　单元机组的试验

10-1　热力试验的准备工作有哪些？

答： 热力试验的准备工作有：

（1）熟悉机组的有关技术资料和运行特性。

（2）全面检查单元机组主辅设备，以了解其完好状态，了解调节机构、检测仪表与自动装置等设备情况，并将所发现的缺陷予以消除。

（3）制定试验大纲，确定测量的项目和方法，以便编制所需的试验记录表格。

（4）根据设备的具体结构和试验大纲要求，列出试验所需的仪表器材清单。

（5）对试验所需的仪表器件的安装进行技术监督，做好试验用仪表及测量设备的检验工作。

10-2　机组热平衡的定义及热平衡试验的目的是什么？

答： 单元机组热平衡是指单元机组在规定的平衡期内总热量的收入和支出，即消耗与利用及损失之间的平衡关系。

热平衡试验的目的是搞清单元机组各环节热能有效利用和损失情况，查明节能潜力所在，为提高热能利用水平提供科学依据。

10-3　单元机组的热平衡试验方法有哪几种？

答： 单元机组热平衡试验采用统计计算法和测试计算法相结合的方法，以统计数据为主，在统计数据中没有的采用实测数据计算。

（1）统计计算法。利用平衡期内单元机组燃料消耗量、锅炉产汽量、汽轮机进汽量和供热量等指标的统计值为主，进行机组经济指标的计算，完成热平衡工作。

（2）测试计算法。在平衡期内，完成汽轮机、锅炉及辅助热力设备的热力特性试验，绘制出热力特性曲线，并以测试数据为主，进行经济指标的计算，完成热平衡工作。

10-4 平衡期内的测试项目有哪些?

答: 为了完成整个热平衡工作，除了对汽轮机、锅炉和部分热力设备进行测试外，对平时搞不清的一些热量也必须在平衡期内进行测量。测试项目如下：

(1) 轴封抽汽量测量。

(2) 主蒸汽、再热蒸汽、给水管道损失的测量。

(3) 汽水取样的热量损失。

(4) 连续排污汽、水量及参数测量。

(5) 定期排污量的测量。

(6) 生产用汽量、非生产用汽量的测量等。

10-5 如何选择汽轮机、锅炉特性试验工况?

答: 选择汽轮机、锅炉及其他热力设备特性试验工况，应注意包括机组经常出现的负荷点或上年的平均负荷点和锅炉平均蒸发量点。

10-6 进行热平衡试验数据整理的目的是什么?

答: 进行热平衡测试数据的整理，主要是用以确定平衡期内汽轮机热耗率、锅炉效率及各项热损失，并将各项数据汇总列表，以便进行节能潜力分析。

(1) 单元机组汽轮机热耗率、锅炉效率及各项热损失的确定。

1) 平均负荷法。查绘制的热力特性曲线，依据平衡期内机组的平均电负荷确定汽轮机的热耗率；查绘制的锅炉特性曲线，依据平衡期内锅炉的平均蒸发量，确定锅炉效率和各项热损失。

2) 分段平均负荷法。统计出平衡期内机组所带负荷为50%～60%、60%～70%、70%～80%、80%～90%、90%～100%额定负荷时对应的机组发电量和运行小时、锅炉蒸发量和运行小时，分别计算出各负荷段的汽轮机平均负荷和蒸发量，然后查锅炉和汽轮机的运行曲线。热耗率为各负荷段的热耗率按各负荷级机组发电量加权计算。锅炉效率及各项损失按各负荷段的锅炉蒸发量加权计算。

(2) 对机组进行节能潜力分析。

10-7 如何进行机组节能潜力分析?

答: 节能潜力分析主要有以下几方面内容:

(1) 对机组运行参数、运行经济指标分析。分析时，用平衡期内机组运行参数和经济指标的加权平均值与设计值比较，计算出对本机组直至对全厂

发电煤耗的影响。

(2) 非计划停运的影响。

(3) 对排放汽水的分析，说明哪些应回收利用而没有回收。

(4) 经济运行分析。

(5) 机组启停方式分析等。

根据以上分析，找出存在问题，制订出节能方案和规划。

10-8 什么是锅炉的热效率试验?

答: 锅炉热效率试验是通过锅炉热平衡试验得出的。通过试验比较设备检修或改进前后的经济效益，确定设备合理的运行参数，了解设备运行的经济性。

10-9 锅炉热效率试验前的预备性试验一般有哪些?

答: 锅炉热效率试验前的预备性试验一般有:

(1) 测定给煤机（给粉机）转速。

(2) 测定烟道、煤粉空气管道和风道的截面积。

(3) 测定燃烧器和风道出口的风速。

(4) 测定锅炉设备及制粉系统的漏风。

10-10 锅炉热平衡试验的内容是什么?

答: 锅炉热平衡试验的内容是:

(1) 查明对应额定负荷、最低负荷，以及 2～3 个中间负荷点的锅炉设备经济指标。

(2) 求出试验期内最高的不结渣负荷。

(3) 改变辅助设备的投入方式，求出锅炉最低负荷及其允许持续时间。

10-11 锅炉热效率试验的测量项目有哪些?

答: 锅炉热效率试验测量项目有:

(1) 燃料的元素分析。

(2) 入炉燃料采样与工艺分析。

(3) 煤粉细度的测试。

(4) 飞灰的炉渣采样及其飞灰可燃物含量的测定。

(5) 排烟温度测量。

(6) 炉膛出口过剩空气系数测定。

(7) 排烟中 O_2、CO_2、CO 含量分析。

(8) 炉侧给水温度、过热器出口蒸汽温度、再热器出入口蒸汽温度测量。

（9）锅炉蒸汽量、给水流量、排污流量、减温水量及其他辅助用汽量的测量。

（10）入炉燃煤量、燃油量的测量。

（11）过热器、再热器出口蒸汽压力的测量等。

10-12 锅炉热效率试验的技术条件有哪些？

答：锅炉热效率试验的技术条件有：

（1）试验负荷的选择。

（2）煤质与其他主要参数的波动范围。

（3）试验前的稳定阶段与试验持续时间等。

10-13 锅炉热效率试验煤质与其他参数的波动范围有何要求？

答：试验期间所用的煤种，必须是试验大纲所规定的煤种。

试验期间，锅炉蒸汽参数及过剩空气系数等应尽可能地维持稳定，允许的波动范围一般为：锅炉负荷变化为额定负荷的±5%，汽压变化为±0.1MPa；汽温变化为±5℃；过量空气系数变化为±0.05。

10-14 锅炉热效率试验前的稳定阶段与试验持续时间有何要求？

答：试验前要求锅炉工况完全稳定。确定锅炉工况是否稳定常用的方法，是观察烟道各部位的温度指示或记录值是否已达稳定。在试验前的稳定阶段内，应将负荷调至试验规定的负荷，经1～2h后，在燃料量和空气量均已稳定的情况下，等待烟道各部位的烟温稳定后，方可开始试验。受热面吹灰、锅炉排污等工作都应在试验前的稳定阶段内完成。在试验进行过程中，凡有可能造成工况扰动的操作都应避免。每次测试所需时间的长短主要取决于热平衡计算中对各基本测量项目要求的准确程度。

10-15 什么是汽轮机热效率试验？

答：汽轮发电机组将热能转变为电能的过程，不是把全部热能都用于发电，而存在各种各样的损失。汽轮机热效率表示工质在循环和发电过程中能量的利用程度。汽轮机热效率是凝汽式汽轮机综合性能最重要的经济指标。热效率的测定是汽轮机热力试验中主要的和最基本的内容。

10-16 如何确定汽轮机试验负荷工况及试验次数？

答：试验负荷工况必须具有代表性，同时还要考虑到实际可能。通常根据机组形式、特点及试验目的等因素确定。

凝汽式汽轮机热力特性曲线与机组调节形式有很大关系，对于喷嘴调节

的机组，试验负荷可根据调节汽阀开度来选择。当有些机组其经济负荷不等于最大负荷时，要求在这两个负荷点上各作一次试验。

各负荷点的试验次数可根据试验目的确定。一般调节汽阀全开、经济负荷点、额定负荷点等主要负荷工况，应试验两次，其余可试验一次。

10-17 如何确定汽轮机试验运行工况及系统隔离？

答：机组运行方式和试验热力循环系统是效率试验最基本的条件之一，需根据试验目的和要求，结合机组的实际情况确定。

当试验是鉴定或考核机组的保证值时，就保证值所对应的热力循环方式进行试验；如无法试验，则要确定一个可行的办法，使之能通过试验确定和计算，并将其影响修正到保证值所对应的循环方式。

对于机组实际热力循环方式的运行试验，以实际热力循环系统和机组运行方式进行试验，但要增加相应的测量项目，以供计算使用。

对于系统中的补水，试验时一般要停补。机组有时由于试验时间过长，系统漏水量又不能消除而必须补水时，补水量应予测量，并查明泄漏发生的地点，以备修正。

热效率试验结果的精度受试验系统隔离的影响要比仪表精度的影响大。为了作好试验系统隔离，应预先编制系统隔离图，标明已确定的隔离方式及操作程序，隔离操作应在试验前进行，并检查核实。

要求与汽轮机主循环系统隔开的流量及设备必须隔离；加热器的排汽口要尽可能严密，若做不到，则应将其节流至最小；对于因机组运行所需而不能隔离的流量，若影响试验的精度，则必须予以测量；对于水泵内部泄漏，轴封、门杆泄漏及汽轮机内部的泄漏等，当不能测量这些泄漏量时，必须采用计算方法求出其数值。

10-18 如何确定汽轮机试验工况的稳定？

答：汽轮机组热力试验，通常采用保持新蒸汽进汽调节汽阀开度不变的方法来稳定试验工况。在调节汽阀开度不变的条件下，稳定的试验工况在很大程序上取决于锅炉的燃烧调整与给水调整。在试验过程中除了保持试验条件而进行的有效调整外，应避免对试验机组进行其他任何操作。

10-19 如何确定试验汽轮机的热耗率？

答：按热耗率定义，热耗率的计算式为：热耗率 q_t 等于试验条件下的总热耗量除以试验条件下的发电机功率。计算式的具体形式由机组的类型和循环方式来确定。其计算顺序如下：

(1) 发电机机端功率测量结果计算。

(2) 利用节流装置测量流量的计算。

(3) 有关的辅助性计算（轴封、门杆漏汽量等）。

(4) 根据热交换器的热平衡方程求解热交换器的蒸汽消耗量。

(5) 循环水系统中主要流量的确定与计算。

(6) 求出汽轮机通流部分级段内负荷分配。

(7) 绘制试验热力过程线，并求出通流部分内效率及汽轮机的汽耗率。

10-20　如何确定试验汽轮机的热效率？

答：汽轮机的热效率定义为输出功率与外界加入系统的热量之比，即

$$\eta_t = \frac{P}{\Sigma D_j \Delta h_j}$$

式中　η_t——汽轮机热效率,%；

P——出功率，kW；

D_j——蒸汽的质量流量，t/h；

h_j——蒸汽的焓升，kJ/kg。

由于外界加入系统的热量不易确定，故汽轮机的热效率可用汽轮机的热耗率进行计算，汽轮机的热效率和热耗率的关系式为

$$\eta_t = \frac{860}{q_t}$$

式中　q_t——汽轮机热耗率，kW/kWh。

10-21　如何作单元机组机、电、炉之间的联锁试验？

答：试验前，要求机、电、炉均处于停止状态，相应联锁装置正常投入。试验时，由热工人员先给出机、电、炉运行信号，然后再进行试验。试验内容一般有如下四项：

(1) 主燃料跳闸保护（MFT 保护）动作，相应联锁汽轮机跳闸、发电机跳闸。

(2) 汽轮机故障掉闸时，相应地发电机跳闸，机组发 FCB 保护动作信号，锅炉发保持 30%额定负荷运行信号。

(3) 发电机跳闸时，相应联锁汽轮机跳闸，机组发 FCB 保护动作信号。

(4) 当发电机运行正常，由于电网原因造成发电机主断路器跳闸时，相应地汽轮机和发电机保持运行，机组发 FCB 保护动作信号。

10-22　锅炉启动过程中一般有哪些试验？

答：锅炉启动过程一般有如下试验：

（1）锅炉水压试验。

（2）锅炉漏风试验。

（3）锅炉的联锁及保护试验。

（4）安全阀试验等。

10-23 锅炉水压试验的目的是什么?

答: 水压试验是锅炉承压部件的一次检查性试验。锅炉水压部件在安装或检修后，必须进行水压试验，以便在冷态下检查承压部件的严密性，保证承压部件安全运行。

10-24 水压试验的种类和条件有哪些?

水压试验分为工作压力的水压试验和1.25倍工作压力的超水压试验。

工作压力的水压试验可以随时进行。1.25倍工作压力超水压试验不能轻易进行，只有当锅炉具备下列条件之一时，才进行1.25倍工作压力的超压试验。

（1）运行中的锅炉每6年应进行一次。

（2）新安装或迁装的锅炉。

（3）锅炉连续停运1年以上时。

（4）受热面大面积更换总数达到50％以上时。

（5）根据具体情况，要进行超水压试验时。

10-25 水压试验合格的标准是什么?

答: 水压试验合格的标准是:

（1）在试验压力的情况下，压力保护5min没有显著下降。

（2）在焊口地点发现水痕以及附件不严密处有轻微的渗水，但不影响试验压力的保持时，可以不算为漏水，但焊口不得有任何渗水、漏水或湿润现象。

（3）水压试验后无残余变形。

10-26 水压试验前的准备工作有哪些?

答: 水压试验前的准备工作有:

（1）检查各承压部件无影响试验的较大漏点。

（2）确定试验部位及试验压力的监视位置，并校准试验压力表。

（3）试验系统进行可靠隔离。

（4）在进行1.25倍工作压力的超水压试验前，应将安全阀暂时锁死，防止动作。

10-27 水压试验过程中有哪些注意事项?

答:水压试验过程中,为了保持人身和设备安全,应注意下列事项:

(1) 水压试验过程中,应停止炉内外一切检修工作。

(2) 升压期间或达到超压试验压力值时,禁止进行检查工作。

(3) 在水压试验中,当发现承压部件外壁有渗漏现象时,在停止升压进行检查前,应预先了解该渗漏有无发展的可能,如经判断没有发展的可能时,再进行仔细检查。

10-28 什么是锅炉的漏风试验?

答:锅炉投产前或大小修后,应在冷态下进行燃烧室和烟道漏风试验,空气预热器、风道和风门挡板的严密性试验。燃烧室和烟道漏风试验一般有正压法和负压法两种方法。空气预热器、风道和风门挡板的严密性试验一般用正压法。

10-29 什么是锅炉的联锁试验?

答:联锁试验分动态与静态两种。动态试验时,其电动机及转动机械投入运行;而静态试验时,只通过各开关的控制回路来进行,一般有风机、磨煤机联动试验,冷却风机、冷却水泵、辅助润滑油泵联动试验等。

10-30 什么是锅炉的安全阀试验?

答:锅炉过热器、再热器安全阀在锅炉大小修后必须进行可靠性试验。试验前,应将压缩空气送到安全阀处,且压力应大于规定值。安全阀热态试验前,必须先冷态试验合格;试验前应先校准主汽压力表和再热压力表,对汽包炉,还应校准汽包压力表。

10-31 汽轮机启动过程中一般有哪些试验?

答:汽轮机启动过程中一般有如下试验:

(1) 调速系统静态试验。

(2) 汽轮机热工保护装置试验。

(3) 超速保安器跳闸试验。

(4) 自动主汽阀和调节汽阀的严密性试验。

(5) 汽轮机超速试验。

(6) 汽轮机甩负荷试验。

(7) 真空严密性试验等。

10-32 什么是汽轮机热工保护装置试验?

答：在进行汽轮机热工保护装置试验时，应先由热工人员在测量回路中人为加入保护动作信号，然后由运行人员检查保护回路的动作情况，以确保机组在运行中达到保护条件时能准确动作。一般有以下热工保护试验：

（1）超速保护。

（2）轴向位移保护。

（3）低油压保护。

（4）低真空跳闸保护。

（5）轴承温度高保护。

（6）胀差保护等。

10-33 什么是超速保安器跳闸试验？

答：为了能够在正常情况下，检查超速保安器动作是否灵活准确及活动超速保安器以防卡涩，机组一般都装有充油试验装置，超速保安器充油动作转速应略小于3000r/min，复位转速应略高于额定转速。

10-34 什么是主汽阀和调节汽阀严密性试验？

答：试验的目的是检查自动主汽阀和调节汽阀的严密程度。

试验方法有如下两种：

（1）在额定汽压、正常真空和汽轮机空转条件下，当自动主汽阀（或调节汽阀）全关而调节汽阀（或自动主汽阀）全开时，最大漏汽量应不致影响汽轮机转速下降至1000r/min以下，即为自动主汽阀（或调节汽阀）严密性合格。

（2）汽轮机处于连续盘车状态，并做好冲转前的一切准备工作，自动主汽阀前主蒸汽压力处于额定汽压，全关自动主汽阀并全开调节汽阀，若此时汽轮机未退出盘车，即为自动主汽阀严密性合格；全关调节汽阀并全开自动主汽阀，若此时汽轮机虽退出盘车运转，但转速在400～600r/min，即为调节汽阀严密性合格。

10-35 什么是汽轮机超速试验？

答：为了确保机组运行的安全，大修后必须进行超速试验，以检查超速保安器的动作转速是否在规定范围内和动作的可靠性。

超速试验必须是在超速保安器跳闸试验和自动主汽阀、调节汽阀严密性合格后进行。试验时，汽轮机必须已定速，启动油泵并保持运行，且高、中压转子温度应大于规定值。

试验应连续作两次，两次动作转速差不应超过0.6%。如果转速至动作转速而保安器不动作时，应将转速降至 3000r/min，调整后重新作超速试验；如果第二次升速后仍不动作，应打闸停机，检查处理后，再进行试验。

10-36　什么是汽轮机甩负荷试验？

答：甩负荷试验是在汽轮发电机组并网带负荷情况下，突然拉掉发电机主断路器，使发电机与电力系统解列，观察机组转速与调速系统各主要部件在过渡过程中的动作情况，从而判断调速系统的动态稳定性的试验。

甩负荷试验应在调速系统运行正常、锅炉和电气设备运行情况良好、各类安全阀调试动作可靠的条件下进行。甩负荷试验一般按甩负荷的 1/2、3/4及全负荷 3 个等级进行。甩额定负荷的 1/2、3/4 负荷试验合格后，才可进行甩全负荷试验。

10-37　什么是真空严密性试验？

答：真空严密性的好坏直接影响汽轮机的经济性。

真空严密性试验在汽轮发电机组带 80％额定负荷时进行。试验时，首先关闭凝汽器与抽汽设备间的空气阀，然后观察和记录真空下降数值。在 3～5min 内，真空下降速度平均不大于 0.66kPa/min 为试验合格。

10-38　大修后的发电机在启动之前应作哪些试验？

答：大修后的发电机在启动之前应作以下试验：

（1）发电机—变压器组系统的所有信号、光字试验。

（2）主断路器、灭磁开关、6kV 厂用分支断路器的合闸、拉闸试验及保护启动掉以上有关断路器的试验。

（3）作如下有关断路器及保护之间的联锁试验。

1）主断路器合闸后主变压器冷却风扇自启动，主断路器断开后主变压器冷却风扇自停止。

2）主变压器冷却器电源切换试验。

3）主断路器与出线隔离开关之间的闭锁试验，出线隔离开关与接地隔离开关之间的闭锁试验。

4）机电炉大联锁试验。

（4）测量发电机定子及励磁回路的绝缘电阻。

（5）配合检修人员进行发电机—变压器组短路试验、空载试验、零起升压试验、励磁调节器特性试验、假同期试验、转子交流阻抗测量等。

10-39　为什么要进行绝缘预防性试验？

答：高压电气设备在制造厂生产出来以后，要进行出厂试验，检查产品

是否达到设计的绝缘水平。电气设备运到发电厂后，要进行交接试验。电气设备投入运行后，由于电、热、机械和化学等作用，产生局部缺陷，还有在制造生产过程中或在安装过程中可能遗留一些潜伏性的局部缺陷。这些缺陷如不及时发现，发展到一定程度就会造成电气设备的绝缘损坏引起事故。因此，通过电气设备定期绝缘预防性试验，及时发现缺陷，处理掉这些缺陷，使电力系统运行中的电气设备始终保持较高的绝缘水平。

10-40 绝缘预防性试验可分为几类？各有什么特点？

答：绝缘预防性试验分为两类：

（1）非破坏性试验。非破坏性试验是在较低电压下通过一些绝缘特性试验，综合判断其绝缘状态，如绝缘电阻和吸收比试验、泄漏试验、介质损失角试验、局部放电试验、色谱试验等都属非破坏性试验。

（2）破坏性试验。如交流耐压试验等。破坏性试验是模仿设备实际运行中可能遇到的危险过电压而对设备施加相当高的试验电压进行试验的。破坏性试验能有效地发现设备缺陷，但这种试验易造成绝缘的损伤。

10-41 发电机启动前的联锁试验有哪些内容？

答：（1）发电机主断路器、灭磁开关及厂用分支开关拉、合闸试验正常。

（2）汽轮机挂闸，合上主断路器，由继保人员开出电气保护，主断路器跳闸，主汽阀关闭。

（3）汽轮机挂闸，合上主断路器，投入热工保护，汽轮机打闸，主断路器跳闸，保护信号正确。

（4）汽轮机挂闸，合上主断路器，降低内冷水流量，使断水保护动作。

10-42 什么叫发电机的空载特性？

答：空载特性是指发电机在额定转速空载运行时，其定子电压与励磁电流之间的关系曲线。以定子电压 U 为纵坐标，以励磁电流 I 为横坐标，画出的 $U=f(I)$ 的曲线就是空载特性。它表示出发电机中磁与电的关系，有了它就可以把定子方面的量和转子方面的量联系起来。

10-43 机组何时应进行空载试验？空载特性的用途有哪些？

答：在新机组投入和大修后，都需进行空载特性试验。

空载特性的用途很多，例如比较历次空载特性，可以判断转子线圈有无匝间短路，因为如果有短路线匝存在时，励磁的安匝数便减少，在同样的励磁电流值下，感应的电势便降低，因而空载特性曲线便下降；比较历次空载特性，也可以判断定子铁芯有无局部硅钢片短路现象，如有短路时，则该处涡流的去磁作用也将使曲线降低；通过空载试验还可以检查发电机定子、转子绕组的连接是否正确，同时利用它和发电机短路特性曲线，可求得发电机许多参数。

10-44 发电机的空载试验如何作？有哪些注意事项？

答：进行发电机空载试验时，发电机应处于开路状态，启动发电机并逐渐达到额定转速后转速保持不变，然后调节励磁电流，使空载电压升到额定值的130%，或达到额定励磁电流所对应的电压值，读取三相线电压、励磁电流、频率，作出空载特性的第一点，然后单方向逐步减少励磁电流，量取7～9点，最后读取励磁电流为0时的剩磁电压。空载试验时，发电机相当于运行状态，它的继电保护装置都要投入运行，并作用于灭磁，但自动励磁调节装置不应投入。试验后，将测得的空载特性曲线与制造厂（或以前测得的）数据比较，应在测量误差的范围以内。当误差较大时，应检查试验接线、计算和曲线的绘制过程是否有差错。若无上述情况，则转子绕组可能存在短路故障。

试验过程中应注意以下问题：

（1）升压过程中应缓慢。

（2）电压调节方向应保持一致，不得逆向调节。

（3）升压过程中应密切监视定子电流，如有异常，立即停止升压。

（4）发电机绕组与铁芯温度不得出现异常。

（5）定子电压额定时核对空载特性正确。

10-45 什么叫发电机的短路特性？

答：同步发电机三相稳态短路特性是指发电机在额定转速下，定子三相绕组短路时，定子稳态短路电流与励磁电流的关系曲线。

10-46 机组何时应进行短路试验？短路特性的用途有哪些？

答：在新机组投入、交接和大修后认为有必要时，都需进行短路特性试验。

利用短路特性可以判断发电机转子线圈有无匝间短路，因为当转子线圈存在匝间短路时，由于安匝数减少，同样大的励磁电流，所感应的电势便会减小，短路电流也会减小，特性曲线就会比正常的低。此外，计算发电机的主要参数同步电抗（不饱和值）、短路比，以及进行电压调整器的整定计算时，也都需要利用短路特性曲线。

10-47 如何作发电机的短路试验?

答：在进行三相稳态短路试验前，应使用足够截面的导线，在尽可能接近定子绕组出线处可靠短接。短接后，启动发电机并升速到额定转速，调节励磁电压，使定子电流达到1.2倍额定值，同时读取定子电流和励磁电流，然后逐步减小励磁电流，使之降到0为止。期间共读取5～7点，绘制短路特性曲线。试验后，将测得的稳态短路特性曲线与制造厂出厂（或以前测得的）数据比较，差值应在测量的误差范围以内。若所测数据与原始记录偏差较多，则应进一步对定子、转子的直流电阻、匝间绝缘和绕组的接线进行检查，并考虑是否有短路故障。

10-48 大修后的发电机怎样作假同期试验?

答：大修后的发电机，为了验证同期回路的正确性，并网前应作假同期试验。假同期试验系统接线如图10-1所示。

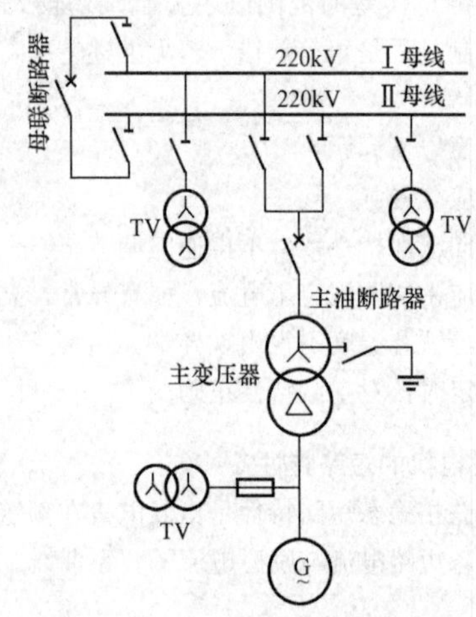

图10-1 假同期试验系统接线

(1) 将220kVⅠ（或Ⅱ）母线上运行的所有元件倒至Ⅱ（或Ⅰ）母线，拉开母联断路器，Ⅰ母线停电。

(2) 合上主变压器中性点接地隔离开关及Ⅰ母隔离开关。

(3) 保持发电机转速为额定值。

(4) 合上灭磁开关，合上同期开关，将同期方式选择开关切至手动位置，合上主油断路器，升压，检查220kVⅠ母线电压表及发电机出口电压表指示情况，正常，升压至额定值。

(5) 检查频率差表针和电压差表针应在零位，同步表针应指同步点，同期检查继电器应返回，其动断触点应闭合。拉开同期开关，将同期方式选择开关切至断开位置（同步表通电时间不能超过15min)。

(6) 220kVⅠ母线TV二次与发电机出口TV二次定相，相位正确后，拉开主油断路器，拉开主变压器Ⅰ母线隔离开关并将其辅助触点垫上，以使同期电压能够切换。

(7) 合上母联断路器，用220kVⅡ母线电源向Ⅰ母线充电。

(8) 调整发电机电压和频率与系统一致，合上同期开关，将同期方式选择开关切至手动位置，检查频率差表、电压差表、同步表及同期检查继电器指示无误，动作正确，之间关系符合要求。在同步点合上主油断路器（假同期并列)。

(9) 假同期并列正确后，拉开同期开关，将同期方式选择开关切至断开位置，拉开主油断路器，降发电机电压，拉开灭磁开关，将主变压器Ⅰ母线隔离开关辅助触点恢复正常。

第十一章　热工自动控制及保护

11-1　热工自动化主要包括哪些方面？

答：热工自动化主要包括自动检测、自动调节、顺序控制、自动保护四个主要方面。

11-2　什么是热工自动检测？

答：自动检查、测量及显示机组运行过程的趋势，称为热工自动检测。

机炉装有大量热工检查仪表，包括测量仪表、变送器、显示仪表和记录仪表等，随时反映机组运行各种参数，如温度、压力、流量、水位、转速等。

11-3　什么是自动调节？

答：自动维持生产过程在规定工况下运行，称为自动调节。

机炉自动调节主要有燃烧自动调节、给水自动调节、蒸汽温度自动调节、转速自动调节、送引风机自动调节、旁路系统自动调节等。

11-4　什么是顺序控制？

答：根据操作次序和条件编制控制流程，具备逻辑判断能力和联锁保护功能，自动地对设备进行一系列的操作。

机炉的顺序控制主要有汽轮机的自启停，锅炉点火；吹灰，送、引风机的启停，制粉系统的启停，其他机炉辅机的程序启动和化水系统的程控等。

11-5　什么是自动保护？

答：设备运行异常或参数超过允许值时，及时发出警报并进行必要的动作，称为自动保护。

保护主要分设备的保护、系统的保护（如汽轮机防进水保护等）和设备之间的联锁保护（如主机大联锁及油泵自启动联锁保护等）。

机炉的自动保护主要有超速保护、低油压保护、轴向位移保护、低真空保护、汽包水位保护、辅机联锁保护等。

11-6 自动调节有哪些常用术语?

答: 自动调节常用术语有:

(1) 自动调节系统。调节和被调对象组成。

(2) 被调对象。

(3) 被调量。被调对象中需控制和调节的物理量。

(4) 给定值。

(5) 输入量。输入调节系统中并对被调量产生影响的信号。

(6) 扰动。引起被调量变化的各种因素。

(7) 反馈。输出量全部或部分信号送到输入端输入。

(8) 开环与闭环。输出量和输入量之间存在反馈回路的系统称闭环系统,反之称开环系统。

(9) 调节器。用于调节系统的控制装置。

(10) 执行机构。接受调节器输出信号对调节对象施加作用的机构。

11-7 什么是计算机的硬件?什么是计算机的软件?

答: 计算机硬件指计算机系统使用的电子线路和物理装置,如运算器、控制器、存储器、输入输出设备等。

软件系统是指挥整个计算机系统工作的程序集合。

11-8 计算机软件的组成和特点是什么?

答: 软件系统可分为系统软件和应用软件。系统软件用于计算机系统内部各种资源管理、信息处理和对外提供服务及进行联系的软件。应用软件是在计算机系统提供的环境下开发解决用户实际问题的软件。

11-9 计算机控制系统的特点是什么?

答: 计算机控制系统的特点是:

(1) 环境适应性强,能够适应各种恶劣工业环境,是对控制系统的基本要求。

(2) 控制实时性好。

(3) 运行可靠性高。

(4) 有完善的人机联系方式。

(5) 有丰富的软件。

11-10 计算机监控系统的应用方式有哪些?

答: 计算机监控应用方式分离线应用和在线应用两种。火电厂生产过程主要是在线应用方式。

在线应用计算机临近系统，与被监控对象有直接联系。在线应用方式分为开环应用和闭环应用两种方式。

开环应用中，计算机处理的结果以离线方式输出，不直接参与生产过程的控制。如生产过程参数的巡回检测、实时处理、越限检查和报警、事故的记录和分析、过程参数的集中显示等。

闭环应用中，计算机处理的结果通过输出通道直接对现场的生产过程实现控制，如自动调节、顺序控制等。

11-11 什么是计算机控制系统的过程通道?

答: 在生产过程与计算机之间进行信息交流和传输的电路称过程通道。过程通道按信息的传输方向分为输入通道和输出通道，按信息类型分模拟量通道和数字量通道。

11-12 什么是模拟量输入/输出通道?

答: 模拟量输入通道是把生产过程中各种被检测的模拟量信号转换为计算机可以接受的数字量信号的各种设备总称。

模拟量输出通道是把计算机输出的数字量信号转换成模拟量信号，以便去驱动相应的执行机构，达到控制的目的。

11-13 什么是开关量输入/输出通道?

答: 开关量输入通道是把生产过程中的各种开关量信号转换成计算机可以识别的形式。

开关量输出通道是把计算机输出的二进制码表示的开关量信息，转换成能对生产过程进行控制的开关量信号。

11-14 什么是计算机系统的信号处理和控制算法?

答: 为便于运行人员的理解，及时从生产过程获得的信息进行加工、处理，常用的方法有数字滤波、标度变换等。

生产过程中，最基本、方便、常用的控制算法是由模拟量 PID 控制算法，及其演变而成的其他数字 PID 控制算法，它们产生必要的控制作用，去控制生产过程。

11-15 什么是计算机控制系统的人机联系设备?

答: 人机联系设备分为输入设备和输出设备。计算机通过输入设备从操作人员那里获得各种操作控制命令，操作人员通过输出设备实时了解生产过程和计算机运行状况。计算机控制系统在自动监视和控制的同时，通过人机联系设备及时地得到人为的干预和调整。

11-16 计算机控制系统的人机联系设备有哪些？各起什么作用？

答：人机联系输入设备，如键盘、鼠标、球标、光笔等；输出设备如显示器（CRT或LCD）、打印机、绘图机等。键盘是输入程序、数字和命令的主要设备；CRT显示器是用阴极射线管CRT（Cathode-rayTube）作为输出设备，CRT速度快、可靠、使用方便，现在越来越多地采用液晶显示器（LCD）；打印机是硬拷贝设备；把内部信息转换成人们能识别的曲线、图形、汉字等输出。

11-17 计算机分散控制系统的基本概念是什么？

答：分散控制系统（DCS）又称集散型控制系统、分布式控制系统。它是利用计算机技术对生产过程进行集中监视操作、管理和分散控制的一种新型控制技术，是计算机技术、信息处理技术、测量控制技术、通信网络技术和人机接口技术相互渗透发展而产生的一种新型先进控制系统。

11-18 分散控制系统的组成是怎样的？

答：一般分散控制系统的基本组成如图11-1所示。

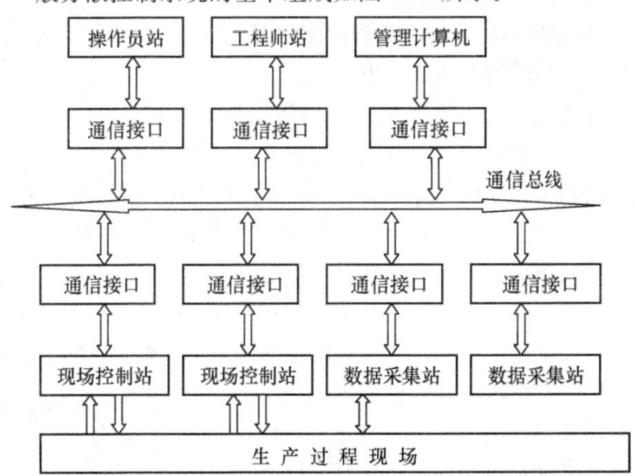

图11-1　分散控制系统的基本组成

按功能的不同，可分为过程控制级、控制管理级和数据通信系统。

一般的过程控制级指有现场控制站和有关通信接口部分，现场控制站（简称PCU）是一个可独立运行的计算机监测控制系统。由许多现场控制站来实现对生产过程的分散控制。控制管理级包括操作员站、工程师站和通信

设备，控制管理级实现集中显示、操作和管理。

11-19 分散控制系统的特点是什么?

答：分散控制系统的特点是：

（1）通用性强、系统组态灵活。

（2）由于采用了数字化通信技术，数据处理迅速，集中显示操作，人机联系方便。

（3）控制系统的分散化，提高了运行的安全可靠性。

11-20 操作员站、工程师站的组成是怎样的?

答：操作员站由一台功能较强的计算机、一台大屏幕的CRT、操作员键盘、打印机、拷贝机等设备组成。CRT显示器基本上可取代大量的常规仪表显示，在屏幕上显示工艺流程总貌、过程状态、计算结果和历史数据等。打印机可完成生产过程记录报表、系统运行状态信息、生产统计报表和报警信息等的打印。

工程师站可进行数据库的生成、生产流程画面的产生，连续控制回路的组态和顺序控制的组态等。

11-21 操作员站的键盘和工程师站的键盘是怎样的?

答：操作员站的键盘功能如下：

（1）系统功能键。这些键定义了DCS的标准功能，如状态显示、图形拷贝、分组显示、趋势显示、修改点记录、主菜单显示等。

（2）控制调节键。这些键定义了系统常用的控制调节功能，如控制方式切换（手动、自动、串级等），给定值、输出值的调整，控制参数的整定等。

（3）翻页控制键。图形或列表显示时翻页功能。

（4）光标控制键。用来控制参数修改和选择时的光标位置。

（5）报警控制键。用来控制报警信息的列表、回顾、打印确认等。

（6）字母数字键。输入字母和数字。

（7）可编程功能键。

（8）用户自定义键。

工程师键盘是系统工程师用来编程和组态用的键盘，该键盘采用大家熟悉的击打式键盘。

11-22 汽轮机调速系统的任务是什么?

答：汽轮机调速系统的任务是：

（1）控制汽轮机的转速，使之从盘车转速（或零转速）升至并网转速

（世界范围电网频率标准分为 50Hz 和 60Hz 两种，相应的汽轮机运行转速有 3000r/min 和 3600r/min 两种）。

（2）在汽轮机并网运行后，控制进汽量逐渐增加，提升汽轮机输出功率。

（3）在外界负荷与机组功率相适应时，保证机组稳定运行，当外界负荷变化，机组转速发生变化时，调速系统能相应地改变汽轮机的功率，使之与外界负荷相适应，建立新的平衡，并保持转速偏差不超过规定的范围。

11-23　汽轮机调速系统应满足哪些要求？

答：汽轮机调速系统应满足以下要求：

（1）当主汽阀全开时，能维持空负荷运行。

（2）由满负荷突降到零负荷时，能使汽轮机转速保持在危急保安器动作转速以下。

（3）当增、减负荷时，调速系统应动作平稳，无晃动现象。

（4）当危急保安器动作后，应保证高、中压主汽阀和调节汽阀迅速关闭。

（5）调速系统速度变动率应满足要求（一般在 4%～6%），迟缓率越小越好，一般在 0.5%以下。

11-24　汽轮机调速系统由哪几个机构组成？各有什么作用？

答：汽轮机调速系统一般由转速感受机构、传动放大机构、反馈机构及执行机构等组成。

转速感受机构的作用是感受汽轮机转速的变化，并将其转变成位移、油压或电压变化的信号，然后传给传动放大机构。

传动放大机构的作用是接收转速感受机构输出信号，并将其进行能量放大后再传给执行机构。

反馈机构的作用是保持调节的稳定，所谓反馈就是某一个机构的输出信号对输入信号进行反向调节，使其调节过程稳定。

执行机构的作用是接收传动放大机构的输出信号，改变汽轮机的进汽量。

11-25　调节汽阀有何作用？对其有何要求？

答：调节汽阀的作用是控制汽轮机的进汽量，对其要求如下：

（1）能自由启闭不卡涩，能关闭严密不漏汽。

（2）流量特性能满足运行要求。

（3）调节汽阀型线好，节流损失小。

（4）提升力要小，在全开时没有向上的推力。

（5）结构简单，不易损坏，工作可靠。

11-26 什么是调节汽阀的重叠度？为什么必须有重叠度？

答：采用喷嘴调节的汽轮机，一般都有几个依次启闭的调节汽阀。前一个调节汽阀尚未全开时，提前开启另一个调节汽阀，提前开启量就称为调节汽阀的重叠度。如果没有重叠度，阀门总升程与流量的特性线将是一条有较大波折的曲线，它不能使调速系统稳定工作。

11-27 什么是调速系统的静态特性？对调速系统静态特性曲线有何要求？

答：在静态下，汽轮机转速与功率之间的对应关系，称为调速系统的静态特性曲线。

要求：为保证汽轮机在任何负荷下都能稳定运行，不发生转速或负荷的摆动，调速系统静态特性曲线应该是连续、平滑、沿负荷增加方向逐渐向下倾斜的曲线，中间没有任何的水平和垂直段。此外还要求：①在空负荷附近曲线应陡些。这在电网频率发生波动时，进入汽轮机的蒸汽量改变小，使机组的转速或负荷变化小，易于机组并网或低负荷暖机；②在满负荷附近曲线也应陡些。这样在电网频率下降时能避免机组超过负荷过多，保证机组的安全性。在电网频率升高时，机组仍能在经济负荷区域内工作，从而保证了机组运行的经济性。

11-28 什么是调速系统的迟缓率？它对汽轮发电机组的安全经济运行有何影响？

答：在某一功率下，转速上升的特性线与转速下降的特性线之间的转速差和额定转速之比的百分数，成为调速系统的迟缓率。

影响：迟缓率大对机组运行十分不利。迟缓率越大，说明从机组转速变化到调节阀动作时间间隔越长，使机组与外界负荷变动的适应性降低；特别是在机组甩负荷时，易造成机组超速过多，引起危急保安器动作；此外对并网机组，迟缓率大将引起负荷波动；对单机运行的机组，易引起转速波动。

11-29 什么是调速系统的速度变动率？它对机组的运行有何影响？

答：在稳定状态下，汽轮机空负荷与满负荷时的转速差与额定转速之比的百分数，称为调速系统的速度变动率。

对机组运行的影响如下：

（1）对并网运行的机组，当外界负荷变化时，电网频率发生变化，网内各机组的调速系统动作，按各自静态特性调整负荷，以适应外界负荷的变化，速度变动率大的机组，其负荷改变量小；而速度变动率小的机组，其负荷改变量大。

（2）当机组在网内带负荷运行时，因某种原因机组从电网中解列，甩负荷到零，机组转速将迅速增加。速度变动率越大，最高瞬时转速越高，可能使危急保安器动作，这是不允许的。

（3）当电网频率变动时，必然引起机组负荷的变动。速度变动率大的机组，负荷变化小，其稳定性好。反之机组稳定性就差。

11-30　什么是调速系统的动态特性？

答：在稳定状态下运行的机组受到外界扰动后，调速系统动作，从一个稳定状态过渡到另一个稳定状态动作过程中的特性，称为调速系统动态特性。

11-31　评价调速系统动态特性的质量指标有哪些？

答：评价调速系统动态特性的质量指标有：

（1）稳定性。当机组受到外界扰动后，经调速系统调节，能过渡到一个新的状态稳定运行。对于动态过程中所出现的转速振荡，其振荡次数不超过3～5次。

（2）超调量。当机组甩负荷后，所达到的瞬时最高转速与最后稳定转速之差，称为超调量。超调量不应过大，否则会引起危急保安器动作或增加转速振荡次数。

（3）过渡时间。机组受到扰动后，从原来稳定状态过渡到另一个稳定状态所需要的时间，称为过渡时间，过渡时间越短越好。要求机组甩全负荷后过渡时间在5～50s之内。

11-32　自动主汽阀有何作用？

答：其作用是：当汽轮机任何保护装置动作后，都能快速切断汽源使汽轮机停机。

11-33　汽轮机为什么要设保护装置？

答：为了确保设备和运行人员的安全，防止设备损坏事故的发生，除了要求调速系统安全可靠外，还必须设置必要的保护装置，以便在汽轮机调速系统失灵或设备发生事故时，保护装置能及时动作，切断汽源停机，以避免扩大事故或损坏设备。

11-34 汽轮机超速保护装置有何作用？

答：其作用是：当汽轮机的转速在额定转速的109%～111%时，超速保护装置动作，自动关闭主汽阀和调节汽阀，实现紧急停机。

11-35 汽轮机轴向位移保护装置起什么作用？

答：汽轮机转子与定子之间的轴向间隙很小，当转子的轴向推力过大，致使推力轴承乌金熔化时，转子将产生不允许的轴向位移，造成动静部分摩擦，导致设备严重损坏事故，因此汽轮机都装有轴向位移保护装置。其作用是当轴向位移达到一定数值时，发出报警信号；当轴向位移达到危险值时，保护装置动作，切断进汽，紧急停机。

11-36 汽轮机为什么要设差胀保护？

答：在汽轮机启动、停机及异常工况下，常因转子加热（或冷却）比汽缸快，产生膨胀差值（简称差胀，也称胀差）。无论是正差胀还是负差胀，达到某一数值，汽轮机轴向动静部分就要相撞发生摩擦。为了避免因差胀过大引起动静摩擦，大机组一般都设有差胀保护，当正差胀或负差胀达到危险值时，保护装置动作，切断进汽，紧急停机。

11-37 抽汽止回阀联锁的作用是什么？

答：抽汽止回阀联锁的作用主要是防止主汽阀和调节汽阀关闭后，由于抽汽管道及回热加热器的蒸汽倒流入汽缸使汽轮机超速。特别是对于大机组，这一点更为重要。

常用的抽汽液压止回阀，在主汽阀关闭和发电机解列时动作，利用压力水或弹簧的作用力使抽汽止回阀快速强行关闭。

现在，越来越多的电厂采用气动止回阀，在主汽阀关闭和发电机解列时动作，利用压缩空气气缸内弹簧的作用力驱动抽汽止回阀快速强行关闭。

11-38 给水回热系统各抽汽加热器的抽汽管道为什么要装止回阀？

答：汽轮机的各级抽汽送入高低压加热器、除氧器，加热凝结水、给水，由于系统中空间很大，当汽轮发电机或电力系统发生故障，迫使汽轮机跳闸，主汽阀关闭，抽汽加热系统中的蒸汽有可能会倒流入汽轮机中，造成汽轮机超速，所以在各抽汽加热器的抽汽管道上要装止回阀，以防止蒸汽倒流。

11-39 什么是调速系统的速度变动率和迟缓率？同步器的上下限一般规定为多少？

答：速度变动率是指机组空负荷时与满负荷时的转速差与额定转速之比

的百分数。

缓迟率是指同一负荷下转速上升的特性线与转速下降的特性线之间的转速差和额定转速之比的百分数。

同步器上下限为7%～－5%。

11-40 调速系统的静态特性试验的目的是什么?

答: 调速系统的静态特性试验的目的是:

(1) 测取各项静态特性数据，求取调速系统静态特性曲线，了解并掌握调速系统的性能，为研究和消除缺陷提供必要的依据。

(2) 发现调速系统的缺陷，并分析、判断产生缺陷的原因。

(3) 通过试验，全面地考虑和制订消除缺陷、提高调速系统品质的整定措施。

11-41 调速系统静态特性试验分为哪几个部分?

答: 静止试验、空负荷试验、带负荷试验及汽阀严密性试验。

11-42 研究调速系统动态特性的目的是什么?

答: 在掌握动态过程中各参数随时间变化规律的基础上，判别调速系统是否稳定，评定调节品质，分析影响动态特性的主要因素，以便提出改进调速系统动态品质的措施。

11-43 调速系统的动态性能指标有哪些?

答: 稳定性、超调量和过渡过程时间。

11-44 影响调速系统动态性能的主要因素有哪些?

答: 影响调速系统动态性能的主要因素有:

(1) 主汽阀关闭时间。

(2) 转子飞升时间常数。

(3) 中间容积时间常数。

(4) 速度变动率。

(5) 油动机时间常数。

(6) 迟缓率。

11-45 对调速系统动态特性的研究有哪几种方法?

答: 理论分析法和试验法。

11-46 单元机组机炉的参数调节主要有哪些方面?

答：单元机组机炉的参数调节主要有以下几个方面：

（1）负荷调节。单元机组并入电力系统运行，电网中机组负荷的大小决定于外界用户的用电情况，发电负荷是随外界用电情况而改变的。

（2）蒸汽温度调节。正常运行时，过热蒸汽、再热蒸汽的温度应严格控制在上、下限范围内，两侧气温的偏差也应不大于规定限值，否则应予调整。

（3）锅炉燃烧调整。锅炉燃烧调整是保证燃烧稳定性，提高燃烧经济性，同时使燃烧室内热负荷分配均匀，减小热力偏差，防止锅炉结焦、堵灰等现象。

（4）汽包水位调节。给水调整是锅炉安全稳定运行的重要环节，给水应连续不断地、均匀地送入锅炉。汽包水位应维持在允许的波动范围内。

11-47　锅炉运行调整的主要任务和目的是什么？

答：锅炉运行调整的主要任务是：

（1）保持锅炉燃烧良好，提高锅炉效率。

（2）保持正常的汽温、汽压和汽包水位。

（3）保持蒸汽的品质合格。

（4）保持锅炉蒸发量，满足汽机及热用户的需要。

（5）保持锅炉机组的安全、经济运行。

锅炉运行调整的目的就是通过调节燃料量、给水量、减温水量、送风量和引风量来保持气温、气压、汽包水位、过量空气系数、炉膛负压等稳定在额定值或允许值范围内。

11-48　锅炉运行中汽压为什么会变化？

答：锅炉运行中汽压变化的实质说明了锅炉蒸汽发量与外界负荷间的平衡关系发生了变化。引起变化的原因主要有如下两个方面。

（1）外扰。外界负荷的变化引起的汽压变化。当锅炉蒸汽发量低于外界负荷时，即外界负荷突然增加时，汽压就降低。当蒸发量正好满足外界负荷时，汽压保持正常和稳定。

（2）内扰。锅炉工况变化引起的汽压变化。如燃烧工况的变动、燃料性质的变动、燃烧器的启停、制粉系统的启停、炉内积灰、结焦、风煤配比改变，以及受热面管内结垢或泄漏、爆管等都会使汽压发生变化。

11-49　在运行过程中，单元机组主蒸汽压力有哪些调节方式？

答：单元机组蒸汽压力一般有如下三种调节方式：

(1) 锅炉调压方式。当外界负荷变化时，汽轮机通过调速阀门开度保证负荷在要求值，锅炉通过调整燃烧来保证主蒸汽压力在要求值范围内。

(2) 汽轮机调压方式。锅炉通过调整燃烧满足外界负荷的需要，汽轮机通过调速阀门开度保证主蒸汽压力在规定范围内。

(3) 锅炉、汽轮机联合调节方式。当外界负荷变化时，汽轮机调整调速阀门开度，锅炉调整燃烧，此时主蒸汽压力实际值与定值出现偏差，偏差信号促使锅炉继续调整燃烧，汽轮机继续调整调速阀门开度，使主蒸汽压力和给定值相一致。

11-50 启停或异常情况下，单元机组主蒸汽压力有哪些调节方法？

答：启动初期，锅炉通过调整燃烧来保证锅炉热负荷增长速度，为防止主蒸汽压力过快增长，可通过调节旁路系统来控制升压速度。

大容量单元机组一般采用变压运行方式。正常运行中，主蒸汽压力根据变压运行曲线的要求来控制，要求主蒸汽压力与给定压力相一致。给定压力与发电负荷在变压运行曲线上是一一对应的关系。

在汽轮机降负荷或甩负荷时，可通过旁路系统排放蒸汽，以保证主蒸汽压力在规定的范围内。

在异常情况下，汽压突然升高，用正常方法无法维持气压时，可采用开启过热器或再热器安全阀或对空排气阀的办法尽快降压。

11-51 机组运行中在一定负荷范围内为什么要定压运行？

答：机组采用定压运行，可以提高机组循环热效率，气压降低会减少蒸汽在汽轮机中做功的焓降，使汽耗增大，煤耗增加。定压运行在一定程度上增加了调度的灵活性，可适应系统调频需要。

11-52 运行中汽压变化对汽包水位有何影响？

答：运行中，当汽压突然降低时，由于对应的饱和温度降低使部分锅水蒸发，引起锅水体积膨胀，故水位要上升；反之，当汽压升高时，由于对应饱和温度升高，锅水中的部分蒸汽凝结下来，使锅水体积收缩，故水位要下降。如果变化是由于外扰而引起的，则上述的水位变化现象是暂时的，很快就要向反方面变化。

11-53 锅炉运行时为什么要保持水位在正常范围内？

答：运动中汽包水位如果过高，会影响汽水分离效果，使饱和蒸汽的湿度增加，含盐量增多，容易造成过热器管壁和汽轮机通流部分结垢，使过热器通流面积减小、阻力增大、热阻提高、管壁超温（甚至爆管）。严重满水

时，过热器蒸汽温度急剧下降，使蒸汽管道和汽轮机产生水冲击，造成严重的破坏性事故。

汽包水位过低会破坏锅炉的水循环，严重缺水而处理不当时，会造成炉管爆破。对于高参数大容量锅炉，因其汽包容积相对较小，而蒸发量又大，其水位控制要求更严格，只要给水量与蒸发量不相适应，就会在短时间内出现缺水或满水事故。因此，锅炉运行中一定要保持汽包水位在正常范围内。

11-54 如何调整锅炉汽包水位?

答：(1) 要控制好水位，必须对水位认真监视。

(2) 随时监视蒸汽流量、给水流量、汽包压力和给水压力等主要数据，发现不正常时，查明原因，及时处理。

(3) 若水位高Ⅰ值时，应关小给水调节阀，减小进水量，若继续上升高Ⅱ值，应开事故放水阀至正常水位，并查明原因。

(4) 正常运行中水位低Ⅰ值时，应及时开大给水调整阀增大进水量，查明原因，及时处理。

(5) 在机组升负荷、启停给水泵、高压加热器投入或解列、锅炉定期排污，向空排汽或安全阀动作以及事故状态下，应对汽包水位所发生的变化超前进行调整。

11-55 锅炉运行中为什么要控制主蒸汽、再热蒸汽温度稳定?

答：汽温过高时，将引起过热器、再热器蒸汽管道及汽轮机汽缸、转子等部分金属强度降低，导致设备使用寿命缩短；严重超温，还将使受热面爆破。

汽温过低，影响机组势力循环效率，末级叶片湿度过大。若汽温大幅度突升突降，除对锅炉各受热面焊口及连接部分产生较大热应力，还使汽轮机胀差增大，严重时有可能动静碰摩，造成剧烈振动。

汽轮机两侧汽温偏差过大，将使汽轮机两侧受热不均匀，热膨胀不均匀。

11-56 DEH 系统的主要功能有哪些?

答：DEH 系统的主要功能有如下各项：

(1) 控制功能。

1) 运行方式控制功能。

2) 阀门管理（VM）功能。

3) 主蒸汽压力控制（TPC）功能。

4）超速保护控制（OPC）功能等。

（2）监视、保护功能。

1）监视与报警功能。

2）危急遮断保护功能。

（3）通信功能。DEH 系统可以通过接口，与外界各种相关的控制系统相连接，实现不同的控制方式。

（4）试验功能。在运行过程中，可以通过 DEH 控制系统对阀门进行在线试验，也可以进行 OPC 试验（即超速限制保护试验）、超速保护试验、汽阀严密性试验等。

11-57　什么是汽轮机的自动控制方式（ATC）？

答：ATC 控制方式可以控制汽轮机从盘车到同步并网。它可以检查启动前的各项参数，确定是否需要暖机，由主汽阀控制切换到调节汽阀控制，检查同步前的各项参数，并且给自动同步器发出信号，使机组同步并网，ATC 除转速控制功能外，还可以进行负荷控制，以最佳的方式控制机组的负荷变化率。

11-58　什么是操作员自动控制方式（OPER AUTO）？

答：操作员通过控制盘来设定转速或功率给定值，以及达到此给定值的变化率，DEH 系统根据操作员的要求，进行转速或功率的控制。

11-59　什么是遥控方式？

答：在遥控方式中，例如，自动调度系统（ADS）或协调控制系统（CCS），也可以通过 ATC 来控制。当需要改变转速或功率时，是由控制方式决定的，而不是由操作员来确定的。

在 ATC 控制方式投入时，ATC 程序选择下列三个最低升负荷率为控制依据。

（1）根据转子应力计算出的最佳升负荷率。

（2）操作员选定的升负荷率。

（3）由外部遥控装置输入的升负荷率。

11-60　什么是手动操作方式（MANUNL）？

答：手动操作员方式时，自动系统切除，自动系统处于跟踪手动操作系统的状态，以保证一旦从手动方式切换到自动方式时能实现无扰动的切换。

11-61　什么是阀门管理（VM）功能？

答：DEH控制系统可实现单阀控制（节流控制法）和顺序阀控制（喷嘴调节法），可以在这两种调节方式之间实现无扰动的相互切换，在切换过程中，机组负荷基本保持不变。在不改变负荷情况下，进行调节方式的任意切换，提高了机组运行经济性安全性。

11-62 什么是主蒸汽压力控制（TPC）功能？

答：DEH控制系统设有主蒸汽压力控制器，当控制器投入时，在调节阀开度大于全行程的20%条件下，如果由于锅炉出现事故等原因使主蒸汽压力下降至低于某一整定值，DEH控制系统将按主汽阀压力控制器给出的速率降低负荷的给定值，减小负荷，使功率控制系统关小调节阀门，直至主蒸汽压力恢复至规定值或调节阀关小至全行程的20%为止。

11-63 什么是超速保护（OPC）功能？

答：超速保护控制器主要用于改善控制系统的动态特性，限制汽轮机超速时的最高转速，避免危急遮断停机。它主要通过OPC超速功能及甩负荷预测功能来实现。

11-64 什么是监测与报警功能？

答：DEH控制系统的外围设备包括CRT（屏幕显示器）、打印机以及控制盘，可连续显示汽轮机的各种参数与报警状态、状态趋势以及遮断信息等，并可由打印机给出这些信息的永久记录。

11-65 什么是危急遮断保护功能？

答：DEH控制系统可根据机组的转速、转子轴向位移、润滑油压、EH油压、凝汽器真空、排汽缸温度、振动、胀差等状态，自动完成相应的遮断保护动作，以保证汽轮机的安全运行。

11-66 DEH系统的操作主要有哪些？

答：DEH系统的操作主要指其控制功能的操作和实验功能的操作。

（1）DEH控制方式操作。

（2）DEH控制回路操作。

（3）DEH的阀门运行方式操作。

（4）DEH的控制设备设定值操作。

（5）DEH的试验操作。

11-67 DEH系统手动控制方式如何操作？

答：下列情况之一，DEH转为手动控制。

(1) 操作员按下“手动控制”按钮。

(2) 单阀控制方式下，两个及以上阀门发生故障。

(3) 在转速控制时，转速控制回路切除。

(4) 自动系统故障。

手动控制时，通过 DEH 手操盘进行阀门直接控制来控制转速和负荷，自动系统跟踪手动系统，在切自动条件满足时，通过按下“操作员自动”按钮，转成自动控制。

11-68 操作员自动方式如何操作？

答：自动方式投入的条件有：

(1) 没有阀门限制动作。

(2) 电气已并网或转速控制回路已投入。

(3) 没有负荷高限限制动作。

(4) DEH 控制方式在手动。

在满足条件后，操作员按下“操作员自动”按钮，DEH 从手动方式转入操作员自动方式运行。在“自动同步”、“遥控”、“ATC 控制”方式，按下“操作员自动”方式按钮，可以切回到操作员自动方式。

11-69 自动同步方式如何操作？

答：(1) 自动同步方式的投入。

1) DEH 不在 ATC 方式时，操作员按下“自动同步”按钮。

2) DEH 在 ATC 方式时，ATC 发出进入“自动同步”方式的信号。

(2) 自动同步方式的切除。

1) 电气系统来的自动同步不允许信号。

2) DEH 系统在手动方式。

3) 操作员自动方式时，手动切除自动同步方式。

4) 电气已并网。

在自动同步方式下，DEH 根据电气系统来的转速增减指令来变化转速设定值，使实际转速达到与电气并网频率一致。

11-70 遥控方式如何操作？

答：操作员按下“遥控 REMOTE”按钮，遥控方式投入。下列条件之一，遥控方式切除。

(1) 电气解列。

(2) 操作员按下“操作员自动”按钮。

（3）DEH进入手动方式。

（4）遥控不允许。

在遥控方式下，DEH接受CCS控制系统来的负荷增减指令，自动切除调节级压力回路和功率控制回路，变成开环控制方式。

11-71 自启动方式（ATC）如何操作？

答：操作员按下“ATC”按钮，ATC方式投入。下列条件之一，ATC方式切除。

（1）DEH系统在手动方式。

（2）ATC方式不允许。

在ATC方式时，在转速控制阶段，ATC自启动程序给出转速目标值和转速变化率，完成自动升速；在负荷控制阶级，ATC影响负荷变化率，并且可以执行负荷保持。

11-72 旁路控制方式如何操作？

答：机组是否带旁路启动，须在挂闸前由操作员选择。一旦选定，在汽轮机启动时将被锁定。

在带旁路启动时，DEH将高压主汽阀关闭，改变中压调节汽阀开度使转速升到2600r/min左右，中压调节汽阀维持原来开度，转速由高压主汽阀控制，当电气并网后，中压调节汽阀跟随高压调节汽阀开度而变化，直到35%负荷左右全开。

在手动带旁路启动，电气未并网，GV升降按钮将操纵高压调节汽阀，IV升降按钮将操纵中压调节汽阀，在手动带旁路启动至电气并网后，GV升降按钮将同时操纵高、中压调节汽阀直至35%负荷，35%负荷以上，GV升降按钮只控制高压调节汽阀，中压调节汽阀全开。

在手动不带旁路启动时，不论电气并网与否，IV升降按钮都不起作用，一旦中压主汽阀打开，中压调节汽阀会自动打开。

11-73 转速控制回路如何操作？

答：转速控制回路投入在并网前，指示转速通道正在工作，可以投“操作员自动”方式，并网后，指示机组参与一次调频，操作员可以根据需要投入或切除。

操作员按下“转速回路投入”按钮或电气解列脉冲时，转速控制回路投入，当转速传感器故障或并网后，操作员按下“转速回路切除”按钮而切除。

11-74　调节级压力反馈回路如何操作?

答：调节控制压力回路投入后，回路接受功率控制回路来的负荷定值信号作为调节级压力控制的定值，与实际测得的调节级压力一起进行反馈控制，它是 DEH 进行功率控制时的内部快速反应回路，属于粗调，调节器输出作为阀门指令。

操作员按下“调节级压力回路投入”按钮而投入，当出现下列情况之一时将回路切除。

（1）操作员按下“调节级压力回路投入”按钮。

（2）DEH 已投控机，机、炉可进行协调控制。

（3）电气解列状态。

（4）汽轮机跳闸状态。

（5）旁路投入状态。

（6）阀门限制状态。

（7）手动状态。

（8）DEH 正在进行 RB。

11-75　功率控制回路如何操作?

答：功率控制回路投入后，回路接受功率设定值作为功率控制回路的定值，与实际测得的功率一起进行反馈控制，它是 DEH 进行功率控制时的外部回路，属于细调，调节器输出作为调节级压力控制回路的定值。

11-76　高压主汽阀控制方式（TC）如何操作?

答：如果在机组跳闸状态时切除旁路，在挂闸后没有高压调节汽阀控制（GC），也没有中压调节控制（IC），则置位高压主汽阀控制。

如果在机组跳闸状态下旁路投入，则在完成 IV～TV 的转换后，置为高压主汽阀控制。

由高压主汽阀的转速调节器来控制 0～2900r/min 的升速过程，升速至 2900r/min 后，操作员可以选择 TV～GV 的转换，系统自动切到高压调节汽阀转速控制，高压主汽阀自动全开。

11-77　中压调节汽阀控制方式（IC）如何操作?

答：如果机组选择高压缸冲转方式，则挂闸后，中压调节汽阀随中压主汽阀全开，整个启动过程一直维持全开。

如果机组选择中压缸冲转方式，则挂闸后，系统自动进入中压调节汽阀转速方式，由中压调节汽阀的转速调节器来控制 0～2600r/min 的升速过程，

当升速至2600r/min，经一定时间延时后自动进行IV～TV的转换，系统自动切到高压主汽阀转速控制，中压调节汽阀维持在切换时阀位值直至并网，并网后随高压调节汽阀指令变化，在40%负荷时全开。

(1) 中压调节汽阀控制方式需满足的条件。

1) 旁路投入方式。

2) 转速小于2600r/min。

3) 既不在TC方式，也不在GC方式。

(2) 中压调节汽阀控制方式应切除的条件。

1) IV～TV转换完成。

2) DEH手动控制时，TV已经全开。

3) 旁路切除方式。

11-78 高压调节汽阀控制方式（GC）如何操作?

答： 高压调节汽阀从2900r/min开始控制转速，直至电气并网，并网瞬间带5%的初负荷，负荷大于10%，首先投入调节级压力控制回路，再投入功率反馈控制回路，DEH进入负荷控制阶级，在适当的负荷下，可切除两个反馈控制回路，投入遥控方式。

操作员自动方式下，操作员按下TV～GV转换按钮，或ATC启动方式下，ATC自动启动TV～GV转换。

当电气解列且机组跳闸或手动方式下GV全开、TV未全开，且处于中压调节汽阀控制（IC）时，高压调节汽阀控制方式应切除。

11-79 阀门管理如何操作?

答： 在单阀运行方式时，所有的高压调节汽阀同时开关，这对机组暖机时均匀加热是有利的。在顺阀运行时，高压调节汽阀按照顺序开启，可改善发电机组的效率。

当机组挂闸后，在高压调节汽阀控制下且阀门无故障时，运行人员可在任何时间进行单阀与顺阀的切换。

11-80 什么是DEH的控制目标值?

答： 目标值的含义：目标值“TARGET”在并网前表示转速目标值，在电气并网后表示功率目标值。

目标值输入：在操作员自动方式，操作员可在画面上设置目标值，光标至TARGET区域，键入数值，该值合法则被接受，否则出现报警。

其他改变目标值的情况如下：

（1）运行在操作员自动方式以外时，目标值由其他运行方式改变。

（2）ATC同步时，转速目标由ATC程序计算得到。

（3）自动同步投入时，转速目标值跟踪转速设定值，转速设定值由AS（自动准同期）增减脉冲变化。

（4）遥控负荷控制时，功率目标值跟踪设定值，功率设定值由AS增减脉冲变化。

（5）电气并网的瞬间，目标值由转速自动转为功率，目标值代表阀门的指令，使阀门置于当时压力下5%负荷的位置。

（6）电气跳闸的瞬间，目标值由功率自动转为转速额定值3000r/min。

（7）汽轮机跳闸的瞬间，目标值自动设置为零。

（8）汽轮机挂闸的瞬间，目标值自动跟踪当前转速。

（9）功率回路切除的瞬间，目标值被调整到一个新值，使调节级压力在切换时无扰动。

（10）调节级压力控制回路投入或切除的瞬间，目标值被重新设一个新值，使阀门指令在切换时无扰动。

11-81 什么是DEH的控制速率？

答：速率值的含义：速率值“RATE”在并网前表示转速变化率，在电气并网后表示功率变化率。

速率值的输入：在操作员自动方式，操作员可在画面上设置转速率，该值合法则被接受，否则出现报警信息。

其他改变速率值的情况如下：

（1）操作员自动方式以外时，变化率由其他运行方式改变。

（2）ATC转速控制时，转速变化率由ATC程序计算得到。

（3）AS转速控制时，转速变化率由电气自动准同步装置决定。

（4）REMOTE负荷控制时，负荷变化率由遥控装置决定。

（5）OA+ATC负荷控制时，负荷变化率由操作员设置负荷率和ATC计算负荷率共同决定。

（6）REMOTE+ATC负荷控制时，负荷变化率由遥控负荷率和ATC计算负荷率共同决定。

（7）DEH发生RB动作时，负荷变化率由RB输入接点的变化率决定。

11-82 什么是DEH的控制设定值？

答：设定值的含义：设定值“SETPOINT”在电气并网前表示转速设定值，在并网后表示功率设定值。

设定值的输入：在操作员自动或ATC转速控制方式，则控制设定值总是按照控制速率斜坡变化至控制目标值，弱操作员新输入的目标值与当前的设定值不同，则系统自动位置HOLD保持，运行人员需按下“START/OPEN”按钮选择GO运行，设定值才开始变化，当设定值与目标值相等时，GO消失，在变化过程中，操作员可以随时按下“STOP/CLOSE”按钮，进行HOLD保持。

11-83 DEH的试验项目主要有哪些?

答：DEH的试验项目主要有：

(1) 高压主汽阀试验（TV1、TV2）。

(2) 高压调节汽阀试验（GV1～GV4或GV1～GV6）。

(3) 中压主汽阀试验（RSV1、RSV2）。

(4) 机组超速103%的试验与保护（OPC）。

(5) 中压调节汽阀快关功能试验（CIV）。

11-84 什么是DEH的监视保护功能?

答：监视保护功能是DEH的重要内容之一。运行人员应调用有关监视图，以确定汽轮机是否处于安全的运行状态。TSI（汽轮机监视仪表）图可以监视缸胀、胀差、轴向位移、轴承金属温度、轴承振动、转子偏心度等汽轮机安全运行的参数。

11-85 什么是单元机组的联锁保护?

答：机组的联锁保护主要指锅炉、汽轮机、发电机等主机之间，以及主机与给水泵、送风机、引风机等主要辅机之间的联锁保护。这是一套能够根据电网故障或机组主要设备故障，自动进行减负荷、停机、停炉等操作，并以安全运行为前提，尽量缩小事故波及范围的自动控制装置。

11-86 主机联锁保护具体功能有哪些?

答：主机联锁保护具体功能有：

(1) 锅炉主燃料快速切断（MFT）停炉和联锁。

(2) 汽轮机跳闸保护和联锁。

(3) 发电机跳闸保护和联锁。

(4) 甩负荷（FCB）。

(5) 快速降负荷（RB）。

(6) 主机之间联锁保护等。

11-87 机组联锁保护动作有什么特点？

答：机组联锁保护动作的特点是：

（1）当锅炉故障引起锅炉联锁保护动作 MFT，就会联锁汽轮机脱扣，发电机跳闸，整个单元机组停运。

（2）汽轮机与发电机互为联锁，汽轮机故障脱扣或发电机故障跳闸时，都会引起 FCB。若 FCB 成功，实现停机不停炉，锅炉维持低负荷运行；若 FCB 不成功，则 MFT 动作，实现停炉。

（3）汽轮机或发电机未发生故障，因电网或其他原因，使主断路器跳闸，引起 FCB（fast cut-back）动作，若 FCB 成功，机组带厂用电运行，锅炉维持低负荷运行；若 FCB 不成功，导致 MFT 动作，实现停炉。

11-88 机组运行控制方式有哪几种？

答：机炉主控制器是经锅炉和汽轮机来控制功率和主蒸汽压力，并由功率和汽压的反馈调节器来实现控制。不同的运行方式对应不同的反馈控制，通过改变反馈结构来实现不同的运行方式，主要有如下 4 种：

（1）基础控制方式（BASE MODE）。

（2）锅炉跟随方式（BF）。

（3）汽轮机跟随方式（TF）。

（4）机炉协调方式（COORD）等。

11-89 什么是基础控制方式？

答：基础控制方式是锅炉主控制器（BM）手动方式和汽轮机主控制器（TM）手动方式。机炉主控指令由操作员手动改变。炉、机的子控制系统分别维持各自运行参数的稳定，不存在机、炉协调。

此方式适用于机组调试和启、停阶段或机、炉子控制系统均无法投自动时。此方式的缺点是：协调动作由操作人员人工判断和操作，易产生误动作。

11-90 什么是锅炉跟随控制方式？

答：当需增加功率时，首先开大汽轮机调节汽阀，利用锅炉储热量来增加汽轮机进汽量，使发电机输出功率达到与功率指令相一致。蒸汽流量的增加，引起了下降，使调节级蒸汽压力与主蒸汽压力给定值产生偏差，锅炉的控制器调节锅炉的燃料量，控制增加蒸发量，以保持蒸汽的压力。此种控制方式称为锅炉跟随汽轮机的控制方式（简称“炉跟机”）。

11-91 什么是汽轮机跟随控制方式？

答：当需增加功率时，首先指定锅炉的控制器，调节锅炉的燃料量。随

着燃烧强度的增大，蒸发量增加，主蒸汽压力上升，汽轮发电机组开大汽轮机调节汽阀，使调节级蒸汽压力与主蒸汽压力给定值相一致。此种控制方式称为汽轮机跟随锅炉的控制方式（简称“机跟炉”）。

11-92 什么是机炉协调控制方式？

答：常见的机炉协调控制方式有锅炉跟随为基础的协调控制方式（BF COORD）、汽轮机跟随为基础的协调控制方式（TF COORD）、综合型协调控制方式共3种。

（1）BF COORD。在BF方式中，汽轮机调功率，锅炉调汽压。炉侧调节迟延较大，故主蒸汽压力波动较大。为此，将汽压偏差引入汽轮机主控制器，在汽轮机调节功率的同时与锅炉共同调汽压，从而改善了汽压的调节品质。

（2）TF COORD。在TF方式中，汽轮机调汽压，锅炉调功率。炉侧调节迟延较大，故机组输出电功率响应较慢。为此，将功率偏差引入汽轮机主控制器，使汽轮机控制汽压的同时配合锅炉控制功率，提高功率的控制质量。

（3）综合型协调。任一被调量都是通过两个调节量的协调操作加以控制，实际上是一种带负荷前馈控制的反馈控制系统。当负荷变化时，机炉控制器同时对汽轮机和锅炉侧发出负荷指令，改变燃烧率（及相应的给水流量）和汽轮机调节汽阀开度。当汽压产生偏差时，机炉控制器对锅炉侧和汽轮机侧同时进行操作。控制过程结束后，机炉控制器共同保证输出电功率与负荷指令一致，汽压恢复为给定值。

11-93 SCS设备保护和条件闭锁在逻辑上应遵循哪些原则？

答：SCS设备保护和条件闭锁在逻辑上应遵循以下原则：

（1）保护信号应具有最高的优先权。

（2）保护跳闸指令对控制对象的作用是硬性的，即指令一直保持到设备完全停止或断开，或者得到人工确认为止。

（3）保护信号使用的变送器应该是专用的，即不能与检测仪表、调节控制系统合一使用。

（4）保护的闭锁是顺序控制逻辑中的一个组成部分，不能在顺序控制投运过程中人工切除，而且必须是经常有效的。

（5）用于保护的驱动触点应是动合型的，即是常开型触点，以避免信号源失电或回路断线时发生误动作。

11-94 大机组火电厂中顺序控制的主要项目有哪些?

答: 大机组采用DCS控制时SCS为DC控制系统的一个子系统，完成机组主要辅机和工艺系统中阀门、挡板等设备各顺序控制和CRT键盘操作。

DCS可以实现顺序控制（即SCS）的对象和控制的项目有很多，一般包括以下21个系统：

(1) 制粉子系统。

(2) 送风机子系统。

(3) 引风机子系统。

(4) 空气预热器子系统。

(5) 电动、汽动给水泵子系统。

(6) 辅助蒸汽子系统。

(7) 凝汽器抽真空子系统。

(8) 凝结水泵子系统。

(9) 汽轮机轴封子系统。

(10) 给水泵汽轮机轴封子系统。

(11) 高压加热器子系统。

(12) 除氧器子系统。

(13) 低压加热器子系统。

(14) 汽轮机疏水子系统。

(15) 给水泵汽轮机疏水子系统。

(16) 循环冷却水子系统。

(17) 凝汽器循环水子系统。

(18) 汽轮机润滑油子系统。

(19) 汽轮机低压缸喷水控制子系统。

(20) 发电机氢气、密封油子系统。

(21) 其他在控制室远方操作的所有电动阀、电磁阀、挡板等。

11-95 大机组火电厂实现顺序控制的主要方式是什么?

答: 目前，国内顺序控制系统实现方式一般以结合分散控制系统，如WDPF或INFT-90整体配套的顺序控制系统及可编程控制器单元式顺序控制系统为主。分散控制系统的顺序控制系统的实现是以计算机二进位数字逻辑计算为基本原理，在专用计算机工作站上完成控制功能。可编程控制器则是利用计算机原理按断电器触点动作的规律进行编程，在专用的装置上实现其顺序控制功能。

11-96 什么是燃烧器的管理系统（BMS）？

答：燃烧器管理系统简称 BMS（Bumer Management System），是 300、600MW 等大型火电机组锅炉必须配置的监控系统。它以锅炉燃烧器管理为主，兼顾炉膛吹扫顺序控制、RB 燃料投切、磨煤机制粉系统联锁程控等的综合监视系统。

11-97 BMS 的基本功能主要有哪些？

答：BMS 的基本功能主要有：

（1）连续监控锅炉燃烧系统的工况。

（2）炉膛吹扫的顺序控制。

（3）火焰监测功能。

（4）负荷快速返回（RB）燃料投切功能。

（5）甩负荷快速返回（FCB）燃料投切功能。

（6）轻、重油系统泄漏试验功能等。

11-98 什么是锅炉燃烧工况的连续监控？

答：连续监控锅炉燃烧系统工况，如制粉系统及燃烧器的切换和运行监控，炉膛压力、给水流量以及燃烧情况的监视控制，当超出安全运行的限值时，自动执行安全保护措施，如主燃料跳闸（MFT）、重油跳闸（HOFT）、轻油跳闸（LOFT）和制粉系统跳闸（MTR）等。

11-99 什么是燃烧系统联锁顺序控制？

答：燃烧系统的联锁顺序控制包括制粉系统、重油及轻油的联锁控制、自启/停等。通过 CRT 显示屏和键盘提供燃烧系统及联锁顺序控制的各种信息和操作，并有一台打印机记录各种跳闸及首要条件、报警和操作。

11-100 什么是火焰监测功能？

答：BMS 系统装置有火焰检测器子系统，分别监视对应煤层的每只煤燃烧器火焰、油层的每只油枪燃烧器火焰及每根点火器的火焰。只要燃烧器在投运状态，相应的火焰检测器便连续监视其燃烧的火焰状况，并通过 CRT 显示屏向运行人员提供各燃烧层的火焰分布。当任一燃烧器失去火焰时，立即报警。当失去火焰燃烧器个数达到一定数量时，相应的联锁动作。

11-101 什么是负荷快速返回（RB）功能？

答：在满负荷或大于 50%负荷运行过程中，当锅炉某一台引风机、送风机、一次风机、一台给水泵跳闸，相应备用设备规定时间内不能投入时，机组只允许带50%的负荷运行，同时，自动投入该层磨煤机系统的相邻油层的油枪，以稳定燃烧。其余在运行的制粉系统按照自上而下的顺序分别跳闸。

11-102 什么是负荷快速截断返回（FCB）功能？

答：承担一定负荷的机组在运行过程中，当发电机出口断路器跳闸或汽轮机突然甩负荷时，旁路系统动作，在规定时间以内，BMS系统动作，锅炉的制粉系统相应跳闸，仅保留下层运行，同时该层煤相邻的油层投入，以稳定燃烧，保持锅炉低负荷运行或热备用。此时汽轮机保持空转热备用或跳闸。

11-103 什么是重油母管泄漏试验功能？

答：重油母管泄漏试验分两步进行：

第一步，在各油枪的油阀和循环阀均关闭的情况下，开启重油快关阀，监视重油母管系统油压，并进行计时。当测试的油压上升到某一压力，其时间超过规定的时间时，试验不合格，反之合格。

第二步，将重油快关阀关闭，同时开始时间计数，测试重油母管系统的压力，在规定时间时油压未下降到某一定值。试验成功，无泄漏，反之试验失败，必须对重油系统进行仔细检查。

11-104 BMS系统的现场设备主要有哪些？

答：燃烧器管理系统的现场设备包括：

（1）火焰检测器。

（2）轻、重油系统快关阀、循环阀、油枪、点火器，以及用于线位反馈的行程开关和气动执行机构等。

（3）监测轻、重油，点火油，以及雾化蒸汽压力、温度的超限压力开关、温度开关。

（4）冷却风系统压力开关以及风机的自启停回路。

（5）炉膛压力开关、送引风机、一次风机、空气预热器等有关主燃料跳闸（MFT）和炉膛吹扫的信号触电回路。

（6）磨煤机制粉系统的连锁程控设备以及控制信号回路。

11-105 BMS系统典型的组态是怎样的？

答：CRT-A、CRT-B两个主微机系统互相独立，互为冗余，每个CRT主微机系统均有独立的内部通信总线（ICB）与微机总系统连接。

11-106 BMS系统的控制包括哪些方面?

答：BMS系统的控制包括：主燃料跳闸（MFT）控制的逻辑控制；跳闸条件管理；RB控制的逻辑控制；FCB控制的逻辑控制，炉膛吹扫控制的逻辑控制及吹扫条件的管理，油系统连锁程序控制；磨煤机系统连锁控制等。

11-107 什么是主燃料跳闸（MFT）控制?

答：主燃料跳闸简称MFT（Master Fuel Trip），是BMS系统中主要的控制保护功能。在出现危机锅炉安全的任何工况下，BMS立即使轻油跳闸（LOFT）、重油跳闸（HOFT）及全部煤层跳闸（MRT），使轻、重油快关阀关阀，同时使全部磨煤机停机，切断全部燃料。同时，MFT横向输出给CCS和常规保护回路，协同实现全面的停炉和停机。此时BMS的CRT显示屏和打印机分别显示、打印MFT动作以及动作的首出条件。

11-108 MFT逻辑控制中一些名词的含义是什么?

答：MFT逻辑控制中一些名词的含义如下：

（1）损失全部火焰。为点火器、油枪和燃烧器全部无火焰检测信息。

（2）临界火焰。在规定时间内无燃油助燃情况下，所有煤燃烧器的1/2以上火焰检测器检测到失去火焰。

（3）再热器保护失败。为了防止再热器过热，当汽轮机跳闸情况下，高压旁路阀关闭时，若排烟温度高，则认为再热器保护失败。

（4）锅炉工质水的跳闸条件。对直流锅炉为给水流量底限，对汽包锅炉侧为水位跳闸条件。

（5）点火延迟。在锅炉吹扫完成，开始点火后规定时间内未点燃任一点火器或油枪，MFT将动作，需要重新进行炉膛吹扫。

（6）逻辑硬件故障。为防止逻辑硬件故障可能引起的振动，在软件逻辑上的MFT状态与硬件MFT继电器的位置不一致，超过规定时间时，MFT动作。

11-109 什么是炉膛吹扫顺序控制?

答：在主燃料跳闸MFT动作或全炉膛熄火后，炉膛内允许点火之前，要对炉膛进行充分地吹扫，以清除可能储存的炉内的可燃气体和燃料。MBS通过顺序控制，保证在符合一定条件下进行5min炉膛吹扫，并根据具体情况发出“正在吹扫”、“吹扫完成”等指令和显示信号。

11-110 炉膛吹扫逻辑控制是怎样的?

答：炉膛吹扫有一定的条件必须全部满足，才可能建立吹扫状态，当人工发出启动炉膛吹扫指令时建立吹扫状态，当风量条件满足后进行吹扫并发出“正在吹扫”信号，在吹扫周期记时中任一吹扫条件不符合，将产生吹扫中断，并给出吹扫中断信息。待条件全部满足后，重新由零开始吹扫。吹扫周期内各条件始终符合，记时到 5min 时将发出“吹扫完成”，允许进入预点火状态。

11-111 燃油系统联锁程序控制的作用是什么？

答：燃油系统联锁程序控制的作用在于操作人员由 CRT 画面或键盘发出指令后，在该系统逻辑控制下，实现轻、重油的漏油试验，油枪吹扫及启停，进而实现安全有效的油点火过程。

11-112 单元机组负荷控制系统如何组成？

答：单元机组负荷控制系统（又称单元机组主控制系统）是处于锅炉燃烧控制系统和汽轮机调速系统之上的一个上位管理调节系统。主要由两部分组成：一是负荷（功率）指令处理装置，二是机炉主控器。

11-113 单元机组负荷控制系统的主要任务是什么？

答：（1）对外部负荷指令的变化速度、变化幅度及最大负荷进行处理及限制，使之成为机组能接受的负荷控制信号。

（2）根据单元机组运行状况和控制要求，选择机组负荷控制方式和适当的外部负荷指令。

11-114 负荷指令处理装置的主要功能是什么？

答：（1）根据机炉运行情况，选择机组可以接受的各种外部负荷指令，处理后转化为机炉的功率给定值 NO（机组出力指令）。

（2）对外部负荷指令的变化率和变化幅度的限制处理。

（3）最高、最低负荷的限制。对机组的负荷指令不应超过机组的实际允许出力的上下限，当机组负荷要求超过实际可能允许出力时，应对负荷要求进行限制。

（4）当机组发生部分故障时，可不接受电网负荷的要求，能把机组负荷降到故障后所能允许的负荷水平。在机组降负荷过程中，可按照故障类型自动选择不同的降负荷速度。

11-115 机炉主控器的主要功能是什么？

答：（1）主控制器接受负荷指令出力装的给定功率 NO 、机组实发功率指令 NE 、给定主蒸汽压力 PO 和实际主蒸汽压力力 PT 等指令。发出汽轮

机调节阀开度及锅炉燃烧率指令，对单元机组实现调节。

（2）主控制器根据机组运行工况，对不同的运行控制方式进行切换，实际单元机组协调控制、锅炉跟随、汽轮机跟随等方式的切换。

11-116 什么是机组手动设定负荷指令？

答：根据对机组的负荷要求，机组值班员通过负荷设定器发出手动给定负荷指令，这个指令信号近似于阶跃形式，而这种形式的指令是机组所不能接受的，需将此负荷信号处理成以一定速度变化，最终值等于设定负荷阶跃值的信号。

11-117 什么是中调所的自动负荷指令？

答：中调所根据系统各类型机组的特点和所带负荷、系统潮流分布、电力系统稳定性计算及系统负荷需求量平衡计算等情况，发出负荷在各机组的最佳负荷分配指令，中调所发来的阶跃形式负荷指令进行处理成机组能接受有一定阶跃值的斜坡信号，各机组应尽快满足中调所的负荷要求。

11-118 什么是电网频率偏差负荷指令？

答：在协调控制时，机组参加调频，或中调所通过系统自动调频控制装置向各机组发出电网频率调整指令（负荷调节指令）。电网频率低于给定频率（频率偏差信号为正），如果机组有增加负荷能力，该正的频率偏差信号，使机组增加负荷。电网频率高于给定值（频率偏差信号为负），电网要求机组减负荷。如机组无增加负荷的能力，则会自动限制机组参加调频。

11-119 单元机组协调控制系统的主要优点是什么？

答：（1）使单元机组能较快地满足电网负荷要求，并能保证单元机组本身稳定。

（2）能无扰动进行控制方式切换，以适应机炉本身不同的工作状态对控制系统不同的要求。

（3）有较完整的联锁、保护等逻辑控制，使机组在不超过规定的最大、最小负荷范围内运行，升降负荷率也不超过规定的要求；当机组发生局部故障时，能自动地升或降机组负荷至该机组所允许的负荷。

（4）有一系列灯光及数字显示，以指导运行人员监视机组运行。

11-120 协调控制系统的组成是怎样的？

答：协调控制系统主要由要求负荷运算回路、允许负荷运算回路、协调控制回路、锅炉子控制系统、汽轮机子控系统等组成。

11-121 什么是执行层？

答：执行层是自动调节系统的执行机构，如调节阀门、挡板等伺服机构。它们接受基础自动层的控制输出信号而动作。

11-122 什么是基础自动层？

答：基础执行层是直接控制执行层的各调节装置。它们分为单回路调节装置和串级调节装置。其中有的是独立的调节回路，有的是受组控层信号控制，以便协调动作。

11-123 什么是组控层？

答：组控层是由协调基础自动层有关的调节回路的主控制器组成的，例如锅炉主控制器、汽轮机主控制器、汽轮机启/停控制、锅炉启/停控制等。

11-124 什么是协调层？

答：协调层是对主控制器的协调控制。它要完成对机组负荷指令的计算、机组运行方式的管理以及机组异常工况的处理。

11-125 协调层的基本组成是怎样的？

答：协调层是单元机组协调控制系统的最高层，是系统的指挥机构。它通过组态层、基础自动层和执行层，实现机炉的协调控制动作。单元机组自动控制的特点主要反映在协调层上。协调层有负荷指令计算和机组运行方式管理两大部分。

11-126 负荷指令计算部分的作用是什么？

答：对调度给出的负荷要求指令或目标负荷指令（Target Load Dedand）进行选择处理，使之转变为与当时机组设备状况及安全运行情况相适应的实际负荷指令（Actual Load Demand），作为输出电功率的给定值信号，并对操作员给出的机组目标值要求进行处理，使之转变为主蒸汽压力控制的给定值信号。

11-127 机组运行方式的管理部分的作用是什么？

答：根据机组运行条件及要求，选择适当的机组运行方式，使锅炉和汽轮机主控器分别选择合适的调节机构，以产生锅炉主控指令和汽轮机主控指令，去指挥锅炉和汽轮机在基础自动层中和各调节回路协调工作。

11-128 单元机组运行中接受哪几个负荷变化要求？

答：单元机组在运行过程中要接受下列几方面负荷变化要求。

(1) 运行操作员对机组设定的目标负荷，这是本机组就地（LOCAL）规定的机组出力要求。

(2) 中调所自动调节系统（Automatic Dispatch System，ADS）的遥控负荷分配要求。

(3) 电网频率偏差 Δf 对机组负荷要求的修正。

(4) 机组内部的异常情况对机组的负荷修正。

11-129 什么情况下负荷指令自动快速变化？

答：针对机组可能出现异常和故障情况作出快速反应，保证机组继续安全运行。根据异常和故障情况有以下几种快速反应。

(1) RUNBACK。当重要辅机故障时，负荷指令快速降到机组所能承担的相应水平。

(2) FCB。当电网或发电机故障时，负荷指令快速降到仅带厂用电水平或汽轮机空转或维持锅炉低负荷运行水平。

(3) RUNDOWN。当负荷闭锁达不到偏差的目的时，在迫降负荷投入时，进行迫降负荷。

(4) RUNUP。当负荷闭锁达不到偏差的目的时，在迫升负荷投入时，进行迫升负荷。

11-130 什么是火电厂顺序控制系统？

答：顺序控制是对电厂辅助设备状态进行操作，它不需要被操作对象的反馈信息，是一种二位制式操作，也称为 ON/OFF 控制系统，例如转动设备的启动和停止，阀门、挡板的开启和关闭等。

11-131 顺序控制系统的基本类型有哪些？

答：顺序控制对已成熟和具备固定操作步骤的工艺流程进行自动控制，根据工艺过程具体情况设计顺序控制的基本类型，主要有设备级控制、子组级控制、功能组级控制等类型。

11-132 什么是元件控制？

答：元件控制是一种一对一的操作，即一个启/停操作指令对应一个驱动装置。这种单一性操作可通过计算机键盘相应键的操作来完成。

11-133 什么是子组控制？

答：子组控制是一种以一个设备为主，包括其辅助设备和关联设备在内的，作为一个整体来控制的系统，例如一台送风机及其相应油泵和进出口挡板等。一个操作指令发出后，按预定的运行条件依次自动地操作辅助设备和主设备。

11-134 对子组控制程序的启动一般有哪两种驱动方式？

答：（1）能由操作人员在集控室通过键盘发出启动和停止指令来启动相应的控制程序。

（2）能由上一级功能组控制级发出下属的子组控制程序的启动命令。

11-135 什么是功能组控制？功能组控制程序的启动方式是怎样的？

答：功能组控制是一种以一个工艺流程为主，包含有关设备在内的顺序控制。一个功能组包含若干个子组和“元件”。

功能组控制程序启动方式有：

（1）在集控室内由操作员通过键盘来启动。

（2）对自动控制要求高的机组，由机组的自启/停控制系统来启动。

11-136 功能组控制系统的功能一般包括哪些方面？

答：（1）在程序执行过程中，任何指令遭拒绝但不致引起事故时，应能使操作员有较富裕的时间采取必要的干预措施。

（2）在自动控制执行过程中，当导致事故的限制因素出现时，系统能自动返回到出现限制因素前的状态或返回到稳定的安全状态。

（3）能根据工艺过程的特点和需要设置必要的“断点”，以便在程序执行到断点处，由人工根据过程状态决定程序是否继续执行。断点应设置在能稳定运行的工艺过程上。

（4）在程序执行过程中，有由操作员在任一步上中断程序的措施，并且有操作员选择程序执行步骤和跳步执行程序的手段。

（5）功能组控制执行过程的有关信息，包括执行步骤、执行情况、判断条件，都能在CRT控制画面上显示出来。

（6）能使操作员根据机组启/停工况条件和工艺特点选择各功能投入工作的顺序，使整个机组能顺利地完成启/停过程。

11-137 什么是自动备用设备的控制？

答：备用设备的自动控制是一种条件联锁控制。在子组级和功能组级控制中都有这种要求。备用设备的自动控制目的，是为了维持目前的运行工况，即

（1）当一个工艺过程中的某一设备故障时，一个同类的备用设备自动地启动运行，替代故障设备维护当前运行工况。

（2）当某种原因导致运行设备不能维持正常工况要求时，启动同类备用

设备并列运行。

11-138 什么是限值控制？

答：限值控制用于一个过程变量在一个固定的范围内的控制对象。两个限值（高限值和低限值）被用作“接通”或“断开”驱动装置的判断依据。接通或断开指令的产生依赖于过程变量的限值。

11-139 什么是顺序控制中的设备保护？

答：顺序控制系统中的设备保护是指当出现危及人身安全或设备安全的异常情况时，控制系统应能自动地切除设备或者投入设备，且工艺保护信号从驱动控制口引入，直接作用于跳闸装置或自动启动装置。

11-140 什么是顺序控制中的条件闭锁？

答：在子组控制组和功能组控制级控制的工艺过程中，根据运行要求和设备之间的制约关系，设置一些闭锁条件，以防止不正确或不安全的程序或操作被执行而引发出不安全工况。

11-141 仅有轻油燃烧的系统中，油枪程控过程有什么特点？

答：在仅存在轻油燃油系统中，油枪程控的启停过程基本相同，主要区别是单纯轻燃油系统的点火系统的点火器是高能发火装置，相应不再设置点火器油阀，而且有的系统在接到启动命令时，首先打开吹扫蒸汽阀，进行油枪吹扫 20s，然后关闭吹扫蒸汽阀，与此同时，高能点火装置火花发火，并打开轻燃油油枪遮断阀，进行油点火。

11-142 磨煤机系统顺序控制的设备主要有哪些？磨煤机启动的条件主要有哪些？

答：磨煤机系统能进行顺序控制的设备主要有：相应的点火油层投运；密封风机启停；给煤机和磨煤机的启停以及进出口阀的控制等，其中一部分需人工配合。

磨煤机启动的条件主要有以下 4 个：

（1）润滑油系统，包括油压、油池油温和推力瓦油温合适。

（2）密封风压合适以及一次风差压合适。

（3）磨煤机启动前的暖磨、分离器出口温（磨煤机出口温度）合适。

（4）相应的点火油层投运且火焰正常。

11-143 正常停磨和紧急停磨有什么不同？

答：在正常停运过程中，人工或 CCS 配合，对煤量、冷热风门进行调节，同时在适当时期将相邻的点火用油层点着，当磨煤机出口风温低于规定温度，煤量在最小，相邻的油层有稳定火焰时停给煤机，磨煤机开始吹扫，规定时间后停磨煤机，关闭相应的出入口阀。

在跳磨条件出现时，磨煤机系统跳闸继电器 MTR 产生紧急停磨，即磨煤机出口门关闭，给煤机、磨煤机停运，为了防止磨煤机内煤粉自燃爆炸，打开消防蒸汽阀，向磨煤机内喷入消防蒸汽（5min），同时微机逻辑系统寄存下磨煤机未经吹扫信号，以便下次启动时先进行吹扫，避免煤粉堆积太多而过载。

11-144　什么是角火焰丧失？什么是主层火焰丧失？

答：角火焰丧失是指在 1～5s 内连续监测不到该角火焰信号即为该角火焰丧失产生。一个区域火焰丧失则为本层某一角火焰和上下相邻层煤或油的该角火焰都丧失。

主层火焰丧失是由一层煤的四个角火焰状态信号中，失去三个或三个以上，或失去两个或两个以上区域火焰时产生的。

11-145　什么是汽轮机数字电液控制系统（DEH）？

答：汽轮机调节系统经历了从机械调速器、全液压调速器、模拟电液调节系统（AEH）、计算机为基础的数字式电液控制系统这样一个发展过程。

DEH 控制系统采用数字计算机作为控制器、电液转换机构，高压抗燃油系统和油动机作为执行器对汽轮发电机组实行自动控制。

11-146　DEH 控制系统的构成是怎样的？

答：DEH 控制系统由液压伺服装置和计算机控制装置（电子部分）两大部分组成。其电子部分主要由模拟部分和数字部分组成，接口部分则根据外部各种控制系统配置。数字系统是 DEH 控制系统的核心部分，它可对机组运行参数进行连续监视与运算，并对机组转速或负荷进行控制，以及在 CRT 上显示和由打印机进行打印。DEH 系统对应的外部系统有协调控制系统（CCS）、自动调度系统（ADS）、汽轮机监测系统（TSI）。

11-147　DEH 系统基本的工作原理是什么？

答：数字控制器 DE 接受机组的转速、发电机功率、调节级压力三个反馈信号，输出各阀门的位置给定值信号。电液伺服回路接受给定值和阀门开度信号，由电液伺服阀和油动机控制各阀门的开度，对于中间再热机组，汽轮发电机的转速和负荷由主汽阀 TV 和调节汽阀 GV 开度控制，由此控制机组的转速和功率。

11-148 DEH控制系统具有哪些优点?

答: DEH控制系统的控制功能由软件实现，具有速度快、控制灵活和可靠高等优点，不仅可以实现汽轮机的转速调节、功率调节，还能按不同工况，根据汽轮机应力及其他辅机条件在盘车的基础上实现自动升速、并网、增减负荷，以及对汽轮机、发电机组及主辅机的运行参数进行巡测、监视、报警、记录和追忆。

11-149 高压主汽阀和调节汽阀的工作原理是怎样的?

答: 当负荷变化时，控制系统输出开大或关小汽阀的电压信号，经伺服放大器转换成电流信号并进行功率放大，电液伺服阀将电信号转换成弹簧片的位移信号，经喷嘴控制使伺服阀活塞产生位移，输出高压油对油马达进行控制。

负荷增加时，高压油使油马达活塞向上移动，通过连杆带动，使汽阀开启。

负荷减少时，弹簧力的作用使压力油自油马达活塞的下腔泄出，油马达活塞下移而关小汽阀。

用于反馈的线性位移变送器（LVDT），将油马达机械位移信号转换成电信号，该信号经解调器与计算机控制输入的信号比较，伺服放大器的输入信号偏差为零时，电液伺服阀的活塞回到中间位置。

11-150 快速卸载阀的工作情况是怎样的?

答: 主汽阀和调节汽阀的油马达旁，各设有一个快速卸载阀，用于汽轮机故障需要停机时，通过安全油系统使遮断油总管失压，快速泄去油马达下腔的高压油，依靠弹簧力的作用，使汽阀迅速关闭，以实现对机组的保护。

在快速卸载阀动作的同时，工作油还可以排入马达的上腔室，从而避免回油旁路的过载。

第十二章　继电保护及自动装置

12-1　什么是二次设备？什么是二次回路？

答：用来监视、测量、保护和控制一次回路的设备称为二次设备，如监视和测量仪表、保护和控制继电器等。

由二次设备相互连接所组成的对一次设备进行监测、控制、调节和保护的电气回路称为二次回路或二次接线系统，如交流电流回路、交流电压回路、控制信号回路、继电保护及自动装置回路等。

12-2　什么是二次回路接线图？常用的二次回路接线图有哪些？

答：二次回路接线图（简称二次回路图）是用二次设备特定的图形符号和文字符号，表示二次设备互相连接的电气接线图。

常用的二次回路接线图有原理接线图（简称原理图）、展开接线图（简称展开图）、安装接线图（简称安装图）。

原理图用来表示控制信号、测量仪表、保护和自动装置的工作原理。在原理图中，各二次设备是以整体的形式与一次接线有关部分画在一起，并将电流回路、电压回路和直流回路联系起来。

展开图是将各元件内部各线圈和触点按其所处的不同性质的回路分解成若干部分，然后按回路分类绘出线圈或触点之间的连接关系图。原理图和展开图主要用于了解二次回路的构成原理和分析二次回路各种故障原因。

安装图包括屏面布置、屏后接线和端子排，主要用于设备订货、现场安装和检修维护。

12-3　阅读展开图的基本步骤是什么？

答：（1）先一次后二次。所谓先一次后二次是指：在阅读二次回路图时，先了解一次回路。因为二次回路是为一次回路服务的，只有对一次回路有了一定的了解后，才能更好地掌握二次回路的结构和工作原理。

（2）先交流后直流。所谓先交流后直流，就是说先应了解交流电流回路和交流电压回路，从交流回路中可以了解互感器的接线方式、所装设的保护继电器和仪表的数量以及所接的相别。

(3) 先控制后信号。相对于信号回路来说，控制回路与一次回路、交流电流、电压回路以及保护回路具有更密切的联系，因此了解控制回路是了解直流回路的重要和关键部分。

(4) 从左到右，由上到下。在了解直流回路时，应按照从左到右、由上到下的动作顺序阅读，再辅以展开图右边的文字说明，就能比较容易地掌握二次回路的构成和动作过程了。

12-4 断路器的控制方式分为哪几种?

答: 断路器的控制方式，按其操作电源可分为强电控制和弱电控制，前者一般为110V或220V电压，后者一般为48V及以下电压。按操作方式可分为一对一控制和选线控制两种。

12-5 对断路器控制回路的基本要求是怎样的?

答: (1) 能手动或自动合、跳闸，对于设计只能短时通电的合、跳闸线圈，在合、跳闸命令执行完毕后能自动解除命令。

(2) 能监视电源及跳、合闸回路的完好性。

(3) 能指示断路器的合闸与跳闸位置状态，手动与自动跳、合闸的信号应有明显的区别。

(4) 有防止断路器多次合闸的防跳闭锁装置。

(5) 接线简单可靠，使用电缆芯数少。

12-6 断路器控制回路中信号灯HR、HG的附加电阻有什么作用?

答: 它们的作用是当红、绿指示灯灯座处发生短路时，可以限制通过合闸接触器和跳闸线圈的电流不大于额定电流的10%，从而避免将控制母线全电压加到跳、合闸线圈上而引起断路器误跳或误合。

12-7 什么是断路器的“跳跃”?

答: 断路器在手动或自动合闸后，由于某些原因，控制开关和自动装置的触点可能未复归（常见情况有：手动操作时操作人员还未松开手柄，以及自动装置的触点粘住不能返回等），若此时正好合闸到故障线路或设备上，继电保护将动作跳开断路器。因为合闸命令仍存在，故断路器又会合闸，然后保护再跳，断路器再合闸，反复循环，这样所造成的跳闸—合闸循环即是所谓的断路器的“跳跃”。

12-8 什么是防止断路器跳跃闭锁装置?

答: 断路器“跳跃”是指断路器用控制开关手动或自动装置合闸于故

障线路上，保护动作使断路器跳闸，如果控制开关未复归或控制开关触点、自动装置触点卡住，保护动作跳闸后会发生“跳—合”多次的现象。为防止这种现象的发生，通常是利用断路器的操动机构本身的机械闭锁或在控制回路中采取预防措施，这种防止跳跃的装置叫做断路器的防跳闭锁装置。

12-9　电气防跳回路是怎样起到防跳作用的?

答: 如图 12-1 所示，KM 继电器是用来防止断路器发生跳跃的，它是一只电流启动、电压保持的中间继电器，有两个线圈。其中的电流线圈串入跳闸回路，其动断触点串入合闸回路中，动合触点与电压线圈相串联。

断路器合闸到故障上时，在继电保护跳开断路器的同时，防跳跃继电器的电流线圈启动，其动断触点打开，从而断开了合闸回路；其动合触点闭合，接通了电压线圈。这时，只要合闸命令存在，即 SA（5-8）触点未断开，电压线圈就始终带电，合闸回路也始终被断开。当合闸命令消失后，电压线圈失磁，防跳跃继电器各触点返回，整个控制回路恢复正常状态。

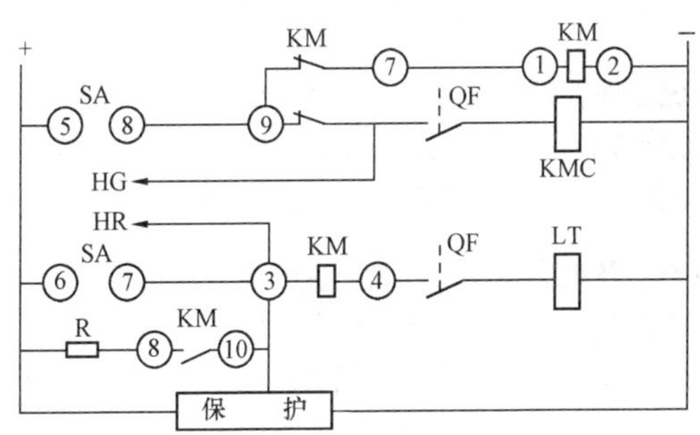

图 12-1　断路器防跳闭锁回路接线图

12-10　什么是中央信号？它的作用是什么？

答: 中央信号是一种监视发电厂或变电站电气设备运行状况的信号装置。

中央信号的作用是当发生异常或事故时，由相应装置发出各种灯光和音响信号以帮助运行人员迅速而准确地了解和确定异常或事故的性质、发生的地点和范围，为作出正确的处理创造条件。

12-11　发电厂及变电站的中央信号按用途分为哪几类?

答: 发电厂及变电站的中央信号按用途分为三种：事故信号、预告信号

和位置信号。事故信号表示发生事故、断路器跳闸的信号。预告信号反映机组及设备运行时的不正常状态。位置信号指示开关电器、控制电器及设备的位置状态。

12-12 “掉牌未复归”信号的作用是什么？

答："掉牌未复归”灯光信号的作用是使值班人员在记录、分析保护动作情况的过程中，不至于因发生遗漏造成错误判断。有信号掉牌时，应注意及时复归，以免出现重复动作时，使前后两次不能区分。“掉牌未复归”信号通常通过“掉牌未复归”光字和预告铃来反映。任何一路未恢复均发出灯光信号，值班员可以根据信号查找未恢复的信号继电器掉牌。

12-13 为什么要在小接地电流系统中安装绝缘监察装置？

答：在小接地电流系统中发生单相接地虽然属于不正常状态，并不影响正常供电，但此时非接地相对地电位升高，所以可能发生第二点接地，即形成两点接地短路。当发生间歇性电弧接地而引起系统过电压时，这种可能性更大。因此，为了及时发现、判别和处理单相接地情况，必须装设交流绝缘监察装置。

12-14 交流绝缘监察装置的工作原理是怎样的？

答：交流绝缘监察装置是根据小接地电流系统中发生接地时，接地相对地电位降低、非接地相对地电位升高这个特征来构成的。

12-15 发电厂及电力系统为什么要装设继电保护装置？

答：继电保护装置是指能反映电力系统中电气元件发生故障或不正常运行状态，并动作于断路器跳闸或发出信号的一种自动装置，它能自动、迅速、有选择性地将故障元件从系统中切除，并根据运行维护的条件动作发出信号、减负荷或跳闸，保证设备或运行的安全。因此，发电厂及电力系统要装设继电保护装置。

12-16 构成继电保护装置的基本原理是什么？

答：电力系统发生故障时，其基本特点是电流突增，电压突降，电流和电压相位角发生变化，反映这些基本特点，就能构成各种不同原理的继电保护装置。

12-17 继电保护装置的基本任务是什么？

答：继电保护装置的基本任务是：

(1) 自动、迅速、有选择性地将故障元件从电力系统中切除，使故障元件免于继续遭到破坏，保证其他无故障部分迅速恢复正常运行。

（2）反应电气元件的不正常运行状态，并根据运行维护的条件（例如有无经常值班人员），动作于发出信号、减负荷或跳闸。此时一般不要求保护迅速动作，而是根据电力系统及其元件的危害程度规定一定的延时，以免不必要的动作和由于干扰而引起的误动作。

12-18 电力系统对继电保护装置的四项基本要求是什么？

答：对继电保护装置的四项基本要求是：

（1）快速性。要求继电保护装置的动作尽量快，以提高系统并列运行的稳定性，减轻故障设备的损坏，加速非故障设备恢复正常运行。

（2）可靠性。要求继电保护装置随时保持完整、灵活状态，不应发生误动或拒动。

（3）选择性。要求继电保护装置动作时，跳开距故障点最近的断路器，使停电范围尽可能缩小。

（4）灵敏性。要求继电保护装置在其保护范围内发生故障时，应灵敏地动作。灵敏性用灵敏系数表示。

12-19 什么叫主保护？什么叫后备保护？

答：能满足系统稳定及设备安全要求，以最快时间有选择性地切除被保护设备或线路故障的保护称为主保护。

主保护或断路器拒动时，能够切除故障的保护称为后备保护。后备保护分为远后备保护和近后备保护。远后备保护是指当主保护或断路器拒动时，由相邻电力设备或线路的保护来实现的后备保护。近后备保护是指当主保护拒动时，由本电力设备或线路的另一套保护来实现的后备保护；当断路器拒动时，由断路器失灵保护来实现的后备保护。

12-20 什么是辅助保护？什么是异常运行保护？

答：为补充主保护和后备保护的性能或当主保护和后备保护退出运行而增设的简单保护称为辅助保护。

反应被保护电力设备或线路异常运行状态的保护称为异常运行保护。

12-21 发电机的故障类型主要有哪些？

答：发电机的故障类型主要有：定子绕组相间短路、定子绕组一相的匝间短路、定子绕组单相接地、转子绕组一点接地或两点接地、转子励磁回路励磁电流消失。

12-22 发电机的不正常运行状态主要有哪些？

答：发电机的不正常运行状态主要有：由于外部短路引起的定子绕组过电流；由于负荷超过发电机额定容量而引起的三相对称过负荷；由于外部不对称短路或不对称负荷（如单相负荷、非全相运行等）而引起的发电机负序过电流和过负荷；由于突然甩负荷而引起的定子绕组过电压；由于励磁回路故障或强励时间过长而引起的转子绕组过负荷；由于汽轮机主汽阀突然关闭而引起的发电机逆功率。对于大型发电机，X_d、X'_d、X''_d 电抗普遍增大，应该考虑发电机与系统产生振荡，振荡中心可能落入发电机—变压器组内，以及低频、启停机、误上电等。

12-23 单元制发电机组继电保护配置有什么特点？

答：单元制发电机组继电保护配置有以下特点：

（1）快速保护双重化，降低了保护拒动率，提高了可靠性，有利于发电机组的安全运行。

（2）机组配置后备保护，作为发电机和主变压器的后备保护。

（3）发电机—变压器组的出口断路器装设失灵保护，出口断路器拒动时，由相邻元件（如线路对侧，并列运行的发电机组）的后备保护切除故障，但切除时间长，而且可能扩大停电范围。

（4）主变压器装设零序保护。

（5）发电机装设具有100%的两段定子接地保护，避免定子绕组接地故障对发电机的损坏。

（6）发电机组配置反映异常运行的保护，反映发电机组异常工况，如强励保护、过电压保护、低频率保护、逆功率保护、过负荷保护、失磁保护等。

由于大型发电机组继电保护在总体配置上要求严密、功能完善，但是带来了保护复杂化的问题。

12-24 大型发电机组所配置的保护类型有哪些？

答：大型发电机组所配置的保护类型有：差动、逆功率、变压器瓦斯、低频率保护，发电机匝间保护，发电机定子接地、负序过电流、发电机低励、失磁保护，主变压器过励磁保护等。

12-25 发电机匝间保护主要有哪些种类？

答：发电机匝间保护主要有：

（1）反映纵向零序电压的匝间短路保护。

（2）反映转子电流二次谐波分量的匝间短路保护。

（3）反映转子电流五次谐波分量的匝间短路保护。

12-26 对发电机励磁装置的基本要求有哪些？

答：发电机励磁装置必须满足以下基本要求：

（1）应能保证发电机所要求的励磁容量，并适当留有裕度。

（2）应有足够大的强励顶值电压倍数。

（3）应有足够的电压调节范围，电压调差率应能随电力系统的要求而改变。

（4）励磁装置应无失灵区。

（5）励磁装置本身简单、可靠，动作迅速，调节过程稳定。

12-27 励磁系统中控制、调节电路部分的作用是什么？

答：励磁系统中控制、调节电路部分是励磁系统的调节中枢指挥系统。它根据测量机构获得的电压偏差信息，经过综合放大再作用到晶闸管的整流电路中，通过改变晶闸管的导通角，以调节发电机的励磁电流，使无功功率的输出符合电力系统和发电机组的稳定运行要求。

12-28 过电流保护和速断保护的作用范围是什么？速断为什么有带时限和不带时限之分？

答：电力系统的输电线、发电机、变压器等元件发生故障时，短路电流显著增大。故障点愈靠近电源，短路电流愈大。针对这个特点，利用电流继电器通常可以组成过电流保护和速断保护，当电流超过整定值时保护就动作，使断路器跳闸。

（1）过电流保护。可作为本线路的主保护或后备保护和相邻线路的后备保护。它是按照躲过最大负荷电流整定，动作时限按阶梯原则选择。

（2）速断保护。分为无时限和带时限的两种。

1）无时限电流速断保护装置。是按故障电流整定的。电路有故障时，它能瞬时动作，其保护范围不能超出本线路末端，它只能保护线路的一部分。

2）带时限电流速断保护装置。当电路采用无时限保护没有保护范围时，为使线路全长都能得到快速保护，常常采用略带时限的电流速断与下级无时限电流速断相配合，其保护范围不仅包括整个线路，而且深入相邻线路的第一级保护区，但不保护整个相邻线路，其动作时限比相邻线路的无时限速断保护大一个 Δt。

12-29 过电流保护为什么要加装低电压闭锁？什么样的过电流需加装闭锁？

答：动作电流按躲过最大负荷电流整定的过电流保护装置在有些情况下，不能满足灵敏度的要求，因此，为了提高过电流保护装置在发生短路时的灵敏度和改善躲过负荷电流的条件，有时可采用低电压闭锁的过电流保护装置。例如对于两台并列的变压器，其中一台因检修或其他故障退出运行时，所有负荷由一台变压器负担，很可能因过负荷而使过电流保护动作跳闸。为了防止该动作，需将电流整定值提高。但是提高整定值，动作的灵敏度就要降低，而采用低电压闭锁就可以解决这个矛盾，既使保护不误动，又能提高灵敏度。

12-30 什么叫距离保护？

答：距离保护又叫阻抗保护，是指利用阻抗元件来反映短路故障的保护装置，阻抗元件反映接入该元件的电压与电流的比值，即反映短路故障点至保护安装处的阻抗值，因线路的阻抗与距离成正比。

距离保护的动作是当测量到保护安装处至故障点的阻抗值等于或小于继电器的整定值时动作，与运行方式变化时短路电流的大小无关。

距离保护一般组成两段或三段，第Ⅰ段整定阻抗小，动作时限是阻抗元件的固有时限。第Ⅱ、Ⅲ段整定阻抗值逐级增大，动作时限也逐级增加，分别由时间继电器来调整时限。

12-31 距离保护在电网中如何合理使用？

答：距离保护目前较多用来保护电网中的相间短路，对于大接地电流系统的单相接地故障，大多由零序电流保护来实现保护。当然也可以采用接地距离保护。只要系统稳定情况允许，就可以利用距离保护作为110、220kV线路相间故障的主保护。但在系统稳定要求很严的线路上，距离保护只能作为能快速切除全线故障主保护（如高频保护）的后备保护。

12-32 距离保护由哪几部分组成？各有什么作用？

答：一般情况下，距离保护装置由以下四个元件组成，其逻辑图如图12-2所示。

（1）启动元件。启动元件的主要作用是在发生故障的瞬间启动整套保护，并可作为距离保护的Ⅲ段。启动元件1通常使用过电流继电器或阻抗继电器。

（2）方向元件。方向元件2的主要作用是保护动作的方向性，防止反方

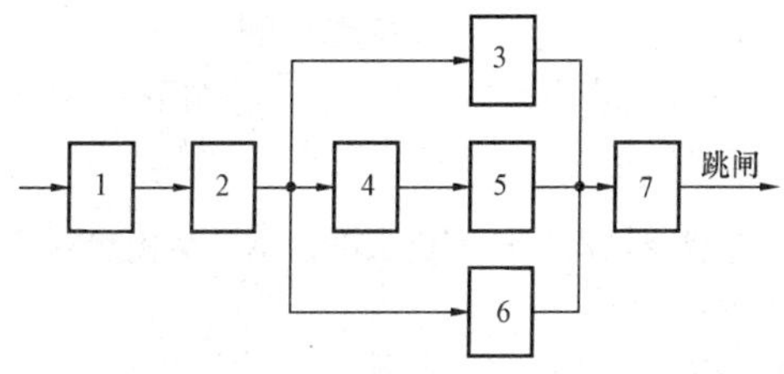

图 12-2 距离保护的组成元件

1—启动元件；2—方向元件；3—Ⅰ段距离元件；4—Ⅱ段距离元件；5—Ⅱ段时间元件；6—Ⅲ段时间元件；7—出口元件

向故障时，保护误动作。方向元件可采用单独的功率方向继电器，但更多的是采用方向元件和阻抗元件相结合而构成的方向阻抗继电器。

（3）距离元件。距离元件（3 和 4）的主要作用是测量短路点到保护安装地点之间的距离，一般采用阻抗继电器。

（4）时间元件。时间元件（5 和 6）的主要作用是按照故障点到保护安装处的远近，根据预定的时限确定动作时限，以保证动作选择性。一般采用时间继电器。

以图 12-2 为例，当正方向发生故障时，电流元件 1 和方向元件 2 动作，其输出信号同时作用于Ⅰ段和Ⅱ段距离元件 3 和 4，同时启动第Ⅲ段的时间元件 6。如果故障位于第Ⅰ段范围内，则 3 动作，瞬时作用于出口元件 7 跳闸。如果故障位于距离Ⅱ段范围内，则元件 3 不会动作而元件 4 动作，元件 4 动作即启动时间元件 5，待时间到达后，也启动出口元件 7；如果故障位于Ⅱ段保护之外，则待时间元件 6 到达后，动作出口元件 7，动作于跳闸。由此可见，当距离保护的第Ⅲ段采用方向过电流元件为启动元件时，它实际上就是一个作为后备的方向过电流保护。

12-33 距离保护的Ⅰ、Ⅱ、Ⅲ段的保护范围是怎样划分的?

答：在一般情况下，距离保护Ⅰ段只能保护本线路全长的 80%～85%；Ⅱ段的保护范围为本线路的全长并延伸至下一段线路的一部分，它为Ⅰ段保护的后备保护；Ⅲ段为Ⅰ、Ⅱ段的后备保护，它能保护本线路和下一段线路全长并延伸至再下一段线路的一部分。

12-34 距离保护突然失压时为什么会误动?

答：距离保护的动作是当测量到阻抗值 Z 等于或小于整定值时就动作，即加在继电器中的电压降低电流增大，相当于阻抗 Z 减小，继电器动作。

电压产生制动力矩，电流产生动作力矩，当电压突然失去时，制动力矩很小，电流回路有负荷电流产生动作力矩。如果闭锁回路动作不灵，距离保护就要误动作。

12-35 电压互感器二次为什么要加电磁小开关代替总熔断器？电磁开关跳开后应怎样处理？

答：电压互感器二次如果用熔断器，当二次回路短路时，熔断器熔断的时间较长，距离保护由于电压降低要动作，而且动作时间较快，断线闭锁需要等熔断器熔断后才能动作，才能可靠地起闭锁作用，保护要误动作。改用快速的电磁小开关后，在电压互感器二次回路最远处短路时，能保证快速地跳开，使断线闭锁迅速动作，可靠地闭锁保护。有的采用电磁开关跳开同时切断距离保护的直流电源，防止电压互感器二次短路时距离保护误动。

当发现电磁开关跳开后，断线闭锁发出信号，值班人员应首先将该电压互感器所带的距离保护停用，然后检查电压互感器有无故障，如无故障，再手动将跳开的电磁开关合上。

12-36 距离保护为何需装设电压回路断线闭锁装置？

答：目前的距离保护，启动回路经负序电流元件闭锁。当发生电压互感器二次回路断线时，尽管阻抗元件会误动，但因负序电流元件不启动，保护装置不会立即引起误动作。但当电压互感器二次回路断线而又遇到穿越性故障时仍会出现误动，所以还要装设断线闭锁装置，在发生电压互感器二次回路断线时发出信号，并经大于距离Ⅲ段延时的时间启动闭锁保护。

12-37 什么叫零序保护？

答：零序保护是利用线路或其他元件在发生故障时，零序电流增大的特点来实现有选择地发出信号或切断故障的一种保护。根据测量对象的不同可分为零序电流保护、绝缘检测和零序功率方向保护，其中绝缘检测只用作检查故障相，不用作保护。

12-38 中性点直接接地系统中发生接地短路时，零序电流的分布与什么有关？

答：零序电流的分布只与系统的零序电抗有关。零序电抗的大小取决于系统中接地变压器的容量、中性点的接地数目和位置。当增加或减少变压器中性点接地的台数时，系统零序电抗网络将发生变化，从而改变零序电流的分布。零序电流与电源数目无关。

12-39　电力系统在什么情况下运行将出现零序电流？

答：电力系统在三相不对称运行状况下将出现零序电流。如：

（1）电力变压器三相运行参数不同。

（2）电力系统中单相短路，或两相接地短路。

（3）单相重合闸过程中的两相运行。

（4）三相重合闸和手动合闸时，断路器三相不同期。

（5）空载投入变压器时三相的励磁涌流不相等。

（6）三相负载的严重不平衡。

12-40　利用零序电流构成的发电机定子接地保护在选择整定值时的原则是什么？

答：原则如下：

（1）躲过外部单相接地时，发电机本身的电容电流以及由于零序电流互感器一侧三相导线排列不对称，而在二次侧引起的不平衡电流。

（2）保护装置的一次动作电流小于5A，并应尽可能灵敏一些。

（3）为防止外部相间短路产生的不平衡电流引起接地保护动作，应在相间保护动作时将接地保护闭锁。

（4）装置应带有一点时限，以躲开外部单相接地瞬间，发电机暂态电容电流的影响。如不带时限，则保护装置的启动电流必须按照大于发电机暂态电容电流整定。

12-41　零序保护Ⅰ、Ⅱ、Ⅲ、Ⅳ段的保护范围是怎样划分的？

答：零序保护Ⅰ段是按躲过本线路末段单相短路时，流经保护装置的最大零序电流整定的，它不能保护全段线路。Ⅱ段是与保护安装处的相邻线路零序保护Ⅰ段相配合，它一般能保护本线路全长并延伸到相邻线路中去。Ⅲ段是与相邻线路零序保护Ⅱ段相配合的，它是Ⅰ、Ⅱ段的后备保护。Ⅳ段一般是作为Ⅲ段的后备段。

12-42　什么叫高频保护？

答：高频保护就是将线路两端的电流相位或方向转化为高频信号，然后利用输电线路本身构成一高频电流通道，将此信号送至对端，以比较两端电流相位或功率方向的一种保护。其作用与线路纵联差动保护相同。

12-43　在高压电网中，高频保护的作用是什么？

答：高频保护用在远距离高压输电线路上，对被保护线路上任一点的各类故障均能瞬时由两侧切除，从而提高电力系统运行的稳定性和重合闸的成

功率。

12-44 相差高频保护的工作原理是什么？

答：相差高频保护，直接比较被保护线路两侧电流的相位。如果规定每一侧电流的正方向都是由母线流向线路，则在正常和外部短路故障时，两侧电流的相位差为180°。在内部故障时，如果忽略两端电动势向量之间的相位差，则两端电流的相位差为零，所以应用高频信号将工频电流的相位关系传送到对侧，装在线路两侧的保护装置，根据所接收到的代表两侧电流相位的高频信号，当相位角为零时，保护装置动作，使两侧断路器同时跳闸，从而达到快速切除故障的目的。

12-45 相差高频保护启动发信方式有哪几种？

答：相差高频保护启动发信方式有保护启动、远方启动、手动启动三种方式。

12-46 相差高频保护停信方式有哪几种？

答：相差高频保护停信方式有断路器三跳停信、手动停信、其他保护停信及高频保护停信四种方式。

12-47 什么叫高频闭锁方向保护？

答：高频闭锁方向保护的基本原理是基于比较被保护线路两侧的功率方向。当两侧的短路功率方向都是由母线流向线路时，保护就动作跳闸。由于高频通道正常无电流，而当外部发生故障时，由功率方向为负的一侧发送高频闭锁信号去闭锁两侧保护，因此称为高频闭锁方向保护。

12-48 什么叫高频闭锁距离保护？

答：高频保护是实现全线路速动的保护，但不能作为母线及相邻线路的后备保护。而距离保护虽能对母线及相邻线路起到后备保护的作用，但只能在线路的80%左右内发生故障时才能实现快速切除。高频闭锁距离保护就是把高频和阻抗两种保护结合起来的一种保护，即当内部发生故障时，既能实现全线快速切除，又能对母线和相邻线路起到后备保护的作用。

12-49 为什么要装设断路器失灵保护？

答：电力系统中，有时会出现系统故障，继电保护动作而断路器拒绝动作的情况。这种情况可能使设备烧毁，扩大事故范围，甚至使系统的稳定运行遭到破坏。因此，对于重要的高压电力系统，需要装设断路器失灵保护。断路器失灵保护又称为后备保护，它是防止因断路器拒动而扩大事故的一项有效措施，通常与母线保护联用。

12-50　发电机有哪些保护？其保护范围如何？

答：大型汽轮发电机一般装设以下保护：

（1）纵差保护。用于反映发电机定子绕组及其引出线的相间短路。

（2）横差保护。用于反映定子绕组同一相匝间或分支短路，同时兼作定子绕组的开焊保护。

（3）单相接地保护。反映定子绕组内部单相接地故障，同时利用绝缘监视装置发出接地信号。

（4）过电流保护。用于切除发电机外部短路引起的过电流，并作为发电机内部故障的后备保护。

（5）不对称过负荷保护。反映不对称负荷引起的过电流。

（6）对称过负荷保护。反映对称负荷引起的过电流。

（7）过电压保护。用于反映发电机突然甩负荷或其他原因引起的定子绕组的过电压。

（8）转子接地保护。用于反映发电机转子绕组及回路一点或两点短路故障。

（9）失磁保护。反映发电机的励磁消失。

（10）断水保护。对于水内冷的发电机为防止内冷水中断而设置。

（11）主励磁机过负荷保护。用于反映励磁机的过负荷。

12-51　发电机—变压器组保护动作的出口处理方式有哪几种？

答：发电机—变压器组保护动作的出口处理方式有以下几种：

（1）全停。停炉，关闭主汽阀，断开发电机—变压器组断路器，断开灭磁开关，断开高压工作厂用变压器分支断路器并启动快切装置，启动断路器失灵保护（非电气量保护动作后不启动断路器失灵保护）。

（2）解列灭磁。断开发电机—变压器组断路器，断开灭磁开关，断开高压工作厂用变压器分支断路器并启动快切装置，停炉，汽轮机甩负荷，启动断路器失灵保护。

（3）解列。断开发电机—变压器组断路器，停炉，汽轮机甩负荷，启动断路器失灵保护。

（4）程序跳闸。先关闭主汽阀，待主汽阀关闭且逆功率继电器动作后，再断开发电机—变压器组断路器和灭磁开关。

（5）母线解列。断开双母线接线的母联断路器。

（6）减出力。减少原动机输出功率。

(7) 厂用分支跳闸。跳开厂用分支断路器。

(8) 发信。所有保护装置动作的同时均应按要求发声光信号。

(9) 减励磁、切换励磁以及启动通风等。

12-52 发电机为什么要配置励磁回路接地保护?

答: 发电机励磁回路一点接地故障，是常见的故障形式之一。这种故障对发电机并不造成危害，但若再相继发生第二点接地，故障点流过相当大的故障电流而烧伤转子；由于部分绕组被短接，励磁绕组中电流增大，可能引起过热而烧伤；由于部分绕组被短接，使气隙磁通失去平衡，从而引起振动。此外，汽轮发电机励磁回路两点接地，还可能使轴系和汽轮机磁化。因此，发电机要配置励磁回路接地保护，一点接地动作于信号，两点接地动作于跳闸。

12-53 大型汽轮发电机为什么要装设失步保护?

答: 因为发电机与系统发生失步时，将出现发电机的机械量和电气量与系统之间的振荡，这种持续的振荡将对发电机组和电力系统产生有破坏力的影响。

12-54 大型汽轮发电机为什么要装设逆功率保护?

答: 发电机运行过程中可能由于各种原因导致主汽阀关闭而失去原动力，发电机变电动机运行。此时，由于残留在汽轮机尾部的蒸汽与长叶片剧烈摩擦，会使叶片过热，可能损坏汽轮机。因此，大型发电机要装设逆功率保护。

12-55 大型汽轮发电机为什么要装设频率异常保护?

答: 频率异常保护包括低频保护和过频保护。汽轮机的叶片都有一个自然振荡频率，如果发电机的运行频率升高或者降低，以致接近或等于叶片自振频率时，将导致共振，使材料疲劳。由于材料的疲劳是一个不可逆的积累过程，当积累的疲劳超过材料所允许的限度时，叶片就可能断裂，造成严重事故。另外，对于极端低频工况，还将威胁厂用电的安全。发电机运行频率升高与降低均会对汽轮机的安全带来危险，因此，大型汽轮发电机要装设频率异常保护。

12-56 大型汽轮发电机为什么要装设启停机保护?

答: 由于发电机启动或停机过程中，定子电压频率很低，原有保护在这种方式下不能正确工作时，需装设启停机保护，该保护能在低频情况下正确动作，保证启停机过程中对发电机的保护。启停机保护的整定值较低，只作为启停机过程中低频工况下的辅助保护，在正常运行时应退出，以免发生误动作。启停机保护的出口受断路器的辅助触点或低频继电器触点控制。

12-57 大型汽轮发电机为什么要装设误上电保护？

答：发电机在盘车过程中，由于出口断路器误合闸，突然给发电机加上电压，发电机会成为异步电动机运行。此时发电机的电抗为 X''_d，若与系统联络电抗很小，则定子电流会很大，可达 3～4 倍额定电流。定子电流产生旋转磁场，将在转子中产生差频电流，会使转子过热。因此，发电机要装设误上电保护，快速切断电源。

12-58 大型汽轮发电机为什么要装设断路器断口闪络保护？

答：接在 220kV 及以上电压系统中的大型发电机—变压器组，在进行同期并列过程中，断路器合闸前，作用于断口上的电压随待并发电机与系统等效发电机电动势之间角度差 δ 的变化而不断变化，当 $\delta=180°$时，其值最大，为两者电动势之和，有时会造成断路器断口闪络事故。断口闪络给断路器本身造成损坏，并可能扩大事故，破坏系统的稳定运行。闪络时一般是一相或两相闪络，这样一是造成对发电机的冲击转矩，二是要产生负序电流，威胁到发电机自身的安全。因此，发电机要装设断路器断口闪络保护。

12-59 发电机断水保护是怎样实现的？

答：发电机断水保护二次回路如图 12-3 所示。从图中可见，当定子—转子进水压力高或低以及定子—转子进水流量低时，将启动中间继电器 KM1，使该动合触点 KM1 闭合，经时间继电器 KT 延时后启动出口继电器，跳开发电机开关、灭磁开关，并发出掉牌未复归闪光报警信号。

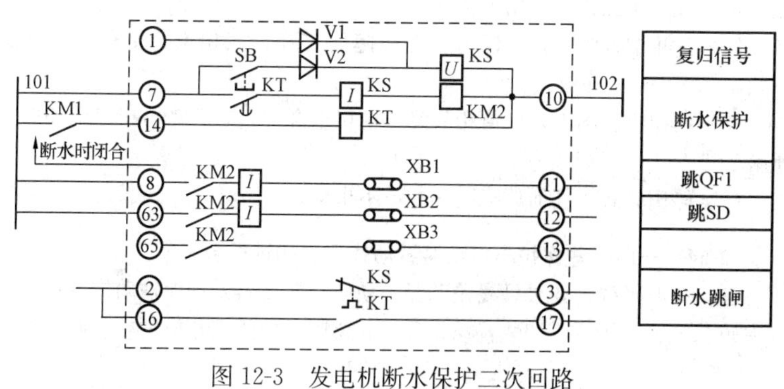

图 12-3 发电机断水保护二次回路

12-60 为什么要安装重合闸装置？

答：运行经验表明，电力系统发生的故障很多都属于暂时性的，如雷击过电压引起的绝缘子表面闪络、大风时的短时碰线等。当继电保护迅速断开电源后，这些故障引起的电弧即可消灭，故障点的绝缘也可恢复，故障随即自动消失。这时，若使断路器重新合上，往往能恢复供电，从而减少停电的概率，提高供电可靠性。为此，在高压线路上，安装重合闸是一项重要的反事故措施，相当有必要。

12-61 重合闸的作用是什么？

答：（1）在线路发生暂时性故障时，迅速恢复供电，从而提高供电可靠性。

（2）对于有双侧电源的高压输电线路，可以提高系统并列运行的稳定性，从而提高线路的输送容量。

（3）可以纠正由于断路器机构不良，或继电保护误动作引起的误跳闸。

12-62 为什么架空线路设有重合闸，而电缆线路不设重合闸？

答：自动重合闸是为了避免发生瞬时性故障造成长时间停电而设置的，特别是架空线路，大多故障都是瞬时性故障（如雷击等）。实践证明，这些故障中断路器跳闸后，再次重合送电，其成功率可达90%左右。电缆线路是埋入地下的，发生的故障多属于永久性故障，所以电缆线路不装设重合闸，而且不准人为重合，以免扩大事故。

12-63 综合重合闸有几种运行方式？

答：综合重合闸有四种运行方式：

（1）综合重合闸方式。单相故障，单相重合；重合永久性故障后跳三相；相间故障跳三相，三相重合。

（2）三相重合闸方式。任何类型故障跳三相，三相重合；永久故障跳三相。

（3）单相重合闸方式。单相故障，单相重合；相间故障，三相跳开后不重合。

（4）停用方式。任何故障跳三相，不重合。

12-64 一般哪些保护与自动装置动作后应闭锁重合闸？

答：一般来说，如果母线差动保护动作，变压器差动保护动作，自动按频率减载装置动作或联切装置动作等引起跳闸后应闭锁相应的重合闸装置。

12-65 什么叫重合闸后加速?

答：当线路发生故障后，保护将有选择性的动作切除故障。随即重合闸进行一次重合恢复供电。若重合于永久性故障上，保护装置将不带时限加速动作断开断路器，这种跳闸方式就叫重合闸后加速。

12-66 重合闸装置在何时应停用或改直跳?

答：重合闸装置在下列情况下应停用或改直跳：

（1）当线路电压互感器的二次熔断器熔断时，应将检查同期和无压鉴定的重合闸停用。

（2）当输电线路带电作业时。

（3）当线路断路器的遮断容量不够时。

（4）当运行中发现装置异常，如充电监视氖灯熄灭时。

（5）当系统运行方式不允许时。

12-67 故障录波器的作用是什么?

答：故障录波器用于电力系统，可在电力系统发生故障或振荡时，自动、准确地记录整个故障过程中各种电气量的变化情况。它的作用主要有：

（1）根据所记录波形，可以正确地分析判断电力系统、线路和设备故障发生的确切地点、发展过程和故障类型，以便迅速排除故障和制订防止对策。

（2）分析继电保护和高压断路器的动作情况，及时发现设备缺陷，揭示电力系统中存在的问题。

（3）积累第一手材料，加强对电力系统规律性的认识，不断提高电力系统运行水平。

12-68 故障录波器分析报告的主要内容是什么?

答：故障录波器分析报告的主要内容有：

（1）发生事故时电网的运行方式及事故情况简述。

（2）继电保护和自动装置的动作情况，断路器跳合情况。

（3）故障原因及故障点。

（4）录波照片的波形分析结果（振子排列、名称及比例尺、波形幅值及时间）。

（5）分析意见及结论。

12-69 为什么装设联锁切机保护?

答：装设联锁切机保护是提高系统动态稳定的一项措施。所谓联锁切机

就是在输电线路发生故障跳闸时或重合不成功时，联锁切除线路送电端发电厂的部分发电机组，从而提高系统的动态稳定性。也有联锁切机保护动作后，作用于发电厂部分机组的主汽阀，使其自动关闭，这样可以防止线路过负荷，并可减少机组并列、启机的复杂操作，待系统恢复正常后，机组可快速地带上负荷，避免系统频率大幅度波动。

12-70 什么是低频减载装置？

答：当电力系统频率显著下降，致使各电厂及整个电力系统的稳定运行受到威胁时，装置能自动切除部分负荷，保证系统的安全运行，这种装置就是低频率减载装置。

12-71 为什么发电厂内要装设备用电源自投装置？

答：为了提高发电厂厂用电系统的供电可靠性，通常在高、低压母线及分段母线上设有两路电源。一路电源供电（工作电源），一路电源断开作明备用（备用电源）。由于某种原因工作电源跳闸时，自动装置应将备用电源自动投入，以保证厂用母线电源不中断，保障发电厂安全运行。

12-72 什么是备用电源自投装置？

答：备用电源自投装置就是当工作电源因故障被断开后，能自动而迅速地将备用电源投入工作或将用户供电切换到备用电源上去，使用户不致于停电的一种装置。

12-73 对备用电源自动投入装置的基本要求有哪些？

答：备用电源自动投入装置应满足以下基本要求：

（1）无论何种原因引起工作母线失压，备用电源自投装置均应启动。

（2）工作电源开关跳闸后，备用电源才能投入。

（3）备用电源自投装置只允许动作一次。

（4）备用电源自投装置的动作时间，应使负荷的停电时间尽量短。同时必须考虑故障点的去游离时间，以保证备用电源自投装置投入成功。

（5）厂用工作母线电压互感器二次熔断器熔断时，备用电源自投装置不应动作。

（6）当备用电源无电压时，备用电源自投装置不应动作。

12-74 备用电源自投装置在什么情况下动作？

答：不论何种原因，母线的工作电源断路器断开后，备用电源自投装置将立即启动，并使备用电源自动投入。工作电源断路器断开的原因，大致有以下几种情况：

（1）供电线路或变压器失去电压。

（2）供电设备故障，保护动作跳闸。

（3）人为式设备缺陷（操作回路或保护回路出现故障以及误碰）引起断路器误跳闸。

（4）电压互感器的熔断器熔断而引起的误动。

12-75　备用电源自投装置由哪几部分组成?

答：备用电源自动投入装置主要由两部分组成：

（1）低电压启动部分。当工作母线失压时，断开工作电源开关。

（2）自动合闸部分。在工作电源开关断开后，经一定延时将备用电源开关自动合上。

12-76　为什么备自投装置的启动回路要串联备用电源的电压触点?

答：在备自投装置的启动回路中串入备用电源电压继电器触点的目的是检查备用电源是否正常。只有在备用电源正常的情况下进行自投，对于恢复供电才有意义。

12-77　主变压器一般配置哪些保护?

答：主变压器一般配置下列保护：

（1）差动保护。保护范围为主变压器本体、发电机至主变压器和高压厂用变压器的引线，以及主变压器高压侧至高压断路器的引线，可以反映在这个区域内的相间短路，主变压器高压侧接地短路以及主变压器绕组匝间短路故障。

（2）零序保护。主变压器中性点接地时的零序保护由两段式零序电流保护组成。主变压器中性点不接地时的零序保护由零序电压保护和与中性点放电间隙配合使用的放电间隙零序电流保护组成。

（3）瓦斯保护。用于反映变压器油箱内部故障和油位降低。重瓦斯保护瞬时作用于跳闸，轻瓦斯保护延时作用于信号。

（4）温度保护。在冷却系统发生故障或其他原因引起变压器温度超过限值时，发出告警信号或者延时作用于跳闸。

（5）冷却器故障保护。由反映变压器绕组电流的过电流继电器与时间继电器构成，并与温度保护配合使用。

12-78　主变压器零序电流保护在什么情况下投入运行?

答：主变压器零序保护是变压器中性点直接接地侧用来保护该侧绕组的

内部及引出线上接地短路的，可作为防止相应母线和线路接地短路的后备保护。因此，在主变压器中性点接地时，应投入零序保护。

12-79 变压器接地保护的方式有哪些？各有什么作用？

答：中性点直接接地的变压器一般设有零序电流保护，主要作为母线接地故障的后备保护，并起变压器和线路接地故障的后备保护作用。中性点不接地的变压器，一般设有零序电压保护和与中性点放电间隙配合使用的放电间隙零序电流保护，作为接地故障时变压器一次过电压保护的后备保护。

12-80 主变压器差动保护投入运行前为什么要用负荷电流测量相量？

答：主变压器差动保护装置按环流法原理构成，继电器及各侧电流互感器有严格的极性要求，所以在差动保护投入前为了避免二次接线错误，要（利用负荷电流）作最后一次接线检查，测量相量和继电器三相差压或差电流，用来判别变压器及继电器本身接线是否正确。在正常情况下差动回路的电流应平衡，相量相反时两侧二次电流应相差180°。以保证变压器投入后安全可靠运行，且在故障情况下，差动保护能正确地动作。

12-81 什么叫瓦斯保护？其保护范围是什么？

答：当变压器内部故障时，由于发热或短路点电弧燃烧等原因，致使变压器油体积膨胀，产生压力，并产生或分解出气体，导致油流冲向储油柜，油面下降而使气体继电器触点接通，作用于断路器跳闸，这种保护就是瓦斯保护。

瓦斯保护是变压器的主保护，能有效地反应变压器内部故障，其保护范围有：

（1）变压器内部多相短路。

（2）匝间短路、匝间与铁芯或外部短路。

（3）铁芯故障。

（4）油位下降或漏油。

（5）分接头开关接触不良或导线焊接不良等。

12-82 变压器瓦斯保护的基本工作原理是怎样的？

答：瓦斯保护有轻、重瓦斯保护之分，装于油箱与储油柜之间的连接导管上。轻瓦斯保护的气体继电器由开口杯、干簧触点等组成，作用于信号。重瓦斯保护的气体继电器由挡板、弹簧、干簧触点等组成，作用于跳闸。

正常运行时，气体继电器内充满油，开口杯浸在油内，处于上浮位置，干簧触点断开。当变压器内部发生故障时，故障点局部产生高热，引起附近的变压器油膨胀，油内溶解的空气被逐出，形成气泡上升，同时油和其他材料在电弧和放电等的作用下电离而产生气体。当故障轻微时，排出的气体缓慢地上升而进入气体继电器，使油面下降，开口杯产生以支点为轴的逆时针方向转动，使干簧触点接通，发出信号。当故障严重时，将产生强烈的气体，使变压器内部压力突增，产生很大的油流向储油柜方向冲击，因油流冲击挡板，挡板克服弹簧的阻力，带动磁铁向干簧触点方向移动，使干簧触点接通，作用于跳闸。

12-83　变压器差动与瓦斯保护有何区别？

答：主变压器差动保护是按环流法原理设计的，而瓦斯保护是根据变压器内部故障时产生油气流的特点设置的，它们的原理不同，保护的范围也不尽相同。差动保护为变压器及其系统的主保护，引出线也是差动保护的范围。瓦斯保护为变压器内部故障时的主保护。

12-84　为什么差动保护不能代替瓦斯保护？

答：瓦斯保护能反应变压器油箱内的任何故障，如铁芯过热烧伤、油面降低等，而差动保护对此无反应。又如变压器绕组发生少数线匝的匝间短路，虽然短路匝内短路电流会很大并会造成局部绕组严重过热，还会产生强烈的油流向储油柜方向冲击，但表现在相电流上其量值并不大，因此差动保护没有反应，但瓦斯保护对此却能灵敏地加以反应。所以，差动保护不能代替瓦斯保护。

12-85　什么是主变压器冷却器故障保护？

答：冷却器故障保护一般由反应变压器绕组电流的过电流继电器与时间继电器构成，并与温度保护配合使用，构成两段时限保护。当主变压器冷却器发生故障时，温度升高，超过限值后温度保护首先动作，发出告警信号同时开放冷却器故障保护出口。Ⅰ段延时动作于减出力，Ⅱ段延时动作于解列或程序跳闸。

12-86　高压厂用变压器一般配置哪些保护？

答：高压厂用变压器一般配置下列保护：

(1) 差动保护。作为高压厂用变压器绕组内部及引出线相间短路的主保护，瞬时作用于跳闸。

(2) 复合电压过电流保护。作为高压厂用变压器的后备保护。

(3) 低压分支过电流保护。单元机组的高压厂用变压器一般采用分裂绕组变压器，低压侧两个分支均设有过电流保护，作为低压分支的后备保护。

(4) 低压分支接地保护。低压侧两个分支均设有零序过电流保护。

(5) 其他异常保护。如过负荷告警、启动风冷等。对于有载调压变压器，还有闭锁有载调压功能。

(6) 瓦斯保护。重瓦斯反映变压器内部的严重故障，作为变压器内部故障的主保护，瞬时作用于跳闸；轻瓦斯反映变压器内部轻微故障或严重漏油，延时作用于信号。

(7) 温度保护。在冷却系统发生故障或其他原因引起变压器温度超过限值时，发出告警信号或者延时作用于跳闸。

12-87 低压厂用变压器一般配置哪些保护?

答: 低压厂用变压器一般配置下列保护：

(1) 电流速断保护。作为低压厂用变压器相间短路的主保护，瞬时作用于跳闸。

(2) 瓦斯保护。油浸式低压厂用变压器装设瓦斯保护，轻瓦斯保护作用于信号，重瓦斯保护作用于跳闸。

(3) 超温保护。干式低压厂用变压器装设超温保护，作为主保护，瞬时作用于跳闸。

(4) 过电流保护。作为低压厂用变压器的后备保护，延时作用于跳闸。

(5) 接地保护。中性点直接接地的低压厂用变压器一般装设零序过电流保护，作为相邻元件及本身主保护的后备保护。

12-88 异步电动机的保护配置原则是怎样的?

答: 电动机的保护配置应根据运行重要程度，进行经济技术比较，选择简单可靠的保护装置。

(1) 对于1kV以下、功率小于75kW的低压厂用电动机，广泛采用熔断器或低压断路器本身的脱扣器作为相间短路保护。

(2) 对于1kV以上的电动机，应装设由继电器构成的相间短路保护装置，通常都采用无时限的电流速断保护，并且一般用两相式，动作于跳闸。

(3) 对于2000kW及以上的电动机或功率小于2000kW但电流速断不能满足灵敏度要求时，应装设纵联差动保护作为相间短路的主保护。

(4) 对于电源为变压器中性点不接地或经消弧线圈接地的系统，当单相接地电容电流>5A时，应装设接地保护，作用于跳闸或信号；但当接地电流≥10A时，应作用于跳闸。

(5) 对于在运行中容易发生过负荷的电动机和由于启动或自启动条件较差而使启动或自启动时间过长的电动机，都应装设过负荷保护，根据具体情况作用于跳闸或信号。

（6）对于次要电动机和不允许自启动的电动机都要装设低电压保护，作用于跳闸。

12-89　大容量电动机为什么应装设纵联差动保护？

答：电动机电流速断保护的动作电流是按躲过电动机的启动电流来整定的，而电动机的启动电流比额定电流大得多，这就必然降低了保护的灵敏度，因而对电动机定子绕组的保护范围很小。因此，大容量的电动机应装设纵联差动保护，来弥补电流速断保护的不足。

12-90　厂用电动机低电压保护的作用是什么？

答：当电动机供电母线电压短时降低或短时中断时，为了防止电动机自启动时，使电源电压严重降低，通常在次要电动机上装设低电压保护。当供电母线电压降低到一定值时，低电压保护动作将次要电动机切除，使供电母线电压迅速恢复到足够的电压，以保证重要电动机的自启动（上述重要与次要电动机一般按热力系统要求来划分）。

12-91　电动机一般装有哪些保护？

答：电动机一般装有以下保护：

（1）对于小电流接地系统，电动机采用两相式纵差保护或电流速断保护，作为电动机相间短路故障的主保护。

（2）对于容量在100kW及以上的大容量低压电动机，通常采用电流速断保护作为相间短路保护。

（3）对于中性点直接接地系统中的电动机，通常采用零序电流保护来反映单相接地短路故障。

（4）过负荷保护。对于生产过程中会发生过负荷的电动机，应装设过负荷保护。

第十三章　热网设备的启停及运行维护

13-1　减温减压器投运前的准备工作有哪些?

答: 减温减压器投运前的准备工作为：先将减温减压器的电动阀、调整阀送电，调试合格。远方就地操作灵活，动作正确，试验正常后关闭。减温减压器远方和就地的各压力、温度、流量表计全部安装到位并投入使用。

13-2　如何进行减温减压器的正常维护?

答: 减温减压器在运行中应经常保持压力、温度在规定范围内。在正常的情况下，二次压力、温度的调节，由减温减压器的自动装置来完成。如调节装置失灵，应迅速改为手动调整。同时应检查调节装置及调节设备。如控制油泵是否掉闸，油箱油位是否正常等。

13-3　如何停运减温减压器?

答: 减温减压器切除停运时，应先将自动装置切至手动，关闭减温调整阀和减压调整阀，然后关闭减温水总阀，以防调整阀不严使系统温度突降产生泄漏。最后关闭减压器蒸汽的出、入口阀，并切除疏水器，逐渐开大疏水至排大气阀，使减温减压器压力缓慢地降至零，然后全开此阀。关闭出、入口阀时应注意压力，以防入口阀不严，压力升高使安全阀动作。

13-4　减温减压器的定期校验工作有哪些?

答: 减温减压器运行中还应定期试验，检查安全阀动作数值是否正常等，其动作范围应比最高供热压力大 0.15～0.2MPa。试验方法为：操作减压调节阀，使供热压力强制升高，通过移动安全阀重锤（向里移动降低动作数值，向外移动提高动作数值）来调整至规定的动作数值。此外，还要定期检查疏水器是否灵活可靠，以防疏水不畅或大量蒸汽漏出。

13-5　热网投入前汽水系统需检查什么?

答: 热网准备投入前，应按系统对热网站进行全面检查。

（1）蒸汽系统。主机供热抽汽电动阀、抽汽止回阀、调整阀关闭，各加热器进汽电动阀、调整阀应关闭，蒸汽管道上的疏水阀应开启，排空阀应开启。

（2）疏水系统。各疏水泵入口阀应开启，出口阀应关闭。疏水泵密封水、冷却水、气平衡阀开启。疏水再循环调节阀及疏水调节阀应关闭，而调节阀前隔离阀应开启，疏水管道上所有放水阀应关闭，疏水冷却器的冷却水应提前投入。

（3）循环水系统。回水滤网前后隔离阀开启，滤网投入，旁路应关闭。各循环泵的入口阀开启，出口阀关闭。各循环泵的密封水、填料压盖和轴承的冷却水应投入。各加热器进、出口水阀应关闭，加热器旁路阀打开。循环水管道上所有放水阀应关闭，排空阀开启。

（4）补水系统。补水系统所有放水阀应关闭。补水泵入口阀开启，出口阀关闭，补水调整阀前后隔离阀开启。补水直通阀及事故备用补水阀关闭。热网除氧器放水阀关闭，除氧器蒸汽阀关闭。

13-6　热网系统投入前应作哪些试验？

答：热网系统启动前应作以下试验：各泵的联动试验、进汽蝶阀试验和加热器水位试验。

13-7　如何作热网各泵联动试验？

答：热网循环水泵是热网系统中功率最大的设备，试验时必须将其电源开关置于试验位置，然后合上试验操作开关，投入联锁开关，按下试验泵的事故按钮，此时事故喇叭响，掉闸泵绿灯闪。联动泵被联动，红灯闪。同样方法可试验其他各循环泵。

热网加热器的疏水泵在启动前因无疏水，必须在试验位置作联动试验，方法与热网循环水泵相同。此外，疏水泵还有低水位停泵试验，为了防止疏水泵汽化，在其水位达低Ⅱ值时，一般要停止疏水泵运行。试验时，先在试验位置合上疏水泵，然后短接水位低Ⅱ值信号，疏水泵应跳闸。热网补水泵联动试验和热网循环水泵相同。

13-8　热力网进汽蝶阀如何进行试验？

答：一般热网抽汽管道上装设有抽汽止回阀，又称进汽蝶阀。试验前先就地手动，操作应灵活，然后投入自动装置。短接加热器水位高Ⅱ值信号时，加热器进汽蝶阀迅速全关，目的是防止汽水返入汽轮机。

另外，有些热网将该止回阀设计成调整阀，感觉加热器的出口水温。试验时，先投入自动调整器，然后输入出口水温信号，此时蝶阀开度应随输入信号而改变。

13-9 热网加热器有哪些水位保护？如何动作？

答：热网加热器水位一般有低Ⅰ、低Ⅱ、高Ⅰ、高Ⅱ四个信号值。低Ⅰ、高Ⅰ值时发报警信号，引起运行人员注意，以便调整。低Ⅱ值时，一般还要联跳疏水泵；高Ⅱ值时，联开事故疏水，关进汽电动阀、进汽蝶阀等。

13-10 水供暖热网设置了哪些保护系统？

答：水供暖热网均设置了热网回水压力保护、加热器水位保护和其他保护。

13-11 试简述热网回水压力保护。

答：在水供暖热网系统中，为保证在整个供暖期间，热力网中（包括外网）任一点的供水不汽化，同时也不超压，使供水按设计的水力工况运行，就需在整个循环供水系统上设置一个压力恒定不变的地点——定压点。热网水系统的定压点均设在回水管循环泵的入口处，并在定压点设置了补水调整装置以确保整个热网水力系统的安全运行。

试验时，将循环泵电动机开关送“试验”位置，由热工人员分别依次短接压力开关，检查保护动作正常，试验结束后将循环泵电源送上。

13-12 试简述加热器水位保护及试验方法。

答：为防止加热器管子泄漏，水位高造成汽轮机进水，热网加热器也有水位保护。

保护动作设置情况如下：

（1）水位低。跳疏水泵。

（2）高Ⅰ值。打开事故疏水阀。

（3）高Ⅱ值。停加热器（关进汽阀，关加热器水侧出、入口阀，打开旁路阀），关主机抽汽止回阀、抽汽电动阀，大开抽汽蝶阀。

加热器水位高保护试验方法。注意在不影响主机运行的前提下由热工人员解除加热器水位平衡容器，开启平衡器上部排空阀，从平衡器下部放水管注水校验各水位报警值、保护动作值。

试验时，疏水泵在“试验”位置，送上操作电源，投入连锁开关，试验水位高Ⅱ值时，确认主机供热抽汽电动阀在关闭状态。

13-13 试述疏水泵最小流量保护。

答：为防止疏水泵汽蚀，设置了疏水泵最小流量保护。当出口流量低于规定的最小数值时，疏水泵跳闸。

13-14 热网的调试分为哪两个阶段?

答: 热力网的调试分为分部试运阶段和整体试运阶段。

13-15 如何进行回转设备的试运?

答: 热网所有回转设备的电动机均需进行单独空转试验合格，转向及操作回路正确。启动回转设备转子进行检查，设备内无摩擦及卡涩现象，各泵轴承的油质及油量合格，各泵试运时间不少于8h，各泵的联动试验合格，测量各轴承振动，检查轴承温度、轴承振动应符合标准。试运时记录有关数据作为原始资料，这些数据包括：各泵轴承的振动值、空转电流，各泵轴向窜动情况、膨胀情况，各泵的流量、扬程等数据。回转设备试运的同时，检查系统泄漏情况，检查各压力表、温度计、流量计等表计能否正常投运。

13-16 热网循环水系统冷态循环调试如何操作?

答: 外网系统软化水灌水完毕后，投运外网各加热站循环水侧，启动循环泵进行热网循环水系统循环，并通过水力特性试验检查，确定供热工况时循环泵的运行方式（决定供水流量）。

投入热网补水系统，启动软化水泵向除氧器上水，水位正常后，启动补水泵向外网补水，用除氧器水位调整阀及补水泵出口调整阀调整除氧器水位，进行除氧器水位报警、保护连锁试验。外网补满水后，回水压力达到定压点定值要求后，启动一台循环泵，缓慢开启出口阀，记录泵出、入口压力，热网供、回水压力，待回水压力稳定后，再启动第二台循环泵，如此逐台启动循环泵，记录供、回水压力，供、回水流量。循环水系统循环稳定后，投入热网加热器水侧，关闭水侧旁路阀。加热器水侧投入时先投基本加热器，再投尖峰加热器。注意维持循环水供、回水母管压力在允许范围内，根据热负荷及系统情况确定热网的供水流量、供水压力，但必须严格按设计的水力工况运行。投入热网补水自动调整装置，维持热网定压点压力在规定范围内变化。

13-17 热网启动分为哪几步?

答: 热网启动分为低压除氧器启动、供热管道系统充水、启动热网循环水泵、热网加热器通水、加热器蒸汽投入、疏水系统投入。

13-18 如何启动低压除氧器?

答: 整个启动过程从低压除氧器开始，开启化学来水阀，除氧器上水冲洗，合格后关闭放水阀，投入加热蒸汽。待低压除氧器运行正常后，可向热网循环水系统补水升压。

13-19 如何进行供热管道系统充水?

答:系统注水期间检查有无泄漏,系统充满水后,空气排尽关闭空气阀。然后启动热网补水泵将低压除氧器除氧水充入循环水系统,待回水管压力补至规程要求时,可启动热网循环水泵。

13-20 如何启动热网循环水泵?

答:检查系统正常后,关闭出口阀,开启密封水、轴承冷却水阀,检查泵各部正常,盘动灵活,电动机、风扇无异常即可启动一台热网循环水泵。缓慢开启泵出口阀,注意压力及电流变化,缓慢升压至所需压力值,如不够,可按规程要求启动第二台循环水泵,满足循环水量要求,升压过程中应全面检查热网系统是否有泄漏,稍开排空阀,检查是否有空气未放尽。

13-21 如何投入热网加热器?

答:投入热网加热器时,先打开入口阀灌水,待排空阀冒水后关闭排空阀,开启出口阀,关闭旁路阀。检查管束不泄漏,汽侧无水位,然后可投入汽侧运行。投入汽侧要充分疏水,打开进汽电动阀前管道疏水,待疏水排尽后方可投入加热器汽侧,以避免管道及加热器冲击。投入加热器汽侧时应先进行暖体,稍开进汽电动阀、汽侧排空阀,维持加热器出口水温升小于0.5℃/min,约暖体20min后,可全开进汽阀投入汽侧。

13-22 如何进行热网加热器通水?

答:投入前检查排空阀开启,放水阀关闭;各法兰人孔阀螺栓全部上好;各种表计投入。通水时,可稍开入口阀或开启注水阀,待水侧注满水,空气排尽后关闭排空阀,开启入口阀、出口阀,关旁路阀。整个通水过程要注意汽侧水位应无明显变化,如变化较大,应停止注水,通知化学化验水质,确定是否泄漏。

13-23 如何投入热网加热器蒸汽?

答:加热器通水后检查各部正常,检查好热网疏水泵,投入其密封冷却水。稍开加热器进汽调整阀,维持一定压力暖管,一般10~20min为宜,暖体结束,关闭管道疏水,逐渐开大进汽调整阀,控制加热器出口温升为0.5℃/min左右。当加热器水位达高Ⅰ值左右时,启动疏水泵,通知化学化验水质,不合格时,一般将水排出系统,合格后再送入主机凝汽器,送入凝汽器时,通知汽轮机值班人员注意真空变化。待运行稳定后,投入所有保护和自动调整。

13-24 正常运行中如何维护热网加热器？

答：正常运行中要注意监视汽侧的压力、温度，水侧出、入口温度，尤其应注意监视加热器的水位保持在正常位置，防止水位过低，疏水泵汽化，以及水位过高，加热器冲击。

13-25 如何停止热网加热器？

答：停止热网加热器时，要逐渐关小热网的进汽蝶阀或调整阀，而且一般要求热网水温变化不超过0.5℃/min。在此过程中注意调整疏水泵出口调整阀和再循环阀开度，保证疏水泵正常运行。待进汽阀全关后，开启进汽管道疏水，加热器水位较低后，停止疏水泵，关闭疏水泵出口阀，关闭疏水至相对应机组凝汽器的截止阀。

13-26 如何停止热网循环水系统？

答：热网循环水系统停止时比较复杂，首先要停止热网补水，停止热网除氧器运行。然后逐台停止循环水泵。停泵时，要缓慢关闭其出口阀，注意循环水母管压力应缓慢降低，出口阀全关后方可停泵。这样按顺序逐台停止，以防止因停泵过快造成入口母管超压，损坏设备。

13-27 热力网停运后为何要进行保护？

答：供热结束后，热力网停运时间较长，长达6个月以上，由于热力网管道及热力网加热器管子均为碳钢，为防止加热器管子及系统管道的氧化锈蚀，在热力网系统停运后，应进行防腐保护工作。

13-28 简述如何进行蒸汽、疏水系统及疏水冷却器的保护。

答：蒸汽、疏水系统及疏水冷却器疏水侧由于容积大，一般多采用气相保护法。当充气浓度达到一定值时，即可得到较长时间（2～3个月）的保护。整个保护期间充气两次即完全可以防止金属及管子的锈蚀，保护期结束后再启动时，不需对管子进行冲洗。

保护前，先将被保护部分系统内的积水全部排尽，再将系统所有放水、排空阀及疏水阀、进汽阀等截止阀关闭。准备好需用量的气相缓蚀剂（一般1000m^3约需500kg）连接好加热罐的电源、气化罐气源（大于0.2MPa的干净压缩空气）。开压缩空气向所保护的系统充压缩空气，检查系统是否泄漏，消除漏气点，并进行加热罐气密试验、通电试验、气化罐气密试器。试验合格后，开启进气阀，开气化罐入口阀、出口阀和加热罐止气阀，投入加热器，缓缓开启加热器来气阀（保持压力在0.02MPa左右），并使加热器出气温度维持在80～90℃。加入缓蚀剂，使系统进入充气状态，注意调整温度

小于90℃，调整好压力在0.1～0.2MPa，以温度为准调整压力。充气20min后对所有保护设备进行检验，合格后停止充气，关闭充气阀，关闭各加热器进出口电动阀，使加热器及管路系统处于保护状态。

充气一定时间后，在加热器采样处检查，应有少量气体排出，经检验pH>10时，即认为充气保护已合格，可以停止充气，否则应充气至合格为止。

13-29 如何进行热网水侧保护？

答：热网水侧系统保护多采用液相保护法，即在热网水系统（此处仅指发电厂内的热网供、回水系统，不含外网系统）中加入保护液，使热网水系统金属在停用期间不产生锈蚀，液相保护药剂一般采用丙酮肟氨。

热网停用后，水系统应全部充满软化水，并检查泄漏情况，消除全部泄漏点后，将整个保护系统用软化水充满。

加药系统一般需要设置一个水箱及一台加药泵，根据保护系统的容量选择水箱大小及加药泵的流量（如保护水箱体积为500m^{3}时可选用100t/h的泵）。加药时，先将药箱补软化水，启动加药泵，开出口阀，开启回药阀建立循环；检查系统泄漏情况，并将泄漏消除，无泄漏后，停加药泵，向药箱加药（药量按500m^{3}用量计算），将保护药剂倒入药液箱中搅拌至固体药剂完全溶解后，再启动加药泵加药，循环1h后，在回水管上采样检查药液的pH值，pH值大于10，丙酮肟氨量达30mg/L为合格，否则，继续向药箱加药，继续循环，至药液合格为止。合格后，停止加药泵，关闭加药阀及回药阀，关闭各加热器进、出水阀，使所有加热器及管路进入保护状态。

第四部分

故障分析与处理

第十四章　汽轮机典型事故及处理

14-1　机组发生故障时，运行人员应进行哪些工作？

答：机组发生故障时，运行人员应进行如下工作：

（1）根据仪表指示和设备外部象征，判断事故发生的原因。

（2）迅速消除对人身和设备的危险，必要时立即解列发生故障的设备，防止故障扩大。

（3）迅速查清故障的地点、性质和损伤范围。

（4）保证所有未受损害的设备正常运行。

（5）消除故障的每一个阶段，尽可能迅速地报告值长、车间主任，以便及时采取进一步对策，防止事故蔓延。

（6）事故处理中不得进行交接班，接班人员应协助当班人员进行事故处理，只有在事故处理完毕或告一段落后，经交接班班长同意方可进行交接班。

（7）故障消除后，运行人员应将观察到的现象、故障发展的过程和时间，采取消除故障的措施正确地记录在记录本上。

（8）应及时写出书面报告，上报有关部门。

14-2　汽轮机事故停机一般分为哪三类？

答：汽轮机事故停机一般有：

（1）破坏真空紧急停机。

（2）不破坏真空故障停机。

（3）由值长根据现场具体情况决定的停机。

其中第三类停机包括减负荷停机。

14-3　什么叫紧急停机、故障停机、由值长根据现场具体情况决定的停机？

答：紧急停机：设备已经严重损坏或停机速度慢了会造成严重损坏的事故。操作上不考虑带负荷情况，不需汇报领导，可随即打闸，并破坏真空。

故障停机：不停机将危及机组设备安全，切断汽源后故障不会进一步扩大。操作上应先汇报有关领导，得到同意，迅速降负荷停机，无需破坏真空。

由值长根据现场具体情况决定的停机：事故判断不太方便，判断不太清楚，或某一系统或设备异常尚未达到不能减负荷停机的程度。操作上应控制降温、降负荷速度、汽缸温度下降到一定的温度再打闸停机。

14-4 区别三类事故停机的原则是什么？

答：区别三类事故停机的原则是：

（1）故障对设备的危害程度和要求的停机速度。

（2）对设备故障的判断是否方便清楚。

14-5 破坏真空紧急停机的条件是什么？

答：破坏真空紧急停机的条件是：

（1）汽轮机转速升至3360r/min，危急保安器不动作或调节保安系统故障，无法维持运行或继续运行危及设备安全时。

（2）机组发生强烈振动或设备内部有明显的金属摩擦声，轴封冒火花，叶片断裂。

（3）汽轮机水冲击。

（4）主蒸汽管、再热蒸汽管、高压缸排汽管，给水的主要管道或阀门爆破。

（5）轴向位移达极限值，推力瓦块温度急剧上升到95℃时。

（6）轴承润滑油压降至极限值，启动辅助油泵无效。

（7）任一轴承回油温度上升至75℃或突升至70℃（包括密封瓦，100MW机组密封瓦块温度超过105℃）。

（8）任一轴承断油、冒烟。

（9）油系统大量漏油、油箱油位降到停机值时。

（10）油系统失火不能很快扑灭时。

（11）发电机、励磁机冒烟起火或内部氢气爆炸时。

（12）主蒸汽、再热蒸汽温度10min内升、降50℃以上（视情况可不破坏真空）。

（13）高压缸胀差达极限值时。

14-6 故障停机的条件有哪些？

答：发生下列情况之一，应立即汇报班长、值长，联系电气、锅炉迅速减掉汽轮机负荷、电气解列，故障停机。

（1）真空降至最低允许值，负荷降至零仍无效时。

（2）额定汽压时，主蒸汽温度升高到最大允许值，短时间不能降低或超过最大允许值。

（3）主蒸汽温度、再热蒸汽温度过低。

（4）主蒸汽压力升高到最大允许值，不能立即恢复时。

（5）发电机断水超过 30s，断水保护拒动作或发电机大量漏水时。

（6）厂用电源全部失去。

（7）主油泵故障不能维持正常工作时。

（8）氢冷系统大量漏氢，发电机内氢压无法维持时。

（9）高、中、低压缸胀差达最大允许值，采取措施无效时。

（10）凝结水管破裂，除氧器水位迅速下降，不能维持运行时。

（11）凝汽器铜管破裂，大量循环水漏入汽侧。

14-7 紧急停机如何操作？

答：紧急停机操作如下：

（1）按紧急停机按钮或手动脱扣器，检查高、中压自动主汽阀、调节汽阀、各抽汽止回阀、高压缸排汽止回阀应关闭，转速应下降，关闭电动主汽阀。

（2）发出相应的停机保护动作信号。

（3）启动交流润滑油泵。

（4）关闭除氧器进水阀，开凝结水再循环阀，投入排汽缸喷水。开启给水泵再循环阀，关闭中间抽头阀。

（5）停用射水泵，开启真空破坏阀，除与锅炉侧相通的疏水阀外，开启汽轮机侧所有疏水阀，解除旁路系统自动。

（6）调整轴封压力，必要时将轴封汽切换为备用汽源供给。

（7）倾听机组声音，记录惰走时间。

（8）转子静止，真空到零，停止向轴封送汽，投入盘车，测量转子弯曲值。

（9）完成正常停机的其他各项操作。

（10）详细记录全过程及各主要数据。

14-8 蒸汽温度的最高限额是根据什么制定的？

答：蒸汽温度的最高限额的依据是由主蒸汽管、电动主汽阀、自动主汽阀、调节汽阀、联合汽阀及调节级等金属材料来决定的。根据材料的蠕变极限和持久强度等性能决定的，当蒸汽温度超过最高限额时，会使金属材料的蠕变速度急剧上升，允许用应力大大下降。所以运行中不允许在蒸汽温度的上限运行。

14-9 新蒸汽的压力和温度同时下降时，为什么按汽温下降进行处理？

答：新蒸汽压力降低将使汽耗增加，经济性降低，末级叶片易过负荷，应进行处理。单元制机组锅炉的处理方法包括减负荷。

汽温下降时，汽耗要增加，经济性降低，除末级叶片易过负荷外，其他压力级也可能过负荷，机组轴向推力增加，且末级湿度增大易发生水滴冲蚀，汽温突降是水冲击的预兆，所以汽温降低比汽压降低危险。汽温、汽压同时降低时，如负荷降低，则对设备安全不构成严重威胁，汽温降低规程明确规定了要减负荷，所以汽温、汽压同时降低，按汽温降低处理比较合理；若不减负荷，末级叶片过负荷的危险较大。汽温降低处理中规定，负荷下降到一定的程度是以蒸汽过热度为处理依据的，这时的主要危险是水冲击，汽压降低对设备安全已不构成威胁，当然以汽温降低处理要求进行合理处理。

中小型母管制蒸汽系统的机组，汽温、汽压同时降低时，一般规定以汽压下降的规定进行处理。大容量单元制机组的处理则按汽温下降的规定进行处理，这一点在概念上不要混淆。

14-10 新蒸汽温度突降有何危害？

答：蒸汽温度突降，可能是机组发生水冲击的预兆，而水冲击会引起整个机组严重损坏。此外汽温突降还将引起机组部件温差增大，热应力增大，且降温产生的温差会使金属承受拉应力，其允许值比压应力小得多。降温还会引启动静部件收缩不一，胀差向负值增大，甚至动静之间发生摩擦，严重时将导致设备损坏，因此在发生汽温突降时，除按规程规定处理外，还应对机组运行情况进行监视与检查。

汽温突降往往不是两侧同时发生，所以还要特别注意两侧温差，两侧汽温差超限应根据有关规定处理。

14-11 新蒸汽温度下降应如何处理？

答：新蒸汽压力为额定值，而汽温低于额定值 10℃时，应恢复汽温，低于额定值 20℃时，应限负荷运行，汽温继续下降应按规程规定开启主蒸汽管及本体疏水阀，同时汇报值长，保持温度降压减负荷。降压减负荷过程中，过热度应不低于 150℃，否则应故障停机，蒸汽温度降低时，可采用开旁路降压，必要时投入汽缸冷却，确保高压胀差、缸胀、金属温差在合格范围，如汽温下降较快，如 10min 内下降 50℃，应打闸停机。

14-12 新蒸汽温度升高应如何处理？

答：新蒸汽温度升高应作如下处理：

（1）主蒸汽温度、再热蒸汽温度应在允许范围内变化，超出时应降低温度。

（2）主蒸汽温度或再热蒸汽温度升至最高允许值时，应报告值长、迅速采取措施。如规程规定的时间内不能恢复，应故障停机。

（3）汽温急剧升高到最高允许值以上，汇报值长，要求立即打闸停机。

（4）如主汽温 10min 内上升 50℃，应立即打闸停机。

14-13 主蒸汽压力、温度同时下降时，应注意哪些问题？

答：主蒸汽压力、温度同时下降时，应注意如下问题：

（1）主蒸汽压力、温度同时下降时，要求恢复正常，并报告值长要求减负荷。

（2）汽温、汽压下降的过程中，应注意高压缸胀差、轴向位移、轴承振动、推力瓦温度等数值，并应严格监视主汽阀、轴封、汽缸结合面是否冒白汽或溅出水滴，发现水冲击时，应紧急停机。

（3）主蒸汽压力、温度同时下降，虽有 150℃过热度，但主蒸汽温度低于调节汽室上部温度 50℃以上时汇报值长，要求故障停机。

14-14 主蒸汽温度、再热蒸汽温度、两侧温差过大有何危害？

答：由于锅炉原因，使汽轮机高、中压缸两侧进汽温度产生偏差，如两侧汽温差过大，将使汽缸左、右两侧受热不均匀，会产生很大热应力，使部件损坏或缩短使用寿命，热膨胀亦不均匀，致使汽缸动静部分产生中心偏斜，造成动静间摩擦，机组振动，严重时将损坏设备。因此，当两侧汽温差太大时，应按规程规定进行处理，两侧汽温差超过 80℃时，应故障停机。

14-15 主蒸汽压力过高如何处理？

答：当发现主蒸汽压力超过允许值时，应采取降压措施，对汽轮机也可采取开启旁路，或用电动主闸门节流降压。如不能立即恢复，汽压继续上升到最大允许值，应汇报值长，故障停机。

14-16 负荷突变的一般原因有哪些？

答：负荷突变的一般原因如下：

（1）发电机或电网故障。

（2）锅炉紧急停用。（参数大幅度下降）

（3）危急保安器飞锤动作。

（4）电动脱扣器动作。

（5）调速油压低于最低允许值。

（6）误操作引起保护动作。

14-17　负荷突变的故障应如何判断？

答：负荷突变的故障应作如下判断：

（1）在发电机突然甩掉负荷后，如果负荷表指示在零位，蒸汽流量下降，锅炉安全阀动作，转速上升后又下降，并稳定在一定转速，说明调节系统可以控制转速，危急保安器没有动作。

（2）在机组甩负荷后，如果转速不变，则说明发电机未解列。对于装有自动主汽阀与发电机油开关联锁装置的机组，只要发电机解列，主汽阀即关闭，转速下降。

14-18　造成汽轮机甩负荷的原因有哪些？

答：造成汽轮机甩负荷的原因如下：

（1）轴向位移保护动作。

（2）抗燃油系统故障造成抗燃油压突降。

（3）汽阀误关引起甩负荷。

（4）调节系统卡涩引起甩负荷。

（5）机组保护中的任一保护动作或误动作时。

14-19　轴向位移保护动作的后果是什么？

答：在运行中，汽轮机的轴向位移受严格限制，当汽轮机转子的推力过大，产生超过允许值的位移时，会引起推力轴承的磨损，严重的会使汽轮机的转动部分和静止部分产生摩擦，甚至会造成叶片断裂等重大事故。因此，汽轮机都必须设置轴向位移遮断系统，以实现对机组的安全保护，当轴向位移超标时，向危急遮断系统提供最可靠的遮断信息。

14-20　运行中甩去部分负荷，发电机未与电网解列的象征是什么？

答：运行中甩去部分负荷，发电机未与电网解列的象征如下：

（1）功率表指示突然大幅度降低，调节汽阀关小，各监视段压力相应降低。

（2）频率正常，主蒸汽压力升高，旁路自动投入。

14-21　运行中甩去部分负荷，发电机未与电网解列应如何处理？

答：运行中甩去部分负荷，发电机未与电网解列应作如下处理：

（1）检查机组运行情况一切正常后和值长联系，要求迅速增加本机负荷。

（2）在电网负荷允许的情况下，迅速将本机负荷增加到原来所带负荷的70%以上。

（3）调整轴封压力，如除氧器压力太低，应将轴封汽源切换为备用汽源供给。

（4）当甩负荷时，给水泵流量低于允许值，应开启再循环阀，负荷恢复后，根据给水流量上升情况关闭再循环阀。

（5）注意旁路运行情况，当负荷上升后，停用旁路。

（6）检查除氧器、凝汽器及各加热器水位，进行必要的调整。

（7）全面检查。

14-22　发电机甩负荷到“0”，汽轮机将有哪几种现象？

答：发电机甩负荷到“0”，汽轮机将有如下现象：

（1）汽轮机主汽阀关闭，发电机未与电网解列，转速不变。

（2）发电机与电网解列，汽轮机调节系统正常，能维持空负荷运行，转速上升又下降到一定值。

（3）发电机与电网解列，汽轮机调节系统不能维持空负荷运行，危急保安器动作，转速上升后又下降。

（4）发电机与电网解列，汽轮机调节系统不能维持空负荷运行，危急保安器拒绝动作，造成汽轮机严重超速。

14-23　汽轮机主汽阀关闭，发电机未与电网解列，事故象征有哪些？

答：汽轮机主汽阀关闭，发电机未与电网解列，事故象征如下：

（1）汽轮机转速不变，高、中压主汽阀，调节汽阀，各抽汽止回阀关闭。

（2）发电机负荷到零，各监视段压力到零，主蒸汽压力升高。

（3）旁路自动投入或根据锅炉要求手动打开。

14-24　汽轮机主汽阀关闭，发电机未与电网解列，应如何处理？

答：汽轮机主汽阀关闭，发电机未与电网解列，应作如下处理：

（1）手打盘上发电机停机按钮，如有机电联络信号，应发出紧急停机信号。

（2）启动高压油泵与润滑油泵。

（3）旁路系统应自动投入，如未投入，可根据要求手动打开。

（4）调整凝汽器水位、汽封压力、给水压力、除氧器压力及水位。若除氧器汽源不足，应切换备用汽源供汽封。

（5）完成故障停机的有关主要操作。

(6) 迅速查清汽轮机跳闸原因，如属保护正确动作，则应将机组停下，待事故原因查明并清除后方可重新启动。如果查出属于保护误动作，经领导同意后再启动，在投保护前，应由热工人员查明原因，消除缺陷。

14-25 发电机与电网解列，汽轮机调节系统能维持空负荷运行的事故象征有哪些？

答： 发电机与电网解列，汽轮机调节系统能维持空负荷运行的事故象征如下：

(1) 负荷到“0”，发电机解列，电超速保护动作，信号灯亮；抽汽止回阀关闭，信号灯亮。

(2) 高、中压调节汽阀关后又开启至空转位置，转速上升后又下降，稳定在一定数值。

(3) 一、二级旁路开启（减温水故障，不得投用旁路）。

(4) 汽轮机运行声音突变，并变轻。

(5) 抗燃油压先升高后恢复至正常数值。

14-26 发电机与电网解列，调节系统能维持空负荷运行的事故应如何处理？

答： 发电机与电网解列，调节系统能维持空负荷运行的事故应作如下处理：

(1) 判断事故原因，检查保护动作项目。

(2) 确认汽轮机本体无故障，维持转速至3000r/min。

(3) 关小凝结水至除氧器进水调整阀，开启凝结水再循环阀，保证凝汽器水位，开排汽缸喷水装置。

(4) 轴封汽源不足应切换为备用汽源供给。

(5) 检查旁路是否动作，若未动作，可根据事故状况及要求开启或停用旁路系统。

(6) 开汽轮机本体与各级抽汽疏水阀，开主蒸汽管、再热蒸汽管冷、热段疏水阀。

(7) 手动关闭各级抽汽止回阀和各高、低压加热器进汽电动阀。

(8) 检查轴向位移，高压缸胀差、主蒸汽参数等数值和推力瓦回油温度，测量机组振动。

(9) 如机组各部正常，迅速并列带负荷。

(10) 机组甩负荷恢复过程中，主蒸汽温度应尽量提高，机组不宜在较低主蒸汽温度下运行，同时带负荷要快。

14-27 发电机与电网解列，汽轮机调节系统不能维持空负荷运行，危急保安器动作的象征有哪些?

答:（1）负荷到“0”，主蒸汽压力升高，蒸汽流量表指示接近零。

（2）机组声音突变；高、中压主汽阀，调节汽阀关闭，各抽汽止回阀关闭，并发出信号；转速升高后又下降，危急保安器动作，危急保安器指示“遮断”。

（3）旁路系统自动投入（因真空降低，保护动作跳机或减温水故障，应立即停用旁路)。

14-28 发电机与电网解列，汽轮机调节系统不能维持空负荷运行，危急保安器动作的事故应如何处理?

答:（1）启动高压油泵与润滑油泵。

（2）根据锅炉要求投入旁路系统。

（3）判断事故原因，确认汽轮机本体无故障，应先挂闸，升速维持转速3000r/min，发电机油断路器跳闸，联动自动主汽阀关闭。这样的机组甩负荷后，即使危急保安器未动作，自动主汽阀也关闭。操作上应重新挂闸，保持3000r/min，等待并网。

（4）迅速并列带负荷，如短时间内不能恢复应立即故障停机。

14-29 发电机与电网解列，汽轮机调节系统不能维持空负荷运行，危急保安器拒绝动作，造成汽轮机严重超速的象征有哪些?

答:（1）负荷到“0”，各监视段压力下降到空载数值，汽轮机转速升高到3330r/min以上，调节汽阀关小到空载数值左右。

（2）主蒸汽压力升高，旁路自动投入运行。

（3）机组声音异常（转速升高发出的声音)。

（4）抗燃油压升高。

14-30 发电机与电网解列，汽轮机调节系统不能维持空负荷运行，危急保安器拒绝动作，造成汽轮机严重超速事故应如何处理?

答:（1）迅速手按控制表盘上事故按钮或手打脱扣器，关闭高、中压自动主汽阀、调节汽阀、各抽汽止回阀。

（2）进行上述操作后，如转速仍不下降，应关闭三、四段抽汽阀和电动主汽阀，并破坏真空，使转速下降。

（3）启动润滑油泵。

（4）完成故障停机的其他操作。

(5) 查明并消除造成严重超速的原因后，作超速试验，危急保安器动作转速合格后，机组才能重新并网。

14-31 调节系统不能维持空负荷运行及甩负荷时引起危急保安器动作有哪些原因?

答: 调节汽门漏汽及调节系统不正常是调节系统不能维持空负荷运行及甩负荷时引起危急保安器动作的主要原因。其中调节系统工作不正常原因较多。当速度变动率过大，在负荷由满负荷甩至零负荷时，转速上升超过危急保安器动作转速，调节系统连杆卡涩、调节汽阀卡住，调节系统迟缓率过大，在甩负荷时也会引起危急保安器动作。

14-32 调节系统启动前应作哪些检查?

答: 各种控制、保护信号的电源、气源已送上，数字电调 DEH、计算机监视 DAS、AEN（驱动给水泵汽轮机模拟调节系统）、危急遮断 ETS、TSI（汽轮机状态监视系统，它是一种连续监测发电机转子和汽缸的工作状态的多路监测仪表系统）系统测试检查正常，系统已投入运行，烤机不小于 2h。

14-33 锅炉熄火应如何处理?

答: 发现锅炉熄火应立即降负荷至 10MW 左右。关闭给水泵中间抽头阀，开启主、再热蒸汽管道疏水，注意检查开启旁路疏水；开启给水泵及凝结水泵再循环阀，保持除氧器及凝汽器水位；根据排汽温度投入低压缸喷水；调整轴封压力，必要时轴封汽切换为备用汽源供给；检查胀差、轴向位移、机组振动的变化情况；特别要注意主、再热蒸汽温度的变化，同时要考虑炉侧主、再热蒸汽温度的变化，当机、炉侧任一主、再热蒸汽温度 10min 内降低 50℃时，应立即打闸停机，启动高压调速油泵。锅炉点火成功，主、再热蒸汽温度至少应与汽缸温度相同，有条件也应高于汽缸温度 50℃，但主、再热汽温不应超过额定值，方可恢复。确定旁路疏水疏尽后投入旁路系统。恢复过程中，检查自动主汽阀及调节汽阀开启情况，使转速缓慢均匀升到 500r/min，作短暂停留，待主、再热蒸汽温度逐渐回升后，再平稳升速至 3000r/min。全面检查无异常后，停高压油泵，迅速并列，逐渐带负荷，恢复原工况运行。

14-34 一台机组一段 6kV 厂用电源失电和二段都失电时的处理原则有什么不同?

答: 一段厂用电源失电，如处理正确，则可保持机组一半负荷左右，因此失电后应作以下处理:

(1) 应首先检查有关备用辅机自动联锁正常，否则应手动启动，断开失电辅机开关。

(2) 维持给水压力正常。

(3) 对于循环水开式循环系统的机组，还应通知邻机增开循环水泵及按规定调节循环水进出水阀和循环水联通阀。

(4) 注意调节轴封汽及各油、水、风温度。

两段同时失电，机组已无法维持运行，处理原则是：

(1) 按不破坏真空故障停机，但不得向凝汽器排汽排水。

(2) 应投用直流润滑油泵、直流密封油泵，维持轴承供油。

(3) 断开失电辅机启动断路器及自启动联锁开关。

(4) 关闭循环水母管联通阀。

(5) 对于一些必须操作的电动阀、调整阀进行手动操作。

(6) 不得开启本体及管道疏水阀。

(7) 排汽温度高于 50℃时，不得送循环水。

(8) 转子静止后，应手动定期盘动转子 180°。

(9) 用电恢复后，动力设备应逐台启动运行。

14-35 厂用电中断为何要打闸停机?

答: 厂用电中断，所有的电动设备都停止运转，汽轮机的循环水泵、凝结水泵、射水泵都将停止，真空将急剧下降，处理不及时，将引起低压缸排大气安全阀动作。由于冷油器失去冷却水，润滑油温迅速升高，水冷泵的停止又引起发电机温度升高，对双水内冷发电机的进水支座将因无水冷却和润滑而产生漏水，对于氢冷发电机、氢气温度也将急剧上升，给水泵的停止又将引起锅炉断水。由于各种电气仪表无指示，失去监视和控制手段。可见，厂用电全停，汽轮机已无法维持运行，必须立即启动直流润滑油泵，直流密封油泵，紧急停机。

14-36 厂用电失去时，为什么要规定至少一台原运行循环水泵在 1min 内不能解除联锁?

答: 厂用电中断，有可能在短时间内恢复供电，循环水泵启动开关放在启动位置，厂用电恢复时，循环水泵能自动开启供水，可缩短事故处理时间。考虑到其他辅机启动开关若都置启动位置，厂用电恢复时都同时启动，厂用电电流太大，厂用变压器及熔丝容量都不够，所以在厂用电失电后，其他辅机的启动断路器都应放断开位置。

14-37 厂用电部分中断的象征有哪些?

答:部分6kV或400V厂用电中断,备用泵自投入,凝汽器真空下降,负荷下降。

14-38 部分厂用电中断应如何处理?

答:部分厂用电中断应作如下处理:

(1)若备用设备自动投入成功,复置各断路器,调整运行参数至正常。

(2)若备用设备未自动投入,应手动启动(无备用设备,可将已跳闸设备强制合闸一次,若手动启动仍无效,降负荷或降负荷至零停机,同时尽快恢复厂用电,然后再进行启动)。

(3)若厂用电不能尽快恢复,超过1min后,解除跳闸泵联锁,复置停用断路器,注意机组情况,各监视参数达停机极限值时,按相应规定进行处理。

(4)若需打闸停机,应启动直流润滑油泵及直流密封油泵。

14-39 厂用电全部中断的象征有哪些?

答:交流照明灯灭;事故照明灯亮;事故喇叭报警;运行设备突然停止;电流表指示到“0”;备用设备不联动;主蒸汽压力、温度、凝汽器真空下降。

14-40 厂用电中断应如何处理?

答:厂用电中断应作如下处理:

(1)启动直流润滑油泵、直流密封油泵,立即打闸停机。

(2)尽快恢复厂用电,若厂用电不能尽快恢复,超过1min后,解除跳闸泵联锁,复置停用断路器。

(3)设法手动关闭有关调整阀、电动阀。

(4)排汽温度小于50℃时,投入凝汽器冷却水,若排汽温度超过50℃,需经领导同意,方可投入凝汽器冷却水(凝汽器投入冷却水后,方可开启本体及管道疏水)。

(5)厂用电恢复后,根据机组所处状态进行重新启动。动力设备应分别启动,严禁瞬间同时启动大容量辅机,机组恢复并网后,接带负荷速度不得大于10MW/min。

14-41 真空下降的原因有哪些?

答:真空下降的原因包括:

(1)循环水中断或水量突减,系统阀门误动作。

(2)凝汽器水位升高。

（3）轴封汽源不足或轴封汽源中断。

（4）射水抽气器工作失常，射水泵故障或射水箱水位降低，水温过高（超过30℃）。

（5）真空系统管道部件及法兰结合面不严密，漏入空气。

（6）排汽缸安全阀薄膜损坏。

（7）旁路系统误动。

（8）稳压水箱水位过低。

14-42　哪些原因造成的真空下降需要增开射水泵？

答： 如下原因造成的真空下降需要增开射水泵：

（1）真空系统漏空气，要增开射水泵并投用备用抽气器。

（2）备用射水泵止回阀关不严，出水阀又关不紧，或射水泵出水母管泄漏，射水泵有缺陷，造成射水母管压力低时。

（3）射水抽气器喷嘴阻塞，需要提高射水母管压力冲喷嘴时。

14-43　为什么真空降低到一定数值时要紧急停机？

答： 真空降低到一定数值时要紧急停机的原因有：

（1）由于真空降低使轴向位移过大，造成推力轴承过负荷而磨损。

（2）由于真空降低使叶片因蒸汽流量增大而造成过负荷（真空降低最后几级叶片反动度要增加）。

（3）真空降低使排汽缸温度升高，汽缸中心线变化易引起机组振动加大。

（4）为了不使低压缸安全阀动作，确保设备安全，故真空降到一定数值时应紧急停机。

14-44　判明真空系统是否泄漏应检查哪些地方？

答： 判明真空系统是否泄漏应检查如下地方：

（1）检查低压缸排汽安全阀完整、无吸气。

（2）检查真空破坏阀关闭，不泄漏。

（3）检查凝汽器汽侧放水阀关闭，不泄漏。

（4）检查真空系统的水位计不破裂、泄漏。

（5）检查真空系统阀门的水封、管道、法兰或焊口有否不严密处，尤其是膨胀箱或锅炉启动分离器至凝汽器的管道及阀门。

（6）检查真空状态的抽汽管道与汽缸连接的地方是否漏空气，此处漏空气在负荷降低对真空下降，负荷升高后真空稍有回升。

(7) 检查处于负压状态下的低压加热器水位是否正常，放地沟阀是否严密。

(8) 检查调速给水泵的重力回水是否导入凝汽器，如果回水量较小，水封封不住应将给水泵密封水重力回水倒至地沟。

14-45 真空下降应如何处理？

答：真空下降应作如下处理：

(1) 发现真空下降，应校对排汽温度表及其他真空表，查明原因，采取对策，启动备用射水泵，投入射水抽气器，真空下降至报警值时，及时汇报，设法恢复真空。

(2) 真空下降至报警值时，应发警报。如继续下降，每下降 1.33kPa (10mmHg) 降负荷 20MW。

(3) 真空下降到停机值时，保护未动作，应进行故障停机。

(4) 因真空降低而被迫故障停机时，不允许锅炉向凝汽器排汽水。

14-46 汽轮机发生水冲击的原因有哪些？

答：汽轮机发生水冲击的原因有：

(1) 锅炉满水或负荷突增，产生蒸汽带水。

(2) 锅炉燃烧不稳定或调整不当。

(3) 加热器满水，抽汽止回阀不严。

(4) 轴封进水。

(5) 旁路减温水误动作。

(6) 主蒸汽、再热蒸汽过热度低时，调节汽阀大幅度来回晃动。

14-47 汽轮机发生水冲击时为什么要破坏真空紧急停机？

答：因为水冲击会损坏汽轮机叶片和推力轴承。水的密度比蒸汽大得多，随蒸汽通过喷嘴时被蒸汽带至高速，但速度仍低于正常蒸汽速度，高速的水以极大的冲击力打击叶片背部，使叶片应力超限而损坏，水打击叶片背部本身就造成轴向推力大幅度升高。此外，水有较大的附着力，会使通流部分阻塞，使蒸汽不能连续向后移动，造成各级叶片前后压力差增大，并使各级叶片反动度猛增，产生巨大的轴向推力，使推力轴承烧坏，并使汽轮机动静之间摩擦碰撞损坏机组。为防止机组严重损坏，汽轮机发生水冲击时，要果断地破坏真空紧急停机。

14-48 汽轮机发生水冲击的象征有哪些？

答：汽轮机发生水冲击的象征包括：

（1）主、再热蒸汽温度10min内下降50℃或50℃以上。

（2）主汽阀法兰处、汽缸结合面，调节汽阀阀杆，轴封处冒白汽或溅出水珠。

（3）蒸汽管道有水击声和强烈振动。

（4）负荷下降，汽轮机声音变沉，机组振动增大。

（5）轴向位移增大，推力瓦温度升高，胀差减小或出现负胀差。

14-49　汽轮机发生水冲击应如何处理？

答：汽轮机发生水冲击应作如下处理：

（1）启动润滑油泵，打闸停机。

（2）停射水泵，破坏真空，给水走旁路，稍开主汽管向大气排汽阀。除通锅炉以外疏水阀外，全开所有疏水阀。

（3）倾听机内声音，测量振动，记录惰走时间，盘车后测量转子弯曲数值，盘车电动机电流应在正常数值且稳定。

（4）惰走时间明显缩短或机内有异常声音，推力瓦温度升高，轴向位移、胀差超限时，不经检查不允许机组重新启动。

14-50　为防止发生水冲击，在运行维护方面着重采取哪些措施？

答：为防止发生水冲击，在运行维护方面应着重采取如下措施：

（1）当主蒸汽温度和压力不稳定时，要特别注意监视，一旦汽温急剧下降到规定值，通常为直线下降50℃时，应按紧急停机处理。

（2）注意监视汽缸的金属温度变化和加热器；凝汽器水位，即使停机后也不能忽视。当发觉有进水危险时，要立即查明原因，迅速切断可能进水的水源。

（3）热态启动前，主蒸汽和再热蒸汽管要充分暖管，保证疏水畅通。

（4）当高压加热器保护装置发生故障时，加热器不能投入运行。运行中定期检查加热器水位调节装置及高水位报警，应保证经常处于良好状态。加热器管束破裂时，应迅速关闭汽轮机抽汽管上的相应汽阀及止回阀，停止发生故障的加热器。

（5）在锅炉熄火后蒸汽参数得不到可靠保证的情况下，不应向汽轮机供汽。如因特殊需要（如快速冷却汽缸）应事先制订可靠的技术措施。

（6）对除氧器水位加强监视，杜绝满水事故发生。

（7）滑参数停机时，汽温、汽压按照规定的变化率逐渐降低，保持必要的过热度。

（8）定期检查再热蒸汽和Ⅰ、Ⅱ级旁路的减温水阀的严密性，如发现泄

漏应及时检修处理。

(9) 只要汽轮机在运转状态，各种保护就必须投入，不得退出。

(10) 运行人员应该明确，在汽轮机低转速下进水，对设备的威胁更大，此时尤其要监督汽轮机进水的可能性。

14-51 汽轮发电机组振动的原因有哪些?

答: 汽轮机在运行中，机组发生振动的原因是复杂的，是多方面的。归纳如下：

(1) 润滑油压下降，油量不足。

(2) 润滑油温度过高或过低，油膜振荡。

(3) 油中进水，油质乳化，

(4) 油中含有杂质，使轴瓦钨金磨损，或轴瓦间隙不合格。

(5) 主蒸汽温度过高或过低。

(6) 启动时转子弯曲值较大，超过了原始数值。

(7) 运行中除氧器满水，使轴端受冷而弯曲。

(8) 热态启动时，汽缸金属温差大，致使汽缸变形。

(9) 汽轮机叶轮或隔板变形。

(10) 汽轮机滑销系统卡涩，致使汽缸膨胀不出来。

(11) 汽轮机启动中，高、中压汽封处动静摩擦并伴有火花。

(12) 汽轮发电机组中心不正。

(13) 汽轮发电机组各轴瓦地脚螺栓松动。

(14) 运行中叶片损坏或断落。

(15) 励磁机工作失常。

(16) 汽流引起激振。

14-52 汽轮机运行中怎样监督机组振动的变化?

答: 汽轮机运行中监督机组振动变化的方法有：

(1) 正常运行时，每一班测量一次轴承三个方向的振动，并记入专用的记录簿中。

(2) 在运行中机组突然发生振动时，较为常见的原因是转子平衡恶化和油膜振荡。

如汽缸有打击声（有时听不到），振动增大后很快消失或稳定在比以前高的振幅数值，这是掉叶片或转子部件损坏的象征。如轴承振动增大较快，可能是汽缸上下温差过大，或主蒸汽温度过低引起水冲击，引起动静部分摩擦，使转子产生热弯曲的象征，这时应立即停机。如轴承振动突然升高，并且轴瓦伴有敲击声，可能是发生了油膜振荡。这时无需立即停机，首先是减少有功或无功负荷。若振动仍不减少再停机。

14-53 在启动过程中如何监督机组的振动？

答：在启动过程中，监督机组振动的方法有：

(1) 没有振动表，汽轮机不应启动。

(2) 下列各项中有任何一项不符合规定时，禁止冲动转子：大轴晃动度、上下汽缸温差、相对胀差及蒸汽温度。

(3) 检修后机组启动过程中，在中速暖机时，必须测量机组各个轴承的振动。以后每次启动时，在相同的转速下测量振动，作好记录、发现振动变化大时，应查明原因，延长暖机时间。

(4) 在启动升速时，应迅速平稳的通过临界转速。中速以下，汽轮机的任一轴承若出现0.03mm以上的振动值，应立即打闸停机，找寻原因。

14-54　汽轮机振动有几个方向？一般哪个方向最大？

答：汽轮机振动方向分垂直、横向和轴向三种。造成振动的原因是多方面的，但在运行中集中反映的是轴的中心不正或不平衡、油膜不正常，使汽轮机在运行中产生振动，故大多数是垂直振动较大，但在实际测量中，有时横向振动也较大。

14-55　汽轮机膨胀不均匀为什么会引起振动？如何判断振动是否是由于膨胀不均匀造成的？

答：汽轮机膨胀不均匀，通常是由于汽缸膨胀受阻或加热不均匀造成的，这时将会引起轴承的位置和标高发生变化，从而导致转子中心发生变化。同时还会减弱轴承的支承刚度，改变轴承的载荷，有时还会引起动静部分摩擦，所以在汽轮机膨胀不均匀时会引起机组振动。

这类振动的特征通常表现为，振动随着负荷或新蒸汽温度的升高而增大。但随着运行时间的延长（工况保持不变），振动逐渐减小，振动的频率和转速一致，波形呈正弦波。根据上述特点，即可判断振动是否是由于膨胀不均匀造成的。

14-56　机组振动有哪些危害？

答：由于汽轮发电机组是高速回转设备，因而在正常运行时，通常有一定程度的振动，但是当机组发生过大的振动时存在以下危害：

(1) 直接造成机组事故。如机组振动过大，发生在机头部位，有可能引起危急保安器动作，而发生停机事故。

(2) 损坏机组零部件。如机组的轴瓦、轴承座的紧固螺钉及与机组连接的管道损坏。

(3) 动静部分摩擦。汽轮机过大的振动造成轴封及隔板汽封磨损，严重时磨损造成转子弯曲，振动过大发生在发电机部位，则使滑环与电刷受到磨损，造成发电机励磁机事故。

(4) 损坏机组转子零部件。机组转子零部件松动或造成基础松动及周围建筑物的损坏。

由于振动过大的危害性很大，所以必须保证振动值在规定的范围以内。

14-57 大型汽轮发电机组的振动现象通常具有哪些特点?

答：大型汽轮发电机组的振动现象通常具有如下特点：

(1) 每个转子均具有自己的临界转速，轴系又有临界转速，机组的临界转速分布复杂。在升速过程中需越过很多个临界转速和共振转速，以致在启动的过程中很难找到一个合适的暖机转速。

(2) 由于汽轮发电机组轴系及其连接系统的复杂性，转子质量不平衡造成的机组振动问题比较突出。

(3) 油膜自激振荡和间隙振荡使汽轮发电机组容易出现不稳定的振动现象。

14-58 机组振动应如何处理?

答：机组振动应作如下处理：

(1) 汽轮机突然发生强烈振动或清楚听出机内有金属摩擦声音时，应立即打闸停机。

(2) 汽轮机轴承振动超过正常值0.03mm以上，应设法消除，当发现汽轮机内部故障的象征或振动突然增加0.05mm时，或缓慢增加至0.1mm时，应立即打闸停机。

(3) 机组异常振动时，应检查下列各项：①蒸汽参数、真空、胀差、轴向位移，汽缸金属温度是否变化；②润滑油压、油温、轴承温度是否正常。

(4) 引起机组振动的原因较多，因此值班人员发现振动增大时，要及时汇报，并对振动增大时的各种运行参数进行记录，以便查明原因加以消除。

14-59 为加强对汽轮发电机组振动的监管，对运行人员有哪些要求?

答：为加强对汽轮发电机组振动的监管，对运行人员的要求如下：

(1) 运行人员应学习和掌握有关机组振动的知识。明了启动、运行和事故处理中关于振动产生的原因、引起的后果及处理方法。运行人员还应熟悉汽轮发电机组轴系各个临界转速，并掌握在升速和降速过程中各临界转速下每个轴承的振动情况。

（2）测量每台汽轮发电机组的振动，最好要有一块专用的振动表。振动表应定期校验。每次测量振动时，应将表放在轴承的同一位置，以便比较，在启动和运行中对振动要加强监督。

14-60 油膜振荡的现象有哪些？

答：典型的油膜振荡现象发生在汽轮发电机组启动升速过程中，转子的第一阶段临界转速越低，其支持轴承在工作转速范围内发生油膜振荡的可能就愈大，油膜振荡的振幅比半速涡动要大得多，转子跳动非常剧烈，而且往往不是一个轴承和相邻轴承，而是整个机组的所有轴承都出现强烈振动，在机组附近还可以听到“咯咯”的撞击声，油膜振荡一旦发生，转子始终保持着等于临界转速的涡动速度，而不再随转速的升高而升高，这一现象称为油膜振荡的惯性效应。所以遇到油膜振荡发生时，不能像过临界转速那样，借提高转速冲过去的办法来消除。

14-61 油膜振荡是怎样产生的？

答：油膜振荡是轴颈带动润滑油流动时，高速油流反过来激励轴颈，使其发生强烈振动的一种自激振动现象。

轴颈在轴承内旋转时，随着转速的升高，在某一转速下，油膜力的变化产生一失稳分力，使轴颈不仅绕轴颈中心高速旋转，而且轴颈中心本身还将绕平衡点甩转或涡动。其涡动频率为当时转速的一半，称为半速涡动。随着转速增加，涡动频率也不断增加，当转子的转速约等于或大于转子第一阶临界转速的两倍时，转子的涡动频率正好等于转子的第一阶临界转速。由于此时半速涡动这一干扰力的频率正好等于轴颈的固有频率，便发生了和共振同样的现象，即轴颈的振幅急剧放大，此时即发生了油膜振荡。

14-62 为防止机组发生油膜振荡，可采取哪些措施？

答：为防止机组发生油膜振荡，可采取的措施如下：

（1）增加轴承的比压。可以通过增加轴承载荷，缩短轴瓦长度，以及调整轴瓦中心来实现。

（2）控制好润滑油温，降低润滑油的黏度。

（3）将轴瓦顶部间隙减小到等于或略小于两侧间隙之和。

（4）各顶轴油支管上加装止回阀。

14-63 什么是自激振动？自激振动有哪些特点？

答：自激振动又称为负阻尼振动。也就是说振动本身运动所产生的阻尼非但不阻止运动，反而将进一步加剧这种运动。这种振动与外界激励无关，完全是自己激励自己，故称为自激振动。

自激振动的主要特征是振动的频率与转子的转速不符，而与其临界转速基本一致。振动波形比较紊乱，并含有低频谐波。

14-64 试述摩擦自激振动的特点。

答：由动静部分摩擦产生的振动有两种形式：一种是摩擦涡动，另一种是摩擦抖动。动静部分发生接触后，产生了接触摩擦力，使动静部分再次接触，增大了转子的涡动，形成了自激振动。

与其他自激振动相比，其主要的特点就是涡动的方向和转动方向相反。即振动的相位是沿着转动方向的反向移动的，振动的波形和频率与其他自激振动相同。

14-65 轴向位移增大的原因有哪些?

答：轴向位移增大的原因有：

（1）主蒸汽参数不合格，汽轮机通流部分过负荷。

（2）静叶片严重结垢。

（3）汽轮机进汽带水。

（4）凝汽器真空降低。

（5）推力轴承损坏。

（6）汽轮机单缸进汽。

14-66 蒸汽带水为什么会使转子的轴向推力增加?

答：蒸汽对动叶片所作用的力，实际上可以分解成两个力，一个是沿圆周方向的作用力 F_u，一个是沿轴向的作用力 F_z。F_u 是真正推动转子转动的作用力，而轴向力 F_z 作用在动叶上只产生轴向推力。这两个力的大小比例取决于蒸汽进入动叶片的进汽角 ω_1。ω_1 越小，则分解到圆周方向的力就越大，分解到轴向上的作用力就越少；ω_1 越大，则分解到圆周方向上的力就越小，分布到轴向上的作用力就越大。而湿蒸汽进入动叶片的角度比过热蒸汽进入动叶片的角度大得多。所以说蒸汽带水会使转子的轴向推力增大。

14-67 轴向位移增大的象征有哪些?

答：轴向位移增大的象征如下：

（1）轴向位移指示增大或信号装置报警。

（2）推力瓦块温度升高。

(3) 机组声音异常，振动增大。

(4) 胀差指示相应变化。

14-68　轴向位移增大应如何处理?

答: 轴向位移增大应作如下处理:

(1) 发现轴向位移增大，立即核对推力瓦块温度并参考胀差表。检查负荷、汽温、汽压、真空、振动等仪表的指示；联系热工，检查轴向位移指示是否正确；确保轴向位移增大，减负荷，汇报班长、值长、维持轴向位移不超过规定值。

(2) 检查监视段压力、一级抽汽压力、高压缸排汽压力、不应高于规定值，超过时，应降低负荷，汇报领导。

(3) 如轴向位移增大至规定值以上而采取措施无效，并且机组有不正常的噪声和振动，应迅速破坏真空紧急停机。

(4) 若是发生水冲击引起轴向位移增大或推动轴承损坏，应立即破坏真空紧急停机。

(5) 若是主蒸汽参数不合格引起轴向位移增大，应立即要求锅炉调整，恢复正常参数。

(6) 轴向位移达停机极限值，轴向位移保护装置应动作，若不动作，应立即手动脱扣停机。

14-69　油压和油箱油位同时下降的一般原因有哪些?

答: 压力油管（漏油进入油箱的除外）大量漏油。主要是压力油管破裂、法兰处漏油、冷油器铜管破裂、油管道放油阀误开等引起。

14-70　油压和油箱油位同时下降应如何处理?

答: 油压和油箱油位同时下降应作如下处理:

(1) 检查高压或低压油管是否破裂漏油，压力油管上的放油阀是否误开，如误开应立即关闭，冷油器铜管是否大量漏油。

(2) 冷油器铜管大量漏油，应立即将漏油冷油器隔绝并通知检修人员查漏检修。

(3) 压力油管破裂时，应立即将漏油（或喷油）与高温部件临时隔绝，严防发生火灾，并设法在运行中消除。

(4) 通知检修加油，恢复油箱正常油位。

(5) 压力油管破裂大量喷油，危及设备安全或无法在运行中消除时，汇报值长，进行故障停机，有严重火灾危险时，应按油系统着火紧急停机的要

求进行操作。

14-71 油压正常，油箱油位下降的原因有哪些?

答：油压正常，油箱油位下降的原因如下：

(1) 油箱事故放油阀、放水阀或油系统有关放油阀、取样阀误开或泄漏、净油器水抽工作失常。

(2) 压力油回油管道、管道接头、阀门漏油。

(3) 轴承油档严重漏油。

(4) 冷油器管芯一般漏油。

14-72 油压正常，油箱油位下降应如何处理?

答：油压正常，油箱油位下降应作如下处理：

(1) 确定油箱油位指示正确。

(2) 找出漏油点，消除漏油。

(3) 执行防火措施。

(4) 联系检修加油，恢复油箱正常油位。

(5) 如采取各种措施仍不能消除漏油，且油箱油位下降较快，无法维持运行时，在油箱油位未降到最低停机值以前应汇报值长，启动交流油泵进行故障停机。油箱油位下降到最低停机值以下，应破坏真空，紧急停机。

14-73 油压下降，油箱油位不变时应如何检查与处理?

答：油压下降，油箱油位不变时，应作如下检查与处理：

(1) 检查主油泵工作是否正常，进口压力应不低于 0.08MPa，如主油泵工作失常，应汇报值长，必要时应紧急停机。

(2) 检查注油器工作是否正常，油箱或注油器进口是否堵塞。

(3) 检查油箱或机头内压力油管是否漏油，发现漏油应汇报班长、值长，进行相应处理。

(4) 检查备用油泵止回阀是否漏油，如漏油影响油压，应关闭该油泵出油阀，并解除其自启动开关，通知检修消除缺陷。

(5) 检查过压阀是否误动作，主油泵出口疏油阀、油管放油阀是否误开，并恢复其正常状态。

(6) 检查冷油器滤网压差，如超过 0.06MPa，应切换备用冷油器；清洗滤网，无备用冷油器，需隔绝压差超限的滤网清洗，润滑油压下降至 0.07MPa 应启动交流润滑油泵，下降至 0.06MPa 应启动直流润滑油泵并打闸停机，否则应破坏真空紧急停机。调速油压降低可旋转刮片滤油器几圈，并注意调节系统工作是否正常。润滑油压降低应注意轴承油流、油温等，发现异常情况应进行处理。

14-74　油箱油位升高的原因有哪些?

答: 油箱油位升高的原因是油系统进水，使水进入油箱。油系统进水可能是下列原因造成的:

(1) 轴封汽压太高。

(2) 轴封加热器真空低。

(3) 停机后冷油器水压大于油压。

14-75　油箱油位升高应如何处理?

答: 油箱油位升高应作如下处理:

(1) 发现油箱油位升高，应进行油箱底部放水。

(2) 联系化学车间，化验油质。

(3) 调小轴封汽量，提高轴封加热器真空。

(4) 停机后，停用润滑油泵前，应关闭冷油器进水阀。

14-76　调速油泵工作失常应如何处理?

答: 调速油泵工作失常应作如下处理:

(1) 汽轮机在启动过程中，转速在2500r/min以下时，调速油泵发生故障，应立即启动润滑油泵停机。

(2) 转速在2500 r/min以上时，应立即启动润滑油泵，迅速提高汽轮机转速至3000 r/min。

(3) 转速在2500r/min以下，调速油泵发生故障，若启动交直流油泵也发生故障，应迅速破坏真空紧急停机。

14-77　油系统着火的原因有哪些?

答: 油系统着火的原因如下:

(1) 油系统漏油，一旦漏油接触到高温热体，就要引起火灾。

(2) 设备存在缺陷，安装、检修、维护又不够注意，造成油管丝扣接头断裂或脱落，以及由于法兰紧力不够，法兰质量不良或在运行中发生振动等，均会导致漏油。此时如果附近有未保温或是保温不良的高温热体，便会引起油系统着火。

(3) 由于外部原因将油管道击破，漏油喷到热体上，也会造成火灾。

14-78　油系统着火对润滑油系统运行有何规定?

答：油系统着火对润滑油系统运行有如下规定：

(1) 油系统着火紧急停机时，只允许使用润滑油泵进行停机。

(2) 当润滑油系统着火无法扑灭时，将交直流润滑油泵自启动断路器联锁解除后，可降低润滑油压运行，火势特别严重时，经值长同意后可停用润滑油泵。

(3) 油系统着火，火势严重需开启油箱事故放油阀时，应根据情况调节事故放油阀，使转子停止前，润滑油不中断。

14-79 油系统着火应如何处理?

答：油系统着火应作如下处理：

(1) 发现油系统着火时，要迅速采取措施灭火，通知消防队并报告领导。

(2) 在消防队未到之前，注意不使火势蔓延至回转部位及电缆处。

(3) 火势蔓延无法扑灭，威胁机组安全运行时，应破坏真空紧急停机。

(4) 根据情况（如主油箱着火），开启事故放油阀，在转子未静止之前，维持最低油位，排出发电机内氢气。

(5) 油系统着火紧急停机时，禁止启动高压油泵。

14-80 油系统着火的预防措施有哪些?

答：油系统着火的预防措施如下：

(1) 在油系统布置上，应尽可能将油管装在蒸汽管道以下。油管法兰要有隔离罩。汽轮机前箱下部要装有防爆油箱。

(2) 采用抗燃油。最好将油系统的液压部件，远离高温区并尽量装在热力设备的管道或阀门下边，至少要装在这些管道阀门的侧面。

(3) 靠近热管道或阀门附近的油管接头、尽可能采取焊接来代替法兰或丝扣接头。法兰的密封垫采用夹有金属的软垫或耐油石棉垫，切勿采用塑料石棉垫。

(4) 仪表管尽量减少交叉，并不准与运转层的铁板相接触，防止运行中振动磨损。对浸泡在污垢中的油压力表管，要经常检查，清除污垢，发现腐蚀的管子应及早更换。

(5) 某些机组将压力油管放在无压力的回油管内，以及将油泵、冷油器和它们之间的相应管道放在主油箱内。这种办法值得推广。

(6) 对油系统附近的主蒸汽管道或其他高温汽水管道，在保温层外应加装铁皮，并特别注意保温完整。

(7) 应使主油箱的事故放油阀远离油箱，至少应有两个通道可以到达事故放油阀。事故油箱放在厂房以外的较低位置。

(8) 当发现油系统漏油时，必须查明漏油部位、漏油原因，及时消除，必要时停机处理。渗到地面或轴瓦上的油要随时擦净。

(9) 高压油管道安装后，最好进行耐压试验。

(10) 汽缸保温层进油时，要及时更换。

(11) 当调节系统大幅度摆动时，或者机组油管发生振动时，应及时检查油系统管道是否漏油。

(12) 在调节系统中装有防火滑阀的机组，应将其投入。

(13) 氢冷发电机空气侧回油到主油箱应封闭，以防止油箱内氢气积聚爆炸。

14-81 汽轮机动静部分产生摩擦的原因有哪些?

答: 汽轮机动静部分摩擦，一般发生在机组启、停和工况变动时。摩擦的主要原因是：汽缸与转子不均匀加热或冷却；启动与运行方式不合理；保温质量不良及法兰螺栓加热装置使用不当等。动静部分在轴向和径向摩擦的原因往往很难绝对分开，但仍然有所区别。在轴向方面，沿通流方向各级的汽缸与转子的温差并非一致，因而热膨胀也不同。在启动、停机和变工况运行时，转子与汽缸膨胀差超过极限数值，使轴向间隙消失，便造成动静部分磨损。在径向方面发生摩擦，主要是汽缸热变形和转子热弯曲的结果。当汽缸变形程度使径向间隙消失的时候，便使汽封与转子发生摩擦，同时又不可避免地使转子弯曲，从而产生恶性循环，径向磨损一般是转子和汽缸的偏磨。

另外，机组振动或汽封套变形都会引起径向摩擦。例如，有的机组紧急停机后真空没降到零，过早停止轴封供汽，冷空气进入汽缸，使高压前汽封套变为立椭圆，以致在盘车过程中发现有严重摩擦声。在转子挠曲或汽缸严重变形的情况下强行盘车也会使动静部分产生摩擦。

14-82 发现通流部分发生摩擦应如何处理?

答: 转子与汽缸的相对胀差表指示超过极限值或上下缸温差超过允许值，机组发生异常振动，这时即可确认动静部分发生摩擦，应立即破坏真空紧急停机。停机后，如果胀差及汽缸各部温差达到正常值，方可重新启动。启动时要注意监视胀差和温差的变化，注意监听缸内声音和监视机组的振动。

如果停机过程中转子惰走时间明显缩短，甚至盘车装置启动不起来，或者盘车装置运行时有明显的金属摩擦声，说明动静部分磨损严重，需要揭缸检修。

14-83 为防止通流部分摩擦，应采取哪些措施？

答：为防止通流部分摩擦，应采取如下措施：

（1）认真分析转子和汽缸的膨胀关系，选择合理的启动方式。

（2）在启动、停机和变工况下，根据制造厂提供的胀差允许值加强对胀差的监视。

（3）在正常运行中，由于某种原因造成锅炉熄火，应根据蒸汽参数下降情况和胀差的变化，将机组负荷减到零。如果空转时间超过15min不能恢复，应停机。

（4）根据制造厂提供的设计间隙和机组运行的实际需要，合理调整通流部分间隙。

（5）法兰加热总联箱进汽管的规格要符合需要，以保证充足的加热汽量。

（6）严格控制上、下缸温差和转子的热弯曲，以防机组振动过大等。

（7）正确使用轴封供汽，防止汽封套变形。

（8）调节级导流环必须安装牢固可靠，保证挂耳的焊接质量。

14-84 推力瓦烧瓦的原因有哪些？

答：推力瓦烧瓦的原因主要是轴向推力太大，油量不足，油温过高使推力瓦的油膜破坏，导致烧瓦。下列几种情况均能引起推力瓦烧瓦：

（1）汽轮机发生水冲击或蒸汽温度下降时处理不当。

（2）蒸汽品质不良，叶片结垢。

（3）机组突然甩负荷或中压缸汽阀瞬间误关。

（4）油系统进入杂质，推力瓦油量不足，使推力瓦油膜破坏。

14-85 为什么推力轴承损坏，要破坏真空紧急停机？

答：推力轴承是固定汽轮机转子和汽缸的相对轴向位置，并在运行中承受转子的轴向推力，一般推力盘在推力轴承中的轴向间隙再加上推力瓦乌金厚度之和，小于汽轮机通流部分轴向动静之间的最小间隙。但有的机组中压缸负胀差限额末考虑乌金磨掉的后果，即乌金烧坏，汽轮机通流部分轴向动静之间就可能发生摩擦碰撞而损坏设备，如不以最快速度停机，后果不堪设想，所以推力轴承损坏要破坏真空紧急停机。

14-86 推力瓦烧瓦的事故象征有哪些？

答：主要表现在轴向位移增大，推力瓦温度及回油温度升高，推力瓦处的外部象征是推力瓦冒烟。为确证轴向位移指示值的准确性，还应和胀差表对照，当正向轴向位移指示增大时，高压缸胀差表指示减少，中、低压缸胀差表指示增大。反之，高压缸胀差表指示增加，中、低压缸胀差指示减少。

14-87 轴承断油的原因有哪些？

答：轴承断油的原因有：

(1) 运行中进行油系统切换时发生误操作，而对润滑油压又未加强监视，使轴承断油，造成烧瓦。

(2) 机组启动定速后，停调速油泵，未注意监视油压，由于射油器进空气工作失常，使主油泵失压，润滑油压降低而又未联动，几个方面合在一起，便轴承断油，造成轴瓦烧瓦。

(3) 油系统积存大量空气未及时排除，使轴瓦瞬间断油。

(4) 汽轮发电机组在启动和停止过程中，高、低压油泵同时故障。

(5) 主油箱油位降到低极限以下，空气进入射油器，使主油泵工作失常。

(6) 厂用电中断，直流油泵不能及时投入。

(7) 安装或检修时，油系统存留棉纱等杂物，使油管堵塞。

(8) 轴瓦在检修中装反或运行中移位。

(9) 机组强烈振动，会使轴瓦乌金研磨损坏。

14-88 个别轴承温度升高和轴承温度普遍升高的原因有什么不同？

答：个别轴承温度升高的原因有：

(1) 负荷增加、轴承受力分配不均、个别轴承负荷重。

(2) 进油不畅或回油不畅。

(3) 轴承内进入杂物、乌金脱壳。

(4) 靠轴承侧的轴封汽过大或漏汽大。

(5) 轴承中有气体存在、油流不畅。

(6) 振动引起油膜破坏、润滑不良。

轴承温度普遍升高的原因有：

(1) 由于某些原因引起冷油器出油温度升高。

(2) 油质恶化。

14-89 轴承烧瓦的事故特征有哪些？

答：轴瓦乌金温度及回油温度急剧升高，一旦油膜破坏，机组振动增大，轴瓦冒烟，应紧急停机。

14-90 为防止轴瓦烧瓦应采取哪些技术措施？

答：为防止轴瓦烧瓦应采取如下技术措施：

(1) 主油箱油位应维持正常，当油位下降时，应及时联系补油，油位下降到停机值时，应立即紧急停机。

(2) 定期试验油箱油位低报警装置，每小时记录主油箱就地油位计一次，新投用的冷油器每半小时检查一次，就地油位计和集控室油位计指示准确。

(3) 发现油箱油位下降，应检查油系统外部是否漏油，发电机是否进油，对冷油器进行检漏，发现异常时，应立即关闭密封油冷油器进、出水阀。

(4) 运行中发现油压不正常或逐渐下降时，应立即关闭密封油冷油器进、出水门。

(5) 油箱内的滤油网小修时应清理干净，运行中当主油箱就地油位计两侧油位差达 50mm 时，应联系检修清洗。

(6) 各轴承的回油窗有水珠时，应采取措施加以消除，严禁有水珠运行。主油箱每星期放水一次，定期进行油质化验，回油窗透明度应很高，若模糊不清，应联系检修。

(7) 运行中调整润滑油过压阀应由班长监护。

(8) 运行中切换冷油器运行，隔离投用润滑油滤网，应由班长监护，监护人不得操作，确认空气放尽方可投用。

(9) 切换冷油器时，先开启备用冷油器油阀和水阀，后关原来冷油器的水阀和油阀。

(10) 润滑油滤网隔离时，应确认旁路阀全部打开，然后再缓慢关闭滤网进、出口油阀。投用润滑油滤网时，空气放尽后，确认进、出口阀全部打开，再缓慢关闭旁路阀。

(11) 切换冷油器，投入或停用润滑油滤网时，应和司机保持密切联系，司机应加强对油压、油温、油流的监视。

(12) 冷油器并列运行，当准备停用其中一台冷油器时，应确认其他冷油器进、出口油阀和进、出口水阀在开启位置。

(13) 冷油器加温时，其冷却水回水阀应开启运行，运行中冷油器出水阀应开足，用进水阀或进水旁路阀调整，控制油温。

(14) 高压油泵，低压交、直流润滑油泵，直流密封油泵定期试运良好，联锁正常投入，每次开机前试低油压自启动良好，低油压保护动作良好。

(15) 汽轮机启动前必须启动高压油泵，确定所有轴承回油正常，才能冲动转子。转速为 3000r/min 时，缓慢关闭高压油泵出口阀，确认主油泵上油正常，才能停用高压油泵，高压油泵停用后出口阀应及时打开备用。

(16) 任何情况下停机前，应启动低压润滑油泵或高压油泵（火灾除外）。

(17) 汽轮机轴瓦回油温升超过正常限额（温升一般不超过10～15℃），应加强监视，查明原因，当任一轴承冒烟或回油温度升至75℃或突升至70℃时，应紧急停机。

(18) 轴向位移保护应正常投入，当轴向位移达最高极限值，推力瓦块温度急剧上升到最高极限值时，应紧急停机。

(19) 避免在机组振动不合格的情况下长期运行。

(20) 运行中调节汽室压力不得超过规定值，否则应降低负荷运行。

(21) 当运行中发生了可能引起轴瓦损坏的异常情况（例如：水冲击或瞬间断油）而停机时，应查明轴瓦没有损坏后，才能重新启动。

14-91　转子弯曲事故的特征有哪些?

答: 转子弯曲事故多数发生在机组启动时，也有少数在滑停过程和停机后发生的。其象征表现为：汽轮机发生异常振动，轴承箱晃动，胀差正值增加，轴端汽封冒火花或形成火环；停机后转子惰走时间明显缩短，严重时产生“刹车”现象，转子刚静止时，往往投不上盘车。当盘车投入后，盘车电流较正常值大，且周期性变化。用电流表测量时最为直观，其表针摆动范围远远超过正常值，尽管转子逐渐冷却，但转子晃动值仍然固定在某一较高值，即确认转子产生永久弯曲。

14-92　造成转子弯曲事故有哪些原因?

答: 转子弯曲事故有如下原因：

(1) 热态启动前，转子晃动度超过规定值。

(2) 上下缸温差大（甚至大大超过规定范围）。

(3) 进汽温度低。

(4) 汽缸进冷汽、冷水。

(5) 机组振动超过规定时没有采取立即打闸停机这一果断措施。

14-93　机组启动过程中防止转子弯曲的措施有哪些?

答: 机组启动过程中防止转子弯曲的措施如下：

(1) 大型机组系统复杂、庞大。启动前各级人员应严格按照规程和操作卡做好检查工作，特别是对以下阀门应重点检查，使其处于正确的位置：①高压旁路减温水隔离阀，调整阀应关闭严密；②所有的汽轮机蒸汽管道，

本体疏水阀应全部开启；③通向锅炉的减温水阀，给水泵的中间抽头阀应关闭严密，等锅炉需要后再开启；④各水封袋注完水后应关闭注水阀，防止水从轴封加热器倒流至汽封。

(2) 启动机组前一定要连续盘车 2h 以上，不得间断，并测量转子弯曲值不大于原始值 0.02mm。

(3) 冲转过程中应严格监视机组各轴承振动。转速在 1300r/min 以下，轴承三个方向振动均不得超过 0.03mm，越临界转速时轴承三个方向振动均不得超过 0.1mm。否则立即打闸停机，停机后测量大轴弯曲，并连续盘车 4h 以上，正常后才能重新开机。若有中断，必须再加上 10 倍于中断盘车时间。

(4) 转速达 3000r/min 后应关小电动主汽阀后疏水阀，防止疏水量太大影响本体疏水畅通。

(5) 冲转前应对主蒸汽管道、再热蒸汽管道、各联箱充分暖管暖箱。

(6) 投蒸汽加热装置后要精心调整，不允许汽缸法兰上下、左右温差交叉变化，各项温差规定应在允许范围内。

(7) 当锅炉燃烧不稳定时，应严格监视主、再热蒸汽温度的变化，10min 内主、再热蒸汽温度上升或下降 50℃，应打闸停机。

(8) 开机过程中应加强各水箱、加热器水位的监视，防止水或冷汽倒至汽缸。

(9) 低负荷时应调整好凝结水泵的出口压力不得超过规定值，防止低压加热器钢管破裂。

(10) 投高压加热器前一定要作好各项保护试验，使高压加热器保护正常投入运行，否则不得投入高压加热器。

(11) 热态启动不得使用减温水，若中、低压缸胀差大，热态启动冲转前低压汽封可不送或少送汽。

14-94 热态启动时，防止转子弯曲应特别注意些什么？

答：热态启动除做好开机前有关防止转子弯曲措施之外，还应做好以下工作：

(1) 热态启动前，负责启动的班组应了解上次停机的情况，有无异常，应注意哪些问题，并对每个操作人员讲明，做到每人心中有数。

(2) 一定要先送轴封汽后抽真空，轴封汽用备用汽源供汽不得投入减温水，送轴封汽前关闭汽封四、五（六）段抽汽阀。

(3) 各管道、联箱更应充分地暖管、暖箱。

(4) 严格要求冲转参数和旁路的开度（旁路要等凝汽器有一定的真空才能开启），主蒸汽温度一定要比高压内上缸温度高 50℃以上，并有 80～100℃的过热度。冲转和带负荷过程中也应加强主、再热蒸汽温度的监视，汽温不得反复升降。

(5) 加强振动的监视。热态启动过程中，由于各部温差的原因，容易发生振动，这时更应严格监视，不得马虎，振动超过规定应立即打闸停机，测量转子晃动不大于原始值 0.02mm。

(6) 开机过程中，应加强各部分疏水。

(7) 应尽量避开极热态启动（缸温 400℃以上）。

(8) 热态启动前应对调节系统赶空气，因为调节系统内存有空气，有可能造成冲转过程中调节汽阀大幅度移动，引起锅炉参数不稳定，造成蒸汽带水。

(9) 极热态启动时最好不要作超速试验。

(10) 热态启动时，只要操作跟得上，就应尽快带负荷至汽缸温度相对应的负荷水平。

14-95 停机过程中及停机后，防止转子发生弯曲的措施有哪些？

答：停机后的隔离工作是一项非常重要的工作，因为此时的汽缸温度较高，绝对不允许冷汽或水进入汽缸，所以除做好一般常规工作以外，应重点做好以下几点工作：

(1) 关闭凝汽器补水截止阀。

(2) 关闭给水泵的中间抽头阀及高压旁路减温水。

(3) 关闭电动主汽阀前，高压旁路阀前疏水一、二次阀，开启防腐阀。

(4) 关闭至除氧器的抽汽电动阀、疏水阀、轴封供汽母管前疏水阀、四段抽汽（三段抽汽）母管至轴封汽进汽阀、汽平衡至轴封供汽阀、四段抽汽（三段抽汽）至四段抽汽（三段抽汽）母管电动阀、手动阀、四段抽汽（三段抽汽）至四段抽汽（三段抽汽）母管旁路阀，隔离阀。

(5) 关闭阀杆漏汽至除氧器的隔离阀。

(6) 关闭新蒸汽至高温汽封进汽总阀及分阀。关闭轴封供汽各分阀。

(7) 关闭汽缸、法兰加热联箱进汽总阀及调整阀。

(8) 开启汽缸本体疏水阀及再热蒸汽冷、热段，高压旁路后、低压旁路前的各疏水阀、充分疏水。

(9) 停机以后，应仍然经常检查汽轮机的隔离措施是否完备，检查汽缸温度是否突降。

14-96 锅炉水压试验时，为防止转子弯曲必须关闭和开启哪些阀门？

答：作水压试验时要关闭及打开以下各阀门：

(1) 开启给水泵的中间抽头阀。

(2) 手紧再热器减温水阀。

(3) 关闭电动主汽阀及旁路阀。

(4) 关严电动主汽阀前疏水阀，高压旁路阀前疏水阀。

(5) 关严新蒸汽到汽缸、法兰、汽封的进汽一、二次阀。

(6) 关闭高压旁路阀、减温水阀。

(7) 关闭主蒸汽至汽封管道疏水阀。

(8) 打开防腐阀。

14-97 锅炉校安全阀时，锅炉、汽轮机方面应做好哪些工作？

答：锅炉校安全阀时，除了作水压试验时应关闭和开启阀门都要做好以外，还要关闭再热器疏水阀或过热器疏水阀。随着锅炉水压或汽压的升高经常检查汽轮机本体及各条通锅炉的管道，确定隔离措施是否完善。

14-98 汽轮机超速的事故原因有哪些？

答：汽轮机超速事故原因有：

(1) 汽轮机油的油质不良，使调节系统和保安系统拒绝动作，失去了保护作用。

(2) 未按规定的时间和条件，进行危急保安器试验，以至危急保安器动作转速发生变化也不知道。而一旦发电机跳闸，转速可能升高到危急保安器动作转速以上。

(3) 因蒸汽品质不良，自动主汽阀和调节汽阀阀杆结垢，即使危急保安器动作，也可能因汽阀卡住关不下来，而引起超速。

(4) 抽汽止回阀、高压缸排汽止回阀失灵，甩负荷后发电机与电网解列，高压加热器疏水汽化或邻机抽汽进入汽轮机，同样会引起超速。

14-99 汽轮机超速事故的特征有哪些？

答：汽轮机超速事故特征如下：

(1) 汽轮机超速事故的机组负荷突然甩到零，机组发生不正常的声音。

(2) 转速表或频率表指示值超过允许值并继续上升。

(3) 主油压迅速增加，采用离心式主油泵的机组，油压上升得更明显。

(4) 机组振动增大。

14-100 机组超速保护装置动作或打闸停机后，转速仍上升应如何

处理？

答： 汽轮机超速保护装置动作或打闸停机后转速仍上升，应迅速关闭电（自）动主汽阀，迅速关闭抽汽至除氧器、热网、燃油加热的供汽阀。关闭各加热器的进汽阀，同时完成停机的其他操作。

14-101　防止汽轮机严重超速事故的措施有哪些？

答： 防止汽轮机严重超速事故的措施有：

(1) 坚持机组按规定作汽轮机超速试验及喷油试验。

(2) 机组充油装置正常，动作灵活无误，每次停机前，在低负荷或解列后，用充油试验方法活动危急保安器。

(3) 机组大修后，或危急保安器解体检修后以及停机一个月后，应用提升转速的方法作超速试验。

机组冷态启动需作危急保安器超速试验时，应先并网，低负荷暖机 2～3h，以提高转子温度。

(4) 作危急保安器超速试验时，力求升速平稳。

(5) 热工的超速保护信号每次小修、大修后均要试验一次，可静态试验也可动态试验，确保热工超速保护信号的动作定值正确。

(6) 高、中压自动主汽阀、调节汽阀的动作是否正常，对防止机组严重超速密切相关，发现卡涩立即向领导汇报，及时消除并按规定作活动试验。

(7) 每次停机或作危急保安器试验时，应派专人观察抽汽止回阀关闭动作情况，发现异常应检修处理后方可启动。

(8) 每次开机或甩负荷后，应观察自动主汽阀和调节汽阀严密程度，发现不严密，应汇报领导，消除缺陷后开机。

(9) 蒸汽品质及汽轮机油质应定期化验，并出检验报告，品质不合格应采取相应措施。

(10) 合理调整每台机组的轴封供汽压力，防止油中进水，设备有缺陷造成油中进水，应尽快消除。

(11) 作超速试验时，调节汽阀应平稳逐步开大，转速相应逐步升高至危急保安器动作转速，若调节汽阀突然开至最大，应立即打闸停机，防止严重超速事故。

(12) 作超速试验时应选择适当参数，压力、温度应控制在规定范围，投入旁路系统，待参数稳定后，方可作超速试验。

14-102　调节系统卡涩需停机处理应如何操作？

答： 调节系统卡涩需停机处理，应作如下操作：

（1）联系锅炉降温、降压，有关操作按滑参数停机要求进行。

（2）当汽压降低，负荷降至零时，手动停机，关严电动主汽阀、自动主汽阀、调节汽阀后，断开油断路器，注意汽轮机转速变化情况。

（3）完成其他停机操作。

14-103 汽轮机单缸进汽有什么危害？应如何处理？

答：多缸汽轮机单缸进汽时，会引起轴向推力增大，导致推力轴承烧瓦，产生动静磨损，应紧急停机。

14-104 机组并网时调节系统晃动怎样处理？

答：机组并网时调节系统晃动应作如下处理：

（1）适当降低凝汽器的真空（此法有一定的危险性，用时应慎重）。

（2）启动备用抗燃油泵，稳定油压。

（3）降低主蒸汽压力。

（4）启动过程中，当转速达2850～2900r/min时应稍作停留，再缓慢升至3000r/min。

（5）调节系统大幅度晃动时，应打闸停机后再重新启动升速至3000r/min。

14-105 轴封供汽带水有哪些原因？

答：轴封供汽带水有如下原因：

（1）汽轮机启动前管道疏水未疏尽。

（2）除氧器内发生汽水共腾。

（3）除氧器满水。

（4）均压箱减温水阀误开。

（5）水封袋注水总阀未关。

（6）汽封加热器，轴封抽汽器泄漏。

14-106 轴封供汽带水对机组有何危害？应如何处理？

答：轴封供汽带水在机组运行中有可能使轴端汽封损坏，重者将使机组发生水冲击，危害机组安全运行。

处理轴封供汽带水事故时，根据不同的原因，采取相应措施。如发现机组声音变沉，机组振动增大，轴向位移增大，胀差减小或出现负胀差，应立即破坏真空，打闸停机。打开轴封供汽系统及本体疏水阀，疏水疏尽后，待各参数符合启动要求后，方可重新启动。

14-107 运行中叶片或围带脱落的一般特征有哪些?

答: 运行中叶片或围带脱落的特征如下:

(1) 当单个叶片或围带飞脱时，可能发生碰击声或尖锐的声响，并伴随着机组振动突然加大，有时会很快消失。

(2) 当调节级复环铆钉头被导环磨平，复环飞脱时，如果堵在下一级导叶上，则将引起调节汽室压力升高。

(3) 当低压缸末级叶片或围带飞脱时，可能打坏凝汽器铜管，致使凝结水硬度突增，凝汽器水位也急剧升高。

(4) 由于末几级叶片不对称地断落，使转子不平衡，因而引起振动明显增大。

14-108 叶片或围带脱落应如何处理?

答: 叶片或围带脱落应作如下处理:

(1) 汽轮机运行中发生叶片损坏或脱落，各种象征不一定同时出现，发现有可疑象征时，应逐级汇报，研究处理，当象征明显时，应报告值长，破坏真空，紧急停机。

(2) 因汽轮机末级叶片折断，打坏凝汽器铜管，凝结水硬度，电导率均急剧升高，此时应降低汽轮机负荷，对凝汽器逐台进行查漏，并监视凝汽器其空。当真空下降时，应开启备用射水抽气器。

(3) 水质恶化到不能维持运行时，应报告值长，故障停机。

14-109 为防止叶片损坏，运行中应采取哪些措施?

答: 为防止叶片损坏，运行中应采取如下措施:

(1) 电网应保持正常频率运行，避免频率偏高或偏低，以防引起某几级叶片陷入共振区。

(2) 蒸汽参数和各段抽汽压力、真空等超过制造厂规定的极限值，应限制机组出力。

(3) 在机组大修中，应对通流部分损伤情况进行全面细致地检查，这是防止运行中掉叶片的主要环节之一。为此，要由专人负责，作好叶片围带和拉金等部件的损伤记录，并做好叶片调频工作。

14-110 频率升高或降低对汽轮机及电动机有什么影响?

答: 高频率或低频率对汽轮机运行都是不利的，由于汽轮机叶片频率一般都调整在正常频率运行时处于合格范围，如果频率过高或过低，都有可能使某几级叶片陷入或接近共振区，造成应力显著增加而导致叶片疲劳断裂，

还使汽轮机各级速度比离开最佳速度比，使汽轮机效率降低，低频率运行还易造成机组、推力轴承、叶片过负荷，同时主油泵出口油压相应下降，严重时会使主汽阀因油压降低而自行关闭。

对电动机的影响有：

(1) 高频率。管道系统特性不变时，辅机出力增大，若原负荷就很大，可能引起电动机过负荷。

(2) 低频率。需维持原流量的辅机（如凝结水泵、凝结水升压泵），电动机电流会升高，若低频率的同时电压也低，电动机过负荷的可能性更大，且电动机容易发热。

14-111 频率变化时应注意哪些问题?

答: 频率变化时应注意如下问题：

(1) 当频率变化时，应加强对机组运行状况特别是机组振动，声音、轴向位移、推力瓦块温度的监视。

(2) 当频率下降时，应注意抗燃油压下降的情况，必要时启动备用抗燃油泵，注意机组不过负荷。

(3) 当频率变化时，应加强监视辅机的运行情况。如因频率下降引起出力不足，电动机发热等情况，视需要可启动备用辅机。

(4) 当频率下降时，应加强检查发电机定子和转子的冷却水压力、温度以及进、出风温度等运行情况，偏离正常值时应进行调节。

(5) 频率上升时，应注意汽轮机转速上升情况，检查调节汽阀是否关闭，并及时处理。

14-112 发电机定子冷却水箱、转子冷却水箱水位下降应如何处理?

答: 发电机定子冷却水箱、转子冷却水箱水位下降应作如下处理：

(1) 立即开大转子冷却水箱补水调整阀的旁路阀或定子冷却水箱补水阀，维持水箱水位正常，如果水源中断，应立即切换凝结水泵出口来的水源或联系化学值班员迅速恢复。

(2) 如因水冷却器或管道泄漏引起，应迅速隔绝故障点，并设法处理，如因放水阀误开引起水位下降，应将其关闭，如补水调整阀失灵，应用旁路阀维持水位，并通知检修处理，联系化学人员检查阴离子预交换器是否误开。

14-113 发电机定子冷却水、转子冷却水系统压力低应如何处理?

答: 发电机定子冷却水、转子冷却水系统压力低，应作如下处理：

(1) 检查定子冷却水泵、转子冷却水泵运行是否正常，必要时可切换或增开备用泵运行，维持压力正常。

（2）检查定子冷却水泵至定子冷却水箱再循环阀及联系化学检查阴离子交换器排放阀，若误开，应立即关闭，若备用泵止回阀泄漏，则应关闭备用泵出水阀。

（3）检查冷却水滤水器压差，若超过规定时，应切换冷却器运行，将压差超限的滤水器停下并清扫停用的水冷器滤网。

（4）如压力下降系冷却器或管道泄漏引起，应密切注意冷却水箱水位，隔绝故障点，并设法处理。

（5）在进行上述各项处理的同时调节发电机进水阀，维持发电机内冷水压力、流量正常。

14-114　发电机冷却水出水温度高于正常值应如何处理？

答：发现发电机冷却水出水温度高于正常值时应立即检查发电机进水温度、压力、流量。

（1）如进水温度高，应检查冷却器冷却水系统是否正常。可增加冷却器的冷却水流量，必要时可清扫冷却器的水室，如冷却器的冷却水侧失水可增开循环水泵，排尽空气。

（2）如进水压力低可根据转子冷却水系统、定子冷却水系统压力低的处理方法处理。

（3）如进水温度、压力都正常，可在不超过最大允许工作压力的条件下，提高发电机的进水压力，增加冷却水流量，以降低发电机的出水温度。

（4）如发电机出水温度高于额定值，无法降低时，降低发电机的电流。

14-115　发电机定子绕组个别点温度升高应如何处理？

答：发电机定子绕组个别点温度比正常运行最高点高 5℃，应加强监视，并适当增加冷却水流量或降低负荷。若仍不能使温度下降或继续有上升趋势以致达到限额时，根据电气规程规定处理，必要时停机处理。

14-116　发电机冷却水压力正常，流量突然减少应如何处理？

答：发电机冷却水压力正常，流量突然减少应立即查明原因，如由于空气进入发电机转子，使转子流量减少，进水压力升高，则应将发电机解列后，降低转速放出空气，但应严密监视机组振动，出现异常振动，应按异常振动处理办法处理。如流量减少，是由于发电机定子绕组的水路有局部堵塞，则可根据定子绕组温度进行分析，此时可提进水压力，并降低机组负荷。如仍不能解决，则应减负荷停机处理。

14-117 发电机冷却水中断的原因有哪些？

答： 发电机冷却水中断的原因有：

(1) 冷却水泵运行中跳闸，备用泵未自动启动。

(2) 冷却水箱水位太低，引起发电机断水。

(3) 发电机冷却水系统切换操作错误。

(4) 发电机冷却水系统操作时空气没有放尽。

14-118 发电机冷却水中断应如何处理？

答： 发电机断水时间不得超过30s，发现断水必须尽快恢复供水，如断水超过30s，保护未动作，应进行故障停机。

投断水保护的发电机在断水跳闸后，应迅速查明原因，采取对策，恢复冷却水系统正常运行。无其他异常情况时尽快恢复并列运行。

14-119 发电机冷却水电导率突然增大应如何处理？

答： 当发现发电机冷却水电导率突然增大时，应立即检查补充水质量是否良好，如补充水的水质不良，应切换至水质良好的水源供水。

14-120 发电机漏水应如何处理？

答： 发电机漏水应作如下处理：

(1) 发电机在运行中发现机壳内有水时，应立即查明积水原因。如果是轻微结露所引起的，则应提高发电机的进水和进风温度，使其高于机壳内空气的露点，但进水、进风温度不能超限。

(2) 发电机湿度仪指示突然上升而环境湿度未变化，或发电机风温基本不变时，汽轮机侧与励磁机侧湿度发生明显差异（大于20%），或出现空气冷却器结露现象，应立即汇报值长，并由值长组织如下检查、处理：

1) 戴好防护器具。对发电机端部，冷、热风道，空气冷却器等作全面检查，如发现发电机端部和热风道有明显滴水，则应立即故障停机。

2) 若非环境湿度高引起湿度仪报警，空气冷却器结露，为争取处理时间，防止影响定子绝缘，应将空气冷却器水室两侧大门打开，以降低机内湿度，并在其两旁做好安全措施。

3) 如经检查发电机无滴水，而仅是个别空气冷却器“结露”滴水，则应将其隔绝，继续观察湿度是否下降。

(3) 如果外界湿度不高，而空气冷却器突然数台“结露”，或先后出现“结露”现象（如隔绝一台滴水空气冷却器，则冷却水流量较大的一台又出现“结露”），应对“结露”空气冷却器逐台隔绝检漏：慢慢关闭出水分阀

（注意空气冷却器不喷水，否则还应关闭进水分阀）数分钟后空气冷却器仍滴水或结露，或关出水分阀时喷水，说明是空气冷却器漏水，应隔绝漏水的空气冷却器，若漏水的空气冷却器全部隔绝后，湿度仍无明显好转，通过上述检查仍一时分不清何处漏水，则应申请停机。

（4）在减负荷停机过程中，应加强对发电机层面的检查，一旦发现情况，如发现发电机内滴水或定子端部绕组内出现电晕，湿度继续上升至80%以上等情况，应立即故障停机。为保障人身安全，停机前对空气冷却器小室不作现场检查。

（5）在外界环境湿度无变化时，如发电机湿度大幅度上升的同时检漏仪报警，应由电气确定检查报警确是水滴引起，空气冷却器无明显泄漏现象，应作发电机漏水处理，申请停机检查。

（6）在湿度仪或检漏仪报警的同时，发电机定子或转子接地报警，在判明非报警装置误动作后，作故障停机处理。

（7）如湿度上升确因气候条件变化（如空气冷却器进水管同时结露）引起，则应适当提高空气冷却器风温，降低湿度，防止空气冷却器结露。

（8）在运行中值班人员如发现发电机转子绝缘逐步下降而又查不出原因，则可能是由于复合管渗漏所致，应引起密切注意。此时如转子绝缘电阻值小于2Ω，转子一点接地报警，则应申请停机处理。如此时机组出现欠磁或失磁现象，立即故障停机，汽轮机值班员应配合进行故障停机操作。

14-121 双水内冷发电机冷却水断水为何不能超过20s（125MW机组为30s）？

答：因为双水内冷发电机的冷却水直接通入定子、转子线棒内进行冷却，空气只冷却部分铁芯的发热量，一旦断水，发电机因线棒温度迅速升高，易引起烧坏绝缘线棒等事故。尤其是转子通风孔全被线棒填满，全靠发电机冷却水冷却。所以规定发电机冷却水断水不得超过20s（125MW机组为30s）。

14-122 汽水管道故障处理过程中的隔绝原则有哪些？

答：汽水管道故障处理过程中隔绝原则有：

（1）不使工作人员和设备遭受损害。

（2）尽可能不停用其他运行设备。

（3）先关闭来汽、来水阀，后关闭出汽、出水阀。

（4）先关闭离故障点近的阀门，如无法接近隔绝点，再扩大隔绝范围，关闭离隔绝点远的阀门。待可以接近隔绝点时应迅速缩小隔绝范围。

（5）如管道破裂，漏出的汽水有可能导致保护装置误动作时，取得值长同意后，将有关保护装置暂时停用。

14-123 高压高温汽水管道或阀门泄漏应如何处理？

答：高压高温汽水管道或阀门泄漏，应作如下处理：

（1）应注意人身安全，查明泄漏部位时，应特别小心谨慎，应使用合适的工具，如长柄鸡毛帚等，运行人员不得破开保温层。

（2）高温高压汽水管道、阀门大量漏汽，响声特别大，运行人员应根据声音大小和附近温度高低，保持一定的安全距离。

（3）做好防止他人误入危险区的安全措施。

（4）按隔绝原则及早进行故障点的隔绝，无法隔绝时，请示上级要求停机。

14-124 汽水管道破裂、水击、振动应如何处理？

答：汽水管道破裂、水击、振动应作如下处理：

（1）蒸汽管道或法兰、阀门破裂，机组无法维持运行时，应汇报值长进行故障停机，同时还应做到：①尽快隔绝故障点，并开启汽轮机房内的窗户放出蒸汽，注意切勿乱跑，防止被汽流吹伤、烫伤；②采取必要的防火及防止电气设备受潮的临时安全措施；③开启隔绝范围内的疏水阀、放空气阀、泄压放水。

（2）蒸汽或抽汽管道水冲击时，应开启有关疏水阀，必要时停用该蒸汽或抽汽管道及设备并检查原因，如已发展到汽轮机水冲击，则应按照水冲击的规定处理。

（3）管道振动大时，应检查该管道疏水是否正常，支吊架是否完整良好，该管道流量是否稳定。如管道振动威胁与其相连接的设备安全运行时应汇报值长，适当减负荷以减小该管道通流量，必要时隔绝振动大的管道。

（4）给水管道破裂时，应迅速隔绝故障点，如故障点无法隔绝，且机组无法维持运行时，应进行故障停机。

（5）凝结水管道破裂时，应设法制止、减小凝结水的泄漏，或隔绝故障点，维持机组运行，如隔绝点无法隔绝，且机组无法维持运行时，应停机处理。

（6）循环水母管破裂时，设法制止或减小循环水的泄漏，关闭循环水母管连通阀，尽量避免调度循环水泵，防止因压力波动引起破裂处扩大。根据情况，汇报值长，决定是否申请停机，并注意泄漏是否发展及循环水母管压力、真空、油温、风温的变化。当凝汽器循环水阀后管道破裂，汇报值长，视情况减负荷或紧急减负荷，将破裂侧凝汽器隔绝运行，并增大正常侧凝汽器循环水阀开度，根据真空情况，调整负荷。

(7) 主蒸汽、再热蒸汽、给水的主要管道或阀门爆破，应紧急停机。

14-125　发电机、励磁机着火及氢气爆炸的特征有哪些?

答: 发电机、励磁机着火及氢气爆炸的特征有：

(1) 发电机周围发现明火。

(2) 发电机定子铁芯、绕组温度急剧上升。

(3) 发电机巨响，有油烟喷出。

(4) 发电机进、出风温突增，氢压增大。

14-126　发电机、励磁机着火及氢气爆炸的原因有哪些?

答: 发电机、励磁机着火及氢气爆炸的原因有：

(1) 发电机氢冷系统漏氢气并遇有明火。

(2) 机械部分碰撞及摩擦产生火花。

(3) 氢气浓度低于标准 (96%)。

(4) 达到氢气自燃温度。

14-127　发电机、励磁机着火及氢气爆炸应如何处理?

答: 发电机、励磁机着火及氢气爆炸应作如下处理：

(1) 发电机、励磁机内部着火及氢气爆炸时，应立即破坏真空紧急停机。

(2) 关闭补氢气阀门，停止补氢气。

(3) 通知电气排氢气，置换 CO_2。

(4) 及时调整密封油压至规定值。

14-128　发电机或励磁机冒烟着火，为什么要规定维持盘车运行?

答: 发电机或励磁机着火，实际是发电机或励磁机的线棒绝缘材料达到着火点后发生燃烧，因其绝缘材料均是一些发热量很高的化合物质，燃烧时放出的热量很大，温度很高，当发电机、励磁机冒烟着火时，将使转子受热不均匀。如此时转子在静止状态，必将发生发电机转子弯曲的恶性事故。此外，发电机转子的热量传给支承轴承，会导致轴瓦乌金溶化，咬煞而损坏。为避免发电机转子弯曲和损坏轴瓦，故要将转子维持在转动状态。

14-129　发电机氢压降低的特征有哪些?

答: 发电机氢压降低的特征有：

（1）氢压下降，并发出氢压低信号。

（2）发电机铁芯，绕组温度升高。

（3）发电机出风温度升高。

14-130 发电机氢压降低的原因有哪些？

答：发电机氢压降低的原因有：

（1）系统阀门误操作。

（2）氧系统阀门不严，引起氢气泄漏。

（3）补氢气阀门门芯脱落。

（4）密封油压调整不当或差压阀、平衡阀跟踪失灵。

14-131 发电机氢压降低应如何处理？

答：发电机氢压降低应作如下处理：

（1）确定氢压降低，应立即补氢，维持正常氢压。

（2）如因泄漏，经补氢也不能维持额定压力时，应报告值长降负荷，同时设法消除漏氢缺陷。

（3）如因供氢中断不能维持氢压时，可向发电机内补充少量氮气，保持低压运行，等待供氢恢复，发电机内氢压绝不能低到“0”。

（4）如系统阀门误操作，应恢复正常位置，然后视氢压情况及时补氢。

（5）及时调整密封油压至正常值。

14-132 发电机氢压升高的原因有哪些？

答：发电机氢压升高的原因有：

（1）自动补氢装置失灵。

（2）自动补氢旁路阀不严或误开。

（3）氢气冷却器冷却水量减少或中断。

14-133 发电机氢压升高应如何处理？

答：发电机氢压升高应作如下处理：

（1）确认氢压高，应打开排氢气阀，使氢压恢复正常。

（2）如自动补氢装置失灵，应关闭隔离阀，用旁路阀调节氢压，同时消除缺陷，若补氢旁路阀误开，应立即关闭。

（3）若氢冷却器冷却水中断应及时设法恢复。

14-134 发电机密封油压低的特征有哪些？

答：发电机密封油压低的特征有：

(1) 密封油压降低，发出报警信号。

(2) 若油压低于氢压太多时，造成氢压下降。

14-135 发电机密封油压低的原因有哪些?

答：发电机密封油压低的原因有：

(1) 密封油箱油位低，或系统阀门误操作。

(2) 密封油泵跳闸或未开。

(3) 备用密封油泵止回阀不严，或再循环阀开度过大。

(4) 滤网脏。

(5) 密封瓦油挡间隙太大。

14-136 密封油压降低应如何处理?

答：密封油压降低应作如下处理：

(1) 密封油压降低，应迅速查明原因，调整并恢复正常值，如油压不能恢复正常值，应降低氢压，降低负荷运行。如油压降低到极限值，应立即报告值长停机。

(2) 若油系统故障，应立即汇报班长，并通知检修人员及时处理，维持油压。

14-137 一般水泵及油泵的紧急停泵条件有哪些?

答：一般水泵及油泵的紧急停泵条件有：

(1) 水泵继续运行明显危及设备、人身安全时。

(2) 水泵或电动机发生强烈振动或清楚地听到金属碰击声或摩擦声。

(3) 任何轴承、轴封冒烟或油温急剧升高超过规定值。

(4) 水在泵内汽化，采取措施无效时。

(5) 水泵外壳破裂。

(6) 电动机开关冒烟或起火。

(7) 电动机故障。

14-138 调速给水泵紧急停泵的条件有哪些?

答：调速给水泵紧急停泵的条件有：

(1) 电动机或水泵突然发生强烈振动或金属碰击声与摩擦声，转子轴向窜动剧烈。

(2) 任何一道轴承冒烟，轴承温度急剧升高，超过规定值。

(3) 水泵外壳破裂。

(4) 水泵内汽化，泵内有噪声。

(5) 电流增加，转速下降，并有不正常的声音及发热。

(6) 给水泵油系统着火，不能很快扑灭，严重威胁运行时。

(7) 偶合器内冒烟着火或发生强烈振动和有金属撞击声或工作油回油温度超过105℃。

(8) 润滑油压下降至0.05MPa以下，各轴承油流减少，油温升高，虽启动辅助油泵也无效时。

(9) 轴封冷却水压差小于0.05MPa，且调节汽阀后压力降至1.22MPa，轴封冒烟时。

(10) 轴向位移超过允许值时。

(11) 电动机或开关冒烟时。

14-139 调速给水泵故障停泵时，切换操作应注意哪些问题?

答: 调速给水泵故障停泵时，切换操作应注意如下问题:

(1) 启动备用给水泵，解除故障泵的油泵联锁，开启故障给水泵的辅助油泵，油压正常，停用故障泵。

(2) 检查投入运行给水泵的运行情况。

(3) 检查故障泵有无倒转现象，记录惰走时间。

(4) 完成停泵的其他操作，根据故障情况，进行必要的安全隔离措施，立即报告班长。

14-140 调速给水泵自动跳闸的特征有哪些?

答: 调速给水泵自动跳闸的特征有:

(1) 电流表指示到零，报警铃响。

(2) 备用泵自启动。

(3) 闪光报警，发信跳闸泵绿灯闪光。

(4) 给水流量、压力瞬间下降。

14-141 调速给水泵自动跳闸应如何处理?

答: 调速给水泵自动跳闸应作如下处理:

(1) 立即启动跳闸泵的辅助油泵，复置备用给水泵及跳闸泵的开关。调整密封水水压，解除跳闸泵联锁，将运行泵联锁打在工作位置，检查运行给水泵电流、出口压力、流量正常，注意跳闸泵不得倒转。

(2) 当备用泵不能自启动时，应立即手动开启备用泵。

(3) 若无备用泵，跳闸泵无明显故障，保护未发出信号，就地宏观无问题，可试启一次，无效后，报告班长，把负荷降至一台泵运行对应的负荷。

(4) 迅速检查跳闸泵有无明显重大故障，根据不同原因，通知有关人员处理。

(5) 作好详细记录。保护误动或人为的误操作跳闸，也应在处理完毕后，立即报告班长，作好记录。

14-142 给水母管压力降低应如何处理?

答: 给水母管压力降低应作如下处理:

(1) 检查给水泵运行是否正常，并核对转速和电流及勺管位置，检查电动出口阀和再循环阀开度。

(2) 检查给水管道系统有无破裂和大量漏水。

(3) 联系锅炉调节给水流量，若勺管位置开至最大，给水压力仍下降，影响锅炉给水流量时，应迅速启动备用泵，并及时联系有关检修班组处理。

(4) 影响锅炉正常运行时，应汇报有关人员降负荷运行。

14-143 调速给水泵汽蚀的特征有哪些?

答: 调速给水泵汽蚀的特征如下:

(1) 如磁性滤网堵塞造成给水泵入口汽化时，滤网前后压差增大。

(2) 给水流量小且变化。

(3) 给水泵电流、出水压力急剧下降并变化。

(4) 泵内有不正常噪声。

14-144 调速给水泵汽蚀应如何处理?

答: 调速给水泵汽蚀应作如下处理:

(1) 给水泵轻微汽蚀，应立即查找原因，迅速消除。

(2) 汽蚀严重，应立即启动备用泵，停用产生汽蚀的给水泵。

(3) 开启给水泵再循环阀。

14-145 给水泵平衡盘磨损的特征有哪些?

答: 给水泵平衡盘磨损的特征有:

(1) 电流增大并变化。

(2) 平衡盘压力比进口压力大到 0.2MPa 以上和轴向位移增大。

(3) 严重时，泵内发出金属摩擦声，密封装置处冒烟或冒火。

14-146 给水泵平衡盘磨损应如何处理?

答: 给水泵平衡盘磨损应作如下处理:

(1) 立即启动备用给水泵，停运故障泵。

(2) 如无备用泵，应联系电气降负荷，报告班长、值长。

14-147 给水泵轴承油压下降应如何处理?

答: 给水泵轴承油压下降应作如下处理:

(1) 给水泵轴承油压下降到0.09MPa，应立即启动辅助油泵。

(2) 检查油箱油位情况，油系统是否漏油。

(3) 若辅助油泵运行后，油压仍不正常，应启动备用给水泵，停下故障给水泵。

(4) 轴承油压降至0.05MPa，应紧急停泵。

14-148 给水泵轴承温度升高应如何处理?

答: 给水泵轴承温度升高应作如下处理:

(1) 任何一道轴承温度升高到65℃，采取措施后不能降低，应切换给水泵运行。

(2) 任何一道轴承温度升高至70℃以上，应立即切换备用泵运行。

(3) 工作油排油温度高到65℃，经调整勺管开度，并开大工作冷油器进水阀、出水阀、回水总阀仍无效时，应切换备用泵运行，超过65℃，应紧急停泵。

14-149 调速给水泵油箱油位降低应如何处理?

答: 调速给水泵油箱油位降低应作如下处理:

(1) 检查油箱实际油位是否正常，以判断油位计是否指示正确。

(2) 油箱油位下降5～10mm，立即检查油系统外部有无漏油，排污阀是否误开，对工作冷油器进行查漏，并加油至正常油位。

(3) 油箱油位突然下降至最低油位线以下立即切换备用泵运行。

14-150 调速给水泵油箱油位升高应如何处理?

答: 调速给水泵油箱油位升高应作如下处理:

(1) 检查油箱实际油位是否升高。

(2) 检查给水泵轴端密封是否大量漏水，密封水回水阀开度是否正常，重力回水漏斗是否堵塞。

(3) 原因不明时，切换备用给水泵运行，停故障泵，关闭工作油冷油器，润滑油冷油器，冷却水的进、出口水阀，确定冷油器是否泄漏，为防止油质乳化，停辅助油泵，使水沉淀后放水。

(4) 凝汽器无真空时，其压力回水应倒至地沟，停机后，凝汽器灌水查漏时，应关闭压力回水，重力回水至凝汽器的回水阀。

(5) 打开油箱排污阀放水，联系化学人员化验油质，油质不合格，应联系检修换油，并作其他相应处理。

14-151 循环水泵出口蝶阀打不开的原因有哪些?

答：循环水泵出口蝶阀打不开的原因有：

(1) 出口蝶阀电动机电源及热工电源未送。

(2) 出口蝶阀电动机及热工保护故障。

(3) 油系统大量漏油，油箱油位太低。

(4) 电磁阀内漏或电磁阀旁路阀误开。

(5) 电动油泵故障，手动泵故障。

(6) 机械卡涩。

14-152 循环水泵出口蝶阀打不开应如何处理?

答：循环水泵启动后，出口蝶阀打不开，应迅速查明原因，作相应处理，必要时停泵，并联系检修。

14-153 循环水泵出口蝶阀下落有哪些原因?

答：循环水泵出口蝶阀下落原因有：

(1) 油系统漏油，油箱油位低。

(2) 电磁阀内漏或旁路阀误开。

(3) 出口蝶阀关到 75°电动机不联动。

(4) 电磁阀直流 24V 电源中断。

14-154 循环水泵出口蝶阀下落应如何处理?

答：发现循环水泵出口蝶阀下落，应进行全面检查，作相应处理。如因电磁阀失灵或内漏造成，应关闭电磁阀前隔离阀或手摇开启出口蝶阀，并联系检修。

14-155 故障停用循环水泵的条件有哪些?

答：故障停用循环水泵的条件有：

(1) 轴承温度急剧升高达 80℃，无法降低。

(2) 轴承油位急剧下降，加油无效或冷油器破裂，油中带水。

14-156 故障停用循环水泵应如何操作?

答：故障停用循环水泵应作如下操作：

(1) 解除联动开关，启动备用泵。

(2) 停用故障泵，注意惰走时间。如倒转，关闭出口阀或进口阀。

(3) 无备用泵或备用泵无法启动，应请示上级后停用故障泵。

(4) 检查备用泵启动后的运行情况。

14-157 循环水泵跳闸的特征有哪些？

答：循环水泵跳闸的特征有：

(1) 电流表指示到“0”，绿灯闪光，红灯熄，事故喇叭响。

(2) 电动机转速下降。

(3) 水泵出水压力下降。

(4) 备用泵应联动。

14-158 循环水泵跳闸应如何处理？

答：循环水泵跳闸应作如下处理：

(1) 合上联动泵操作开关，断开跳闸泵开关。

(2) 切换联动开关。

(3) 迅速检查跳闸泵是否倒转，发现倒转立即关闭出口阀。

(4) 检查联动泵运行情况。

(5) 备用泵未联动应迅速启动备用泵。

(6) 无备用泵或备用泵联动后又跳闸，应立即报告班长、值长。

(7) 检查跳闸原因。

(8) 真空下降，应根据真空下降的规定处理。

14-159 循环水泵打空的特征有哪些？

答：循环水泵打空的特征有：

(1) 电流表大幅度变化。

(2) 出水压力下降或变化。

(3) 泵内声音异常，出水管振动。

14-160 循环水泵打空应如何处理？

答：循环水泵打空应作如下处理：

(1) 按紧急停泵处理。

(2) 检查进水阀及滤网前后水位差，必要时清理滤网。

(3) 检查其他泵运行情况。

(4) 根据真空情况决定是否降负荷。

14-161 怎样判断电动机一相断路运行？

答：判断电动机一相断路运行方法如下：

(1) 若电动机及所拖动的设备原来在静止状态，则转动不起来，若电动机所拖动的设备原来在运行状态，则转速下降。

(2) 两相运行时，电动机有不正常声音。

(3) 若电流表接在断路的一相上，则电流指示到“0”，否则电流应大幅度上升。

(4) 电动机外壳温度明显上升。

(5) 被拖动的辅机流量、压力下降。

14-162　除氧器压力升高应如何处理?

答: 除氧器压力升高应作如下处理:

(1) 检查凝结水至除氧器自动补水调整阀是否失灵，如失灵应改为手动调整，或开启补水旁路阀增加进水量。

(2) 检查进汽调整阀开度是否正常，必要时可改手动调整。

(3) 检查各高压加热器水位是否正常，以防止高压抽汽从高压加热器疏水管直接进入除氧器。

(4) 当除氧器压力高达安全阀动作值，安全阀应动作，否则应立即开启电动排汽阀，关闭除氧器进汽阀，切除高压加热器汽侧。

14-163　除氧器压力降低应如何处理?

答: 除氧器压力降低应作如下处理:

(1) 若是由于补水量过大引起除氧器压力降低，此时应减少补水量。

(2) 若是进汽调整阀自动调节失灵，应改手动调整。

(3) 如供汽压力太低，可并用母管汽源。

(4) 若各低压加热器凝结水旁路阀不严或误开，应设法关闭，提高凝结水温度。

(5) 若低压加热器汽侧停用，应投用低压加热器汽侧。

(6) 若除氧器电动排汽阀误开，应检查关闭。

14-164　除氧器水位升高应如何处理?

答: 除氧器水位升高应作如下处理:

(1) 检查核对水位计指示是否正确。

(2) 查看补水量是否过大，控制除氧器补水。

(3) 根据检查发现的原因，采取相应措施，需要时可开放水阀，降低除氧器水位。

14-165　除氧器水位降低应如何处理?

答：除氧器水位降低应作如下处理：

(1) 检查核对水位计指示是否正确。

(2) 若稳压水箱水位过低，补水量过少，应联系化学，增开除盐水泵，提高除盐水母管压力，增大补水量，保持正常水位。

(3) 检查除氧器放水阀是否误开，疏水泵至除氧器进水阀是否误开，如误开应关闭。

(4) 检查给水系统是否泄漏，或有关阀门误开，省煤器管、水冷壁管、再热器管、过热器管是否爆破。

(5) 水位降至过低水位，开启疏水泵紧急补水（注意轴封供汽压力）。

14-166 给水含氧量不合格应如何处理？

答：给水含氧量不合格应作如下处理：

(1) 若除氧器进汽量不足，给水温度未达到饱和温度，应增加进汽量。

(2) 若补水不均匀，给水箱水位波动引起加热不均，应均匀补水。

(3) 若除氧器进水温度低，凝结水含氧量不合格，应提高进水温度和采取措施使凝结水含氧量合格。

(4) 若除氧器排汽阀开度过小，应调整开度。

(5) 若给水泵取样不当或取样管漏气，应改正取样方式。

(6) 若除氧器凝结水雾化不好，应联系检修。

14-167 除氧器降压、降温消除缺陷应如何处理？

答：除氧器降压、降温消除缺陷应作如下处理：

(1) 降负荷（不同型号的机组所降负荷不同）。

(2) 停用高压加热器，关闭高压加热器至除氧器疏水阀，若高压加热器进汽阀不严，用水控电磁阀关闭相应抽汽止回阀。打开止回阀后疏水阀。

(3) 停用连续排污扩容器，关闭连续排污扩容器至除氧器的隔离阀，检查除氧器再沸腾阀应关闭。

(4) 与邻机并用四段抽汽（或三段抽汽）母管。

(5) 轴封汽由除氧器汽平衡管切换至母管供给。

(6) 逐渐降低机组负荷，主蒸汽温度力求维持在较高水平。

(7) 逐渐关闭除氧器进汽调整阀和四（三）段抽汽至四（三）段抽汽母管隔离阀及四（三）段抽汽电动阀。

(8) 除氧器压力降至 0.29～0.34MPa 时，温度降至 140～146℃左右，停 4 号低压加热器。

(9) 除氧器压力降至 0.19～0.24MPa，温度为 125～130℃时，停用 3 号

低压加热器。

(10) 除氧器压力降至0.1MPa，温度为115～120℃时，可适当开启2号低压加热器凝结水旁路阀，使低压加热器出口温度控制在80℃左右。

(11) 停用低压加热器疏水泵，2号低压加热器疏水疏至多级U形管入凝汽器。

(12) 除氧器内压力降至“0”，温度降至95℃以下时，即可通知检修消除缺陷。

(13) 低压加热器应逐级依次停用，除氧器压力不可降低太快，否则引起除氧器内汽水共腾。

(14) 控制除氧器内的温降不超过1℃/min。

14-168　除氧器消除缺陷后的恢复应如何操作？

答： 除氧器消除缺陷后的恢复操作如下：

(1) 关闭2号低压加热器凝结水旁路阀。

(2) 开启3、4号低压加热器进汽电动阀，疏水逐级自流。

(3) 开启低压加热器疏水泵，关闭2号低压加热器至多级U形管疏水阀。

(4) 开启四（三）段抽汽电动阀及四（三）段抽汽至四（三）段级抽汽母管隔离阀。

(5) 开启除氧器进汽调整阀。

(6) 投用高压加热器，关闭排地沟疏水阀。

(7) 逐渐增至原负荷。

(8) 除氧器压力至0.39MPa以上，给水箱温度在150℃以上，切换轴封汽源，由汽平衡管供汽。

(9) 投用连续排污扩容器，开启连续排污扩容器至除氧器隔离阀。

14-169　运行中怎样判断高压加热器内部水侧泄漏？

答： 判断高压加热器内部水侧泄漏，可由以下几方面进行分析判断：

(1) 与相同负荷比较，运行工况有下列变化：①水位升高或疏水调整阀开度增加（严重时两者同时出现）；②疏水温度下降；③严重时，给水泵流量增加，相应高压加热器内部压力升高。

(2) 倾听高压加热器内部有泄漏声。

从以上几种现象可以清楚地确定高压加热器内部水侧泄漏，高压加热器内部水侧泄漏，应停用该列高压加热器，以免冲坏周围的管子等内部设备。

14-170 高压加热器紧急停用的条件有哪些？

答： 高压加热器紧急停用的条件有：

(1) 汽水管道及阀门爆破，危及人身及设备安全时。

(2) 任一加热器水位升高，经处理无效时；或任一电接点水位计、石英玻璃管水位计满水，保护不动作。

(3) 任一高压加热器电接点水位计和石英玻璃管水位计同时失灵，无法监视水位时。

(4) 明显听到高压加热器内部有爆炸声，高压加热器水位急剧上升。

14-171 高压加热器紧急停用应如何操作？

答： 高压加热器紧急停用操作如下：

(1) 关闭有关高压加热器进汽阀及止回阀，并就地检查在关闭位置。

(2) 将高压加热器保护打至“手动”位置，开启高压加热器旁路电动阀，关闭高压加热器进出口电动阀，必要时手摇电动阀直至关严。

(3) 开启高压加热器危急疏水电动阀。

(4) 关闭高压加热器至除氧器疏水阀，待高压加热器内部压力泄至0.49MPa以下时，开启高压加热器汽侧放水阀。

(5) 其他操作按正常停高压加热器操作。

14-172 高压加热器水位升高的原因有哪些？

答： 高压加热器水位升高的原因有：

(1) 钢管胀口松弛泄漏。

(2) 高压加热器钢管折断或破裂。

(3) 疏水自动调整阀失灵，阀芯卡涩或脱落。

(4) 电接点水位计失灵误显示。

14-173 高压加热器水位升高应如何处理？

答： 高压加热器水位升高应作如下处理：

(1) 核对电接点水位计与石英玻璃管水位计。

(2) 手动开大疏水调整阀，查明水位升高原因。

(3) 高压加热器水位至高一值报警时，自动疏水调整阀应自动开大，值班人员应严密监视高压加热器运行情况。

(4) 高压加热器水位至高二值时，关闭高压加热器进汽电动阀。

(5) 高压加热器水位至高三值时，高压加热器保护应动作，自动开启高压加热器危急疏水电动阀，给水走旁路。关闭至除氧器疏水电动阀，有关抽汽止回阀，自动切除高压加热器。如保护失灵，应按高压加热器紧急停用处理。

(6) 开启有关抽汽止回阀后疏水阀。

(7) 完成停用高压加热器的其他操作。

14-174 为防止锅炉断水，高压加热器启、停应注意哪些问题?

答: 高压加热器进、出水阀从结构上来讲，进口阀与旁路阀位于同一壳体内，且公用一只阀芯，因此投用高压加热器时，先开出水电动阀，后开进水电动阀，确认进、出口电动阀开启时，再关闭其旁路电动阀。停用高压加热器时，确认旁路电动阀全开后，先关进水阀，后关出水阀。

14-175 凝结水硬度增大应如何处理?

答: 凝结水硬度增大应作如下处理:

(1) 开机时凝结水硬度大，应加强放水。

(2) 关闭备用射水抽气器的空气阀。

(3) 检查并手摸机组所有负压放水阀关闭严密。

(4) 将停用中的中继泵冷却水阀关闭，将凝结水至中继泵的密封水阀开大。

(5) 确认凝汽器铜管轻微泄漏，应立即通知加锯末，停用胶球清洗装置。

(6) 凝结水硬度较大，应立即就地取样（取样筒应放水冲洗三次以上），送化学车间检验，以确定哪台凝汽器铜管漏，以便分析隔离。

第十五章　发电机的故障分析与处理

15-1　单元机组的事故特点是什么?

答: 单元机组的事故有以下特点:

(1) 单元机组容量较大，结构复杂，发生事故可能造成设备损坏，检修费用高，周期长，即使未造成设备损坏，由于金属热应力的限制，其启停时间较长，事故停运后损失巨大。

(2) 单元机组事故造成主设备损坏，检修难度大，技术要求高，从而影响机组正常使用和设备寿命。

(3) 对高参数大容量机组，金属材料的设计裕量有限，因此，因参数超限、管壁超温而造成的事故占相当大的比例。

(4) 单元机组机炉电联系密切，任一环节故障都将影响整个机组的运行。

(5) 由于自动装置及保护装置故障、使用不当、停运等原因，造成设备损坏事故时有发生。

(6) 单元机组内部故障不影响其他机组正常运行，事故范围缩小。

15-2　单元机组事故处理的原则有哪些?

答: 大容量单元机组发生故障时，处理原则如下:

(1) 迅速采取措施，尽快解除对人身及设备安全的直接威胁。

(2) 尽量保持厂用电系统的正常运行，特别是公用段和直流系统的正常运行。

(3) 发生事故后应立即采取相应措施，迅速恢复机组正常运行，满足负荷的需要，只有在设备已不具备运行条件或继续运行对人身、设备安全有直接危害时，方可停机处理。

(4) 事故处理时应正确判断、迅速果断处理，避免和减少主设备的损坏。

(5) 事故处理由值长统一指挥，统筹兼顾，全面考虑。

(6) 对于已跳闸的重要电动机，在没有备用或不能迅速启动备用电动机时，为了保证机组的继续运行，在检查电动机无异常后，允许将已跳闸的电动机试投一次。

(7) 在机组发生故障和事故处理时，运行人员不得擅自离开工作岗位。

(8) 事故处理过程中，禁止无关人员聚集在集控室或事故发生地。

(9) 事故处理完毕，运行人员应实事求是地向上级领导汇报事故的发生及处理情况，并把事故发生的时间、现象及所采取的措施等记录在运行日志中。

(10) 正常运行时，出现报警应在报警菜单及CRT画面的操作窗口中及时确认并复归报警，根据报警内容进行相应处理。发生事故时应只确认报警，不能复归报警以有利于事故分析，待事故处理完毕作好记录后再复归。

(11) 发生规程中未列举的事故时，运行人员应根据具体情况，主动采取措施，迅速处理，防止事故扩大。

15-3 发电机常见的故障类型有哪些？

答：发电机在运行过程中，由于外界、内部及误操作原因，可能引起发电机各种故障或不正常状态，常见的故障有以下几种：

(1) 定子绕组故障。绕组相间短路、匝间短路，单相接地等。

(2) 转子绕组故障。转子两点接地、转子失去励磁等。

(3) 其他方面的故障。发电机着火、发电机变成电动机运行、发电机漏水漏氢、发电机发生振荡或失去同期、发电机非同期并列等。

这些故障的发生导致发电机退出系统，更甚者烧毁某些设备，所以在日常运行维护时要特别小心，以免事故发生。

15-4 发电机不正常运行状态有哪些？

答：发电机运行过程中正常工况遭到破坏，出现异常，但未发展成故障，这种情况称为不正常运行状态。发电机不正常运行状态主要有以下几种：

(1) 发电机运行中三相电流不平衡，三相电流之差不大于额定电流10%允许连续运行，但任一相电流不得超过额定值。

(2) 事故情况下，发电机允许短时间的过负荷运行，过负荷持续的时间要由每台机的特性而定。

(3) 发电机各部温度或温升超过允许值，减出力运行。

(4) 发电机短时无励磁运行。

(5) 发电机励磁回路绝缘降低或等于零，测量励磁回路绝缘电阻低于0.5MΩ或等于零，这就有可能发转子一点接地信号。

(6) 转子一点接地，通过检查已确认，就投入转子两点接地保护。

(7) 发电机附属设备故障造成发电机不正常运行状态，例如电压互感器断相、电流互感器断线、整流柜故障、冷却系统故障等。

15-5　短路对发电机和系统有什么危害?

答: 短路的主要特点是电流大、电压低。电流大的结果是产生强大的电动力和热效应，它有以下几点危害：

(1) 定子绕组的端部受到很大的电磁力的作用。

(2) 转子轴受到很大的电磁力矩的作用。

(3) 引起定子绕组和转子绕组发热。

15-6　三相电流不对称对发电机有什么影响?

答: 发电机是根据三相电流对称的情况下长期运行设计的。当三相电流对称时，由它们合成产生的定子旋转磁场是和转子同方向、同转速旋转的，因此，定子旋转磁场和转子磁场相对静止，它的磁力线不会切割转子。当三相电流不对称时，将出现一个负序电流，而它将产生一个负序旋转磁场，它的旋转方向和转子的转向相反，这个负序磁场将以两倍的同步转速扫过转子表面，从而使转子表面发热和转子振动。但对于汽轮发电机，不对称负荷的限制是由发热的条件决定的。

产生三相电流不对称的原因一种是系统的三相负载严重不平衡，如单相电炉等，称为稳态情况；一种是事故时，如系统突然两相短路、非全相运行、单相重合闸动作等引起的，称为暂态情况。这两种情况下发电机负序电流的容许值是不一样的。对于稳态情况，一般规定三相电流之差不大于额定电流的10%，最大一相不得超过额定电流。而衡量汽轮发电机承受瞬态不对称故障的能力可参考表15-1。

表15-1　　发电机不平衡电流

转子冷却方式	冷却介质或功率	连续运行的最大 I_2/I_N	故障运行的最大 $(I_2/I_N)^2t$
间接冷却	空　气	0.10	30
	氢　气	0.10	15
直接冷却	353MVA及以下	0.08	8
	667MVA	0.07	7

15-7 低频率运行有什么危害?

答:低频率运行的主要危害有:

(1)系统长期低频率运行时,汽轮机低压叶片将会因振动加大而产生裂纹,甚至发生断裂事故。

(2)使厂用电动机的转速降低,因而使发电厂内的给水泵、循环水泵、引风机、磨煤机等辅助设备的出力降低,严重时将影响发电厂出力,使频率进一步下降,引起恶性循环,可能造成发电厂全停的严重后果。

(3)使所有用户的交流电动机转速按比例下降,使工农业产量和质量不同程度的降低,废品增加,严重时可能造成人身事故和设备损坏事故。

15-8 低电压运行有什么危害?

答:低电压运行的主要危害有:

(1)烧毁电动机。电压过低超过10%,将使电动机电流增大,线圈温度升高,严重时使机械设备停止运转或无法启动,甚至烧毁电动机。

(2)灯发暗。电压降低5%,普通电灯的照度下降18%;电压降低10%,照度下降35%;电压降低20%,则日光灯不能启动。

(3)增大线损。在输送一定电力时,电压降低,电流相应增大,引起线损增大。

(4)降低电力系统的稳定性。由于电压降低,相应降低线路输送极限容量,因而降低了稳定性,电压过低可能发生电压崩溃事故。

(5)发电机出力降低。如果电压降低超过5%,则发电机出力也要相应降低。

(6)电压降低,还会降低送、变电设备能力。

15-9 频率过高或过低对发电机本身有什么直接影响?

答:运行中发电机频率过高,转速增加,转子离心力增大,对发电机安全运行不利。频率过低,发电机转速下降,使通风量减少,引起绕组、铁芯温度升高。此时只有减负荷来保持绕组和铁芯的温度。另外,发电机感应电动势下降,母线电压降低。如果保持母线电压,就要增加转子电流,又会引起转子绕组过热,否则又要减少负荷。总之,频率过低会影响发电机的出力。

15-10 进风温度过低对发电机有哪些影响?

答:进风温度过低对发电机有以下影响:

(1)容易结露,使发电机绝缘电阻降低。

（2）导线温升增高，因热膨胀伸长过多而造成绝缘裂损。转子铜、铁温差过大，可能引起转子线圈永久变形。

（3）绝缘变脆，可能经受不了突然短路所产生的机械力的冲击。

15-11 定子绕组单相接地时对发电机有危险吗？

答：发电机的中性点是绝缘的，如果一相接地，乍看构不成回路，但是由于带电体与处于地电位的铁芯间有电容存在，发生一点接地时，接地点就会有电容电流流过。单相接地电流的大小与接地线匝的份额成正比。当机端发生金属性接地，接地电流最大，而接地点越靠近中性点，接地电流越小。故障点有电流流过，就可能产生电弧，当接地电流大于5A时，就会有烧坏铁芯的危险。

15-12 发电机定子单相接地故障有何危害？

答：定子单相绕组接地的主要危害是故障点电弧灼伤铁芯，使修复工作复杂化，而且电容电流越大，持续时间越长，对铁芯的损害越严重。另外，单相接地故障会进一步发展为匝间短路或相间短路，出现巨大的短路电流，造成发电机严重损坏。

15-13 转子发生一点接地可以继续运行吗？

答：转子绕组发生一点接地，即转子绕组的某点从电的方面来看与转子铁芯相通，由于电流构不成回路，所以按理能继续运行。但这种运行不能认为是正常的，因为它有可能发展为两点接地故障，那样转子电流就会增大，其后果是部分转子绕组发热，有可能被烧毁，而且由于作用力偏移而导致发电机转子强烈地振动。

15-14 转子发生一点接地后，对发电机有何影响？如何处理？

答：发电机运行中，转子发生一点接地后，并不构成电流通路，励磁绕组两端的电压仍保持正常，因此发电机可以继续运行。但这时加在励磁绕组对地绝缘上的电压有所增加，有可能发生转子回路的第二点接地，这是不允许的。因此，转子一点接地后，应迅速对励磁回路进行认真检查。同时考虑保护是否有误动的可能；根据某些保护构成原理，检查是不是因为大轴接地碳刷接触不良引起的。此外，还可倒换备用励磁以找出接地范围。如果一旦确认转子一点接地，应投入转子两点接地保护，此时，严禁在励磁回路上工作，以防保护误动。在转子一点接地的同时，若发电机出现强烈振动，则应立即解列停机。

15-15 发电机转子绕组发生两点接地故障有哪些危害？

答：发电机转子绕组发生两点接地故障的主要危害有：

(1) 转子绕组发生两点接地后，使相当一部分绕组电流增加，破坏了发电机气隙磁场的对称性，引起发电机剧烈振动。同时无功出力降低。

(2) 转子电流通过转子本体，如果电流较大（大于1500A）可能烧坏转子，甚至造成转子和汽轮机叶片等部件被磁化。

(3) 由于转子本体局部通过电流，引起局部发热，使转子缓慢变形而偏心，进一步加剧振动。

15-16 当电刷产生火花时，运行值班人员应采取哪些措施消除？其注意事项是什么？

答：当电刷发生火花时，运行值班人员应采取下列措施消除：用干净的棉布将电刷、整流子及滑环表面擦拭干净；调整电刷压力一致；用细砂纸轻轻擦其表面等。若冒火比较严重，应适当减少励磁电流，通知检修人员检查处理。

同步发电机以3000r/min的速度旋转，值班人员在励磁回路上进行调整维护工作时，应穿绝缘靴或站在绝缘垫上，并将衣袖扎紧。当用压缩空气对励磁系统的滑环、整流子及电刷进行吹扫时，吹扫前应先将压缩空气管道中的油质及水分放尽，同时压缩空气的压力约为0.196～0.294MPa。

15-17 发电机发生非同期并列有什么危害？

答：发电机的非同期并列危害很大，它对发电机及其与之相串联的主变压器、断路器等电气设备破坏极大，严重时将烧毁发电机绕组，使端部变形。如果一台大型发电机发生此类事故，则该机与系统间将产生功率振荡，影响系统的稳定运行。

15-18 发电机振荡时各电气量反映在表计上的变化有哪些？

答：发电机振荡时各电气量反映在表计上的变化有：

(1) 有、无功功率表全盘摆动，发电机发出鸣声，其节奏与表计的摆动合拍。

(2) 定子电流表的指针剧烈摆动，电流有时超过正常值。

(3) 发电机定子电压表和其他母线电压表剧烈摆动，且电压表指示值降低。

(4) 系统电压、频率摆动且电压降低。

(5) 转子电流、电压表的指针在正常值附近摆动。

15-19 引起发电机振荡的原因有哪些?

答：根据运行经验，造成发电机失步的非同步振荡主要有以下几种原因：

(1) 静态稳定的破坏。

(2) 发电机与系统联系的阻抗突然增加。

(3) 电力系统中的功率突然发生严重的不平衡。

(4) 大型机组失磁。

(5) 原动机调速系统失灵。

15-20 发电机发生振荡或失步时应采取哪些措施?

答：若振荡已造成失步时，则要尽快创造恢复同步运行的条件，通常采取下列措施：

(1) 增加发电机的励磁。对于有自动励磁调节装置的发电机不要退出调节器和强励，可任其自由动作调整励磁。对于无自动电压调节装置的发电机则要手动增加励磁。增加励磁的作用，是为了增加定、转子磁场间的拉力，用以削弱转子的惯性作用，使发电机较易在达到功率平衡点附近时被拉入同步。

(2) 若是一台发电机失步，可适当减轻它的有功出力，即关小汽轮机的汽阀，这样容易拉入同步，这样做好比是减小了转子的冲劲。

(3) 按上述方法进行处理，经 1～2min 后仍未进入同步状态时，则可以考虑将失步发电机从系统解列。

15-21 发电机失磁的原因有哪些?

答：发电机失去励磁的原因很多，一般在同轴励磁系统中，常由于励磁回路断线（转子回路断线、励磁机电枢回路断线、励磁机励磁绕组断线等）、自动灭磁开关误碰或误掉闸、磁场变阻器接头接触不良等而使励磁回路开路，以及转子回路短路和励磁机与原动机在连接对轮处的机械脱开等原因造成失磁。大容量发电机（125MW 及以上）半导体静止励磁系统中，常由于晶闸管整流元件损坏、晶体管励磁调节器故障等原因引起发电机失磁。

15-22 发电机失磁后，各表计的反应如何?

答：运行中，由于励磁回路开路、短路、励磁机励磁电流消失或转子回路故障所引起的发电机失磁后，有关表计的反应如下：

(1) 转子电流表、电压表指示为零或接近于零。

(2) 定子电压表指示显著降低。

(3) 定子电流表指示升高并晃动。

(4) 有功功率表的指示降低并摆动。

(5) 无功功率表的指示负值。

15-23　发电机失磁后对电力系统有什么不利影响?

答: 发电机失磁后，不但不能向系统输送无功功率，反而还要从系统中吸收无功功率以建立磁场，这就使系统出现无功差额。如果系统中无功功率储备不足，会引起系统电压下降。由于其他发电机要向失磁的发电机供给无功功率，可能造成发电机过电流，失磁的发电机容量在系统中所占的比重愈大，这种过电流愈严重。如果过电流引起其他机组保护动作跳闸，则会使无功缺额更大，造成系统电压进一步下降，严重时会因电压崩溃而造成系统瓦解。

15-24　发电机失磁后对发电机有何危害?

答: 发电机失磁以后，向电网送出的有功功率大为减少，转速迅速增加，同时从电网中吸收大量无功功率，其数值可接近和超过额定容量，造成电网的电压水平下降。当失磁发电机容量在电网中所占比重较大时，会引起电网电压水平的严重下降，甚至引起电网振荡和电压崩溃，造成大面积的停电事故，这时失磁发电机应靠失磁保护动作或立刻从电网中解列，停机检查。当失磁发电机在电网容量中所占比重较小，电网可供其所需的无功而不致使电网电压降得过低时，失磁发电机可不必立即从电网解列。

15-25　发电机发生失磁故障时应如何处理?

答: 发电机发生失磁故障时应按以下步骤处理:

(1) 对于未作出允许失磁的发电机，应作为不允许失磁运行处理。处理方法是利用失磁保护将严重失磁的发电机出口断路器跳闸、解列，若失磁保护未动作，应立即手动解列停机，查明原因并加以消除。

(2) 对于已确认可以失磁运行的发电机，应作如下处理:

1) 出现失磁异步运行时，在3min内，将负荷减至40%，允许继续运行10min。

2) 监视发电机定子电流不应超过额定值的110%，同时监视发电机定子端部温度不应超过允许值。

3) 设法迅速恢复励磁电流。如自动励磁调节器不能正常工作，应转换至感应调压器电源提供励磁，如仍不行，则应启用备用励磁电源。

4) 异步运行中，监视发电机端电压应不低于额定电压的90%。

15-26 发电机在运行中主断路器自动跳闸的原因有哪些？

答：发电机在运行中主断路器自动跳闸的原因概括起来有以下几种：

（1）发电机内部故障，如定子绕组相间短路、匝间短路、转子两点接地等。

（2）发电机外部故障，如发电机母线短路。

（3）值班人员误操作。

（4）继电保护、自动装置及主断路器的机构误动作。

（5）双水内冷发电机断水保护动作。

（6）大型发电机的失磁保护动作。

15-27 引起发电机着火的原因有哪些？

答：运转中的发电机常常由于以下原因引起着火，使设备造成严重损坏，甚至酿成严重事故。

（1）定子绕组绝缘击穿。定子绕组的绝缘损坏以后，引起绕组单相接地，由于接地点拉起的电弧温度很高，可以引起绝缘物燃烧，使发电机着火。

（2）导线及接头过热。如发电机冷却装置失效；水内冷发电机某一段水路发生堵塞；发电机长期超铭牌运行或是导线接头焊接质量不良或结构不合理等，都可能引起定子和转子绕组过热、绝缘老化和绕组间的垫块、绑线炭化以及接头熔化，并可能进一步发展成热击穿，引起电弧起火。

（3）轴承支座漏油、电刷维护不良。轴承支座漏油、电刷维护不良会造成在励磁机或滑环电刷处积炭粉、积油、摩擦容易着火。

（4）氢冷却系统漏氢。氢冷发电机密封瓦或氢气管路漏氢，遇到明火将会发生着火或氢气爆炸。在发电机的充排氢中，由于误操作或化验错误，也可能发生氢气与空气混合时的爆炸起火事故。

15-28 发电机着火应如何处理？

答：空冷发电机内部着火后，应迅速检查发电机是否已与电网解列。一般在与电网解列和拉掉灭磁开关后，火势就会减弱熄灭，此时就不要再投水灭火，但要保证发电机低速盘车，以防止大轴弯曲。如果与电网解列后火势不减，浓烟加剧，可当即投入喷水灭火。

氢冷发电机内部着火，只要故障电流切断得快，火势将不会蔓延和扩大，这是由于在发电机内部氢气纯度很高时，氢气不会助燃，也不会自燃爆炸。但是值得注意的是，在氢冷发电机外部漏出的氢气与空气混合，当氢气浓度下降到5%～75%的范围时，星星之火就可以引起着火和爆炸，因此是十分危险的。一旦由此引起着火和爆炸，应迅速关闭来氢的管道和阀门，并用二氧化碳或“1211”灭火剂灭火。如果起火的原因是由于发电机的密封瓦不严，漏氢所致，则应迅速降低发电机内部氢压，保持 $0.3N/cm^2$ 的低氢压运行，并进行灭火；如果火势不减，可向发电机内迅速送入二氧化碳气体，直至火势熄灭。

对发电机附属电气设备的着火，应首先切断电源，并用二氧化碳或“1211”灭火器灭火，对转动设备和电气元件不可使用泡沫灭火剂或砂土等。

若发电机油管路着火，应使用泡沫灭火器灭火，如火势猛，油管路大量喷油时，要迅速停机，并在机组降速后拉掉油泵电源，消除管路油压，打开油箱的事故排油阀，将油箱的油放掉。地面上的油可用砂子和泡沫灭火剂灭火。

抓好发电机防火是搞好电气设备防火工作的重要环节，运行值班人员应掌握发电机灭火的基本知识和要领，当一旦发生火灾时，能独立或配合专业消防人员迅速扑灭着火，保障设备和人身安全。

15-29 汽轮发电机的振动有什么危害?

答: 汽轮发电机的振动对机组本身和厂房建筑物都有危害，其主要危害有以下几个方面：

(1) 使机组轴承损耗增大。

(2) 加速滑环和碳刷的磨损。

(3) 励磁机碳刷易冒火，整流子磨损增大，且因整流片的温度升高片开焊和电枢绑线的断裂可能会造成事故。

(4) 使发电机零部件松动并损伤。

(5) 破坏建筑物，尤其在共振情况下。

15-30 引起汽轮发电机振动的原因有哪些?

答: 引起发电机振动的原因是多方面的，总的来讲可分为两类，即电磁原因和机械原因。电磁原因有转子两点接地、匝间短路、负荷不对称、气隙不均匀等。机械原因有找正不正确、靠背轮连接不好、转子旋转不平衡等。

15-31 事故处理的主要原则是什么?

答: 事故处理的主要原则是：

(1) 应设法保证厂用电源。

(2) 迅速限制事故的发展，消除事故的根源，并解除对人身和设备的危险。

(3) 保证非故障设备继续良好运行，必要时增加出力，保证用户正常供电。

(4) 迅速对已停电用户恢复供电。

(5) 调整电力系统运行方式，使其恢复正常。

(6) 事故处理中必须考虑全局，积极、主动做到稳、准、快。

15-32 强送电时有哪些注意事项?

答：强送电时应注意以下事项：

(1) 设备跳闸后，凡有下列情况不再强送电：①有严重的短路现象，如爆炸声、弧光等。②断路器严重缺油。③检修后，充电时跳闸。④断路器连续跳闸两次后。

(2) 凡跳闸后可能产生非同期电源者，禁止无警告强送电。

(3) 强送220kV送电线路时，强送断路器所在的母线上必须有变压器中性点接地。

(4) 强送电时，应注意合闸设备的电流表和母线电压表，发现电流剧增，电压严重下降，应迅速切断，但不应将负荷电流或变压器的励磁涌流误认为故障电流。

(5) 强送电后应做到：①检查线路或发电机三相电流是否平衡，以免有断线情况发生。②无论情况如何，皆应对已送电的断路器进行外部检查。

15-33 发电机主断路器自动跳闸时，运行人员应进行哪些工作?

答：发电机主断路器自动跳闸时，运行人员应立即进行如下工作：

(1) 检查励磁开关是否跳开，只有当厂用变压器也跳闸时，方可断开励磁开关。

(2) 检查厂用备用电源是否联动，电压是否平衡，应分情况正确处理。

(3) 检查由于哪种保护动作使发电机跳闸。

(4) 检查是否由于人为误动而引起，如果确认是由于人为误动而引起的，应立即将发电机并入系统。

(5) 检查保护装置的动作是否是由于短路故障所引起的，应分别情况进行处理。

15-34 发电机出口调压用电压互感器熔断器熔断后有哪些现象？如何处理?

答：熔断器熔断后有下列现象：

(1) 电压回路断线信号可能发生。

（2）自动励磁调节器供励磁时，定子电压、电流，励磁电压、电流不正常地增大，无功表指示增大。

（3）感应调节器供发电机励磁时，各表计指示正常。

（4）备励供发电机励磁时，表计正常。

处理方法如下：

（1）由自动励磁调节器供发电机励磁时，应切换到感应调压器，断开调节器机端测量开关，断开副励输出至调节器隔离开关。

（2）备用励磁供发电机励磁时，应停用强励装置。

（3）更换互感器的熔断器。

（4）若故障仍不消除，通知检修检查处理。

15-35 遇到发电机非同期并列如何处理？

答：在不符合并列条件的情况下，合上发电机断路器，这种情况就是非同期并列。非同期并列对发电机、变压器产生巨大的冲击电流，机组将发生强烈的振动，定子电流表指示突增，系统电压降低，发电机本体由于冲击力矩的作用发出很大的响声，然后定子电流表剧烈摆动，母线电压表也来回摆动。遇到这种情况，应根据事故现象进行迅速而正确地处理。若发电机组无强烈音响及振动，可不必停机。若机组产生很大的冲击电流和强烈的振动，而且并不衰减时，应立即把发电机断路器、灭磁开关断开，解列并停止发电机，待转动停止后，测量定子绕组绝缘电阻，并打开发电机端盖，检查定子绕组端部有无变形情况，查明确无受损后方可再次启动。

15-36 发电机发生振荡和失步如何处理？

答：发电机发生振荡和失步时应进行如下处理：

（1）若自动调节励磁装置未投入时，值班人员应迅速调整磁场变阻器，提高发电机励磁电流到最大允许值。

（2）若自动调节励磁装置投入运行时，会使励磁电流达到最大值，此时值班人员应减少发电机的有功负荷，减少进汽量，有利于发电机拉入同步。

（3）采取上述措施后，经过 1～2min 仍不稳定，则只有将发电机解列，否则将更严重，导致失步情况发生。

15-37 同步发电机变为电动机运行时如何处理？

答：与系统并列的汽轮机在运行中，由于汽轮机危急保安器误动作而将主汽阀关闭，或因主汽阀误动作而关闭，使发电机失去原动力而变为同步电动机运行。这时，发电机不能向系统输出有功，反而从系统吸收小部分有功

负荷来维持转速。在这种情况下，运行人员应注意表计和光字牌指示。若无停机信号，此时不应将发电机解列，并应注意维持定子电压正常，待主汽阀打开后，尽快将危急保安器挂上，再带有功负荷。但有些汽轮机的危急保安器在额定转速下是挂不上的，这时可以将发电机解列，降低转速。在挂上危急保安器后，再进行并列。当既有“主汽阀关闭”信号出现，又有“紧急停机”信号时，应立即将发电机与系统解列。

15-38 定子绕组单相接地有何危害？如何处理？

答：由于发电机中性点是不接地系统，发生单相接地时，流过故障点的电流只是发电机系统中较小的电容电流（一般要求小于2A），这个电流对发电机没有多大危害，故发电机可以作短时间运行。但如不及时处理，将有可能烧伤定子铁芯，甚至发展成为匝间短路或相间短路，因此，定子接地后的最长运行时间不得超过30min，在此期间，运行人员应立即进行下列检查和处理：

（1）对发电机所属一次系统进行全面认真地检查。

（2）若“高压厂变轻瓦斯”动作发信，可能是高压厂用变压器引起的，应立即倒换厂用电或解列停机。

（3）若“主变轻瓦斯”动作发信，可能是主变压器引起的，应立即解列停机。

（4）若某定子铁芯或线圈温度不断升高，则应立即解列停机。

（5）若一时查不出原因，也无其他异常现象，而保护动作正确无误时，也应考虑立即解列停机作进一步检查。

（6）在保护盘上通过检查接于机端电压互感器开口三角侧的电压，来判断接地点和接地性质。

15-39 发电机断水时应如何处理？

答：运行中，发电机断水信号发出时，运行人员应立刻看好时间，作好断水保护拒动的事故处理准备，与此同时，查明原因，尽快恢复供水。若30s内冷却水恢复，则应对冷却系统及各参数进行全面检查，尤其是转子线圈的供水情况，如果发现水流不通，则应立即增加进水压力恢复供水或立即解列停机；若断水时间达到30s而断水保护拒动，则应立即手动拉开发电机断路器和灭磁开关。

15-40 发电机漏水时应如何处理？

答：运行中，发电机漏水信号发出后，应根据检漏仪确定漏水发信部位，并进行就地检查，若确有渗漏水现象，可根据表 15-2 进行处理。

表 15-2　　发电机漏水处理

部 位	故障性质	立即停机	10min 内停机	尽快安排停机（降低水压带故障运行）
定子绕组	汽轮机侧漏水		√	
	引出线侧漏水	√		
	轻微渗水			√
	大量漏水	√		
转子绕组	漏水	√		
其他	漏水并伴随定子绕组接地或转子一点接地	√		

若未发现渗漏水的迹象，应联系检修人员核实检漏扳、检漏仪工作是否正常。

15-41　电压过高对运行中的变压器有哪些危害？

答：规程规定运行中的变压器正常电压不得超过额定电压的 5%，电压过高会使铁芯产生过励磁并使铁芯严重饱和，铁芯及其金属夹件因漏磁增大而产生过热，严重时将损坏变压器绝缘并使构件局部变形，缩短变压器的使用寿命。所以，运行中变压器的电压不能过高，最大不得超过额定电压的 10%。

15-42　影响变压器油位及油温的因素有哪些？哪些原因使变压器缺油？缺油对运行有什么危害？

答：变压器的油位在正常情况下随着油温的变化而变化，因为油温的变化直接影响变压器油的体积，使油位上升或下降。影响油温变化的因素有负荷的变化、环境温度的变化、内部故障及冷却装置的运行状况等。变压器长期渗油或大量漏油，在检修变压器时，放油后没有及时补油，储油柜的容量小，不能满足运行要求，气温过低、储油柜的储油量不足等都会使变压器缺油。变压器油位过低会使轻瓦斯动作，而严重缺油时，铁芯暴露在空气中容易受潮，并可能造成导线过热，绝缘击穿，发生事故。

15-43　遇有哪些情况应立即停运变压器？

答：遇有以下情况时，应立即将变压器停运。若有备用变压器，应尽可能先将备用变压器投入运行。

(1) 变压器内部声响很大，很不正常，有爆裂声。

(2) 在正常负荷和冷却条件下，变压器温度不正常并不断上升。

(3) 储油柜式安全气道喷油。

(4) 严重漏油使油面下降，并低于油位计的指示限度。

(5) 油色变化过大，油内出现大量杂质等。

(6) 套管有严重的破损和放电现象。

(7) 冷却系统故障，断水、断电、断油的时间超过了变压器的允许时间。

15-44 如何判断、检查和处理主变压器差动保护动作？

答：主变压器差动保护动作的原因有以下几种：

(1) 主变压器内部及其套管引出线故障。

(2) 保护二次线故障。

(3) 电流互感器开路或短路。

当差动保护动作后，首先根据主变压器及其套管和引出线有无故障痕迹和异常现象进行判断，如没有发现，就应检查直流部分，如果有所发现，可再看差动保护动作后，继电器触点是否打开。如触点均打开，这时可用万用表直流电压挡检查出口中间继电器线圈两端是否有电压，如有电压，就是直流两点双重接地引起的误动；如果直流绝缘良好，而出口中间继电器线圈两端有电压，同时差动触点均已返回，则为差动跳闸回路和保护二次线短路造成差动误动。另外，高低压电流互感器开路或端子接主变压器内部故障，需进行高压试验和对油进行分析化验。

处理如下：

(1) 在故障明显可见的情况下，如引出线故障，及时处理。

(2) 故障不明显时，检查出口继电器线圈两端电压，测后如没有电压，则可能是变压器内部故障，停运待试。

(3) 如有直流系统问题，及时消除。

(4) 如保护二次线短路造成误动，及时消除短路点。

15-45 变压器轻瓦斯保护动作时应如何处理？

答：轻瓦斯保护信号动作时，值班人员应密切监视变压器的电流、电压和温度的变化，并对变压器作外部检查，倾听音响有无变化，油位有无降低，以及直流系统绝缘有无接地，二次回路有无故障等。如气体继电器内存在气体，则应鉴定其颜色，判断是否可燃，并取气样和油样作色谱分析，以判断变压器的故障性质。

（1）如气体是无色无臭且不可燃的，则变压器仍可继续运行，此时，值班人员应放出气体继电器内积聚的空气，密切监视；此时，重瓦斯保护不得退出运行。如气体是可燃的，必须停电处理。

（2）若轻瓦斯动作不是由于空气侵入变压器所致，则应检查油的闪点，若闪点比过去记录降低5℃以上，则说明变压器内部已有故障，必须停电作内部检查。

（3）若轻瓦斯动作是因变压器油位低或漏油造成的，则必须加油，并立即采取阻止漏油的措施，一时难以处理，则应停电处理。

15-46 变压器重瓦斯保护动作时应如何处理？

答：变压器重瓦斯保护动作后，值班人员应进行下列检查：

（1）变压器差动保护是否动作。

（2）重瓦斯保护动作前，电压、电流有无波动。

（3）防爆管和吸湿器是否破裂，压力释放阀是否动作。

（4）瓦斯继电器内有无气体，或收集的气体是否可燃。

（5）重瓦斯保护掉牌能否复归，直流系统是否接地。

通过上述检查，未发现任何故障象征，可判定重瓦斯保护误动。应慎重对待，检修人员应测量变压器绕组的直流电阻及绝缘电阻，并对变压器油作色谱分析，以确认是否为变压器内部故障。在未查明原因，未进行处理前变压器不允许再投入运行。

15-47 变压器差动保护动作时应如何处理？

答：变压器差动保护主要保护变压器内部发生的严重匝间短路、单相短路、相间短路等故障。差动保护正确动作，变压器跳闸，变压器通常有明显的故障象征（如安全气道或储油柜喷油，瓦斯保护同时动作），则故障变压器不准投入运行，应进行检查、处理。若差动保护动作，变压器外观检查又没发现异常现象，则应对差动保护范围以外的设备及回路进行检查，查明确属其他原因后，变压器方可重新投入运行。

15-48 变压器着火时应如何处理？

答：变压器着火时，首先应将变压器断路器断开，使变压器与电源完全隔离，并停用冷却装置。处理变压器着火，必须迅速果断，分秒必争。特别是初起的小火可以迅速而果断地将其扑灭。最好使用1211灭火器；其次是

使用二氧化碳、四氯化碳泡沫、干粉灭火器等。近年来，通过科学实验证明用水喷雾灭火效果较好，因为雾状水的水粒很细，喷射面积较大，能将油面上的火笼罩住。又由于细小的水粒容易吸热汽化，故能使火焰温度急剧下降。此外细小的水粒受到上升烟气的影响，下降速度缓慢，能在火焰上方停留较长时间，更有利于吸热汽化。即使有一些水粒落到油面上，但因颗粒很细，能暂时浮在油面上，对油面起到良好的冷却作用，从而使油的蒸发减少或停止。由于大量的水蒸气滞留在火场，减少了氧气的供给，从而使燃烧减弱并熄灭。因此在变压器附近安装喷雾灭火装置，是扑灭变压器着火的有力措施。

15-49　怎样从变压器油所含的气体成分判断变压器内部故障的性质？

答：变压器油在正常情况下也是含有气体的。未经运行的新油，含氧30%左右，氮70%左右，二氧化碳0.3%左右。已运行的变压器油，因油和绝缘材料的分解和氧化，会生成少量的二氧化碳和一氧化碳，以及微量的烃类气体。一般来说，烃类气体是变压器内部裸金属过热引起油分解的特征气体，正常的变压器油中其含量很少。一氧化碳和二氧化碳则是变压器内绝缘材料在高温时产生的主要气体成分，当然，在绝缘老化的情况下也会使一氧化碳和二氧化碳含量增高。至于氢气，则是变压器内部发生各种不同性质故障时都可能产生的。运行中，氢气和烃类气体的总含量在0.1%以下，一氧化碳和二氧化碳含量正常，则可认为变压器是正常的。氢气和烃类气体的总含量在0.1%～0.5%，变压器内部可能有放电现象，或有轻度过热和局部过热，或是绝缘老化，要进行综合分析，若氢气和烃类气体的总含量大于0.5%，大多数情况下则表明变压器内部存在缺陷。如二氧化碳和一氧化碳含量较大，则表明变压器内部还有固体绝缘过热，对这类变压器，应全面分析，采取措施进行处理。

15-50　变压器上层油温超过允许值时如何处理？

答：变压器在运行中上层油温超过允许值，值班人员应立即查找原因，对下列部位进行检查：①检查变压器的负荷是否增大；②检查冷却装置运行是否正常；③检查变压器室的通风是否良好，周围温度是否正常；④通知检修核对温度表指示是否准确。

对于不同原因引起的变压器上层油温超过允许值，处理的方法不同：

(1) 若温度升高的原因是由于冷却系统故障，则应相应降低变压器负荷，直到温度降到允许值内为止，如果冷却系统因故障已全部退出工作，则应倒换备用变压器，将故障变压器退出运行。

(2) 因过负荷引起上层油温超过允许值，应按过负荷处理，降低变压器的出力。

(3) 如果温度比平时同样负荷和冷却温度下，高出 10℃以上或变压器负荷、冷却条件不变，而油温不断升高，温度表计又无问题，则认为变压器已发生内部故障（铁芯烧损、线圈层间短路等），应投入备用变压器，停止故障变压器运行，联系检修人员进行处理。

15-51　变压器故障一般容易在何处发生？

答：变压器与其他电气设备相比，它的故障是很少的，因为它没有像电机那样的转动部分，而且元件都浸在油中。但由于操作或维护不当也容易发生事故。一般变压器的故障发生在绕组、铁芯、套管、分接开关和油箱等部件上。而漏油、导线接头发热，带有普遍性。

15-52　变压器出现强烈而不均匀的噪声且振动很大时应如何处理？

答：变压器出现强烈而不均匀的噪声且振动加大，是由于铁芯的穿心螺钉夹得不紧，使铁芯松动，造成硅钢片间产生振动。振动能破坏硅钢片间的绝缘层，并引起铁芯局部过热。如果有“吱吱”声，则是由于绕组或引出线对外壳闪络放电，或铁芯接地线断线造成铁芯对外壳感应而产生高电压，发生放电引起。放电的电弧可能会损坏变压器的绝缘，在这种情况下，运行或监护人员应立即汇报，并采取措施。如保护不动作，则应立即手动停用变压器，如有备用先投入备用变压器，再停用此台变压器。

15-53　变压器储油柜或防爆管喷油时应如何处理？

答：储油柜或防爆管喷油，表明变压器内部已有严重损伤。喷油使油面降低到油位指示计最低限度时，有可能引起瓦斯保护动作。如果瓦斯保护不动作而油面已低于顶盖，则引起出线绝缘降低，造成变压器内部有“吱吱”的放电声。而且，顶盖下形成空气层，使油质劣化，因此，发现这种情况，应立即切断变压器电源，以防事故扩大。

15-54　变压器自动跳闸后如何处理？

答：在变压器自动跳闸时，如有备用变压器，应先将备用变压器投入，再检查自动跳闸的原因。若无备用，则检查变压器属何种保护及在变压器跳闸时有何外部现象，若检查证明变压器跳闸不是内部故障所致，而是由于过负荷、外部短路或保护装置二次回路故障所引起的，则可不经内部检查即可投入。如有故障，则经消除后再行送电。

15-55 变压器储油柜油位过高或过低，应如何处理？

答：油位过高，易引起溢油而造成浪费，油位过低，当低于上盖时，会使变压器引线部分暴露在空气中，降低绝缘强度，可能引起内部闪络，同时增大了油与空气的接触面积，使油的绝缘性能减弱，继续降低可能使轻瓦斯继电器动作。发现这种现象，如这台变压器为强迫油循环冷却，则从冷却器放水阀放水，观察水中是否有油花，如有，则危及变压器的绝缘，应立即停运；如没有内部故障现象，运行人员应联系检修补油或排油。

15-56 断路器误掉闸有哪些原因？如何判断和处理？

答：断路器误掉闸的原因及判断原则如下：

（1）断路器机构误动作。判断依据：保护不动作，电网无故障造成的电流、电压波动。

（2）继电保护误动作。一般有定值不正确，保护错接线，电流互感器、电压互感器回路故障等原因造成。

（3）二次回路问题。两点接地，直流系统绝缘监视装置动作，直流接地，电网无故障造成的电流、电压波动，另外还有二次线错接线。

（4）直流电源问题。在电网中有故障或操作时，硅整流直流电源有时会出现电压波动、干扰脉冲等现象，使晶体管保护误动作。

误跳闸处理原则是：

（1）查明误掉闸原因。

（2）设法排除故障，恢复断路器运行。

15-57 断路器合闸失灵有哪些原因？如何查找？

答：断路器合闸失灵有电气回路故障和机械回路故障两种原因。

（1）电气回路故障。

1）直流电压过低。

2）合闸熔断器及回路元件接触不良或断线。

3）接触器线圈断线，极性接反或低电压不合格。

4）用电动机合闸的断路器，合闸回路电阻断线和掉闸后未回轮。

5）合闸线圈层间短路。

（2）机械部分故障。可能由于断路器本体和接触器卡住或大轴窜动和销子脱落。

（3）操动机构部分故障。

1）合闸托子卡住，托架坡度大、不正或吃度小。

2）三点过高，分闸锁钩啮合不牢。

3）机械卡住，未复归到预合闸位置

4）合闸铁芯超越行程小。

5）合闸缓冲间隙小。

查找方法　当电动合闸失灵时，应先判断是电气回路故障还是机械部分故障。如接触器不动，则为控制回路故障。如接触器动作，合闸铁芯不动，则是主合闸回路故障。如主合闸铁芯动作，则一般是机械故障。由初步分析、逐步缩小查找故障的范围，直至查到故障部分，及时进行消除。

15-58　接触器保持有何现象？怎样处理？

答： 接触器保持主合闸线圈长时间带电，很快会烧毁主合闸线圈，所以发现接触器保持时，应迅速断开操作熔断器或合闸电源，然后再查找原因。

接触器保持原因较多，主要有以下几种：

（1）接触器本身卡住或触点粘连。

（2）断路器合闸触点断不开。

（3）遥控拉闸时，重合闸辅助启动。

（4）防跳跃闭锁继电器失灵。

（5）点传保护时，时间过长。

（6）掉闸回路电源断不开。

（7）接触器回路电源断不开等。

当发现合闸线圈冒烟时，不应再次进行操作，等温度下降后，测量线圈是否合格，否则不能继续使用。

15-59　液压开关在运行中油压降到零应如何处理？

答： 液压开关在运行中由于某种故障油压会降到零。此时机构闭锁，不进行分合闸，也不进行自动打压。处理时，首先应用卡板将开关卡在合闸位置，再找原因。当故障排除以后，短接零压微动开关动断触点、电触点和压力表所控制的继电器动断触点，泵可以重新启动。打压完成以后，先进行一次合闸操作，再打开卡板，进行正常操作。若不卡住开关就打压，则可能造成开关慢分闸，触头产生电弧不易熄灭，有可能使开关爆炸。

15-60　分相操作的断路器发生非全相分、合闸时应如何处理？

答： 断路器非全相分合时，处理的原则是尽快使断路器恢复对称状态（三相全断或全合）。

在作分闸操作发生非全相分闸时应立即切断控制电源，手动操作将拒动相分闸；在作合闸操作发生非全相合闸时，应立即将已合上的断路器断开，

重新合闸操作一次，如仍不正常，则不应再次合闸。以上两种情况只有在查明原因后才能操作。

如果有旁路断路器，则将故障断路器切除，用旁路断路器并联该环路，用母联或分段断路器与其串联。

15-61 断路器遇到哪些情形应立即停电处理？

答：断路器遇有以下情形之一时，应申请立即停电处理：

（1）套管有严重破损和放电现象。

（2）多油断路器内部有爆裂声。

（3）少油断路器灭弧室冒烟或内部有异常声响。

（4）油断路器严重漏油，油位过低。

（5）空气断路器内部有异常声响或严重漏气，压力下降，橡胶垫被吹出。

（6）SF_6 气室严重漏气，发出操作闭锁信号。

（7）真空断路器出现真空破坏的咝咝声。

（8）液压机构突然失压到零。

15-62 断路器越级跳闸后应如何检查处理？

答：断路器越级跳闸后，应首先检查保护及断路器的动作情况。如果是保护动作断路器拒绝跳闸造成越级，应在拉开拒跳断路器两侧的隔离开关后，给其他非故障线路送电。如果是因为保护未动作造成越级，应将各线路断路器断开，合上越级跳闸的断路器，再逐条线路试送电（或其他方式），发现故障线路后，将该线路停电，拉开断路器两侧的隔离开关，再给其他非故障线路送电，最后再查找断路器拒绝跳闸或保护拒动的原因。

15-63 操作中发生带负荷错拉、错合隔离开关时怎么办？

答：错合隔离开关时，即使合错，甚至在合闸时发生电弧，也不准将隔离开关再拉开。因为带负荷拉隔离开关，将造成三相弧光短路事故。

错拉隔离开关时，在刀片刚离开固定触头时，便发生电弧，这时应立即合上，可以熄灭电弧，避免事故。但如隔离开关已全部拉开，则不许将误拉的隔离开关再合上。如果是单极隔离开关，操作一相后发现错拉，对其他两相则不应继续操作。

15-64 运行中的隔离开关可能出现什么异常情况？如何处理？

答：运行中的隔离开关可能出现下列异常现象：

（1）接触部分过热。

（2）绝缘子外伤、硬伤。

（3）针式绝缘子胶合部因质量不良和自然老化而造成绝缘子掉盖。

（4）在污秽严重时产生闪络、放电、击穿放电，严重时产生短路、绝缘子爆炸、断路器跳闸等。

针对以上情况，应分别进行如下处理：

（1）需立即设法减少负荷，如通知用户限负荷或拉开部分变压器。

（2）与母线连接的隔离开关，应尽可能停止使用。

（3）发热剧烈时，应以适当的断路器，如利用倒母线或以备用断路器等方法，转移负荷。

（4）如停用发热隔离开关，可能引起停用损失较大时，应采用带电作业的方法进行检修。如未消除，临时将隔离开关短接。

（5）不严重的放电痕迹，可暂不停电，经过停电手续再行处理。

（6）绝缘子外伤严重，则应立即停电或带电作业处理。

15-65　操作隔离开关时拉不开怎么办？

答：（1）用绝缘棒操作或用手动操动机构操作隔离开关拉不开时，不应强行拉开，应注意检查绝缘子及机构的动作情况，防止绝缘子断裂。

（2）用电动操动机构操作拉不开时，应立即停止操作，检查电动机及连杆。

（3）用液压操动机构操作拉不开时，应检查液压泵是否有油或油是否凝结，如果油压降低不能操作，应断开油泵电源，改用手动操作。

（4）因隔离开关本身传动机械故障而不能操作时，应向上级汇报申请倒负荷后停电处理。

15-66　运行中隔离开关刀口过热、触头熔化粘连时应如何处理？

答：（1）应立即向值长汇报申请将负荷转移，然后停电处理，如不能倒换负荷，则应设法减负荷，并加强监视。

（2）如果是双母线侧隔离开关发生熔化粘连，应使用倒母线的方法将负荷倒换，然后停电处理。

15-67　电流互感器为什么不许开路？开路以后会有什么现象？如何处理？

答：电流互感器一次电流大小与二次负载的电流大小无关，电流互感器正常工作时，由于阻抗很小，接近于短路状态，一次电流所产生的磁通势大

部分被二次电流的磁通势所抵消，总磁通密度不大，二次线圈电动势也不大。当电流互感器开路时，阻抗无限大，二次电流为零，其磁通势也为零，总磁通势等于一次绕组磁通势，也就是一次电流完全变成了励磁电流，在二次线圈产生很高的电动势，其峰值可达几千伏，威胁人身安全，或造成仪表、保护装置、电流互感器二次绝缘损坏，也可能使铁芯过热而损坏。因此，电流互感器不允许开路。

电流互感器开路时，产生的电动势大小与一次电流大小、二次线圈匝数及铁芯截面有关。在处理电流互感器开路时一定将负荷减小或使负荷为零，然后带上绝缘工具进行处理，在处理时应停用相应的保护装置。

15-68 电流互感器可能出现哪些异常？如何判断处理？

答：电流互感器可能会出现开路、发热、冒烟、线圈螺钉松动、声响异常、严重漏油、油面过低等异常现象，根据这些现象，进行判断处理，如用试温蜡片检查电流互感器发热程度，从声响和表计指示辨别电流互感器是否开路等。

15-69 电压互感器断线有哪些现象？怎样处理？

答：当电压互感器电压回路断线时，发出“电压互感器断线”信号，低电压继电器动作，频率监视灯熄灭，表计指示不正常，同期鉴定继电器可能有响声。处理时，电压互感器所带的保护与自动装置，如可能误动，应先停用，然后检查熔断器是否熔断。如一次熔断器熔断，应查明原因进行更换。如二次熔断器熔断，应立即更换。若再次熔断，应查明原因，且不能将熔断器容量加大，如熔断器完好，应检查电压互感器接头有无松动、断头，切换回路有无接触不良。检查时应采取安全措施，保证人身安全，防止保护误动。

15-70 电压互感器低压电路短路后，运行人员应如何处理？

答：电压互感器平时二次已有一点接地（b相或零相），如果低压电路因导线受潮、腐蚀及损伤再发生一相接地，便可能发展成两相接地短路。另外，电压互感器内部低压绕组绝缘损坏、工作人员失误也会造成低压电路短路。发生短路后，电流增大，导致熔断器熔断，影响表计指示，甚至会引起保护误动。

当发生上述故障时，值班人员应进行如下处理：

（1）按规程规定停用有关保护及自动装置。

（2）对电压互感器进行检查，如无异常，更换熔断器试送一次，如送不上通知检修处理。

(3) 停用故障电压互感器。

(4) 电压互感器短时不能恢复，双母线倒单母线。

15-71　电压互感器高压侧或低压侧一相熔断器熔断，运行人员应如何处理?

答: 电压互感器由于过负荷运行，低压电路发生短路，高压电路相间短路，产生铁磁谐振以及熔断器日久磨损等原因，均能造成高压或低压侧一相熔断器熔断的故障。若高压或低压侧熔断器一相熔断，则熔断相的相电压表指示值降低，未熔断相的电压表指示值不会升高。

发生上述故障时，值班人员应进行如下处理:

(1) 若低压侧熔断器一相熔断，应立即更换。若再次熔断，则不应再更换，待查明原因后处理。

(2) 若高压侧熔断器一相熔断，应立即拉开电压互感器出口隔离开关，取下低压侧熔断器，并采取相应的安全措施，在保证人身安全及防止保护误动作的情况下，更换熔断器。

15-72　电压互感器铁磁谐振有哪些现象和危害? 如何处理?

答: 电压互感器铁磁谐振将引起电压互感器铁芯饱和，产生电压互感器饱和过电压。

电压互感器铁磁谐振常发生在中性点不接地的系统中。任何一种铁磁谐振过电压的产生对系统电感、电容的参数有一定要求，而且需要有一定的“激发”才行。电压互感器铁磁谐振也是如此。电压互感器铁磁谐振常受到的“激发”有两种。第一种是电源对只带电压互感器的空母线突然合闸；第二种是发生单相接地。在这两种情况下，电压互感器都会出现很大的励磁涌流，使电压互感器一次电流增大十几倍，诱发电压互感器过电压。

电压互感器铁磁谐振可能是基波（工频）的，也可能是分频的，甚至可能是高频的。经常发生的是基波和分频谐振。根据运行经验，当电源向只带有电压互感器的空母线突然合闸时，易产生基波谐振；当发生单相接地时，易产生分频谐振。

电压互感器发生基波谐振的现象是：两相对地电压升高，一相降低，或是两相对地电压降低，一相升高。电压互感器发生分频谐振的现象是：三相电压同时或依次轮流升高，电压表指针在同范围内低频（每秒一次左右）摆动。电压互感器发生谐振时其线电压指示不变。电压互

感器发生谐振时还可能引起其高压侧熔断器熔断，造成继电保护和自动装置的误动作。

电压互感器发生铁磁谐振的直接危害是：

（1）由于谐振时，电压互感器一次线圈通过相当大的电流，在一次熔断器尚未熔断时可能使电压互感器烧坏。

（2）造成电压互感器一次熔断器熔断。

电压互感器发生铁磁谐振的间接危害是当电压互感器一次熔断器熔断后将造成部分继电保护和自动装置的误动作，从而扩大了事故，有时可能会造成被迫停机、停炉事故。

当发现发生电压互感器铁磁谐振时，一般应区别情况进行下列处理：

（1）当只带电压互感器空载母线产生电压互感器基波谐振时，应立即投入一个备用设备，改变电网参数，消除谐振。

（2）当发生单相接地产生电压互感器分频谐振时，应立即投入一个单相负荷。由于分频谐振具有零序性质，故此时投三相对称负荷不起作用。

（3）谐振造成电压互感器一次熔断器熔断，谐振可自行消除。但可能带来继电保护和自动装置的误动作，此时应迅速处理误动作的后果，如检查备用电源开关的联投情况，如没联投应立即手投，然后迅速更换一次熔断器，恢复电压互感器的正常运行。

（4）发生谐振尚未造成一次熔断器熔断时，应立即停用有关失压容易误动的继电保护和自动装置。母线有备用电源时，应切换到备用电源，以改变系统参数消除谐振；如果用备用电源后谐振仍不消除，应拉开备用电源开关，将母线停电或等电压互感器一次熔断器熔断后谐振便会消除。

（5）由于谐振时电压互感器一次线圈电流很大，应禁止用拉开电压互感器或直接取下一次侧熔断器的方法来消除谐振。

15-73　充油式电压互感器在什么情况下应立即停用？

答：充油式电压互感器有下列故障特征之一时，应立即停用。

（1）电压互感器高压侧熔断器连续熔断二、三次。

（2）电压互感器发热，温度过高。当电压互感器发生层间短路或接地时，熔断器可能不熔断，造成电压互感器过负荷而发热，甚至冒烟起火。

（3）电压互感器内部有噼啪声或其他噪声，这是由于电压互感器内部短路、接地、夹紧螺钉未上紧所致。

（4）电压互感器内部引线出口处有严重喷油、漏油现象。

(5) 电压互感器内部发出焦臭味且冒烟。

(6) 线圈与外壳之间或引线与外壳之间有火花放电，电压互感器本体有单相接地。

15-74　高压厂用电系统发生单相接地时有没有危害?

答: 高压厂用电系统一般属于中性点不接地系统，当发生单相接地时，通过接地点的接地电流是系统正常时相对地电容电流的3倍，而且在设计时这个电流是不准超过规定的。因此，发生单相接地时的接地电流对系统的正常运行基本上不受影响。

当发生单相接地时，系统线电压的大小和相位差不变，从而对运行的电气设备的工作无任何影响。另外，系统中设备的绝缘水平是根据线电压设计的，配电装置往往提高一个电压等级（3、6kV厂用电设备，一般都是10kV设备）选用，虽然非故障相对地电压升高$\sqrt{3}$倍达到线电压，对设备的绝缘并不构成直接危险。

鉴于上述原因，中性点不接地系统发生单相接地时对系统的正常运行和设备的安全危害不是很大，但也必须迅速查出故障点，以免绝缘薄弱处第二相接地，引起短路，扩大事故。

15-75　中性点不接地的高压厂用电系统发生单相接地运行时间为什么不许超过2h?

答: 这主要从以下几点去考虑:

(1) 电压互感器不符合制造标准不允许长期接地运行。根据电压互感器制造标准中“供中性点不接地系统中使用的电压互感器，应能承受1.9倍额定电压8h而无损伤”的规定，电压互感器每相绕组是能承受线电压且在8h之内无问题的。但是，有些无型号的电压互感是按承受线电压2h来设计的，同时，即使是按新标准设计的，也存在着制造质量不符合标准的问题，因此，从电压互感器的安全考虑，应该规定一个承受线电压的时间，因为系统发生单相接地时，电压互感器无故障相的绕组承受线电压，故也可以说从电压互感器的安全考虑，应该规定一个允许一点接地的运行时间。值得指出的是，大量新制造的电压互感器是符合制造标准的，只要接地运行在8h之内，对电压互感器本身不会产生威胁。

(2) 如果同时发生两相接地，将造成相间短路。如果单相接地长期运行，可能引起非故障相绝缘薄弱的地方损坏，造成相间短路，造成事故扩大，这是不允许的。

(3) 查找故障点，启动备用机组安排负荷，远行人员及调度也需要一定

的时间。

鉴于以上原因，必须对单相接地运行时间有个限制。可以考虑装有无型号或不符合新规定的电压互感器的系统，其接地运行时间必须限制在电压互感器允许承受1.9倍电压的时间内，这个时间一般为2h；对于符合制造标准的电压互感器系统，接地运行时间一般可放宽一点，或限制在8h之内。至于大多数发电厂仍遵守接地时间不超过2h的规定，是执行部颁电气事故处理规程历年延续的结果，是否需要改变，需要电力部来明确。

15-76 高压厂用电系统发生单相接地时应如何处理?

答: 高压厂用电系统发生单相接地时应按以下步骤处理:

(1) 根据相应母线段接地信号的发出，切换母线绝缘监视电压表，判断接地性质和相别。

(2) 询问主、辅控值班员是否启、停接于该母线上的动力负荷，有无异常情况。

(3) 改变运行方式，倒换低压厂变至低压备用变压器，检查高压母线接地信号是否消失；倒换高压厂用变压器至高压备用变压器，检查高压母线接地信号是否消失。

(4) 检查母线及所属设备一次回路有无异常情况。

(5) 停用母线电压互感器，检查其高压、低压熔断器，击穿熔断器及其一次回路是否完好。停用电压互感器时，须先退出该段母线备用电源自投装置、低电压等有关保护。

(6) 如经以上检查处理仍无效，可汇报值班长，倒换和拉开母线上的动力负荷。

(7) 高压母线发生单相接地时，该段上的高压电动机跳闸，禁止强送。

(8) 高压厂用电系统单相接地点的查找，应迅速并作好相应的事故预想。高压厂用电系统单相接地运行时间，最长不得超过2h。

15-77 厂用电源事故处理有何原则?

答: 发电厂厂用电中断，将会引起停机、停炉甚至全厂停电事故。因此，厂用电源发生事故一般应按以下原则进行处理:

(1) 当厂用工作电源因故跳闸，备用电源自动投入时，值班人员应检查厂用母线的电压是否已恢复正常，并将断路器操作把手复归于对应位置，检查继电保护的动作情况，判明并找出故障原因。

(2) 当工作电源跳闸，备用电源未自动投入时，值班人员可立即对备用电源强送一次。

（3）备用电源自动投入装置因故停用时，备用电源仍处于热备用状态，当厂用工作电源因故跳闸，值班人员可立即强送备用电源一次。

（4）厂用电无备用电源时，当厂用工作电源因故跳闸，反映工作厂用变压器内部故障的继电保护（差动、速断、瓦斯等）未动作，可试送工作电源一次。

（5）当备用电源投入又跳闸或无备用电源强投工作电源后又跳闸，不能再次强送电，这证明故障可能在母线上或因用电设备故障而越级跳闸。

（6）询问主辅控值班员有无拉不开或故障设备跳闸的设备。

（7）将母线上所有负荷断路器全部停用，对母线进行外观检查。必要时测量绝缘电阻。

（8）母线短时间内不能恢复供电时，应通知辅控值班员将负荷转移。

（9）检查故障情况，并将其隔离，采取相应的安全措施。

（10）加强对正常母线的监视，防止过负荷。

（11）因厂用电中断而造成停机时，发电机按紧急停机处理，应设法保证安全停机电源的供电，以保证发电机及汽轮机大轴和轴瓦的安全。待故障排除后可重新并网。

15-78　电动机定子绕组短路有什么现象和后果？

答：电动机定子绕组短路包括相间短路和匝间短路，主要是由绝缘损坏引起的。发生相间短路时，由于接在电源电压下的匝数减少，加上转差的变化，使电动机的阻抗减小，从电源来的定子电流会急剧增大，一般保护动作使断路器掉闸或熔断器熔断，迅速断开电源。如果不及时断电，就会烧毁绕组。

15-79　电压升高或降低时对感应电动机的性能有何影响？

答：电压升高或降低时对感应电动机的性能影响随电压的变化值和负载大小而各有不同，一般的变化如下：

电压升高时，电动机的转矩、转速、启动电流都随之增大；在重载时功率因数、定子电流则随之降低，对效率影响不大；轻载时电流可能要增大。电压升高时，磁通密度及铁芯损耗增大。

电压降低时，电动机的转矩、转速、启动电流都随之减小，而功率因数、定子电流则随之升高。在满载时，效率也随之降低，但在半载时，效率还会提高。

一般情况下，当端电压与额定电压的差值不超过±5%时，电动机的输

出功率能维持额定值。

15-80 运行中的电动机遇到哪些情况时应立即停用？

答：遇有下列情况时应立即停用：

（1）遇有危及人身安全的机械、电气事故时。

（2）电动机所带机械严重损坏至危险程度。

（3）电动机或其启动、调节装置起火并燃烧时。

（4）电动机发生强烈振动和轴向窜动或定子、转子摩擦冒烟。

（5）电动机的电源电缆、接线盒内有明显的短路或损坏的危险时。

（6）电动机轴承外壳温度急剧上升，超过规定值，仍有继续上升趋势。

15-81 电源接通后电动机不能启动，可能是什么原因？

答：可能的原因有：

（1）控制设备接线错误。

（2）熔丝熔断。

（3）电压过低。

（4）定子绕组相间短路、接线错误以及定子、转子绕组断路。

（5）负载过重。

15-82 电动机有异常声音或振动过大可能是哪些原因引起的？

答：可能的原因有：

（1）机械摩擦，包括定子、转子相互摩擦。

（2）单相运行。

（3）滚动轴承缺油或损坏。

（4）电动机接线错误。

（5）绕线式电动机转子线圈断路。

（6）轴伸端弯曲。

（7）转子或皮带盘不平衡。

（8）联轴器连接松动。

（9）安装基础不平衡或有缺陷。

15-83 电动机温升过高或冒烟可能是哪些原因引起的？

答：可能的原因有：

（1）负载过重。

（2）单相运行。

(3) 电源电压过低或电动机接线有错误。
(4) 定子绕组接地或匝间、相间短路。
(5) 绕线型电动机转子绕组接头松脱。
(6) 鼠笼型电动机转子断条。
(7) 定子、转子相互摩擦。
(8) 通风不良。

15-84 电动机轴承过热的原因有哪些?

答:电动机轴承过热的原因有以下几个方面:
(1) 轴承损坏。
(2) 轴承脂过多或过少,型号选用不当或质量不好。
(3) 轴承内圈与轴配合过松或过紧。
(4) 轴承外圈与端盖(或轴承套)的配合过松或过紧。
(5) 端盖或轴承盖的两侧面与轴承两侧面装配不平衡。

15-85 电动机运行中电流表指针来回摆动,同时转速低于额定值可能是哪些原因引起的?

答:可能的原因有:
(1) 绕线式电动机一相电刷接触不良。
(2) 绕线式电动机集电环的短路装置接触不良。
(3) 鼠笼型转子断条或绕线型转子一相断路。

15-86 电动机外壳带电可能是哪些原因引起的?

答:引起电动机外壳带电可能的原因有:
(1) 接地不良。
(2) 绕组绝缘损坏。
(3) 绕组受潮。
(4) 接线板损坏或表面油污太多。

15-87 电缆头漏油对运行有什么影响?

答:电缆头漏油主要是由于电缆在运行时内部绝缘油存在着一定压力,使绝缘油沿着线芯或铅包内壁淌到电缆外部,特别是在电缆两端高差较大的情况下漏油更为严重。电缆内部的油压主要有静油压、热膨胀油压,以及在短路时产生的冲击油压等。

电缆头漏油破坏了电缆的密封性,使其绝缘干枯,绝缘性能下降,同时电缆纸有很大的吸水性,极容易受潮,对运行产生极坏的影响。

15-88 电缆线路常见的故障有哪些？应如何处理？

答：电缆线路常见的故障有机械损伤、绝缘受潮、绝缘老化变质、过电压、电缆过热故障等。当线路发生上述故障时，应切断故障电缆的电源，寻找故障点，对故障进行检查及分析，然后进行修理和试验，该割除的割除，待故障消除后，方可恢复供电。

第十六章　锅炉的故障分析与处理

16-1　什么叫锅炉的可靠性？如何表示？

答：电站锅炉的可靠性是指锅炉在规定的条件下、规定的工作期限内应达到规定性能的能力。规定条件是指燃料品种、运行方式、自控要求、给水品质、气象条件等；规定的工作期限是以锅炉允许工作多少小时数来表达的，如目前对大型电站锅炉主要承压部件的使用寿命规定为30年，受烟气磨损的对流受热面使用寿命为10万h；规定的性能则是指设计的蒸发量，一、二次蒸汽的压力和温度，锅炉热效率等。

16-2　哪些事故是锅炉的主要事故？

答：火电厂的事故有相当大的一部分是由于锅炉事故引起的。对我国200～300MW机组非计划停运事故的统计分析表明，锅炉事故约占电厂非计划停运总时数的1/2，而锅炉的事故又以水冷壁管、过热器管、再热器管和省煤器管（俗称四管）泄漏为最多，约占电厂事故停运总时数的1/3，其次是灭火放炮和炉膛结渣。因此，为了提高电厂和国民经济的效益，必须努力提高锅炉的运行可靠性和可用率，减少事故。

16-3　锅炉事故处理的原则是什么？

答：锅炉发生事故的原因很多，如设备的设计、制造、安装和检修的质量不良，运行人员技术不熟练、工作疏忽大意以及发生故障时的错误判断和错误操作等。运行人员的责任，首先是要积极预防事故，尽力避免锅炉事故的发生。当锅炉发生事故时，应按下述总原则处理：

（1）消除事故的根源，限制事故的发展，并解除对人身安全和设备的威胁。

（2）在保证人身安全和设备不受损害的前提下，尽可能保持机组运行，包括必要时转移部分负荷至厂内正常运行的机组，尽量保证对用户的正常供电。

（3）保证厂用电源的正常供给，防止扩大事故。

（4）单元机组锅炉在事故紧急停炉时，不应立即关闭主汽阀，应等汽轮

机停运后再关闭锅炉主汽阀，以保证汽轮机的安全。

16-4 锅炉常见的燃烧事故有哪些？

答：锅炉的灭火、放炮和烟道再燃烧是锅炉常见的燃烧事故，若处理不当，将会造成锅炉设备的严重损坏和人员伤害，危害极大。

16-5 锅炉的灭火是怎样形成的？

答：当炉膛内的放热小于散热时，炉膛的燃烧将要向减弱的方向发展，如果此差值很大，炉膛内燃烧反应就会急剧下降，当达到最低极限时就出现灭火。

16-6 灭火与放炮有何不同？

答：锅炉的灭火和放炮是两种截然不同的燃烧现象。炉膛发生灭火时，只要处理恰当，一般不会发生放炮。但是，如果锅炉发生灭火时，燃料供应切断延迟30s以上，或者切断不严仍有燃料漏入炉膛，或者多次点火失败，使得炉内存积大量燃料，而在点火前又未将积存的燃料清扫干净，此时炉内出现火源或重新点火，就可能发生锅炉放炮事故。

16-7 什么叫锅炉的内爆？什么叫锅炉的外爆？

答：机组的锅炉均为平衡通风，在正常工作时，引风机与送风机协调工作维持炉内压力略低于当地大气压。一旦锅炉突然熄火，炉内烟气的平均温度约在2s内从1200℃以上降到400℃以下，造成炉内压力急剧下降，使炉墙受到由外向内的挤压而损伤，这种现象称为内爆。

如果燃料在炉内大量积聚，经加热点燃后出现瞬间同时燃烧，炉内烟温瞬间升高，引起炉内压力急剧增高，使炉墙受到由内向外的推压损伤，这种现象称为爆炸或外爆，俗称放炮或打炮。

16-8 灭火放炮对锅炉有哪些危害？

答：锅炉发生灭火放炮时，对炉膛产生的危险最大，可造成整个炉膛倾斜扭曲，炉墙拉裂，轻者也会减少炉膛寿命；其次对结构较弱的烟道也可能造成损坏。一般说来，锅炉容量愈大，事故造成的危险也愈大。自从300～600MW以上的锅炉问世以来，破坏性很大的熄火与爆炸事故曾多次发生，破坏严重时，修复需数月之久。20世纪70年代初期，国外开始重视这个问题，对内爆过程进行了理论研究和现场试验，并采取了各种预防措施。例如，将炉墙承受挤压的强度从过去的2900Pa左右增大到6865Pa左右，将承受外推力的强度提高到9800Pa以上。

16-9 灭火的原因有哪些？如何预防？

答：灭火的原因主要有以下几方面：

(1) 燃煤质量太差或种类突变。燃煤水分和杂质过多，易于出现黏结和堵煤，造成燃料供应不均匀或中断，引起灭火。煤种突变，如挥发分减少，水分和灰分增多，则燃料的着火热增加，着火延迟或困难，如跟不上火焰的扩散速度就发生灭火。煤粉过粗，着火也困难，也可能引起灭火。因此，对燃烧劣质煤必须采取相应的措施，如提高煤粉干燥程度和细度，定期将燃煤工业分析结果及时通知锅炉运行人员，以便及时做好燃烧调整工作等。

(2) 炉膛温度低。炉膛温度低，容易造成燃烧不稳或灭火。燃用多灰分、高水分的煤，送入炉内的过量空气过大或炉膛漏风增大等都不利于燃烧，而且增加散热，使炉温下降。低负荷运行时，炉膛热强度下降，炉温下降，而且炉内温度场不均匀性增加，负荷过低时，燃烧将不稳定；开启放灰门，或其他门、孔时间过长，使漏风增大，都会引起炉温降低。上述情况均可能形成灭火。要提高炉膛温度，首先要保证着火迅速，燃烧稳定。为此，在运行中应关闭炉膛周围所有的门、孔，在除灰和打焦时速度应快，时间不能过长，以减少漏风。在吹灰打焦时，可适当减少送风量，若发现燃烧不稳定，应暂时停止吹灰或打焦。锅炉运行时，炉膛负压不能太大，避免增大漏风。保证检修质量，维持锅炉的密封性能。锅炉低负荷火焰不稳定时，可投油喷嘴运行以稳定火焰。如果锅炉正常运行时炉温过低，可适当增设卫燃带，减少散热，以提高炉膛温度。

(3) 燃烧调整不当。一次风速过高可导致燃烧器根部脱火，一次风速过低可导致风道堵塞，这两种情况都会造成灭火。一、二次风相位角太小，会导致燃烧不稳定；直流燃烧器四角气流的方向紊乱也会造成火焰不稳；一次风率的大小、过量空气的多少，都会影响燃烧火焰的稳定性，以上情况都可能造成灭火。所以应根据煤种和运行负荷情况，正确调整燃烧工况，防止灭火。

(4) 下粉不均匀。给煤机或给粉机下煤、下粉不匀，会影响燃烧的稳定性。造成给煤机下煤不均的原因有煤湿、块大、杂质多、煤仓壁面不光滑。形成给粉机送粉不匀的原因是：煤粉仓粉位太低，煤粉颗粒表面存在一层空气膜，十分光滑，流动性强；粉位太低，粉仓下部煤粉的压力小，使给粉机出粉少；当仓壁上堆积的煤粉塌下来时，下部煤粉压力增加，给粉机下粉增多或煤粉自流。因此，粉仓粉位太低时，就会出现来粉忽多忽少或给粉中断、自流现象，造成燃烧不稳或灭火。另外，煤粉在仓内长期积存，会使煤粉受潮结块、下粉不匀或氧化自燃、发生爆炸等。针对上述情况，在上煤时

应将煤内杂物清除；进入给煤机的原煤直径应在20mm左右；原煤仓和煤粉仓应定期清扫，保持壁面光滑；粉位应保持适中，并应进行定期降粉，以保证煤粉的新陈代谢；在锅炉需进行较长时间停运时，应在停炉前有计划地将煤粉仓内的煤粉烧完。

(5) 机械设备故障。在发电机组的锅炉中，因设有自动控制联锁系统，所以，当引风机、送风机、排粉风机、给粉或制粉系统出现故障或电源中断，直吹式制粉系统的给煤机、磨煤机、排粉机等出现故障或电源中断，都会造成燃料供给中断，引起锅炉灭火。

(6) 其他原因。水冷壁管发生严重爆漏，大量汽、水喷出，可能将炉膛火焰扑灭；炉膛上部巨大的结渣块落下，也可能将炉膛火焰压灭等。所以，应及时打焦和预防结焦，防止大焦块的形成。

16-10 锅炉灭火的现象是怎样的?

答: 锅炉炉膛灭火时有以下现象可供判断：炉膛负压突然增大许多，一、二次风压减小；炉膛火焰发黑；发出灭火信号，灭火保护动作；汽压、汽温下降；在灭火初期汽轮机尚未减负荷前，锅炉蒸汽流量增大，然后减少，汽包水位先升高后下降。若为机械事故或因电源中断引起灭火时，还将出现事故喇叭鸣叫、故障机械的信号灯闪光等。

16-11 锅炉灭火后如何处理?

答: 炉膛灭火以后，应立即切断所有的炉内燃料供给，停制粉系统，并进行通风，清扫炉内积粉。严禁通过增加燃料供给来挽救灭火的错误处理，以免招致事态扩大，引起锅炉放炮。将所有自动改为手动，切断减温水和给水，控制汽包水位在－50～－75mm。将送、引风机减至最低负荷值，可适当加大炉膛负压。查明灭火原因并予以消除，然后投油嘴点火。着火后逐渐带负荷至正常值。若造成灭火原因不能短时消除或锅炉损坏需要停炉检修，则应按停炉程序停炉。若某一机械电源中断，其联锁系统将自动使相应的机械跳闸，此时应将机械开关拉回停止位置，对中断电源机械重新合闸，然后逐步启动相应机械恢复运行。如重新合闸无效，应查找原因并修复。如只有一台引风机事故停运，可将锅炉降负荷运行。

如果出现锅炉放炮，应立即停止向锅炉供给燃料和空气，并停止引风机，关闭挡板和所有因爆炸打开的锅炉门、孔，修复防爆门。经仔细检查，烟道内确无火苗时，可小心启动引风机并打开挡板通风5～10min后，重新点火恢复运行。如烟道有火苗，应先灭火，后通风、升火。如放炮造成管子弯曲、泄漏，炉墙裂缝，横梁弯曲，汽包移位等，应停炉检修。

16-12　烟道再燃烧如何形成？

答：烟道再燃烧是烟道内积存了大量的燃料，经氧化升温后发生的二次燃烧。

16-13　造成烟道再燃烧的原因及预防措施有哪些？

答：造成烟道再燃烧的原因及预防措施主要有：

（1）燃烧工况失调。煤粉过粗、煤粉自流、下粉不匀或风粉混合差、炉底漏风大等，都会造成煤粉未燃尽而带入烟道积存；燃油中水分大、杂质多，来油不匀或油温低使黏度高、油嘴堵塞或油嘴质量不好，造成油的雾化质量不高以及燃油缺氧燃烧形成裂解等，都将造成燃油燃烧不善，使油滴或炭黑进入烟道积存。为避免上述原因造成的烟道燃料积存，运行时应按燃料的性质控制各项运行指标，严密监视燃烧工况，及时调整燃烧，对不合格的或损坏的燃烧设备，必须及时修理或更换。

（2）低负荷运行。锅炉处在低负荷下长时间运行时，由于炉膛温度低，燃烧反应慢，使机械未完全燃烧值增大；同时低负荷运行时，烟气流量小、烟速低，烟气中的未完全燃烧颗粒也容易离析，沉积在对流烟道中，以致形成烟道再燃烧。所以，锅炉应尽量避免长期低负荷运行。

（3）锅炉的启动和停运频繁。锅炉启动和停运频繁，容易引起烟道再燃烧。因为在锅炉启、停时，炉膛温度低，燃烧工况不易稳定，炉内温度不均匀，所以燃料不容易燃尽。加之此时烟气流速低，过剩氧量多，容易出现烟道的燃料积存和再燃烧。因此，应在锅炉启停时仔细进行监督和调整燃烧，尽量维持燃烧稳定。对经常启停的锅炉，要注意保温。

（4）油煤混燃。在锅炉启、停或低负荷运行时，可能形成油、煤混烧。油煤混燃时，将会出现油与煤的抢风现象，特别是一次风管内设置油枪的油、煤混烧，这种抢风尤为突出；同时，在混烧时，油粉可能发生互相黏附，而且两种燃料射流又互相影响。因此，炉内正常动力工况和燃烧工况受到干扰，由此会招致燃烧恶化，加之此种混烧通常是在炉温较低的情况下出现的，所以燃料均不易燃尽。当它们进入烟道时，油腻和未燃尽的煤粉同时附着在受热面上，沉积更容易，所以容易形成二次燃烧。锅炉运行时，应尽量避免油、煤混烧。如果为稳定燃烧需要投油时，应尽量避免一次风管的油枪投入。注意燃烧调整，确保油嘴雾化良好，加强监视，发现异常应及时改变燃烧方式。

（5）加强吹灰。及时对烟道吹灰，可以将少量沉积燃料吹走，减少烟道再燃烧的机会。

16-14　烟道再燃烧的现象是怎样的？

答：烟道发生再燃烧时，将有以下现象：烟道内温度和锅炉排烟温度急剧升高，烟道负压和炉膛负压波动或成正压，严重时烟道防爆门动作，烟道阻力增大；从烟道门、孔或引风机不严密处冒出烟气或火星，引风机外壳烫手，轴承温度升高；烟囱冒黑烟；再热器出口汽温、省煤器出口水温、空气预热器出口热风温度升高；二氧化碳和氧量表记指示不正常等。

16-15　如何处理烟道再燃烧？

答：当汽温和烟温升高，而汽压和蒸发量又有所下降时，应检查燃烧情况，观察燃烧器喷口燃烧情况是否正常，一、二次风配合比例是否恰当，油嘴雾化是否良好。当与油、煤混烧时，应将油或煤粉停掉，改为单一燃烧方式。

当烟气温度急剧升高，各种表象已能判定确为烟道某处发生再燃烧时，应立即停炉。同时应停止引风机、送风机运行，停止向炉内供应燃料。严密关闭烟道挡板及其周围的门、孔。打开汽包至省煤器的再循环阀保护省煤器，打开启动旁路系统和事故喷水以保护过热器和再热器。

向烟道通入蒸汽进行灭火，在确认烟道再燃烧完全扑灭后，可启动引风机，开启挡板，抽出烟道中的蒸汽和烟气。待炉子完全冷却以后，应对烟道内所有受热面进行全面检查，清除隐患。

16-16　锅炉结渣对锅炉运行的危害有哪些？

答：锅炉结渣对锅炉运行的危害如下：

（1）结渣引起过热汽温升高，甚至会招致汽水管爆破。

（2）结渣可能造成掉渣灭火、损伤受热面和人员伤害。

（3）结渣使排烟损失增加，锅炉热效率降低。

（4）结渣会使锅炉出力下降，严重时造成被迫停炉。

16-17　锅炉结渣为什么会引起过热汽温升高，甚至会导致汽水管爆破？

答：锅炉结渣后，某些部分的管子会过热而超过它的允许温度引起爆管。特别是过热器受热面，为了降低锅炉的制造成本，在设计时允许的承受最高温度往往比正常运行值仅留有几十度裕量，如果此时受热面结渣，则受热面极易发生因热阻增大、传热不良、管壁冷却不好造成超温爆破。如果炉内结渣，炉膛部分的吸热减少，进入过热器的烟温升高，可能造成过热器超温爆管。水冷壁结渣后，循环回路各并列管子受热不匀，不但会引起锅炉的正常水循环遭到破坏，而且亦可能出现水冷壁冷却不良而超温爆管。

16-18 锅炉结渣为什么造成掉渣灭火、损伤受热面和人员伤害？

答：锅炉结渣严重时，炉内会形成大块渣，当渣块的重力大于其黏结力时，渣块自行下落可能压灭炉膛火焰；大渣块落下还会砸坏炉底管和水冷壁下联箱，造成设备损坏。在大渣块下落时，还会出现炉膛正压，火焰外喷，造成火灾和人员伤害事故。结渣后炉内温度升高，耐火材料易脱落，易使炉墙松动，锅炉设备寿命缩短。

16-19 锅炉结渣为什么会使锅炉出力下降？

答：受热面结渣后，吸热量和蒸发量就会减少，为了保持锅炉出力，必须加大燃料的供给，因此造成炉膛热强度增加，汽温上升。当温度上升超过其调节范围时，为了保证汽温符合要求，此时被迫降低出力。同时，炉膛热强度增加，又会促进结渣加剧，这种恶性循环的结果只能是被迫停炉。

16-20 锅炉结渣为什么会使排烟损失增加，锅炉热效率降低？

答：焦渣是一种绝热体，渣块黏附在受热面上就会使其吸热大为减少，造成排烟温度升高，排烟损失增加。结渣后锅炉出力下降，为了保持额定出力，燃料量就要增加，使煤粉在炉内的停留时间缩短，因此化学不完全燃烧热损失 q_4 损失增加；当空气量不足时，机械不完全燃烧热损失 q_3 也会增加。因此，锅炉热效率下降。

16-21 锅炉结渣的原因有哪些？

答：锅炉结渣的原因如下：

（1）燃烧器的设计和布置不当。

（2）过量空气系数小和混合不良。

（3）未燃尽的煤粒在炉墙附近或黏到受热面上继续燃烧。

（4）炉膛高度设计偏低，炉膛热负荷过大。

（5）运行操作不当。

（6）吹灰和清渣不及时。

（7）其他原因。如燃烧器制造质量不高、安装中心不正或位置偏离过大、喷口烧坏没有更正等，都会造成火焰不对称或偏斜，形成炉膛结渣。或吹灰器短缺或转动、伸缩不灵，不能形成正常吹灰，也容易使受热面黏附灰粒，形成结渣。

16-22 锅炉燃烧器的设计和布置不当为什么会造成结渣？

答：燃烧器的设计和布置不当是影响锅炉结渣的重要原因之一。300MW 的锅炉机组一般设计有两组燃烧器。如果每组燃烧器设计的高宽比

过大，射流的刚性就较弱。对于四角布置切圆燃烧方式的锅炉，因背火侧补气条件差，与补气较好的向火面形成压差，加之上角射流的冲击，因而火焰会形成过大的偏转，严重时还可能出现火焰刷墙。这时由于熔灰得不到足够的冷却就与水冷壁接触，因而出现背火侧的结渣。同时，由于燃烧中心风粉混合得不均匀，产生局部CO还原气氛，使灰熔点降低，所以加剧结渣。当两组燃烧器之间的间距设计较小时，射流进入炉膛将会形成风帘，从而使射流刚性急剧下降，此时容易出现射流贴墙燃烧，产生炉墙大面积结渣。

燃烧器布置不当造成结渣有两个方面，当燃烧切圆设计过大时，由于射流两面补气条件差别加大，压差增加，可能出现火焰贴墙燃烧形成结渣；如燃烧器布置过高，火焰上移，可能引起炉膛上部和出口受热面结渣。特别是对于燃烧无烟煤的锅炉，因火焰较长，燃烧器布置过高更容易出现上部结渣和受热面超温损坏。

16-23 过量空气系数小或混合不良为什么会造成结渣?

答: 过量空气系数过小加之风粉混合不好，必将出现炉内CO还原气氛的增加，使灰熔点降低。这时，虽然炉膛出口烟气温度并不高，仍然可能出现强烈的结渣现象，即使燃烧挥发分较高的煤，如果风量不足、混合不匀，也会使结渣加剧。

16-24 未燃尽的煤粒在炉墙附近或黏到受热面上燃烧对结渣有什么影响?

答: 当炉膛温度偏低或一次风率过大时，燃料的燃烧速度将下降，燃尽时间延长，此时容易出现燃尽期发生在炉膛出口附近或炉墙附近，甚至黏附在炉墙上继续进行，这样炉膛上部或炉墙附近温度升高，灰分在未固化之前就接触到受热面，易黏结其上形成结渣。

16-25 炉膛设计偏低，炉膛热负荷过大对结渣有何影响?

答: 炉膛高度设计偏低时，燃料的后燃期将延续到炉膛上部，甚至炉膛出口以后，如上所述，这将引起屏式过热器甚至高温对流过热器的结渣或超温损坏。当炉膛热负荷设计过大时，炉内温度水平也提高，如受热面出现内部结垢或外部积灰时，熔灰就可能在得不到充分的冷却固化前接触到受热面，形成结渣。

16-26 运行人员操作对结渣的影响如何?

答: 对于切圆燃烧方式，如果投用或停用的燃烧器喷口不对称或同层射流速度差异偏大、送粉不匀等，都会出现炉膛火焰偏斜，炉内温度场不均匀性增大，容易产生高温区域的熔灰黏附受热面形成结渣。如果燃烧器下层风不适当地调整过大，上层风又过小，使火焰不适当地抬高，容易造成炉膛上部结渣。一次煤粉气流速度过大或过小，燃烧都会发生在炉墙附近，引起燃烧器区段结渣。

炉内的某些受热面上积灰以后，不但灰污面温度提高，而且表面变得粗糙，此时一旦有黏结性的灰粒碰上去，就容易附在上面。若稍有大意，清渣不及时，结渣就会迅速扩散，形成严重结渣，可导致被迫停炉打渣。

16-27 如何防止结渣？

答：防止结渣的措施有：

（1）正确设计燃烧器和选择假想切圆。设计燃烧器和选择假想切圆的原则应是，在保证一次风射流引射和卷吸高温烟气，使其迅速着火和稳定燃烧的前提下，提高射流刚度，减少偏转，避免出现在炉墙附近燃烧，尤其不能出现射流贴墙燃烧。为此，在设计燃烧器时，应控制单组燃烧器的高宽比（H/B），一般不要大于8。为避免产生风帘，两组燃烧器之间的有效间距通常不应小于1100mm，这样可减小射流两面的压差，提高射流刚度，防止射流靠墙或贴墙。在选择四角射流假想切圆时，考虑到射流进入炉膛后不可避免地要产生较大偏转，因此切圆直径不宜过大，一般以600～800mm较为合适。实验研究和我国目前的运行实践表明，燃烧器选择上述数值在正常运行调整时，一般可避免射流偏转而引起的炉膛结渣。

（2）炉膛出口烟温。当有充足的空气量时，控制炉膛出口烟温是避免炉膛结渣的又一有效措施。炉膛出口烟 $\theta_1''=\text{ST}-$（50～100℃），一般可避免炉膛上部的结渣。为使炉膛出口烟温不过高，可采用调整燃烧和适当减小炉膛热强度的方法。

1）合理配风。合理配风的唯一标准应是风、粉混合均匀，着火迅速和燃烧稳定、迅速、完全。这样，炉膛出口烟温就会降低。若配风不当使火焰中心上移，就使炉膛出口烟温升高；若火焰中心下移，将使冷灰斗附近温度升高。因此，在运行中应注意配风，使火焰中心保持在炉膛中心。

2）减少炉膛热强度。提高锅炉效率可减少燃料消耗，保证给水参数，减少锅炉饱和蒸汽的用量等均可达到降低炉膛热强度的目的。为避免炉膛热强度过大，应禁止锅炉在较大的超负荷工况下运行。

3）降低火焰中心。采用四角布置燃烧器的锅炉，应尽量利用下排燃烧器，同时下排二次风量不宜过大，这样可使火焰中心下移。

（3）保持适当的空气量。过剩空气量太大，烟气量增加，火焰中心上

移，炉膛出口烟温升高；过剩空气量太小，燃烧将不完全，还原气氛增强，同时飞灰可燃物也增加，两者都为结渣创造了条件。所以，应保持适当的过量空气系数，一般认为：$V>20\%$时，$\alpha''_1=1.20$左右；$V<20\%$时，$\alpha''_1=1.25$左右比较适当。

(4) 保持合适的煤粉细度和均匀度。煤粉过粗会延迟燃烧过程，使炉膛出口烟温升高，同时烟气中会出现未完全燃烧的煤粒，这样会造成结渣。煤粉过细，粉灰易于浮黏壁面，影响受热面传热。

(5) 加强运行监视。运行中，可根据仪表指示和实际观察来判断结渣。炉膛结渣后，煤粉消耗量增加，炉膛出口烟温升高，过热汽温升高且减温水量增大，锅炉排烟温度升高；炉膛出口结渣时，炉膛的负压值还会减小，严重时甚至有正压出现。此时应及时清渣，防止事故扩大。运行中保证及时吹灰也是防止结渣的有效措施。

(6) 其他。如果燃料多变时，应提前将煤质资料送给运行人员，以便及时进行燃烧调整。在检修时，应根据结渣部位和程度进行燃烧器调整，更换或修复损坏的燃烧器。如结渣严重，可将原有卫燃带适当减少。

16-28 省煤器管爆漏的原因有哪些?

答: 引起省煤器管爆漏的原因有：给水品质差，水中含氧量多，造成管子内壁氧腐蚀损坏；给水温度和流量变化，引起管壁温度变化，造成管子热应力，如应力过大也会损坏管子；管子焊接质量不好，也会使管子损坏；飞灰磨损，使管壁减薄，强度下降而损坏等。其中省煤器管磨损是损坏最主要的原因。

16-29 飞灰磨损的原因是怎样的?

答: 对固态排渣煤粉炉而言，烟气中的飞灰量一般约占煤灰总量的85%～90%，因此，当燃用劣质煤时，烟气中的飞灰浓度将达到很高的数值。

煤粉灰尘中含有各种不同硬度的颗粒，通常以尖角形的SiO_2石英粒为最多，数量在80%以上，它们的维氏硬度在500kg/mm^{2}以上，而一般锅炉的用钢维氏硬度多在200kg/mm^{2}左右，所以，灰粒会磨损金属。

烟气中的飞灰随着烟气流动，具有一定的功能。烟气冲刷受热面时，飞灰粒子就不断冲击管壁，每冲击一次，就从金属管子上削去极其微小的一块金属屑，这就是磨损。时间一长，管壁即因此而变薄，强度降低，结果造成管子爆破损坏。

气流对管子的冲击有垂直冲击和斜向冲击两种。气流方向与管子表面切线方向之间的夹角为90°时，称为垂直冲击；小于90°时称为斜向冲击。垂直冲击时，灰粒作用于管子表面的法线方向。这时，管子表面上一个很小而又极薄的一层受到冲击的作用而变成凹坑，当冲击力超过其强度极限时，这个薄层就被破坏而脱落，这就是冲击磨损。斜向冲击时，灰粒作用于管壁的冲击力可分为两个分力，一个是法线方向的冲击力，它引起管壁的冲击磨损；另一个是切线方向的切削力，它会引起切削磨损。切削磨损是切削力所产生的剪应力超过极限强度时，管壁表面被刮去极微小的一块金属屑的结果。由于管子是圆形的，因而管子表面更多的是受灰粒的斜向冲击，所以切削磨损所占的比例较大。

实践和理论都表明，管子的磨损是不均匀的。当气流横向冲刷管束时，第一排管子磨损最严重处是偏离管子气流方向的中心线30°～40°的地方。对错列管而言，第二排管子往后磨损集中于α=25°～35°的对称点；而对侧面迎风的顺列管，磨损最严重处在α=25°的地方。试验还表明，在交错排列的省煤器管束中，最大磨损发生在2～3排管子上，这是因为烟气进入管束后流速增加、动能加大的结果，而第四排管后因动能消耗一部分，所以磨损又减轻了。在顺列管束中，第五排管以后的磨损最大，这是因为灰粒有惰性，随气流速度增加灰粒还有一个加速过程，等到第五排以后才能达到全速。

16-30 影响受热面飞灰磨损的因素有哪些？

答：影响磨损的因素有：

（1）飞灰速度。管壁磨损量与飞灰速度的三次方成正比，所以，控制烟气流速对减轻磨损是非常有效的。但是，烟气流速降低，会使对流放热系数降低，当省煤器吸热量一定时，就要求布置更多的受热面。而且，烟气流速降低，还会增加受热面上的积灰和堵灰。因此，省煤器的最佳烟速应由全面的技术经济比较来确定。

（2）飞灰浓度。飞灰浓度增大，灰粒冲击管壁的次数增多，因而磨损加剧。所以，燃用多灰分的煤时，磨损严重。我国目前多采用Π型锅炉，省煤器管通常装在尾部竖井烟道下部。当烟气由水平烟道转向竖井烟道流动时，因灰粒的质量大于烟气而具有较大的离心力，所以大都被甩向外侧，使该区域灰浓度较大，因而省煤器外侧管的磨损严重。

（3）灰粒特性。灰粒特性的影响也相当大。具有锐利棱角的灰粒比球形灰粒的磨损惨重得多。灰粒越粗、越硬，磨损就越重。省煤器管都布置在锅炉尾部，烟温较低，灰粒固化好，因而灰粒较硬，磨损较重。当燃烧工况恶化时，因飞灰含碳量增加，而焦炭的硬度比灰分要高，所以磨损加剧。

(4) 其他。管束的结构特性和飞灰撞击率对磨损也有很大影响。烟气横向冲刷管束时，错列管束的磨损比顺列管束严重。当飞灰颗粒大、密度大、流速高、烟气的黏度小时，飞灰撞击管壁的机会就多，因而磨损也严重。

(5) 运行中的因素。锅炉超负荷运行时，燃料消耗量和供应的空气量都增大，烟气流速也增大，烟气中的飞灰浓度也会增加，因而会加剧飞灰磨损。烟道漏风增加必然会增大烟速，增加磨损。

16-31 省煤器管爆破的现象是什么？如何处理？

答：省煤器管爆漏以后，会出现以下现象：汽包锅炉的汽包水位下降；给水流量不正常地大于蒸汽流量；省煤器区有异声；省煤器下部灰斗有湿灰或冒汽；省煤器后面两侧烟气温差增大，泄漏侧烟温明显偏低等。

省煤器管损坏时，应尽量维持水位，待备用炉投入后再停炉检查、修复。如果水位不能维持，为避免事故进一步扩大，应立即停炉。停炉后不应开启汽包与省煤器间的循环阀，以免大量损失锅水，造成事故扩大。

16-32 减轻和防止受热面磨损的措施有哪些？

答：减轻和防止受热面磨损的措施有：

(1) 要降低烟气的速度和飞灰的浓度。

(2) 防止在受热面烟道内产生局部烟速过大和飞灰浓度过大。因此，不允许烟道内出现烟气走廊。

(3) 在省煤器弯头易磨损的部位加装防磨保护装置。

(4) 省煤器采用螺旋鳍片管或肋片管，对防磨也起一定作用。

(5) 回转式空气预热器的上层蓄热板容易受烟气中飞灰磨损，因此上层蓄热板用耐热、耐磨的钢材制造，且厚度较大，一概选用 1mm。上层蓄热板总高度为 200～300mm，而且要便于拆除更换。

16-33 运行控制方面如何防止受热面磨损？

答：运行控制方面防止受热面磨损的措施有：

(1) 控制燃煤。锅炉的燃用煤应尽量接近设计煤种，以免使飞灰浓度和烟气流速增加过多。

(2) 锅炉出力。保持锅炉在额定负荷下运行，尽量避免超负荷。

(3) 煤粉细度。运行时应控制煤粉细度，R_{90} 不能过大，以免使飞灰颗粒增大，飞灰浓度增加，颗粒变硬。

(4) 燃烧调整。调整好燃烧，可以控制飞灰可燃物的大小及飞灰浓度，应将飞灰可燃物控制在许可的范围内。

（5）减少漏风。锅炉的漏风不但使锅炉效率降低，而且使烟速提高，对减少磨损不利。为了堵住漏风，除提高炉墙的施工、检修质量，加内护板和采用全焊气密性炉膛外，在运行中应控制炉膛负压不能过大，关好各处门、孔，防止冷风漏入炉内。

16-34　过热器与再热器管爆破的原因有哪些？

答：过热器和再热器损坏主要有高温腐蚀、超温破坏和过热器（再热器）管道的磨损。另外还有制造有缺陷，安装、检修质量差，主要表现是：焊接质量差；过热器管的管材选用不符合要求；低负荷时减温未解列，造成水塞以致管子局部超温等。

16-35　过热器（再热器）管高温腐蚀有哪些类型？会造成什么结果？

答：过热器（再热器）管的高温腐蚀有蒸汽侧腐蚀（内部腐蚀）和烟气侧腐蚀（外部腐蚀）。过热器管内部腐蚀和外部腐蚀的结果，使壁厚减薄、应力增大，以致引起管子产生蠕变，使管径胀粗，管壁更薄，最后导致应力损坏而爆管。

16-36　过热器（再热器）管内部腐蚀形成的原因是什么？

答：过热器管子在400℃以上时，可产生蒸汽腐蚀（内部腐蚀）。化学反应过程如下

$$3Fe+4H_2O=\!=\!=Fe_3O_4+4H_2$$

蒸汽腐蚀后所生成的氢气，如果不能较快地被汽流带走，就会与钢材发生作用，使钢材表面脱碳并变脆，所以有时也把蒸汽腐蚀叫做氢腐蚀。反应式如下

$$2H_2+Fe_3C=\!=\!=3Fe+CH_4$$

$$2H_2+C(\text{游离碳})=\!=\!=CH_4$$

CH_4 积聚在钢中，产生内压力，使内部产生微裂纹，即钢材变脆。

16-37　过热器（再热器）管外部腐蚀形成的原因是什么？

答：在高温对流过热器和高温再热器出口部位的几排蛇形管，管壁温度通常都在550℃以上，因此会发生烟气侧腐蚀。这种腐蚀是由燃煤中的硫分和煤灰中的碱金属（钠 Na、钾 K）引起的。煤灰分中的碱金属氧化物 Na_2O 和 K_2O 在燃烧时会挥发、升华，微小的升华灰靠扩散作用到达管壁并冷凝呈液态附在壁面上。烟气中的 SO_3 与这些碱性氧化物在壁面上化合生成硫酸盐，即

$$M_2O+SO_3=\!=\!=M_2SO_4$$

管壁上的硫酸盐再与飞灰中的氧化铁及烟气中的三氧化硫作用生成复合硫酸盐，即

$$3M_2SO_4(\text{结积物})+Fe_2O_3(\text{飞灰})+3SO_3(\text{烟气})=2M_3Fe(SO_4)_3$$

液态复合硫酸盐有向低温处积聚的特性，因而可使腐蚀过程不断进行。其反应过程为

$$Fe+2M_3Fe(SO_4)_3=3M_2SO_4+3FeS+6O_2 \tag{16-1}$$

$$3FeS+5O_2=Fe_3O_4+3SO_2 \tag{16-2}$$

$$3SO_2+O_2+\frac{1}{2}O_2=3SO_3 \tag{16-3}$$

$$3M_2SO_4+Fe_2O_3(\text{飞灰})+3SO_3=2M_3Fe(O_4)_3 \tag{16-4}$$

式(16-1)～式(16-4)左边与右边分别相加，消去相同各项，则得

$$Fe+\frac{1}{2}O_2+Fe_2O_3(\text{飞灰})=Fe_3O_4 \tag{16-5}$$

以上各化学式中 M 代表 Na 和 K。

从式(16-5)可见，虽然烟气侧的高温腐蚀化学反应经过很多中间过程，但是实质上还是铁的氧化过程。

16-38 过热器(再热器)管超温损坏的原因是什么?

答: 过热器管材在 400℃以上和应力的长期作用下都会发生蠕变，使管子胀粗而逐渐减薄，然后形成微裂纹，当积累到一定程度时即发生爆破。

锅炉在正常运行时，过热器出现少量的蠕变是允许的，它不影响使用寿命。但是如果过热器长期超温，蠕变过程就加快，而且超温越多，应力越高，蠕变也就越快，因此会使管子在很短的时间内就发生爆管。

过热器管材多为珠光体耐热钢，它们的金相结构为铁素体和珠光体。珠光体中片状渗碳体在高温时促使其碳原子扩散，并向着表面能量低的状态变化，因此片状渗碳体就要力求变为球状，小球要力求变成大球（大球表面积小)。因为晶界上的分子作用力小，扩散速度较大，所以球状碳化物首先在晶界上析出。温度越高，时间越长，晶界上球状碳化越多，球化会使管材的高温强度下降。

过热器多为合金钢管，合金元素的原子溶入铁的晶格中。当温度在 500℃以上和应力作用下，合金元素的原子活动能力增强，它就力求从铁素体中移出，使铁素体贫化，同时还进行着碳化物的结构、数量和分布的改变，碳化也力求变得更加稳定，结果使钢的高温强度下降。温度越高，强度下降也越多。

从上面分析可以看出，过热器管超温后，蠕变加速和材质结构变化均导致其强度迅速降低，因此，在工质压力的作用下就易发生爆破损坏。

16-39 过热器管超温的影响因素有哪些?

答: 影响过热器超温的原因首先是热偏差，在锅炉的过热器管组中，偏差管的工质焓增和烟温偏差，严重时可能使偏差管管壁温度比管组平均值高出 50℃以上，因此偏差管容易发生爆管。

炉膛燃烧火焰中心上移也是造成过热器超温的主要原因之一。燃煤性质变差，如挥发分降低，R_{90} 增大；炉膛漏风增大；燃烧器上倾角过大；燃烧配风不当，如过量空气系数过大，上二次风偏小，下二次风偏多；炉膛高度设计偏低，燃烧器布置偏高等，都会引起火焰中心上移，造成过热器管超温。

炉膛卫燃带设计过多，运行时水冷壁管发生积灰或结焦而未清除，锅炉超负荷工况下运行等，会使炉膛出口烟温升高，引起过热器超温。

过热器本身积灰或结渣，均会增加传热阻力，使得传热变差，管子得不到充分冷却，这也是造成过热器管超温的重要原因。过热器管内结垢，也会造成热阻增大，使其容易发生超温。

16-40 磨损对过热器（再热器）管爆破有何影响?

答: 过热器管爆破除高温腐蚀和超温损坏以外，磨损也是原因之一。过热器的磨损原因与省煤器相似，需要说明的是，在过热器区域，因为流过的烟气温度较高，所以灰分的硬度也较低；而且，过热器管通常都是顺列布置，因此，灰分对过热器管的磨损要比省煤器轻得多。因此，过热器管的磨损爆管通常不是主要原因。

16-41 过热器管与再热器管损坏时的现象是怎样的? 如何处理?

答: 过热器管爆破以后，在过热器区域有蒸汽喷出的声音，蒸汽流量不正常地小于给水流量，燃烧室为正压，烟道两侧有较大的烟温差，过热器泄漏侧的烟温较低，过热器的汽温也有变化。再热器损坏的现象与过热器损坏的现象相似，其差别在于，再热器损坏时，在再热器区有喷汽声，同时，汽轮机中压缸进口汽压下降。

过热器管或再热器管爆破时，应及时停炉，以免破口喷出的蒸汽将邻近的管子吹坏，致使事故扩大，检修时间延长。只有在损坏很小，不会危及其他管子损坏时，才可以短时间运行到备用炉投入或调度处理过后再停炉。

16-42 过热器（再热器）管如何防治爆管?

答: 过热器（再热器）管爆破的防治方法主要有：

（1）高温腐蚀的防治。

（2）超温爆管的防治。

（3）防止过热器的磨损爆管，过热器区域的烟速应选择适当，通常不应超过 14m/s。

（4）严格监视过热器制造、安装、检修质量，特别是焊接质量关应把好。

（5）在运行中应密切监视过热器的运行情况，如果发现异常应及时调节和处理，保证过热器的正常运行。

16-43 如何防治过热器（再热器）管高温腐蚀？

答：高温腐蚀的程度主要与温度有关，温度越高，腐蚀也越严重。另外，腐蚀程度也与腐蚀剂的多少有关，腐蚀剂越多，腐蚀也越重。可见要完全防止高温腐蚀，只有去掉灰中的 Na_2O 和 K_2O 等升华灰成分，这显然是做不到的。通常只有在燃煤供应允许的情况下，选用升华成分较小的煤，以减轻过热器管的腐蚀程度。同样，要想将过热器管温度降到 500℃以下，使升华灰完全固化以达到防腐目的也不可行，所以只有控制管壁温度才是行之有效的办法，这样做虽然不能完全防止高温腐蚀，但可以减轻腐蚀程度，延长管子使用寿命。

将过热汽温限制在一定的范围内，可达到控制管壁温度的目的。我国现在趋向于将汽温规定为 540℃/540℃，国外目前基本上也将汽温控制在 560℃以下。高温腐蚀最强烈的温度区是 650～700℃，因此，应合理选择过热器与再热器的布置区域，使金属壁温维持在危险温度以下。

为了防止过热器管内的氢腐蚀，过热器内工质应有相当的质量流速，不过它比保证过热器管冷却所需要的管内工质流速通常要低，所以防止氢腐蚀一般不成问题。

16-44 如何防治过热器（再热器）管超温爆管？

答：引起过热器管超温的原因，归结起来有三个方面，即烟气侧温度高、管内工质流速低、管材耐热度不够（包括错用管材）。为了防止超温，应减小管组的热偏差。为了防止燃烧火焰中心上移引起过热器管超温，除了锅炉设计应保证炉膛高度，燃烧器布置高度适当外，在运行中应注意燃烧器上倾角不能过大；燃烧配风应当合理；炉膛负压不能太大，以免漏风过大；注意调节汽温；同时应注意及时清除受热面的积灰和渣焦，特别是过热器本身的积灰和渣焦，因为过热器积灰和结渣不但使传热恶化，而且容易形成烟气走廊，加大管组的热偏差，同时造成走廊两侧过热器管的磨损加剧；如果炉内卫燃带过多，应在停炉检修时适当打掉一部分。还应注意不能使锅炉长期超负荷运行，过热器管材应符合要求等。

16-45 水冷壁管爆破的原因有哪些?

答: 锅炉机组水冷壁爆破的主要原因有超温、腐蚀、磨损和膨胀不均匀产生拉裂等。其次，水冷壁选用钢材不当、焊接质量不符合要求、弯管质量不高、使管壁变薄等，也都有可能使水冷壁产生爆管。

16-46 水冷壁管超温爆管形成的原因有哪些?

答: 水冷壁管的外壁温度可由下式计算，即

$$t_{wb}=t+q\left(\frac{1}{\alpha_2}+\frac{\delta_{js}}{\lambda_{js}}+\frac{\delta_g}{\lambda_g}\right)$$

式中 t_{wb}——管子外壁温度,℃;

t——管子工质温度,℃;

q——管外壁热流密度，kW/ (m^2 · s);

δ_{js}、λ_{js}——管子壁厚及其导热系数，m、kW/ (m · ℃);

δ_g、λ_g——管内水垢厚度及其导热系数，m、kW/ (m · ℃);

α_2——管子内壁对工质的放热系数，kW/ (m · ℃)。

由上式可知，水冷壁的管壁温度是由两部分组成的：一部分是管内工质的温度，另一部分是管外壁热流密度没有被工质吸收而使管外壁温度升高的部分。从式中还可知道，热阻越大，管外壁升温也越高。锅炉在正常运行时，因 t 值不高、α_2 很大、δ_g 极小，所以管壁温度并不高，受热面是安全的。但是如果燃烧调整不当，锅水品质不好，则可能发生管壁超温爆管。

若炉膛燃烧发生在水冷壁附近，或贴墙燃烧时，该区域的热负荷将很高，它不但会引起水冷壁结渣，而且由于该区域水冷壁汽化中心密集，则可能在管壁上形成连续的汽膜，即产生膜态沸腾。因此，传热系数 α_2 急剧下降，传热恶化，即产生了第一类传热危机。当出现这类危机时，管壁温度突然上升，会导致超温爆破。在直流锅炉蒸发段的后段，此区热负荷不是太高，但管内含汽率却较高，管壁上的水膜较薄，此时，由于管子中心汽柱流速较高，可能将水膜撕破，或因蒸发使水膜部分消失，或全部消失，使管壁与蒸汽直接接触，而此时工质质量流速又不很大，因此 α_2 也明显下降，出现了所谓的第二类传热危机，导致壁温升高，也可能使管子爆破。如果锅水品质不符合要求，将会使管内结垢，δ_g 值增大，而 λ_g 值又很小，由上式可知，此时 t_{wb} 也将增大，可能导致水冷壁超温爆管。

在自然循环锅炉水冷壁并列管组成的循环回路中，实际上由于热负荷及

结构特性的偏差，各根上升管的循环特性是不相同的，热负荷高的管子循环水速大，热负荷低的管子循环水速小。如热负荷偏差很大，则在热负荷小的管中，其循环水速可能很小，甚至出现循环停滞、自由水面或倒流等水循环故障。停滞时，管中的汽泡只能靠本身的浮力缓慢上升，而且容易在管子弯头处产生汽泡积累；自由水位面以上，管子得不到水的冷却；倒流速度如果与汽泡上浮速度相等，汽泡在管内相对静止等，所有这些都会使管壁得不到足够冷却，从而可导致水冷壁超温爆破。

16-47 水冷壁管腐蚀损坏分为哪些类型？

答：水冷壁管腐蚀分为管内垢下腐蚀和管外高温腐蚀。

16-48 水冷壁管内垢下腐蚀是如何形成的？

答：垢下腐蚀也称酸碱腐蚀，这是因为锅水中的酸性和碱性盐类破坏金属保护膜的缘故。

在正常运行条件下，水冷壁管内壁覆盖着一层 Fe_3O_4 保护膜，使其免受腐蚀。如果锅水 pH 值超标，就会使保护膜遭到破坏。研究表明，当 pH 值为 9～10 时，保护膜最稳定，管内腐蚀最小；当 pH 值过高时，易发生碱性腐蚀；当 pH 值过低时，又会发生酸性腐蚀。

当锅水中有游离的 NaOH 时，锅水的 pH 值升高，引起碱性腐蚀。反应如下

$$Fe_3O_4+4NaOH=2NaFeO_2+Na_2FeO_2+2H_2O$$

当锅水中有 $MgCl_2$ 或 $CaCl_2$ 时，pH 值降低，引起酸腐蚀。反应式如下

$$MgCl_2+2H_2O=Mg(OH)_2+2HCl$$

$$CaCl_2+2H_2O=Ca(OH)_2+2HCl$$

$$Fe+2HCl=FeCl_2+H_2\uparrow$$

当氢在垢与金属之间大量产生时，氢可扩散到金属中与其中的碳结合形成甲烷 CH_4，并在金属内部产生内压力，引起晶间裂纹，使金属产生脆性爆裂损坏。

16-49 水冷壁管外高温腐蚀是如何形成的？

答：当水冷壁外有一定的结积物，周围有还原性气氛，管壁有相当高的温度时，就会发生管外腐蚀。水冷壁的管外腐蚀有硫化物型和硫酸盐型两种，其中以硫酸盐型最常见。

硫化物型管外腐蚀主要发生在火焰冲刷管壁的情况下。这时，燃料中的 FeS_2 黏在管壁上受灼热而分解成 S，S 与金属反应生成 FeS，随后氧化生成

Fe_3O_4。其反应过程如下

$$FeS_2 \xlongequal{灼热} FeS + S$$

$$Fe + S \xlongequal{} FeS$$

$$3FeS + 5O_2 \xlongequal{} Fe_3O_4 + 3SO_2$$

上述过程生成的 SO_2 或 SO_3，又与碱性氧化物 Na_2O 或 K_2O 作用生成硫酸盐 Na_2SO_4 或 K_2SO_4。可见硫化物腐蚀与硫酸盐腐蚀是同时发生的。

当水冷壁的温度在 310～420℃时，其表面会生成 Fe_2O_3，即

$$2Fe + O_2 \xlongequal{} 2FeO$$

$$4FeO + O_2 \xlongequal{} 2Fe_2O_3$$

与过热器的管外腐蚀一样，其后它们又与碱性硫酸盐 Na_2SO_4 和 SO_3 反应生成复合硫酸盐 $Na_3Fe(O_4)_3$。与过热器腐蚀不同的是，由于水冷壁管温度较低，此处的复合硫酸盐呈固态，加之固态排渣炉的炉壁附近 SO_3 并不多，所以一般腐蚀也较轻。如果渣层脱落，则暴露到表面的复合硫酸盐受到高温又分解为氧化硫、碱金属硫酸盐和氧化铁，使上述过程重复，因而将加剧腐蚀过程，致使水冷壁管因腐蚀爆破的可能性加大。

16-50　哪些部位易受磨损导致水冷壁爆管?

答: 水冷壁管易受磨损的部位主要是一次风口和三次风口的周围。吹灰器的冲刷也可能使水冷壁损坏。在一次风粉混合物中，每千克空气中含有 0.2～0.8kg 的煤粉。当一次风以 20～40m/s 的速度喷入炉膛时，燃烧器安装角度不对或缩进太多，设计的切圆太大或偏斜，燃烧器喷口结渣、烧坏或变形，以及稳燃器安装不当等，都会使煤粉气流冲刷水冷壁管，使其磨损减薄导致爆破。三次风中煤粉含量约为 0.1～0.2kg（煤粉）/kg（空气），而三次风速通常又在 50m/s 以上，所以当三次风口安装不当、结渣、烧坏或变形后，亦会冲刷水冷壁致使其磨损爆管。现代锅炉均装设有蒸汽吹灰装置，如果吹灰前吹灰器未疏水，在吹灰时凝结水就要冲扫到水冷壁上，使其冷却龟裂，产生环状裂纹而损坏。如进汽压力调节失控超过设计值，也会导致水冷壁磨损而爆管。

16-51　水冷壁膨胀不均匀产生拉裂的原因主要有哪些?

答: 冷炉进水时，水温、水质或进水速度不符合规定；锅炉启动时升压、升负荷速度过快；停炉时冷却过快，放水过早等，都会使水冷壁管产生过大的热应力，致使爆管。

水冷壁管因受热不均匀，膨胀受阻也会拉裂爆管。被拉裂的部位通常以

炉膛四角和燃烧器附近居多。例如，燃烧器大滑板与水冷壁在运行中膨胀不一致，经多次启、停的交变应力作用后，就会从焊点处拉裂水冷壁，致使爆破。

16-52 水冷壁爆破的现象有哪些？如何处理？

答：水冷壁管爆破以后，会有如下现象：汽包水位下降；蒸汽压力和给水压力均下降；炉内有爆破声；炉膛呈正压，有烟气喷出炉膛；炉内燃烧火焰不稳或灭火；给水流量不正常地大于蒸汽流量；锅炉排烟温度降低等。

如果水冷壁管爆破不甚严重，不致于在短期内扩大事故，且在适当加强给水后能维持汽包正常水位，可采取暂时减负荷运行，待备用炉投入后或调度处理后再停炉。但在这段时间内，应加强监视，密切注意事故发展情况。如果爆管严重，无法保持汽包正常水位，或燃烧很不稳定，或事故扩大很快，则应立即停炉。此时，锅炉引风机应继续运行，抽出炉内蒸汽。停炉后如加强给水汽包水位可以维持，则应尽力保持水位；否则，应停止给水。

16-53 如何防治水冷壁爆破？

答：为了提高水冷壁管的运行安全性和可靠性，应根据其爆管的原因，采用不同方法防治。

(1) 超温爆管的防治。300MW 单元机组的锅炉通常都在亚临界压力以上，设计时应控制循环倍率 K 不能太小；直流锅炉应仔细确定传热恶化的临界干度，使膜态沸腾发生在热负荷较小的区域。为了防止传热恶化，首先应降低受热面的热负荷。在运行时应调整好燃烧火焰中心位置，不能出现贴墙燃烧。设计时可采取减小水冷壁管径、增加下降管截面等，提高水冷壁管内工质的质量流量，提高 α_2 值；也可在蒸发管内加装扰流子，采用来复线管或内螺管等，使流体在管内产生旋转和扰动边界层，提高 α_2。

为了防止出现循环故障带来的超温爆管，除要求燃烧稳定，炉内空气动力状况良好，炉内热负荷均匀外，还应避免锅炉经常在低负荷下运行，而且设计时水冷壁管组的并列管根数不能太多，管子组合亦应合理。例如，将炉膛四角受热较弱的管子、炉墙中部受热较强的管子，都分别组成独立的回路。

(2) 腐蚀防治。为了防治水冷壁管的垢下腐蚀，应加强化学监督，提高给水品质，保证锅水品质，尽量减少给水中的杂质和锅水的 NaOH 含量，防止凝汽器泄漏，保证锅炉连续排污和定期排污的正常运行。对水冷壁管应定期割管检查，并根据情况进行化学清洗和冲洗等。

为防止水冷壁的管外腐蚀，应改善燃烧，煤粉不能过粗，避免火焰直接冲刷墙壁，过量空气系数不宜过小，以改善结积物条件。控制管壁温度，防止炉膛局部热负荷过高，以防水冷壁温度过高，加剧腐蚀。保持炉膛贴墙为氧化气氛，冲淡 SO_2 的浓度，以降低腐蚀速度。也可以在水冷壁管表面采用热浸渗铝技术，提高其抗腐蚀性能。

(3) 磨损爆管防治。防止水冷壁管的磨损主要是切圆设计不能太大；燃烧器设计与安装角度应正确；应组织好炉内空气动力场，要求配风均匀，注意运行调整，防止切圆偏斜。运行时如燃烧器喷口或附近结渣应及时清除，如燃烧器烧坏或变形，应及时修复或更换。吹灰器在吹灰前应先疏水，吹灰蒸汽压力应控制在设计值范围。

(4) 其他防治。为了防止锅炉启动、停止运行时损坏水冷壁管，在锅炉点火、停炉时，应严格按规程规定进行。

为了保证受热面的升温自由膨胀，在安装和检修时，在水冷壁管自由膨胀的下端应留有足够的自由空间，并采取措施防止异物进入，以免管子膨胀受到顶或卡而使其破坏。

应注意加强金属监督工作，防止错用或选用不合格的管材。在制造和安装、检修时应严把质量关，尤其应保证焊接质量符合要求，确保水冷壁管运行的安全。

16-54　直流炉蒸发管脉动有何危害？

答：直流炉蒸发管脉动的危害有：

(1) 在加热、蒸发和过热段的交界处，交替接触不同状态的工质，且这些工质的流量周期性变化，使管壁温度发生周期性变化，引起管子的疲劳损坏。

(2) 由于过热段长度周期性变化，出口汽温也会相应变化，汽温极难控制，甚至出现管壁超温。

脉动严重时，由于受工质脉动性流动的冲击力和工质比体积变化引起的局部压力周期性变化的作用，易引起管屏发生机械振动，损坏管屏。

16-55　炉底水封破坏后，为什么会使过热汽温升高？

答：锅炉从底部漏入大量的冷风，降低了炉膛温度，延长了着火时间，使火焰中心上移，炉膛出口温度升高，同时造成过剩空气量的增加，对流换热加强，导致过热汽温升高。

16-56　蒸汽压力变化速度过快对机组有何影响？

答：蒸汽压力变化速度过快对机组的影响如下：

(1) 使水循环恶化。蒸汽压力突然下降时，水在下降管中可能发生汽化。蒸汽压力突然升高时，由于饱和温度升高，上升管中产汽量减少，会引起水循环瞬时停滞。蒸汽压力变化速度越快，蒸汽压力变化幅度越大，这种现象越明显。试验证明，对于高压以上锅炉，不致引起水循环破坏的允许汽压下降速度不大于 0.25～0.30MPa/min；负荷高于中等水平时，汽压上升速度不大于 0.25MPa/min，而在低负荷时，汽压变化速度则不大于 0.025MPa/min。

(2) 容易出现虚假水位。由于蒸汽压力的升高或降低会引起锅水体积的收缩或膨胀，而使汽包水位出现下降或升高，均属虚假水位。蒸汽压力变化速度越快，虚假水位的影响越明显。出现虚假水位时，如果调节不当或发生误操作，就容易诱发缺水或满水事故。

16-57 如何避免汽压波动过大？

答：避免汽压波动过大的措施：

(1) 掌握锅炉的带负荷能力。

(2) 控制好负荷增减速度和幅度。

(3) 增减负荷前应提前提示，提前调整燃料量。

(4) 运行中要做到勤调、微调，防止出现反复波动。

(5) 投运和完善自动调节系统。

(6) 对于母管制机组，应编制各机组的负荷分配规定，以适应外界负荷的变化。

16-58 锅炉进行水压试验时有哪些注意事项？如何防止汽缸进水？

答：锅炉进行水压试验时，应注意以下事项：

(1) 进行水压试验前应认真检查压力表投入情况

(2) 对空排汽、事故放水阀应开关灵活，排汽放水畅通。

(3) 试验时应有指定专业人员在现场指挥监护，由专人进行升压控制。

(4) 控制升压速度在规定范围内。

(5) 注意防止汽缸进水。打开主汽阀后所有的疏水阀，设专人监视汽轮机上下缸壁温和壁温差的变化。

16-59 汽包锅炉上水时应注意哪些问题？

答：汽包锅炉上水时应注意以下事项：

(1) 注意所上水品质合格。

(2) 合理选择上水温度和上水速度。为了防止汽包因上下和内外壁温差大而产生较大的热应力，必须控制汽包壁温差不大于40℃。故应合理选择上水温度，严格控制上水速度。

（3）保持较低的汽包水位，防止点火后的汽水膨胀。

（4）上水完成后检查水位有无上升或下降趋势。提前发现给、放水阀有无内漏。

16-60 偶合器勺管卡涩的原因有哪些？怎样处理？

答：偶合器调速是靠勺管的径向移动从而改变工作腔的充油量来实现的。勺管卡涩就使偶合器的调速受阻，其卡涩原因如下：

（1）偶合器油中带水，引起扇形齿轮轴上的两只滚动轴承严重锈蚀而不能转动，以致勺管不能升降。

（2）电动执行机构限位调整不当，从而使勺管导向键受过载应力导致局部变形，卡死在勺管键槽内，迫使勺管无法移动。

（3）勺管与勺管套配合间隙过小，容易卡涩。

（4）勺管表面氮化层剥落。

处理方法如下：

（1）严格监视偶合器油质，定期化验。如油质不合格，应立即滤油或换油，并查处进入油系统的水源。

（2）调换导向键，将电动执行机构转角限定在安全位置。

（3）将勺管与勺管套配合间隙放大至0.015mm，并适当减小勺管套与排油腔体孔的配合过盈量，增加勺管与勺管套的配合研磨工序，减少卡涩现象。

（4）氮化层剥落应及时调换勺管。

16-61 直流锅炉切除分离器时会发生哪些不安全现象？是什么原因造成的？

答：切除启动分离器时，极易发生主汽温度下降和前屏过热器管壁超温现象。

启动过程中应严格按照启动分离器切除的条件执行操作。若切除过早，分离器过早停止排水，使蒸发段出口工质焓值降低，同时过热器内蒸汽流量增大，易造成过热汽温降低。若切除过迟，则会使前屏过热器管壁超温。

16-62 汽包满水的现象有哪些？

答：汽包满水的现象如下：

（1）各水位计指示偏高，水位高信号发出。

（2）给水流量不正常地大于蒸汽流量。

（3）过热汽温下降。

（4）蒸汽电导率增大。

（5）严重满水时，汽温迅速下降，主蒸汽管道发生水冲击，从法兰和阀门等不严密处往外冒汽。

16-63 汽包锅炉发生严重缺水时为什么不允许盲目补水？

答：锅炉发生严重缺水时必须紧急停炉，而不允许往锅炉内补水。这主要因为：当锅炉发生严重缺水时，汽包水位究竟低到什么程度是不知道的，可能汽包内已完全无水，或水冷壁已部分烧干、过热。在这种情况下，如果强行往锅炉内补水，由于温差过大，会产生巨大的热应力，而使设备损坏。同时，水遇到灼热的金属表面，瞬间会蒸发大量蒸汽，使汽压突然升高，甚至造成爆管。因此，发生严重缺水时，必须严格地按照规程的规定去处理，决不允许盲目地上水。

16-64 汽水共腾的现象是什么？

答：汽水共腾的现象如下：

（1）汽包水位发生剧烈波动，各水位计指示摆动，就地水位计看不清水位。

（2）蒸汽温度急剧下降。

（3）严重时蒸汽管道内发生水冲击或法兰结合面向外冒汽。

（4）饱和蒸汽含盐量增加。

16-65 汽水共腾如何处理？

答：汽水共腾的处理方法如下：

（1）降低锅炉蒸发量后保持稳定运行。

（2）开大连续排污阀，加强定期排污。

（3）开启集汽联箱疏水阀，通知汽轮机开启主闸门前疏水阀。

（4）通知化学对炉水加强分析。

（5）水质未改善前应保持锅炉负荷的稳定。

16-66 造成蒸汽品质恶化（蒸汽污染）的原因有哪些？

答：造成蒸汽品质恶化（蒸汽污染）的原因如下：

（1）蒸汽带水。锅炉的补给水含有杂质。给水进入锅炉后被加热成蒸汽，杂质也大部分转移到炉水中，如此多次循环，炉水中杂质浓度越来越高。含有高浓度杂质的炉水被饱和蒸汽携带就叫做蒸汽带水，蒸汽带水称为机械携带，是蒸汽污染的第一个原因。

(2) 蒸汽溶盐。锅炉在较高的工作压力下，蒸汽能溶解某些盐分，蒸汽溶盐称为选择性携带，这是蒸汽污染的第二个原因。

16-67 汽包壁温差过大有什么危害?

答: 当汽包上下壁或内外壁有温差时，将在汽包金属内产生附加热应力。这种热应力能够达到十分巨大的数值，可能使汽包发生弯曲变形、裂纹，缩短使用寿命。因此锅炉在启动、停止过程要严格控制汽包壁温差不超过40℃。

16-68 锅炉运行中为什么要经常进行吹灰、排污?

答: 这是因为烟灰和水垢的导热系数比金属小得多，也就是说，烟灰和水垢的热阻较大。如果受热面管外积灰或管内结水垢，不但影响传热的正常运行，浪费燃料，而且还会使金属壁温升高，以致过热烧坏，危及锅炉设备安全运行。因此，在锅炉运行中，必须经常进行吹灰、排污和保证合格的汽水品质，以保证受热面管子内外壁面的清洁，利于受热面正常传热，保障锅炉机组安全运行。

16-69 固态排煤粉炉渣井中的灰渣为何需要连续浇灭?

答: (1) 由炉膛落下来的灰渣，温度还较高，含有未燃尽的碳。如这些灰渣不及时用水浇灭，将堆积在一起烧结成大块，再清除时会带来困难。

(2) 灰渣井内若堆积大量高温灰渣，待排灰时才用水浇灭，会使水大量蒸发，瞬间进入炉膛的水蒸气太多，使炉温下降，炉膛负压变正，燃烧不稳，严重时（特别是在负荷较低或煤质较差时）可能造成锅炉灭火。有时在浇水之初引起氢爆，造成人身及设备事故。

16-70 所有水位计损坏时为什么要紧急停炉?

答: 水位计是运行人员监视锅炉正常运行的重要仪表，当所有水位计都损坏时，水位的变化失去监视，正常水位的调整失去依据。由于高温高压锅炉的汽包内储水量有限，机组负荷和汽水损耗在随时变化，失去对水位的监视，就无法控制给水量。当锅炉在额定负荷下，给水量大于或小于正常给水量的10%时，一般锅炉几分钟就会造成严重满水或缺水。所以，当所有水位计损坏时，为了避免对机炉设备的损坏，应立即停炉。

16-71 什么是长期超温爆管?

答: 运行中由于某种原因，造成管壁温度超过设计值，只要超温幅度不

太大，就不会立即损坏。但管子长期在超温下工作，钢材金相组织会发生变化，蠕变速度加快，持久强度降低，在使用寿命未达到预定值时，即提早爆破损坏。这种损坏称长期超温爆管，或叫长期过热爆管，也称一般性蠕变损坏。

16-72 锅炉烟囱冒黑烟的主要原因及防范措施是什么？

答：主要原因如下：

（1）燃油雾化不良或油枪故障，油嘴结焦。

（2）总风量不足。

（3）配风不佳，缺少根部风或风与油雾的混合不良，造成局部缺氧而产生高温列解。

（4）烟道发生二次燃烧。

（5）启动初期炉温、风温过低。

防范措施如下：

（1）点火前检查油枪，清除油嘴结焦，提高雾化质量。

（2）油枪确已进入燃烧器，且位置正确。

（3）保持运行中的供油、回油压力和燃油的黏度指标正确。

（4）及时适当的送入根部风，调整好一二次风，使油雾与空气强烈混合，防止局部缺氧。

（5）尽可能的提高风温和炉膛温度。

16-73 简述锅炉紧急停炉的处理方法。

答：当锅炉符合紧急停炉条件时，应通过显示器台面盘上的紧急停炉按钮手动停炉，锅炉主燃料跳闸（MFT）动作后，立即检查自动装置应按下列自动进行动作，否则应进行人工干预。

（1）切断所有的燃料（煤粉燃油）。

（2）联跳一次风机，进出口挡板关闭。

（3）磨煤机、给煤机全部停运。

（4）所有燃油进油、回油快关阀，调整阀，油枪快关阀关闭。

（5）汽轮机、发动机跳闸。

（6）全部静电除尘器跳闸。

（7）全部吹灰器跳闸。

（8）全开各层周界风挡板，将二次风挡板控制方式切至手动，并全开各层二次风挡板。

（9）将引送风机的风量自动控制且为手动调节。

(10) 检查关闭Ⅰ、Ⅱ过热器减温水隔离阀及调整阀，并将过热汽温度控制切为手动。

(11) 检查关闭再热器减温水隔离阀及调整阀，并将再热汽温度控制切为手动。

(12) 两台汽动给水泵均应自动跳闸，电动给水泵应启动，否则应人为强制启动。

(13) 注意汽包水位，应维持在正常范围内。

(14) 进行炉膛吹扫，锅炉主燃料跳闸（MFT）复归（MFT动作原因消除后）。

(15) 如故障可以很快消除，应做好锅炉极热态启动的准备工作。

(16) 如故障难以在短时间内消除，则按正常停炉处理。

16-74 通过监视炉膛负压及烟道负压能发现哪些问题？

答：炉膛负压是运行中要控制和监视的重要参数之一。监视炉膛负压对分析燃烧工况、烟道运行工况，分析某些事故的原因均有重要意义。例如：当炉内燃烧不稳定时，烟气压力产生脉动，炉膛负压表指针会产生大幅度摆动；当炉膛发生灭火时，炉膛负压表指针会迅速向负方向甩到底，比水位计、蒸汽压力表、流量表对发生灭火时的反应还要灵敏。

烟气流经各对流受热面时，要克服流动阻力，故沿烟气流程烟道各点的负压是逐渐增大的。在不同负荷时，由于烟气变化，烟道各点负压也相应变化。如负荷升高，烟道各点负压相应增大，反之，相应减小。在正常运行时，烟道各点负压与负荷保持一定的变化规律。当某段受热面发生结渣、积灰或局部堵灰时，由于烟气流通断面减小，烟气流速升高，阻力增大，于是其出入口的压差增大。故通过监视烟道各点负压及烟气温度的变化，可及时发现各段受热面积灰、堵灰、漏泄等缺陷，或发生二次燃烧事故。

16-75 25项反事故措施中，防止汽包炉超压超温的规定有哪些？

答：25项反事故措施中，防止汽包炉超压超温的规定有：

(1) 严防锅炉缺水和超温超压运行，严禁在水位表数量不足（指能正确指示水位的水位表数量）、安全阀解列的状况下运行。

(2) 参加电网调峰的锅炉，运行规程中应制订相应的技术措施。按调峰设计的锅炉，其调峰性能应与汽轮机性能相匹配；非调峰设计的锅炉，其调峰负荷的下限应由水动力计算、试验及燃烧稳定性试验确定，并制订相应的反事故措施。

(3) 对直流锅炉的蒸发段、分离器、过热器、再热器出口导管等应有完

好的管壁温度测点，以监视各管间的温度偏差，防止超温爆管。

(4) 锅炉超压水压试验和安全阀整定应严格按规程进行。

(5) 大容量锅炉超压水压试验和热态安全阀校验工作应制订专项安全技术措施，防止升压速度过快或压力、汽温失控造成超压超温现象。

(6) 锅炉在超压水压试验和热态安全阀整定时，严禁非试验人员进入试验现场。

16-76 对事故处理的基本要求是什么？

答：对事故处理的基本要求是：

(1) 事故发生时，应按“保人身、保电网、保设备”的原则进行处理。

(2) 事故发生时的处理要点如下：

1) 根据仪表显示及设备异常现象判断事故确已发生。

2) 迅速处理事故，首先解除对人身、电网及设备的威胁，防止事故蔓延。

3) 必要时应立即解列或停用发生事故的设备，确保非事故设备的运行。

4) 迅速查清原因并消除。

5) 将所观察到的现象、事故发展的过程和时间及采取的消除措施等进行详细的记录。

6) 事故发生及处理过程中的有关数据资料等应保存完整。

16-77 防止锅炉炉膛爆炸事故发生的措施有哪些？

答：防止锅炉炉膛爆炸事故的措施有：

(1) 加强配煤管理和煤质分析，并及时做好调整燃烧的应变措施，防止发生锅炉灭火。

(2) 加强燃烧调整，以确定一、二次风量、风速、合理的过剩空气量、风煤比、煤粉细度、燃烧器倾角或旋流强度及不投油最低稳燃负荷等。

(3) 当炉膛已经灭火或已局部灭火并濒临全部灭火时，严禁投油助燃。当锅炉灭火后，要立即停止燃料（含煤、油、燃气、制粉乏气风）供给，严禁用爆燃法恢复燃烧。重新点火前必须对锅炉进行充分通风吹扫，以排除炉膛和烟道内的可燃物质。

(4) 加强锅炉灭火保护装置的维护与管理，确保装置可靠动作；严禁随意退出火焰探头或联锁装置，因设备缺陷需退出时，应做好安全措施。热工仪表、保护、给粉控制电源应可靠，防止因瞬间失电造成锅炉灭火。

(5) 加强设备检修管理，减少炉膛严重漏风，防止煤粉自流、堵煤；加强点火油系统的维护管理，消除泄漏，防止燃油漏入炉膛发生爆燃。对燃油速断阀要定期试验，确保动作正确、关闭严密。

（6）防止严重结焦，加强锅炉吹灰。

16-78 为什么锅炉在运行中应经常监视排烟温度的变化？锅炉排烟温度升高一般是什么原因造成的？

答：因为排烟热损失是锅炉各项热损失中最大的一项，一般为送入热量的6%左右；排烟温度每增加12～15℃，排烟热损失就增加1%,；同时，排烟温度可反映锅炉的运行情况，所以排烟温度应是锅炉运行中最重要的指标之一，必须重点监视。

影响排烟温度升高的因素如下：

（1）受热面结垢、积灰、结渣。

（2）过量空气系数过大。

（3）漏风系数过大。

（4）燃料中的水分增加。

（5）锅炉负荷增加。

（6）燃料品种变差。

（7）制粉系统的运行方式不合理。

（8）尾部烟道二次燃烧。

16-79 影响蒸汽带水的主要因素有哪些？

答：影响蒸汽带水的主要因素为锅炉负荷、蒸汽压力、蒸汽空间高度和锅水含盐量。

（1）锅炉负荷增加时，蒸汽量增加，蒸汽速度增加，使蒸汽携带水滴的直径和数量都将增大，因而蒸汽温度增加，蒸汽品质随之恶化。

（2）蒸汽压力升高，汽水重度差减小，使汽水分离困难；蒸汽压力降低时，相应的饱和温度降低，汽包中气泡增多，水位升高，蒸汽带水量增大，蒸汽品质恶化。

（3）蒸汽空间高度小，汽水分离困难。

（4）锅水含盐量增大时都使蒸汽带水量增大。

16-80 高压锅炉为什么容易发生蒸汽带水？

答：锅炉压力升高，炉水沸点越高，锅水的表面张力越小，锅水在蒸发时越容易形成小水珠而被带走。同时，随着压力的提高，汽和水的重度差减小，汽水的分离困难，蒸汽容易携带水滴。压力越高，蒸汽的重度越大，蒸汽流动的动能增加，因而更易带水。所以当蒸汽流动速度一定时，压力越

高，蒸汽越容易带水。

16-81 简述减温器故障的现象、原因及处理方法。

答：（1）现象。

1）减温器堵塞。

a. 减温水流量偏小或无指示。

b. 投停减温器时汽温变化不明显或不起作用。

2）减温器套管损坏。

a. 两侧汽温差值增大。

b. 严重时减温器联箱内发生水冲击。

（2）原因。

1）减温器喷嘴内结垢或杂物堵塞。

2）减温水水温变化幅度太大，使金属产生较大的应力损坏。

3）制造、安装、检修质量不良。

（3）处理方法。

1）如减温器喷嘴堵塞，可关闭减温水阀，用过热蒸汽进行反冲洗。

2）如汽温升高，可调节给水泵转速、关小给水调节阀，提高给水压力，增加减温水量。

3）采取措施后，汽温仍不能恢复正常时应降低锅炉负荷运行并汇报班、值长。

4）如汽温超过极限值，经采取措施无效，可请示停炉。

16-82 什么是虚假水位？在什么情况下容易出现虚假水位？

答：汽包水位的变化不是由于给水量与蒸发量之间的物料平衡关系破坏所引起的，而是由于工质压力突然变化，或燃烧工况突然变化，使水容积中汽泡含量增多或减少，引起工质体积膨胀或收缩，造成的汽包水位升高或下降的现象，称为虚假水位。“虚假水位”就是暂时的不真实水位。例如：当汽包压力突降时，由于炉水饱和温度下降到相应压力下的饱和温度而放出大量热量并自行蒸发，于是炉水内气泡增加，体积膨胀，使水位上升，形成虚假水位；汽包压力突升，则相应的饱和温度提高，一部分热量被用于炉水加热，使蒸发量减少，炉水中气泡量减少，体积收缩，促使水位降低，同样形成虚假水位。

下列情况下容易出现虚假水位：

（1）在负荷突然变化时，负荷变化速度越快，虚假水位越明显。

（2）如遇汽轮机甩负荷。

（3）运行中燃烧突然增强或减弱，引起气泡产量突然增多或减少，使水位瞬时升高或下降。

（4）安全阀起座或旁路动作时，由于压力突然下降，水位瞬时明显升高。

（5）锅炉灭火时，由于燃烧突然停止，锅水中汽泡产量迅速减少，水位也将瞬时下降。

16-83 锅炉出现虚假水位时应如何处理？

答： 当锅炉出现虚假水位时，首先应正确判断，要求运行人员经常监视锅炉负荷的变化，并对具体情况具体分析，才能采取正确的处理措施。如当负荷急剧增加而水位突然上升时，应明确：从蒸发量大于给水量这一平衡的情况看，此时的水位上升现象是暂时的，很快就会下降，切不可减少进水，而应强化燃烧，恢复汽压，待水位开始下降时，马上增加给水量，使其与蒸汽量相适应，恢复正常水位。如负荷上升的幅度较大，引起的水位变化幅度也很大，此时若控制不当就会引起满水，就应先适当减少给水量，以免满水，同时强化燃烧，恢复汽压；当水位刚有下降趋势时，立即加大给水量，否则又会造成水位过低。也就是说，应做到判断准确，处理及时。

16-84 简述锅炉水位事故的危害及处理方法。

答： 保持汽包正常水位是保证锅炉和汽轮机安全运行的重要条件之一。汽包水位过高，会影响汽水分离装置的汽水分离效果，使饱和蒸汽湿度增大，同时蒸汽空间缩小，将会增加蒸汽带水，使蒸汽含盐量增多，品质恶化，造成过热器积盐、超温和汽轮机通流部分结垢。

汽包水位严重过高或满水时，蒸汽大量带水，会使主汽温度急剧下降，蒸汽管道和汽轮机内发生严重水冲击，甚至造成汽轮机叶片损坏事故。汽包水位过低会使控制循环锅炉的炉水循环泵进口汽化、泵组剧烈振动，汽包水位过低时还会引起锅炉水循环的破坏，使水冷壁管超温过热；严重缺水而又处理不当时，则会造成炉管大面积爆破的重大事故。

水位高的处理方法如下：

（1）将给水自动切至手动，关小给水调整阀或降低给水泵转速。

（2）当水位升至保护定值时，应立即开启事故放水阀。

（3）根据汽温情况，及时关小或停止减温器运行，若汽温急剧下降，应开启过热器集箱疏水阀，并通知汽轮机开启主汽阀前的疏水阀。

（4）当高水位保护动作停炉时，查明原因后，放至点火水位，方可重新点火并列。

水位低的处理方法如下：

(1) 若缺水是由于给水泵故障，给水压力下降而引起，应立即通知汽轮机启动备用给水泵，恢复正常给水压力。

(2) 当汽压、给水压力正常时：①检查水位计指示正确性；②将给水自动改为手动，加大给水量；③停止定期排污。

(3) 检查水冷壁、省煤器有无泄漏。

(4) 必要时降低机组负荷。

(5) 保护停炉后，查明原因，不得随意进水。

16-85 如何判断蒸汽压力变化的原因是属于内扰还是外扰？

答： 通过流量的变化关系，来判断引起蒸汽压力变化的原因是内扰或外扰。

(1) 在蒸汽压力降低的同时，蒸汽流量表指示增大，说明外界对蒸汽的需要量增大；在蒸汽压力升高的同时，蒸汽流量减小，说明外界蒸汽需要量减小，这些都属于外扰。也就是说，当蒸汽压力与蒸汽流量变化方向相反时，蒸汽压力变化的原因是外扰。

(2) 在蒸汽压力降低的同时，蒸汽流量也减小，说明炉内燃料燃烧供热量不足导致蒸发量减小；在蒸汽压力升高的同时，蒸汽流量也增大，说明炉内燃烧供热量偏多，使蒸发量增大，这都属于内扰。也就是说，当蒸汽压力与蒸汽流量变化方向相同时，蒸汽压力变化的原因是内扰。

需要指出的是：对于单元机组，上述判断内扰的方向仅适应于工况变化初期，即仅适用于汽轮机调节汽阀未动作之前；而在调节汽阀动作之后，锅炉汽压与蒸汽流量变化方向是相反的，故运行中应予注意。造成上述特殊情况的原因是：在外界负荷不变而锅炉燃烧量突然增大（内扰），最初在蒸汽压力上升的同时，蒸汽流量也增大，汽轮机为了维持额定转速，调节汽阀将关小，这时，汽压将继续上升，而蒸汽流量减小，也就是蒸汽压力与流量的变化方向相反。

16-86 锅炉给水母管压力降低、流量骤减的原因有哪些？

答： 锅炉给水母管压力降低、流量骤减的原因有：

(1) 给水泵故障跳闸，备用给水泵自启动失灵。

(2) 给水泵液耦内部故障。

(3) 给水泵调节系统故障。

(4) 给水泵出口阀故障或再循环开启。

(5) 高压加热器故障，给水旁路阀未开启。

（6）给水管道破裂。

（7）除氧器水位过低或除氧器压力突降使给水泵汽化。

（8）汽动给水泵在机组负荷骤降时，出力下降或汽源切换过程中故障。

16-87　造成受热面热偏差的基本原因是什么？

答：造成受热面热偏差的原因是吸热不均、结构不均、流量不均。受热面结构不一致，对吸热量、流量均有影响，所以，通常把产生热偏差的主要原因归结为吸热不均和流量不均两个方面。

（1）吸热不均。

1）沿炉宽方向烟气温度、烟气流速不一致，导致不同位置的管子吸热情况不一样。

2）火焰在炉内充满程度差，或火焰中心偏斜。

3）受热面局部结渣或积灰，会使管子之间的吸热严重不均。

4）对流过热器或再热器，由于管子节距差别过大，或检修时割掉个别管子而未修复，形成烟气“走廊”，使其邻近的管子吸热量增多。

5）屏式过热器或再热器的外圈管，吸热量比其他管子的吸热量大。

（2）流量不均。

1）对于并列的管子，由于管子的实际内径不一致（管子压扁、焊缝处突出的焊瘤、杂物堵塞等），长度不一致，形状不一致（如弯头角度和弯头数量不一样），造成并列各管的流动阻力大小不一样，使流量不均。

2）联箱与引进引出管的连接方式不同，引起并列管子两端压差不一样，造成流量不均。现代锅炉多采用多管引进引出联箱，以求并列管流量基本一致。

16-88　漏风对锅炉运行的经济性和安全性有何影响？

答：不同部位的漏风对锅炉运行造成的危害不完全相同。但不管什么部位的漏风，都会使气体体积增大，使排烟热损失升高，吸风机电耗增大。如果漏风严重，吸风机已开到最大还不能维持规定的负压（炉膛、烟道），被迫减小送风量时，会使不完全燃烧热损失增大，结渣可能性加剧，甚至不得不限制锅炉出力。

炉膛下部及燃烧器附近漏风可能影响燃料的着火与燃烧。由于炉膛温度下降，炉内辐射传热量减小，并降低炉膛出口烟温。炉膛上部漏风，虽然对燃烧和炉内传热影响不大，但是炉膛出口烟温下降，对漏风点以后的受热面的传热量将会减少。

对流烟道漏风将降低漏风点的烟温及以后受热面的传热温差，因而减小

漏风点以后受热面的吸热量。由于吸热量减小，烟气经过更多受热面之后，烟温将达到或超过原有温度水平，会使排烟热损失明显上升。

综上所述，炉膛漏风要比烟道漏风危害大，烟道漏风的部位越靠前，其危害越大。空气预热器以后的烟道漏风，只使吸风机电耗增大。

16-89　汽轮机高压加热器解列对锅炉有何影响?

答：汽轮机高压加热器解列对锅炉的影响如下：

(1) 给水温度降低，炉膛的水冷壁吸热量增加，在燃料量不变的情况下使炉膛温度降低，燃料的着火点推迟，火焰中心上移，辐射吸热量减少；若维持锅炉的蒸发量不变，则锅炉的燃料量必须增加；引起炉膛出口烟气温度升高，汽温升高。同时在电负荷一定的情况下，汽轮机抽汽量减少，中低压缸做功增大，减少了高压缸做功，造成主蒸汽流量减少，对管壁的冷却能力下降，进一步造成汽温升高；同时因高压缸抽汽量的减少，致使再热器进出口压力上升，从而限制了机组的负荷，一般规定高压加热器解列汽轮机出力不大于额定出力的90%。

(2) 给水温度降低，使尾部省煤器受热面吸热增加，排烟温度降低，容易造成受热面的低温腐蚀。

16-90　制粉系统在运行中主要有哪些故障?

答：单元机组中的锅炉制粉系统主要有两种，一种是中间储仓式，另一种是直吹式。采用中间储仓式制粉系统的锅炉，一般配有3～4台钢球磨煤机，相应地有3～4套独立的制粉系统；采用直吹式制粉系统的锅炉，通常配有4～5台中速磨煤机。为了保证供粉的可靠，通常有一套系统作为备用。当有两套以上的系统出现故障时，将迫使机组只能在部分负荷下运行，严重时，机组可能被迫停运（中间储仓式制粉系统在短时间停运时不会出现上述情况）。

制粉系统在实际运行中容易出现的故障和事故主要有燃料的自燃和爆炸、断煤和堵粉、制粉系统的机械故障等。

16-91　简述制粉系统自燃和爆炸产生的原因。

答：在制粉系统中，凡是发生煤粉沉积的地方，就是煤粉自燃和爆炸的发源地。在系统中容易产生积煤和积粉的地方通常是管道转弯处、水平管道中和粉仓中。一旦发生煤粉沉积，煤粉就开始发生缓慢的氧化反应，放出热量使温度升高，继而又加快氧化反应，放热、升温。经过一定的时间之后，该区域的温度可能达到自燃温度，在不断供给输粉空气的条件下煤粉即发生自燃。如果该区域积粉较多，在氧化升温中放出的燃料挥发分也多，达到可燃条件的煤粉也多，此时一旦发生自燃，就可能出现爆炸，使局部压力突然升高。通常爆炸压力可达到 0.35MPa 以上，一般制粉系统的设备和管道是按 0.15MPa 压力设计的，而且因爆炸压力波按当地音速传递，速度很快，可达到 340m/s。所以，如果系统没有防范措施，爆炸压力可能立即对系统的设备和管道造成损坏。因此，对制粉系统的爆炸危险必须给以足够的重视，并采取积极的防范措施。

16-92 影响制粉系统自燃和爆炸的因素有哪些？

答：影响制粉系统自燃和爆炸的因素有：

（1）燃料的挥发分。当燃料的 $V_{daf}<10\%$时，一般没有自燃和爆炸的危险；当 $V_{daf}<20\%$时，由于燃料属于反应能力很强的煤，此时燃料挥发分析出的温度和着火温度均较低，容易自燃，所以有严重的爆炸危险。因此，对燃用烟煤和褐煤的锅炉的制粉系统发生爆炸的可能性应特别予以注意。

（2）气粉混合物的浓度。气粉混合物只有在一定的浓度范围内才有爆炸的危险。以烟煤为例，气粉混合物的浓度只有在 0.32～4kg/m^3 范围内才会发生爆炸，而浓度在 1.2～2kg/m^3 时，发生爆炸的危险性最大，当气粉混合物中氧含量小于 15%时，通常没有爆炸危险。

（3）煤粉细度。即使容易发生爆炸的煤种，如果煤粉直径较大通常也不会发生爆炸。以烟煤为例，煤粉当量直径大于 100μm 时一般也没有爆炸危险。但实际上，制粉系统磨制的煤粉直径一般都小于此值，所以有爆炸危险。煤粉直径越小，发生爆炸的危险性越大。

（4）煤粉中的水分。实践证明，煤粉中的水分含量也是发生煤粉自燃和爆炸的重要因素。磨制煤粉的最终水分 M_{mad} 的确定是一个比较复杂的问题，既要考虑到制粉系统的安全可靠，又要照顾制粉的经济性。最终水分 M_{mad} 高，可避免煤粉的爆炸性，但过高又使磨煤机出力下降、输粉和燃烧困难，并可能使煤粉仓板结成块或压实，而且还容易造成落粉管、给粉机堵塞，引起给粉不匀或断粉。最终水分 M_{mad} 过低，特别是烟煤和褐煤，又容易引起自燃和爆炸。目前国外计算标准推荐：无烟煤和贫煤，$M_{mad}<M_{ad}$；烟煤，$0.5M_{mad}<M_{mad}\leqslant M_{ad}$；褐煤，$M_{ad}<M_{mad}\leqslant M_{ad}+8$。（$M_{ad}$ 为空气干燥基水分）

（5）气粉混合物温度。气粉混合物只有达到着火温度才能燃烧。爆炸危险只有遇到火源引发才能发生。制粉系统的自燃是引爆的主要火源，如果煤粉含有油质或其他引燃物，容易引发煤粉自燃。

16-93 煤粉自燃及爆炸的现象是什么？

答：煤粉自燃及爆炸的现象有：

（1）检查门处有火星。

（2）自燃处的管壁温度异常升高。

（3）煤粉温度异常升高。

（4）制粉系统负压突然变为正压。

（5）爆炸时有响声，从系统不严密处向外冒烟，防爆门鼓起或损坏。

（6）在爆炸后，如果磨煤机入口到排粉机入口之间的防爆门破裂，爆破侧系统负压降低，三次风压增大；若排粉机出口防爆门破裂，则三次风压降低，如为乏气送粉则是一次风压降低。

（7）炉膛内负压变正压，燃烧火焰发暗，严重时可能出现火焰跳动或灭火。

16-94 如何预防煤粉的自燃及爆炸？

答：预防煤粉自燃及爆炸的措施有：

（1）经常检查和处理设备缺陷，少用水平管道，管道弯头部分应平整光滑，消除制粉系统气粉流动管道的死区和系统死角，避免煤粉沉积自燃。

（2）气、粉混合物流速不应过低，防止煤粉重力和摩擦阻力的分离，形成煤粉沉积。

（3）锅炉停用时间较长时，应将煤粉仓内的煤粉用尽。

（4）保持制粉系统的稳定运行，严格控制磨煤机出口温度，保持煤粉细度和最终水分在规定范围内。消除粉仓漏风，定期进行降粉。

（5）在制粉系统中容易出现煤粉沉积的部位，如管道弯头、煤粉分离器上部、煤粉仓上部等设置防爆门，在运行时防爆门上不得有异物妨碍其动作。

（6）对原煤加强管理，经常检查原煤质量，清除煤中引燃物，如雷管等，严防外来火源。

16-95 制粉系统煤粉自燃及爆炸时如何处理？

答：制粉系统煤粉自燃时的处理方法如下：

（1）磨煤机入口发现火源时，加大给煤，同时压住回粉管的锁气器，必要时用灭火装置灭火。

（2）减少或切断磨煤机的通风。

（3）停止磨煤机、给煤机和排粉机。用二氧化碳进行灭火，在重新启动前应打开人孔门和检查孔进行全面检查，确认系统内已无火源后，再行干燥启动。.

制粉系统爆炸后的处理方法如下：

（1）停止制粉系统的运行，同时注意防止锅炉灭火。

（2）清除各部火源，确认其内部火源全部消失后才允许修复防爆门。

（3）在系统恢复运行前，应对系统内的设备和管道进行全面检查、修复，然后按制粉系统正常启动的要求和步骤投入运行。

煤粉仓自燃爆炸时的处理方法如下：

（1）停止向煤粉仓送粉并严禁漏粉，关闭煤粉仓吸潮管，对粉仓进行彻底降粉。

（2）降粉后迅速提高粉位，进行压粉。

（3）经降粉后煤粉仓温度仍继续上升，且经继续处理还无效时，应使用灭火装置。

（4）修复损坏的防爆门。

16-96 制粉系统断煤的原因有哪些？

答：制粉系统断煤的原因有：

（1）给煤机发生故障。

（2）原煤水分过大、煤中有杂物或煤块过大，造成下煤管堵塞。

（3）原煤仓无煤或堵塞。

16-97 制粉系统断煤的现象有哪些？

答：制粉系统断煤的现象有：

（1）磨煤机出口温度升高，磨煤机进出口压差减小，进口负压值增大，出口负压值减小。

（2）磨煤机电流减小，排粉机电流增大，同时出口风压力升高。

（3）给煤机电流减小或转速降低。

（4）钢球磨煤机中有较大的金属撞击声。

（5）断煤信号动作。

16-98 如何预防制粉系统断煤？

答：预防制粉系统断煤的措施有：

（1）注意原煤水分变化情况，若水分过大应改变配煤比例或采取其他措施减少原煤水分或改供较干的煤。

（2）经常检查原煤仓存煤及下煤情况，检查给煤机运行情况和落煤管、锁气器的动作情况是否正常。

（3）设置干煤棚，储存一定数量的干煤。

（4）不得停止碎煤机、煤筛的运行，保证制粉系统进口煤块尺寸不大于

规定值。

（5）注意断煤信号。

16-99 制粉系统断煤后如何处理?

答: 制粉系统断煤后的处理方法如下：

（1）适当关小磨煤机入口热风门，加大磨煤机入口冷风量，以控制磨煤机出口温度，保证运行安全。

（2）消除给煤机故障，疏通落煤管。

（3）煤仓堵塞时，应设法疏通仓内存煤；如煤仓无煤，应迅速上煤。

（4）如果短时间不能恢复供煤时，应停止磨煤机运行。

16-100 简述制粉系统磨煤机堵塞的原因、现象及处理方法。

答: 由于调整不当、风量过小、供煤过多或原煤水分过大等，均有可能造成磨煤机堵塞。

当出现磨煤机堵塞后，磨煤机的进出口压差将增大，其入口负压值减小或变正压，出口负压值增大且温度大幅度下降；磨煤机电流增大且摆动，严重满煤时电流反而减小，出入口向外冒粉，钢球磨煤机撞击声减小且低哑；排粉机电流减小，出口风压降低。

确认磨煤机堵煤后应减少或暂停给煤，适当增加磨煤机的通风量，并开大其出口风门进行抽粉并加强对磨煤机大瓦的温度监视。若处理无效时，可采用间停间开磨煤机的方法加强抽粉。若仍然无效，应停止制粉系统运行，打开人孔门扒出煤粉；当入口管段堵塞时，应停磨煤机敲打或打开检查孔疏通。

16-101 简述粗粉分离器堵塞的原因、现象及处理方法。

答: 粗粉分离器堵塞时，磨煤机的出入口压差减小，向外跑粉；粗粉分离器出口负压增大，三次风压力降低；回粉管温度降低，锁气器不动作；堵塞严重时排粉机电流下降，磨煤机出力加大，煤粉变粗。

当粗粉分离器出现堵塞时，应活动回粉管锁气器，疏通回粉管；适当减少给煤，增加系统通风，此时应注意磨煤机出口温度，必要时可开大粗粉分离器的调节挡板。如堵塞严重，经处理无效时，应停止磨煤机运行，打开人孔盖进行内部检查，清理杂物，进行疏通。

16-102 简述一次风管堵塞的原因、现象及处理方法。

答: 当一次风管发生堵塞时，被堵的一次风管压力会出现先增大、后减小的现象，此时炉膛负压值也增大。如堵塞严重，给粉机的电流要增大，甚至发生电动机熔丝熔断。被堵塞的一次风管燃烧器喷口来粉少或断粉，锅炉汽压和负荷减小，如有多根一次风管堵塞，可能引起燃烧火焰跳动或产生炉膛灭火。

当出现一次风管堵塞时，应立即停止被堵风管的给粉机，启动备用给粉机。对堵塞的一次风管进行敲打，同时开大一次风门，提高一次风压或者用间开间关一次风门的方法对其进行吹扫。当提高一次风压仍不能吹通时，可用压缩空气分段地进行吹通。在吹扫处理的过程中，应密切注意锅炉汽压和汽温的调整，注意炉膛燃烧状况，防止燃烧不稳定或炉膛灭火。

16-103　简述细粉分离器堵塞的原因、现象及处理方法。

答：细粉分离器堵塞时，入口负压减小，出口负压增大。排粉机电流加大，锅炉蒸汽压力和温度升高。锁气器动作不正常，煤粉仓粉位下降。当发生细粉分离器堵塞时，应立即停掉排粉机，关小磨煤机入口热风门，开启冷风门；检查煤粉筛，清除筛上杂物和煤粉；活动锁气器，疏通落粉管。检查细粉分离器下粉挡板位置是否正确。处理无效时，应停止磨煤机运行，切断制粉系统风源，打开手孔门进行疏通。

16-104　转动机械易出现哪些故障？应如何处理？

答：转动机械易出现的故障主要为振动大、串轴和摩擦、轴承温度过高、各部机件损坏或脱落、电气故障等。

如机械振动超过规定，应加强监护；当危及安全时，应立即停机，查找原因并进行检修，如机件损坏或脱落，应进行修复或更换。当轴承温度上升过快或过高时，应先检查冷却水是否畅通，油位是否正常，如不正常，则再加油或换油并加大冷却等工作。经处理后如温度仍继续上升，而且超过规定值时，则应立即停机进行彻底检查，找出原因并消除。如属电气设备事故，应按电气设备运行故障处理的有关规定处理。

为了保障锅炉机组的安全运行，在锅炉机组中目前都设置了一套比较完善的自动控制安全联锁系统。

16-105　运行中减速器的主要故障是什么？

答：汽轮机减速器的主要故障是齿轮啮合不好或润滑不良，齿轮损坏。减速器发生故障时会产生异音和振动，严重时加大整个机组振动，甚至使机组无法工作。

16-106　试述回转式空气预热器常见的问题。

答：回转式空气预热器常见的问题有漏风和低温腐蚀。

回转式空气预热器的漏风主要有密封（轴向、径向和环向密封）漏风和风壳漏风。

回转式空气预热器的低温腐蚀是由于烟气中的水蒸气与硫燃烧后生成的三氧化硫结合成硫酸蒸汽进入空气预热器时，与温度较低的受热面金属接触，并可能产生凝结而对金属壁面造成腐蚀。

16-107 试述影响空气预热器低温腐蚀的因素和对策。

答：影响空气预热器低温腐蚀的因素主要有烟气中三氧化硫的形成、烟气露点、硫酸浓度和凝结酸量、受热面金属温度。

减轻和防止空气预热器低温腐蚀措施有：提高空气预热器金属壁面温度；采用热管式空气预热器；使用耐腐蚀材料；采用低氧燃烧方式；采用降低露点或抑制腐蚀的添加剂；对燃料进行脱硫。

16-108 不同转速的转机振动合格标准是什么？

答：不同转速的转机振动合格标准是：

（1）额定转速750r/min以下的转机，轴承振动值不超过0.12mm。

（2）额定转速1000r/min的转机，轴承振动值不超过0.10mm。

（3）额定转速1500r/min的转机，轴承振动值不超过0.085mm。

（4）额定转速3000r/min的转机，轴承振动值不超过0.05mm。

16-109 风机运行中发生哪些异常情况应加强监视？

答：风机运行中发生下列异常情况应加强监视：

（1）风机突然发生振动、窜轴或有摩擦声音，并有所增大时。

（2）轴承温度升高，没有查明原因时。

（3）轴瓦冷却水中断或水量过小时。

（4）风机室内有异常声音，原因不明时。

（5）电动机温度升高或有异音时。

（6）并联或串联风机运行，其中一台停运，对运行风机应加强监视。

16-110 风机运行中常见故障有哪些？

答：风机的种类、工作条件不同，所发生的故障也不尽相同，但概括起来一般有以下几种故障：

（1）风机电流不正常的增大或减小，或摆动大。

（2）风机的风压、风量不正常变化，忽大忽小。

（3）机械产生严重摩擦、振动撞击等异常响声；地脚螺栓断裂，台板裂纹。

(4) 轴承温度不正常升高。

(5) 润滑油流出、变质或有焦味，冒烟，冷却水回水温度不正常升高。

(6) 电动机温度不正常升高，冒烟或有焦味，电源开关跳闸等。

16-111 引起泵与风机振动的原因有哪些?

答: 引起泵与风机振动的原因有:

(1) 泵因汽蚀引起的振动。

(2) 轴流风机因失速引起的振动。

(3) 转动部分不平衡引起的振动。

(4) 转动各部件连接中心不重合引起的振动。

(5) 联轴器螺栓间距精度不高引起的振动。

(6) 固体摩檫引起的振动。

(7) 平衡盘引起的振动。

(8) 泵座基础不好引起的振动。

(9) 由驱动设备引起的振动。

16-112 给水泵运行中经常发生的故障有哪些?

答: 给水泵运行经常发生的故障有:

(1) 给水泵汽蚀。给水泵的流量过小或过大，除氧器压力或水位下降，入口滤网堵塞较多，从而引起给水汽化，使给水泵产生汽蚀。

(2) 运行中给水泵平衡盘磨损。使用平衡盘平衡轴向推力的给水泵，启、停中不可避免地造成平衡盘与平衡座的摩擦，从而引起磨损。检修处理不当，也会造成平衡盘磨损。

(3) 运行中给水泵油系统故障。主要有轴承油压下降、油温升高、轴承故障、液力偶合器故障、油系统漏油、油系统进水、油泵故障等。

(4) 运行中给水泵发生振动。主要有轴承地脚螺栓松动，台板刚性减弱，水泵转子动不平衡，水泵发生汽蚀，轴承损坏，水泵内部动静摩擦，水泵进入异物等。

16-113 空气压缩机紧急停止的条件有哪些?

答: 空气压缩机紧急停止的条件有:

(1) 润滑油或冷却水中断时。

(2) 气压表损坏，无法监视气压。

(3) 危及人身及设备安全时。

(4) 油压表损坏或油压低于最低运行值。

(5) 空气压缩机出现不正常的响声或产生剧烈振动。

(6) 一、二级缸排气压力大幅度波动。

(7) 电动机转子和定子摩擦引起强烈振动或电气设备着火冒烟。

(8) 电动机电流突然增大并超过额定值。

(9) 一、二级缸排气中任一个压力达到安全阀动作值而安全阀拒动。

16-114 在什么情况下可先启动备用电动机，然后停止故障电动机？

答：遇有以下情况可先启动备用电动机，然后停止故障电动机：

(1) 电动机内发出不正常的声音或绝缘有烧焦的气味。

(2) 电动机内或启动调节装置内出现火花或烟气。

(3) 定子电流超过运行数值。

(4) 出现强烈的振动。

(5) 轴承温度出现不允许的升高。

16-115 离心式风机投入运行后应注意哪些问题？

答：离心式风机投入运行后应注意以下问题：

(1) 风机安装后试运转时，先将风机启动1～2h，停机检查轴承及其他设备有无松动情况，待处理后再运转6～8h，风机大修后分部试运不少于30min，如情况正常，可交付使用。

(2) 风机启动后，应检查电动机运转情况，发现有强烈噪声及剧烈震动时，应停车检查原因予以消除。启动正常后，风机逐渐开大进风调节挡板。

(3) 运行中应注意轴承润滑、冷却情况及温度的高低。

(4) 不允许长时间超电流运行。

(5) 注意运行中的震动、噪声及敲击声音。

(6) 发生强烈震动和噪声，振幅超过允许值时，应立即停机检查。

16-116 直吹式制粉系统在自动投入时，运行中给煤机皮带打滑，对锅炉燃烧有何影响？

答：磨煤机瞬间断煤，磨煤机出口温度上升，给煤机给煤指令增大，汽温、汽压下降，处理不当，磨煤机产生强烈振动，燃烧不稳。

16-117 中速磨煤机运行中进水有什么现象？

答：磨煤机出口温度下降，冷空气进入炉膛，造成燃烧不稳，可能发生灭火，蒸汽压力和温度下降，机组负荷下降。

16-118 制粉系统为何在启动、停止或断煤时易发生爆炸？

答：煤粉爆炸的基本条件是合适的煤粉浓度、较高的温度或火源以及有空气扰动等。

（1）制粉系统在启动与停止过程中，由于磨煤机出口温度不易控制，易因超温而使煤粉爆炸；运行过程中因断煤而处理又不及时，使磨煤机出口温度过高而引起爆炸。

（2）在启动或停止过程中，磨煤机内煤量较少，研磨部件金属直接发生撞击和摩擦，易产生火星而引起煤粉爆炸。

（3）制粉系统中，如果有积粉自燃，启动时由于气流扰动，也可能引起煤粉爆炸。

（4）制粉浓度是产生爆炸的重要因素之一。在停止过程中，风粉浓度会发生变化，当浓度合适又有产生火源的条件时，也可能发生煤粉爆炸。

16-119　中间储仓式制粉系统启、停时对锅炉工况有何影响?

答：中间储仓式制粉系统启动时，漏风量增大，排入锅炉的乏气增多，即进入炉膛的冷风及低温风增多，使炉膛温度水平下降，除影响稳定燃烧外，炉内辐射传热量将下降。由于低温空气进入量增加，除使烟气量增大外，火焰中心位置有可能上移，这将使对流传热量增加，对蒸汽温度的影响，视过热器汽温特性而异：如为辐射特性，汽温下降；如为对流特性，汽温升高。同时，由于相应提高了后部烟道的烟气温度，通过空气预热器的空气量也相应减小，一般排烟温度将有所升高。

制粉系统停止运行时，对锅炉运行工况的影响与上述情况相反。因此，在制粉系统启动或停止时，对蒸汽温度应加强监视与调整，并注意维持燃烧的稳定性。

16-120　磨煤机停止运行时为什么必须抽净余粉?

答：停止制粉系统时，当给煤机停止给煤后，要求磨煤机、排粉机再运行一段时间方可相继停运，以便抽净磨煤机内余粉。这是因为磨煤机停止后，如果还残余有煤粉，就会慢慢氧化升温，最后会引起自燃爆炸。另外，磨煤机停止后还有煤粉存在，下次启动磨煤机，必须是带负荷启动，本来电动机启动电流就较大，这样会使启动电流更大，特别对于中速磨煤机会更明显些。

16-121　锅炉停用时间较长时为什么必须把原煤仓和煤粉仓的原煤和煤粉用完?

答：按照有关规程要求，在锅炉停炉检修或停炉长期备用时，停炉前必

须把原煤仓中的原煤用完，才能停止制粉系统运行；把煤粉仓中的煤粉用完，才能停止锅炉运行。其主要目的是为了防止在停用期间，由于原煤和煤粉的氧化升温而可能引起自燃爆炸。另外，原煤、煤粉用完，也为原煤仓、煤粉仓的检修以及为下粉管、给煤机、一次风机混合器等设备的检修，创造良好的工作条件。

16-122 磨煤机为什么不能长时间空转?

答：磨煤机在试运行时，停磨煤机抽净煤粉时或启动时，都要有一段时间的空转。但根据有关规程要求，钢球筒式磨煤机的空转时间不得大于10min；中速磨煤机断煤情况下的空转时间一般不得大于1min。这样要求的原因是：磨煤机空转时，研磨部件金属直接发生撞击和磨擦，使金属磨损量增大；钢球与钢球、钢球与钢甲发生撞击时，钢球可能碎裂；金属直接发生撞击与摩擦，容易发生火星，又有可能成为煤粉爆炸的火源。所以，必须严格控制磨煤机的空转时间。

16-123 磨煤机运行时，如原煤水分升高，应注意些什么?

答：原煤水分升高会使煤的输送困难，磨煤机出力下降，出口气粉混合物温度降低。因此，要特别注意监视检查和及时调节，以维持制粉系统运行正常和锅炉燃烧稳定。主要应注意以下几方面：

（1）经常检查磨煤机出、入口管壁温度变化情况。

（2）经常检查给煤机落煤有无积煤、堵煤现象。

（3）加强磨煤机出入口压差及温度的监视，以判断是否有断煤或堵煤的情况。

（4）制粉系统停止后，应打开磨煤机进口检查孔，如发现管壁有积煤，应予铲除。

16-124 运行中煤粉仓为什么需要定期降粉?

答：运行中为保证给粉机正常工作，煤粉仓应保持一定的粉位，规程规定最低粉位不得低于粉仓高度的1/3。因为粉位太低时，给粉机有可能出现煤粉自流，或一次风经给粉机冲入煤粉仓中，影响给粉机的正常工作。但煤粉仓长期处于高粉位情况下，有些部位的煤粉不流动，特别是贴壁或角隅处的煤粉，可能出现煤粉“搭桥”和结块，易引起煤粉自燃，影响正常下粉和安全。为防止上述现象发生，要求定期将煤粉仓粉位降低，以促使各部位的煤粉都能流动，将已“搭桥”结块的煤粉塌下。一般要求至少每半月降低粉位一次，粉位降至能保持给粉机正常工作所允许的最低粉位（3m左右）。

16-125　制粉系统漏风过程对锅炉有何危害？

答：制粉系统漏风会减小进入磨煤机的热风量，恶化通风过程，从而使磨煤机出力下降，磨煤电耗增大。漏入系统的冷风，最后是要进入炉膛的，结果使炉内温度水平下降，辐射传热量降低，对流传热比例增大，同时还使燃烧的稳定性变差。由于冷风通过制粉系统进入炉内，在总风量不变的情况下，经过空气预热器的空气量将减小，结果会使排烟温度升高，锅炉热效率将下降。

16-126　负压锅炉制粉系统的哪些部分易出现漏风？

答：制粉系统易于出现漏风的部位是：磨煤机入口和出口，旋风分离器至煤粉仓和螺旋输粉机的管段，给煤机、防爆门、检查孔等处，均应加强监视检查。

16-127　简述监视直吹式制粉系统中的排粉机电流值的意义。

答：排粉机的电流值在一定程度上可反映磨煤机的出力情况。电流波动过大，表示磨煤机给煤量过多，此时应调整给煤量至电流指示稳定为止。排粉机电流明显下降，表示磨煤机堵煤，应减小给煤量或暂时停止给煤机，直到电流恢复正常后再增大给煤量或启动给煤机；排粉机电流上升，表示磨煤机给煤不足，应增大给煤机给煤量。

16-128　简述钢球磨煤机筒体转速发生变化时对钢球磨煤机运行的影响。

答：当钢球磨煤机的筒体转速发生变化时，筒中钢球和煤的运转特性也发生变化。当筒体转速很低时，随着筒体的转动，钢球被带到一定高度，在筒体内形成向筒的下部倾斜的状态。当钢球堆积倾角等于和大于钢球的自然倾角时，球就沿斜面滑下，这样对煤的碾磨效果很差，且不易把煤粉从钢球堆中分离出来。当筒体转速超过一定值后，钢球受到的离心力很大，这时钢球和煤均附在筒壁上一起转动，这时磨煤作用仍然是很小的。筒体内钢球产生这种状态时的转速称为临界转速。

16-129　运行过程中怎样判断磨煤机内煤量的多少？

答：在运行中，如果磨煤机出入口压差增大，说明存煤量大，反之说明煤量少。磨煤机出口气粉混合物温度下降，说明煤量多；温度上升，说明煤量减少。电动机电流升高，说明煤量多（但满煤时除外）；电流减小，说明煤量少。有经验的运行人员还可根据磨煤机发生的音响，判断煤量的多少：如果声音小、沉闷，则说明磨煤机内煤量多；如果声音大，并有明显的金属

撞击声，则说明煤量少。

16-130 为何筒式钢球磨煤机满煤后电流反而小?

答: 正常运行磨煤机转动时，煤和钢球的混合物中心是偏向一方的，即产生一个与磨煤机大罐旋转方向相反的偏心矩，电动机主要是克服这个偏心矩做功。当磨煤机满煤后，偏心矩越来越小，虽然大罐加重了，可电动机克服偏心矩所需功率却减小了，两者相比，后者影响大。因磨煤机大罐的轴承是滑动摩擦，其摩擦系数是很小的，对电动机电流的影响很小。因此，当钢球磨煤机满煤后，它的电流反而小。

16-131 转动机械在运行中发生什么情况时应立即停止运行?

答: 转动机械在运行中发生下列情况之一时，应立即停止运行：

（1）发生人身事故，无法脱险时。

（2）发生强烈振动，危及设备安全运行时。

（3）轴承温度急剧升高或超过规定值时。

（4）电动机转子和定子严重摩擦或电动机冒烟起火时。

（5）转动机械的转子与外壳发生严重摩擦撞击时。

（6）发生火灾或被水淹时。

16-132 简述一次风机跳闸后锅炉 RB 动作过程。

答: 要点：一次风机跳闸后，RB 动作时，油燃烧器自动投入；部分制粉系统自动跳闸；引、送风机出力自动降低；机组负荷自动降至目标值。

16-133 筒型钢球磨煤机满煤有何现象？如何处理?

答: 现象：磨煤机出口温度下降；出入口压差增大，入口风压升高，风量减小；磨煤机入口密封处冒粉；磨煤机电流增大（满煤现象严重时，磨煤机电流反而下降）；磨煤机筒内噪声降低。

处理：停运给煤机，加大通风量，监视出入口差压使其恢复正常；当满煤严重时，应及时停磨煤机掏煤。

16-134 直吹式锅炉 MFT 联锁动作哪些设备?

答: 直吹式锅炉 MFT 联锁动作以下设备：

（1）联动跳闸所有的给煤机、所有的磨煤机，关闭所有油枪和主油管上的来油速断阀。

（2）联动跳闸一次风机。

（3）联动跳闸汽轮机和发电机。

（4）联动关闭所有的过热蒸汽和再热蒸汽减温水截止阀。

（5）汽动给水泵联动跳闸，电动给水泵自启动。

16-135 锅炉低负荷运行时应注意些什么？

答：锅炉低负荷运行时应注意：

（1）保持合理的一次风速，炉膛负压不宜过大。

（2）尽量提高一、二次风温。

（3）风量不宜过大，煤粉不宜太粗，开停制粉系统操作要缓慢平稳。

（4）对于四角布置的直流喷燃器，下排给粉机转速不应太低。

（5）尽量减少锅炉漏风，特别是油枪处和底部漏风。

（6）保持煤种的稳定，减少负荷大幅度扰动。

（7）投停油枪应考虑对角，尽量避免缺角运行。

（8）燃烧不稳时应及时投油助燃。

16-136 如何处理直流锅炉给水泵跳闸？

答：直流锅炉在运行中必须保证连续不断的给水，所以给水泵跳闸会给直流锅炉的运行带来很大的威协。

（1）一台给水泵跳闸后备用给水泵应自动联启，当不自动联启或跳闸泵抢合不成功时，应迅速加大另一台运行泵的出力（注意不得过载）。同时应迅速降低锅炉负荷至额定负荷的60%，控制中间点温度和出口温度在正常范围。

（2）若运行中的给水泵全部跳闸，而备用泵不自联或跳闸泵抢合不成功，则保护应动作停炉。保护拒动时应执行紧急停炉。

16-137 锅炉在吹灰过程中，遇到什么情况应停止吹灰或禁止吹灰？

答：锅炉在吹灰过程中，遇到以下情况应停止吹灰或禁止吹灰：

（1）锅炉吹灰器有缺陷。

（2）锅炉燃烧不稳定。

（3）锅炉发生事故。

16-138 锅炉吹灰器的故障现象及原因有哪些？

答：故障现象如下：

（1）吹灰器电动机过载报警。

（2）吹灰器运行超时报警。

（3）吹灰器电动机过电流报警。

（4）吹灰器卡涩。

（5）吹灰器泄漏。

故障原因如下：

（1）吹灰器机械传动机构过紧。

（2）吹灰器导轨弯曲。

（3）电动机卡涩。

（4）吹灰器联轴销子断。

（5）吹灰器密封部件损坏。

16-139 什么情况下需紧急停运电除尘器？

答：遇到以下情况需紧急停运电除尘器：

（1）威胁人身安全时。

（2）威胁设备的安全运行，不停运会造成设备损坏时。

（3）电除尘器本体或其他辅助设备着火，不停运不能灭火时。

（4）锅炉故障投入助燃油枪或其他原因造成烟气中飞灰可燃物严重超标时。

（5）水力或气力除灰系统发生故障且短时间不能处理时。

参 考 文 献

[1] 华东电业管理局. 电气运行技术问答. 北京：中国电力出版社，1997.
[2] 国家电力公司华东公司. 发电厂集控运行技术问答. 北京：中国电力出版社，2003.
[3] 华东电业管理局. 汽轮机运行技术问答. 北京：中国电力出版社，1997.
[4] 华东电业管理局. 锅炉运行技术问答. 北京：中国电力出版社，1997.
[5] 容銮恩. 300MW火力发电机组丛书：第一分册 燃煤锅炉机组. 北京：中国电力出版社，1998.
[6] 王文飚. 单元机组集控技术1000问. 北京：中国电力出版社，2005.
[7] 韩爱莲. 电气设备运行复习题与题解. 北京：中国电力出版社，2005.